Aktuelle Probleme der Polymer-Physik IV

(Sonderausgabe aus Kolloid-Zeitschrift & Zeitschrift für Polymere, Band 251, Heft 11)

Vorträge

der Arbeitstagung des Fachausschusses Physik der Hochpolymeren im Rahmen der Frühjahrstagung des Arbeitskreises Festkörperphysik bei der Deutschen Physikalischen Gesellschaft vom 21.–23. März 1973 in Münster/Westf.

Herausgegeben von

Prof. Dr. E. W. FISCHER
Mainz

Prof. Dr. F. H. MÜLLER
Marburg/Lahn

Dr. H. H. KAUSCH
Frankfurt/Main

Mit 264 Abbildungen und 30 Tabellen

SPRINGER-VERLAG BERLIN HEIDELBERG GMBH 1973

ISBN 978-3-7985-0393-9 ISBN 978-3-642-47050-9 (eBook)
DOI 10.1007/978-3-642-47050-9

Erscheinungsweise: zwanglos – Bandpreis: DM 50,—

Herstellung: Universitätsdruckerei Mainz GmbH

INHALT

Kolloid-Z. u. Z. Polymere **251**, 801–811 (1973)

Vorgetragen auf der Arbeitstagung des Fachausschusses Physik der Hochpolymeren im Rahmen der Frühjahrstagung des Arbeitskreises Festkörperphysik bei der Deutschen Physikalischen Gesellschaft vom 21.–23. März 1973 in Münster/Westf.

Aus dem Institut für Werkstoffphysik der Universität Saarbrücken und der Chalmers University, Department of Polymeric Materials, Göteborg 5 (Schweden)

Molekulare Vorgänge bei der plastischen Verformung von Polymer-Einkristallen

Von H. Gleiter und J. Petermann

Mit 19 Abbildungen

(Eingegangen am 15. März 1973)

1. Einleitung

Eines der wesentlichsten Ziele der Untersuchung von kristallinen Stoffen ist die Deutung der makroskopischen Eigenschaften eines Kristalles aufgrund seiner atomistischen Struktur. Die in den vergangenen Jahren erreichten raschen Fortschritte im atomistischen Verständnis der mechanischen Eigenschaften von Metallen und Ionenkristallen wurden zu einem großen Teil dadurch erzielt, daß es mit Hilfe der Transmissions-Elektronenmikroskopie möglich geworden war, die Mikromechanismen der plastischen Verformung zu einem großen Teil direkt zu beobachten. Im Gegensatz zu diesem Fortschritt steht das molekulare Verständnis der mechanischen Eigenschaften von Polymerkristallen noch sehr am Anfang. In Analogie zur Entwicklung bei den Metallen und Ionenkristallen ist zu erwarten, daß die Anwendung der Elektronenmikroskopie auf dem Gebiet der Polymerkristalle zu wesentlichen Fortschritten im molekularen Verständnis der Eigenschaften dieser Stoffe führen wird. Wegen der komplizierten Struktur polykristalliner Polymere erscheint es zweckmäßig, die grundlegenden Vorgänge an Einkristallen zu studieren und diese Ergebnisse dann auf polykristalline Körper zu erweitern.

Zu dieser Arbeit soll über einige neuere elektronenmikroskopische Beobachtungen an plastisch verformten Polymer-Einkristallen, genauer Polyäthylen-Einkristallen, berichtet werden.

Aus den Arbeiten von *Fischer* (1), *Keller* (2), *Till* (3) und den zahlreichen nachfolgenden Untersuchungen (4, 5) ist bekannt, daß Polymer-Einkristalle durch die Faltung von Molekülen gebildet werden. Kristallographisch können daher zwei Bereiche in einem Polymer-Einkristall unterschieden werden (Abb. 1). Der „amorphe" Bereich der Faltoberfläche, in dem die Moleküle mehr oder weniger geordnet sind und etwa parallel zur Oberfläche verlaufen, sowie das Kristallinnere („kristalliner" Bereich), in dem die Moleküle eine räumlich periodische Struktur bilden, in der sie als parallele Ketten angeordnet sind und senkrecht zur Faltoberfläche stehen. Die unterschiedliche Anordnung und Orientierung der Moleküle in beiden Bereichen läßt erwarten, daß vom molekularen Mechanismus her zwei Arten der plastischen Verformung zu unterscheiden sind: Plastische Verformungen, die eine Scherung parallel zur Molekülrichtung im Kristallinneren (c-Richtung in Abb. 1) erfordern, und Verformungen, die in einer Dehnung oder Scherung in der a-b-Ebene (Abb. 1) bestehen.

2. Plastische Verformung durch Scherung parallel zur Molekülrichtung

Plastische Verformung (Scherung) von Polyäthylen-Einkristallen parallel zur Molekülrichtung im Kristallinneren (c-Achse) wurde durch folgendes Verfahren erzeugt (6). Poyäthylen-Einkristalle ($M_W = 10000$) wurden isotherm bei 80 °C in Xylol gezogen und nach dem Entfernen des Lösungsmittels auf einen dünnen Kohlefilm gelegt, dessen Oberfläche eine große Zahl von Stufen mit einer Höhe zwischen 2,6 Å und ca. 100 Å senkrecht zur Filmebene enthielt (Abb. 2). Die gestufte Filmoberfläche war der Kohleabdruck der Oberfläche eines

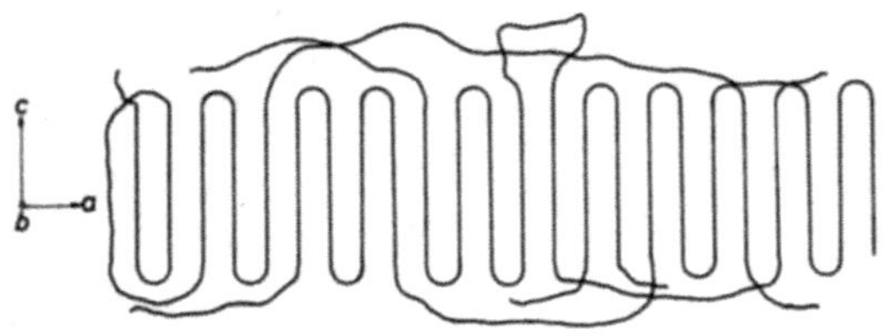

Abb. 1. Schematischer Querschnitt durch einen Polymer-Einkristall (5). Die Moleküle im Kristallinnern bilden eine räumlich periodische Struktur, während an der Oberfläche („amorpher" Bereich) eine große Zahl loser Molekülsegmente vorhanden ist

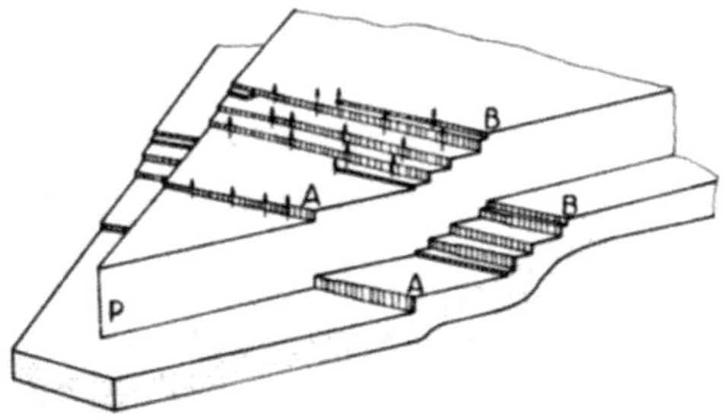

Abb. 2. Polyäthylenkristall (*P*), der auf der gestuften Oberfläche eines Kohlefilms liegt. Um den Polyäthylenkristall an die Stufen des Kohlefilms anzupassen, müssen Versetzungen eingeführt werden. Die Stellung dieser Versetzungen und die Richtung ihres *Burgers*vektors sind durch Pfeile angedeutet

polierten Kupfereinkristalles, der nach dem Polieren bis zum Ende des Bereiches I bei Raumtemperatur plastisch verformt worden war. Wegen der starken Adhäsion zwischen Polyäthylen-Einkristallen und Kohlefilmen werden die Polyäthylenkristalle gezwungen, sich an die gestufte Oberfläche des Kohlefilms anzulegen (Abb. 2). Dieses Anlegen kann entweder über lokale elastische Biegung der Polymerkristalle an den Stufenkanten erfolgen oder durch Scherung parallel zur Richtung der Moleküle (c-Achse), da die Stufen parallel zur c-Richtung sind.

Abb. 3a zeigt eine elektronenmikroskopische Durchstrahlungsaufnahme (Dunkelfeld) eines Polyäthylen-Einkristalles, der auf einem gestuften Kohlefilm liegt (6). Entlang der Linie, die durch die beiden Pfeile gekennzeichnet ist, verläuft im Kohlefilm eine einzelne Stufe, ähnlich der Stufe A in Abb. 2. In dem Bereich, der durch zwei unterbrochene Linien eingerahmt ist, enthält der Kohlefilm eine große Zahl eng beieinander liegender, parallel verlaufender Stufen, etwa in der Art der Stufengruppe B in Abb. 2. Da sowohl in der Umgebung der Einzelstufe als auch der Stufengruppe keine durchgehenden Biegekonturen sichtbar sind [obwohl

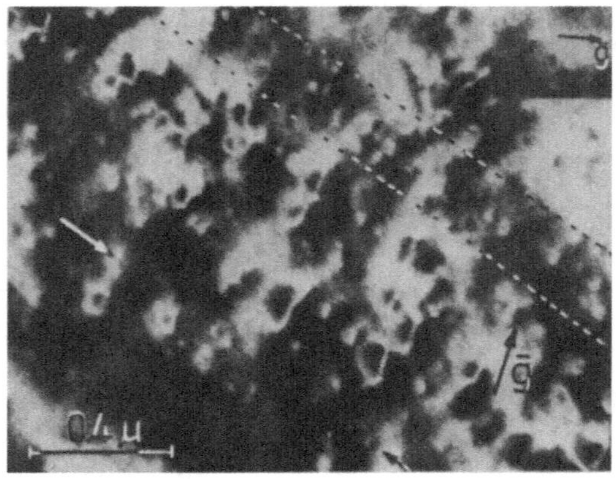

Abb. 3a. Elektronenmikroskopische Dunkelfeldaufnahme ($\bar{g} = 110$) eines Polyäthylenkristalles, der auf einem gestuften Kohlefilm liegt

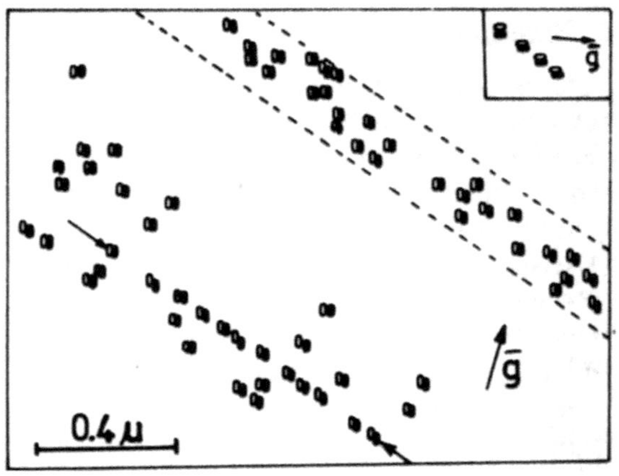

Abb. 3b. Skizze, die die Stellung der Versetzungen, die in Abb. 3a sichtbar sind, verdeutlicht.

der abbildende Vektor ($\bar{g}$) etwa senkrecht zur Stufenrichtung ist], folgt, daß sich der Polyäthylenkristall nicht durch elastische Biegung an die Stufen in der Oberfläche des Kohlefilms angepaßt hat. Offenbar geschieht die Anpassung durch plastische Verformung, d.h. Scherung parallel zur c-Achse. Diese plastische Verformung erzeugt im Polyäthylenkristall Gitterdefekte, die im elektronenmikroskopischen Bild als helle/dunkle Punkte sichtbar werden (Abb. 3a, b). Diese Punkte sind reihenweise entlang den Stufen angeordnet. Eine Reihe solcher Defekte ist beispielsweise entlang der Stufe sichtbar, die durch Pfeile gekennzeichnet ist. Ähnliches gilt für den gestrichelt eingerahmten Bereich. Aus der dynamischen Theorie der Streuung schneller Elektronen in Kristallen ergibt sich (7), daß die hellen/dunklen Punkte das elektronenmikroskopische Bild von Schraubenversetzungen sind, deren *Burgers*vektor parallel zum Elektronenstrahl und daher auch parallel zur c-Achse des Polyäthylen-Einkristalles ist. Das Vorhandensein solcher Versetzungen wurde von mehreren Autoren aufgrund theoretischer (8, 9) und experimenteller (10, 11, 12) Ergebnisse vorgeschlagen. Ihre direkte Beobachtung war vor einiger Zeit gelungen (13). Die oben beschriebenen Ergebnisse legen den Schluß nahe, daß der molekulare Mechanismus der Scherung von Polymerkristallen parallel zur Molekülrichtung (c-Richtung) die Bewegung dieser Versetzungen ist. Dieser Vorgang ist in Abb. 4 schematisch erläutert:

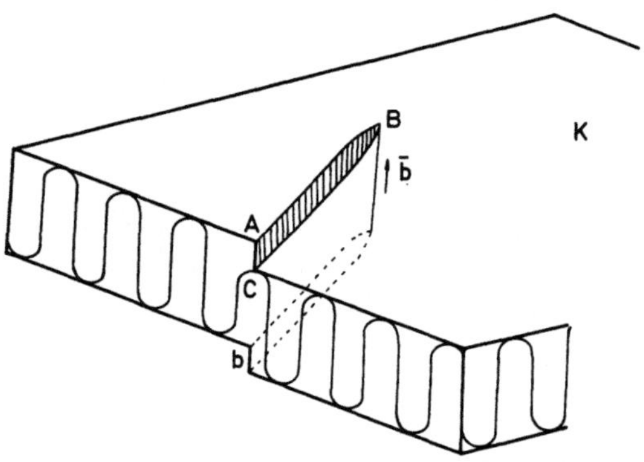

Abb. 4. Polymerkristall, der längs der Fläche ABC abgeschert ist. Bei B befindet sich eine Versetzung mit dem *Burgers*vector $\bar{b}$

Der gezeigte Polymerkristall (*K*) ist längs der Fläche ABC parallel zur Molekülrichtung um die Strecke *b* abgeschert. An der Stelle B, an der die Abscherung im Kristall „endet“, befindet sich eine Schraubenversetzung mit dem *Burgers*vektor $\bar{b}$. Bewegt sich diese Versetzung von B zur hinteren Kante des Kristalles, so werden die zwischen B und der Kante liegenden Kristallteile um *b* abgeschert.

3. Plastische Verformung senkrecht zur Molekülrichtung

a) Experimentelle Befunde

Verformungsexperimente an Polymer-Einkristallen durch Dehnung (Scherung) senkrecht zur Molekülrichtung (also in der a, b-Ebene, Abb. 1) wurden von mehreren Autoren ausgeführt. In allen Experimenten wurden die Einkristalle wegen ihrer geringen Größe entweder in ein verformbares Material eingebettet (14–16) oder auf eine anhaftende Unterlage gelegt (12) (17–20), die zusammen mit dem Kristall verformt wurde. Obwohl diese Experimente eine Reihe wertvoller Informationen über die Vorgänge bei der plastischen Verformung von Polymer-Einkristallen lieferten, haben sie den Nachteil, daß dem Polymer-Einkristall stets die Verformungsweise der Unterlage (bzw. der ihn umgebenden Substanz) aufgezwungen wird, da die Dicke des Einkristalls mehrere Zehnerpotenzen geringer ist als die Abmessungen der Unterlage. Es ist daher schwer möglich, aus diesen Experimenten eine Aussage über die plastische Verformung „freier“ Polymer-Einkristalle senkrecht zur Molekülrichtung abzuleiten. Dieser Nachteil fällt deshalb besonders ins Gewicht, weil man aus den Arbeiten über die plastische Verformung von Metallen und Ionenkristallen weiß, daß die Untersuchung der plastischen Verformung „freier“ Einkristalle sehr wesentliche Aufschlüsse über die atomistischen Verformungsmechanismen ergibt. Es ist daher naheliegend zu versuchen, die Verformungsvorgänge in „freien“ Polymer-Einkristallen zu beobachten.

Untersuchungen dieser Art sind vor einiger Zeit an Polyäthylen-Einkristallen (21, 22) ausgeführt worden. „Freie“ Polyäthylen-Einkristalle wurden dadurch erzeugt (Abb. 5), daß sie aus einer Xylol-Suspension auf einem ebenen, dünnen Kohlefilm niedergeschlagen wurden, der von zahlreichen, etwa 5 μ breiten Rissen durchzogen war. Der Kohlefilm selbst lag auf einem Kupfernetz mit einer Maschenweite von 100 μ. Durch geeignete Versuchsführung wurde erreicht (22), daß Polyäthylenkristalle, die quer über einen der Risse im Kohlefilm zu liegen kamen, diesen Riß überbrückten (Abb. 5). Der überbrückende Teil des Kristalles (ABCD in Abb. 5) ist frei von jeder Unterlage. Durch die starken Adhäsionskräfte zwischen den Polyäthylenkristallen und

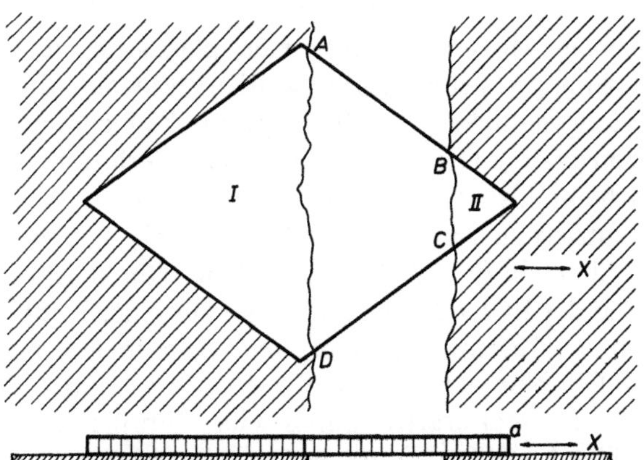

Abb. 5. Erzeugung „freier“ Polymer-Einkristalle; a ist der Polymerkristall, der auf dem Kohlefilm (c) liegt

dem Kohlefilm wirken die Teile I und II des Polymerkristalles als „Einspannstellen" für den „freien" Teil ABCD. Dehnt man die ganze Anordnung in Richtung *x*, so weitet sich der Riß und dehnt damit den unterlagenfreien Teil des Polyäthylen-Einkristalles. Die Teile I und II werden nicht plastisch verformt, da sie an dem festen, nicht verformbaren Kohlefilm haften.

Abb. 6 zeigt eine elektronenmikroskopische Aufnahme (Hellfeld) eines Polyäthylen-Einkristalles, der bei 77 °K verformt und anschließend bei 130 °K photographiert wurde.

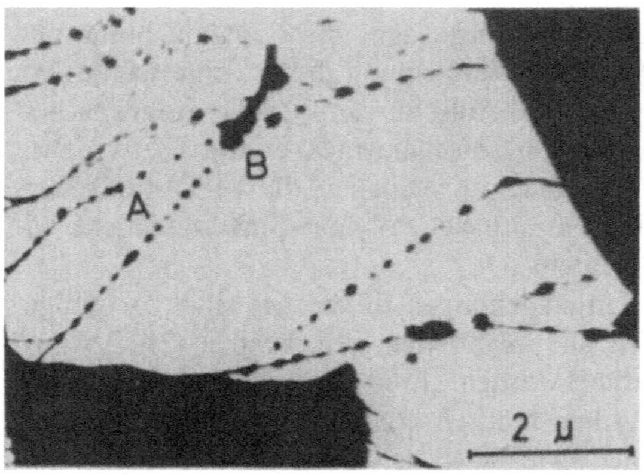

Abb. 6. Elektronenmikroskopische Aufnahme der Fäden, die sich beim Verformen eines Polyäthylen-Einkristalles bei 77 °K bilden (Hellfeld)

Der Kristall ist bei der Verformung offenbar in zwei Teile (dunkle Gebiete am rechten und linken Bildrand) zerbrochen, wobei sich Fäden gebildet haben, die sich über den Riß hinweg erstrecken. Die plastische Verformung in den beiden Bruchstücken des Kristalls wurde dadurch ermittelt, daß der Abstand zwischen zwei Referenzpunkten (z. B. zwei Staubteilchen) vor und nach der Verformung gemessen wurde. Bei keiner Messung konnte eine plastische Verformung nachgewiesen werden, obwohl die Meßgenauigkeit etwa 0,1 % plastische Dehnung betrug (21). Die gesamte plastische Verformung scheint also auf die Bildung der Fäden konzentriert zu sein. Aus dem Elektronenbeugungsbild (Abb. 7) und dem Hell- bzw. Dunkelfeldbild der Fäden folgt (22), daß sie aus einer Kette von unregelmäßig geformten Polyäthylenkristallen bestehen (vgl. die Kette bei A in Abb. 6), die perlschnurartig durch eine Fibrille von 100 Å bis 300 Å Durchmesser miteinander verbunden sind. Die kristallographischen Achsen (a, b und c) der einzelnen Kristallite sind, entsprechend dem Beugungsdiagramm, statistisch im Raume orientiert (Abb. 8, A). Die Fibrille, die die Kristallite miteinander verbindet, besteht zu einem großen Teil aus ausgestreckten Polyäthylenmolekülen, die in Fadenrichtung orientiert sind (Abb. 8, b und d) (22).

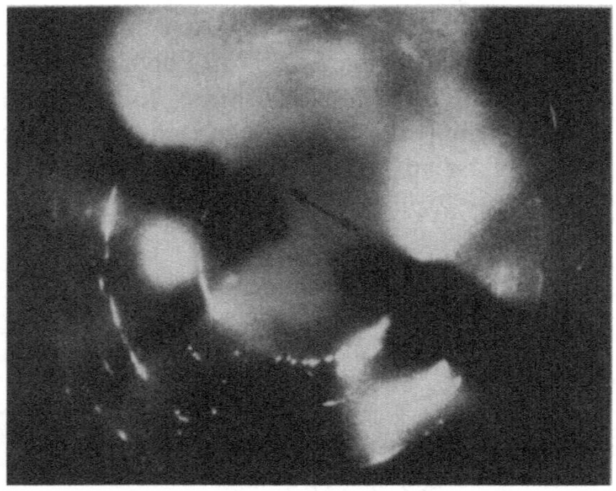

Abb. 7. Elektronenbeugungsdiagramm der Fäden von Abb. 6. Das Diagramm besteht aus konzentrischen Ringen statistisch angeordneter Punkte. Das beugende Objekt besteht also aus statisch orientierten Einkristallen. Der eingezeichnete Pfeil gibt die Fadenrichtung an

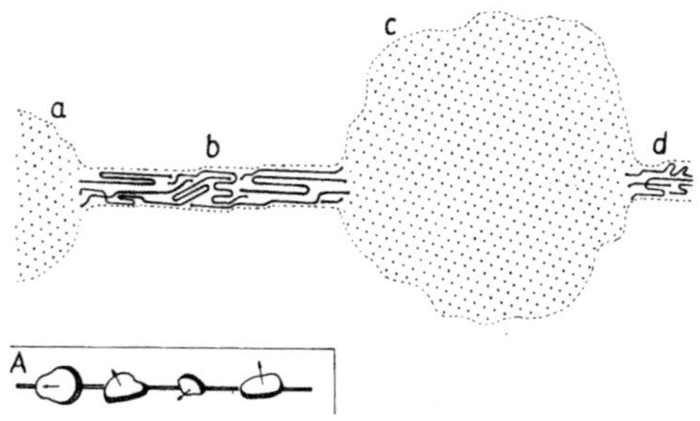

Abb. 8. Molekulare Struktur der gezogenen Fäden bei 77 °K (schematisch). A zeigt die statistische räumliche Orientierung der Kristallite

Erwärmt man die Fäden von der Verformungstemperatur von 77 °K auf Raumtemperatur, so verschwindet die perlschnurartige Morphologie und es bilden sich Fäden mit gleichförmigem Durchmesser (Abb. 9a und 9b). Aus dem elektronenmikroskopischen Dunkelfeldbild (Abb. 10) und dem Beugungsdiagramm folgt, daß diese Fäden polykristalline Struktur besitzen: sie bestehen aus ca. 50 Å großen Kristalliten (helle Punkte in Abb. 10) orthorhombischer Struktur, bei denen die c-Achse vorzugsweise in Fadenrichtung orientiert ist. Beim Aufheizen von 77 °K auf Raumtemperatur hat also offenbar eine Umordnung der Moleküle im Faden stattgefunden. Eine weitere Umordnung beobachtet man, wenn man die Probe auf 100 °C erwärmt. Die kleinen Kristallite verschwinden und es bildet sich in den Fäden ein Gefüge, das aus schichtenartig angeordneten Kristallen besteht, die sich quer über den Fadenquerschnitt erstrecken und in denen die Moleküle parallel zur Fadenrichtung stehen (17, 22, 23–28).

Durch zusätzliche Experimente wurde gezeigt, daß man die beschriebene Fadenstruktur auf zweierlei Weise erzeugen kann: Einmal durch Verformung bei 77 °K mit nachfolgendem Aufheizen auf eine höhere Temperatur *T* oder durch Verformen bei *T*.

Die beobachtete Strukturänderung beim Aufheizen ist nicht reversibel (22).

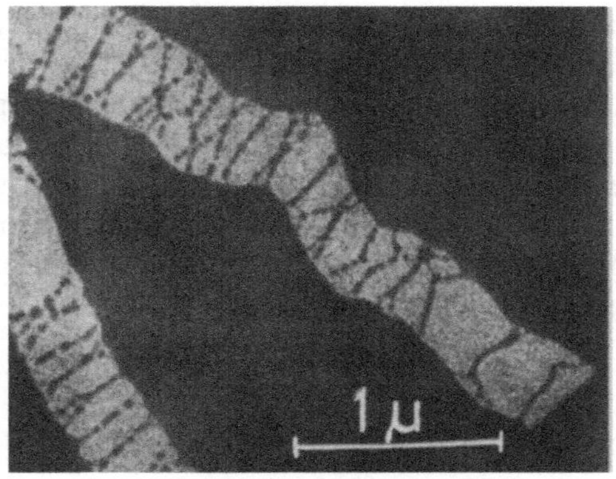

Abb. 9a. Elektronenmikroskopische Aufnahme von Fäden mit Perlschnurstruktur, die bei der Verformung eines Einkristalls bei 77 °K entstanden sind (Aufnahmetemperatur 130 °K)

b) Molekulare Deutung

Die beobachtete molekulare Struktur der Fäden in Abhängigkeit von der Aufheiz- bzw. Verformungstemperatur läßt sich verstehen, wenn man annimmt (22), daß sich bei der Entstehung der Fäden zwei Prozesse überlagern: die plastische Verformung und die nachfolgende thermisch aktivierte Umordnung (Rekristallisation) des Materials im Faden.

Die thermisch aktivierte Umordnung der Moleküle ist bei 77 °K eingefroren; daher zeigt die Fadenstruktur, die bei dieser Temperatur beobachtet wird, welche Vorgänge bei der plastischen Verformung ablaufen. Die beobachtete Perlschnurstruktur der Fäden (Abb. 6) und das Beugungsdiagramm (Abb. 7) legen die Annahme nahe, daß bei der plastischen Verformung einzelne, kleine Blöckchen aus dem Einkristall herausgebrochen und in den Faden eingebaut werden. Die unregelmäßige Form und Größe der Blöckchen scheint mit dem Vorhandensein von Baufehlern im Einkristall (Oberflächenstufen, Mikrorisse, Versetzungen usw.) zusammen zu hängen. Solche Fehler können bekanntlich durch lokale Spannungskonzentration wachstumsfähige Rißkeime erzeugen, die dann durch Rißwachstum zum Herausbrechen einzelner Blöckchen führen. Beim Herausbrechen werden die Moleküle, die ein gerade herausbrechendes Blöckchen mit dem restlichen Teil des Einkristalls verbinden, teilweise aufgefaltet und aus dem Blöckchen herausgespult. Diese Vorstellung macht sowohl die beobachtete statistische Orientierung der unregelmäßig geformten Blöckchen verständlich (Abb. 6

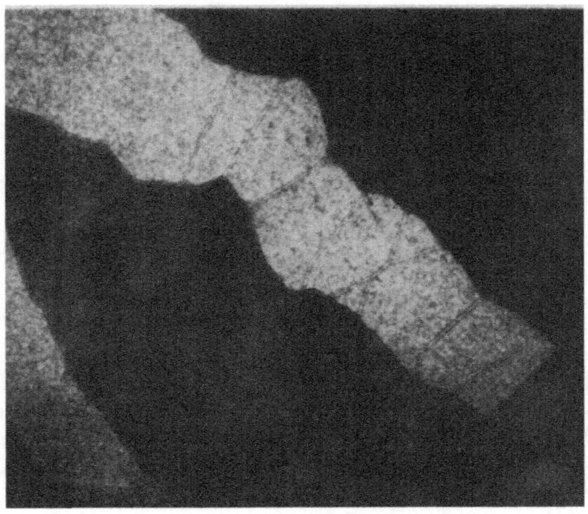

Abb. 9b. Gleiche Stelle wie in Abb. 9a nach dem Aufheizen der Probe auf Raumtemperatur. Die Blöckchen entlang der Fäden haben sich aufgelöst

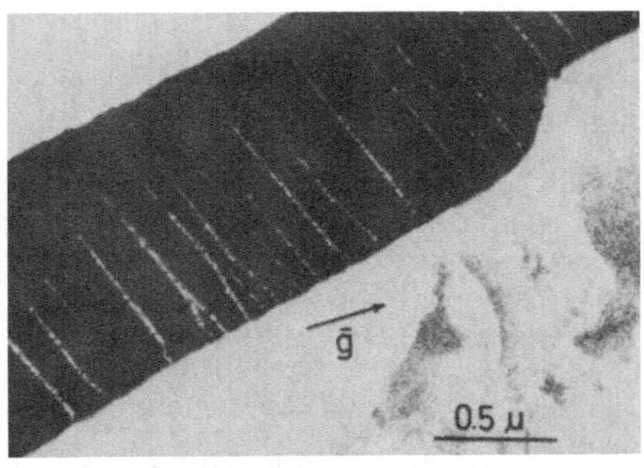

Abb. 10. Dunkelfeldbild von Fäden, die durch Verformung bei 77 °K entstanden sind und anschließend auf Raumtemperatur erwärmt wurden

und 8) als auch die Ausrichtung der Moleküle in der Fibrille zwischen den Blöckchen. Der Grundprozeß der plastischen Verformung von Polyäthylen-Einkristallen senkrecht zur Molekülrichtung im Kristall scheint also das Abspulen von Molekülen zu sein, das unterbrochen sein kann durch das Herausbrechen kleiner Kristallgebiete aus dem Einkristall.

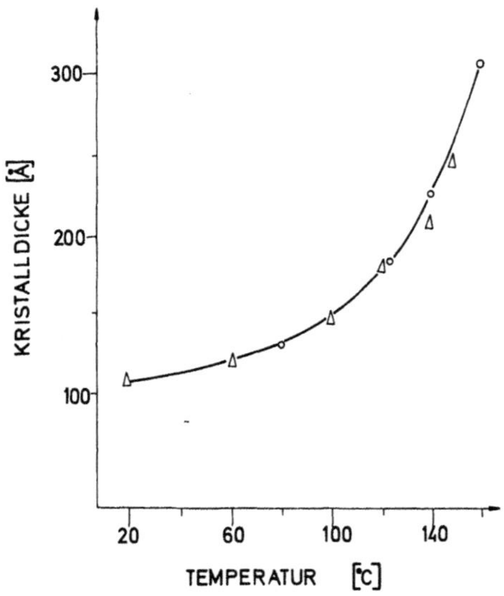

Abb. 11. Kristallitdicke (*o*) in isotaktischem Polypropylen in Abhängigkeit von der Anlaßtemperatur (Rekristallisationstemperatur). Die Verformungstemperatur betrug 20 °C und die Rekristallisationszeit 100 Minuten. *Δ*: Kristallitdicke in isotaktischem Polypropylen in Abhängigkeit von der Verformungstemperatur (29)

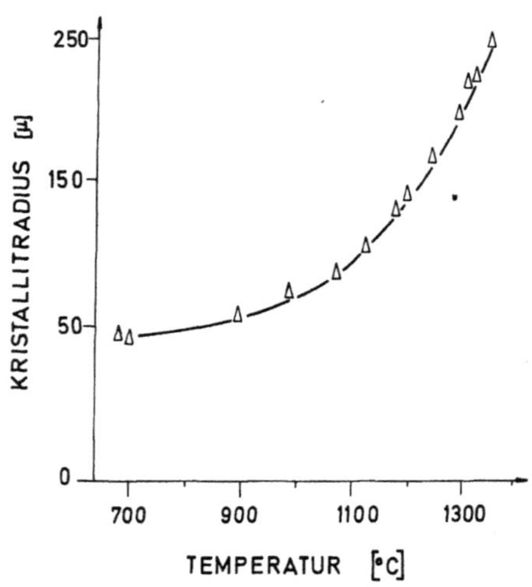

Abb. 12. Korngröße von rekristallisiertem Nickel in Abhängigkeit von der Rekristallisationstemperatur bei einer Glühzeit von 4 Stunden. Die Verformungstemperatur betrug 20 °C, der Verformungsgrad 10% (30)

Diesem Verformungsprozeß überlagert sich bei höherer Temperatur ein thermisch aktivierter Umordnungsprozeß, der analog zur Rekristallisation von Metallen und Ionenkristallen ist. Die gitterdefektreiche Struktur des Fadens (Abb. 8) rekristallisiert über die Neubildung zahlreicher kleiner Kristallite (Abb. 10), die dann durch anschließendes Kristallwachstum die bekannte Schichtstruktur der Fäden ergeben. Die Analogie zwischen der Rekristallisation in Polymeren und Metallen ist in Abb. 11 und 12 demonstriert. Abb. 11 zeigt die Kristallitdicke bei Fäden aus Polypropylen, die bei Raumtemperatur gebildet und anschließend bei verschiedener Temperatur „rekristallisiert" wurden (29). In Abb. 12 ist zum Vergleich die Kristallitgröße von Nickel gezeigt (30), das bei Raumtemperatur um 10% plastisch verformt und anschließend bei verschiedener Temperatur rekristallisiert wurde.

Die Beobachtungen über das Herausbrechen einzelner Kristallblöckchen und das Abspulen der dazwischenliegenden Moleküle ist in Übereinstimmung mit den von *Peterlin* (25, 31) und *Kobayashi* (32) vorgeschlagenen Vorstellungen. Die beobachtete Bildung der Schichtenstruktur der Fäden durch Rekristallisation hat die früher vorgeschlagenen Modellvorstellungen über die Fadenbildung (23–28, 31, 33–35) nicht bestätigt.

4. Plastische Verformung vernetzter Polyäthylenkristalle senkrecht zur Molekülrichtung

Eine gezielte Veränderung der molekularen Struktur von Polyäthylen-Einkristallen läßt sich erreichen, wenn man die Kristalle energiereicher Strahlung, beispielsweise schnellen Elektronen, aussetzt. Die Wechselwirkung der Elektronen mit den Makromolekülen erzeugt in Polyäthylen vorzugsweise Vernetzungen zwischen benachbarten Molekülen, die größtenteils im „amorphen" Gebiet der Faltoberfläche liegen, solange die Bestrahlungsdosis unter 40 Mrad bleibt (36–38). In bestrahlten Polyäthylenkristallen sind also die Moleküle vorzugsweise im „amorphen" Bereich durch zusätzliche kovalente Bindungen verknüpft, während die Bindungsverhältnisse im Kristallinnern nahezu unverändert bleiben. Bestrahlte Polyäthylenkristalle stellen daher ein Modellsystem dar, um den Einfluß der Struktur des „amorphen" Bereiches auf das Verformungsverhalten zu studieren.

Verformungsversuche an bestrahlten Polyäthylen-Einkristallen ($M_W = 10000$) ergaben folgende Änderung des Verformungsvorganges als Funktion der Bestrahlungsdosis (Vernetzungsdichte) (39): Bei Tieftemperaturverformung (77 °K) nimmt die Größe der beim Verformen herausgebrochenen Kristallblöckchen mit zunehmender Dosis ab. Bei einer Dosis oberhalb von 0,6 Mrad unterbleibt die Fadenbildung vollständig und die Kristalle brechen spröde.

Ein vollkommen anderes Verformungsverhalten wurde bei Raumtemperaturverformung beobachtet: Kristalle, die vor der Verformung mit ca. 11 Mrad bestrahlt wurden, bilden ein Netzwerk von verzweigten Fäden (Abb. 13). Mit zunehmender Dosis erhöht sich der Verzweigungsgrad. Es kommt zur Bildung von „Fadenbüscheln" (A und B in Abb. 14), deren Breite mit der Dosis anwächst, so daß oberhalb von 30 Mrad nur noch ein Bündel, oder besser gesagt, ein dünner Film bei der Verformung entsteht. Die Entstehung eines solchen dünnen Filmes ist in Abb. 15a und 15b zu sehen. Beide Bilder zeigen den gleichen Kristall, einmal vor (Abb. 15a) und dann nach (Abb. 15b) der Deformation. Bei *P* hat sich ein dünner kontinuierlicher Film gebildet, während die übrigen Kristallteile, also die Gebiete oberhalb der Linie bc und unterhalb von ef, unverformt geblieben sind. Wird der in Abb. 15b gezeigte

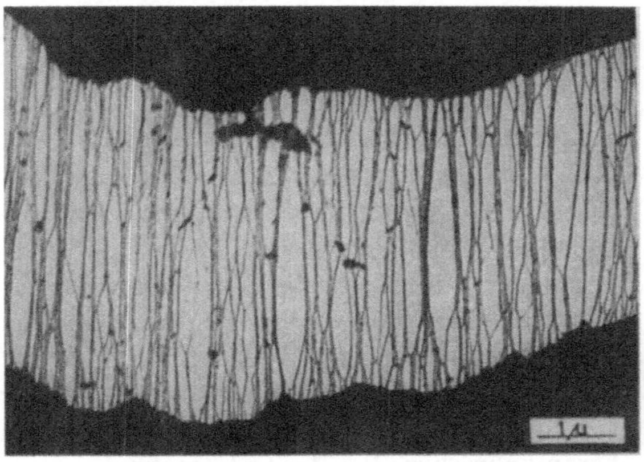

Abb. 13. Weitmaschiges Netzwerk von Fäden, die durch Verformen eines mit 10,5 Mrad bestrahlten Polyäthylen-Einkristalls bei Raumtemperatur erhalten wurden

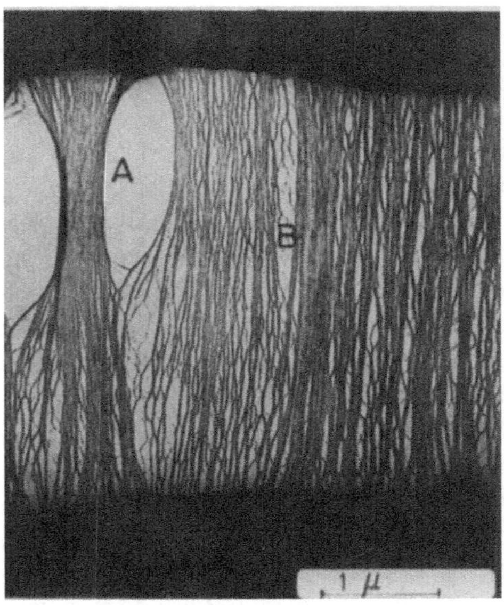

Abb. 14. Hellfeldbild von verzweigten Fäden und Bündeln (A und B), wie sie beim Verformen ($T = 20$ °C) eines mit 15 Mrad bestrahlten Polyäthylenkristalles entstehen

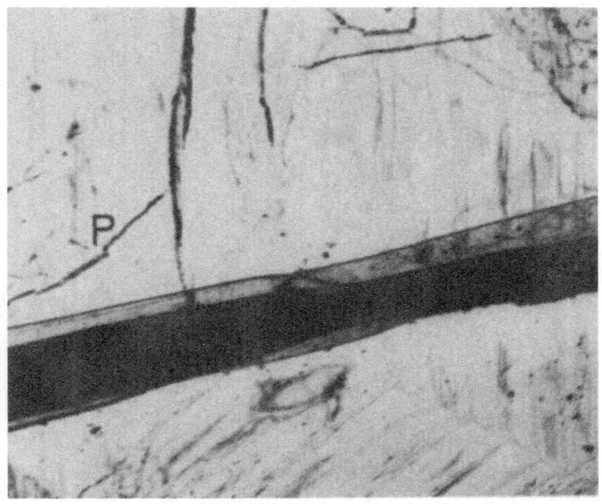

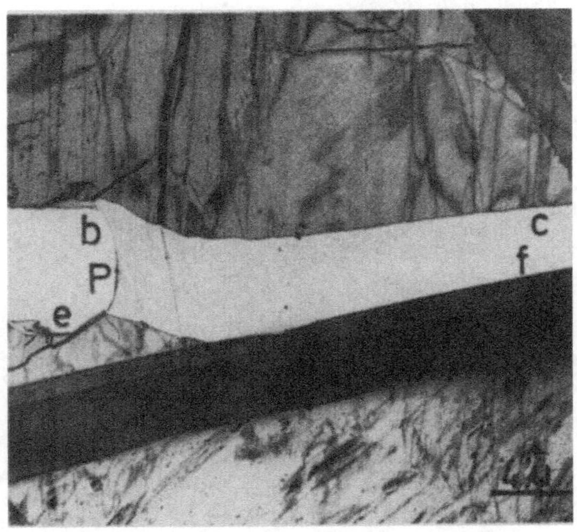

Abb. 15, a, b. Elektronenmikroskopische Beobachtung der Bildung eines dünnen Films bei 20 °C aus einem mit 35 Mrad bestrahlten Polyäthylenkristall. Abb. 15a zeigt den Kristall vor der Verformung. Abb. 15b zeigt den Kristall nachher. Von *P* aus ist ein dünner (15 Å dicker) Film entstanden; bc und ef trennen die noch unverformten Kristallteile vom Film

Kristall weiter gedehnt, so verschieben sich die Übergangsstellen bc und ef zwischen unverformten Kristall und dem Film nach oben bzw. unten. Die Breite des Films wächst dabei auf Kosten des noch unverformten Materials. Der dünne Film entsteht also durch einen diskontinuierlichen Verformungsprozeß, der in einem schmalen Übergangsgebiet (entlang der Linien bc und ef) abläuft. Aus dem Dunkelfeldbild und dem Elektronenbeugungsdiagramm ergibt sich, daß das verformte Material aus kleinen kristallinen Gebieten besteht (helle Punkte in Abb. 16), in denen die Moleküle etwa parallel zur Dehnungsrichtung liegen. Längeres Anlassen bei 110 °C bewirkt ein begrenztes laterales und Dickenwachstum der Kristallite sowie eine perfektere Kristallstruktur in diesen Bereichen (Abb. 17).

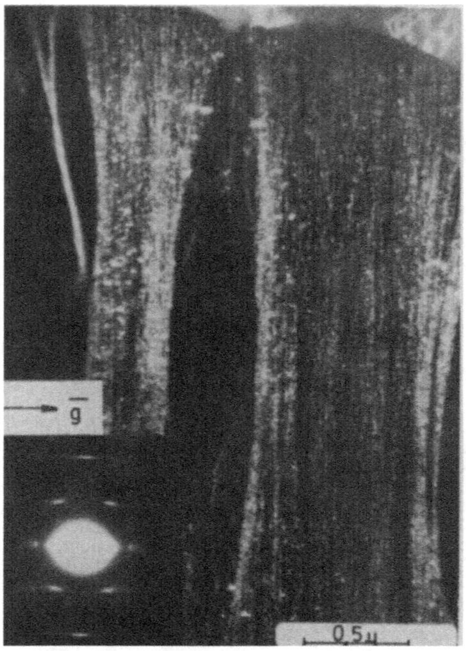

Abb. 16. Dunkelfeldbild ($\bar{g}$ = 110 und 200) und Beugungsdiagramm von Fäden, die bei der Raumtemperaturverformung aus einem bestrahlten (15 Mrad) Polyäthylenkristall entstanden sind

Abb. 17. Dunkelfeldbild eines verformten und angelassenen (110 °C) Kristalls mit den gleichen Daten wie Abb. 16

Die beobachteten Änderungen des Verformungsverhaltens von Polyäthylen-Einkristallen als Funktion der Vernetzungsdichte lassen sich mit Hilfe des oben beschriebenen Verformungsmechanismus von unbestrahlten Einkristallen verstehen. Durch die Einführung von Vernetzungen werden die Bindungskräfte zwischen benachbarten Molekülen vergrößert. Daher wird die Kraft, die zum Herausbrechen eines Kristallblöckchens notwendig ist, zunehmen mit zunehmender Dosis. Diese Kraft muß auf das herauszubrechende Blöckchen durch die ausgerichteten Moleküle in der Fibrille (b und d in Abb. 8) übertragen werden. Durch die Einführung der Vernetzungen wird die Zugfestigkeit der Fibrille nicht wesentlich geändert. Dagegen steigt die Kraft, die zum Herausbrechen nötig ist, etwa proportional zu der Dichte der Vernetzungsstellen an. Folglich wird es ab einer bestimmten Vernetzungsdichte leichter sein, die Fibrille zu zerreißen als ein Blöckchen herauszubrechen. Bei dieser Vernetzungsdichte (Bestrahlungsdosis) hört daher die Fadenbildung bei 77 °K auf und der Kristall bricht spröde.

Erfolgt die Verformung bei höherer Temperatur, so wird die thermische Aktivierung die Molekülbewegung erleichtern. Bei der Verformung eines Einkristalles, dessen Moleküle teilweise miteinander vernetzt sind, ist es aus geometrischen Gründen nicht mehr möglich, allein durch Abspulen und nachfolgende Rekristallisation die Moleküle aus der Anordnung im Einkristall in die beobachtete Anordnung im Faden überzuführen. Um die Bildung der Fadenstruktur zu ermöglichen, müssen einige der Vernetzungsstellen bei der Verformung aufgebrochen werden. Da kovalente Bindungen bei Raumtemperatur durch reine thermische Aktivierung praktisch nicht geöffnet werden können, ist eine Mithilfe der äußeren Kräfte erforderlich. Die lokalen Spannungen, die notwendig sind, um kovalente Bindungen aufzubrechen, liegen in der Größenordnung von 0,1 E (40, 41), wobei E der Elastizitätsmodul des Materials ist. Die beobachtete plastische

Verformung führt daher zu dem Schluß, daß an den Stellen, an denen das Abspulen der Moleküle erfolgt, lokale Spannungen in der Größenordnung von 0,1 E herrschen.

Die beobachteten Änderungen der Morphologie des verformten Materials mit wachsender Strahlendosis lassen sich aus der geänderten molekularen Struktur der „amorphen" Faltoberflächen und den oben beschriebenen Vorgängen der plastischen Verformung verstehen. Werden unbestrahlte Polyäthylenkristalle verformt, so bilden die entstehenden Fäden ein Netzwerk (vgl. Abb. 9b). Die notwendige Bedingung für die Stabilität einer Knotenstelle dieses Netzwerkes ist, daß die Festigkeit des Materials an der Knotenstelle so groß ist, daß sie nicht zerbricht unter der Kraft, die die einmündenden Fibrillen während der plastischen Verformung auf sie ausüben. Da die Einführung von zusätzlichen kovalenten Bindungen durch Elektronenbestrahlung die Festigkeit des Materials erhöht, erhält man beim Verformen eine zunehmende Zahl von Stellen, die eine ausreichende Festigkeit besitzen, um einen Verzweigungspunkt zwischen drei Fäden zu bilden. Daher wird mit zunehmender Bestrahlungsdosis (Vernetzungsdichte) der mittlere Abstand zwischen den Verzweigungspunkten abnehmen, d.h. die Fäden bilden ein immer enger werdendes Netzwerk bis letztlich die Verzweigungsstellen so eng liegen, daß die beobachteten Bündel und dünnen Filme entstehen. In diesen Bündeln und Filmen ist durch die zahlreichen Versetzungsstellen die Molekülumordnung durch Rekristallisation nur noch sehr beschränkt möglich; daher wird verständlich, warum die Ausrichtung der Moleküle in Zugrichtung auch nach langem Anlassen unvollständig bleibt (vgl. Beugungsdiagramm in Abb. 16 und 17) und auch das laterale Wachstum und Dickenwachstum der Kristallite beschränkt ist (Abb. 17).

5. Verformung von schmelzerstarrten Einkristallen senkrecht zur Molekülrichtung (42, 43)

Neben der Herstellung aus verdünnten Lösungen können Polymer-Einkristalle auch aus dünnen geschmolzenen Filmen erhalten werden. Beispielsweise lassen sich Polyäthylen-Einkristalle durch Aufschmelzen von Polyäthylen auf heißer Phosphorsäure (42) erzeugen. Schmelzerstarrte Polyäthylen-Einkristalle zeigen ein ähnliches Verformungsverhalten wie es für bestrahlte Polyäthylen-Einkristalle im vorhergehenden Abschnitt beschrieben wurde. In Abb. 18 ist ein schmelzerstarrter Polyäthylen-

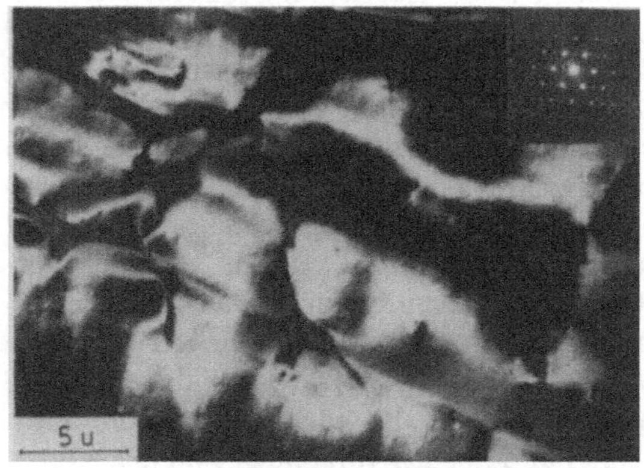

Abb. 18. Elektronenmikroskopische Dunkelfeldaufnahme und zugehöriges Beugungsbild eines aus der Schmelze entstandenen Polyäthylen-Einkristalles. Das helle Gebiet ist eine Biegekontur ($M_W = 5900$).

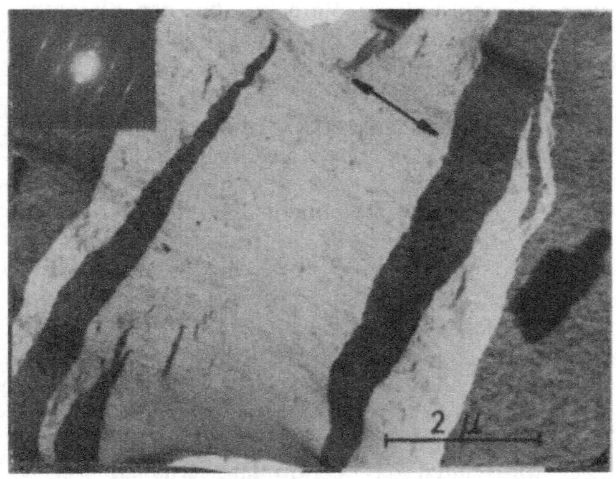

Abb. 19. Hellfeldbild und Beugungsdiagramm eines gedehnten Polyäthylen-Einkristalles, der aus der Schmelze erstarrt ist ($M_W = 90000$). Bei der plastischen Dehnung in der Filmebene entsteht durch einen diskontinuierlichen Verformungsprozeß ein dünner Film (ca. 15 Å Dicke, helles Gebiet), in dem die Moleküle in Dehnungsrichtung orientiert sind. Der eingezeichnete Pfeil gibt die Dehnungsrichtung an. Die dunkleren Bereiche bestehen aus unverformtem Material

Einkristall und das zugehörige Beugungsbild gezeigt. Selbst bei raschem Abkühlen der Schmelzfilme wurden Kristalle bis zu 1 mm Größe erhalten (42). Abb. 19 zeigt einen schmelzerstarrten Einkristall, der in der angezeichneten Richtung bei Raumtemperatur gedehnt wurde. Bei der plastischen Verformung bildet sich durch einen diskontinuierlichen Deformationsprozeß ein etwa 15 Å dicker Film. Das Elektronenbeugungsbild und die Dunkelfeldaufnahmen zeigen, daß dieser Film aus kleinen (ca. 50 Å Durchmesser), kristallinen Gebieten besteht, in denen die Moleküle größtenteils in Zugrichtung angeordnet sind. Die Morphologie und die molekulare Struktur des verformten Materials gleicht also weitgehend den dünnen Filmen, wie sie bei der Verformung bestrahlter Polyäthylenkristalle entstanden (vgl. Abb. 15a und 15b). Das ähnliche Verformungsverhalten von bestrahlten und schmelzerstarrten Einkristallen läßt sich verstehen, wenn man annimmt, daß die Molekülfaltung in den schmelzerstarrten Kristallen unregelmäßig ist (42, 43). Diese Annahme wird gestützt durch die Beobachtung, daß in ihnen keine Faltdomänen vorhanden sind (32, 43).

Zusammenfassung

Neuere elektronenmikroskopische Beobachtungen über die molekularen Vorgänge bei der plastischen Verformung von Polyäthylen-Einkristallen werden beschrieben. Aus den Ergebnissen dieser Untersuchungen folgt, daß die plastische Verformung (Scherung) von Polyäthylen-Einkristallen parallel zur Molekülrichtung (c-Achse) durch die Bewegung von Schraubenversetzungen mit einem *Burgers*vektor des Typs <001> erfolgt. Die plastische Verformung senkrecht zur Molekülrichtung scheint bei tiefer Temperatur durch das Auffalten und Abspulen von Molekülen aus dem Kristall zu erfolgen. Bei höherer Temperatur ist diesem Prozeß ein Rekristallisationsvorgang überlagert, der aus dem verformten Gefüge die bekannte Schichtstruktur von gezogenen Fäden entstehen läßt. Der Abspul- und Rekristallisationsvorgang hängt in erster Linie von der molekularen Struktur der amorphen Faltoberfläche ab. Dies wird durch das Verformungsverhalten von bestrahlten und schmelzerstarrten Polyäthylen-Einkristallen gezeigt.

Summary

Observations by means of transmission electron microscopy are reported on the molecular processes occurring during plastic deformation of polyethylene single crystals. The results indicate that plastic shear parallel to the molecules (c-axis) occurs by the movement of screw dislocations the *Burgers*vector of which is <001>. Plastic deformation normal to the c-axis involves unfolding of the molecules with a subsequent recrystallization process (at elevated temperatures) resulting in the well established structures of polyethylene fibers. The results of deformation experiments with both irradiated and melt grown single crystals suggest that the molecular mechanism of the unfolding process depends to a considerable extend on the structure of the fold surface of the single crystals.

Literatur

1) *Fischer, E. W.*, Z. Naturforschung. **12a**, 753 (1957).
2) *Keller, A.*, Phil. Mag. **2**, 1171 (1957).
3) *Till, P. H.*, J. Pol. Sci. **24**, 301 (1957).
4) *Geil, P. H.*, Polymer Single Crystals (New York 1963).
5) *Keller, A.*, Rep. Progr. Phys. **31**, 623 (1968).
6) *Petermann, J.* und *H. Gleiter*, J. Mat. Sci. **8**, 673 (1973).
7) *Tunstall, J. W., P. B. Hirsch* und *J. Steeds*, Phil. Mag. **9**, 99 (1964).
8) *Peterson, J. M.*, J. Appl. Phys. **39**, 4920 (1965).
9) *Keith, H. D.* und *F. Passaglia*, J. Res. Nat. Bur. Stds. **68A**, 513 (1964).
10) *Lindenmeyer, P. H.*, J. Pol. Sci. **C 15**, 109 (1966).
11) *Petermann, J.* und *H. Gleiter*, J. Pol. Sci. **A2, 10**, 1731 (1972).
12) *Gleiter, H.* und *A. S. Argon*, Phil. Mag. **24**, 71 (1971).
13) *Petermann, J.* und *H. Gleiter*, Phil. Mag. **25**, 813 (1972).
14) *Fischer, E. W.*, unveröffentlicht, zitiert in ref. 4, S. 104 und 442.
15) *Speerschneider, C. J.* und *C. H. Li*, J. Appl. Phys. **33**, 1871 (1962).
16) *Geil, P. H., F. R. Anderson, B. Wunderlich* und *T. Arakawa*, J. Pol. Sci. **A2**, 3707 (1964).
17) *Geil, P. H.*, J. Pol. Sci. **A2**, 3813, 3835, 3857 (1964).
18) *Kiho, H., A. Peterlin* und *P. P. H. Geil*, J. Pol. Sci. **B3**, 157, 257, 263 (1965).
19) *Sauer, J. A.*, Ann. N.Y. Acad. Sci. **155**, 517 (1969).
20) *Cerra, P., D. R. Morrow* und *J. A. Sauer*, J. Macromol. Sci. Phys. **B3**, (1), 33 (1969).
21) *Petermann J.* und *H. Gleiter*, J. Pol. Sci. **B10**, 877 (1972).
22) *Petermann, J.* und *H. Gleiter*, J. Pol. Sci. **A2, 10**, 2333 (1972).
23) *Dismore, P. F.* und *W. O. Statton*, J. Pol. Sci. **C13**, 133 (1969).
24) *Fischer, E. W., H. Goddar* und *G. F. Schmidt*, Makromol. Chem. **119**, 170 (1968).
25) *Peterlin, A.*, J. Math. Sci. **6**, 490 (1971).
26) *Peterlin, A., H. Kiho* und *P. H. Geil*, J. Pol. Sci. **B3**, 151 (1965).
27) *Hay, I. L.* und *A. Keller*, Nature **204**, 862 (1964).
28) *Peterlin, A., P. Ingram* und *H. Kiho*, J. Macromol. Chem. **86**, 294 (1965).
29) *Baltá-Calleja, F. J.* und *A. Peterlin*, J. Macromol. Sci. **B4**, 519 (1970).
30) *Bartuska, P.* und *A. Kufudakis*, J. Inst. Metals **39**, 406 (1964/65).
31) *Sakaoku, K.* und *A. Peterlin*, Macromol. Chem. **108**, 234 (1967).
32) *Kobayashi, K.*, zitiert in Ref. 4, S. 473.
33) *Hearle, J. W. S.*, J. Pol. Sci. **C20**, 215 (1967).
34) *Anderson, F. R.*, J. Pol. Sci. **C8**, 275 (1965).
35) *Gubanov, A. I.* und *A. D. Chevychelov*, Sov. Phys. Stat. Sol. State **4**, 4 (1962).
36) *Kobayashi, K.* und *K. Sakasku*, Lab. Invest. **14**, 1097 (1965).
37) *Charlesby, A.*, Atomic Radiation and Polymers (London 1960).
38) *Chapiro, A.*, Radiation Chemistry in Polymeric Systems (New York 1962).

39) *Petermann, J.* und *H. Gleiter*, J. Pol. Sci. **11**, 359 (1973).

40) *Orowan, E.*, Repts. Progr. Phys. **X**[aa], 185 (1948).

41) *Gilman, J. J.*, in: Fracture *B. L. Averbach* (Ed.) p. 193 (New York 1959).

42) *Petermann, J.* und *H. Gleiter*, Phil. Mag. **28**, 271 (1973).

43) *Petermann, J.* und *H. Gleiter*, J. Pol. Sci. (eingereicht).

Anschriften der Verfasser:
H. Gleiter
Fachbereich 12 – Angewandte Physik
Universität Saarbrücken
66 Saarbrücken
J. Petermann
Chalmers University of Technology
Department of Polymeric Materials
Göteborg 5 (Schweden)

Kolloid-Z. u. Z. Polymere **251**, 812 (1973)

Vorgetragen auf der Arbeitstagung des Fachausschusses Physik der Hochpolymeren im Rahmen der Frühjahrstagung des Arbeitskreises Festkörperphysik bei der Deutschen Physikalischen Gesellschaft vom 21.–23. März 1973 in Münster/Westf.

Aus dem California Institute of Technology, Pasadena, Californien, Gastprofessor am Institut für Mechanische Verfahrenstechnik der Universität Karlsruhe (TH)

Mikroerscheinungen bei der Rißausbreitung in Hochpolymeren und ihre Beziehung zur Kontinuumsmechanik

Von W. G. Knauss

(Eingegangen am 19. Juli 1973)

Rißausbreitung ist eine Folge des Versagens der Molekülstruktur unter den Kräften, die das Material an der Rißspitze belasten. Bei solch lokaler und hoher Belastung wird ein relativ kleiner Bereich des Materials einer Metamorphose unterworfen; die Kräfte, die diesen kleinen Bereich beanspruchen, werden über die makroskopische Probe übertragen: Eine einen Riß enthaltende Zugprobe kann daher als eine (weiche) Mikrozerreißmaschine angesehen werden, die einen Teil der über ihre Oberfläche eingeführten Arbeit in das Zerreißen der Mikroprobe (Rißspitzenmaterial) umsetzt. Es entsteht so eine Wechselwirkung zwischen der Festigkeit des Rißspitzenmaterials und der Verformbarkeit der Probe als Mikrozerreißmaschine. Die Größe des hoch beanspruchten Bereichs an der Rißspitze ist von Material zu Material auf Grund der Molekülstruktur verschieden. Beispiele wurden diskutiert anhand von Polypropylen (Folie) und Polybutylacrylsäure (1), Polycarbonat (2) und Polymethylmethacrylat (3):

Für den Fall *minimaler* Wechselwirkung zwischen dem hoch beanspruchten Rißspitzenmaterial und dem Rest der Probe als Zerreißmaschine kann man das Rißspitzenmaterial durch eine äquivalente Kräfteverteilung ersetzen, die dem Rest der Probe das Gleichgewicht hält. Diese Vereinfachung erlaubt es, eine im Rahmen der linearen Viskoelastizitätstheorie exakte Theorie der Rißausbreitung aufzustellen, die die Geschwindigkeit der Rißausbreitung in Abhängigkeit von der zeitlich veränderlichen Probenbelastung und von den makroskopischen Materialeigenschaften voraussagt.

Am Beispiel eines Polyurethan-Elastomers oberhalb der Glasübergangstemperatur wurde mit Hilfe der Theorie und aus Experimenten bestimmt, daß die maximale Kraft, die das Rißspitzenmaterial aufbringen kann, ungefähr $(1{,}5 \pm 0{,}3) \cdot 10^6$ g/cm^2 ist und daß der Bereich, in dem die Materialmetamorphose stattfindet, für dieses Elastomer eine Ausdehnung hat von der Größenordnung von 100 Å.

Eine umfassende Übersicht über die Problematik der Rißausbreitung in Hochpolymeren und die Grundlagen der oben angeführten Theorie, sowie deren Anwendung, sind in den Literaturnachweisen (4) bzw. (5) gegeben.

Literatur

1) *Knauss, W. G.*, Trans. Soc. Rheol. **13**, 291 (1969).

2) *Kambour, R. P.*, J. Appl. Pol. Sci, Part A-2, **4**, 17 (1966).

3) *Zhurkov, S. N., V. S. Kuksenko* and *A. I. Slutsker*, Submicrocrack formation under stress; Paper 16 in: Fracture 1969. Proc. 2. Int. Conf. on Fracture, Brighton, 1969. *Pratt, P. L.* (Ed.), p. 531 (London 1969).

4) *Knauss, W. G.*, Mechanics of polymer fracture, Appl. Mech. Reviews Vol. **26**, 1 (1973).

5) *Knauss, W. G.*, On the steady propagation of a crack in a viscoelastic sheet: Experiments and analysis. In: Deformation and Fracture of High Polymers, *H. H. Kausch, J. A. Hassel*, and *R. Jaffee* (Eds.) (New York 1973).

Anschrift des Verfassers:

Prof. Dr. *W. G. Knauss*
Caltec, Pasadena, Californien, USA

Kolloid-Z. u. Z. Polymere 251, 813–817 (1973)

Vorgetragen auf der Arbeitstagung des Fachausschusses Physik der Hochpolymeren im Rahmen der Frühjahrstagung des Arbeitskreises Festkörperphysik bei der Deutschen Physikalischen Gesellschaft vom 21.–23. März 1973 in Münster/Westf.

Aus dem Institut für theoretische und angewandte Physik der Universität Stuttgart

Eine Kontinuumstheorie der Polymeren

Von K. H. Anthony und E. Kröner)*

Mit 6 Abbildungen

(Eingegangen am 18. Mai 1973)

Mit diesem Vortrag soll eine kontinuumstheoretische Methode zur Beschreibung von Polymerstrukturen vorgestellt werden, wobei wir uns auf eine skizzenhafte Darstellung von einigen wesentlichen Gedanken beschränken. Die Theorie wird dem Bündelmodell gerecht. Auf das Knäuelmodell ist sie nicht anwendbar.

Bei der Entwicklung des Bündelmodells von Polymeren (1) sind offenbar die Atomkristalle und die dort erfolgreichen Methoden und Ideen Pate gestanden. Zum Verständnis der Eigenschaften eines Atomkristalls (z. B. eines Metalls) vergleicht man dessen in Wirklichkeit vorliegenden *Realzustand* mit dessen *Idealzustand*. Im Idealzustand ist das Kristallgitter perfekt. Durch Einführung von *Gitterfehlern* gelangen wir vom Idealzustand zum Realzustand. Die physikalischen Eigenschaften des Realzustands werden nun auf die Anwesenheit von Gitterfehlern und auf deren Eigenschaften (z. B. Spannungsfelder, Wechselwirkungen) zurückgeführt.

Das Bündelmodell der Polymeren ist methodisch genau gleich aufgebaut. Dem *Realzustand* stellt man einen *Idealzustand* gegenüber, in welchem die Molekülketten streng geradlinig und parallel ausgerichtet (Abb. 1 a) und senkrecht zur Kettenrichtung in einem zweidimensionalen Gitter angeordnet sind (Abb. 1 b). Durch Einführung von *Strukturfehlern* geht man auch hier vom Idealzustand zum Realzustand (Abb. 1 c) über und gelangt so auf natürliche Weise zum *Mäandermodell* (1). (Abb. 1 c zeigt einen Schmelzmäander. Dieselben Überlegungen gelten jedoch auch für die Bündelstruktur des kristallinen Zustands.) In Abb. 1 c beachte man die mit A und B bezeichneten Strukturfehler [*Disklination* (2)] welche im Mäandermodell zur Faltung der Kettenbündel führen. Die Strukturfehler C [*gauche-Flächen* (1)] bewirken ein kollektives Abkippen der Kettenbündel, während die Zickzackstruktur der einzelnen Kette auf *Kinken* (D) (3) zurückgeht. Es ist nun naheliegend, diese qualitativen Vorstellungen nach dem Vorbild der Atomkristalle quantitativ zu ergänzen, indem die

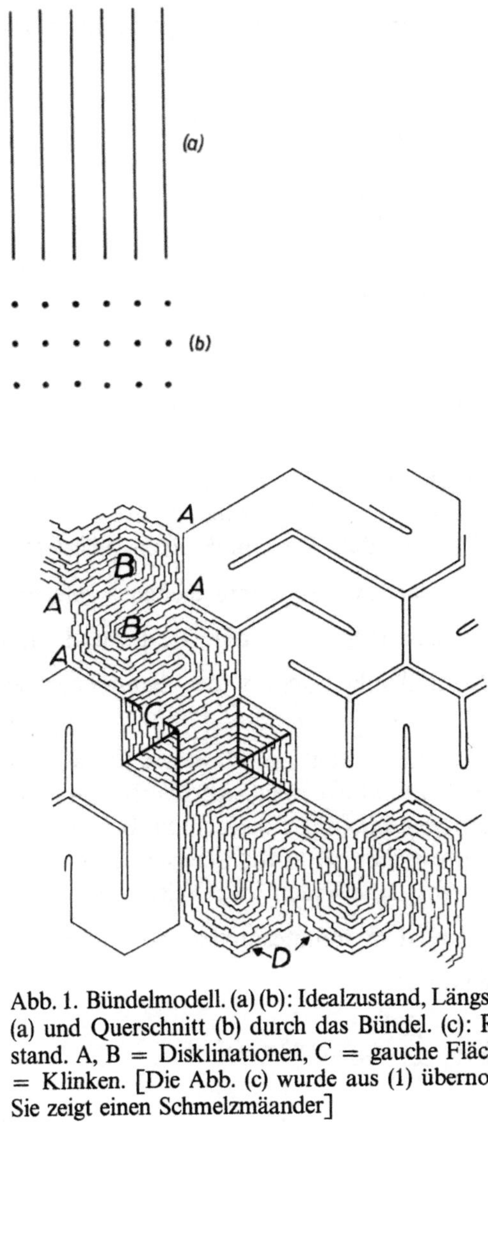

Abb. 1. Bündelmodell. (a) (b): Idealzustand, Längsschnitt (a) und Querschnitt (b) durch das Bündel. (c): Realzustand. A, B = Disklinationen, C = gauche Flächen, D = Klinken. [Die Abb. (c) wurde aus (1) übernommen. Sie zeigt einen Schmelzmäander]

*) Vorgetragen von *K. H. Anthony*.

Eigenschaften des Realzustandes der Polymeren auf die Strukturfehler und deren Eigenschaften zurückgeführt werden. Diesem Zweck dient die beabsichtigte Kontinuumstheorie.

Als erster Schritt ist eine kontinuumstheoretische Klassifikation der im Molekülkettenbündel denkbaren Strukturfehler erforderlich. Hierzu bieten sich wie im Falle der Atomkristalle die Methoden der nichteuklidischen Geometrien an (2, 4, 5).

Wir definieren den *Kettenparallelismus* wie folgt: In dem in Abb. 1c skizzierten Realzustand sehen wir zunächst von der Zickzackstruktur auf der Kette ab und betrachten nur die offensichtliche, durch die Ketten definierte Vorzugsrichtung, die wir über dem Realzustand durch ein Feld $\underset{1}{\vec{n}}(x)$ von Einheitsvektoren charakterisieren (siehe Abb. 2). Mit Hilfe der in jedem Punkt x (i. allg. eindeutig) definierbaren

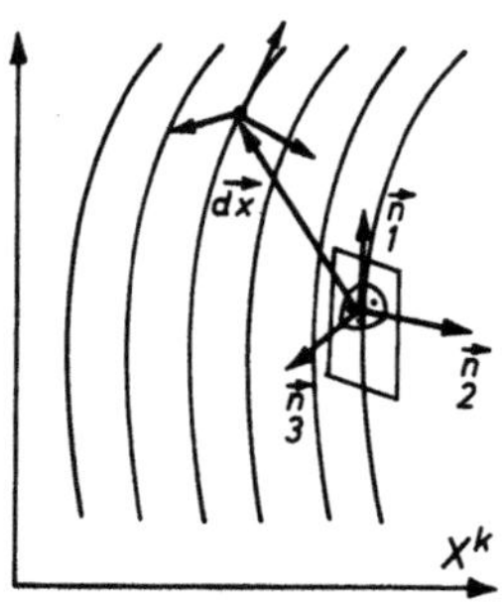

Abb. 2. Definition des Kettenparallelismus

Schmiegebene der durch x hindurchgehenden Kette lassen sich auf natürliche Weise zwei weitere Vektorfelder $\underset{2}{\vec{n}}(x)$ und $\underset{3}{\vec{n}}(x)$ definieren: $\underset{2}{\vec{n}}(x)$ ist der in der Schmiegebene gelegene Normaleneinheitsvektor der Kette und $\underset{3}{\vec{n}}(x)$ der Normaleinheitsvektor der Schmiegebene. Die Vektoren $\underset{\lambda}{\vec{n}}(x)$, $\lambda = 1,2,3$ bilden in jedem Punkt x eine orthonormierte Basis, die wir von Punkt zu Punkt als *parallelverschoben im Sinne des Kettenparallelismus* betrachten. Bezogen auf ein kartesisches Koordinatensystem x^k, $k = 1,2,3$, (Abb. 2) erleiden die Vektoren $\underset{\lambda}{\vec{n}}(x) = (\underset{\lambda}{n}^k(x))$ auf dem infinitesimalen Weg $dx = (dx^i)$ eine Änderung

$$d\underset{\lambda}{n}^k = -\sum_{i,j=1}^{3} \Gamma_{ij}{}^k(x)\, \underset{\lambda}{n}^j(x)\, dx^i \qquad k = 1,2,3 \quad \lambda = 1,2,3. \qquad [1]$$

– Diese 9 Gleichungen sind in der Differentialgeometrie als Definitionsgleichungen der Parallelverschiebung bekannt (4, 6). Der Parallelismus ist durch 27 Komponenten $\Gamma_{ij}{}^k(x)$ einer *affinen Konnexion* Γ bestimmt. Der Vektor $\underset{\lambda}{\vec{n}}$ heißt parallelverschoben im Sinne der Konnexion Γ, wenn er sich gemäß Gl. [1] ändert. – Die zu unserem Kettenparallelismus gehörige Konnexion $\Gamma(x)$ bezeichnen wir als *Kettenkonnexion*. Bezüglich dieser Konnexion sind die Vektorfelder $\underset{\lambda}{n}(x)$ der Abb. 2 parallelverschoben.

Im allgemeinen Fall eines gekrümmten und gewundenen Kettenbündels ist $\Gamma(x) \neq 0$. Für das Bündel des Idealzustands gilt dagegen $\Gamma(x) = 0$, denn die Vektoren $\underset{\lambda}{\vec{n}}$ sind in diesem Fall euklidisch parallelverschoben, d. h. $d\underset{\lambda}{n}^k = 0$. Der Kettenparallelismus des *Idealzustands* ist also ein *euklidischer Parallelismus*, während der *Realzustand* i. allg. einen *nichteuklidischen Kettenparallelismus* aufweist.

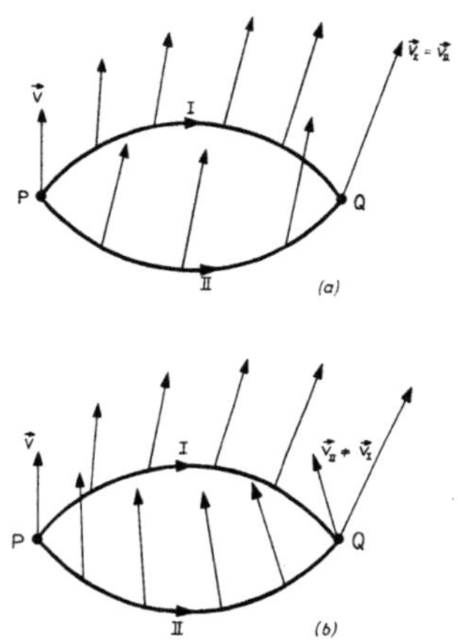

Abb. 3. (a) Absoluter und (b) nichtabsoluter Parallelismus

Man betrachtet in der Differentialgeometrie *absolute* und *nichtabsolute* Parallelismen. Bei einem absoluten Parallelismus ist die Parallelverschiebung eines beliebigen Vektors zwischen zwei Punkten P und Q unabhängig vom Weg, auf dem die Verschiebung vorgenommen wird (Abb. 3a), d. h. auf jedem geschlossenen Weg kommt ein parallel umgeführter Vektor wieder mit dem Anfangsvektor zur Deckung. – Der euklidische Parallelismus besitzt diese Eigenschaft. – Beim nichtabsoluten Parallelismus ist das Ergebnis einer Parallelverschiebung vom gewählten Weg abhängig (Abb. 3b). Die beiden Fälle werden analytisch durch einen *verschwin-*

denden bzw. *nichtverschwindenden Riemann-Christoffeltensor* **R** unterschieden, wobei **R** ein Tensor 4. Stufe und durch die affine Konnexion des betrachteten Parallelismus definiert ist:

$$R_{ijk}{}^{l} = 2\left(\partial_i \Gamma_{jk}{}^{l} + \sum_{p=1}^{3} \Gamma_{ip}{}^{l}\,\Gamma_{jk}{}^{p}\right)_{[ij]}. \qquad [2]^{1)}$$

Für die oben erwähnte Klassifikation der Strukturfehler in Polymeren bietet nun die Geometrie mannigfache Möglichkeiten. Wir beschränken uns hier auf eine Klassifikation nach absolutem und nichtabsolutem Kettenparallelismus. In Abb. 4a, b sind zwei Strukturen skizziert, die einem absoluten Kettenparallelismus zugeordnet sind. Während in Abb. 4a das Bündel zwar gekrümmt, aber topologisch ungestört, d.h. frei von Strukturfehlern ist, liegt in 4b eine linienhafte topologische Störung in Form des Strukturfehlers „Stufenversetzung" vor. – Die Falte ist senkrecht zur Zeichenebene fortgesetzt zu denken. – Wesentlich ist in beiden Fällen, daß der Richtungsvektor $\underset{1}{\vec{n}}$ auf *jedem* geschlossenen Umlauf nach Parallelverschiebung im Sinne des Kettenparallelismus wieder mit dem Anfangsvektor zur Deckung kommt. Daraus folgt $\mathbf{R} = 0$ im gesamten Bündel, d.h. wir haben es mit einem absoluten Parallelismus zu tun.

In Abb. 4c, d sind zwei Bündelstrukturen skizziert, die an den Stellen A und B offenbar topologisch gestört sind. – Die Struktur ist wieder senkrecht zur Zeichenebene fortgesetzt zu denken. – Die linienhaften Strukturfehler A und B bezeichnen wir als *(−180°)-Disklination* bzw. *(+180°)-Disklination.* Führen wir um diese Stellen den Vektor $\underset{1}{\vec{n}}$ auf einem geschlossenen Umlauf im Sinne des Kettenparallelismus um, so kommt er nicht mehr mit dem Anfangsvektor zur Deckung. Der Endvektor geht aus dem Anfangsvektor durch eine 180°-Drehung hervor, die im Falle A gegenläufig ($A = -180°$-Diskl.) und im Fall B gleichsinnig ($B = +180°$-Diskl.) zum Umlauf erfolgt. Dieses Ergebnis ist unabhängig von der Wahl des Umlaufs, solange dieser die Stellen A und B umschließt. Nach Abb. 3b sind also die Polymerdisklinationen vom Typ A und B (es gibt noch weitere Typen) mit einem nichtabsoluten Kettenparallelismus verknüpft. Führen wir dagegen Umläufe

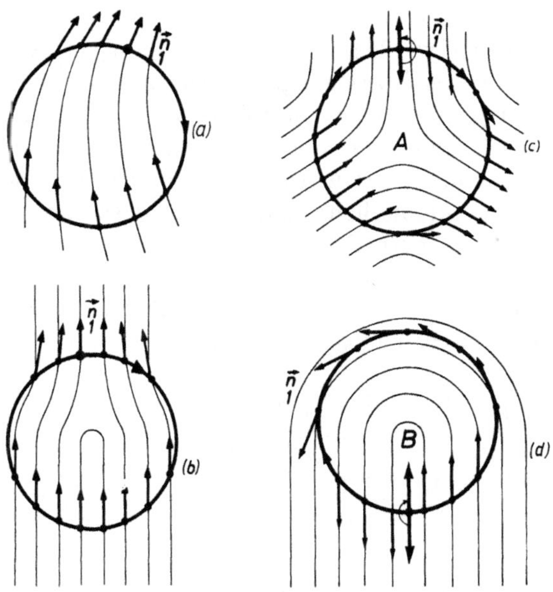

Abb. 4. (a) (b) Absoluter und (c) (d) nichtabsoluter Kettenparallelismus. (a) Das Bündel enthält keine Strukturfehler. (b) Stufenversetzung. (c) (−180°) Disklination. (d) (+180°) Disklination

aus, welche die Disklinationslinien A oder B nicht umschließen, so haben wir wieder die Situation der Abb. 4a vor uns, d.h. vom nichtabsoluten Kettenparallelismus ist mit diesen Umläufen nichts zu bemerken. Diese Ergebnisse fassen wir in der Gleichung

$$\mathbf{R} \sim \delta(x) \qquad [3]$$

zusammen, wobei $\boldsymbol{\delta}(x)$ die *Dirac*sche δ-Funktion mit der Eigenschaft

$$\delta(x) = \begin{cases} \infty \text{ auf der Disklinationslinie} \\ 0 \text{ außerhalb der Disklinationslinie} \end{cases} \qquad [4]$$

ist. Die Disklinationslinie ist also Zentrum eines nichtabsoluten Kettenparallelismus. – Um den Rahmen dieses Vortrags nicht zu sprengen, wurde die Beziehung [3] etwas ungenau als Proportionalitätsgleichung geschrieben. Mit dem Proportionalitätsfaktor (= Tensor 4. Stufe) würde über den Disklinationstyp verfügt.

Vergleichen wir die Abb. 1c und 4c, d so stellen wir fest, daß das Mäandermodell als eine Multipolanordnung von Disklinationen entgegengesetzten Vorzeichens angesehen werden kann. Vernachlässigen wir zunächst die gauche-Flächen, so ergibt sich qualitativ die in Abb. 5 skizzierte Struktur mit stetig gekrümmten Ketten.

Das gemäß Abb. 5 vereinfachte Mäandermodell kann nun quantitativen Untersuchungen

---

1) $\partial_i = \partial/\partial x_i$, $[ij]$ bedeutet den antisymmetrischen Teil in i, j.

im Rahmen der Kontinuumstheorie zugänglich gemacht werden. Dazu sind die obigen geometrischen Überlegungen durch statische Überlegungen zu einer vollständigen *Elastizitätstheorie* des Kettenbündels auszubauen. Die Kontinuumstheorie ist hier nicht als Theorie der kontinuierlich verteilten Materie aufzufassen, sondern als eine Theorie, welche sich der stetigen Funktionen bedient, wobei die Stetigkeit höchstens in singulären Punkten, Linien oder Flächen aufgegeben wird.

Abb. 5. Multipolanordnung von Disklinationen und Mäanderstruktur

In Analogie zum Atomkristall betrachten wir *elastische Bündeldeformationen*, die zu einer *elastischen Reaktion* und zu einem elastischen Energieinhalt des deformierten Bündels führen. Über die Abhängigkeit der *Dichte W der elastischen Energie* von den Deformationsgrößen des Bündels kann im Rahmen der Kontinuumstheorie weitgehend beliebig verfügt werden. Dadurch ist die Kontinuumstheorie sehr flexibel und kann durch geeignete Wahl der Funktion W einem gegebenen physikalischen (atomistischen) Modell optimal angepaßt werden. Zur Demonstration des Verfahrens nehmen wir an, daß die Energiedichte W von der *Kettenkrümmung* $\boldsymbol{\varkappa}$ (= Tensor 3. Stufe) und von der *zweidimensionalen Gitterverzerrung* $\mathbf{e}$ (= Tensor 2. Stufe) abhängt:

$$W = W(\mathbf{e}, \boldsymbol{\varkappa}). \qquad [5]$$

Die Verzerrungsmaße $\mathbf{e}$ und $\boldsymbol{\varkappa}$ werden im Rahmen dieses Vortrags durch Abb. 6 hinreichend veranschaulicht[1]). Insbesondere ist $\mathbf{e}$ ein Maß für Abstandsänderungen zwischen den Ketten.

Mit dem Ansatz Gl. [5] haben wir die Theorie offenbar dem Mäandermodell des Schmelzzustands angepaßt. Aufgrund der hohen Kinkdichte auf den Ketten verschwinden im Mittel die in Kettenrichtung wirkenden Bindungskräfte von benachbarten Ketten, d.h. die Verschiebung der Ketten in Kettenrichtung wirkt sich nicht auf die elastische Energiedichte aus.

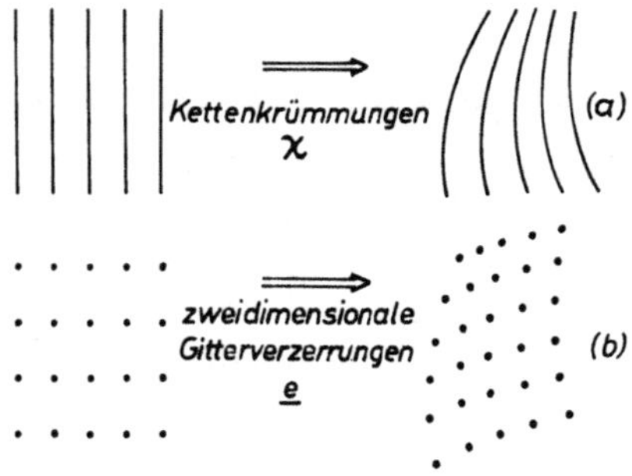

Abb. 6. Deformationsmaße des Bündels. (a) Längsschnitt und(b) Querschnitt durch das Bündel

Dagegen liefern Abstandsänderungen der Ketten einen Beitrag zur elastischen Energie, dem mit der Verzerrungsgröße $\mathbf{e}$ im Ansatz Gl. [5] Rechnung getragen wird. Mit $\boldsymbol{\varkappa}$ wird eine Biegesteifigkeit der Ketten ins Spiel gebracht.

Die analytische Form des Ansatzes Gl. [5] kann im Prinzip sowohl durch Anpassung an atomistische Berechnungen der Deformationsenergie [7,8] oder aus makroskopischen Messungen der elastischen Moduln ermittelt werden. Der physikalische Teil der Aufgabe ist damit erledigt. Der Rest vollzieht sich nach bewährten Methoden der Kontinuumstheorie [4,5].

Die elastischen Reaktionen des Bündels sind im Falle des Ansatzes Gl. [5] die *Kraftspannungen* (= Tensor 2. Stufe)

$$\boldsymbol{\sigma} = \frac{\partial W}{\partial \mathbf{e}} \qquad [6]$$

und die *Momentenspannungen* (= Tensor 3. Stufe)

$$\boldsymbol{\mu} = \frac{\partial W}{\partial \boldsymbol{\varkappa}}. \qquad [7]$$

Gln. [6] und [7] sind zusammengenommen die *Zustandsgleichungen* des Bündels (1. Gleichungsgruppe). Durch Minimalisierung der elastischen Gesamtenergie

[2]) Siehe (2,5).

$$E = \int_V W dV \qquad [8]$$

(Integration über das Bündelvolumen V) erhält man als 2. Gleichungsgruppen die *Gleichgewichtsbedingungen* des elastisch deformierten Bündels. Schließlich wird mit den *Kompatibilitätsbedingungen* (3. Gleichungsgruppe) die Art und die Verteilung der im Bündel vorhandenen Strukturfehler festgelegt. Zum Beispiel sind die Gln. [3] und [4] die zur Mäanderstruktur der Abb. 5 gehörigen Kompatibilitätsbedingungen.

Die genannten drei Gleichungsgruppen liefern zusammengenommen einen vollständigen Gleichungssatz zur Berechnung der Bündeldeformationen bei gegebener Verteilung von Strukturfehlern. Zum Beispiel kann damit der Kettenverlauf von Abb. 5 quantitativ ermittelt werden. Als weitere Probleme seien genannt: Die elastische Wechselwirkung von Strukturfehlern und der Einfluß von Strukturfehlern auf das makroskopische Deformationsverhalten von Polymeren. In die Überlegungen können insbesondere die gauche-Fläche und die Kinke als weitere Strukturfehler einbezogen werden. Die gauche-Fläche wird dabei durch Anschlußbedingungen des Verzerrungstensors **e** charakterisiert, welche einen bruchfreien Übergang der Ketten an der gauche-Fläche garantieren. Die Kinkstruktur kann im Falle des Schmelzzustands – wie zuvor gezeigt – durch einen geeigneten Ansatz Gl. [5] der Zustandsgleichungen eingebaut werden. Eine andere Möglichkeit bietet die Theorie der „nichtmetrischen Spannungen" [5]. Diese wird insbesondere für die Kinkstruktur des kristallinen und teilkristallinen Zustands von Polymeren unentbehrlich sein.

Die in diesem Vortrag angesprochenen Probleme werden gegenwärtig untersucht. Quantitative Rechnungen sind im Gange. Es wird an anderer Stelle darüber berichtet.

Zusammenfassung

Mit diesem Vortrag soll eine kontinuumstheoretische Methode zur quantitativen Beschreibung von Polymerstrukturen vorgestellt werden, wobei wir uns auf eine skizzenhafte Darstellung von einigen wesentlichen Gedanken beschränken. Die Theorie wird dem Bündelmodell gerecht. Auf das Knäuelmodell ist sie nicht anwendbar. Methodisch ist die Theorie der Kontinuumstheorie der Atomkristalle nachgebildet. Die im Rahmen des Bündelmodells diskutierten Polymerstrukturen werden auf wenige differentialgeometrisch definierte Strukturfehler des Bündels zurückgeführt. Wir beschränken uns vorerst auf eine statische Theorie.

Summary

This lecture intends to introduce a continuum theory describing quantitatively polymeric structures. The presentation is restricted to some essential ideas. The theory is associated to the bundle model. It cannot be applied to the coiled molecule model. Methodically the theory is quite similar to the continuum theory of atomic crystals. Polymeric structures as described by the bundle model are reduced to certain structure defects of the bundle, which are defined by means of differential geometry. So far the theory is restricted to a static one.

Literatur

1) *Pechhold, W.* und *S. Blasenbrey*, Kolloid-Z. u. Z. Polymere **241**, 955 (1970).

2) *Anthony, K. H.*, Arch. Rational Mech. Anal. **39**, 43 (1970).

3) *Pechhold, W.*, Kolloid-Z. u. Z. Polymere **228**, 1 (1968).

4) *Anthony, K. H.*, Arch. Rational Mech. Anal. **37**, 161 (1970).

5) *Anthony, K. H.*, Arch. Rational Mech. Anal. **40**, 50 (1971).

6) *Schouten, J. A.*, Ricci-Calculus (Berlin-Heidelberg-New York 1973).

7) *Scherr, H.*, *W. Pechhold* und *S. Blasenbrey*, Kolloid-Z. u. Z. Polymere **238**, 396 (1970).

8) *Wobser, G.* und *S. Blasenbrey*, Kolloid-Z. u. Z. Polymere **241**, 985 (1970).

Anschrift der Verfasser:

Dr. *Karl-Heinz Anthony* und
Prof. Dr. *Ekkehart Kröner*
Universität Stuttgart
Institut für theoretische und angewandte Physik
7000 Stuttgart 1, Azenbergstr. 12

Kolloid-Z. u. Z. Polymere 251, 818–828 (1973)

Lectures during the labour conference of the Fachausschuß Physik der Hochpolymeren in the course of the spring meeting of the Arbeitskreis Festkörperphysik bei der Deutschen Physikalischen Gesellschaft from March 21 to 23, 1973 at Münster/Westf.

From the University of Ulm (FRG), Abteilung Experimentelle Physik II

The meander model of condensed polymers

By W. Pechhold, M. E. T. Hauber, and E. Liska

With 11 figures and 1 table

(Received August 3, 1973)

I. Introduction

In order to understand the physical properties of polymers and biopolymers it is most helpful to develop a molecular model fundamentally based on chemical structure and molecular potentials, which quantitatively explains all the experimental evidence of molecular order (microstructure) and of superstructure in the crystalline and amorphous state as well as of molecular motion (relaxation-strengths and -rates).

In a system of macromolecular chains the strong chemical bond between chain atoms and the high flexibility given by the rotational potential appeared so dominant, that one accepted the random coil idea – which has proved to be useful in dilute solutions – as an appropriate model also for the amorphous state. This model, in which one has to envisage dense-packed and mutually penetrating coiled molecules, succeeded impressively in explaining main features of the rubberelasticity of polymers above their glass-transition temperature, but did not take into account precisely and quantitatively the intermolecular interaction. Therefore no molecularly based predictions on other physical properties or on morphological structures – either in amorphous or in semicrystalline polymers – could be deduced from it until today.

Looking for an alternative approach we thought it inevitable to leave the concept of randomly coiled molecules and tried to develop a model of the condensed polymer state, starting with a nondefective bundle of molecules, e.g. the ideal crystal (1–9). In this paper we shall begin by discussing briefly the short range structure of the bundle and then we shall look at a superstructure of bundles where these are tightfolded in a meanderlike manner. In the final discussion we shall introduce some recent experimental results from other authors on the melt structure.

The discussion up till now about an ordered state in amorphous polymers, polymer melts and concentrated polymer solutions has appeared from several sources. What is in dispute is the special nature of order in amorphous polymers. The question is whether there are regions of local order with chain alignment or whether there is virtually random arrangement of chains. There seems to be much evidence showing us that the macroscopically isotropic state has an anisotropic or liquid-crystal like structure on a microscopic scale i.e. in the range of several hundred *Ångströms*.

Evidence for such ordering comes from X-ray and electron diffraction experiments (10–13). The chains must be parallelized in regions of at least 30 to 50 Å. Other experimental support for this idea is found in IR-examinations of quenched and annealed polymers where the trans-gauche ratio seems to be unaltered (14). Similar conclusions come from the study of flow properties of concentrated solutions (15) and melts (16), from second order effects such as heat of dilution (17) and sorption capacity (18) and from adsorption of polymer layers at a solid interface in solution (19). Furthermore we may recall the theoretical ideas about density (20) and the structure of liquids and liquid crystals (21, 22). Direct experimental support for the existence of order is found with the aid of the electron microscope although there are difficulties with the resolution and especially with the lack of contrast (23–28). The authors find grain-like, ball-like and nodular structures.

Several qualitative models have been proposed: a bundle model by *Kargin* and his coworkers (29), the string model of structural units by *Schoon* (24, 6), the folded-chain fringed micellar grain model by *Yeh* (26) and the cell structure model of polymer gels by *Vollmert* (30). In view of our quantitative model the bundle model of *Kargin* – proposed in 1957 – comes closest to our concept. *Kargins* elements are bundles of parallel molecules with lateral dimensions of about 100 Å. These bundles are assumed to be stable forms on thermodynamic grounds. They should be the units of all superstructures and should build up fibrils and (by sharply folding) globules and spherulites in amorphous polymers (31), polymer melts and polymer solutions (32). The bundles are also discussed in the crystallization behaviour of polymers from solution (33) and from the melt (34).

II. The bundle model

A non defective bundle of molecules (e.g. the ideal crystal) represents the starting point of the bundle concept, in which the structure and conformation of molecules as well as their intermolecular interaction shall be quantitatively described. Following the lines of solid state physics, one gets the real crystal by introducing appropriate molecular defects, i.e. small and stable defects, which do not severely disturb the lattice. As such defects we have to take into account rotational isomers, which leave the chain molecules nearly straight and therefore can be incorporated into the lattice without too large a deformation energy. These special isomers, which may be discussed in planar as well as in helix-type chain molecules, are classified into *kinks*, torsional defects (fig. 1), *jogs* and folds (1,2,3,4). Kinks and torsional defects give rise to the smallest lateral displacement of the adjacent straight parts of a chain and are therefore restricted to a single lattice site, whereas jogs – as well as chain folds – allow a chain to be displaced from its lattice site by an interchain distance.

It has been shown (5,6,7) that the energy and the geometry of the ideal crystal can be calculated on an atomistic basis with sufficient accuracy by the pair approximation. This means that only the nearest neighbour surroundings of a chain is taken into account. Therefore the cooperative statistical treatment of the bundle model (2) describes the intermolecular interaction – in a first approximation – by representative pairs of straight and kinked chain segments. More generally, torsional defects, jogs and folds must also be considered. If only kinks are taken into account and if the chain bundle is subdivided into segment layers – in the case of PE, 4 to 5 CH_2-groups in thickness – the following pairs may be distinguished: 00, 01, 10, 110, 111, 112 (0 planar segment, 1 kink segment; fig. 2, lower part). The volumes and energies of segment-pairs may be calculated using semiempirical intra- and intermolecular potentials (5–9). Results of such calculations are summarized in fig. 2 (lower lines) and compared with values estimated from geometry and sublimation energy (upper lines). In the cooperative treatment of the bundle, the variables are the concentrations of planar and kink segments as well as that of representative pairs of segments. Explicitly regarding the interrelations between these concentrations, this treat-

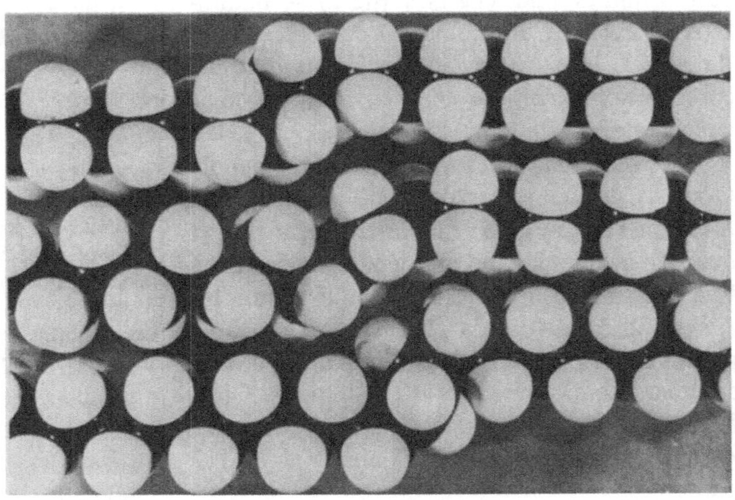

Fig. 1. A torsional defect between two kinks in a PE kink-block.

ment reveals – under a certain condition (difference in *Gibbs* free energies $2g_{01} - g_{110} > 1$ kcal/mole) – a first order transition connected with a jump in defect concentrations x from about 1% (referred to the number of backbone atoms) in the low defective bundle (real crystal) to about 22% in the high-defective state (fig. 2, upper part). This transition corresponds in most cases to the melting of the polymer; in some polymers (e.g. t-PBD) it splits up into a solid state transition (large kinkblocks without torsions), and the melt transition (small kinkblocks, torsional defects, jogs, and folds).

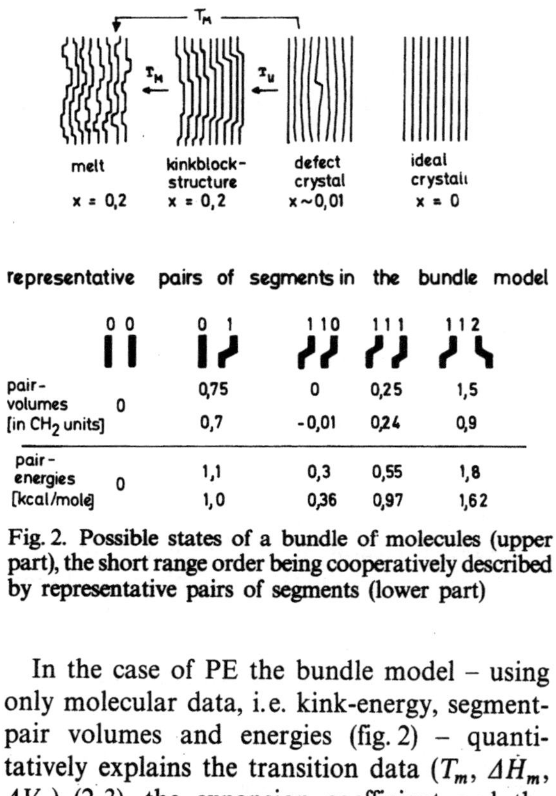

Fig. 2. Possible states of a bundle of molecules (upper part), the short range order being cooperatively described by representative pairs of segments (lower part)

In the case of PE the bundle model – using only molecular data, i.e. kink-energy, segment-pair volumes and energies (fig. 2) – quantitatively explains the transition data (T_m, ΔH_m, ΔV_m) (2,3), the expansion coefficient and the compressibility of the melt as well as their dependence on static pressure.

The calculated short range order of the bundle model is in good agreement with electron and X-ray diffraction data: The lateral distribution function in PE melt and in oriented, amorphized PE, determined from electron diffraction by *Kargin* and coworkers (10), shows a nearly perfect chain-parallelism extending up to 4 consecutive chain segments (110, 111 pairs, fig. 2) followed by a less perfect arrangement compatible with the existence of about 20% 112 pairs.

From amorphous PE a halo is observed in X-ray diffraction (fig. 4a). In order to test whether its angular position and shape can be explained on the basis of the calculated microstructure a simplified picture of the melt bundle has been produced by a computer (fig. 3): According to the postulates and results of the cooperative treatment the chains have been subdivided into segments of 5 backbone atoms containing 8 kink positions. The calculated probabilities (5) of kink pairs in one lateral direction have been introduced with the help of a random procedure (35). In the chain direction there are misfits left which could be overcome by taking torsions and perhaps slight bending of segments into account. The picture has been diminished and taken as the object for a laser light diffraction pattern. After scaling[1]) to the correct atomic distances and wavelengths the resulting patterns (fig. 4b) have been compared with the X-ray diagrams (39, 40). The correspondence of the position and the line width of the halo with experiment (fig. 4b, bottom) is rather good. From the interplane distance D and the density ϱ the effective monomer length c^* in chain direction can be derived (fig. 5). This has been done for four temperatures in table 1, yielding values clearly below 2.54 Å, the monomer length in the PE-crystal. Assuming a kink-density of 0.22 per CH_2-group [from cooperative theory (2) and from extrapolated relaxation strengths of the γ-prozess (3)] these c^*-data can be easily transformed into an effective chain-shortening produced by one kink. The resulting values of δ are well in between the theoretical limits

---

[1]) By energy minimization (using semiempirical potentials) of the 64 kinkpairs their stable geometries including the interchain distances were obtained. Those distances correspond to an amorphous state at 0 K. To get approximate values at 450 K a thermal expansion coefficient of $2.0 \cdot 10^{-4}$ K^{-1} was assumed which corresponds to half of the crystal expansion coefficient (36, 37). Taking the pair energies in the form of their *Boltzmann*-factors for statistical weights a mean interchain distance $d = 5.58$ Å in the two-dimensional melt-model was obtained from the laser light pattern ($d \cdot \sin 2\vartheta = \lambda$) as well as from theoretical calculations using the para-crystal-formalism (35, 38). Considering the melt-bundle to have a liquid-crystal-like hexagonal structure the interplane distance D becomes $D = \frac{\sqrt{3}}{2} \cdot d = 4.83$ Å. This value together with its corresponding 3-dimensional scattering angle $2\theta_1$ ($2D \cdot \sin\theta_1 = \lambda$) and half width $\Delta_H 2\theta_1$ are compared with X-ray data in fig. 4b, bottom.

(table 1), derived for the isolated chain and for a kink-defect in the crystal.

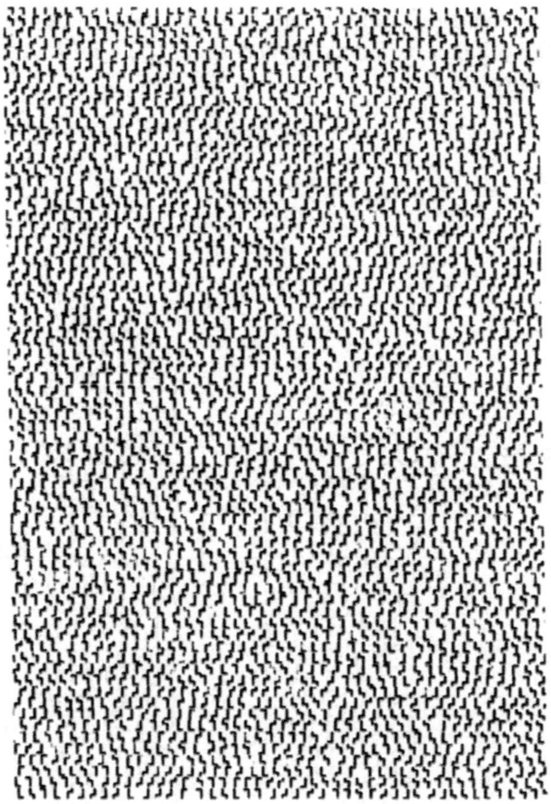

Fig. 3. Computer-plot of short range order in PE-melt calculated according to a cooperative statistical theory of single lines of representative segment-pairs

Table 1. Chain shortening δ per kink derived from halo-spacing D (40) and specific volume $1/\varrho$ (36, 37)

T (°C)	$1/\varrho$ ($cm^3\,g^{-1}$)	D_{halo} (Å)	c^* (Å)	δ (Å)
150	1.272	4.87	2.16	0.86
200	1.321	4.98	2.14	0.91
230	1.352	5.05	2.13	0.93
260	1.386	5.12	2.13	0.93
Kink in isolated PE-chain (9)				1.02
Kink in PE-crystal (7)				0.60

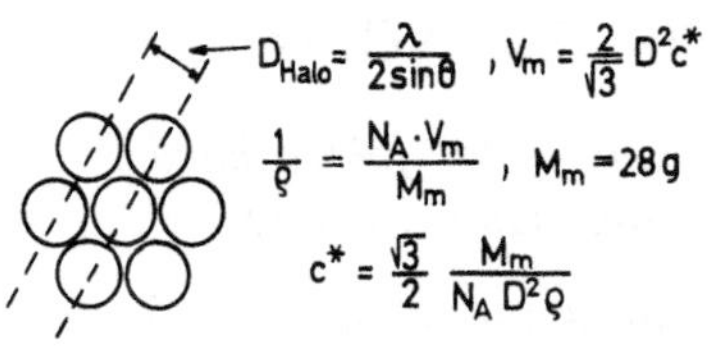

Fig. 5. Evaluation of mean monomer length c^* in chain direction from amorphous halo spacing D and melt-density ϱ

III. The meander model

So far bundles of nearly straight chains have been discussed. They form an anisotropic structure which cannot, without modification, describe the optically isotropic structure of melts. Since the quantitative results achieved by this model justify one to accept the bundle as a basic structure, we must allow for the bundles to change their orientation, thereby restricting

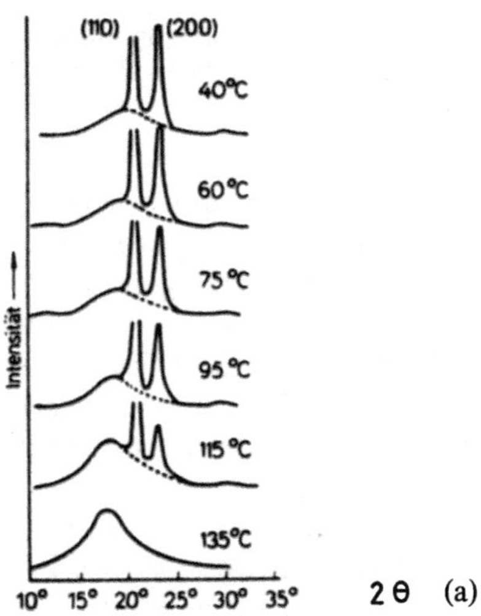

2 θ (a)

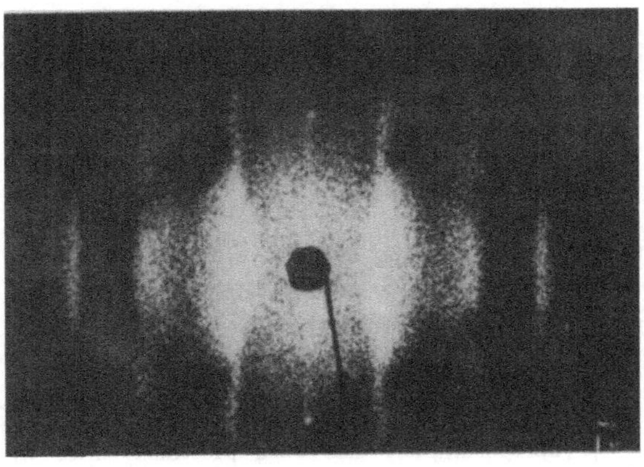

(b)

	$2\Theta_1$	$\Delta_H 2\Theta_1$	D[Å]
Model	18,4	6,4 ± 0,5	4,83
X-Ray (150°)	18,3	6,6	4,86
X-Ray (200°)	17,8	6,2	5,00

(c)

Fig. 4. (a) Amorphous halo from X-ray diffraction (39). (b) Laser-diffraction pattern obtained from the computer-plot (fig. 3) the first order reflections being compared with the X-ray data (39, 40) their anisotropy to small domains. Taking the rotational potential into consideration, this is readily achieved for planar molecules by introduction of cooperatively arranged gauche segments or *gtg* and $\bar{g}t\bar{g}$ segments (instead of kinks). By this means the nearly straight bundles may bend off their initial directions (by about 60°) producing "bend-areas" (two-dimensional: bend-lines) at the very bend. Such bend-areas allow a bundle to form a meander-like shape, and to fill a C-dimensional space completely and without macroscopic anisotropy (fig. 8).

A. The excess entropy of the folded bundle (Segment-lines interchange entropy)

The change of direction of a given bundle may not lead to an irregular bundle-coil, since that would render large voids at an entropy gain (by coiling) much less than in the single molecule-coil concept. But why should then bundles bend or fold in a regular way? To answer this question one has to show, that in the bent-off state a bundle contains less energy[2]) or more entropy than in the extended state. Because there is no obvious argument[2]) for an energetical contribution due to the bend in the bundle on the left hand side in fig. 6, we examine the entropy situation in both states shown in this figure. Both of these bundle-planes consist of $\frac{x+r}{s}$ segment-lines each of which contains $n = 8$ chain molecules. The thermodynamic state of the extended bundle is characterized by its *Gibbs* free energy

$$G = \frac{x+r}{s} \cdot ng_s \qquad [1]$$

(s segment length, g_s average *Gibbs* free energy of a segment). No excess entropy of mixing occurs since an interchange of coordinates between *equivalent* segment-lines may not give any contribution to thermodynamic potentials (compare e.g. the correct classical evaluation of the entropy of an ideal gas). Contrary to this the bent-off bundle on the left hand side of fig. 6 has – as far as we can see – the *Gibbs* free energy[3])

$$G = \frac{x+r}{s} \cdot ng_s - kT\ln \frac{\frac{x+r}{s}!}{\frac{x}{s}!\,\frac{r}{s}!} \qquad [2]$$

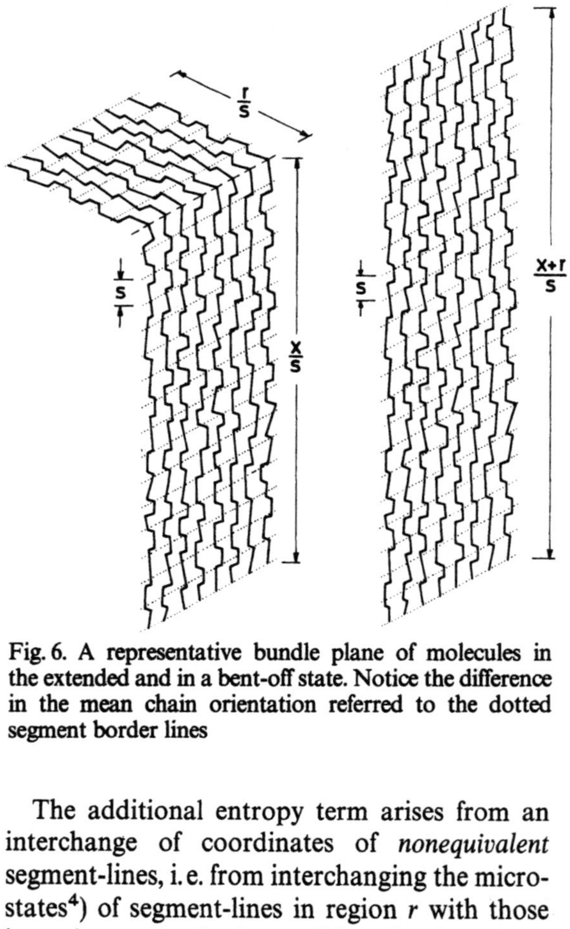

Fig. 6. A representative bundle plane of molecules in the extended and in a bent-off state. Notice the difference in the mean chain orientation referred to the dotted segment border lines

The additional entropy term arises from an interchange of coordinates of *nonequivalent* segment-lines, i.e. from interchanging the microstates[4]) of segment-lines in region r with those in region x. In the bent-off bundle the microstates of a segment line have an additional characteristic in which they may differ, namely the orientation of chain direction with respect e.g. to the (dotted) border lines. To calculate this entropy of mixing of microstates one has to interchange all segment-line coordinates and

---

[2]) That assumption has been previously tried in (3, 41, 42) supposing a lower *Gibbs* free energy g_g for the bend-segments (assumed as single gauche elements) compared with g_s for the average melt segment (i.e. a kink segment which contains the sequence *gtg* or $\bar{g}tg$). This assumption will be abandoned here considering that a bend segment (g_b) may be verified not only by a single gauche element but also by sequences *gtg* or $\bar{g}t\bar{g}$, which are energetically equivalent to kink segments (g_s). The conformation entropy of bend segments being certainly less than that of kink segments, we take g_b–g_s as negligibly small in the following.

[3]) As pointed out in footnote 2 no additional energy term is introduced for the bend segments ($g_b = g_s$).

[4]) Since a kink-segment has 8 different conformations, a segment-line can attain about 8^n microstates which of course may differ in energy.

divide this permutation number $\frac{x+r}{s}!$ by the permutation numbers $\frac{x}{s}!$ and $\frac{r}{s}!$ of equivalent segment-lines.

B. The Gibbs free energy of a half meander

For condensed polymers i.e. polymer melts a meander-like folding of bundles will be assumed which guarantees the 3-dimensional space to be completely filled without any larger void formation[5]). The *Gibbs* free energy for a representative half meander-plane (fig. 7) can be written as[6])

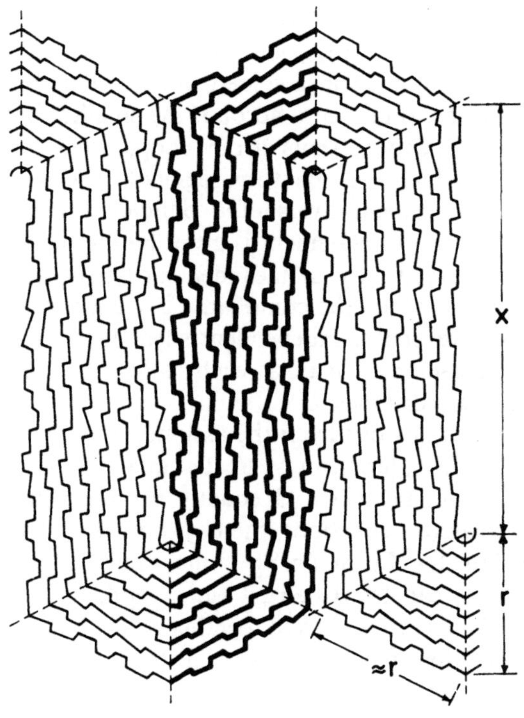

Fig. 7. A representative half meander plane contains one fold of length x and three bend-segment lines

$$G = \frac{r}{d}\frac{r+x}{s}g_s + \Delta g_f + \frac{x}{s}\Delta g_\sigma - kT\left[\ln\frac{x+r}{s}! - \ln\frac{x}{s}!\frac{r}{s}!\right] \qquad [3]$$

(d mean interchain distance; $\Delta g_f = g_f - 2g_s$, *Gibbs* free energy of the one fold – which at least corresponds to 2 segment lengths – per half meander-plane referred to g_s, the average free energy of a chain segment; Δg_σ[7]) an additional *Gibbs* free energy per segment along the folding chain of length x).

For a discussion of the stability and geometry of meanders it is important to determine the minimum of *Gibbs* free energy *per chain segment* of the folded bundle and compare it with that of the extended one. From [3] one gets the difference $\Delta g_s = \frac{d\cdot s}{r(r+x)}\Delta G$ between folded and extended state[8]).

$$\frac{\Delta g_s}{kT} = \frac{d\cdot s}{r(r+x)}\left[\frac{\Delta g_f}{kT} + \frac{x}{s}\frac{\Delta g_\sigma}{kT} - \frac{r}{s}\ln\left(1+\frac{x}{r}\right) - \frac{x}{s}\ln\left(1+\frac{r}{x}\right)\right] \qquad [4]$$

C. The mean equilibrium geometry of meander superstructure

The *Gibbs* free energy difference Δg_s per segment of the meander referred to the extended bundle [4] is a function of two geometrical parameters, the meander radius or bundle diameter r and the fold length x. These two microscopic parameters are subject to statistical fluctuation[9]). Their mean equilibrium values must be calculated by minimalization of Δg_s.

From $\frac{\partial \Delta g_s/kT}{\partial x} = 0$ one gets

$$\ln\frac{x}{r} = \frac{s}{r}\frac{\Delta g_f}{kT} - \frac{\Delta g_\sigma}{kT} \qquad [5]$$

---

[5]) Fibrous structures which in general – for not too stiff chains – will have a higher *Gibbs* free energy than lamellar (meander) structures shall not be discussed here. Such filaments or fibrils are e.g. generated during the deformation process. But because of their higher *Gibbs* free energy they usually will shrink if molecular motion allows to approach equilibrium. Fibrous structures will be considered in a next paper (43).

[6]) For evaluation of the segment-line's interchange entropy the complementary upper and lower curvatures of the half meander are treated as one piece of length r.

[7]) This "internal surface" energy will be negligible for polymers with short monomer length (e.g. PE), but will be of influence for chains with longer monomers (e.g. PET) in which a certain low energy position for a fold exists inducing some kind of lateral misfit between neighbouring monomers along the folding chain.

[8]) *Stirling's* approximation is applicable because we in fact must evaluate the *Gibbs* free energy for very many half meanders instead of one representative.

[9]) The frequency of fluctuations of x will be in the range of the glass transition frequency, that of r probably in the time scale of the flow region, both therefore will strongly depend on temperature.

and from $\frac{\partial \Delta g_s/kT}{\partial r} = 0$, applying also [5]

$$\ln\frac{x}{r} = \left(1+\frac{x}{r}\right)\ln\left(1+\frac{r}{x}\right) - \left(2+\frac{x}{r}\right)\frac{\Delta g_\sigma}{kT} \quad [6]$$

or

$$\ln\frac{x}{r} \approx 1 + \frac{1}{2}\frac{r}{x} - \frac{1}{6}\left(\frac{r}{x}\right)^2 + \frac{1}{12}\left(\frac{r}{x}\right)^3 - \cdots - \left(2+\frac{x}{r}\right)\frac{\Delta g_\sigma}{kT}. \quad [6a]$$

Equation [6] yields $\frac{x}{r}$ the ratio of the fold length x to the bundle diameter r if the misfit energy Δg_σ is known. For short monomer polymers ($\Delta g_\sigma \approx 0$)[7]) the result is quite general

$$\left(\frac{x}{r}\right)_0 = 3.1410 \approx \pi \quad [6b]$$

(therefore easy to memorize!). The bundle diameter – more precisely its ratio to the segment length s – can be determined from [5]

$$\frac{r}{s} = \frac{\frac{\Delta g_f}{kT}}{\ln\frac{x}{r} + \frac{\Delta g_\sigma}{kT}} \quad [5a]$$

if the fold energy Δg_f, the misfit energy Δg_σ and through [6] the ratio $\frac{x}{r}$ are known. For short monomer polymers[7]) [5a] reduces to

$$\left(\frac{r}{s}\right)_0 \approx 0.874\frac{\Delta g_f}{kT}. \quad [5b]$$

For temperatures not too far above the melting point T_m the approximation $g_s = \left(1 - \frac{T}{T_m}\right)h_s$ should be valid (41), h_s being the melt transition enthalpy. Inserting this relation into $\Delta g_f = g_f - 2g_s$ [5b] can be written as

$$\left(\frac{r}{s}\right)_0 \approx 0.874\left[\frac{g_f - 2h_s}{kT} + \frac{2h_s}{kT_m}\right]. \quad [5c]$$

Taking the PE-melt for an example, assuming the data $T_m = 412$K, $h_s = 4.0$ kcal/Mol · segment and for g_f, the fold energy, $u_f \approx 9.4$ kcal/Mol[10]) one gets

$$\left(\frac{r}{s}\right)_{PE} \approx 8.5 + 1.5\frac{T_m}{T} \approx 10 \quad [5d]$$

i.e. $r \approx 50$ Å, using the segment length $s = 5$ Å. This value for r agrees well with corresponding data experimentally determined for semicrystalline PE (41).

The foregoing derivation which is based on the single assumption of perfect chain parallelism demonstrates, that bundles of finite diameter r exist which tightly fold to give a lamellar superstructure of polymer melts (fig. 8). The height of these lamellae should be $x + r$, for PE about 200 Å.

Regarding the model of the meander lamella (fig. 8) some additional remarks will be useful:

a) The above derivation is carried out for one meander-plane only, not for the pile of meander-planes contained in a folded bundle. This has been done to take into account the smallest but still independent units (from cooperative statistics) which are the very segment-lines (and not the segment-layers of a bundle). Further support to this statement is given by the theory of rubberelasticity of meander superstructures (46, 47) in which the compliance J_{eN} is deduced from a reversible independent shear motion of meander-planes against each other by one interchain distance d.

b) It is obvious from the assumed tetragonal model, fig. 8, (and can be treated quantitatively) that a bundle will fold equally probable into both lateral directions thereby densely filling the lamella. From fig. 8b some small lamella subunits can be visualized which build up the lamella like bricks linked together by the bundle. Tie-bundles from one lamella to the neighbouring one will be less probable. Because of their importance for high molecular weight material they will further be discussed elsewhere.

c) The thermodynamic stability of the meander lamella follows from a quantitative evaluation of eq. [4], making use of the equilibrium conditions [5, 6]

[10]) For this rough approximation the arithmetic mean value of 8.6 and 10.2 kcal/Mol is used, energies that have been evaluated by semiempirical potential calculations of folds in 010- and 110-direction respectively (44). Similar calculations in our team are in progress (45).

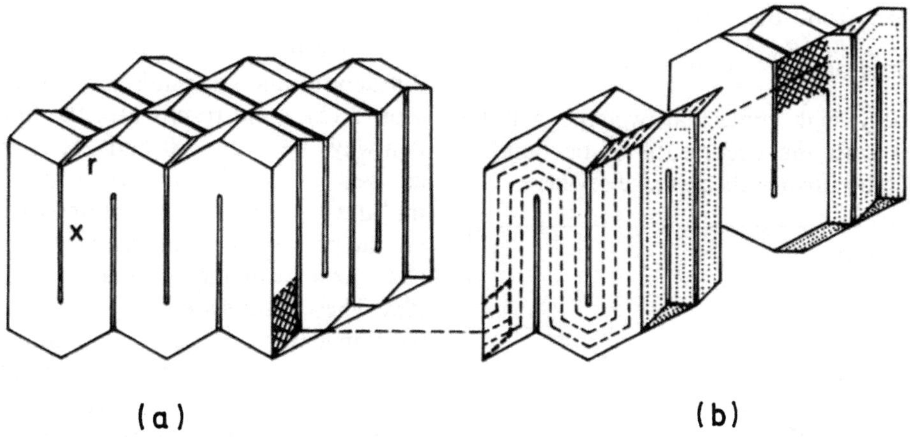

Fig. 8. A meander lamella (a) and some of its possible subunits (b). The drawing shows only the mean geometry (determined by the calculated values of r and x). It includes neither the fluctuations in diameter r or height $r + x$ of the meanders nor the short-range order of the bundle itself

$$\left.\frac{\Delta g_s}{kT}\right|_{\text{equilibrium}} = -\frac{d \cdot s}{r^2\left(1+\frac{x}{r}\right)} \cdot \frac{\Delta g_f}{kT} \qquad [4a]$$

which for the PE-melt gives $\Delta g_s = -24$ cal/Mol · segment, the reduction in *Gibbs* free energy for a chain segment in the meander referred to that in the extended melt bundle. From this quantity a rubberelastic restoring force exerted by an extended bundle can easily be estimated.

D. *Evaluation of the radius of gyration of condensed macromolecules*

Recently appreciable efforts have been started by *Fischer*, *Kirste* and their coworkers at Mainz, Jülich and Grenoble to carry out certain experiments from which one could decide between the different models for the amorphous state in polymers.

From small angle X-ray scattering it is concluded (48) that the density difference between different parts of a pure amorphous phase must be smaller than 0.3 percent. In our opinion this extreme condition can be realized – if at all by an existing model – by our meander model in which all parts of the lamella are formed by the same tightly folded bundle (of constant number of chains in its cross-section) and where neighbouring lamellae fit with no need for a void formation.

Neutron small angle scattering from deuterated polymers with a small amount of undeuterated chains of well known molecular weight enables one to determine the radius of gyration of a polymer chain in the condensed phase. Results have been published so far on an atactic PMMA-specimen of $M_w = 250000$ corresponding to 2500 monomers. The experimental data (49) come close to $R_0 = 112$ Å a value which is known from dilute θ-solution (50). Therefore *Florys* model of mutually penetrating coiled molecules with dimensions similar to the θ-state seemed to be established.

But as we can easily show the meander model likewise gives a reasonable value for this radius of gyration. Since the labeled chain is incorporated in a bundle which fills a lamella homogeneously we only have to calculate the geometry of that piece of the lamella just being occupied by a bundle length $L = 2500 \cdot 2.4$ Å $=$ 6000 Å.

Assuming (for simplicity) a circular disk of radius R and height $H = r + x \approx 4r$, its volume will be

$$V = \pi R^2 H = L \cdot r^2 \qquad [7]$$

(r^2 being the cross-section of the bundle).

The radius of gyration R_0 of this disk can be calculated from

$$R_0^2 = \frac{R^2}{2} + \frac{H^2}{12} = \frac{L \cdot r}{8\pi} + \frac{4}{3} \cdot r^2. \qquad [8]$$

Equation [8] is plotted in fig. 9 using for the bundle radius $r = 45$ Å, a value which seems most probable from considerations on the short range order and the rubberelastic compliance J_{eN}. The above approximation seems reasonable as long as the labeled bundle folds more than ten times. In the range of shorter label molecules a deviation from the straight line (fig. 9) to lower values of $\left(\frac{R_0}{Å}\right)^2$ is expected. The behaviour at very high molecular weights will be connected with the occurrence of tie bundles and might be further discussed elsewhere.

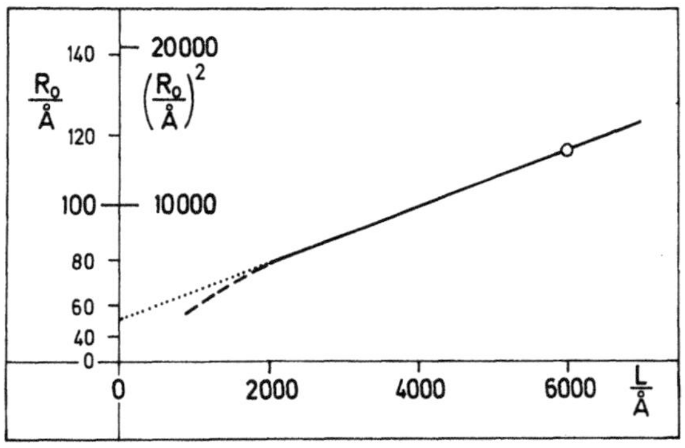

Fig. 9. Gyration radius R_0 as a function of chain length L for a short monomer polymer with a bundle diameter $r = 45$ Å (atactic PMMA)

IV. Discussion

Most recently *Gleiter* and *Petermann* (51, 52) have published two papers on the molecular structure of molten *PE*-films, which were prepared by a spreading technique onto a surface of a hot liquid (e.g. orthophosphoric acid or glycerine of about 220 °C). Having picked up these films on electron microscope grids they were investigated by optical methods, electron diffraction and transmission electron microscopy. The main results are: the film thickness is always between 200 and 250 Å in the solid as well as in the molten state. Sometimes multilayer crystals were obtained composed of an integral number of primary lamellae. The chain axis are aligned normal to the plane of the film. These results seem to give a strong support to main features of the meander model. Furthermore from inspection of a gold decorated crystallized lamella (fig. 10) we conclude that the film surface should be buckled with an almost regular 100 Å – spacing. Assuming the sharp curvatures on a meander surface being favoured to pin the 20 Å – gold clusters we would expect about the same picture from our model.

Similar conclusions can be drawn from surface replica of amorphous PET-films [fig. 11, taken from (26)] on which a nearly quadratic pattern of about 100 Å spacing is visible. Comparing this picture with the meander model (fig. 8) we must conclude the PET-bundle diameter r to be about 50 Å.

On the other side amorphous PET lamellae are about 90 Å thick (from X-ray small angle scattering). That means that the fold length is about 40 Å, i.e. even smaller than the bundle diameter. To interprete this we remember that

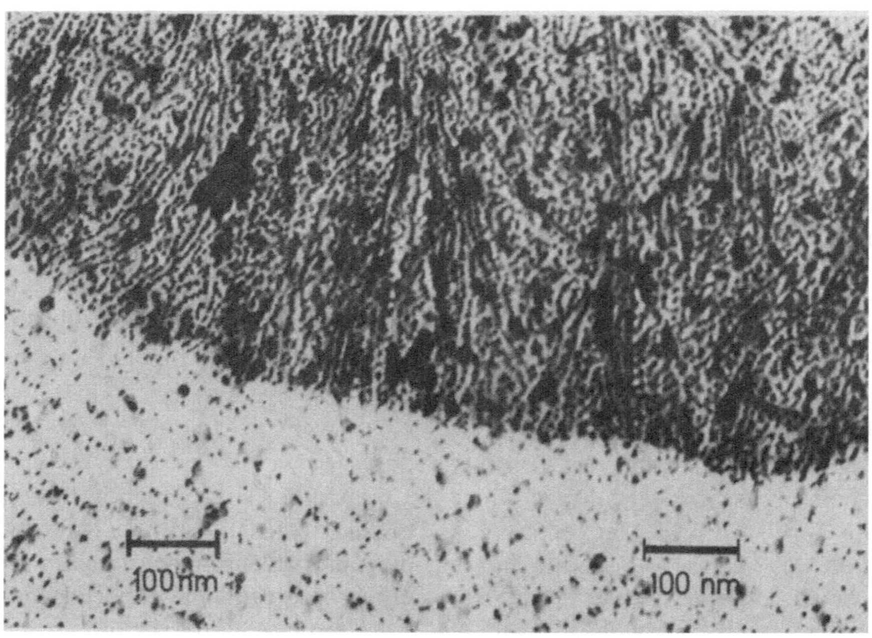

Fig. 10. Gold decorated surface of a 200 Å PE-film indicating its buckled structure (transmission micrograph). The lower part has been plastically deformed by stretching

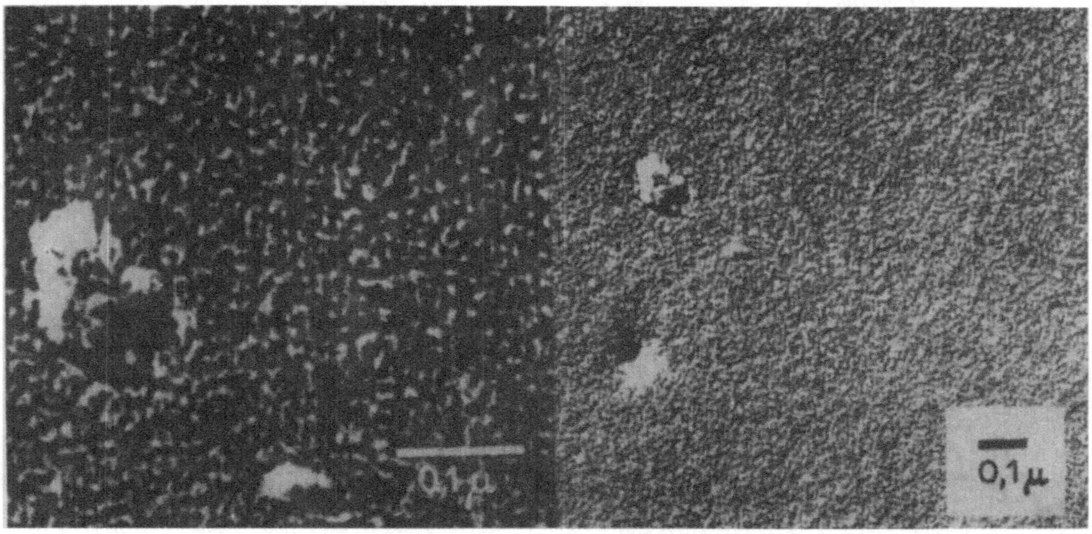

Fig. 11. Surface replica of an amorphous PET-film taken from (26)

for long monomer polymers the ratio $\frac{x}{r}$ need not be close to π but is supposed to be smaller, dependent on the misfit energy Δg_σ. In the case of PET $\Delta g_\sigma/kT = 0.6$ (per monomer of 10.7 Å) would explain the experimental data. Due to the phenyl groups the mobility of the folds in PET is probably restricted with respect to the rubberelastic glide motion. The former therefore determines the rate of crystallization which is relatively low in this material and inhibits the onset of crystallization until some 30° above the glass transition temperature.

Acknowledgement

The financial support by the Deutsche Forschungsgemeinschaft is greatefully acknowledged. The authors would like to thank Prof. *Gleiter* for bringing his work to their attention including an unpublished electron micrograph (fig. 10). For assistance in preparing the manuscript we thank Miss *M. Reymers* and Miss *R. Schiffner*.

Summary

This paper gives a survey of the meander model of condensed polymers in their amorphous state. In a first part the bundle model of nearly straight chains is shortly described together with its short range order which agrees with the experimental evidence. Next, superstructures composed of tightly folded bundles are shown to be thermodynamically stable mainly by virtue of the segment-lines interchange entropy. The *Gibbs* free energy, the geometry and the radius of gyration of meanderlike folded molecules are evaluated. They only depend on molecular parameters like the interchain distance, the length of a kink segment and the energy of a fold. All results are in agreement with experimental evidence including recent reports by *Petermann* and *Gleiter* (51, 52).

Zusammenfassung

Die Arbeit gibt einen Überblick über das Mäandermodell kondensierter Polymere im amorphen Zustand. In einem ersten Abschnitt wird das Bündelmodell aus nahezu gestreckten Ketten kurz beschrieben und seine Nahordnung mit experimentellen Aussagen verglichen. Danach wird gezeigt, daß Superstrukturen aus enggefalteten Kettenbündeln thermodynamisch stabil sind, wofür in erster Linie die Vertauschungsentropie der Segmentzeilen verantwortlich ist. Die Freie Enthalpie, die Geometrie und der Trägheitsradius mäanderförmig gefalteter Moleküle werden berechnet. Sie sind nur von molekularen Parametern wie Kettenabstand, Kinksegmentlänge und Faltenenergie bestimmt. Alle Resultate stehen in Übereinstimmung mit experimentellen Ergebnissen, einschließlich neuerer Befunde von *Petermann* und *Gleiter* (51, 52).

Literature

1) *W. Pechhold* und *S. Blasenbrey*, Kolloid-Z. u. Z. Polymere **241**, 955 (1970).

2) *S. Blasenbrey* und *W. Pechhold*, Ber. Bunsengesellschaft **74**, 784 (1970).

3) *W. Pechhold* und *S. Blasenbrey*, Angew. Makrom. Chem. **22**, 3 (1972).

4) *B. Stoll, W. Pechhold* und *S. Blasenbrey*, Kolloid-Z. u. Z. Polymere **250**, 1111 (1972).

5) *G. Wobser* und *S. Blasenbrey*, Kolloid-Z. u. Z. Polymere **241**, 985 (1970). *G. Wobser*, Thesis (Stuttgart 1971).

6) *W. Pechhold*, Physik 1971 (Plenarvortrag Essen).

7) *H. Scherr*, Thesis (Ulm 1973).

8) *P. C. Hägele, G. Wobser, W. Pechhold* und *S. Blasenbrey*, IUPAC-Symposium Boston 1971.

9) *P. C. Hägele*, Thesis (Ulm 1972).

10) *YU. K. Ovchinnikov, G. S. Markova* and *V. A. Kargin*, Vysokomol. Soyed. **A11**, 329 (1969) [translated in Polymer Sci. USSR **11**, 369 (1969)].

11) *E. B. Bokhyan, Yu. K. Ovchinnikov, G. S. Markova* and *V. A. Kargin*, Vysokomol. Soyed. **A13**, 1805 (1971) [translated in Polymer Sci. USSR **13**, 2026 (1971)].

12) *P. J. Harget* and *A. Siegmann*, J. Appl. Phys. **43**, 4357 (1972).

13) *C. E. Wilkes* and *M. H. Lehr*, J. Macromol. Sci. **B** 7, 225 (1973).

14) *M. I. Kashmiri* and *R. P. Sheldon*, J. Polym. Sci. **B7**, 51 (1969).

15) *V. Ye. Dreval, M. S. Lutskii, A. A. Tager, V. K. Postnikov, O. S. Khvatova* and *G. V. Vinogradov*, Vysokomol. Soyed. **A9**, 345 (1967) [translated in Polymer Sci. USSR **9**, 386 (1967)].

16) *G. V. Vinogradov* and *I. M. Belkin*, J. Polym. Sci. **A3**, 917 (1965).

17) *S. H. Maron* and *F. Felisko*, J. Macromol. Sci. **B6**, 57, 79 (1972).

18) *G. M. Pavlyuchenko, T. V. Gatovskaya* and *V. A. Kargin*, Vysokomol. Soyed. **7**, 2139 (1965) [translated in Polymer Sci. USSR **7**, 2346 (1965)].

19) *R. R. Stromberg, E. Passaglia* and *D. J. Tutas*, J. Natl. Bur. Stand. **A67**, 431 (1963).

20) *R. E. Robertson*, J. Phys. Chem. **69**, 1575 (1965).

21) *E. Bose*, Review Physics **8**, 513 (1907).

22) *L. S. Ornstein* and *W. Kast*, Trans. Faraday Soc. **19**, 932 (1933).

23) *W. Frank, H. Goddar* and *H. A. Stuart*, J. Polym. Sci. **B5**, 711 (1967).

24) *TH. G. F. Schoon*, Proc. Internat. Rubber Conf. 277 (1967). – *TH. G. F. Schoon* and *G. Rieber*, Angew. Makromol. Chem. **15**, 263 (1971).

25) *G. S. Y. Yeh* and *P. H. Geil*, J. Macromol. Sci. **B1**, 235, 251 (1967).

26) *G. S. Y. Yeh*, J. Macromol. Sci. **B6**, 451, 465 (1972).

27) *J. J. Klement* and *P. H. Geil*, J. Macromol. Sci. **B6**, 31 (1972).

28) *M. S. Ali* and *R. P. Sheldon*, J. Polym. Sci. **C38**, 97 (1972).

29) *V. A. Kargin, A. I. Kitaigorodskii* and *G. L. Slonimskii*, Kolloid-Zh. **19**, 131 (1957) [translated in Colloid J. USSR **19**, 141 (1957)].

30) *B. Vollmert* and *H. Stutz*, Angewandte Makromol. Chem. **3**, 182 (1968). – *B. Vollmert, H. Stutz* and *J. Stemper*, Angew. Makromol. Chem. **25**, 187 (1972).

31) *V. I. Gerasimov, V. A. Kargin, N. P. Novikov, S. S. Saluen'ya, O. A. Chernyavskaya* and *F. N. Chernyavskii*, Vysokomol. Soyed. **A12**, 382 (1970) [translated in Polym. Sci. USSR **12**, 436 (1970)].

32) *A. I. Volynskij, N. B. Zmienko* and *N. F. Bakeyev*, Vysokomol. Soyed. **A13**, 44 (1971) [translated in Polymer Sci. USSR **13**, 47 (1971)]. – *A. L. Volynskij, T. M. Orlova, N. F. Bakeyev* and *V. A. Kargin*, Vysokomol. Soyed. **B12**, 202 (1970) [translated in Sowj. Beiträge zur Faserforschung u. Textiltechnik **7**, 353 (1970)].

33) *M. A. Asaubekov, N. P. Krasnikova* and *V. A. Kargin*, Vysokomol. Soyed. **A14**, 30 (1972) [translated in Polymer Sci. USSR **14**, 33 (1972)]. – *N. I. Nikonorova, N. F. Bakeyev, S. Kh. Fakirov* and *V. A. Kargin*, Vysokomol. Soyed. **A11**, 2197 (1969) [translated in Polymer Sci. USSR **11**, 2503 (1969)].

34) *G. V. Vinogradov, Yu. G. Yanovskii, L. M. Chernova* and *V. A. Kargin*, Vysokomol. Soyed. **8**, 2072 (1966) [translated in Polymer Sci, USSR **8**, 2289 (1966)].

35) *U. Rahr*, Zulassungsarbeit Stuttgart 1971.

36) *S. Matsuoka*, J. Polymer Sci. **57**, 569 (1962).

37) *W. Dollhopf*, Thesis Ulm (in preparation).

38) *R. Hosemann* and *S. N. Bagchi*, Direct Analysis of Diffraction by Matter (Amsterdam 1962).

39) *S. Zalwert*, *Makromol. Chem.* **131**, 205 (1970).

40) *F. Rybnikář*, Kunststoffe **60**, 388 (1970).

41) *W. Pechhold, E. Liska* and *A. Baumgärtner*, Kolloid Z. u. Polymere **250**, 1017 (1972).

42) *A. Baumgärtner, S. Blasenbrey, W. Dollhopf, E. Liska* and *W. Pechhold*, Kolloid-Z. u. Z. Polymere **250**, 1026 (1972).

43) *R. Hosemann, E. Liska, W. Wilke* and *W. Pechhold* (in preparation).

44) *P. E. McMahon, R. L. McCullough* and *A. A. Schlegel*, J. Appl. Phys. **38**, 4123 (1967).

45) *H. P. Großmann*, Thesis Ulm (in preparation).

46) *W. Pechhold*, Deformation and Fracture of High Polymers. *H. H. Kausch, J. H. Hassel*, and *R. I. Jaffee* (Eds.) (New York 1973).

47) *M. E. T. Hauber, W. König, E. Liska* and *W. Pechhold*, to be published.

48) *E. W. Fischer* and *J. H. Wendorff*, Kolloid-Z. u. Z. Polymere (in press).

49) *R. G. Kirste, W. A. Kruse* und *J. Schelten*, Makromol. Chemie **162**, 299 (1972).

50) *P. J. Flory*, Statistical Mechanics of Chain Molecules (New York 1969).

51) *J. Petermann* and *H. Gleiter*, Phil. Mag. **28**, 271 (1973).

52) *J. Petermann* and *H. Gleiter*, J. Pol. Sci. (in press).

Authors' address:
Prof. *W. Pechhold*, Dr. *M. E. T. Hauber*, and Dr. *E. Liska*
University of Ulm
Abteilung Experimentelle Physik II
D-79 Ulm, Oberer Eselsberg

Kolloid-Z. u. Z. Polymere 251, 829–842 (1973)

Lectures during the labour conference of the Fachausschuß Physik der Hochpolymeren in the course of the spring meeting of the Arbeitskreis Festkörperphysik bei der Deutschen Physikalischen Gesellschaft from March 21 to 23, 1973 at Münser/Westf.

From the University of Ulm (FRG), Abteilung Experimentelle Physik II

The meander model of muscle

By W. Pechhold, W. von Soden, and R. Kimmich

With 14 figures

(Received August 3, 1973)

I. Introduction

Muscle is a device for producing the mechanical work necessary for movement and is, therefore, a tissue which must change its shape. Whereas flagella and cilia – the simplest motile organelles – perform a complex elastic movement, the muscle simply changes its length either actively during contraction, or passively during stretch or during release from an extended length. In fig. 1a[1]) an electron micrograph of vertebrate striated muscle (VStM) shows the characteristic disposition of filaments in the fibrils of a muscle cell. The attached fig. 1b (1) shows the commonly accepted diagrammatic representation of this structure, the sliding filament model, as proposed by *H.E. Huxley*. The thin dark transverse lines are called "*Z* lines"; between pairs of *Z* lines lie the "*I* bands" (where there are thin filaments only), the "*A* bands" (where there are both thick and thin filaments) and the "*H* bands" (where, according to *Huxleys* model, should be thick filaments only).

If the fibril is examined under higher magnification [fig. 2[1]), a most instructive picture can be found in (3)], both the presence of arrays of thin filaments extending from the *Z* lines into the spaces between the thick filaments, and of cross-bridges between the overlapping filaments can be detected. Both types of filaments can interact to produce a contraction of the muscle, probably by the sliding of adjacent filaments over each other.

Two proteins make up the bulk of the muscle tissue, myosin and actin. If muscle is extracted with a salt solution the *A* bands disappear, and, as myosin is soluble in salt solution, it is thought that the *A* bands contain the myosin located in the thick filaments. In *Huxleys* model the cross-bridges form a permanent part of the myosin filament being represented by the *H*-meromyosin subunit of the myosin molecule (fig. 3). The thin filaments contain the actin, which can exist in two forms, as *G*-actin (a globular protein) or *F*-actin (a fibrous protein). Even after isolation from the muscle a mixture of myosin and *F*-actin retains the ability to contract.

In VStM the myosin-containing filaments are spaced out in a hexagonal lattice some 450 Å apart, with the actin-containing filaments in between them at the trigonal positions of the lattice (fig. 1b, vid. also fig. 4[1])). The space between the filaments is occupied by sarcoplasm (a dilute aqueous solution of salts – among them 5 mmol/l Mg^{++}, 5 mmol/l ATP, $5 \cdot 10^{-3}$ mmol/l Ca^{++} – and of other proteins). For further details see particularly (4, 5, 6).

II. The meander model of muscle

Although we are not very familiar with the molecular biology of muscle it seems to us that progress in this field today is mainly due to the work of biochemists. The physics of muscle contraction for instance has not achieved any final quantitative success in spite of some interesting theoretical attempts e.g. (7, 8, 9, 10[2]), 11, 12). The sliding filament model requires further development to account quantitatively for all experimental results known today. In this connexion one may recall the critical engagement of *Ernst* in his booklet (13). From

[1]) By kind permission of Dr. *G. J. Steiger* and Dr. *G. Beinbrech*, Bochum (2).

[2]) In *Volkenshtein*'s paper (10) an excellent review on the Physics of Muscle is available.

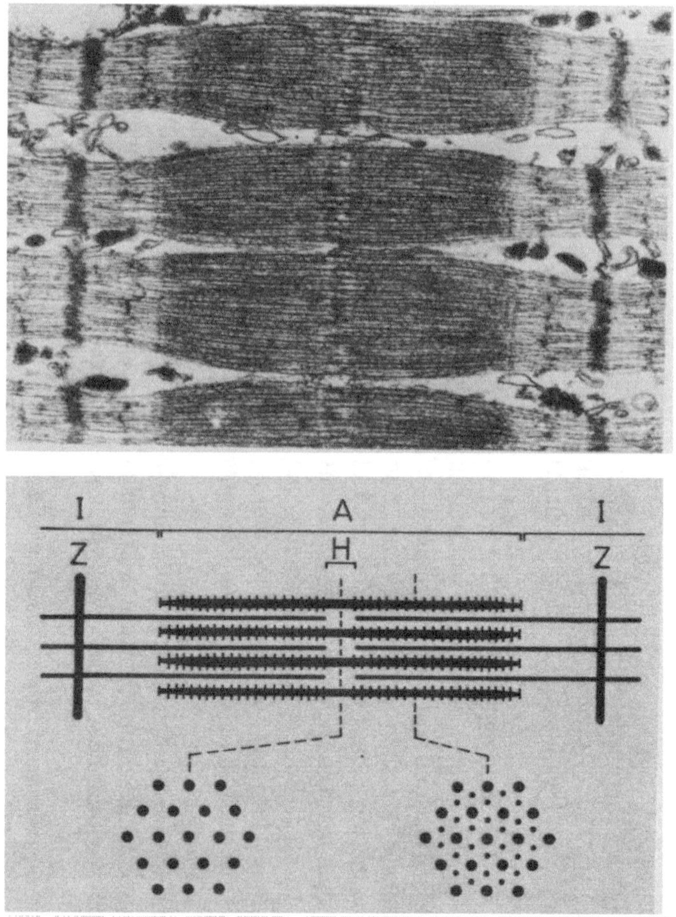

Fig. 1. Upper part (a) electron micrograph of a myofibril (rabbit proas). Lower part (b) diagrammatic representation of *Huxleys* sliding filament model

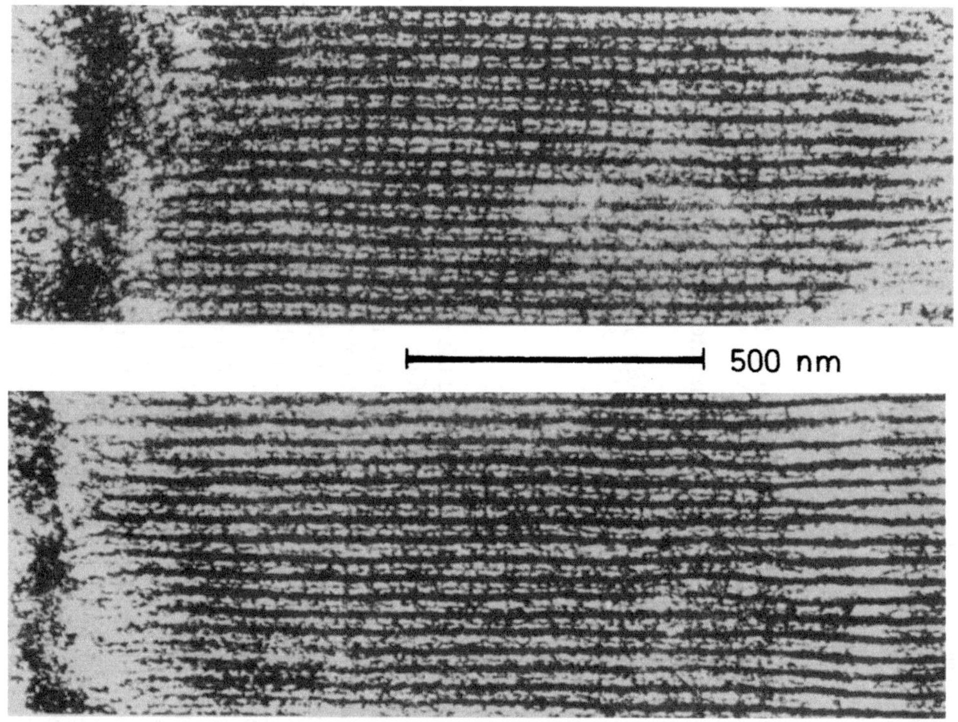

Fig. 2. Part of the myofibril at higher magnification [1]) (insect fibrillar flight muscle), upper part at rest, lower part in rigor

our work on the bundle concept of synthetic polymers (14) it was of interest to us to investigate whether this concept is also applicable to biopolymers, and thus, might explain the observed supermolecular structures and their corresponding properties. In the following paper we propose a modified sliding filament model which we have named the "meander model" because of the meanderlike bundles, which are a main feature of it.

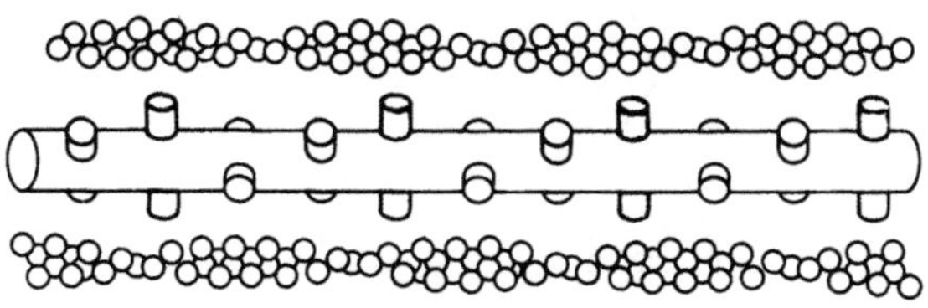

Fig. 3. Diagram of the structures of thick and thin filaments [after *Huxley* (1)]

The meander model (fig. 5) differs from *Huxleys* model in many respects:

a) The cross-bridges are not only due to the *H*-meromyosin heads of the myosin filament (fig. 3) but are complemented by meander folds formed by the actin filament. These folds may attach either strongly or weakly to the myosin heads depending on whether the ATP-Mg^{++}-complex (which acts as a plasticizer) has been hydrolized or not.

b) The actin filament is assumed to consist of nearly parallel actin (and tropomyosin) molecules which are (apart from their amino acid sequence) characterized by a certain α-helix content. Probably half of the monomers are in the amorphous state, that is they form kinks (fig. 6) or other mobile rotational isomers. This bundle of nearly parallel chains corresponds to the melt bundle discussed for synthetic polymers (14). Its diameter r may be obtained from cooperative statistics after consideration of intra- and interchain potentials, disulfid cross links, and the interaction with the sarcoplasm. The interaction energy of myosin molecules with the sarcoplasm probably differs from that of actin, thus giving rise to the myosin filament superstructure.

c) Further the actin filaments are assumed to extend through the whole sarcomer and to fold finally in the *Z* zones. In the *H* zones they seem to be attached to the myosin filaments which in turn appear thicker there.

d) The supermolecular structure of muscle tissue (as perhaps of all other biological tissue) can be shown to be compatible with a thermodynamic (stable or metastable) equilibrium state. This statement should in fact serve as a postulate because otherwise metabolism, i.e. energy, – beyond its essential purpose to enable life – must additionally be used to maintain a nonequilibrium structure. We will proceed with this equilibrium postulate in the following sections and compare our theoretical results with experimental evidence.

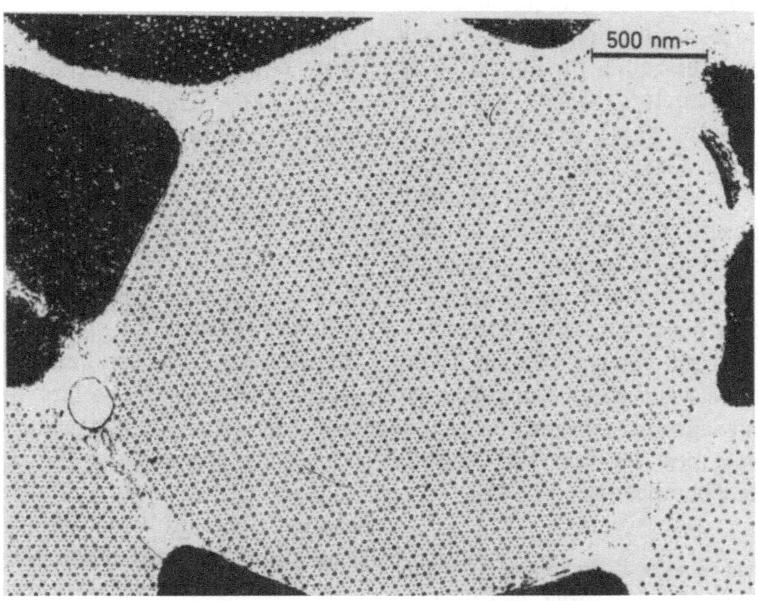

Fig. 4. Cross section of a myofibril[1])

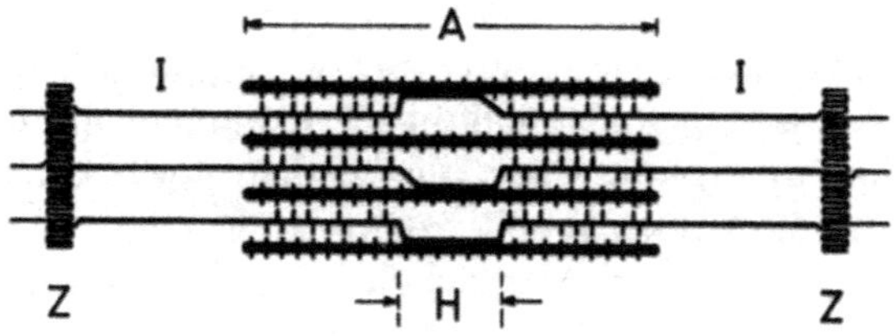

Fig. 5. Diagrammatic representation of the meander model of VStM

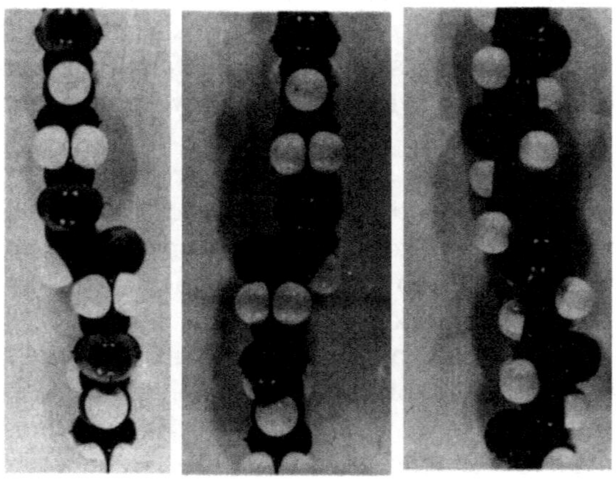

Fig. 6. *Stuart* model of kinks in polyglycine

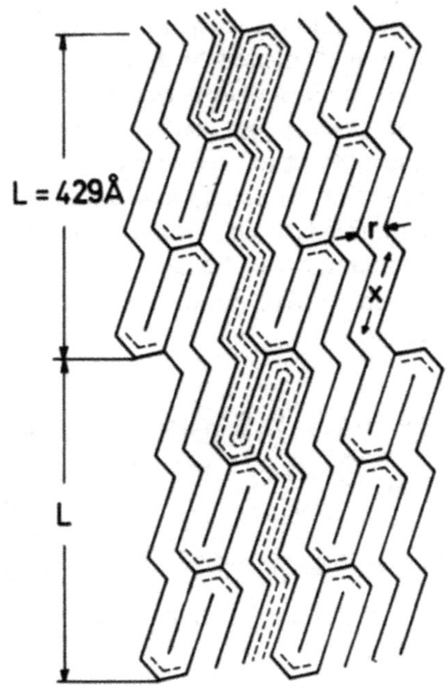

Fig. 7. Radial projection of the proposed myosin structure

A. The myosin filament of VStM

In order to apply the meander model (14) to the myosin-filament we have to modify the strictly lamellar version[3]) of this model. This can be done by taking into account not only half meanders but also single-bent bundle parts. Fig. 7 shows the radial projection of the proposed myosin structure, densly packed in one lateral dimension, which has been chosen to fit the low-angle X-ray results (1, 16) i.e. a 6/1-helix with a repeat unit $2L = 858$ Å made up out of 6 subunits of length 143 Å. In each subunit two projections on opposite sides of the filament must be assumed (vid. fig. 3) in which the *H*-meromyosin heads probably appear.

In order to point out the equilibrium nature of this structure we write down the *Gibbs* free energy per chain-segment referred to g_s, the mean free energy per segment of similarly arranged extended bundles (vid. 14, [4]).

$$\frac{\Delta g_s}{kT} = \frac{1}{5}\frac{d \cdot s}{r(r+x)}\left\{2\frac{\Delta g_f}{kT} - 3\left[\frac{r}{s}\ln\left(1+\frac{x}{r}\right) + \frac{x}{s}\ln\left(1+\frac{r}{x}\right)\right]\right\}. \quad [1]$$

The average partly folded bundle-plane of length L (in fig. 7 marked by broken lines) comprises about r/d chains (d being the mean interchain distance) and $5\,\frac{r+x}{s}$ segment-lines (s being the average chain length per kink). With reference to the extended bundle-plane it additionally contains 2 folds and exhibits a segment-line interchange entropy of

$$k\left(2+\frac{1}{3}+\frac{1}{3}+\frac{1}{3}\right)\left[\ln\frac{x+r}{s}! - \ln\frac{x}{s}!\frac{r}{s}!\right].$$

This is because it contains only 2 subunits with meander curvatures and 3 others which are alined with 2 similar bent-off parts in neighbouring bundles. Therefore the corresponding segment-lines are broadened by a factor of 3 but contribute only once to the segment-line interchange entropy. The "internal fold-surface energy" [Δg_σ in (14), footnote 7] should be negligible for condensed polypeptides which are short monomer polymers. The surface energy of the myosin-filament will be small

---

[3]) This version can be successfully applied to ribbon-like vertebrate smooth muscle myosin which also is known to have an axial repeat of 144 Å (15).

because of the hydrogen bonding to the water molecules and is therefore neglected.

The mean equilibrium values of the bundle diameter r and of the fold length x must be calculated by minimization of Δg_s. From $\frac{\partial \Delta g_s/kT}{\partial x} = 0$ one gets

$$\ln \frac{x}{r} = \frac{2}{3} \frac{s}{r} \frac{\Delta g_f}{kT} \qquad [2]$$

and from $\frac{\partial \Delta g_s/kT}{\partial r} = 0$, applying also [2]

$$\ln \frac{x}{r} = \left(1 + \frac{x}{r}\right) \ln\left(1 + \frac{r}{x}\right). \qquad [3]$$

Equation [3] yields the quite general thermodynamic result[3])

$$\frac{x}{r} = 3.141. \qquad [3a]$$

The combination of [2] and [3a] leads to a second thermodynamic conclusion

$$\frac{r}{s} = 0.874 \frac{2}{3} \frac{\Delta g_f}{kT}{}^{4)}. \qquad [2a]$$

The proposed meander model of the myosin filament is more stable than any arrangement of extended bundles, because (using [1–3])

$$\left.\frac{\Delta g_s}{kT}\right|_{\text{equilibrium}} = -\frac{2}{5} \frac{d}{r\left(1 + \frac{x}{r}\right)} \frac{s}{r} \frac{\Delta g_f}{kT} \qquad [1a]$$

i.e. a reduction of *Gibbs* free energy per chain segment has been achieved by the meander structure.

As the exact values either of the fold energy (Δg_f which should be in the range of 5 to 10 kcal/mol) for contractile peptides or of their segment length s (probably in the range 4 to 10 Å, depending on the helix-content) are not known we only gain from [2a] information on the combined quantity

$$\frac{s}{r} \frac{\Delta g_f}{kT} = 1.71. \qquad [2b]$$

This result (obtained from the myosin superstructure) will also be used later for the actin bundle which is assumed to have similar values of r, s, and Δg_f.

Because the cooperative statistics of polypeptide solutions have not yet been undertaken the equilibrium bundle diameter r is not known but must be determined from the observed structure[5]). This can be done from the myosin filament, using its repeat unit length $L = 429$ Å together with our proposed meander model (fig. 7) and the result [3a]. The approximate geometrical relation

$$L^2 \approx 9\,(r + x)^2 - 25\,r^2 \qquad [4]$$

then yields $r = 38$ Å, a value similar to the bundle diameter of the actin filament[5]). The outer diameter φ of the myosin filaments follows (vid. fig. 7) from $\varphi \approx \frac{10}{\pi} r = 120$ Å which shows close agreement with experimental evidence. Assuming the bundles to have a nearly quadratic cross section, the myosin rods should be of a hollow type with an inner diameter of 45 Å (fig. 4).

B. The actin filament

As the myosin filaments are soluble in solutions of higher salt concentration we conclude that the surface energy Δg_σ^m[6]) of the bundles can be lowered to an extent at which the meander superstructure dissociates into single bundles. We have to assume that the surface energy Δg_σ^a of the actin filaments is already low enough in normal sarcoplasm that they may not aggregate to a superstructure similar to myosin [by adding an adequate amount of divalent cations the actin filaments

[3]) Vide page 832.

[4]) In the strictly lamellar meander the factor $\frac{2}{3}$ is missing, vid. (14, [5b]). Alternative meander versions will also differ in this very factor. Suppose the *Gibbs* free energy of a fold in a particular peptide is known and the bundle diameter r given by cooperative statistics of the system polypeptide – sarcoplasm, the corresponding version may be determined through [2a] by the peptide segment length s which in turn should be defined by the helix-content.

[5]) From electron micrographs of the actin filament (vid. fig. 2) r is obviously about 40 Å.

[6]) More precisely the difference in interfacial free energies per segment area of polymer-polymer and polymer-solution contact: $\Delta g_\sigma = g_\sigma^i - 2\, g_\sigma^0$. g_σ^i is the energy of polymer-polymer contact, g_σ^0 that of hydrophobe polymer-water contact. The latter is certainly positive and arises from those bundle interfaces which cannot form hydrogen bonds. Assuming for example a bundle of cross-β-form short range order, it is obvious that one half of its surface will be hydrophobe. The other half should be hydrophylic and therefore its water-interfacial energy almost negligible.

form paracrystals (17)]. We further must conclude that for a rather low surface energy Δg_σ^a the *Gibbs* free energy of a single bundle should also be reduced in relation to the extended bundle and even more than for the myosin bundle within the superstructure as indicated by [1a].

For the actin filament we propose two different kinds of meander configurations: a rather open one which will describe the filament inside the sarcomer (fig. 8) and a tightly folded one which can be associated with the Z zone (fig. 9). Both meander configurations will be shown to reduce the *Gibbs* free energy, the open structure even more than that assumed for the myosin bundle in its fibrous superstructure. Moreover the amount of actin material in the Z zones, and inside the sarcomer, compared with the myosin content can be evaluated and shown to be realistic. The open or filament structure of the actin bundle (fig. 8) is charac-

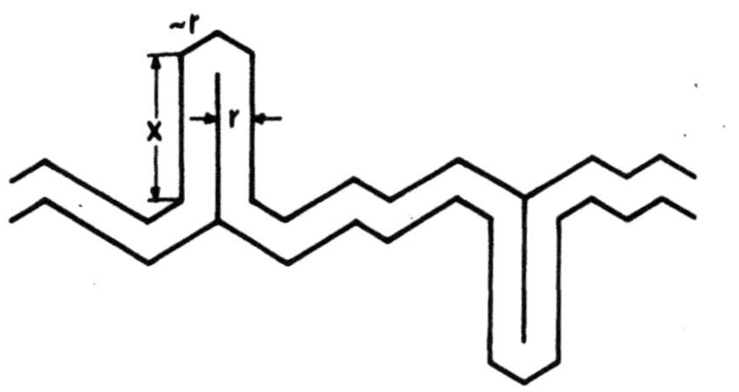

Fig. 8. Meander conformation proposed for the actin filament inside the sarcomer

terized by meanderlike bundle folds of fold length x and unfolded parts which also contain bend-segment lines. Introducing y as the probability to find a segment line in an unfolded part of the bundle plane and 1-y as its probability to occur in a meander, the *Gibbs* free energy per chain segment referred to the totally unfolded and densly packed state can be set up

$$\frac{\Delta g_s}{kT} = (1-y)\frac{d\cdot s}{r(r+x)}\left[\frac{\Delta g_f}{2kT} + \frac{x}{s}\frac{\Delta g_\sigma^a}{2kT} - \frac{r}{s}\ln\left(1+\frac{x}{r}\right) - \frac{x}{s}\ln\left(1+\frac{r}{x}\right)\right] + \frac{d}{r}\left[-y\ln 2 + y\ln y + (1-y)\ln(1-y) + \frac{2g_\sigma^{0a}}{kT}\right]. \quad [5]$$

In comparison with [1] here we have $\frac{1}{2}$ fold and a (negative, i.e. binding) surface energy

$$\frac{x}{s}\frac{\Delta g_\sigma^a}{2kT}$$

per half meander, and 3 kinds of segment-lines interchange entropy: that of the half meander planes, that of the bent-off planes in the unfolded parts (14) and an additional contribution from an interchange of segment-line microstates between folded and unfolded regions. The last term (the interfacial energy of actin-water contact) takes into account the relation to the densly packed state.

The equilibrium filament structure is obtained from $\frac{\partial \Delta g_s/kT}{\partial x} = 0.$

$$\ln\frac{x}{r} = \frac{s}{r}\frac{\Delta g_f}{2kT} - \frac{\Delta g_\sigma^a}{2kT} \quad [6]$$

and from $\frac{\partial \Delta g_s/kT}{\partial y} = 0$, applying also [6]

$$\frac{1}{y} = 1 + \frac{1}{2}\left[\exp\left(-\frac{s}{r}\frac{\Delta g_f}{2kT}\right) + \exp\left(-\frac{\Delta g_\sigma^a}{2kT}\right)\right]. \quad [7]$$

The bundle diameter r of the actin bundle[5]) should be determined by cooperative statistics so that we shall not use $\frac{\partial \Delta g_s/kT}{\partial r} = 0$ here.

The equilibrium *Gibbs* free energy is easily obtained from [5] by virtue of [6, 7]

$$\left.\frac{\Delta g_s}{kT}\right|_{\text{equilibrium}} = \frac{d}{r}\left\{\frac{2g_\sigma^{0a}}{kT} - \ln\left[2 + \exp\left(-\frac{s}{r}\frac{\Delta g_f}{2kT}\right) + \exp\left(-\frac{\Delta g_\sigma^a}{2kT}\right)\right]\right\}. \quad [5a]$$

If one compares [5a] with [1a] using [2b] and taking $g_\sigma^{ia} = 0$ (as we have done in [1, 1a] one gets a critical value for the actin-water interfacial energy

$$\left.\frac{g_\sigma^{0a}}{kT}\right|_{\text{critical}} = 0.650 \quad [8]$$

above which the actin filaments should aggregate into rods – in a manner similar to the myosin bundles. For interfacial energies below

0.650 the open structure of actin filaments is more stable than a hollow rod structure, because the *Gibbs* free energy of [5a] then is below that of [1a].

To proceed further quantitatively we shall assume the actin-water interfacial energy to be

$$\frac{g_\sigma^{0a}}{kT} = 0.4 \rightsquigarrow \frac{\Delta g_\sigma^a}{2kT} = -0.4 \text{ (Assumption!)}. \qquad [9]$$

With [9] the equilibrium *Gibbs* free energy of the actin filament becomes

$$\left.\frac{\Delta g_s^a}{kT}\right|_{\text{equilibrium}} = -0.565\,\frac{d}{r} \qquad [5b]$$

compared with that of the myosin meander structure

$$\left.\frac{g_s^m}{kT}\right|_{\text{equilibrium}} = -0.168\,\frac{d}{r}. \qquad [1b]$$

Substituting [2b] and [9] into [6] the equilibrium fold length of the actin meanders becomes $x = 3.5\ r = 140$ Å. This is a quite reasonable value for crossbridge length. The equilibrium probability $y_e = 0.51$ (from [7]) shows that about half of the actin filament appears in meander folds.

C. The Z zone

It is apparent and will be shown in this section that the Z zone should be attributed to a tightly folded meander layer built up by actin bundles (fig. 9). The *Gibbs* free energy per chain segment referred to the extended dense state is

$$\frac{\Delta g_s}{kT} = \frac{d \cdot s}{r(r+x)}\left[\frac{\Delta g_f}{kT} + \frac{x}{s}\frac{\Delta g_\sigma^a}{kT} - \frac{r}{s}\ln\left(1+\frac{x}{r}\right) - \frac{x}{s}\ln\left(1+\frac{r}{x}\right)\right] + \frac{d}{r}\frac{2g_\sigma^{0a}}{kT} \qquad [10]$$

corresponding to one fold and a surface energy $\frac{x}{s}\frac{\Delta g_\sigma^a}{kT}$ – twice the values from [5] – per half meander.

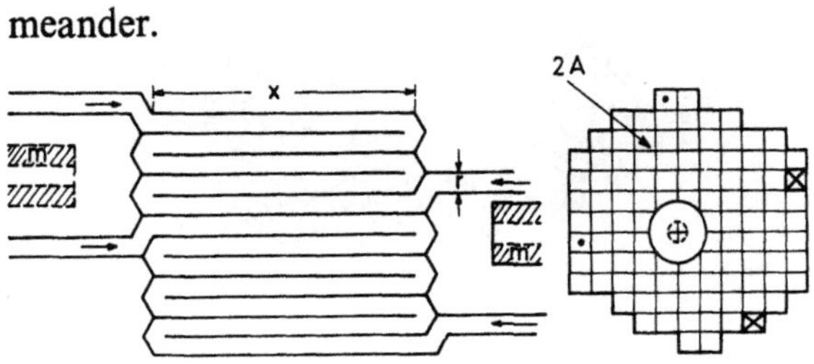

Fig. 9. Meander conformation proposed for the Z zone

The equilibrium Z zone structure then follows from $\frac{\partial \Delta g_s/kT}{\partial x} = 0$

$$\ln\frac{x}{r} = \frac{s}{r}\frac{\Delta g_f}{kT} - \frac{\Delta g_\sigma^a}{kT} \qquad [11]$$

with $r = 40$ Å[5]).

The corresponding equilibrium *Gibbs* free energy for a chain segment in the Z zone may be obtained from [10] and [11]

$$\left.\frac{\Delta g_s^Z}{kT}\right|_{\text{equilibrium}} = \frac{d}{r}\left\{\frac{2g_\sigma^{0a}}{kT} - \ln\left[\exp\left(-\frac{s}{r}\frac{\Delta g_f}{kT}\right) + \exp\left(-\frac{\Delta g_\sigma^a}{kT}\right)\right]\right\}. \qquad [10a]$$

Using [2b] and [9] this becomes

$$\left.\frac{\Delta g_s^Z}{kT}\right|_{\text{equilibrium}} = -0.078\,\frac{d}{r}. \qquad [10b]$$

The equilibrium thickness of the Z zone got from [11], [2b] and [9] as $x + r = 530$ Å falls in the range of average observed sizes.

The ratio of actin (and tropomyosin) material in the Z zone to the amount contained in the actin filament inside the sarcomer follows for the equilibrium state from the ratio of the *Boltzmann* factors of the corresponding segment lines i.e. from [10b] and [5b]:

$$\exp\left[-\frac{r\Delta g_s^Z}{dkT} + \frac{r}{d}\frac{\Delta g_s^a}{kT}\right] = 0.61 \text{ (Theory)}.$$

For comparison we evaluate the corresponding ratio from the observed structure:

$\frac{A(x+r)}{r^2 L_\infty} = 0.71$ (experimental estimate) (The effective cross section of an actin filament is $A = \frac{D^2}{4}\sqrt{3}$ with $D = 450$ Å equal to the spacings in the hexagonal myosin lattice. $L_\infty = 4.1\ \mu$m is assumed to be the length of the totally extended actin filaments).

D. The meander model of closed and loose cross-bridges

Fig. 10 shows the arrangement of myosin and actin filaments in the A zone according to the meander model. The meander folds of the actin bundle form cross-bridges to the projections on the myosin rod surface. These projections are

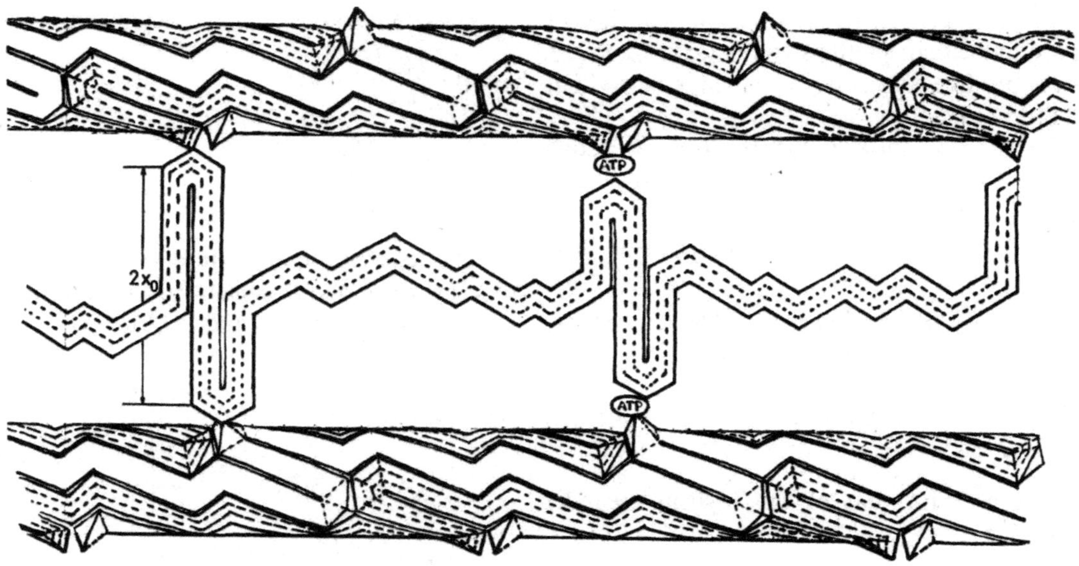

Fig. 10. Meander model of actomyosin

due to the assumed non planar meander curvatures of the myosin bundles. Each projection will additionally contain the globular part of just one *H*-meromyosin component (not drawn in fig. 10) which possesses ATP-ase activity. In an actomyosin system which includes a sufficient amount of ATP and Mg^{++} the cross-bridges are supposed to exist either in a loose (weakly bound) or in a closed (strongly bound) state. By virtue of the special (not yet fully understood) physicochemical properties of this system a repetitive exchange of both kinds of cross-bridges takes place (7, 9, 19).

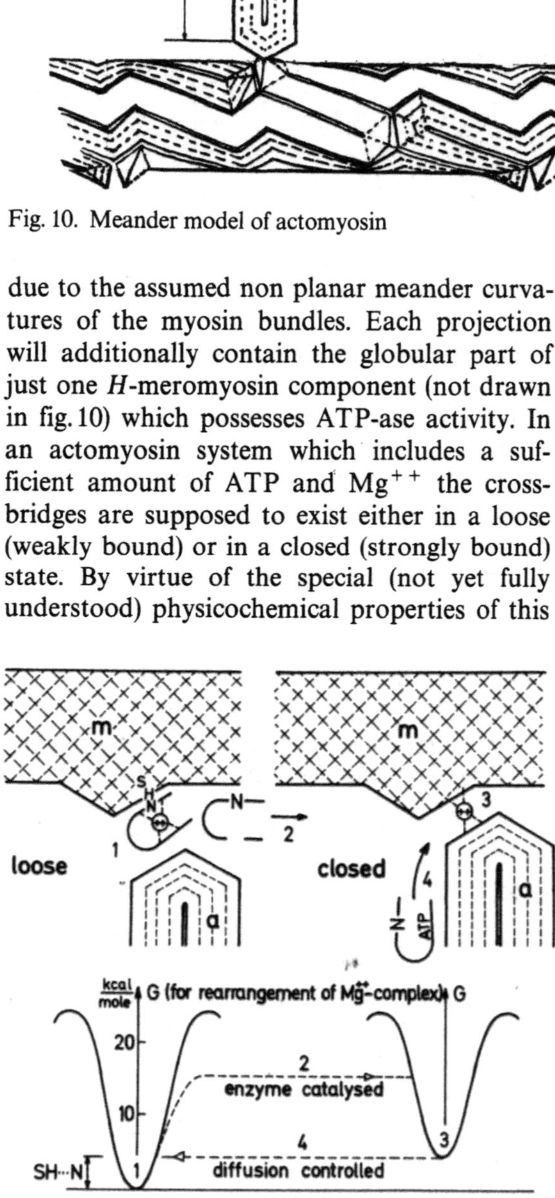

Fig. 11. Possible scheme of cyclic cross-bridge reaction by virtue of Mg ATP. The binding of Mg ATP to the active centre of myosin, i.e. the loose cross-bridge, could alternatively be established by a Mg^{++}-complex between the myosin head and ATP (30, fig. 8)

Because we need some information about the binding energy of the closed cross-bridge which will be shown to determine the active force generated e.g. in an isometric experiment, we shall shortly discuss a possible scheme of cross-bridge reactions (fig. 11, which we have not established in all details).

1. Starting with the relaxed muscle, Mg ATP complexes (fig. 12) are attached to the myosin projections by virtue of SH . . N bonds (6, 18). The actin meander fold will be almost free to move (loose cross-bridge).

2. Catalysed by the ATP-ase (which in turn has to be activated by at least one Ca^{++}-ion per myosin rod) ATP is cleaved into ADP and P_i, thereby loosing its Mg^{++}-ion.

Fig. 12. *Stuart* model of Mg^{2+} ATP^{4-} complex

3. As the free energie of formation ΔG^0 of a Mg^{++} complex is high (about -100 kcal/mole) the Mg^{++}-ion cannot be lost by the cleaved products without simultaneously forming its complex with neighbouring charges (or dipoles). During cleavage the nearest charges are on the myosin surface, the actin meander fold is nearby, therefore a Mg^{++} complex is likely to be formed between myosin projection and actin fold (a closed cross-bridge).

4. Taking the free energies of formation of the Mg^{++} complexes Mg ATP, Mg $(H_2O)_n$, Mg $(\text{peptide})_2$ to be about equal (-100 kcal/mole), the reconstituted ATP^{4-}-ion will enter the cross-bridge, rearranging the Mg^{++} complex (acting as a plastiziser) and becoming attached to a *SH* group. This latter bond enables the Mg ATP complex to be preferentially localized at the active myosin head at which it can repeat the cross-bridge cycle.

For use in the next section (III.B) it should be noted, that a closed cross-bridge will be assumed to have a binding energy of $5 \cdot 100$ kcal/mole, on the supposition that 5 Mg ATP complexes are able to attach to the myosin head simultaneously. The number 5 is reasonable, from 3 different viewpoints: a) The myosin head is about 40 Å in diameter. b) The actin filament is composed out of 5 bundle planes. c) Assuming the ATP-splitting to occur cooperatively at all 5 complexes during one short tetanus, then the available amount of ATP and creatine phosphate (5 mmol/l, 10 mmol/l) should last for about 25 short tetani (or 70 twitches) (4).

III. Passive and active stress-strain behaviour

From statistical thermodynamics, i.e. from the *Gibbs* free energy *G* of a linear model system, the equilibrium mechanical force – either passive or active – can be evaluated at every given length *L*. To calculate the macroscopically observed stress σ we must refer it to the force *F* acting on a representative actin filament

$$\sigma = \frac{F}{A} \qquad A = \frac{D^2}{4}\sqrt{3} \qquad [12]$$

(*A*, effective cross-section of the actin filament).

The force *F* is given by

$$F(L) = \left.\frac{\partial G}{\partial L}\right|_{\text{equilibrium}} . \qquad [13]$$

The suffix indicates that all internal variables must approach equilibrium values compatible with the given length *L*. For the meander model of the actin filament (fig. 8) we get the geometrical condition

$$\frac{L}{s} = \frac{L_\infty}{s}\left[y + (1-y)\frac{r}{r+x}\right]. \qquad [14]$$

L/s, the filament length measured in units of segment-length, is equal to the number of segment lines in the unfolded part of the bundle plus the bundle diameter multiplied by the number of half meanders. L_∞/s is the total number of segment lines in an actin filament and corresponds to the fully extended length measured in units of *s*. To establish equilibrium one has to find the minimum of

$$\frac{\Delta G^*}{kT} = \frac{\Delta G}{kT} + \lambda\left[\frac{L}{L_\infty} - y - (1-y)\frac{r}{r+x}\right] \qquad [15]$$

ΔG, free energy of a representative actin filament; λ, *Lagrange*an multiplier.

A. The passive stress-strain diagram

The force exerted by the actin filament (fig. 8) with loose cross-bridges (interaction with myosin assumed to be zero) may be obtained from [13], [15] provided

$$\Delta G = \left(\frac{r}{d}\right)^2 \frac{L_\infty}{s} \Delta g_s$$

is taken from [5] and the equilibrium conditions

$$\frac{\partial \Delta G^*}{\partial y} = 0 \text{ and } \frac{\partial \Delta G^*}{\partial x} = 0$$

are taken into account. Here we shall treat two problems: the unrestricted equilibrium, and an equilibrium with $x = x_0$ $(F = 0)$ kept constant i.e. the meander folds touch the myosin rods at x_0 but cannot enter or pass them. [15] becomes

$$\begin{aligned}\frac{\Delta G^*}{kT} = \frac{r}{d}\frac{L_\infty}{s}\Bigg\{&\frac{(1-y)s}{r+x}\left[\frac{\Delta g_f}{2kT} + \frac{x}{s}\frac{\Delta g_\sigma}{2kT} - \frac{r}{s}\ln\left(1+\frac{x}{r}\right) - \frac{x}{s}\ln\left(1+\frac{r}{x}\right)\right] \\ &- y\ln 2 + y\ln y + (1-y)\ln(1-y) \\ &+ \frac{2g_\sigma^0}{kT}\Bigg\} + \lambda\left[\frac{L}{L_\infty} - y - (1-y)\frac{r}{r+x}\right].\end{aligned} \qquad [15a]$$

From [13] we may write

$$\lambda = \frac{L_\infty F}{kT}.$$

The equilibrium condition

$$\frac{\partial \Delta G^*}{\partial y} = 0$$

together with the geometrical condition [14] leads to

$$\frac{d}{r}\frac{F \cdot s}{kT} = \frac{r}{x}\left[\ln\frac{x}{r} - \frac{s}{r}\frac{\Delta g_f}{2kT} + \frac{\Delta g_\sigma}{2kT}\right] + \left(1+\frac{r}{x}\right)\left[-\ln 2 - \frac{\Delta g_\sigma}{2kT} + \ln\left(\frac{L}{L_\infty - L} - \frac{r}{x}\right)\right]. \qquad [16]$$

From $\frac{\partial \Delta G^*}{\partial x} = 0$ we obtain

$$\frac{d}{r}\frac{F \cdot s}{kT} = -\ln\frac{x}{r} + \frac{s}{r}\frac{\Delta g_f}{2kT} - \frac{\Delta g_\sigma}{2kT}. \qquad [17]$$

The unrestricted equilibrium force – [16] and [17] being simultaneously valid – then can be written as

$$\frac{d}{r}\frac{F \cdot s}{kT} = -\ln\left[2 + \exp\left(-\frac{s}{r}\frac{\Delta g_f}{2kT}\right)\right] - \frac{\Delta g_\sigma}{2kT} + \ln\frac{L}{L_\infty - L}. \qquad [18]$$

The equilibrium force – with $x = x_0$ kept constant – derives from [16]

$$\frac{d}{r}\frac{F \cdot s}{kT} = \left(1 + \frac{r}{x_0}\right) \times \left[-\ln 2 - \frac{\Delta g_\sigma}{2kT} + \ln\left(\frac{L}{L_\infty - L} - \frac{r}{x_0}\right)\right] \qquad [19]$$

with x_0 being the actin meander fold length in the resting muscle ($F = 0$) which follows from [6] or [17]. Fig. 13 gives a plot of both force – length curves indicating that there is no strong influence on $F(L)$ by the restriction $x = x_0$ which must necessarily be presumed in the active case.

B. The isometric active force of contraction as a function of sarcomer length

The generation of an active force is assumed to be due to repetitively closed cross-bridges realized by a Mg^{++} complex with a free energy $\Delta G^0 \approx -100$ kcal/mole per actin meander plane (fig. 11). To evaluate the maximum of the equilibrium active force – all available meander folds strongly attached to the myosin heads – we again start from the free energy of the actin bundle [15a] with an additional term $\frac{\Delta G^0}{2}$ per each half meander

$$\frac{\Delta G^*}{kT} = \frac{r}{d}\frac{L_\infty}{s}\left\{\frac{(1-y)s}{r+x}\left[\frac{\Delta g_f}{2kT} + \frac{x}{s}\frac{\Delta g_\sigma}{2kT} + \frac{\Delta G^0}{2kT} - \frac{r}{s}\ln\left(1+\frac{x}{r}\right) - \frac{x}{s}\ln\left(1+\frac{r}{x}\right)\right] - y\ln 2 + y\ln y + (1-y)\ln(1-y) + \frac{2g_\sigma^0}{kT}\right\} + \lambda\left[\frac{L}{L_\infty} - y - (1-y)\frac{r}{r+x}\right]. \qquad [20]$$

The equilibrium force F is evaluated in analogy to the passive case under the condition $x = x_0$

$$\frac{d}{r}\frac{Fs}{kT} = \left(1+\frac{r}{x_0}\right)\left[-\ln 2 - \frac{\Delta g_\sigma}{2kT} + \ln\left(\frac{L}{L_\infty - L} - \frac{r}{x_0}\right)\right] - \frac{s\Delta G^0}{2x_0 kT}. \qquad [21]$$

Compared with the passive force [19] the actively generated force only appears shifted to higher values of F by

$$F_a = -\frac{r}{d}\frac{\Delta G^0}{2x_0}. \qquad [22]$$

This behaviour fits experimental results (e.g. 20, 21, 22) at sarcomer lengths below $L_\infty/2$ but not above (fig. 14).

To explain the deviation for $L > \frac{L_\infty}{2}$ a "stability criterion" must be considered. All closed cross-bridges together must withstand the active force F_a. The maximum number of closed cross-bridges is

$$n = \frac{L_\infty - L}{2x_0} \qquad [23]$$

assuming only actin meander folds of length x_0 are realized. Therefore the force sustained by one cross-bridge should be

$$F_{1a} = \frac{F_a}{n} = -\frac{r}{d}\frac{\Delta G^0}{L_\infty - L}.$$

If this would be true for all lengths L, a cross-bridge would have to resist very large forces which seems to be unreasonable. We, therefore, assume a maximum force $F_{1a\,\max}$ to be applicable to a closed cross-bridge, i.e. the stability criterion

$$\frac{F_a}{n} = F_{1a} = -\frac{r}{d}\frac{\Delta G^0}{L_\infty - L} \leqslant F_{1a\,\max}. \qquad [24]$$

To estimate $F_{1a\,\max}$ we imagine a meander fold to be virtually formed at the Z zone and to move towards the centre of the sarcomer where it becomes a closed cross-bridge. The free energy gain of the attachment $\left(-\frac{r}{d}\Delta G^0\right)$ must at least be equal to the work done during fold transport $\left(F_{1a}\frac{L_\infty}{2}\right)$ along the half sarcomer. One obtains

$$F_{1a\,\max} = -\frac{r}{d}\frac{2\Delta G^0}{L_\infty}. \qquad [25]$$

Accounting for the stability criterion, equation [22] must be replaced (through [23,24,25]) by

$$F_a = \begin{cases} -\dfrac{r}{d}\dfrac{\Delta G^0}{2x_0} & \text{for } L < \dfrac{L_\infty}{2} \\ -\dfrac{r}{d}\dfrac{\Delta G^0}{2x_0}2\left(1 - \dfrac{L}{L_\infty}\right) & \text{for } \dfrac{L_\infty}{2} \leqslant L < L_\infty. \end{cases} \qquad [22a]$$

Inserting [22a] into [21], the last term in [21] has to be multiplied by the factor $2\left(1 - \frac{L}{L_\infty}\right)$ if the sarcomer length is between $L_\infty/2$ and L_∞. In this derivation it was assumed that the thermodynamic system develops its maximum force compatible with the mechanical stability criterion. Eq. [21] – corrected for mechanical stability – is plotted in fig. 14 curve a. The active term due to the closed cross-bridges was assumed to be $-\frac{s}{2x_0}\frac{\Delta G^0}{RT} = 5.1$, roughly corresponding to $s = 5$ Å, $x_0 = 140$ Å, $RT = 0.6$ kcal/mole, $\Delta G^0 = 170$ kcal/mole. The last value appears to be too high which might be due either to a wrong estimate of absolute stress or to the existence of more than 5 Mg^{++} complexes in a closed cross-bridge. The experimental data were taken from (21) and fit very closely in the theoretical curve. Its linear part above $L_\infty/2$ gives the difference between active (a) and passive (p) force which is actually measured.

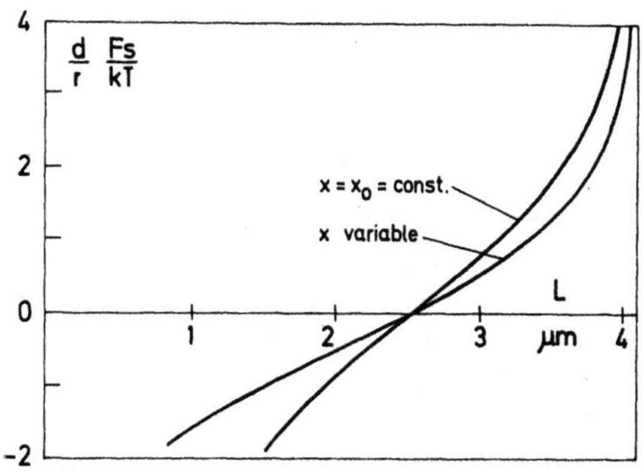

Fig. 13. Passive force-length curves of the actin filament (unrestricted and with the restriction $x = x_0$)

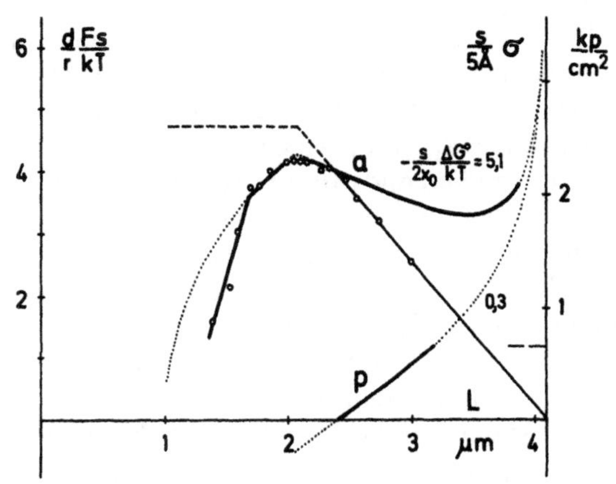

Fig. 14. Active and passive stress-strain behaviour of muscle (for details see text)

The deviation from the dotted theoretical curve below 1.7 μm is due – as already *Huxley* has pointed out – to an additional compression of the myosin rods.

For the passive curve (p) a cross-bridge term $-\frac{s}{2x_0}\frac{\Delta G^0}{kT} = 0.3$ was assumed, accounting for the weak *Van der Waals* attraction of meander folds to the Mg ATP-shielded myosin heads. The passive curve has been fully drawn only up to

$\frac{d}{r}\frac{F \cdot s}{kT} = 1.2$, a limit which is obtained from the force necessary to extricate the actin filaments from the Z zone. The existence of such a yield stress – eventually even lower in defect regions of the Z zone – is probably responsible also for the observed hysteresis in the passive case. The fact that such a hysteresis is not found in the active state can be understood by assuming Mg ATP cleavage and, therefore, strong interaction to occur also in the surface of the Z zone (23, 24).

IV. On the kinetics of contraction

A molecular-kinetic theory of muscular contraction must explain among other facts the approximate validity of the phenomenological *Hills* equation [vide e.g. (10, 25)]. Using the meander model we shall deal with this problem and also with the bioenergetics of muscle in a second paper. In this section the quick release phenomenon (26, 27, 28) and the kinetics of an isometric experiment (29) will be shortly discussed.

If a muscle fibre in the active state is quickly released by less than 1.5% of its length the active stress σ_0 almost instantaneously drops to a lower value σ_1, from which it recovers in the first few milliseconds to an intermediate value σ_2, and then slowly further to the initial σ_0. From the results in (27, 28) it can be concluded that shortening a sarcomer by 250 to 280 Å σ_1 becomes zero. In the meander model this is easily explained, if one assumes an equilibrium ($F = 0$) meander fold of length 280 Å to be quickly formed in the I band during shortening. This loose fold does no more exhibit force and – being a series element of the actin filament – causes the filament force to vanish. The process of stress recovering then should be due to a subsequent attachment of this fold to a myosin head in the A band. Whereas movement of loose folds (diffusion of bend-segments areas along the filament) is very fast, the kinetic of closing and loosening of cross-bridges can easily be studied in an isometric experiment.

Starting with the equilibrium isometric force using [21, 22a, 23] one obtains

$$F = F_p - n\frac{r}{d}\frac{2\Delta G^0}{L_\infty}\begin{cases}\frac{1}{2}\frac{L_\infty}{L_\infty - L} & \text{for } L < \frac{L_\infty}{2}\\ 1 & \text{for } \frac{L_\infty}{2} \leqslant L < L_\infty\end{cases} \qquad [26]$$

with n being the total number of actin meander folds present which have been assumed so far to form closed cross-bridges.

In fact, as already pointed out, there will be a cyclic rearrangement of cross-bridges which can be described by two rate constants: k_1 responsible for closing *a* bridge (Mg ATP cleavage) and K_2 which determines the loosening of a cross-bridge (diffusion of ATP into a closed bridge, vide fig. 11).

To evaluate the average number n^* of closed cross-bridges and the time law of their generation a kinetic equation can be set up

$$\dot{n}^* = -k_2 n^* + k_1(n - n^*). \qquad [27]$$

The solution of this differential equation gives

$$n^* = n\frac{k_1}{k_2 + k_1}\{1 - \exp[-(k_1 + k_2)t]\} \qquad [28]$$

the time dependence of closed cross-bridge formation (and therefore of active force- substituting n in [26] by n^* [28]) following a stimulus at time zero.

For the relaxation process at the end of a tetanus one obtains

$$n^* = n\frac{k_1}{k_1 + k_2}\cdot\exp(-k_2 t). \qquad [29]$$

From experiment on frog sartorius at 2 °C (29) one calculates $k_1 + k_2 = 25$ Hz. Since k_2 can be estimated to 5 Hz one obtains $k_1 = 20$ Hz. Using this rate constants, the average number of closed cross-bridges in the active steady state should be $n^* = \frac{k_1}{k_1 + k_2}n = 0.8\,n$.

This result obviously explains another fact: the decrease in active force being observed, if the available ATP-concentration is increased (26). At a higher ATP-concentration the rate of loosening cross-bridges k_2 will be accelerated and n^* becomes smaller.

V. Discussion

In this last section some remarks will be added which might anticipate certainly arising questions. First of all we should strongly point out that in all statistical calculations we only have derived most probable i.e. average quantities (e.g. geometries, forces) and did not care about their fluctuations which in principle could also be evaluated.

The proposed meander model of muscle is suitable to explain active as well as passive forces and removes, therefore, the difficulties inherent in *Huxleys* sliding filament model. We cannot exclude, however, that there is a small contribution to the passive elastic behaviour from elements (e.g. membranes) in parallel to the sliding filament system.

By inspection of the derived geometry of the actin and myosin filaments (II A, B) it is easily shown that the maximum number of actin meanderfolds $n_{\max} = \dfrac{L}{2(x_0 + r)} = 114$ is about equal to the number of subunits (116) of a myosin rod, a result which might show that nature is extremely reasonable.

The electron microscopical observation that no cross-bridges (actin meander folds) are to be seen in the *I* bands (also in the passive state) is probably due to the weak *Van der Waals* interaction between the meander folds and the myosin surface. Owing to this interaction the folds will prefer to take place in the *A* band.

The existence of a *H* zone can probably also be deduced from a statistical treatment of a refined meander model (one more variable). It is, however, obvious – taking the interaction between myosin and actin into account – that cross-bridges (meander folds) should accumulate allowing the residual, extended part of the actin filament (inside the *A* band) to attach a myosin rod. The probability of such an attachment certainly increases with the length of the extended filament part. Therefore, the *H* zone appears in the centre of the *A* band and extends on stretching the sarcomer.

Instead of contributing a general remark of our own we would like to conclude this chapter giving reference to the introductory and closing sections of *D. R. Wilkie*s paper (22).

Acknowledgement

The Deutsche Forschungsgemeinschaft has supported our research work on synthetic polymers and, therefore, also these investigations which make use of it. For assistance in preparing the manuscript we thank Mrs. *Reichelt* and Miss *Schiffner*.

Summary

In this paper the meander model of muscle is proposed and treated quantitatively. The geometries of myosin and uninterrupted actin filaments as well as of the *Z* zone in vertebrate striated muscle are derived from thermodynamic equilibrium considerations. Cross-bridges formed by the myosin projections and the actin meander folds are considered either to be loose or closed. Mg ATP action enables them to rearrange cyclically. The closed bridges give rise to a thermodynamic contractive force on the actin filament. Also passive and active stress-strain behaviour (under isometric conditions) agree with experiment.

Zusammenfassung

Das Mäandermodell des Muskels wird vorgestellt und quantitativ behandelt. Die Geometrien der Myosin- und durchlaufenden Aktinfilamente sowie der *Z*-Zone im quergestreiften Muskel folgen aus thermodynamischen Gleichgewichtsbetrachtungen. Querbrücken aus Myosinvorsprüngen und Aktinmäanderfalten können offen oder geschlossen vorliegen. Mit Hilfe von Mg ATP können sie sich zyklisch öffnen und schließen. Die geschlossenen Brücken bewirken eine thermodynamische Kontraktionskraft auf das Aktinfilament. Auch das passive und aktive Spannungs-Dehnungs-Verhalten (unter isometrischen Bedingungen) stimmen mit dem Experiment überein.

Literature

1) *Huxley, H. E.*, Science **164**, 1356 (1969).
2) *Steiger, G. J.*, Bild der Wissenschaft, **9**, 1040 (1972).
3) *Bartley, W., L. M. Birt* and *P. Banks*, The Biochemistry of the Tissues (London, New York, Sidney 1968).
4) *Hasselbach, W.*, Muskel (München, Berlin, Wien 1971).
5) *Holland, W. C., R. L. Klein, A. H. Briggs*, Introduction to Molecular Pharmacology (New York 1964).
6) *Poglazov, B. F.*, Structure and Functions of Contractile Proteins (New York, London 1966).
7) *Davies, R. E.*, Nature **199**, 1068 (1963).
8) *Hill, T. L.*, Proc. Nat. Acad. Sci. **59**, 1194 (1968); ibid. **61**, 98 (1968).
9) *Deshcherevskiĭ, V. I.*, Biofizika **13**, 928 (1968).
10) *Vol'kenshtein, M. V.*, Usp. Fiz. Nauk **100**, 681 (1970) transl. in: Sov. Phys. Usp. **13**, 269 (1970).
11) *Leepo, C. Yu., R. M. Dowben* and *K. Kornacker*, Proc. Nat. Acad. Sci. **66**, 1199 (1970).
12) *Davydov, A. S.*, J. theor. Biol. **38**, 559 (1973).
13) *Ernst, E.*, Fortschritte der experimentellen und theoretischen Biophysik, Heft 12 (Leipzig 1970).
14) *Pechhold, W., M. E. T. Hauber* and *E. Liska*, Kolloid-Z. u. Z. Polymere **251**, 816 (1973).
15) *Squire, J. M.*, Nature **233**, 457 (1971).
16) *Huxley, H. E.* and *W. Brown*, J. Mol. Biol. **30**, 383 (1967).
17) *Moore, P. B., H. E. Huxley* and *D. J. De Rosier*, J. Mol. Biol. **50**, 279 (1970).
18) *Szent-Györgyi, A. G.*, Bioenergetics, N. Y. 1957.
19) *Huxley, A. F.*, Progress in Biophysics and Biophysical Chemistry **7**, 257 (1957).

20) *Gordon, A. M., A. F. Huxley* and *F. J. Julian*, J. Physiol. **184**, 170 (1966).
21) *Edman, K. A. P.*, J. Physiol. **183**, 407 (1966).
22) *Ramsey, R. W.* and *S. E. Street*, J. Cell. Comp. Physiol. **15**, 11 (1939) and *Wilkie, D. R.*, Progr. Biophys. **4**, 288 (1954).
23) *De Beyer, J. M., J. C. H. De Man* and *J. P. Persijn*, J. Cell. Biol. **13**, 452 (1962).
24) *Hori, S. H.* and *J. P. Chang*, J. Histochem. Cytochem. **11**, 71 (1963).
25) *Hill, A. V.*, Proc. Roy. Soc. **B159**, 297, 319, 589, 596 (1964).
26) *Weber, H. H.* and *H. Portzehl*, Progr. Biophys. **4**, 60 (1954).
27) *Huxley, A. F.* and *R. M. Simmons*, J. Physiol. **218**, 59 P (1971).
28) *Steiger, G. J.*, Mechanische Experimente an Herzmuskelpräparaten, (Habilitationsschrift Bochum 1973).
29) *Jewell, B. R.* and *D. R. Wilkie*, J. Physiol. **143**, 515 (1958).
30) *Wolf, H. U.*, Biochim. Biophys. Acta **266**, 361 (1972).

Authors' address:
Prof. Dr. *W. Pechhold*, Dr. *W. von Soden*, and
Dr. *R. Kimmich*
University of Ulm
Abteilung Experimentelle Physik II
D-79 Ulm/Donau, Oberer Eselsberg

Kolloid-Z. u. Z. Polymere **251**, 843–849 (1973)

Vorgetragen auf der Arbeitstagung des Fachausschusses Physik der Hochpolymeren im Rahmen der Frühjahrstagung des Arbeitskreises Festkörperphysik bei der Deutschen Physikalischen Gesellschaft vom 21.–23. März 1973 in Münster/Westf.

Aus dem Deutschen Kunststoff-Institut Darmstadt

ESR-Messung von Kettenbrüchen in mechanisch beanspruchtem Polyamid

Von U. Johnsen und D. Klinkenberg

Mit 8 Abbildungen

(Eingegangen am 14. Mai 1973)

1. Einleitung

Bei mechanischer Beanspruchung von hochpolymeren Fasern können einzelne Kettenmoleküle so stark beansprucht werden, daß hochbelastete Hauptvalenzen homolytisch brechen (1–5). Die dabei entstehenden freien Radikale sind auf Grund ihrer relativ hohen Lebensdauer (6) mit Methoden der Elektronen-Spin-Resonanz meßbar.

In der vorliegenden Arbeit werden Experimente beschrieben, mit denen die Entwicklung von Kettenbrüchen an gedehnten Polyamid-6-Fasern in Abhängigkeit von der Temperatur untersucht wird. Die Meßergebnisse lassen Rückschlüsse zu auf das Verhalten der morphologischen Struktur der Fasern beim Dehnen unter verschiedenen Temperaturen.

2. Experimentelles

Zur Erzeugung der dehnungsindizierten Kettenbrüche an Fasern wurde die von *Becht* und *Fischer* (1) eingehend beschriebene Anordnung benutzt: Eine Dehnapparatur ist so an einem ESR-Spektrometer (AEG, Typ 12 X) angeordnet, daß die gespannten Proben berührungslos den Hohlraum-Resonator durchlaufen. Zur Temperierung sind die Proben einschließlich der Einspannung von einem wärmeisolierenden Rohr umgeben, das von temperiertem Stickstoff-Gas durchflossen wird. In dem verwendeten Temperaturbereich zwischen −120 °C und 30 °C betragen die größten Temperaturunterschiede längs der Probe weniger als 10% der Differenz zwischen der Außentemperatur und der Probentemperatur im Resonator.

Als Probenmaterial wurden vorverstreckte Fasern aus Polyamid-6 mit einem Durchmesser von etwa 0,02 mm (854 denier) verwendet. Diese wurden, wie in (1) beschrieben, zu Bündeln mit einem Gesamtquerschnitt von 5,3 mm^2 gewickelt und an den Enden verklebt, unter Aussparung je einer Öse zur Lastaufbringung. Um einen konstanten Wassergehalt zu gewährleisten, wurden die Proben vor der Messung etwa 14 Tage in einem Exsikkator gelagert, der mit einer Wasserstrahlpumpe evakuiert war.

Die Radikalkonzentration wurde wie bei (1) durch Vergleich der ESR-Spektren mit der geeichten Linie eines im Resonator angebrachten Rubinkristalls gemessen. Zur Durchführung des Vergleichs wurden die Flächen unter den Absorptionsspektren benutzt, die aus den ESR-Ausgangssignalen durch elektronische Integration erhalten wurden. Dies war nötig, da sich die Struktur der Spektren deutlich mit der Versuchstemperatur änderte.

3. Ergebnisse

Die infolge der Kettenbrüche entstehenden freien Radikale

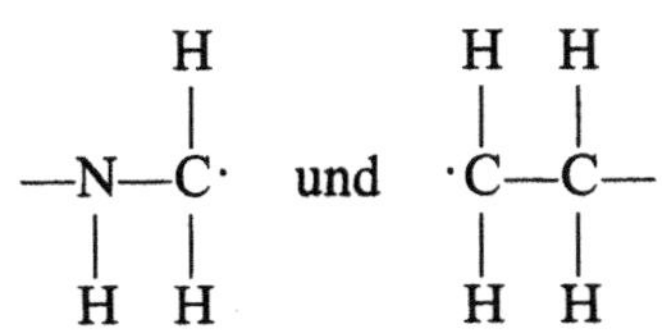

(7, 8) gehen bei Zimmertemperatur – wahrscheinlich durch Protonenwanderung (9) – in stabilere Radikale des Typs

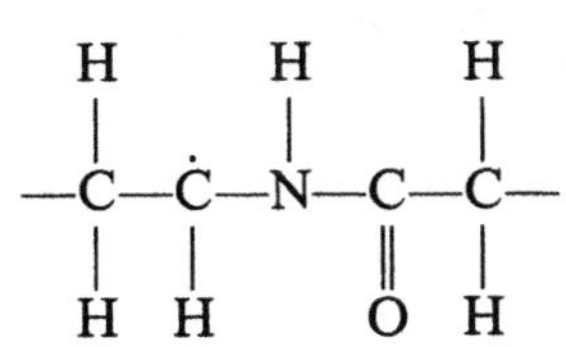

über (9–11). Diese Umwandlung des Radikaltyps ist wahrscheinlich der Grund für die in unseren Experimenten beobachtete Temperaturabhängigkeit der ESR-Spektren. Bei länger dauernden Messungen wird jedoch auch die Abnahme der Radikalkonzentration [R·] mit der Zeit infolge von Rekombination beobachtet (6), die sich durch

$$\frac{d[R\cdot]}{dt} = -k(T)\,[R\cdot]^2 \qquad [1]$$

beschreiben läßt. Zur Bestimmung der so definierten temperaturabhängigen Rekombinationskonstante $k(T)$ wurde an einmalig gedehnten und dann entlasteten Fasern das Abklingen der Anfangskonzentration $[R\cdot]_0$ bei verschiedenen Temperaturen gemessen, das nach Gleichung [1] der Beziehung

$$[R\cdot](t) = \frac{[R\cdot]_0}{1 + k[R\cdot]_0 t} \qquad [2]$$

gehorcht. Beim Auftragen der reziproken Konzentration über der Zeit ergeben sich demnach Geraden mit $k(T)$ als Steigung.

$$[R\cdot]^*(t) = [R\cdot](t) + \int_0^t k(T)[R\cdot]^2(\tau)\,d\tau. \qquad [4]$$

Für Radikaldichten und Versuchszeiten, wie sie bei den im folgenden erklärten Experimenten vorkommen, ergeben solche Korrekturen nur oberhalb von -10 °C merkliche Beiträge.

Bei Raumtemperatur wächst die auf Kettenbrüche zurückgehende dehnungsinduzierte Radikalkonzentration im Polyamid-6 stark mit der Dehnung und erreicht bei fester Dehnung, wie *Becht* und *Fischer* (1) zeigten, einen stationären Wert, der unterhalb der Bruchdehnung bei 10^{18} Spins/cm³ liegt.

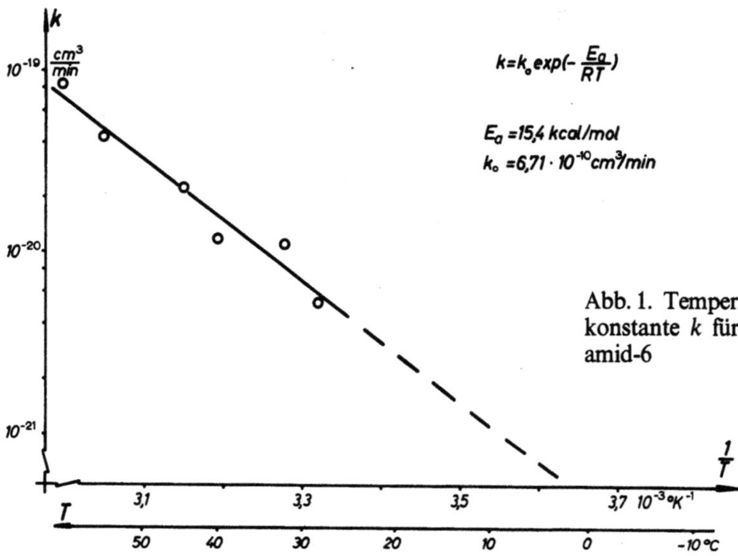

Abb. 1. Temperaturabhängigkeit der Rekombinationskonstante k für dehnungsinduzierte Radikale in Polyamid-6

Abb. 1 zeigt den Verlauf der so bestimmten Rekombinationskonstante über der reziproken Temperatur, wobei die von *Szöcs* und anderen (6) gefundene *Arrhenius*-Beziehung bestätigt wird

$$k = k_0 \exp(-E_a/RT) \qquad [3]$$

mit $k_0 = 6{,}71 \cdot 10^{10}$ cm³/min
und $E_a = 15{,}4$ kcal/mol.

Da sich zeigte, daß die so bestimmten Werte für die Rekombinationskonstante bei Probendehnungen unterhalb $\varepsilon = 10\%$ nicht von ε abhängen, wurde dieses Verhalten auch für größere Dehnungen angenommen, wo die Rekombination wegen der gleichzeitig ablaufenden Radikalbildung nicht meßbar ist. Somit läßt sich mit Hilfe der aus Abb. 1 bekannten Werte $k(T)$ für beliebige gemessene Radikalkonzentrationen $[R\cdot](t)$ der Rekombinationsverlust korrigieren:

Der Vorgang des Kettenbruchs wird allgemein als thermisch aktivierter Prozeß angenommen (2, 12, 13), so daß zu erwarten ist, daß die Temperatur die Bildung von Radikalen an gedehnten Fasern deutlich beeinflußt. Da der Kettenbruch zudem ein irreversibler Prozeß ist, der sowohl durch steigende Temperatur als auch durch zunehmende mechanische Belastung beschleunigt wird, wurden zwei unterschiedliche Versuchsreihen durchgeführt, die den Einfluß der Temperatur auf die dehnungsinduzierte Radikalbildung zeigen sollten. Abb. 2 zeigt den schematischen Gang der Versuche.

Bei Versuchen des Typs a) werden die Proben unter konstanter Temperatur in mehreren Intervallen gedehnt, so daß in jedem Intervall die Radikalentwicklung gemessen werden kann. Bei dem mit b) bezeichneten Versuchstyp wird unter möglichst niedriger Temperatur einmalig eine Dehnung aufgebracht, bis eine meßbare Radikalkonzentration entsteht. Sodann wird bei festgehaltener Dehnung die Temperatur in mehreren Stufen erhöht. Die jeweils angewandten Dehnungen und Temperaturen wurden so gewählt, daß mit beiden Versuchstypen die gleichen Zustände in ε und T erreicht wurden, so daß sich die auf unterschiedlichen Wegen erhaltenen Radikalkonzentrationen miteinander vergleichen ließen.

Experimente des Typs a), bei denen unter festgehaltener Temperatur die Probe schrittweise gedehnt wird, ergeben für alle Temperaturen qualitativ die gleiche Abhängigkeit der Radikalkonzentration von der Zeit. In Abb. 3 ist ein solcher Verlauf für $T = -67\,°C$ dargestellt.

Wie man sieht, entsteht ab einer bestimmten Mindestdehnung – hier $\varepsilon = 13{,}5\%$ – eine meßbare Radikalkonzentration, die sich innerhalb von 10 bis 20 Minuten auf einen stationären Wert einstellt. Wird die Probendehnung dann erhöht – hier um $\Delta\varepsilon = 0{,}64\%$ –, so steigt auch die Radikalkonzentration auf einen höheren stationären Wert an, wozu wieder der gleiche Zeitraum nötig ist. Nach mehreren Dehnstufen – bis hin zur Bruchdehnung – hat sich die Radikalkonzentration somit um ein Vielfaches erhöht. Gleichzeitig mit der Erhöhung der Radikalkonzentration auf den neuen stationären Wert in jeder Dehnstufe relaxiert die mechanische Spannung auf einen annähernd konstanten Wert. Dieses Verhalten liegt bei allen angewandten Versuchstemperaturen vor.

Nach Abb. 3 nimmt die in jeder Dehnstufe erzeugte stationäre Radikal-Konzentration stetig mit der jeweiligen Dehnung zu. Die entsprechenden Kurven sind für verschiedene Temperaturen in Abb. 4 aufgetragen. Dabei sind bei gleichen Dehnungen die Radikalkonzentrationen um so größer, je höher die Versuchstemperatur ist. Dies gilt – nach Rekombinationskorrektur der Kurven für 17 °C und −4 °C (unterbrochene Linien) – bei allen angewandten Dehnungen.

Um die gleiche Anzahl von Kettenmolekülen zu zerreißen, braucht man also unter tieferer Temperatur eine höhere Dehnung.

Wird eine Probe unter tiefer Temperatur (etwa −67 °C) gedehnt, so bricht nach Abb. 4 nur ein Bruchteil der Molekülketten, die bei der gleichen Dehnung unter höherer Temperatur gebrochen wären. Es stellt sich somit die Frage, ob durch nachfolgende Temperaturerhöhung bei gedehnter Probe zusätzlich Ketten brechen und ob man auf diesem Weg die gleiche Konzentration an Kettenbrüchen erreicht, wie sie sich bei Dehnung unter der höheren Temperatur ergibt. Zur Klärung dieser Frage wurden die in der schematischen Darstellung in Abb. 2 mit b) bezeichneten Versuche durchgeführt. Abb. 5 zeigt die Entwicklung der Radikalkonzentration als Funktion der Zeit für einen solchen Versuch, bei dem die Probe unter −67 °C auf $\varepsilon = 14{,}2\%$ gedehnt wurde.

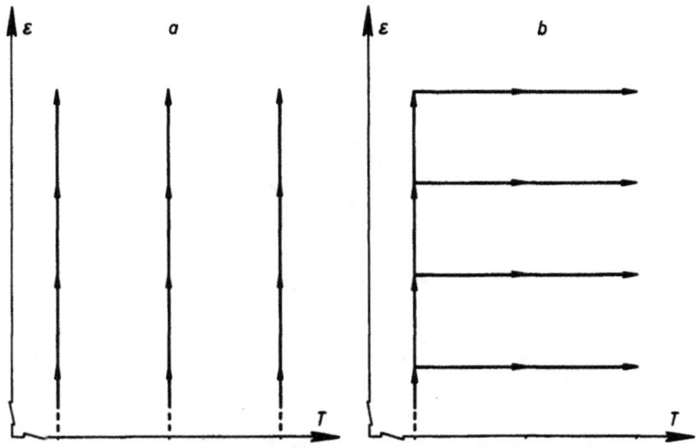

Abb. 2. Schema der Versuchsführung a) bei konstanter Temperatur. b) bei konstanter Dehnung

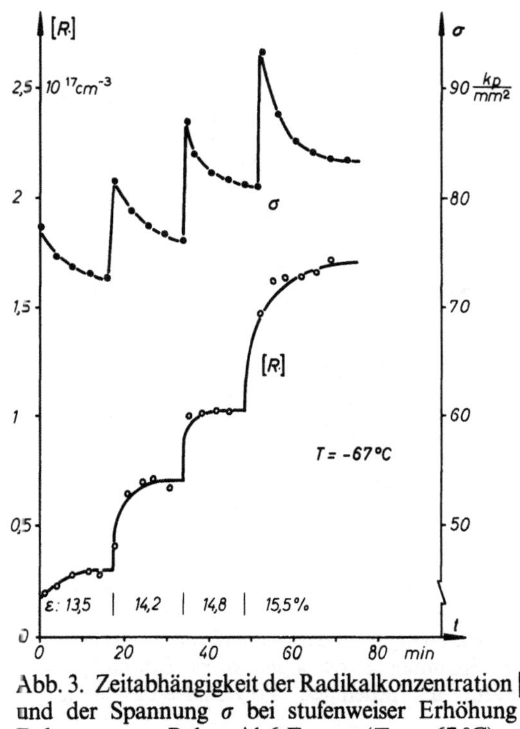

Abb. 3. Zeitabhängigkeit der Radikalkonzentration $[R\cdot]$ und der Spannung σ bei stufenweiser Erhöhung der Dehnung von Polyamid-6-Fasern ($T = -67\,°C$)

Nachdem – wie bei den zuvor beschriebenen Versuchen – die Radikalkonzentration einen stationären Wert erreicht hat, wird die Tempera-

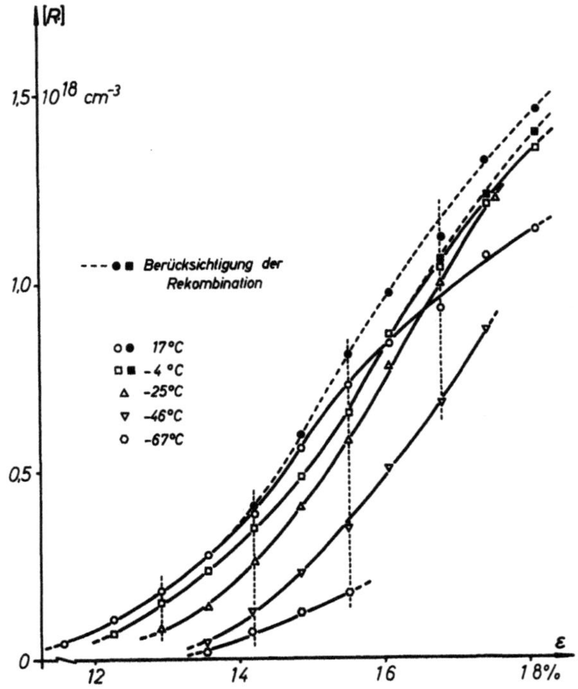

Abb. 4. Stationäre Radikalkonzentration $[R\cdot]$ in Polyamid-6 als Funktion der Dehnung ε

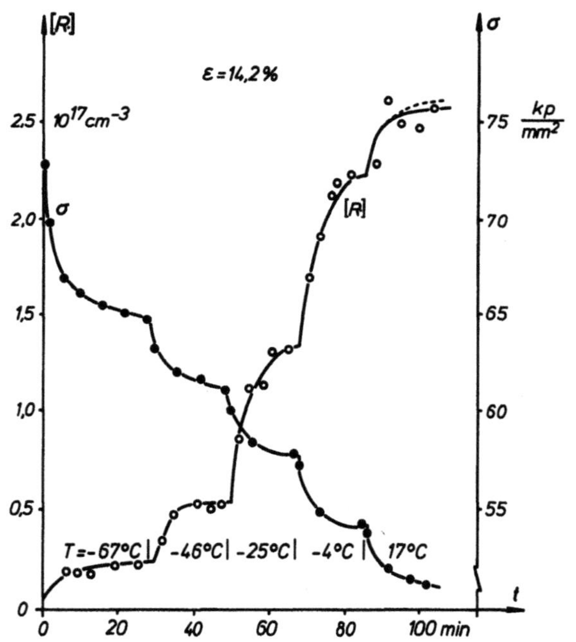

Abb. 5. Zeitabhängigkeit der Radikalkonzentration $[R\cdot]$ und der Spannung σ bei stufenweiser Erhöhung der Temperatur an gedehnten Polyamid-6-Fasern (ε = 14,2%)

tur um 21 °C erhöht (Temperaturkonstanz im Probenraum ist nach ca. 3 Minuten erreicht), worauf die Radikalkonzentration sofort ansteigt und wieder nach 20 Minuten stationär ist.

Durch mehrere aufeinanderfolgende Temperaturerhöhungen steigt die Radikalkonzentration weiter an. So erhält man bei dem Beispiel aus Abb. 5 allein durch Steigerung der Temperatur von −67 °C auf 17 °C an konstant gedehnten Proben eine Zunahme der Radikalkonzentration auf den 10-fachen Wert. Auch hier fällt auf, daß die Spannung in den gleichen Zeitintervallen, in denen die Radikalkonzentration stationär wird, auf annähernd konstante Restspannungen relaxiert.

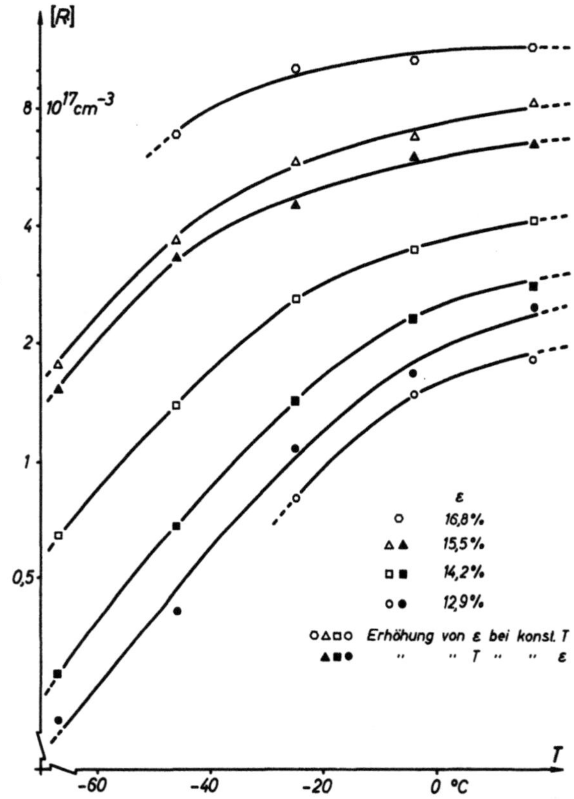

Abb. 6. Stationäre Radikalkonzentration $[R\cdot]$ in Polyamid-6-Fasern als Funktion der Temperatur bei unterschiedlicher Dehnung

Zur Klärung der zuvor gestellten Frage, ob die gemessene Konzentration an Kettenbrüchen unabhängig von dem Weg ist, auf dem man einen bestimmten Zustand in Temperatur T und Dehnung ε erreicht, sind in Abb. 6 die bei gleichen Dehnungen erzeugten Radikalkonzentrationen – gegebenenfalls nach Rekombinationsverlusten korrigiert – nach beiden durchgeführten Versuchsarten gemeinsam über den jeweiligen Versuchstemperaturen aufgetragen. Es stellt sich heraus, daß nach beiden verwendeten Versuchstypen die Radikalkonzentration gleichermaßen über der Temperatur ansteigt.

4. Diskussion

Zur Deutung der experimentellen Befunde läßt sich ein vereinfachtes Modell für die Morphologie der Fasern verwenden, nach dem in Faserrichtung abwechselnd kristalline und zwischengelagerte amorphe Schichten angeordnet sind [z.B. (14)]. Molekülketten, die benachbarten kristallinen Schichten angehören, durchlaufen die amorphen Bereiche mit unterschiedlicher Länge (4, 12). Sie sind bei Polyamid in den kristallinen Bereichen so fest verankert, daß die kürzesten unter ihnen bei Dehnung der Probe in den amorphen Zwischenschichten brechen (15, 16, 17). Nach der allgemein angewandten kinetischen Bruchtheorie (z.B. 2, 3, 12) ist die mittlere Zeit τ bis zum Bruch einer gespannten Molekülkette nach Gl. [5] mit der Temperatur T und der in Richtung der Molekülachse wirkenden Spannung ψ verknüpft.

$$\tau = \frac{n}{\omega_0} \exp\left(\frac{U_0 - \beta\psi}{RT}\right) \qquad [5]$$

wobei n die Zahl der kritischen Bindungen des jeweiligen Molekülsegments und ω_0, U_0 sowie β für den jeweiligen Molekültyp spezifische kinetische Parameter sind. Dies bedeutet, daß Moleküle bei gleichen Spannungen ψ unter tiefer Temperatur noch stabil sein können ($\tau > 100$ min), während bei geringer Temperaturerhöhung die Bruchzeiten auf die Größenordnung von wenigen Minuten absinken. So erklärt sich, daß bei konstant gehaltener Probendehnung unter zunehmender Temperatur immer längere, d. h. unter geringerer Spannung ψ stehende, Molekülsegmente gebrochen werden, was zu dem gemessenen Anstieg der Radikalkonzentration mit der Temperatur führt.

Unter dieser Deutung ist es bemerkenswert, daß der gemessene Anstieg der Kettenbruchdichte mit der Temperatur (Abb. 6) nach beiden Untersuchungsmethoden in gleicher Weise verläuft. Würden nämlich bei Dehnung unter tiefer Temperatur Gefügeänderungen geschehen, bei denen Ketten entlastet werden – z.B. Abgleiten von Ketten aus dem Kristallverband oder Scherung von Kristallblöcken – so könnten bei anschließender Temperaturerhöhung in Versuchen des Typs b) nicht so viele Ketten gebrochen werden wie bei entsprechenden Versuchen des Typs a), bei denen die Dehnung direkt unter höherer Temperatur aufgebracht wird.

Somit müßten die zu unterschiedlichen Versuchstypen gehörenden Kurven in Abb. 6 verschiedene Steigungen besitzen. Die durchgeführten Messungen zeigen dagegen, daß die oben erwähnten Gefügeänderungen – wenn sie überhaupt geschehen – bei Dehnung im unteren Temperaturbereich so selten sind, daß die Bildung von Kettenbrüchen dadurch nicht merklich beeinflußt wird.

Bei geänderter Darstellungsweise ergeben sich jedoch Hinweise, daß solche Gefügeänderungen mit wachsender Temperatur zunehmen. In Abb. 7 ist die stationäre Radikalkonzentration – entnommen aus Abb. 4 bei $\varepsilon = \text{const.}$ – über dem Kehrwert der Temperatur aufgetragen.

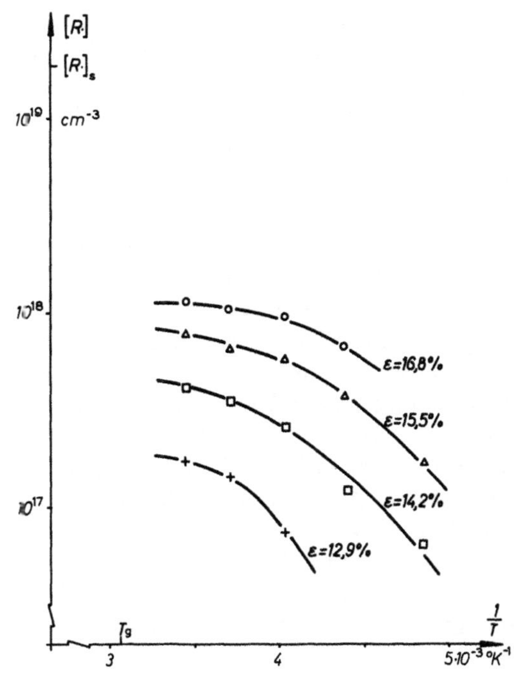

Abb. 7. Stationäre Radikalkonzentration $[R\cdot]$ über der reziproken Temperatur bei verschiedenen Dehnungen von Polyamid-6-Fasern

Gleichzeitig ist auf der Ordinatenachse der theoretisch zu erwartende Maximalwert für die Radikalkonzentration aufgetragen, der erreicht werden sollte, wenn alle vorhandenen Kettensegmente gebrochen sind. Dieser Wert $[R\cdot]_s$ ergibt sich aus Messungen von *Backman* und *DeVries* (17) an zerschnittenen bzw. gemahlenen Fasern. Er sollte bei fortgesetzter Temperaturerhöhung unter allen Dehnungen angestrebt werden, so lange das oben zitierte morphologische Modell gültig ist, d.h. solange die Moleküle in den kristallinen Bereichen fest verankert sind.

Die Tatsache, daß die Meßkurven weit unterhalb des Schmelzbereichs, ja sogar unterhalb der Glastemperatur ($T_g \approx 55\,°C$) abflachen, zeigt dagegen, daß bereits bei Zimmertemperatur mit dehnungsinduzierten Gefügeänderungen gerechnet werden muß, die das Entstehen von Kettenbrüchen verhindern.

Dieses Ergebnis steht im Einklang mit den Experimenten von *Backman* und *DeVries*, die feststellten, daß nicht nur bei Polyamid-6, sondern auch bei Polyäthylen und Polypropylen die Wahrscheinlichkeit zur Bildung von Kettenbrüchen an mechanisch zerkleinertem Polymermaterial in Nähe der Glastemperatur geringer wird (17). Ob dieses Zusammentreffen zufällig ist oder mit den beim Glasübergang geschehenden Prozessen kausal zusammenhängt, kann nur durch weitere Untersuchungen geklärt werden.

Außer den bisher gezogenen Rückschlüssen über strukturelle Eigenschaften der gedehnten Fasern läßt sich aus den oben beschriebenen Messungen eine Abschätzung über den kinetischen Parameter β in Gl. [5] gewinnen, der den Einfluß der molekularen Spannung ψ auf die Dissoziationsenergie bei der Kettenspaltung bestimmt. Zur Bestimmung dieses „Aktivierungsvolumens" (4) wird der experimentelle Befund verwendet, daß zum Bruch der gleichen Kettensegmente unter verschiedenen Temperaturen unterschiedliche Dehnungen nötig sind (Abb. 4). Aus Abb. 8, welche aus Schnitten in Abb. 4 bei $[R\cdot] = \text{const.}$ hervorgeht, wird ersichtlich, daß die zur Erzeugung von 1 bzw. $2 \cdot 10^{17}$ Radikalen/cm^3 benötigte Dehnung nahezu linear mit der Temperatur abnimmt.

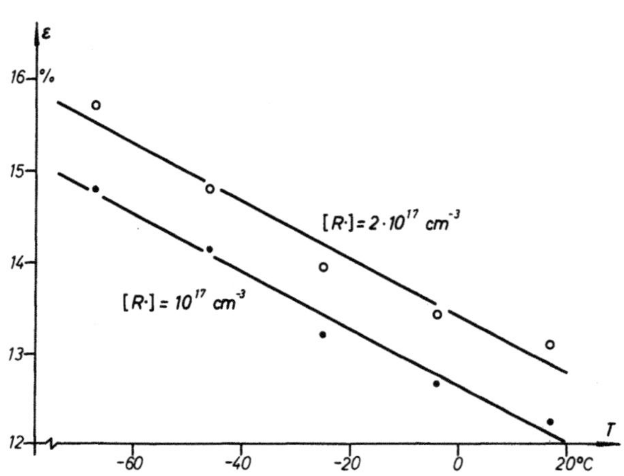

Abb. 8. Temperaturverschiebung der zur Radikalbildung benötigten Dehnung

Diese geringen Konzentrationen, die an der unteren Empfindlichkeitsgrenze des ESR-Spektrometers liegen, gehen aus Brüchen der kürzesten Kettensegmente hervor. Diese haben nach *Kausch* und *Becht* (12) im ungedehnten Zustand eine etwa 10% größere Länge l als die Länge L der amorphen Bereiche ($l/L \approx 1{,}1$). Mit diesem Wert läßt sich die von denselben Autoren angegebene Beziehung [6] zur Berechnung der molekularen Spannung aus der Dehnung anwenden:

$$\psi = \left(\frac{1 + 2\varepsilon}{l/L} - 1\right) E_k . \qquad [6]$$

Dabei ist statt der Dehnung der amorphen Bereiche $\varepsilon_a = 2\varepsilon$ gesetzt, was sicher mit guter Näherung zutrifft (12). E_k ist der von *Treloar* (18) berechnete Elastizitätsmodul der Molekülkette. Da nach Abb. 8 bekannt ist, daß die Dehnung ε, die zum Bruch der kürzesten Ketten nötig ist, linear mit der Temperatur abnimmt, besteht nach Gl. [6] ebenso eine lineare Abnahme der Bruchspannung ψ der kürzesten Ketten mit steigender Temperatur. Außerdem finden die beobachteten Kettenbrüche in allen Intervallen von Temperatur und Dehnung innerhalb des gleichen Zeitraums $\Delta t \approx 10$ min statt. Man kann daher annehmen, daß die Bruchzeiten τ gleich bleiben, wenn sich die Temperatur und die Bruchspannung in der oben beschriebenen linearen Weise ändern. Daher gilt – solange nur Ketten mit dem gleichen Längenverhältnis l/L gebrochen werden – nach Gl. [5]:

$$\left.\frac{U_0 - \beta\psi}{RT}\right|_{l/L} = \text{const.} \qquad [7]$$

Hierin hängen sowohl ψ als auch T von der makroskopischen Dehnung ε ab. Durch Differentiation nach ε und Umformung folgt die Beziehung:

$$\beta = \frac{U_0}{\left.\left(\psi - T\dfrac{\partial\psi}{\partial\varepsilon}\dfrac{\partial\varepsilon}{\partial T}\right)\right|_{l/L}} . \qquad [8]$$

Mit Gl. [6], dem gemessenen Verlauf $\varepsilon(T)$ aus Abb. 8, sowie dem Literaturwert $U_0 = 45$ kcal/mol (19) ergibt sich so für $l/L = 1{,}1$ in ausreichender Übereinstimmung mit (4) und (12) der Wert $\beta = 0{,}762 \cdot 10^{-4}\ \text{kcal} \cdot \text{cm}^2/\text{mol} \cdot \text{kp} = 5{,}43\ \text{Å}^3$.

Wir danken Herrn Dr. *J. Becht* für wertvolle Anregungen zu dieser Arbeit.

Zusammenfassung

Die bei dehnungsinduzierten Kettenbrüchen in Polyamid-6-Fasern entstehenden freien Radikale wurden mit der ESR-Methode unter verschiedenen Temperaturen gemessen. Die Zahl der Kettenbrüche ist bei gleicher Dehnung um so geringer, je niedriger die beim Dehnvorgang herrschende Temperatur ist. Dieser Befund kann gedeutet werden, wenn man einen thermisch aktivierten Prozeß für den Mechanismus des Kettenbruches annimmt und auf ein einfaches Strukturmodell anwendet, nach dem feste kristalline und relativ schwache amorphe Schichten in axialer Richtung einander abwechseln. Der gemessene Verlauf der Radikalkonzentration über der Temperatur legt den Schluß nahe, daß die Verankerung der beanspruchten Kettensegmente in den kristallinen Bereichen mit zunehmender Temperatur gelockert wird, so daß bereits unterhalb der Glastemperatur dehnungsinduzierte Gefügeänderungen als Konkurrenzprozesse zu Kettenbrüchen auftreten. Der experimentelle Befund, daß zur Erzeugung meßbarer Radikalkonzentrationen mit abnehmender Temperatur höhere Probendehnung nötig ist, konnte zur Abschätzung des kinetischen Parameters β verwendet werden, der den Einfluß einer mechanischen Belastung auf die Bruchzeit eines gespannten Kettenmoleküls beschreibt.

Summary

Free radicals, arising in stretched Nylon-6-fibers by scission of tie molecules, have been detected by electron paramagnetic resonance (EPR) at different temperatures. The lower the temperature during stretching of the fibers to a constant elongation, the lower is the number of strain-induced radicals. This result is explained by supposing the chain scission to be a thermally activated process occurring in the amorphous intercristalline layers. The observed dependence of radical concentration on temperature leads to the conclusion, that the junction of the stressed chain segments in the cristalline layers is detached with increasing temperature. The kinetic parameter β, describing the influence of molecular stress on the lifetime of a strained tie molecule, can be derived by using the result, that the strain, at which the first chain scissions occur, is shifted to higher values with decreasing temperature.

Literatur

1) *Becht J.* und *H. Fischer*, Kolloid-Z. u. Z. Polymere **240**, 766 (1970).

2) *Zhurkov, S. N.* und *E. E. Tomashevsky*, Conference on physical basis of yield and fracture (Oxford 1966).

3) *Peterlin, A.*, J. Phys. Chem. **75**, 3921 (1971).

4) *De Vries, K. L.*, *B. A. Lloyd* and *M. L. Williams*, J. Appl. Phys. **42**, 4644 (1971).

5) *Statton, W. O.*, Polymer Sci. Symp. No. **32**, 219 (1971).

6) *Szöcs, F.*, *J. Becht* und *H. Fischer*, European Polymer J. **7**, 173 (1971).

7) *Zakrevsky, V. A.* und *E. E. Tomashevsky*, Sov. Phys. Solid State **9**, 1118 (1967).

8) *Zakrevsky, V. A.*, *V. V. Baptizmansky* und *E. E. Tomashevsky*, Sov. Phys. Solid State **10**, 1341 (1966).

9) *Kausch-Blecken v. Schmeling, H. H.*, J. Macromol. Sci. **C 4** (2), 243 (1970).

10) *Campbell, D.* and *A. Peterlin*, Polymer Letters **6**, 481 (1968).

11) *Fischer, H.* und *K. H. Hellwege*, Z. Naturforschg. **18a**, 994 (1963).

12) *Kausch-Blecken v. Schmeling, H. H.* und *J. Becht*, Rheol. Acta **9**, 137 (1970).

13) *Peterlin, A.*, Kolloid-Z. u. Z. Polymere **216/217**, 129 (1967).

14) *Bonart, R.* und *R. Hosemann*, Kolloid-Z. u. Z. Polymere **186**, 16 (1962).

15) *Becht, J.* und *H. Fischer*, Kolloid-Z. u. Z. Polymere **229**, 167 (1969).

16) *Kausch-Blecken v. Schmeling, H. H.*, Symposium on Polymer Sci. and Engineering (New Brunswick 1972).

17) *Backman, D. K.* and *K. L. DeVries*, J. Polym. Sci. A-1, **7**, 2125 (1969).

18) *Treloar, L. R. G.*, Polymer **1**, 95 (1960).

19) *Strauss, S.* and *L. A. Wall*, J. Res. Nat. Bur. Stand. **60**, 39 (1958).

Anschrift der Verfasser:

Prof. Dr. *U. Johnsen* und *D. Klinkenberg*
Deutsches Kunststoff-Institut
D-6100 Darmstadt, Schloßgartenstr. 6R

Kolloid-Z. u. Z. Polymere **251**, 850–856 (1973)

Lectures during the labour conference of the Fachausschuß Physik der Hochpolymeren in the course of the spring meeting of the Arbeitskreis Festkörperphysik bei der Deutschen Physikalischen Gesellschaft from March 21 to 23, 1973 at Münster/Westf.

From the Chalmers University of Technology, Polymeric Materials Dept., Göteborg (Sweden)
Institut für Werkstoffe, Ruhr-Universität Bochum, Bochum (Germany)

Observations of radiation damage effects in paraffin and polyethylene crystals

By J. Petermann and H. Gleiter)*

With 6 figures

(Received April, 23, 1973)

Irradiation of polymers may result in cross linking, in chain scission, or in both (1, 2). The damage done by high energy electrons to paraffin and polyethylene single crystals has been investigated by various experimental methods like for example electron diffraction experiments, gel formation, calorimetric measurements, resonance experiments. On the basis of the experimental evidence accumulated we are led to assume that electron irradiation introduces cross links in both paraffin and polyethylene crystals (1, 2, 3). However, the cross linking process seems to be different in both materials (4). In polyethylene the cross links start to form preferentially between the chain folds at the crystal surface and with increasing dosage the cross link formation proceeds into the crystal lattice. In paraffin crystals the crystal surface seems to be unimportant for cross link formation. From the very beginning cross links are formed in the crystal lattice.

It is the purpose of this paper to report observations by transmission electron microscopy on the process of cross link formation in paraffin and polyethylene crystals.

Experimental procedures

Paraffin Crystals

The study was carried out by using a n-paraffin with a melting point of 79 °C. Single crystals suitable for electron microscopy and electron diffraction were prepared by evaporating a cold saturated solution (about 0.2 wt %) of the compound in purified o-xylene on electron microscope grids coated with a thin carbon film serving as a substrate.

Polyethylene Crystals

Single crystals of linear polyethylene of different molecular weight were used for the studies (Lupolen 6011, $M_w = 10^4$, Lupolen 5861 Z, $M_w = 8 \cdot 10^5$ and a linear low molecular weight polyethylene fraction with $M_w = 2.8 \cdot 10^3$). The single crystals were grown by standard methods (5) from a 0.005% solution of the polymer in purified o-xylene at 80 °C. A droplet of the suspension containing the crystals was deposited on carbon coated electron microscope grids. The xylene was then evaporated at room temperature.

In order to observe the diffraction contrast effects generated by the damage to the crystals by high energy electrons, the crystals were irradiated with 60 kV electrons for a certain time. The radiation source used was the defocussed electron beam of an electron microscope (Philips EM 300). The dosage of the radiation treatment was estimated from the beam current and the beam cross section measured according to ref. (4). After irradiation a dark field electron micrograph of the irradiated crystal was taken. The dark field micrographs were generated by using either a [110] or a [200], or a [020] reflection. The investigations were carried out by using a Philips EM 300 electron microscope operated at 60 kV.

In order to eliminate artifacts due to the carbon substrate, the contrast effects observed in irradiated crystals deposited on the carbon film were confirmed in substrate free single crystals. The experimental details of the method used to obtain the substrate free single crystals have been described recently (6).

The irradiation dose given in the figure captions and in the subsequent text is the dosage after the electron micrographs were taken. The irradiation dose necessary to produce a suitable dark field electron micrograph was about 10 Mrad.

Results

Paraffin

The figs. 1 a, b, c and d show a series of dark field micrographs of the same paraffin crystal. It may be seen that electron irradiation produces small black patches the size and number

*) Now with: Universität Saarbrücken, Fachbereich 12 – Angewandte Physik – Bau 2, 6600 Saarbrücken (Germany).

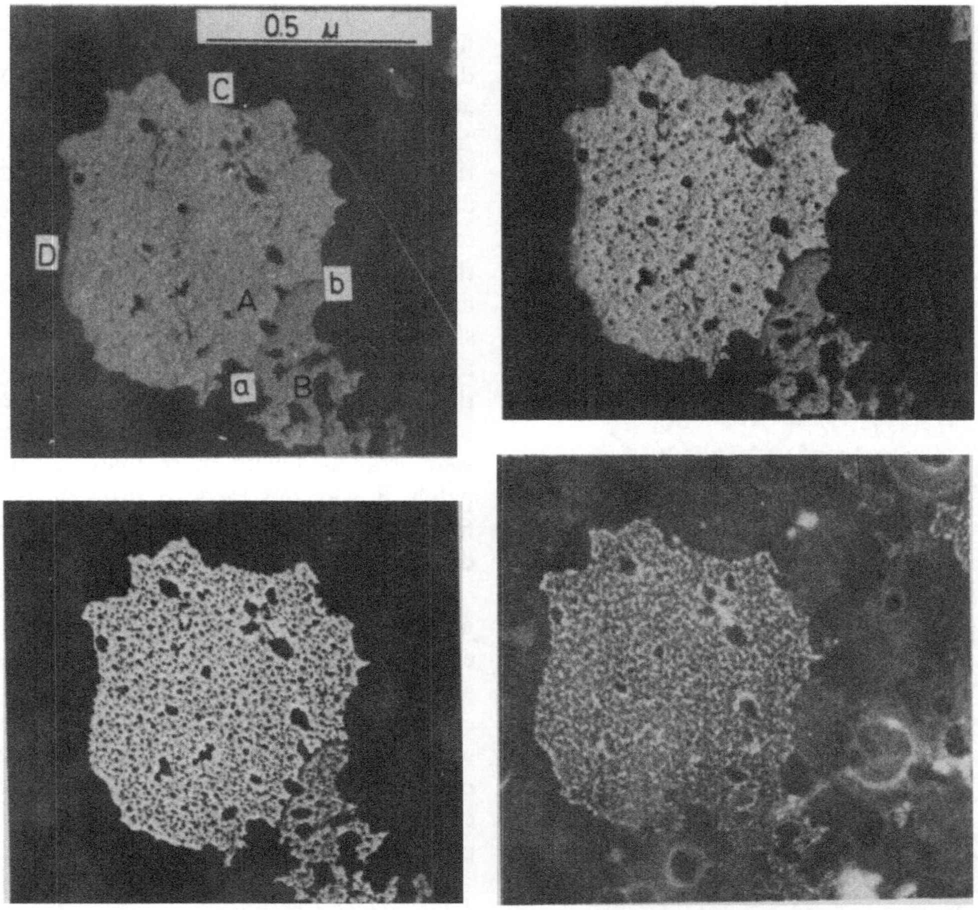

a b c d

Fig. 1 a–d. Dark field electron micrographs ($\bar{g} = 110$) of a paraffin single crystal irradiated with about 12 Mrad (fig. 1 a), about 22 Mrad (fig. 1 b), about 35 Mrad (fig. 1 c) and 60 Mrad (fig. 1 d). The irradiation produces small black patches the density and size of which increase with increasing dosage

of which increase with increasing dosage. In the vicinity of the crystal edge a zone of low patch density may be noticed. With increasing irradiation the crystal edge becomes notched (cf. fig. 1 a and b, the crystal edge at *C* and *D*). If the dosage was higher than about 50 Mrad the patches impinge upon each other (fig. 1 d). If the dosage was 240 Mrad or more the patches became invisible since the diffraction pattern of the crystal disappeared. The visibility of the patches created by electron irradiation is independent of the reflection vector used to generate the dark field micrograph. The formation of the patches seems to be related to the presence of lattice defects in the paraffin crystals. This may be seen from fig. 1 and 2. The line *a*, *b* in fig. 1 a represents a crystal boundary (small angle boundary) between two paraffin crystals (*A* and *B*) differing slightly in orientation. (The difference in orientation was less than 0.5°). It may be seen that along the boundary *a*, *b* a large number of patches has been formed. Since the boundary *a*, *b* consists of an array of dislocations, we are led to conclude that the rate of formation of the patches is increased by the presence of dislocations. This effect is evidenced in more details in the figs. 2 a, b and c. The figs. 2 a, b and c show a series of electron micrographs of the same specimen area. In fig. 2 a a moiré pattern may be seen which is due to the electron scattering in the two superimposed but slightly rotated lattices of paraffin crystals deposited on top of one another. At *A* an "edge dislocation" is visible in the moiré pattern. It may be noticed that the moiré line *a*, *b* appears diffuse in the vicinity of *A* indicating that the lattice of one of the crystals is rather imperfect in the vicinity of the dislocation *A*. After irradiating the crystals with a dosage of 24 Mrad the imperfect area at *A* (fig. 2 a) was observed to grow resulting in a black patch (*B*, fig. 2 b). It may be noticed that both the im-

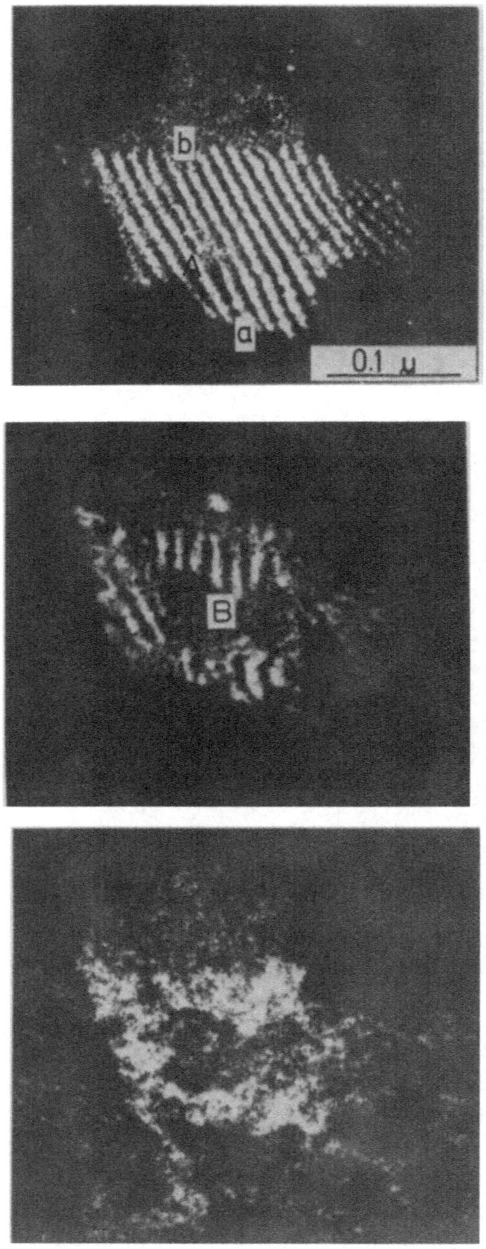

a

b

c

Fig. 2a–c. Moiré pattern in a dark field electron micrograph ($\bar{g} = 110$) of paraffin single crystals indicating the formation of a black patch in the vicinity of an edge dislocation (A). Fig. 2a shows the beginning of the process. The damage done to the paraffin lattice by the electrons results in a local perturbation of the moiré line a, b near A. (Dosage about 10 Mrad). Further electron irradiation increases the damaged area (patch B, fig. 2b, dosage 24 Mrad). Irradiation with 40 Mrad destroys the moiré pattern completely (fig. 2c).

perfect area (fig. 2a) and the black patch (fig. 2b) extend essentially on the right side of the dislocation *A* in the moiré pattern. The moiré lines on left side of *A* appear rather perfect (fig. 2a). Since the moiré pattern shown in fig. 2a and b is a rotation moiré the lattice dislocation generating the moiré dislocation at *A* is rotated about 90° with respect to the "moiré dislocation" (7). Hence the observation that the black patch is located on the right side of *A* means that the black patch is formed either in the region of compression or dilatation of the lattice dislocation at *A*. In the area of the newly formed patch the moiré pattern is destroyed indicating that the lattice strain in the area of a black patch (*B* in fig. 2b) is so high that the formation of the moiré pattern becomes impossible. If the crystals shown in fig. 2a and b were irradiated with more than 25 Mrad the patch *B* was observed to grow further and finally at about 40 Mrad the moiré pattern disappeared completely (fig. 2c).

In order to show that the black patches are not holes in the paraffin crystals generated for example by selective evaporation of the material, a few crystals showing black patches were either shadowed with platinum or decorated with gold particles. The results of both experiments indicated that the thickness of the crystals was the same in the region of a black patch and in the surrounding area.

Polyethylene Crystals

In polyethylene crystals irradiated with about 30 to 40 Mrad a rather uniform pattern of short segments of straight lines ("irradiation lines") was noticed in the dark field micrographs (fig. 3). The properties of the irradiation lines may be summarized as follows.

Fig. 3. Dark field electron micrograph ($\bar{g} = 110$) of a polyethylene single crystal ($M_w = 10^4$) irradiated with about 35 Mrad. A pattern of line segments (irradiation lines) may be noticed parallel to the [100] and [010] direction.

(1) The lines are visible in irradiated crystals only (fig. 4a and b).

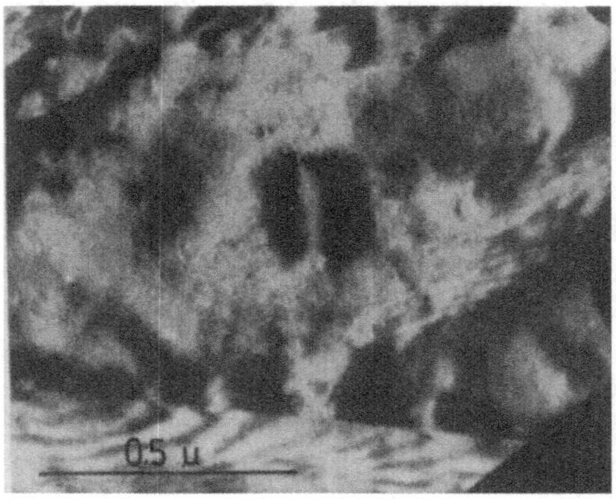

a

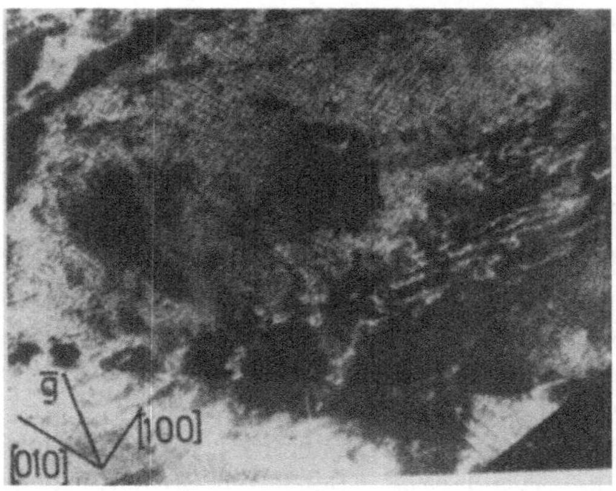

b

Fig. 4a–b. Dark field electron micrographs ($\bar{g} = 110$) of the same area of a polyethylene single crystal ($M_w = 8 \cdot 10^5$). Fig. 4a shows the non-irradiated crystal. Fig. 4b was taken after irradiating the crystal with about 35 Mrad. It may be seen that the electron irradiation resulted in a pattern of irradiation lines parallel to [100] and [010].

(2) The irradiation lines are either approximately parallel to the [100] or the [010] direction (figs. 3, 4a and b).

(3) The direction, length, shape and density of the irradiation lines is the same in all fold domains of the crystal (fig. 5). The line pattern is not affected by fold domain boundary.

(4) The visibility of the irradiation lines depends on the scattering vector $\bar{g}$ used to generate the dark field electron micrographs. Both, the lines parallel to [100] and [010] are visible for $\bar{g} = [110]$ (figs. 3 and 4). For $\bar{g} = [200]$ only the lines parallel to [100] are visible (fig. 6).

(5) In crystals showing the irradiation lines, the crystals lattice seems not to be destroyed by radiation damage since moiré lines and irradiation lines were observed simultaneously in the same crystal (fig. 6).

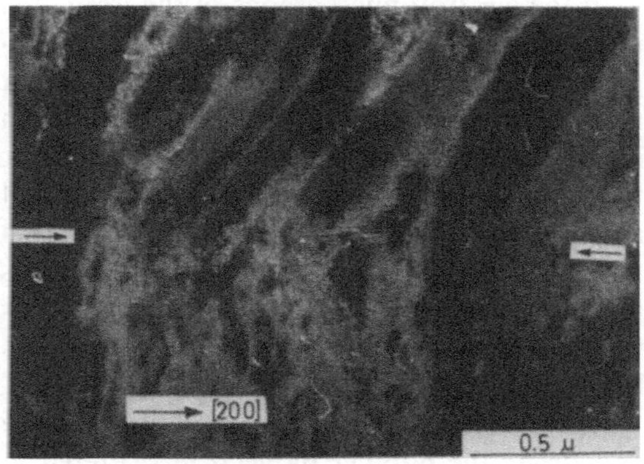

Fig. 5. Dark field electron micrograph ($\bar{g} = 110$) of a polyethylene single crystal ($M_w = 10^4$) showing irradiation lines parallel to the [100] direction. The line indicated by the arrows is the boundary between two fold domains.

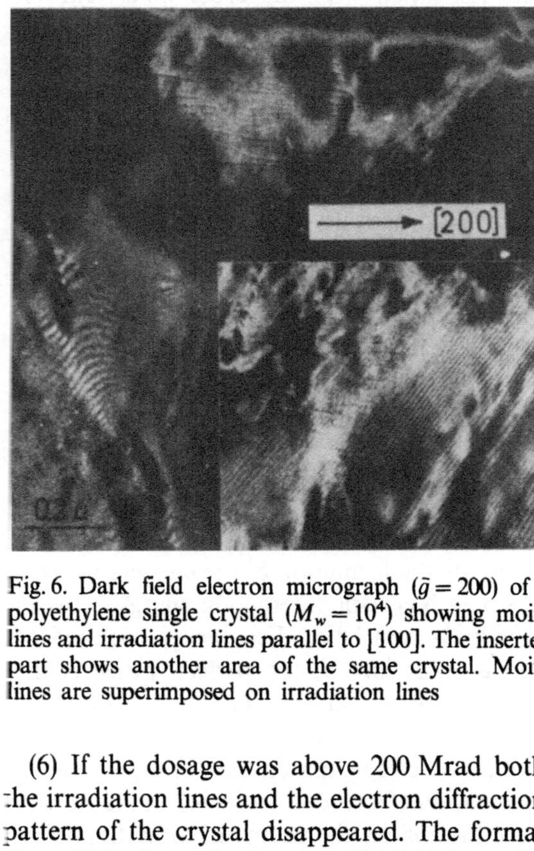

Fig. 6. Dark field electron micrograph ($\bar{g} = 200$) of a polyethylene single crystal ($M_w = 10^4$) showing moiré lines and irradiation lines parallel to [100]. The inserted part shows another area of the same crystal. Moiré lines are superimposed on irradiation lines

(6) If the dosage was above 200 Mrad both the irradiation lines and the electron diffraction pattern of the crystal disappeared. The formation of black patches as described for paraffin crystals was not noticed.

(7) The irradiation lines were observed in all polyethylene crystals investigated irrespective of the molecular weight.

The same effects were observed in substrate free crystals.

Discussion

Paraffin

In the electron micrographs of the irradiated paraffin crystals two regions may be distinguished: the black patches and the bright regions between them. The formation of both regions and the observed properties of the black patches may be understood if it is assumed that the majority of the cross links formed during the electron irradiation of the paraffin crystals is accumulated in the region of the black patches whereas the cross link density in bright areas between the patches remains low.

According to the scattering equation of *Laue* and *Bragg* the number of electron scattered in a certain direction by a crystalline solid depends essentially on the position of the atoms. If a few cross links are introduced in a crystal the scattering power changes little since the strain field associated with the cross links removes only a small fraction of the atoms from their lattice sites. If however a large number of cross links is accumulated in a crystal region, the strain field of the cross links removes most of the atoms from their original positions and hence the scattering power of the crystal region is reduced drastically if it is compared with the scattering power of a cross link free region oriented according to the *Bragg* reflection condition. Hence in a dark field electron micrograph generated with a [110] or a [200] reflection an area of high cross link density appears dark (black patch).

In order to understand the formation of the black patches we have to know why the cross links are accumulated in certain lattice regions instead of being distributed, statistically. The reason for the formation of the clusters of cross links may be elastic interaction energy between individual cross links. The energy required to form a cross link in the perfect lattice is the energy of formation of a single cross link. Due to the interaction energy between the strain fields of two closely spaced cross links, the energy of formation of a second cross link in the vicinity of the first one is the energy of formation of an individual cross link minus the interaction energy.

Hence if this interaction energy is positive it requires less energy to form a cluster of *n* cross links than *n* individual cross links distributed at random in the lattice of the paraffin crystals. The preferred nucleation of black patches in the vicinity of a dislocation may have similar reasons. The strain field of a dislocation interacts with the strain field of a cross link and hence the energy of formation of a cluster of cross links may be lower in the vicinity of a dislocation than in the perfect lattice. It may be pointed out that the proposed clustering of cross links due to their mutual interaction or their interaction with the strain field a dislocation is analogous to the well known interaction between precipitates surrounded by a strain field (8), or the enhanced nucleation rate of these precipitates at dislocations (9).

The other observations reported about the formation of the black patches may be interpreted in terms of the model proposed without further assumptions. The growth of the patches with increasing dosage may occur by incorporating additional cross links into the existing clusters (black patch). The low patch density in the vicinity of the crystal edge may be due to the difference in strain energy required to form a cross link cluster in the crystal lattice or at the crystal edge. The formation of a cluster of cross links in the lattice may require more energy than the formation of the same cluster at the edge of the crystal since the stress field associated with the cross link cluster may relax partially at the crystal edge. Hence the probability to form a black patch in the lattice in the vicinity of a crystal edge is low and the cross link clusters are accumulated at the crystal edge resulting in the notches observed (fig. 1).

Polyethylene

The observed relationship between the visibility of the line pattern in irradiated crystals (irradiation lines) and the orientation of the scattering vector ($\bar{g}$) indicates that the irradiation lines are generated by a strain field in the crystal lattice of the polyethylene crystals.

Since the line pattern (strain field) was not observed in non-irradiated crystals and since the number and intensity of the lines increased with increasing dosage, it is proposed that the strain field observed may be related to the formation of cross links in the irradiated polyethylene single crystals.

The strain field of an individual cross link seems not sufficient to generate one of the lines observed. Furthermore the number of lines is several orders of magnitude lower than the number of cross links formed. Hence it is proposed that the irradiation lines represent arrays of cross links parallel to the [100] or [010] direktion. The alignment of the cross links in both directions may be understood in terms of the strain energy associated with the formation of cross links. The long range strain field of a single cross link may be described as the strain field of a small prismatic dislocation loop (10). From dislocation theory it follows that the elastic interaction between the strain fields of prismatic dislocation loops forces the loops to line up in rows (10) parallel to the certain crystallographic directions in order to minimize the strain field energy associated with the cross links. This strain field energy argument is, of cource, limited to cross links in a crystal lattice when the strain field energy is governed by the elastic properties of the crystals. However, for the following reason, similar arguments may apply to the cross links in the fold region of the crystals. The thickness of the fold region is a few interatomic spacings. Hence the strain field of a cross link created in the fold region extends into the lattice of the single crystals. Since the thickness of the crystal lattice is much larger than the thickness of the fold region, a considerable portion of the total strain energy of a cross link in the fold region comes from its strain field in the crystalline region. Therefore it is conceivable that the arrangement of the cross links in the fold region may be controlled by the energy stored in their strain field extending into the crystalline region. Hence it may be this strain field energy that controls the arrangement of both the cross links in the crystal lattice and the fold surface.

The exact location of the cross links causing the irradiation lines can not be deduced from the observations by transmission electron microscopy since we can not image individual cross links. There is however amply evidence (1–3, 11–14) that the irradiation dose (about 40 Mrad or less) that generates the observed pattern of irradiation lines results preferentially in the formation of cross links in the region of the fold surface. Hence it is proposed that the strain fields observed may be, at least to a certain extent, due to the alignment of the cross links created in the fold surfaces of the polyethylene single crystals.

It is conceivable, however, that a certain portion of the cross links formed during irradiation accumulates in the vicinity of lattice defects (15) in the interior of the polyethylene crystals, for example, in the dislocation walls surrounding mosaic blocks (16). Since we have not yet a detailed model of the defect structure and arrangement in polyethylene crystals it may be difficult to distinguish between cross links accumulated in the vicinity of lattice defects and cross links lined up in rows at the fold surface.

The latter interpretation is however supported by the observation that line pattern is independent of the position of the fold domains; it also agrees with the observation that moiré lines and irradiation lines were observed simultaneously. Since the crystal lattice and the elastic constants are the same in all fold domains of a crystal the strain field energy of a row of cross links is independent of the fold domain of a crystal. Hence the direction, length, shape and density of the lines should be the same in all fold domains. The simultaneous observation of moiré lines and the irradiation lines indicates that the lattice of the irradiated polyethylene crystals remains rather perfect if the dosage is 40 Mrad or less. This observation may be understood if we assume that most of the cross links formed are located in the fold surface and the irradiation lines represent the strain field of these cross links in the crystal lattice.

The interpretation of the lines in terms of wrinkles due to the changes in dimensions that tend to occur during irradiation (17) is not in agreement with the contrast effects reported. Wrinkles show up best if the scattering vector $\bar{g}$ is normal to the direction of the wrinkles. However exactly the opposite contrast was observed: the lines were invisible if $\bar{g}$ was normal to the line direction and the maximum contrast was observed if $\bar{g}$ was parallel to the lines.

If we try to interpret the lines in terms of slip traces (18, 19) due to the fact that the crystals are flattened out when deposited on the carbon substrate, it would be hard to understand why the lines are invisible in non-irradiated crystals flattened on a carbon substrated (Fig. 4a), and why the lines are observed in substrate free crystals.

Acknowledgment

The financial support of the Deutsche Forschungsgemeinschaft is greatfully acknowledged. The polyethylene has been donated by the BASF and the Chemische Werke Hüls.

Summary

Observations by transmission electron microscopy are reported on the lattice defects generated in paraffin and polyethylene single crystals by electron irradiation. The observations suggest that electron irradiation results in the formation of clusters of cross links in the lattice of the paraffin single crystals. It is shown that in the paraffin crystals the clusters of cross links nucleate preferentially in the vicinity of lattice defects (dislocations, interfaces etc.). The formation of the clusters may be due to the strain field interaction between individual cross links.

The observations on polyethylene crystals suggest that the cross links formed during electron irradiation are lined up in rows being either parallel to the [100] or [010] direction. The alignment may be due to the elastic interaction of the strain field of the individual cross links.

Zusammenfassung

Elektronenmikroskopische Beobachtungen an n-Paraffin- und Polyäthyleneinkristallen nach Elektronenbestrahlung werden berichtet. Die Beobachtungen zeigen, daß in n-Paraffineinkristallen die Vernetzungen Agglomerate bilden, die bevorzugt in der Nähe von Gitterdefekten entstehen. In Polyäthyleneinkristallen lagern sich die Vernetzungen zu langen Reihen parallel zur [100] oder [010] Richtung zusammen.

References

1) *Charlesby, A.*, Atomic Radiation and Polymers (London 1960).

2) *Charlesby, A.*, Polymer Science, ed.: *A. D. Jenkins*, Vol. 2 (London 1972).

3) *Chapiro, A.*, Radiation of Polymeric Systems (New York, London, 1962).

4) *Orth, H.* and *R. W. Fischer*, Makromol. Chemie **88**, 188 (1965).

5) *Holland, V. F.* and *P. H. Lindenmeyer*, J. Polymer Sci. **57**, 589 (1962).

6) *Petermann, J.* and *H. Gleiter*, J. Polymer Sci. **A2, 10**, 2333 (1972).

7) *Pashley, D. W., J. W. Menter* and *G. A. Bassett*, Nature **179**, 752 (1957).

8) *Ardell, A. J.*, Acta Met. **14**, 1295 (1966).

9) *Cahn, J. W.*, Acta Met. **5**, 169 (1959).

10) *Kröner, E.*, Kontinuumstheorie der Versetzungen und Eigenspannungen (Berlin-Heidelberg-New York 1958).

11) *Lawton, E. J., J. S. Balwit* and *R. S. Powell*, J. Polymer Sci. **32**, 257 (1958).

12) *Loy, R. B.*, J. Polymer Sci. **44**, 341 (1960).

13) *Salovey, R., D. L. Malm, A. L. Beach* and *J. P. Luongo*, J. Polymer Sci. A, **2**, 3067 (1964).

14) *Salovey, R.* and *W. A. Yager*, J. Polymer Sci. A, **2**, 219 (1964).

15) *Kusumoto, N., T. Yamamato* and *M. Takayanaki*, J. Polymer Sci. A-2, **9**, 1173 (1971).

16) *Hosemann, Rl., H. Cackovic* and *W. Wilke*, Naturwissenschaften **54**, 287 (1967).

17) *Grubb, D. T., A. Keller* and *G. W. Groves*, J. Materials Sci. **7**, 131 (1972).

18) *Petermann, J.* and *H. Gleiter*, J. Polymer Sci. A-2, **10**, 1731 (1972).

19) *Niegisch, W. D.* and *P. R. Swan*, J. Appl. Phys. **31**, 1906 (1960).

Authors' addresses:

Dr. *J. Petermann*
Chalmers University of Technology
Polymeric Materials Department
Fack, S-402 20 Göteborg-5 (Sweden)

Prof. Dr. *H. Gleiter*
Fachbereich 12 – Angewandte Physik, Bau 2
der Universität
D-6600 Saarbrücken

Kolloid-Z. u. Z. Polymere 251, 857–864 (1973)

Vorgetragen auf der Arbeitstagung des Fachausschusses Physik der Hochpolymeren im Rahmen der Frühjahrstagung des Arbeitskreises Festkörperphysik bei der Deutschen Physikalischen Gesellschaft vom 21.–23. März 1973 in Münster/Westf.

Aus dem Bereich Polymere, FB 14, Universität Marburg/Lahn

Änderung des Kristallisationsgrades von Polyäthylen bei Warmverstreckung

Von Chr. Gerth) und F. H. Müller*

Mit 8 Abbildungen und 4 Tabellen

(Eingegangen am 25. Mai 1973)

Strukturänderungen, insbesondere Änderung der Kristallinität, bei Deformation von Polymeren hat man schon sehr früh in Erwägung gezogen (1, 2). Besonders diskutiert wurden solche Prozesse in letzter Zeit an Polyäthylen (3). Als experimentelle Untersuchungsverfahren auf Kristallinität hat man dazu bisher alle in der Polymerphysik gängigen Methoden wie Röntgenstreuung, Elektronenmikroskopie, Infrarot-Spektroskopie, mechanische Messungen und Differentialthermoanalyse angewandt. Wir bedienten uns der Verstreckungskalorimetrie, die durch Messung vollständiger Energiebilanzen bei Deformation direkt die Änderung der Inneren Energie zu verfolgen gestattet (4).

Die Verstreckungskalorimetrie erweist sich als ganz besonders empfindlich gegenüber Änderungen des Kristallanteils und -zustandes. Vor allem für Verstrecktemperaturen in der Nähe des Schmelzbereiches erweist sich diese Methode als besonders geeignet, da hierbei die energetischen Verhältnisse nicht – wie etwa bei der Differentialthermoanalyse – durch eine thermische Vorgeschichte während des Meßvorganges beeinflußt werden.

Für die Untersuchungen verwendeten wir ein von uns modifiziertes Mikrokalorimeter nach *Calvet*[1]). Als Untersuchungsmaterial dienten gepreßte Platten aus Lupolen 5011 K, die durch Elektronen im Vakuum strahlungsvernetzt wurden, mit variablen Beträgen bis maximal 70 Mrad, und zwar sowohl bei Zimmertemperatur als auch in der Schmelze bei 160 °C[2]).

*) z.Z. University of Wisconsin, Dept. of Chemistry 1101 University Ave.
Madison, Wisconsin 53706 (USA)

[1]) Verwendung fand das Modell Standard der Fa. Setaram, Lyon (Frankreich). Einzelheiten über die apparative Entwicklung s. Diss. *Gerth*, Marburg, 1973.

[2]) Wir danken den Herren Dr. *Heintze*, BASF, und Dr. *Zyball*, DKI, Darmstadt, für die zur Verfügung gestellten bestrahlten Proben.

Bei der Warmverstreckung des Polyäthylens, d.h. bei Verstreckung im Temperaturbereich zwischen 100 und 150 °C, lassen sich kalorimetrisch drei physikalische Phänomene deutlich trennen und verfolgen: das Dehnungsschmelzen, Konformationsumwandlungen der Kettenstruktur und die Dehnungskristallisation.

Das Dehnungsschmelzen

Abb. 1 zeigt einige typische verstreckungskalorimetrische Wärmestromkurven für bei Zimmertemperatur mit 70 Mrad bestrahltes Polyäthylen. Der Dehnungsgrad beträgt 75%. Als Parameter ist die Verstrecktemperatur angegeben. Der maximale Schmelzpunkt liegt für dieses Polyäthylen bei 127,7 °C.

Oberhalb der maximalen Schmelztemperatur verhält sich das Material kautschukelastisch: beim Dehnen zeigen sich exotherme Wärmeeffekte auf Grund von Entropieabnahme, die modifiziert sind durch gauche-trans-Umlagerungen in der Kettenkonfiguration; beim Entlasten ist das Verhalten endotherm, mit demselben Wärmebetrag. Und eine Wiederholung des Deformationszyklus zeigt nahezu identische Verhältnisse.

Bei Verringerung der Verstrecktemperatur tritt 3,3 °C unterhalb der maximalen Schmelztemperatur, d.h. bei 124,4 °C, ein Umschlagen des exothermen in endothermes Verhalten beim Dehnen ein. Weitere Verringerung der Verstrecktemperatur läßt diesen Effekt stark anwachsen. Zugleich beginnen die Wiederholungszyklen sich erheblich von den Erstzyklen zu unterscheiden. Sie zeigen am oberen Ende des Schmelzbereiches noch ein quasi-kautschukelastisches Verhalten, nämlich Erwärmung beim Dehnen und Abkühlung beim Entlasten, ohne den endothermen Vorläufer.

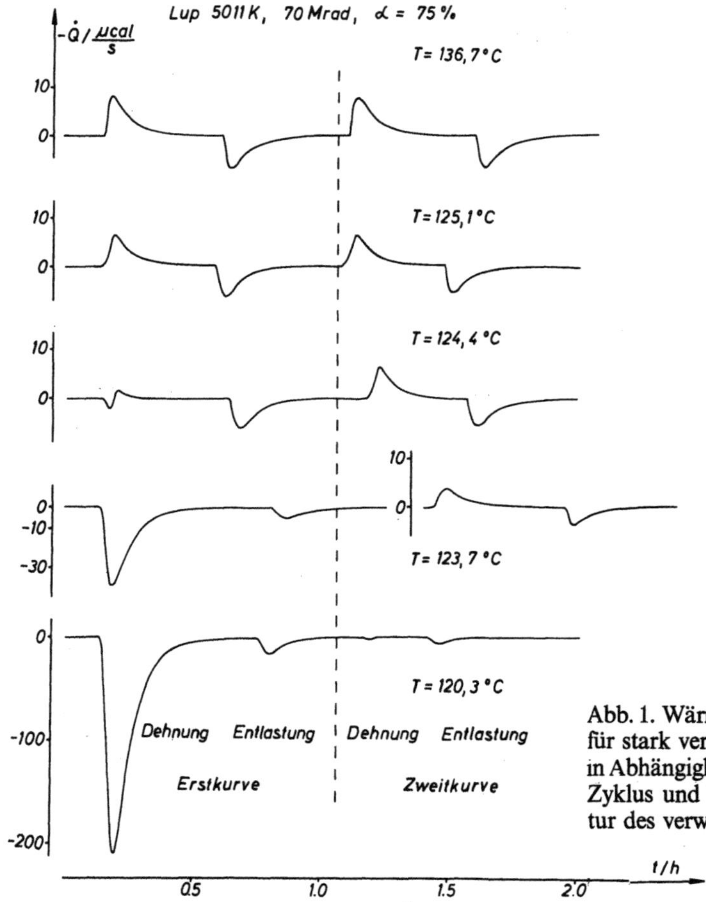

Abb. 1. Wärmestromkurven während Be- und Entlastung für stark vernetztes Polyäthylen bei kleinen Dehnungen in Abhängigkeit von der Verstreckungstemperatur; erster Zyklus und Wiederholung (maximale Schmelztemperatur des verwendeten Materials liegt bei 127,7 °C)

Wenn man die Effekte quantitativ auswertet, so zeigt sich, daß die starken endothermen Dehnungswärmen bei dem ersten Zyklus mit dem Schmelzen von Kristalliten zusammenhängen müssen. Andernfalls wäre die Größe der Wärmen unverständlich. Die in Abb. 2 als Funktion der Deformationstemperatur aufgetragenen Werte der Dehnungswärmen erreichen nämlich Beträge bis oberhalb von 5 cal/g im Maximum. Sie sind stark abhängig von der Verstreckungstemperatur.

Um jedoch die aufgeschmolzenen Kristallitanteile während des Beginns des ersten Zyklus auszurechnen, muß man die zugehörigen Verstreckungsarbeiten berücksichtigen: Aus Wärme und Arbeit ergibt sich die Innere Energie, die als Funktion der Temperatur in Abb. 3 dargestellt ist. Man erkennt, daß etwa 3,3 °C unterhalb der maximalen Schmelztemperatur bei der Dehnung eine starke Zunahme der Inneren Energie erfolgt. Setzt man die Schmelzenthalpie von Polyäthylen mit 60,3 cal/g an, so berechnen sich die bei Deformation aufgeschmolzenen Kristallanteile bis herauf zu Beträgen von 10%.

Die in Abb. 3 gleichzeitig eingetragene gestrichelte Kurve zeigt das von uns an isotropen und unverstreckten Polyäthylenproben ebenfalls aufgenommene DSC-Schmelzdiagramm. Dieses wurde lediglich hinsichtlich der Ordinatenachse im Maximum auf gleiche Höhe normiert und um den Betrag von 3,85 °C zu tieferen Temperaturen verschoben.

Die durch das Zusammenfallen der beiden Kurven in Abb. 3 sich zeigende teilweise Übereinstimmung des Resultates zweier völlig verschiedener physikalischer Experimente, nämlich des Deformationsschmelzens und des Schmelzens der isotropen Probe, weist auf eine thermodynamische Erklärung des Dehnungsschmelzens hin, soweit es das obere Ende des Schmelzbereiches betrifft: Durch die Deformation des Zweiphasensystems Schmelze-Kristall wird die Enthalpie und die Entropie der Schmelzphase erniedrigt. Enthalpie- und Entropieerniedrigung sind bezüglich der Lage des Schmelzpunktes der Kristallite im deformierten Material konkurrierende Prozesse. Beim Polyäthylen überwiegt die Enthalpieverminderung allein schon wegen des energieärmeren trans-Niveaus gegenüber dem gauche-Niveau. Daraus resultiert eine Schmelzpunktserniedrigung. Durch diese Deformationsschmelzpunktserniedrigung wird ein Teil der Kristallite thermodynamisch instabil. Der so aufgeschmolzene Kristallanteil ist proportional der ursprünglich vorliegenden Kristallitmassenverteilung im isotropen Material, daher die Übereinstimmung von ΔU_D-Kurve und DSC-Schmelzdiagramm.

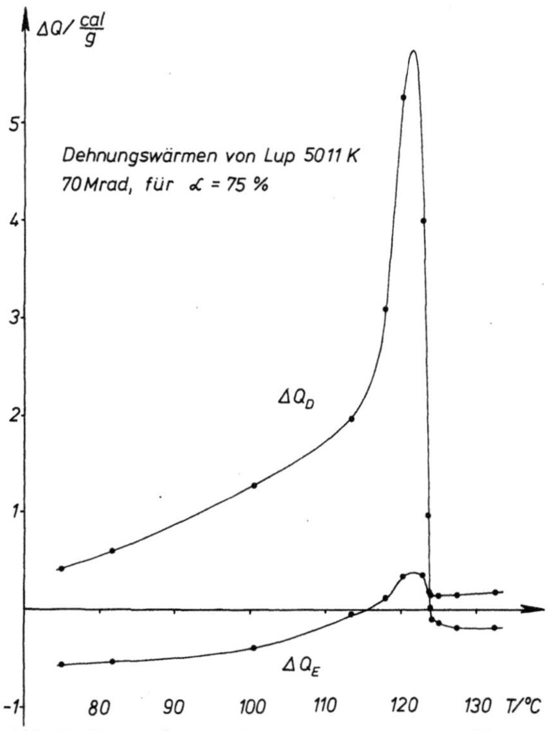

Abb. 2. Verstreckungswärmen, ausgewertet aus Kurven wie Abb. 1, aufgetragen als Funktion der Verstrecktemperatur; erster Zyklus und Wiederholung (maximale Schmelztemperatur des verwendeten Materials liegt bei 127,7 °C)

Betrachten wir den Verlauf von ΔU_D bei tieferen Temperaturen unterhalb von 110 °C, so liegt hier die ΔU-Kurve deutlich höher als die DSC-Schmelzkurve. Und sie ist weniger temperaturabhängig. Wegen der Größe der Effekte im Betrag um etwa 1,5 cal/g müssen jedoch auch in diesem Bereich Kristallitzerstörungen eine Rolle spielen. Sie sind aber nicht mehr thermodynamisch zu interpretieren. Vielmehr dürften sie resultieren aus der mechanischen Wirkung der Zugkräfte auf die Kristallitoberflächen, über die mit sinkender Temperatur härter werdenden amorphen Bereiche[3]). Hierbei dürften auch die Strahlungsvernetzungen eine Rolle mitspielen, die ja vorzugsweise in den amorphen Bereichen und an den Kristallitoberflächen zu suchen sind.

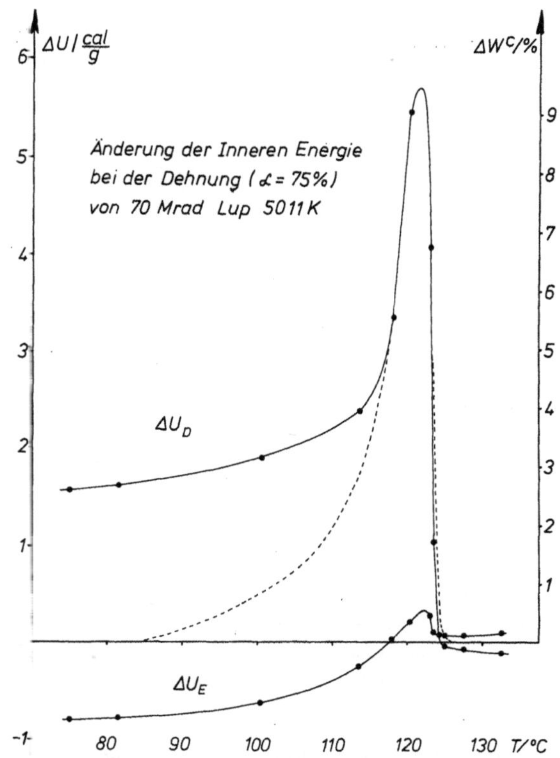

Abb. 3. Änderung der Inneren Energie, als Funktion der Verstrecktemperatur, berechnet aus den Werten in Abb. 2 und den zugehörigen mechanischen Arbeiten. In beiden Abbildungen sind die Daten sowohl für die Belastungen als auch für die Entlastungen eingetragen (U_D, U). Der gestrichelte Linienzug in Abb. 3 s. Text S. 858

Die Dehnungsschmelzwärmen am oberen Ende des Schmelzbereiches sind im übrigen proportional der Bestrahlungsdosis, d.h. dem Vernetzungsgrad. In Tab. 1 sind jeweils die Maximalwerte zweier Deformationsenergien in Relation gesetzt und verglichen mit den zugehörigen Bestrahlungsdosen.

Eine unabhängige Bestätigung für die Dehnungsschmelzprozesse liefern uns übrigens differentialkalorimetrische Untersuchungen: Polyäthylenproben wurden im Verstreckungskalorimeter gedehnt, die Deformationsenergie bestimmt, im verstreckten Zustand möglichst schnell abgeschreckt und im Schmelzkalorimeter aufgeschmolzen. Dergleichen Temperatur-Zeit-Behandlung wurden unverstreckte Vergleichsproben unterworfen. Abb. 4 zeigt die Schmelzdiagramme. Der hochschmelzende Pik entspricht dem Kristallanteil, der bei der Ver-

[3]) Siehe hierzu auch die Diskussionen in den Arbeiten Zit. 1 und 2, und auch Arbeit *Johnsen* u. *Klinkenberg* (S. 844).

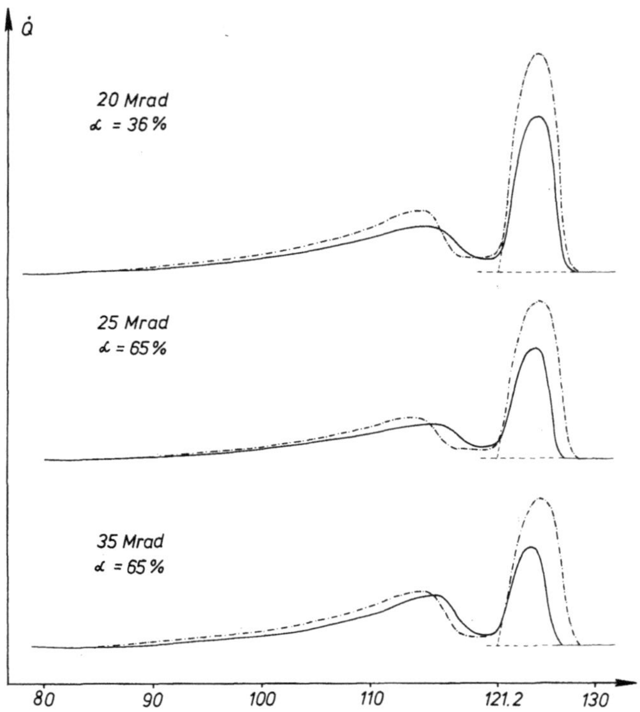

Abb. 4. DSC-Schmelzkurven von Polyäthylen (–.–.–): getempert bei 121,2 °C (——): getempert und verstreckt bei 121,2 °C, Parameter ist die Vernetzung (als Bestrahlungsdosis) α = Verstreckungsgrad

strecktemperatur noch nicht aufgeschmolzen war (strichpunktierte Kurve), der bei der verstreckten Probe um den dehnungsgeschmolzenen Anteil verringert sein sollte (durchgezogene Kurve). Es sei bemerkt, daß man eine Translation des Hochtemperatur-Piks zu etwas tieferen Schmelztemperaturen bei der verstreckten Probe findet, anwachsend mit Verstreckungsgrad und Vernetzungsgrad, was die Bestätigung für die Schmelzpunktserniedrigung durch Verstrecken bedeutet. Die quantitative Auswertung, Tab. 2, ergibt für die Hochtemperatur-Piks kleinere Schmelzwärmen für die verstreckten gegenüber den unverstreckten Proben (s. dritte Spalte von rechts). Die Differenz ΔH_{Def} ist in der nächsten Spalte angegeben, entsprechend dazu jeweils der aufgeschmolzene Kristallanteil $\Delta w^c_{\mathrm{Def}}$. Verglichen mit den Werten der aufgeschmolzenen Kristallanteile bei der Dehnung Δw^l_D aus den bei der Deformation gemessenen Energiezunahmen (Spalte 5) ergibt sich eine gute Übereinstimmung.

Theoretisch läßt sich die Übereinstimmung über die Beziehung für die Schmelzwärme von Kristalliten im Zwei-Phasen-Modell verstehen. Es gilt

$$\Delta H'_f = H_l - H^i_s$$

$$= H_l - \left(w^c_i \left(H_c + \frac{2\sigma}{\varrho_c - l_i}\right) + (1 - w^c_i)\, H^i_a\right.$$

$$i = 1{,}2$$

Daraus wird differentialkalorimetrisch

$$\Delta H_{\mathrm{def}} = \Delta H^1_f - \Delta H^2_f = H^2_s - H^1_s$$

Tab. 1. Kristallisationsprozesse abhängig vom Vernetzungsgrad

T^v/°C	r_1 / Mrad	r_2 / Mrad	$\Delta U_D(r_1)$ / cal/g	$\Delta U_D(r_2)$ / cal/g	$\frac{\Delta U_D(r_2)}{\Delta U_D(r_1)}$	$\frac{r_2}{r_1}$
121,5	50	70	4,22	5,71	1,36	1,4
120,3	50	70	3,84	5,47	1,42	1,4
120,3	25	50	2,25	3,84	1,71	2,0
120,3	25	70	2,25	5,47	2,43	2,8
121,2	25	35	2,33	3,54	1,51	1,4

Tab. 2. Vergleich des Dehnungsschmelzens für die Verstreckungstemperatur 121,2 °C von verschieden stark bestrahlten Proben, aus Verstreckungs- und Differentialkalorimetrie

		Verstreckungskalorimetrie				Differentialkalorimetrie		
r/Mrad	α/%	A_D / cal/g	Q_D / cal/g	ΔU_D / cal/g	Δw^c_D / %	ΔH_f / cal/g	ΔH_{def} / cal/g	$\Delta w^c_{\mathrm{def}}$ / %
20	36	0,0385	1.82	1,86	3,09	14,03	1,87	3,10
20	0	–	–	–	–	15,9	–	–
25	65	0,0337	2,30	2,33	3,87	12,29	2,41	4,00
25	0	–	–	–	–	14,7	–	–
35	65	0,0963	3,44	3,54	5,87	9,19	3,63	6,02
35	0	–	–	–	–	12,82	–	–

Näherungen: $H_a^1 = H_a^2 = H_l$

$$\frac{2\sigma}{\varrho_c}\left(\frac{1}{L_2} - \frac{1}{L_1}\right) = 0$$

$$\Delta w_{\mathrm{def}}^c = \frac{\Delta H_{\mathrm{def}}}{\Delta H_u}$$

und verstreckungskalorimetrisch

$$\Delta H_D = H_s^2 - H_s^1 = \Delta H_{\mathrm{def}}$$

Näherungen: $\Delta U_D = \Delta H_D$

$$\Delta w_D^c = \frac{\Delta U_D}{\Delta H_u}$$

$$\Delta w_D^c = \Delta w_{\mathrm{def}}^c$$

Die Indizes 1 und 2 beziehen sich auf den unverstreckten bzw. verstreckten Zustand.

Näherungen: $H_a^1 = H_a^2 = H_l$

$$\frac{2\sigma}{\varrho_c}\left(\frac{1}{L_2} - \frac{1}{L_1}\right) \cong 0$$

also: $\Delta w_{\mathrm{def}}^l = \dfrac{\Delta H_{\mathrm{def}}}{\Delta H_u}$

und verstreckungskalorimetrisch

$$\Delta H_D = H_s^2 - H_s^1 = \Delta H_{\mathrm{def}}$$

Näherungen: $\Delta U_D = \Delta H_D$

$$\Delta w_D^c = \frac{\Delta U_D}{\Delta U_u} \longrightarrow \Delta w_{\mathrm{def}}^c$$

Die Indizes 1 und 2 beziehen sich auf den unverstreckten bzw. verstreckten Zustand. Mit Hilfe von drei Näherungen folgt die Gleichheit der verstreckungskalorimetrisch bestimmten Kristallanteile mit den differentialkalorimetrischen Rechnungen ausführlich in der Dissertation *Gerth.*

Die Näherungen sind:

1. Enthalpie der Schmelze in der partiellkristallinen Struktur ist gleich der Enthalpie des völlig geschmolzenen Materials.
2. Die Änderungen der Langperioden sind bei der Verstreckung so gering, daß die Differenz der Oberflächenenergien vernachlässigt werden kann.
3. Die Gleichheit von Enthalpie und Innerer Energie bei der Dehnung, d.h. Vernachlässigbarkeit von Volumenarbeiten.

Konformationsumlagerungen

Konformationsumlagerungen lassen sich an strahlungsvernetztem Polyäthylen oberhalb der maximalen Schmelztemperatur bei kleinen Dehnungsgraden ungestört von kristallinen Effekten verfolgen. Das zeigte die oberste Kurve aus Abb. 1. Vergleicht man aus solchen Kurven Dehnungswärmen mit Dehnungsarbeiten, so erweisen sich für Polyäthylen die Wärmen um etwa einen Faktor von 1,5 höher als die Arbeiten (Tab. 3). Dies bedeutet, daß kein reiner Entropiemechanismus vorliegt, sondern auch eine Energieänderung im gedehnten Material stattgefunden hat. Im gummielastischen Bereich lassen sich diese Energieänderungen im wesentlichen auf Grund von Konformationsänderungen der Ketten verstehen, sofern zwischen trans- und gauche-Konformation ein Energieunterschied vorhanden ist. Diese Abweichungen vom idealen Kautschukverhalten lassen sich durch die bekannten Formeln von *Volkenstein* und *Ptitsyn* (5) für das Verhältnis von energieelastischer Kraft zur gesamten Rückstellkraft beschreiben.

Tab. 3. Konformationsänderungen beim Verstrecken einer 20 Mrad Probe bei der Temperatur von 133,7 °C

$x/\%$	$\dfrac{\Delta Q_D}{\Delta A_D}$	$\varepsilon\ \dfrac{\mathrm{cal}}{\mathrm{mol}}$
53,7	1,57	575
54,7	1,48	495
62,4	1,47	485
64,2	1,58	585

$\varepsilon = (535 \pm 45)\dfrac{\mathrm{cal}}{\mathrm{mol}}$

Man kann zeigen, daß das Verhältnis fe/f gemäß Formel

$$fe/f = -\frac{\varepsilon/RT}{1 + \frac{1}{2}e^{-\varepsilon/RT}}$$

mit Verstreckungswärme und Verstreckarbeit nach Formel

$$fe/f = \frac{\Delta Q}{\Delta A} + 1$$

zusammenhängt.

Die sich hiermit aus unseren Messungen ergebende Energiedifferenz zwischen gauche- und trans-Lage ist $\varepsilon = (535 \pm 45)$ cal/mol. Im Rahmen der Meßgenauigkeit ist keine Abhängigkeit vom Verstreckgrad zu erfassen, die intermolekularen Kräfte sind also unabhängig vom Dehnungsgrad, solange keine Kristallisation auftritt.

Dehnungskristallisation

Die Dehnungskristallisation bei homogen in der Schmelze strahlenvernetztem Polyäthylen läßt sich sowohl im Schmelzbereich am oberen

Ende, als auch bei Temperaturen relativ dicht oberhalb der maximalen Schmelztemperatur verfolgen. Die Wärmestromkurve Q (Abb. 5) zeigt bei einem gewissen Verstreckungsgrad trotz starker zeitlicher Verschmierung[4]) einen Knick. Es tritt also von da ab zu den Konformationswärmen und den Entropiewärmen ein zusätzlicher Effekt auf, der stark exotherm ist.

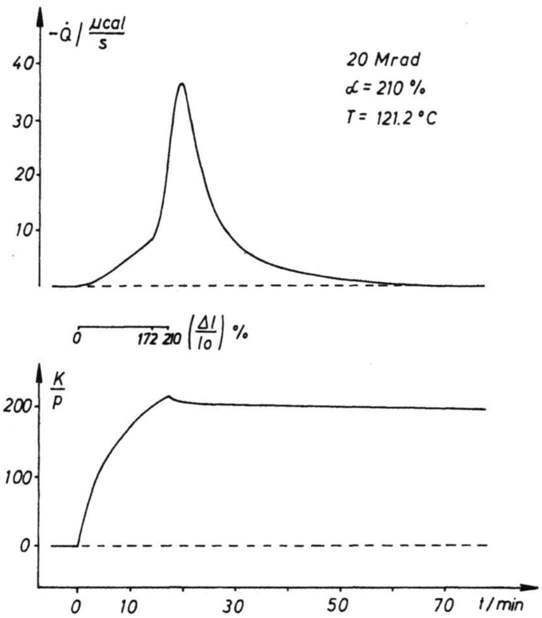

Abb. 5. Wärmestrom- und Kraftdehnungskurve für in der Schmelze vernetztes Polyäthylen und hohe Dehnungsgrade

Es ist dies die Dehnungskristallisation. Das zum Vergleich in Abb. 5 ebenfalls reproduzierte Kraft-Dehnungsdiagramm (K/p) läßt dagegen einen Kristallisationsbeginn keineswegs irgendwie erkennen. Der Verlauf von Q in Abb. 5 entspricht übrigens genau dem bei Naturkautschuk beobachteten Verhalten (6, 7).

In analoger Weise wie beim Dehnungsschmelzen wurden zum Vergleich mit den im folgenden berichteten verstreckungskalorimetrischen Daten differentialkalorimetrische Messungen an abgeschreckten Proben durchgeführt.

Abb. 6 zeigt einige charakteristische Schmelzkurven. Durch die Kristallisation und Orientierung bildet sich ein Hochtemperaturpik aus. Diesen haben wir abgetrennt, unter der Annahme, er sei symmetrisch. Bei dieser Abtrennung sollte die bei tieferer Temperatur auftretende Schmelzkurve eine Form erhalten, die der des unverstreckten Materials entspricht. Aus der Planimetrierung des Hochtemperaturpiks ergibt sich ein quantitativer Vergleich der so gewonnenen Schmelzwärmen ΔH_f mit der Abnahme der Inneren Energie ΔU_D bei der Verstreckung (Tab. 4). Beide Werte steigen deutlich mit dem Dehnungsgrad an. Die Abweichung beider Werte dürfte hauptsächlich in der Abtrennung und in der An- und Weiterkristallisation der Dehnungskristalle beim Abschrecken liegen, da die ΔH-Werte absolut generell größer sind als die ΔU-Werte. Die Richtigkeit der Identifikation des Hochtemperaturschmelzpiks mit Schmelzprozessen der Dehnungskristalle ist aber eindeutig. Abb. 7 zeigt quantitativ die Abnahme der gesamten Inneren Energie mit dem Dehnungsgrad. Parameter ist die Verstrecktemperatur, und die maximale Schmelztemperatur liegt bei 121,2 °C.

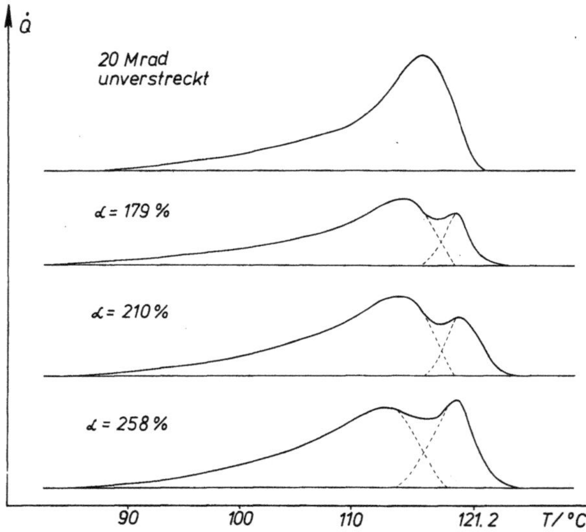

Abb. 6. DSC-Schmelzkurven von stark vernetztem 20 Mrad (S), in der Schmelze bestrahlt, Polyäthylen bei T_v = 121,2 °C

Tab. 4. Dehnungskristallisation für eine bei 121,2 °C verstreckte Probe, bestimmt mit dem Verstreckungskalorimeter und Differentialkalorimetrie

	Verstreckungskalorimetrie			Differentialkalorimetrie
α/%	A_D cal/g	Q_D cal/g	$\|\Delta U_D\|$ cal/g	ΔH^f cal/g
179	0,348	− 3,90	3,55	3,96
210	0,464	− 4,21	3,75	4,23
258	0,491	− 6,82	6,33	7,47

Zur Bestimmung der Dehnungskristallanteile muß man die Konformationswärmen abtrennen,

[4]) Zeitkonstante $t = 15$ min für Calvet statt $t = 30$ sec bei unserem selbstentwickelten Gerät (4).

die sich in der leichten etwa linearen Abnahme der Inneren Energie im Anfang der Kurven bemerkbar machen. Die Korrekturen sind klein.

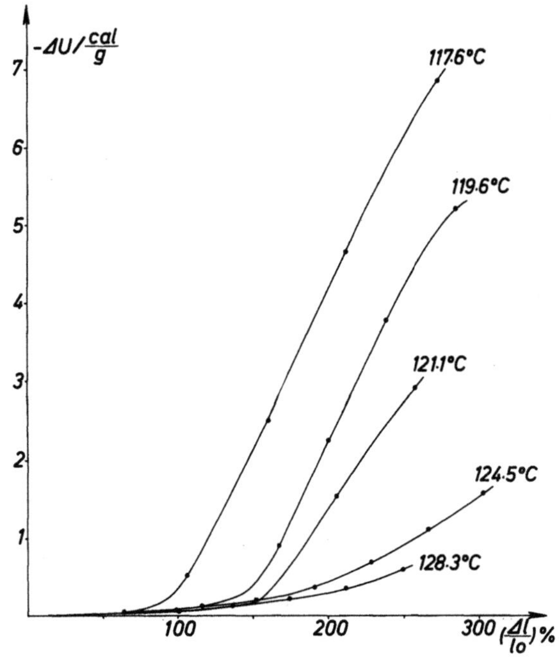

Abb. 7. Änderung der Inneren Energie mit dem Verstreckgrad von 20 Mrad (*S*) Polyäthylen, Parameter: Dehnungstemperatur

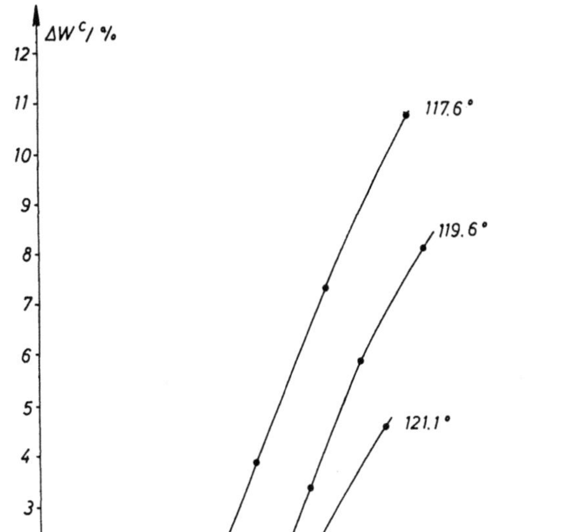

Abb. 8. Dehnungsinduzierte Kristallanteile bei der Verstreckung von 20 Mrad (*S*) Polyäthylen, Parameter: Deformationstemperatur

Die Dehnungskristallisation nimmt mit steigender Verstreckung zu, wie Abb. 8 zeigt. Oberhalb der maximalen Schmelztemperatur verlaufen die Kurven leicht gekrümmt und der Beginn der Kristallisation wird weniger scharf definiert. Wir vermuten unterschiedliche Keimbildungsverhältnisse.

Röntgenfaseraufnahmen zeigen übrigens, daß die Kristallite bei höherer Kristallisation und Verstreckung mit der *c*-Achse in Verstreckrichtung sehr gut ausgerichtet sind. Das vollständig analoge Verhalten von Substanzen wie Polyäthylen im und oberhalb des Schmelzbereiches zu dem, welches von Naturkautschuk bekannt ist, lag sehr nahe. Diese Ergebnisse beweisen es (7, 8).

Die vorliegenden Ergebnisse sind Auszüge aus der Dissertation *Gerth*, Februar 1973, Marburg.

Danksagung

Für die Unterstützung bei der Durchführung der kalorimetrischen Arbeiten danken wir verbindlichst der Deutschen Forschungsgemeinschaft und dem Verband kunststofferzeugender Industrie.

Zusammenfassung

Bei der homogenen Verstreckung von strahlungsvernetztem Polyäthylen im Schmelzbereich lassen sich kalorimetrisch drei Phänomene nachweisen und quantitativ erfassen:

Dehnungsschmelzen, gauche-trans-Konfigurationsumlagerungen und Dehnungskristallisation. Dabei dürfte das Dehnungsschmelzen den interessantesten Aspekt darstellen, da als Ursache dafür offenbar zwei Mechanismen in Frage kommen: Schmelzpunktserniedrigung bei der Deformation bei hohen Temperaturen im Schmelzintervall und mechanische Kristallitdeformation und -zerstörung bei den tieferen Temperaturen. Die Dehnungskristallisation tritt vollkommen analog auf wie in den bekannten Fällen, bei Naturkautschuk und bei Polyisobutylen.

Summary

Stretching without necking of polyethylene crosslinked by radiation allows within the melting interval the observation of three phenomena: melting by deformation, gauche-trans configuration changement by stretching and crystallisation by streching.

Literatur

1) *Müller, F. H.*, Kolloid Z., **112**, 40 (1949).

2) *Martin, H.* und *F. H. Müller*, Kolloid Z. u. Z. Polymere, **188**, 19 (1962).

3) *Peterlin, A.*, J. Polym. Sci., **18**, 123 (1967). – *Peterlin, A.*, Kolloid Z. u. Z. Polymere, **216–217**, 129 (1967). –

Peterlin, A., G. Meinel und *N. Morosoff*, J. Polym. Sci. **A2**, 8 1723 (1970). – *Peterlin, A.* und *K. Sakaoku*, J. Appl. Phys. **38**, 4152 (1967). – *Glenz, W.* und *A. Peterlin*, Kolloid Z. u. Z. Polymere, **247**, 786 (1971). – *Glenz, W.* und *A. Peterlin*, J. Polym. Sci., **9**, 1191 (1971). – *Meinel, G.* und *A. Peterlin*, J. Polym. Sci., **9**, 67 (1971). – *Peterlin, A.* und *G. Meinel*, J. Appl. Phys., **36**, 3028 (1965).– *Peterlin A.* und *G. Meinel*, Polym. Letters **3**, 783 (1965). – *Fischer, E. W.* und *G. Hinrichsen*, Kolloid Z. u. Z. Polymere **213**, 28 (1966).

4) *Engelter, Ad.* und *F. H. Müller*, Rheol. Acta **1** 39 (1958).

5) *Volkenstein, M. W.* und *O. B. Ptitsyn*, Zh. Tekhn. Fiz., **25**, 662 (1955).

6) *Engelter, Ad.* und *F. H. Müller*, Kolloid Z., **157**, 89 (1958).

7) *Göritz, D.* und *F. H. Müller*, Kolloid Z. u. Z. Polymere, **241**, 1075–1079 (1970). – *Müller, F. H.*, Pure and Appl. Chem., **23**, 201–217 (1970).

8) *Hendus, H.*, Kolloid-Z. u. Z. Polymere **251**, 779 (1973).

Anschrift der Verfasser:

Prof. Dr. *F. H. Müller*
Institut für Polymere im Fachbereich 14
3550 Marburg/Lahn, Lahnberge, Gebäude H

Dr. *Chr. Gerth*
University of Wisconsin
Dept. of Chemistry
1101 University Ave.
Madison, Wisconsin 53706 (USA)

Kolloid-Z. u. Z. Polymere **251**, 865–870 (1973)

Vorgetragen auf der Arbeitstagung des Fachausschusses Physik der Hochpolymeren im Rahmen der Frühjahrstagung des Arbeitskreises Festkörperphysik bei der Deutschen Physikalischen Gesellschaft vom 21.–23. März 1973 in Münster/Westf.

Aus dem Institut für Physikalische Chemie der Universität Mainz, II. Ordinariat

Einfluß der Kristallisationsbedingungen auf das Zug-Dehnungsverhalten von Polyäthylenterephthalat

Von K. Slusallek und H. G. Zachmann

Mit 8 Abbildungen

(Eingegangen am 11. September 1973)

A. Einleitung

Das Ziel unserer Untersuchungen ist es, die Zusammenhänge zwischen der morphologischen Struktur und dem Dehnungs- und Bruchverhalten von Hochpolymeren zu bestimmen. Als Modellsubstanz wurde Polyäthylenterephthalat gewählt. Das Kristallisations- und Schmelzverhalten dieser Substanz ist gut bekannt. Man kann bei ihr verschiedene kristalline Zustände erhalten und in einem Temperaturbereich unter- und oberhalb der Einfriertemperatur bequem untersuchen (1, 2). In einer Reihe von Arbeiten wurden auch schon verschiedene mechanische Eigenschaften des Polyäthylenterephthalats bestimmt (3–9). Eine eingehende Untersuchung des Einflusses der thermischen und mechanischen Vorbehandlung auf das Zug-Dehnungsdiagramm fehlt aber noch.

B. Experimentelles Verfahren und Auswertemethode

Isotrope amorphe Polyäthylenterephthalat-Folien der Firma Kalle mit einer Dicke von 220 μ wurden bei verschiedenen Temperaturen (100, 150, 200 und 240 °C) fünf Stunden lang getempert. Bei jeder Temperatur haben wir dabei zwei verschiedene Aufheiz- und zwei verschiedene Abkühlbedingungen gewählt:

1. rasch aufgeheizt, rasch abgekühlt (rr);
2. rasch aufgeheizt, langsam abgekühlt (rl);
3. langsam aufgeheizt, rasch abgekühlt (lr);
4. langsam aufgeheizt, langsam abgekühlt (ll).

Außerdem wurden isotrope amorphe Proben zunächst bei Raumtemperatur unter Schulterbildung mit 0,1 cm/min Streckgeschwindigkeit verstreckt und anschließend bei festgehaltenen Enden unter den gleichen Bedingungen wie die unverstreckten Proben getempert. Von den so präparierten Folien haben wir die Zug-Dehnungs-Diagramme bei Raumtemperatur mit Hilfe einer Materialprüfmaschine der Firma INSTRON aufgenommen.

Aus den einzelnen Diagrammen wurden jeweils folgende Größen bestimmt:

1. der Elastizitätsmodul E, als Steigung der Zugdehnungskurve bei kleinen Dehnungen bis zu etwa 1%,
2. die Bruchdehnung ε_B als diejenige Dehnung, bei der der Bruch eintritt,
3. die Bruchspannung σ'_B als diejenige Spannung, bei der der Bruch eintritt; sie wurde durch Division der Bruchkraft durch den wahren Probenquerschnitt, der am Ende der Verstreckung vorlag, erhalten,
4. die Streckgrenze σ_{Str} als Ort des ersten Maximums im Zug-Dehnungs-Diagramm. Falls keine Verstreckung über Schulterbildung erfolgt, fällt die Streckgrenze mit der Bruchspannung zusammen.

Bei den nicht vorverstreckten Proben wurde jeweils der Mittelwert von 10 Messungen, bei den verstreckten Proben der Mittelwert von 4 Messungen gebildet. Die Streuung der Einzelmessungen um den Mittelwert war überall kleiner als 10% mit Ausnahme der Bruchdehnung bei $T_K = 20$ °C (12%) und $T_K = 240$ °C (bis zu 30%).

C. Ergebnisse

1. Streckvorgang bei amorphen Proben

Als erstes untersuchten wir das Dehnungs- und Streckverhalten von amorphen Proben. Wie allgemein bekannt, fanden wir, daß die Kraft zunächst mit zunehmender Dehnung ansteigt und dann ein Maximum erreicht (Abb. 1).

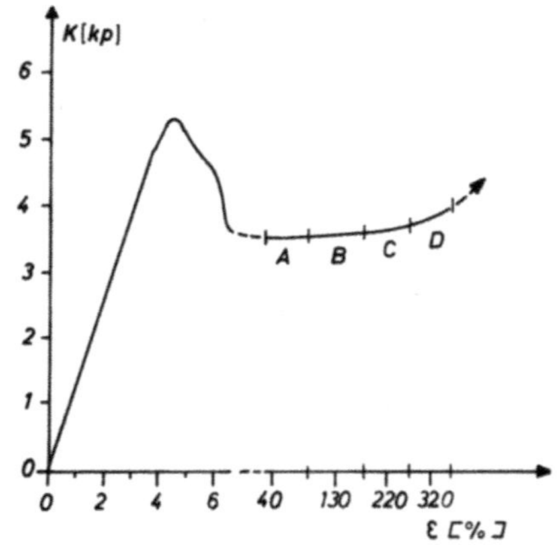

Abb. 1. Kraft-Dehnungs-Diagramm einer amorphen Probe von Polyäthylenterephthalat

Hier beginnt die Probe, sich unter Schulterbildung einzuschnüren. Dieser Vorgang ist abgeschlossen, wenn die Kurve den waagerecht verlaufenden Teil erreicht hat (Fließbereich). Die Schultern wandern dann nach beiden Seiten auseinander und hinterlassen einen um den Faktor Vier kleineren Querschnitt. Haben die Schultern die Folienenden erreicht, wird die ganze Probe noch ein wenig homogen gedehnt und reißt schließlich.

Wir interessierten uns nun insbesondere für die Abhängigkeit der Bruchspannung σ'_B und der Streckgrenze σ_{Str} von der Dehngeschwindigkeit w_D. Abb. 2 zeigt die Ergebnisse. Die durchgezogene Linie gibt die Bruchspannung σ'_B, die strichpunktierte die Streckgrenze σ_{Str} als Funktion von w_D an. Man sieht, daß bei Ziehgeschwindigkeiten bis zu 0,2 cm/min die Streckgrenze bedeutend kleiner als die Bruchspannung ist, daß also eine Schulterbildung auftritt. Bei 0,5 und 1,0 cm/min bildeten sich etwa bei der Hälfte der Proben Schultern aus, bei der anderen Hälfte nicht. Wir haben daher für diese beiden Geschwindigkeiten je zwei verschiedene Werte für die Bruchspannung. Ab 2,0 cm/min trat keine Schulterbildung mehr auf, und man erhielt wieder nur einen einzigen, kleinen Wert für die Bruchspannung. Die bei den weiteren Versuchen für das Verstrecken gewählte Standardgeschwindigkeit von 0,1 cm/min ist daher einerseits schnell genug für ein rationelles Arbeiten und zweitens weit genug vom kritischen Punkt bei 0,5 cm/min entfernt.

Die Fähigkeit zur Schulterbildung nimmt mit zunehmender Breite der Probe sowie bei Alterung ab. Eine gealterte Probe von 5 cm Breite zeigt z. B. keine Schulterbildung. Tempert man sie jedoch zwei Stunden bei 75 °C, so kann man sie in 60% der Fälle wieder über eine Schulter verstrecken.

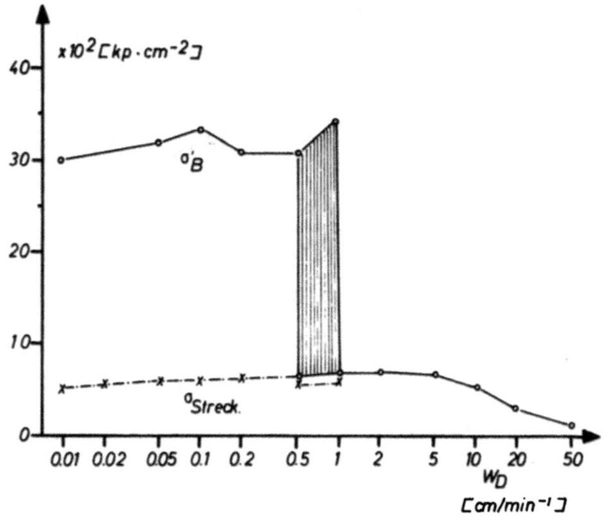

Abb. 2. Bruchspannung (○——) sowie Streckgrenze (× —·—·) von amorphen Proben als Funktion der Dehngeschwindigkeit w_D

Weiterhin interessierten wir uns dafür, ob die Dehnung und der Querschnitt einer Probe nach dem Verstrecken, also nachdem die Schulter die ganze Probe durchlaufen hat, entlang der Probe konstant ist. Dazu unterteilten wir die Probe mit Hilfe von Tintepunkten in vier Abschnitte *A*, *B*, *C* und *D*. Nachdem sich die Schulter in der Mitte des Abschnittes *A* gebildet hatte und bis über die Abschnittsgrenzen hinausgelaufen war, wurde der Querschnitt q sowie die Dehnung ε in diesem Abschnitt gemessen (Punkt $x = 0{,}25$ in Abb. 3). Danach haben wir die Probe weiterverstreckt, bis die Schulter den zweiten Abschnitt durchlaufen hatte. q und ε wurden erneut gemessen, und zwar sowohl in *A* als auch in *B* (Kurve $x = 0{,}5$ in Abb. 3). Danach wurde auch über den Abschnitt *C* hinaus verstreckt usw. Die Ergebnisse sind in Abb. 3 wiedergegeben. Aufgetragen ist q und ε als Funktion des Abstandes vom Ort der Halsbildung. Parameter ist der Bruchteil x der Probe, der zwischen den beiden Schultern liegt. Die gestrichelte Kurve bezieht sich auf eine Probe, die nach Erreichen von $x = 1$ noch um etwa 20% gedehnt worden ist.

Man sieht, daß die Dehnung und der Querschnitt eines Abschnitts der Probe nicht konstant bleibt, nachdem die Schulter darüber hinweggegangen ist, sondern noch weiter zu- bzw. abnimmt. Der Abschnitt *A* z. B. hat, unmittelbar nachdem er von der Schulter überstrichen worden ist, den Querschnitt $q = 0{,}184\ mm^2$; nachdem die Schulter auch über B hinweggegangen ist, besitzt er den Wert 0,178 mm^2. Sind die Schultern an den Probenenden angekommen, beträgt der Querschnitt des Abschnitts A nur noch 0,1718 mm^2. Entsprechend nimmt die Dehnung (rechter Teil der Abbildung) zu. Ähnliches beobachtet man auch bei den anderen Abschnitten.

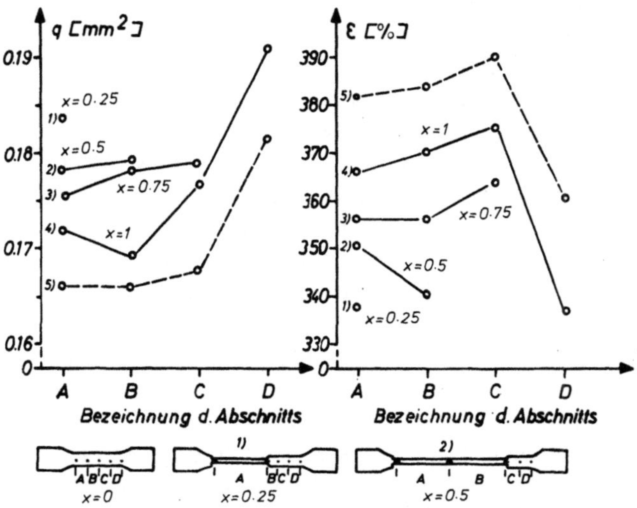

Abb. 3. Querschnitt q und Dehnung ε einer amorphen Probe als Funktion des Abstandes vom Ort der Halsbildung. Parameter: Bruchteil x des verstreckten Teils der Probe

Besonders erwähnenswert ist die Tatsache, daß der Querschnitt und die Dehnung auch nach Beendigung des Verstreckvorganges (Kurve 4 und 5 in Abb. 3) entlang der gestreckten Probe nicht konstant sind. Der zuletzt verstreckte Abschnitt (D) besitzt vielmehr eine um etwa 10% kleinere Dehnung als der Abschnitt A. Um bei den weiter unten beschriebenen Versuchen homogen verstrecktes Material zu haben, wurde nur der Teil der Proben verwendet, der aus den Abschnitten A und B stammte.

2. *Abhängigkeit des Zug-Dehnungs-Diagrammes von der thermischen und mechanischen Vorbehandlung*

Die Abb. 4 zeigt die Zug-Dehnungs-Kurven von Proben, die bei verschiedenen Temperaturen kristallisiert worden sind. Die gestrichelten Kurven beziehen sich auf Proben, die vor der Kristallisation nicht vorverstreckt worden sind, die ausgezogenen dagegen auf solche, die zunächst verstreckt und anschließend kristallisiert worden sind. Die amorphen und die nichtvorverstreckten, bei 240 °C kristallisierten Proben zeigen Schulterbildung, bei den übrigen Proben tritt niemals Schulterbildung auf.

Der aus dem Zug-Dehnungs-Diagramm bestimmte E-Modul ist in Abhängigkeit von der Kristallisationstemperatur in Abb. 5 aufgetragen. Die verschiedenen Symbole (×△□○) stehen für die verschiedenen Aufheiz- und Abkühlbedingungen. Der E-Modul der nichtvorverstreckten Proben hängt nicht von den Aufheiz- und Abkühlbedingungen ab. Er steigt mit wachsender Kristallisationstemperatur nur leicht an. Der

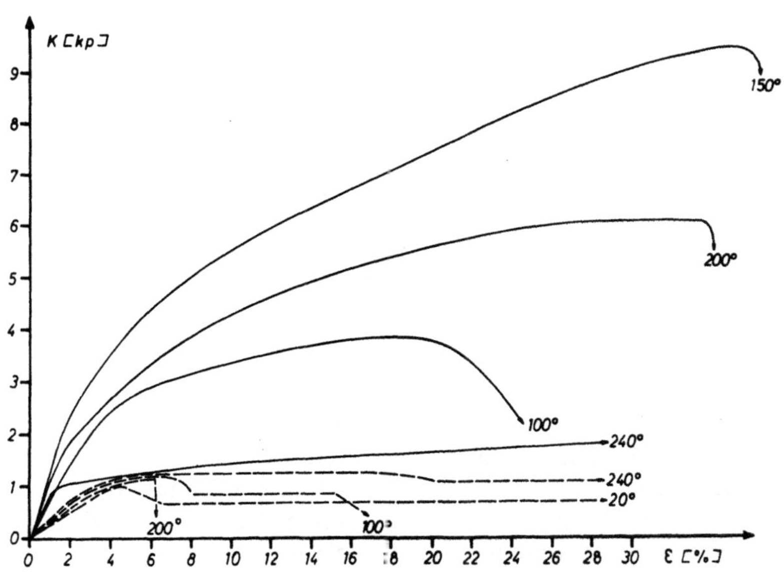

Abb. 4. Kraft-Dehnungs-Diagramme für nicht vorverstreckte (– – – –) und vorverstreckte (——) Proben. Parameter: Kristallisationstemperatur (rr)

E-Modul der vorverstreckten Proben liegt beträchtlich höher als der der nichtvorverstreckten und durchläuft als Funktion der Kristallisationstemperatur ein Maximum. Bei Kristallisationstemperaturen oberhalb 200 °C hängt er wesentlich von den Aufheiz- und Abkühlbedingungen ab.

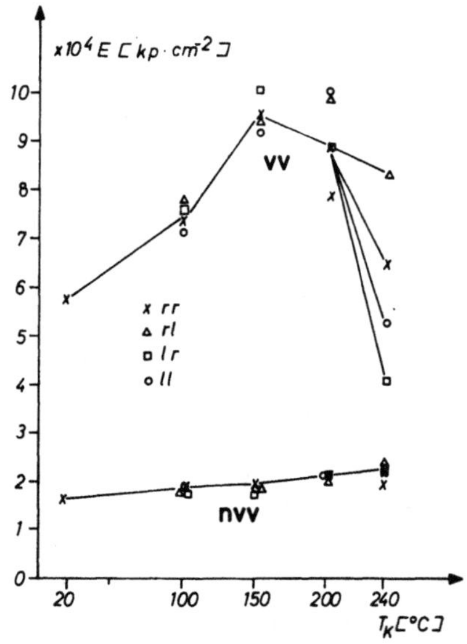

Abb. 5. Elastizitätsmodul als Funktion der Kristallisationstemperatur. vv = vor der Kristallisation vorverstreckt, nvv = nicht vorverstreckt

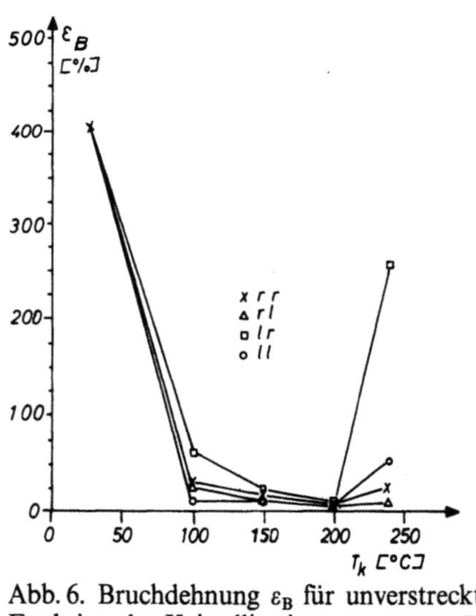

Abb. 6. Bruchdehnung ε_B für unverstreckte Proben als Funktion der Kristallisationstemperatur T_K

In der Abb. 6 ist die Bruchdehnung ε_B der nichtvorverstreckten Proben als Funktion der Kristallisationstemperatur T_K aufgetragen. Die amorphe Probe („Kristallisationstemperatur" = 20 °C) besitzt eine relativ hohe Bruchdehnung, die kristallinen dagegen bedeutend kleinere Werte. Die Bruchdehnung nimmt mit wachsender Kristallisationstemperatur also zunächst ab, durchläuft ein Minimum und steigt dann für langsam aufgeheizte Proben wieder an. Während bei Proben, die bei mittleren Temperaturen kristallisiert worden sind, kein Verstrecken über Schulterbildung stattfindet, bildet sich bei 240 °C wieder eine Schulter.

Abb. 7 zeigt die Bruchdehnung der Proben, die vor der Kristallisation zunächst verstreckt worden sind. Die Kristallisation wurde bei diesen Proben mit festgehaltenen Enden vorgenommen, um ein Schrumpfen zu verhindern. Die bei 20 °C „kristallisierten" Proben weisen eine im Vergleich zum nichtvorverstreckten Material sehr kleine Bruchdehnung auf. Der Unterschied ist in folgendem zu suchen: Bei den nichtvorverstreckten Proben erscheint bei dieser Temperatur sowohl das Verstrecken über Schultern als auch das sich daran anschließende homogene Dehnen bis zum Bruch als Bruchdehnung. Hier aber handelt es sich um bereits vorverstreckte Proben. Es erscheint daher hier lediglich das homogene Dehnen als Bruchdehnung. Bei den mittleren Temperaturen haben wir eine doppelt so große Bruchdehnung wie bei den nichtvorverstreckten. Bei 240 °C zeigt sich wieder ein starker Anstieg.

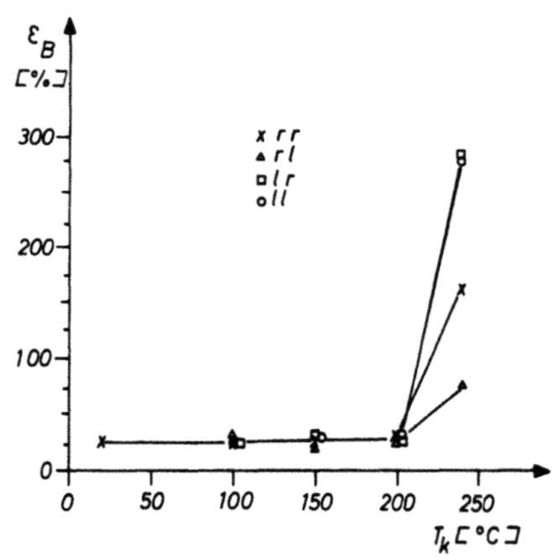

Abb. 7. Bruchdehnung ε_B für verstreckte Proben (370%) als Funktion der Kristallisationstemperatur T_K

In Abb. 8 ist die Bruchspannung sowohl für die nichtvorverstreckten als auch für die vorverstreckten Proben als Funktion der Kristallisationstemperatur aufgetragen. Für das nichtvorverstreckte Material (gestrichelte Kurve) geht die Bruchspannung mit wachsender Kristallisationstemperatur zunächst stark zurück, und zwar von etwa 3000 kp/cm² für die nichtkristallisierten Proben auf weniger als 1000 kp/cm^2. Bei hohen Temperaturen findet wieder ein starker Anstieg statt. Beim Material, das vor der Kristallisation verstreckt worden ist, steigt demgegenüber die Bruchspannung bei der Kristallisation wesentlich an.

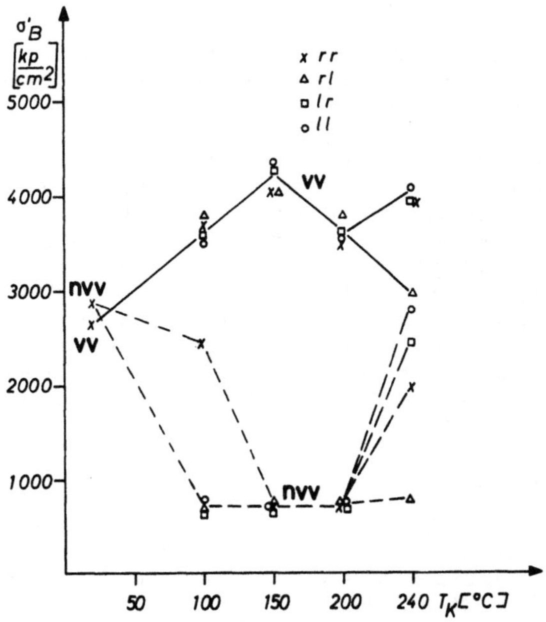

Abb. 8. Wahre Zugfestigkeit σ'_B der Proben als Funktion der Kristallisationstemperatur T_K

D. Diskussion

1. Einfluß der Kristallisationstemperatur auf die Bruchspannung und Bruchdehnung

Besonders erwähnenswert ist die Tatsache, daß bei den unverstreckten Proben die Bruchdehnung ε_B und Bruchfestigkeit σ'_B als Funktion der Kristallisationstemperatur T_K durch ein Minimum gehen. Das Minimum tritt bei denjenigen Temperaturen T_K auf, bei denen die Kristallisationsgeschwindigkeit am größten ist. Offenbar sind ε_B und σ'_B desto kleiner je größer die Kristallisationsgeschwindigkeit ist. Der gleiche Zusammenhang wurde auch schon bei Polyäthylensuccinat gefunden (11). Man könnte ihn damit erklären, daß bei einer raschen Kristallisation relativ viele stark verspannte Ketten in den nichtkristallinen Bereichen entstehen, denenzufolge das Material spröde ist. Für einen relativ hohen Anteil an verspannten Ketten bei mittleren Kristallisationstemperaturen spricht auch die Tatsache, daß die Einfriertemperatur und der starre nichtkristalline Anteil bei diesen Temperaturen am größten sind (12).

In mehr phänomenologischer Weise läßt sich diese Erklärung auch folgendermaßen formulieren: Wie oben angedeutet, geht die Einfriertemperatur von Polyäthylenterephthalat als Funktion der Kristallisationstemperatur durch ein Maximum. Damit geht auch der Abstand zwischen der Meßtemperatur und Einfriertemperatur durch ein Maximum. Da nun bekanntlich ein Stoff desto spröder ist, je tiefer er unter der Einfriertemperatur ist, muß die Sprödigkeit bei mittleren Kristallisationstemperaturen am größten sein.

Neben den oben genannten Effekten ist noch zu beachten, daß in Polyäthylenterephthalat beim Erhitzen auf höhere Temperaturen chemische Reaktionen vor sich gehen. Tempert man beispielsweise das Material 5 Stunden lang bei 240 °C im Vakuum, so erhöht sich das Molekulargewicht[1]) um den Faktor 3. Eine derartige Erhöhung kann aber bereits den Übergang vom spröden Bruch zum zähen Bruch zur Folge haben. Das würde bedeuten, daß der Anstieg von σ'_B und ε_B bei hohen Werten der Kristallisationstemperatur T_K zum Teil auch auf die Zunahme des Molekulargewichtes zurückzuführen ist.

Daß chemische Veränderungen innerhalb der nichtkristallinen Bereiche von wesentlichem Einfluß auf das mechanische Verhalten sind, beweist die Tatsache, daß die hohen Werte in σ'_B und ε_B beim Tempern bei $T_K = 240$ °C nur dann erreicht werden, wenn die Temperung in Vakuum vorgenommen wurde. Bei einer Kristallisation im Stickstoff oder Silikonöl in Anwesenheit von Spuren von Sauerstoff und Wasser wird das Material dagegen sehr spröde. Es ist anzunehmen, daß in Anwesenheit des Sauerstoffs keine Molekulargewichtserhöhung, sondern ein Abbau stattfindet.

Um den Einfluß der chemischen Veränderungen weiter zu untersuchen, haben wir Proben verschieden lange, nämlich zwischen 2 und 8 Stunden bei 240 °C getempert und anschließend vermessen. Mit zunehmender Temperzeit wurde ein Anstieg in ε_B gefunden, der jedoch nur geringfügig größer als die Streuung der Meßresultate war. Hierzu müssen noch weitere Versuche mit gleichzeitiger Messung des Molekulargewichtes vorgenommen werden.

[1]) Wir sind Herrn Dr. *O. Fuchs* und den Farbwerken Höchst für die Messung des Molekulargewichts sehr dankbar.

2. *Einfluß der Vorverstreckung auf die Bruchspannung und Bruchdehnung*

Die Bruchspannung der vorverstreckten Proben ist wesentlich höher als die der nichtvorverstreckten Folien. Nach den Vorstellungen von *Statton, Park* und *De Vries* (10) ist dies eine Folge davon, daß beim Tempern gedehnter Proben eine größere Anzahl von Ketten entstehen, die die Kristallite verbinden und daß diese Ketten eine relativ einheitliche Länge aufweisen. Um diese Vorstellung zu prüfen, wollen wir noch Messungen der magnetischen Kernresonanz durchführen, um den starren, nichtkristallinen Anteil (12) zu bestimmen.

Die zum Teil beträchtliche Bruchdehnung der vorverstreckten Proben ist ebenfalls bemerkenswert, da diese Proben bereits vor dem Tempern etwa um das Vierfache gedehnt worden sind. Das Material, das unter langsamem Aufheizen und raschem Abkühlen nach dem Verstrecken bei 240 °C getempert worden ist, ist z.B. vor dem Bruch insgesamt auf das Sechsfache seiner ursprünglichen Länge gedehnt worden, nämlich einmal auf das Vierfache vor dem Tempern und anschließend noch einmal auf das Vierfache beim eigentlichen Zugversuch nach dem Tempern. Es muß noch durch röntgenographische Untersuchungen geklärt werden, inwieweit dabei Orientierungsvorgänge und inwieweit lediglich viskoses Fließen im Spiel waren.

Wir danken der Deutschen Forschungsgemeinschaft für die finanzielle Unterstützung dieser Arbeit im Rahmen des SFB 41, sowie der Firma Kalle AG., Wiesbaden, für die Überlassung der Folien.

Zusammenfassung

Es wurde der Einfluß der Morphologie auf das Zug-Dehnungsverhalten und den Bruch von Polyäthylenterephthalat untersucht. Dazu wurden verstreckte und unverstreckte Folien fünf Stunden lang bei verschiedenen Temperaturen zwischen 100° und 240 °C getempert. Zusätzlich wurden die Aufheiz- und Abkühlgeschwindigkeiten variiert. Die Proben wurden anschließend bis zum Bruch verstreckt. Sowohl bei den verstreckten als auch bei den unverstreckten Proben geht die Bruchdehnung als Funktion der Kristallisationstemperatur durch ein Minimum. Die verstreckten Proben besitzen einen bedeutend höheren Elastizitätsmodul und auch eine bedeutend höhere Bruchfestigkeit als die unverstreckten Proben. Desweiteren wurde festgestellt, daß das Streckverhältnis nach einer Kaltverstreckung entlang der Probe nicht einheitlich ist und daß eine Alterung des Materials das mechanische Verhalten der Proben wesentlich beeinflußt.

Summary

The influence of the morphology on the stress-strain curves and fracture of polyethylene terephthalate was studied. Undrawn and drawn samples of polyethylene terephthalate were crystallized at various temperatures between 100° and 240 °C. Different heating and cooling rates were applied. Afterwards the samples were drawn until fracture occured. Both,for the undrawn as well as for the drawn samples it turned out that the elongation at break plotted as a function of the crystallization temperature goes through a minimum. For the drawn samples the fracture stress and *Youngs* modulus was larger than for the undrawn samples. It could be further shown that the draw ratio after cold drawing is not uniform and that aging effects considérably the mechanical behaviour of the samples.

Literatur

1) *Zachmann, H. G.* und *H. A. Stuart*, Makromol. Chem. **41**, 131 (1960).
2) *Zachmann, H. G.* und *H. A. Stuart*, Makromol. Chem. **41**, 148 (1960).
3) *Marshall, I.* und *A. B. Thompson*, Proceedings of the Royal Society **221**, 541 (1954).
4) *Thompson, A. B.* und *D. W. Woods*, Transact. Faraday Soc. **52**, 1383 (1956).
5) *Thompson, A. B.*, J. Polymer Sci. **34**, 741 (1959).
6) *Brown, N.* und *I. M. Ward*, Philosophical Magazine **17**, 961 (1968).
7) *Brown, N.* und *I. M. Ward*, J. Polymer Sci., Part **A-2**, **6**, 607 (1968).
8) *Zachmann, H. G.* und *W. Schermann*, Kolloid-Z. u. Z. Polymere **241**/1–2, 916 (1970).
9) *Zachmann, H. G.* und *W. Schermann*, Kolloid-Z. u. Z. Polymere **241**/1–2, 921 (1970).
10) *Statton, Park* und *De Vries*, J. Polymer Sci. C, im Druck.
11) *Steiner, K., W. Engelbart, F. Asmussen* und *K. Ueberreiter*, Kolloid-Z. u. Z. Polymere **233**, 849 (1969).
12) *Eichhoff* und *H. G. Zachmann*, Berichte der Bunsen-Gesellschaft für Phys. Chemie, Bd. **74**, 919 (1970).

Anschrift der Verfasser:

Institut für Physikalische Chemie
II. Ordinariat
6500 Mainz, Jacob-Welder-Weg 15

Kolloid-Z. u. Z. Polymere **251**, 871–875 (1973)

Vorgetragen auf der Arbeitstagung des Fachausschusses Physik der Hochpolymeren im Rahmen der Frühjahrstagung des Arbeitskreises Festkörperphysik bei der Deutschen Physikalischen Gesellschaft vom 21.–23. März 1973 in Münster/Westf.

Aus dem Fritz-Haber-Institut der Max-Planck-Gesellschaft, Berlin

Parakristalline Gitterstörungen in Kettenrichtung von Cellulose I und II

Von J. Haase, R. Hosemann und B. Renwanz

Mit 3 Abbildungen und 3 Tabellen

(Eingegangen am 19. April 1973)

Einleitung

Die Theorie des Parakristalls (1) wurde mit Erfolg auf synthetische Polymere, speziell Polyäthylen, angewendet. Einerseits läßt sich aus der Profilanalyse der Röntgenweitwinkelreflexe beweisen, daß die sog. kristalline Phase in Wirklichkeit aus etwa 100 Å dicken Parakristalliten aufgebaut ist (2). Andererseits bekommt man aus der quantitativen zweidimensionalen Analyse der Röntgenkleinwinkelstreuung Auskunft darüber, in welcher Weise sich diese Parakristallite zu mehr smektischen oder nematischen Superstrukturen zusammenlagern, die von der mechanischen und thermischen Vorbehandlung abhängen (3), (4). Über die Existenz von parakristallinen Störungen in nativen Polymeren ist bisher jedoch wenig bekannt. Lediglich beim β-Keratin bewies die Kleinwinkelstreuung, daß man es mit typischen parakristallinen Anordnungen der Polypeptidketten zu tun hat (4).

Aus der Analyse der Röntgenweitwinkelreflexe von Polyäthylen geht hervor, daß in Kettenrichtung keine Störungen 2. Art vorliegen (2), was durch den Einbau von Kinken (5) in das Kristallgitter erklärt werden kann. Daß jedoch parakristalline Störungen in Kettenrichtung von Polymerkristallen vorkommen, wurde qualitativ von *Lindenmeyer* und *Hosemann* an Polyacrylnitril gezeigt (6) und dort durch die Helix-Struktur der Ketten erklärt (7). Die ersten quantitativen Ergebnisse erhielten *Kulshreshtha* et al. (8), (9), die in Kettenrichtung sowohl von nativer Cellulose (Cellulose I) als auch von regenerierter Cellulose (Cellulose II) durch Profilanalyse der Röntgenweitwinkelreflexe 020, 040 und 080 (*b*-Achse = Faserrichtung) parakristalline Störungen feststellten. Inzwischen sind diese auch in Kettenrichtung von Nylon-6 gemessen worden (10).

Da die Ergebnisse von *Kulshreshtha* et. al. nicht eindeutig waren (11), wurden aufgrund ihrer besonderen Bedeutung die Untersuchungen von uns an den gleichen Proben wiederholt[1]). Ergänzend dazu wurden die Breiten der h0l-Reflexe bestimmt, aus denen sich untere Grenzen für die Kristallitgrößen senkrecht zur Faserrichtung ergeben. Es wird gezeigt, daß diese unter der Annahme parakristalliner Störungen mit einer Genauigkeit von etwa +10% den tatsächlichen Kristallitgrößen entsprechen.

An den gleichen Proben wurden auch Röntgenkleinwinkeluntersuchungen durchgeführt. Dabei liefert eine *Gauß*analyse der kontinuierlichen Äquatorstreuung die vorkommenden Fibrillendurchmesser und deren relative Häufigkeiten.

Die Ergebnisse aus der Röntgenklein- und Röntgenweitwinkelstreuung werden miteinander verglichen und diskutiert.

Experimentelles

Untersucht wurden die native Cellulosefaser Ramie und die Viskosefaser Tufcel[2]).

Die Röntgenweitwinkeldiagramme wurden in einer AEG-Guinier-Präzisionskammer mit *Johannson*-Monochromator unter Verwendung von $CuK_{\alpha 1}$-Strahlung aufgenommen, im Falle der Reflexe 020 und 040 mit schräggestelltem Präparat (11). Die Präparatdicken betrugen 75 μ (Ramie) bzw. 150 μ (Tufcel). Die Apparate- und Präparatdickenverbreiterung wurde durch $CaWO_4$-Eichpräparate bestimmt, die Korrekturen nach (12) vorgenommen. Die Faserperioden wurden durch Relativmessungen mit einem Kupfer-Eichpräparat bestimmt.

[1]) Für die Überlassung des Cellulose-Materials danken wir Herrn Dr. *Kulshreshtha*.

[2]) Hersteller: Toyo Spinning Co. Ltd. (Japan).

Mit Ausnahme der Reflexe 002, 020 und 040 bei Ramie sowie 101 und 020 bei Tufcel waren alle im folgenden aufgeführten Weitwinkelreflexe durch benachbarte gestört, so daß bei diesen zur Bestimmung der integralen Breite jeweils nur eine Flanke und diese ggf. erst nach einer Korrektur ausgewertet wurde.

Die Kleinwinkelaufnahmen wurden in Kammern mit Punktfokussierung nach *Kiessig* bzw. *Loboda-Čačović* aufgenommen. Letztere hat ein Auflösungsvermögen von 1200 Å.

Ergebnisse und Diskussion

Weitwinkelmessungen

Aus den 0k0-Reflexen wurden die Faserperioden bestimmt zu $b = (10{,}39 \pm 0{,}02)$ Å für Ramie und $b = (10{,}33 \pm 0{,}02)$ Å für Tufcel. Der von *Kulshreshtha* et. al. (9) bei Tufcel ausgewertete 080-Reflex konnte von uns mit meßbarer Intensität nicht nachgewiesen werden. Der bezüglich der 080-Reflexlage um 1,5% zu höheren Winkeln hin gelegene 081-Reflex war in unkontrollierbarer Weise durch benachbarte Reflexe gestört, so daß er nicht ausgewertet werden konnte. Auswertbar und als sehr gute Näherung für die Analyse der 0k0-Reflexe verwendbar war dagegen der 091-Reflex.

Die gemessenen integralen Breiten der 0k0-Reflexe sind in Tab. 1, die der h01-Reflexe in Tab. 2 zusammengestellt.

Da die 020-Reflexe von Ramie undTufcel ein *Lorentz*^{2}-ähnliches Profil hatten, gilt für die gemessene Linienbreite $\delta\beta$ der 0k0-Reflexe beim Vorliegen parakristalliner Störungen (11)

$$\delta\beta = \delta\beta_1 + \frac{\delta\beta_2}{1 + \dfrac{\delta\beta_1}{4\,\delta\beta_2}} \qquad [1]$$

mit

$$\delta\beta_1 = \frac{\pi^2 g^2 p^2}{d_{h_1 h_2 h_3}} \qquad \delta\beta_2 = \frac{1}{\bar{D}_{h_1 h_2 h_3}} \qquad [2]$$

wobei $d_{h_1 h_2 h_3}$ der Abstand der Netzebenen mit den *Miller*-Indizes $h_1 h_2 h_3$, $\bar{D}_{h_1 h_2 h_3}$ die mittlere Kristallitgröße in Richtung $[h_1 h_2 h_3]$, p die Reflexordnung und g der sog. g-Wert ist, der ein Maß für die parakristallinen Störungen in Richtung $[h_1 h_2 h_3]$ darstellt.

Liegen parakristalline Störungen vor, so müssen nach Gleichung [1] und [2] die integralen Breiten der 0k0-Reflexe, über b^2 ($b = 2 \sin \vartheta/\lambda$) aufgetragen, auf einer Geraden liegen. Abb. 1 zeigt das $\delta\beta$-b^2-Diagramm von Ramie, Abb. 2 dasjenige von Tufcel. In beiden Fällen liegen die Meßpunkte auf einer Geraden. Die Gitterstörungen in Kettenrichtung von Ramie und Tufcel sind also eindeutig parakristalliner Natur.

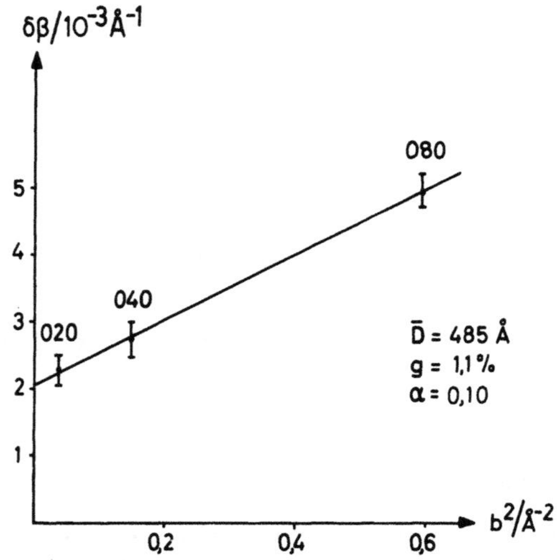

Abb. 1. $\delta\beta$-b^2-Diagramm von Ramie

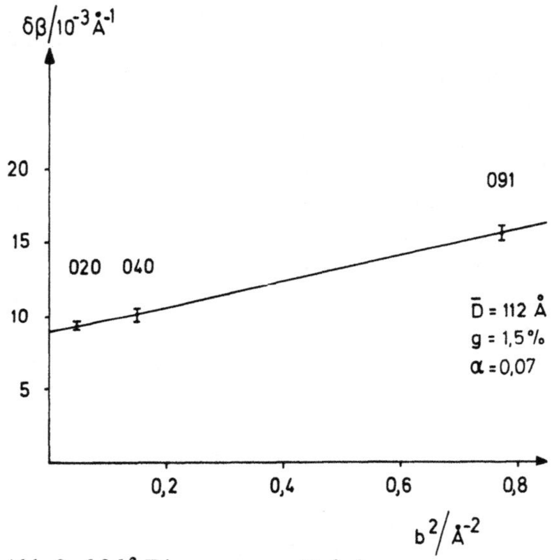

Abb. 2. $\delta\beta$-b^2-Diagramm von Tufcel

Durch Extrapolation der Kurven in Abb. 1 und 2 auf $b = 0$ ergeben sich nach Gleichung [1] und [2] mittlere Kristallitgrößen von $\bar{D}_{010} = 485$ Å für Ramie und $\bar{D}_{010} = 112$ Å für Tufcel sowie g-Werte von $g = 1{,}1\%$ bzw. $g = 1{,}5\%$. Zur Berechnung der g-Werte wurde dabei in Gleichung [2] für den 020-Reflex $p = 1$ und $d_{h_1 h_2 h_3} = d_{020}$ gesetzt.

Die empirisch eingeführte Größe α^*, die in parakristallin gestörten Gittern den g-Wert mit der mittleren Kristallitgröße $\bar{D}$ in Relation setzt (13)

Tab. 1. Integrale Breiten der 0k0-Reflexe

Ramie: Reflex	$\delta\beta/10^{-3}$ Å^{-1}	Meßfehler	Tufcel: Reflex	$\delta\beta/10^{-3}$ Å^{-1}	Meßfehler
020	2,29	± 5%	020	9,4	± 3%
040	2,74	± 7%	040	10,1	± 5%
080	4,97	± 5%	091	15,6	± 5%

Tab. 2. Integrale Breiten der h01-Reflexe

Ramie: Reflex	$\delta\beta/10^{-3}$ Å^{-1}	$\bar{D}_{min}$/Å	Tufcel: Reflex	$\delta\beta/10^{-3}$ Å^{-1}	$\bar{D}_{min}$/Å
101	21,8	46,0	101	21,4	46,7
$10\bar{1}$	17,1	58,5	$10\bar{1}$	28,5	35,1
002	18,1	55,3	002	23,1	43,3

$$\bar{D} = \frac{\alpha^{*2} d}{g^2} \qquad [3]$$

ergibt sich nach Gleichung [3] zu $\alpha^* = 0{,}10$ für Ramie und $\alpha^* = 0{,}07$ für Tufcel. Diese Werte ordnen sich gut in die für Parakristalle bisher gefundenen ein (14).

Aus den gemessenen integralen Breiten der h01-Reflexe erhält man nur untere Grenzen für die mittleren Kristallitgrößen in den entsprechenden Richtungen [h01], die in Tab. 2 aufgeführt sind. Der Meßfehler liegt im Mittel bei ± 5%. Als Mittelwert der Kristallitgrößen in Richtung [101] und [$\bar{1}0\bar{1}$] ergeben sich 52 Å für Ramie und 41 Å für Tufcel.

Sind senkrecht zur Kettenrichtung keine Gitterstörungen vorhanden, stellen die Werte in Tab. 2 die exakten mittleren Kristallitgrößen dar. Liegen Gitterstörungen vor und sind diese parakristalliner Natur, was nach dem Auffinden solcher Störungen in Kettenrichtung nicht unwahrscheinlich ist, so läßt sich ihr Beitrag zur gemessenen Linienbreite eines Reflexes 1. Ordnung leicht abschätzen. Denn es gilt nach Gleichung [1] und [2] mit Gleichung [3], lineare Addition der Anteile $\delta\beta_1$ und $\delta\beta_2$ in Gleichung [1] einmal näherungsweise vorausgesetzt,

$$\delta\beta = \frac{1}{\bar{D}}(1 + \pi^2 \alpha^{*2}). \qquad [4]$$

Mit $\alpha^* = 0{,}1$ folgt daraus, daß der Beitrag der Störungen zur Linienbreite 10% beträgt. Es ist also sehr wahrscheinlich, daß die gemessenen unteren Grenzen für die mittleren Kristallitgrößen um höchstens 10% von den tatsächlichen abweichen.

Mit den in Kettenrichtung gemessenen α^*-Werten und den Kristallitgrößen aus Tab. 2 ergeben sich beim Vorliegen parakristalliner Störungen senkrecht zur Kettenrichtung g-Werte von etwa 3%.

Kleinwinkelmessungen

An dem gemessenen relativen Intensitätsverlauf der kontinuierlichen Äquatorstreuung, nach *Guinier* aufgetragen (log I über b^2), wurde eine *Gauß*analyse (3) vorgenommen. Sowohl für Ramie, als auch für Tufcel ergeben sich 4 monodisperse Anteile sowie ein nicht analysierbarer Rest, wie es Abb. 3 für Ramie zeigt. Die unter der Annahme eines kreisförmigen Querschnitts berechneten Durchmesser der monodispersen Anteile (Fibrillen) und die entsprechenden relativen Massenhäufigkeiten sind zusammen mit den mittleren Kristallitgrößen senkrecht zur Kettenrichtung in Tab. 3 aufgeführt.

Es muß allerdings hinzugefügt werden, daß wegen des endlichen Auflösungsvermögens der benutzten Kleinwinkelkammern mit dieser Auswertemethode keine Aussage darüber gemacht werden kann, ob noch Partikel mit größerem Durchmesser in der Probe vorhanden sind. Der nicht analysierbare Rest könnte dafür sprechen.

Die gefundenen Fibrillendurchmesser, die sich bei Ramie und Tufcel wie etwa 1:2:4:8 verhalten, stehen in auffallender Übereinstimmung mit den bei heiß- und kaltverstrecktem Polyäthylen bestimmten Werten. Dort wurden kleinste Fibrillendurchmesser von $2R = 91$ Å bzw. $2R = 104$ Å gemessen und Radienverhältnisse von 1:2:3 bzw. 1:2:4 (4, 3). Eine *Gauß*analyse der

Weitwinkelreflexe von heißverstrecktem Polyäthylen lieferte bemerkenswerterweise 2 Anteile mit $D_1 = 91$ Å und $D_2 = 183$ Å, deren g-Werte in Übereinstimmung mit Gl. [3] sich wie $\sqrt{2}:1$ verhielten mit einem $\alpha^* = 0{,}14$. Beim Polyäthylen können also mehrere Parakristallite zu einem größeren Parakristall zusammenwachsen, der dann kohärent streut und deshalb im Weitwinkelreflexprofil erkannt werden kann. Dieses Zusammenwachsen ist wegen der besonderen Struktur der Korngrenzen möglich, in denen sich Serien von Kinken zusammenlagern.

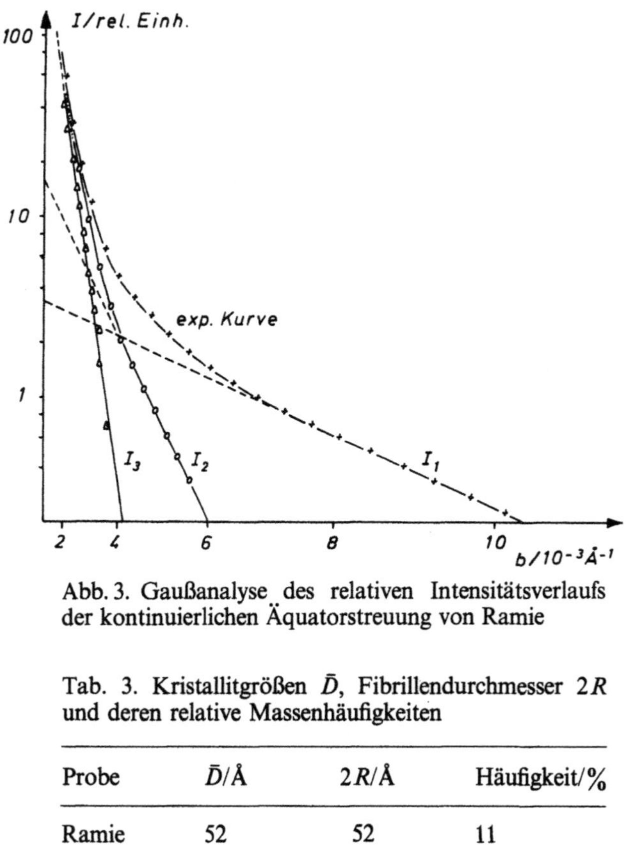

Abb. 3. Gaußanalyse des relativen Intensitätsverlaufs der kontinuierlichen Äquatorstreuung von Ramie

Tab. 3. Kristallitgrößen $\bar{D}$, Fibrillendurchmesser $2R$ und deren relative Massenhäufigkeiten

Probe	$\bar{D}$/Å	$2R$/Å	Häufigkeit/%
Ramie	52	52	11
		106	7
		217	19
		401	63
Tufcel	41	45	3
		94	8
		175	20
		342	69

Bei Cellulose liegen die Verhältnisse insofern anders, als die Pakete aus 4, 16 oder 64 Parakristalliten nicht kohärent streuen, da sie sich im Profil der Weitwinkelreflexe nicht bemerkbar machen.

Die Korngrenzen in Cellulose sind also ganz anders gebaut als in Polyäthylen, was ja auch nicht wundernimmt. Denn die g-Werte in Kettenrichtung von Cellulose rühren offensichtlich nicht von gekinkten Ketten her, sondern vermutlich ganz einfach von der Stauchbarkeit der Cellobioseeinheiten. Daraus läßt sich auch auf eine andere Struktur in den Korngrenzen bei Cellulose schließen. Während beim Polyäthylen die in Serien in den Korngrenzen gelagerten Kinken eine definierte Kleinwinkelkorngrenze darstellen, die beim Auswandern eines Teils der Kinken abgebaut werden kann, vermitteln die Korngrenzen in der Cellulose offensichtlich keine definierte Lagekorrelation benachbarter Parakristalle, so daß die Gruppen aus 4, 16, usw. Parakristallen lediglich zusammengesintert sind, nicht aber als Ganzes kohärent streuen können. Zu denken gibt aber, was es zu bedeuten hat, daß bei Cellulose wie bei Polyäthylen das Radienverhältnis der im Kleinwinkeldiagramm erkennbaren Cluster 1:2:4 (bei Polyäthylen auch 3) beträgt, die Zahl der Parakristalle in den Clustern also durch 1, 4, 16, 64 (bisher nur bei Cellulose) gegeben ist. Diese Frage muß zur Zeit noch offen bleiben.

Unsere Ergebnisse der Weit- und Kleinwinkelstreuung widerlegen die von verschiedenen Autoren aufgrund elektronenmikroskopischer Beobachtungen postulierte Existenz von sog. Elementar- oder Protofibrillen von 35 Å Durchmesser in Cellulose (15), (16). Ebenso scheint die von *Manley* (15) in nativen und regenerierten Protofibrillen elektronenmikroskopisch gefundene axiale Periodizität von 40 Å ein Artefakt zu sein.

Schließlich sei noch erwähnt, daß es uns gelang, an der unbehandelten lufttrockenen Viskosefaser Tufcel nach sehr langer Expositionszeit eine zwar schwache, doch eindeutig als solche identifizierbare Langperiode von $P = 168$ Å $\pm 5\%$ zu messen. Dieser Wert stimmt gut mit der gemessenen Kristallitgröße in Kettenrichtung von $\bar{D}_{010} = 112$ Å überein, woraus eine mittlere Länge von 56 Å für die ungeordneten Bereiche in Kettenrichtung folgt.

Zusammenfassung

Röntgenweitwinkelmessungen an Ramie sowie an einer Viskosefaser zeigen, daß in Kettenrichtung parakristalline Störungen von $g = 1{,}1\%$ bzw. $g = 1{,}5\%$ vorliegen. Die mittleren Kristallitgrößen in Kettenrichtung betragen $\bar{D}_{010} = 485$ Å bzw. $\bar{D}_{010} = 112$ Å, senkrecht dazu etwa $\bar{D} = 52$ Å bzw. $\bar{D} = 41$ Å.

Aus Röntgenkleinwinkelmessungen ergeben sich kleinste Fibrillendurchmesser von $2R = 52$ Å bzw. $2R = 45$ Å. Die gefundenen Fibrillendurchmesser verhalten sich wie 1:2:4:8.

Für die Viskosefaser wird eine Langperiode von $P = 168$ Å gemessen, woraus mit $\bar{D}_{010} = 112$ Å folgt, daß die ungeordneten Bereiche in Kettenrichtung eine Länge von etwa 56 Å haben.

Summary

Wide angle X-ray diffraction studies on ramie and on a viscose fibre show that paracrystalline distortions exist in chain direction having g-values of $g = 1.1\%$ and $g = 1.5\%$, respectively. The mean crystallite sizes in chain direction are $\bar{D}_{010} = 485$ Å and $\bar{D}_{010} = 112$ Å, respectively. Perpendicular to the chain direction mean crystallite sizes of approximately $\bar{D} = 52$ Å and $\bar{D} = 41$ Å, respectively, are measured.

Small angle X-ray diffraction studies give the diameters of the cellulose fibrils, the smallest of which are $2R = 52$ Å and $2R = 45$ Å, respectively. The diameters of the fibrils are in the ratio of 1:2:4:8.

A long period of $P = 168$ Å is measured for the viscose fibre implying a length of 56 Å for the disordered domains in chain direction.

Literatur

1) *Hosemann, R.* und *S. N. Bagchi*, Direct Analysis of Diffraction by Matter (Amsterdam 1962).

2) *Wilke, W., W. Vogel* und *R. Hosemann*, Kolloid-Z. u. Z. Polymere **237**, 317 (1970).

3) *Bonart, R.* und *R. Hosemann*, Kolloid-Z. u. Z. Polymere **186**, 16 (1962).

4) *Baltá Calleja, F. J., R. Hosemann* und *W. Wilke*, Makromol. Chemie **92**, 25 (1966).

5) *Pechhold, W., S. Blasenbrey* und *S. Woerner*, Kolloid-Z. u. Z. Polymere **189**, 14 (1963).

6) *Lindenmeyer, P. H.* und *R. Hosemann*, J. Appl. Phys. **34**, 42 (1963).

7) *Hosemann, R.*, Pure and Appl. Chem. **12**, 311 (1966).

8) *Kulshreshtha, A. K., N. B. Patil, N. E. Dweltz* und *T. Radhakrishnan*, Text. Res. J. **39**, 1158 (1969)

9) *Kulshreshtha, A. K., N. E. Dweltz* und *T. Radhakrishnan*, J. Appl. Cryst. **4**, 116 (1971).

10) *Kaji, K.*, 21st Pol. Symp., Soc. Pol. Sci., Japan 1972, Proc. 509.

11) *Haase, J.* und *B. Renwanz*, Kolloid-Z. u. Z. Polymere **250**, 503 (1972).

12) *Vogel, W.*, Doktorarbeit Freie Universität Berlin (1971).

13) *Hosemann, R., K. Lemm, A. Schönfeld* und *W. Wilke*, Kolloid-Z. u. Z. Polymere **216**, 103 (1967).

14) *Hosemann, R.*, CRC Crit. Rev. Macromol. Sci., Oct. **1972**, 351.

15) *Manley, R. St. J.*, J. Pol. Sci. A, **2**, 1025 (1971).

16) *Frey-Wyssling, A., K. Mühlethaler* und *R. Muggli*, Holz, Roh- und Werkstoff **24**, 443 (1966).

Anschrift der Verfasser:

Dr. *J. Haase*, Prof. Dr. *R. Hosemann* und *B. Renwanz*
Fritz-Haber-Institut der Max-Planck-Gesellschaft
1000 Berlin-33, Faraday-Weg 4–6

Kolloid-Z. u. Z. Polymere **251**, 876–883 (1973)

Lectures during the labour conference of the Fachausschuß Physik der Hochpolymeren in the course of the spring meeting of the Arbeitskreis Festkörperphysik bei der Deutschen Physikalischen Gesellschaft from March 21 to 23, 1973 at Münser/Westf.

From the Institut für Physikalische Chemie der Universität Mainz, 2. Ordinariat

Thermal density fluctuations in amorphous polymers as revealed by small angle X-ray diffraction

By J. H. Wendorff and E. W. Fischer

With 4 figures and 1 table

(Received June 12, 1973)

1. Introduction

In the case of equilibrium the mean square relative fluctuations of the thermodynamic parameters vanish asymptotically as the number of degrees of freedom approach infinity. There are various observable effects, however, which are related to local fluctuations of the thermodynamic quantities within small parts of the macroscopic system. In particular the scattering of electromagnetic waves by a one-component, one-phase system is due to thermal density fluctuations within small volumes V of the sample. Considering a grand canonical ensemble the phenomenological theory of local fluctuations (1) for a one component system shows that the fluctuation of the number of particles N in the volume V is given by

$$\overline{N^2} - \bar{N}^2 = kT(\partial \bar{N}/\partial \mu)_{V,T} \qquad [1]$$

or

$$\overline{(N - \bar{N})^2}/\bar{N} = (-\, kT\bar{N}\,(\partial V/\partial p)_{N,T})/V = kT\varkappa\varrho \qquad [2]$$

where $\varkappa$ is the isothermal compressibility, μ the chemical potential and ϱ the average number density.

The phenomenological treatment has the character of an approximation requiring (*i*) that the subsystem considered must still possess many degrees of freedom and that (*ii*) $\partial \bar{N}/\partial \mu$ does not depend on the size of the volume V. This requirement implies that the range within which the molecular correlation function $(g(r) - 1)$ differs significantly from zero must be much smaller than the linear dimension D of the volume V (2). In liquids far from their critical point this supposition is assumed to be correct for D larger than about 30 Å.

The validity of eq. [2] has been proved by means of light scattering and small angle X-ray scattering experiments. *Thomas* (3) tested the equation in the case of water and ethanol at room-temperature by small angle X-ray scattering. *Cummings* and *Gammon* (4) performed light scattering experiments on several pure fluids. They found an agreement between experimental and theoretical values.

In this paper we are concerned with thermal density fluctuations in amorphous polymers above and below the glass transition temperature T_g as measured by small angle X-ray scattering. By comparison with the scattering power of benzene. *M. Steinbach* (5) found that the scattering of X-rays by polymethyl methacrylate at room-temperature is larger than predicted by eq. [2]. The ratio between the experimental and the theoretical value was about 1.8. Light scattering experiments on the glassy state gave similar results (6). Experiments on GeO_2 glasses (7) and on a variety of other glasses (8) gave the same discrepancy. The ratio was of the order of 10 and in some cases even larger. *Perret* and *Ruland* (9) showed that also in the case of semi-crystalline polymers the value of the density fluctuations can be determined from the X-ray scattering curves.

The topic of density fluctuations is strongly related to the problem of the structure and chain conformation in amorphous polymers, which has been discussed extensively during the last few years. Several models have been proposed which in general can be divided into coil models and bundle models. The coil model considers the conformation of the chain in the amorphous phase to be similar to the conformation in dilute solution (10). The bundle models consider bundles of chains which are more or less extended and parallel. Among these models are the "folded chain fringed micellar grain model" of *Yeh* (11), the chain packet model of *Kargin* (12) and the "Mäander-model" of *Pechold* (13). Evidence for all types of models have been presented in the literature using various experimental techniques; for example the results of neutron small angle scattering of partially deuterated PMMA (14) speak in favour of the assumption of interpenetrating coils whereas electron microscopical studies (15) reveal some evidence for bundles or at least for a "grainy structure" of the amorphous polymer. The problem is not finally resolved, however, and we expected that the experimental determination of the density fluctuations in amorphous polymers will yield valuable information of relevance to this problem. Especially we are concerned with the question whether the measured values of the density fluctuations are in agreement with those derived theoretically on the basis of an equilibrium fluctuation theory. If this is the case we can conclude that the structure of the amorphous polymer is governed by thermodynamic equilibrium conditions and not by kinetic reasons such as the remembrance of the folded chain structure of the crystalline state.

2. Scattering theory

The density fluctuations can be measured by X-ray scattering techniques. We shall now deduce an expression for the scattering of X-rays at small angles which originates from these fluctuations. For an arbitrary structure the intensity $I(s)$, which is the ratio of the radiation scattered by the object and by an isolated electron is given by (16)

$$I(\vec{s}) = \int Q(\vec{r}) \exp(-i\vec{s}\vec{r})\, d\vec{v}_r \qquad [3]$$

where

$$Q(\vec{r}) = \int \eta(\vec{x})\, \eta(\vec{x}+\vec{r})\, d\vec{v}_x \qquad [4]$$

and

$$s = (4\pi \sin\theta)/\lambda.$$

The integral is taken over the scattering volume with an average electron density $\bar{\eta}$. The sample is assumed to consist of different components c with average densities $\bar{\eta}_c(x)$. Examples of such systems are crystalline and amorphous regions in semi-crystalline polymers, globular macromolecules in solution, voids in otherwise homogeneous materials etc. Within the components deviations $\eta^x(x)$ from the average density $\bar{\eta}_c(x)$ will exist. The electron density at any point of the sample is given by

$$\eta(\vec{x}) = \bar{\eta}_c(\vec{x}) + \eta^x(\vec{x}) = \bar{\eta} + \Delta\bar{\eta}_c(\vec{x}) + \eta^x(\vec{x}) \qquad [5]$$

where

$$\Delta\bar{\eta}_c(\vec{x}) = \bar{\eta}_c(\vec{x}) - \bar{\eta}. \qquad [6]$$

The convolution square of the electron density is given by

$$\begin{aligned} Q(\vec{r}) &= \int(\bar{\eta} + \Delta\bar{\eta}_c(\vec{x}) + \eta^x(\vec{x})) \\ &\quad \times (\bar{\eta} + \Delta\bar{\eta}_c(\vec{x}+\vec{r}) + \eta^x(\vec{x}+\vec{r}))\, d\vec{v}_x \\ &= \sum_i Q_i(\vec{r}) \end{aligned} \qquad [7]$$

$$Q_1(r) = \bar{\eta}^2 V \qquad [8]$$

(the scattering occurs in the direction of the undeflected beam).

$$Q_2(\vec{r}) = \int \Delta\bar{\eta}_c(\vec{x}) \Delta\bar{\eta}_c(\vec{x}+\vec{r})\, d\vec{v}_x \qquad [9]$$

$$Q_3(\vec{r}) = \int \eta^x(\vec{x})\, \eta^x(\vec{x}+\vec{r})\, d\vec{v}_x \qquad [10]$$

$$\begin{aligned} Q_4(\vec{r}) &= \bar{\eta} \int (\Delta\bar{\eta}_c(\vec{x}) + \eta^x(\vec{x}) + \Delta\bar{\eta}_c \\ &\quad \times (\vec{x}+\vec{r}) + \eta^x(\bar{\eta}+\vec{r}))\, d\vec{v}_x \\ &= \bar{\eta} \int (\eta(\vec{x}) - \bar{\eta})\, d\vec{v}_x + \bar{\eta} \int (\eta(\vec{x}+\vec{r}) \\ &\quad - \bar{\eta})\, d\vec{v}_x = 0 \end{aligned} \qquad [11]$$

$$\begin{aligned} Q_5(\vec{r}) &= \int \eta^x(\vec{x}) \Delta\bar{\eta}_c(\vec{x}+\vec{r})\, d\vec{v}_x \\ &\quad + \int \eta^x(\vec{x}+\vec{r}) \Delta\bar{\eta}_c(\vec{x})\, d\vec{v}_x. \end{aligned} \qquad [12]$$

We assume that the components of the system are separated by sharp interfaces and that deviations $\eta^x(\vec{x})$ are not correlated to the position of the interfaces. In this case eq. [12] can be evaluated by integrating over small subvolumes V_i in which $\Delta\bar{\eta}_c$ is constant. Then per definition

$$\Delta\bar{\eta}_c \int_{V_i} \eta^x(\vec{x})\, d\vec{v}_x = 0 \qquad [13]$$

and consequently

$$Q_5(\vec{r}) = 0. \qquad [14]$$

This result shows that the intensities scattered by particles and by the thermal density fluctuations within the particles are simply additive provided that there is no correlation between the fluctuations of the density within the components and the shape and size of the boundaries between components with different average density. This result has already been stated by *Ruland* (17) and is contradictory to conclusions of *Stuhrmann* and *Kirste* (18) who took into account an additional "mixed" term $\Delta\bar{\eta}_c f(\eta^x)$. Since we are concerned with the small angle *X*-ray scattering the scattered intensity is given by

$$I(\vec{s}) = I(\vec{s})_2 + I(\vec{s})_3 = \int Q_2(\vec{r}) \exp(-i\vec{s}\vec{r})\, d\vec{v}_r + \int Q_3(\vec{r}) \exp(-i\vec{s}\vec{r})\, d\vec{v}_r. \quad [15]$$

Starting from this equation and assuming $I(\vec{s}) = 0$ (one-component system) we can derive the following expression for the fluctuation of the number of particles in a given volume (16)

$$\overline{(N - \bar{N})^2}/\bar{N} = kT\varkappa\varrho = I(0)/|F(0)|^2 = I(0)/Z^2 \quad [16]$$

where F is the structure factor of the individual particle, Z the number of electrons per particle and ϱ the particle density N/V.

Before we can test eq. [16] we have to solve two problems. 1. Large particles can be present which are characterized by $Q_2(\vec{r})$. In that case the scattering at $s = 0$ arises from thermal density fluctuations as well as from these large particles. Two ways of solving this problem are possible. We can either subtract the particle scattering from the observed scattering – at $s = 0$ this normally results in large errors – or we measure at s-values at which the particle scattering is small or negligible. This leads us to the second problem.

2. For experimental reasons and for the reasons discussed above we cannot measure the scattered intensity at $s = 0$. We measure at appropriate values s_{min} which should be as close to zero as possible. However at these values we get additional contributions to the scattering from the wide angle amorphous halo. At values $s \neq 0$ we also have to take into account the fact that $|F(s)|^2 \neq Z^2$. If we select reasonable values for the correlation length in amorphous polymers (≤ 30 Å) and if we consider $|F(s_{min})|^2$ rather than Z^2 we can calculate the difference between $I(s_{min})$ and $I(0)$. The result is that the deviation is within the limit of error of our experiments ($\mp 5\%$).

3. Experimental

Thin films with a thickness ranging from 0.3 mm to 1.45 mm were used for the experiments. The samples studied were

a) Polymethyl methacrylate, PMMA (PMMA 240, Röhm GmbH) $M_w = 7 \cdot 10^6$.

Measurements were also performed on some other PMMA-samples, however, as the results were similar to those of PMMA 240 we will not report these results.

b) Polycarbonate, PC (Makrolon, Bayer AG Dormagen) $M_w = 35000$ Poly 4,4′-dihydroxydiphenyl-2,2-propane carbonate).

c) Polyethylene terephthalate, PET (Kalle, Wiesbaden.

Most of the experiments were performed on samples which were quenched from temperatures above T_g down to 20 °C. Some measurements were also done on untreated samples and on samples which were annealed for 48 h at temperatures just below T_g.

The small angle X-ray camera used was constructed by the Rigaku Denki Company, Japan. It was equipped with slit diaphragms and a soller slit. Ni-filtered copper K_α-radiation was used. The scattered intensity was registered stepwise using a scintillation counter combined with an impulse height discriminator. The absolute value of the scattered intensity was determined by comparison with the intensity scattered by a calibration sample. Corrections were made for the influence of the slit like primary beam. Due to the small thickness of the samples no corrections were necessary for multiple scattering.

4. Results

The intensity of the small angle scattering of amorphous samples is very weak compared with partially crystalline samples. The scattering curves have essentially the same characteristic features: a continuous decrease of the intensity at small angles followed by a range of constant intensity between about $s = 0.01$ and $s = 0.2$. At still larger angles there is again a slow increase of the intensity with increasing angles. The first two features are shown in fig. 1 for the

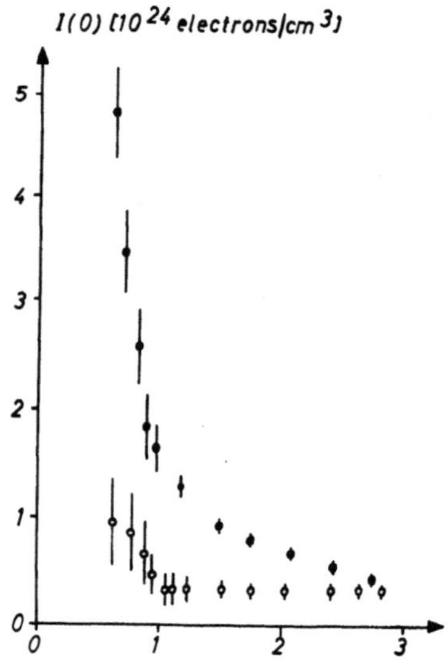

Fig. 1. Dependence of the scattered intensity $I(s)$ in absolute units for two different PMMA-samples on s

case of two different PMMA samples. The increase at large angles is due to the correlation between molecules on a molecular scale. The increase of the intensity at small angles depends strongly on the origin of the sample. A scattering curve of this kind was also reported by *Harget* and *Siegmann* for PET (19) and by *Vonk* for the melt of linear polyethylene (20). Light scattering experiments on PMMA gave similar results (6). We will discuss the origin of this scattering in a subsequent paper.

The value of $I(0)$ was determined from the scattering curves by the method described earlier in the theoretical part. The temperature dependence of $I(0)$ is shown in figs. 2–4 for PMMA, PC and PET. The scattered intensities increase with increasing temperature both above and below the glass transition temperature. However, above T_g the slope of the intensity temperature curve is steeper than below T_g. Within the accuracy of our data ($\mp 5\%$) the different treatments of the samples do not influence the scattering properties. As we will need the values of the isothermal compressibility of these materials above and below T_g, we took data from the literature (21) and data which were supplied by the manufacturer and extrapolated these values to the pressure $p = 0$ and the appropriate temperatures. The values of the compressibilities of all samples studied are given in table 1. The compressibility is discontinuous at the glass transition.

Table 1. Comparison between the experimental and theoretical values of the density fluctuations. The compressibilities used in the calculations are also given

$T = 20\,°C$			
	$\delta N^2/N_{exp}$	$\delta N^2/N \sim \varkappa(T)T$	$\delta N^2/\bar{N} \sim \varkappa(T_g)T$
PMMA	1.5 10^{-2}	7.35 10^{-3}	1.49 10^{-2}
PC	6.1 10^{-3}	4.78 10^{-3}	6.15 10^{-3}
PET	7.3 10^{-3}	$\approx$ 4.95 10^{-3}	7.34 10^{-3}
$T = T_g$			
	$\delta N^2/N_{exp}$		$\delta N^2/\bar{N} \sim \varkappa(T_g)T_g$
PMMA	1.9 10^{-2}		1.89 10^{-2}
PC	8.5 10^{-3}		8.50 10^{-3}
PET	8.6 10^{-3}		[8.60 10^{-3}]
	$\varkappa(20\,°C)$ [10^{-11} cm²/dyne]		$\varkappa(T_g)$ [10^{-11} cm²/dyne]
PMMA	2.55		5.15
PC	4.20		5.39
PET	$\approx$ 3.0		[4.45]

6. Discussion

The measured intensities scattered by the amorphous polymers above and below T_g can be compared with the intensities calculated from eq. [16]. The results are shown in table 1. Above T_g the agreement between the experimental and calculated values is within the accuracy of the measurements. This result is independent of the annealing time at temperatures above T_g. These results indicate that, whatever the structure may be above T_g, it is governed by thermodynamic equilibrium conditions, since we can calculate the correct fluctuation parameters by means of equilibrium statistical mechanics. Assuming that eq. [16] always holds for amorphous polymers above T_g we calculated the compressibility of PET at T_g which was unknown to us. The value is given in brackets in table 1.

Below T_g the measured intensities are much larger than the values calculated by eq. [16]. This is in agreement with some of the results described above. At T_g we do not observe a sudden decline of the scattered intensity as one might expect from the discontinuity of the compressibility at the glass transition temperature. This behaviour is apparently related to the nonequilibrium state of the glass. From our data we can conclude that the intensities in a temperature range below T_g are proportional to $T\varkappa(T_g)$ rather than to $T\varkappa(T)$. The lines below T_g in figs. 2–4 and the values in table 1 were calculated using this relation. The experimental and calculated values agree very well.

In order to understand this result we have to consider the nature of the glassy state. It is well known (22, 23) that the glass curves in the freeze-in interval cannot be transversed reversibly since properties such as the volume do not represent a definite function for instance of the pressure and the temperature because of the influence of kinetic processes. Therefore ordering parameters are introduced which are conjugated to the so-called affinity A. Then the thermodynamic behaviour can be described in analogy to homogeneous chemical reactions. If we describe the internal order simply by a single order parameter z and if we choose as independent variables the volume V and the temperature T, for a phase in internal equilibrium a property X is given by

$$X = X(V, T, \bar{z}(V, T)). \qquad [17]$$

The bar means that we deal with an equilibrium order characterized by the assumption that the affinity $A(V, T, z)$ vanishes at equilibrium.

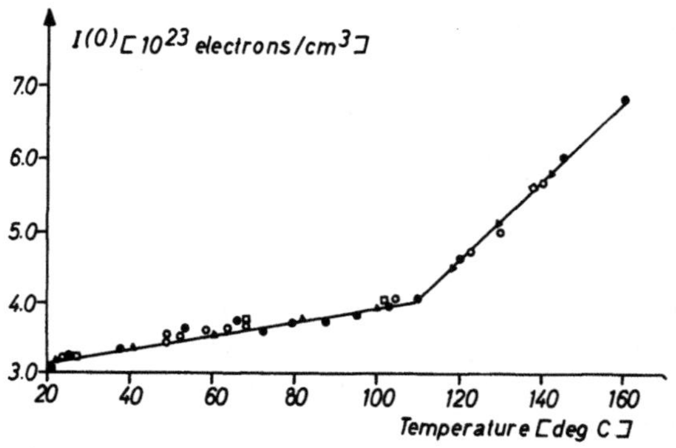

Fig. 2. Temperature dependence of the scattered intensity $I(0)$ in absolute units for PMMA 240 (● untreated sample, ○ quenched sample, annealed sample □) and for a second untreated sample (△)

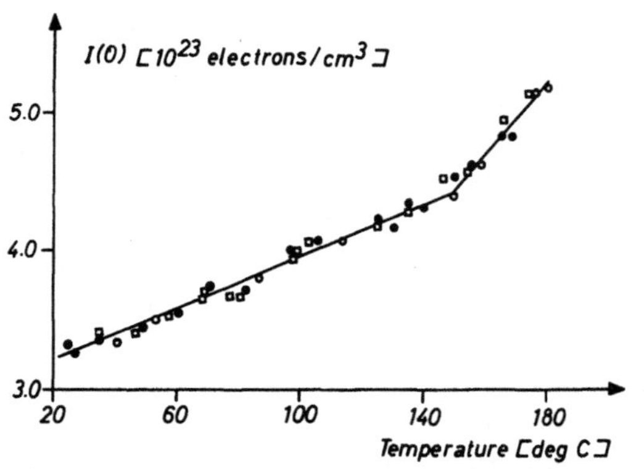

Fig. 3. Temperature dependence of the scattered intensity $I(0)$ in absolute units for polycarbonate (○ untreated sample, ● annealed sample, □ quenched sample)

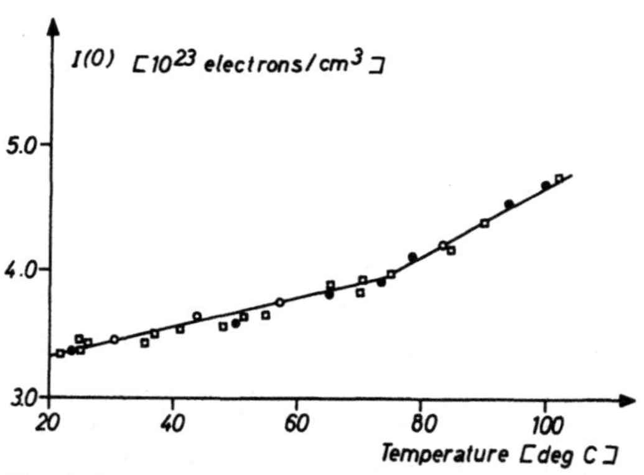

Fig. 4. Temperature dependence of the scattered intensity $I(0)$ in absolute units for polyethylene terephthalate (○ untreated sample, ● annealed sample, □ quenched sample).

$$A(V, T, \bar{z}) = 0. \qquad [18]$$

$\bar{z}$ is a single valued function of V and T. In the glassy state we have

$$X = X(V, T, z) \qquad [19]$$

since the state of order is frozen in. In the glassy state the value of z is supposed to remain constant, the value depends on the experimental condition.

Thus in order to deduce an expression for the density fluctuations in the glassy state we have to consider a statistical ensemble with the possibility of exchange of energy, particles and in addition to this exchange of order between the different systems of the ensemble. This means that we have to consider an ensemble which is characterized by the parameters μ (chemical potential), T (temperature), V (volume) and A (affinity). Then in analogy to the grand partition function of a two-component system the partition function Z is given by

$$Z(\mu, A, T, V) = \sum_{N,z} \exp(\beta(N\mu - Az - F(N, z, T, V))) \qquad [20]$$

$$\beta = 1/kT.$$

The parameters μ, A are functions only of the ensemble average values

$$\mu = \mu(\bar{N}, \bar{z}, T, V) \qquad A = A(\bar{N}, \bar{z}, T, V) \qquad [22]$$

whereas the free energy F is a function of the variables N, z which characterize different systems in the grand ensemble. The probability of finding that a system in the ensemble has the values N and z is

$$p_{N,z} = (\exp(\beta(N\mu - Az - F(N, z, T, V))))/Z. \qquad [23]$$

The probability of finding that the system has the value N irrespective of the value of z is

$$p_N = \sum_z p_{N,z}. \qquad [24]$$

We now proceed to calculate the fluctuations of N in analogy to the calculations in a two-component system.

$$\bar{N} = \sum_N N p_N = (\sum_{N,z} \exp(\beta(N\mu - Az - F)))/Z = (\partial Z/\partial\mu)_{T,V,A/\beta Z} \qquad [25]$$

so that

$$(\partial Z/\partial\mu)_{T,V,A} = \beta\bar{N}Z. \qquad [26]$$

From this we get

$$\overline{N^2} = \sum_N N^2 p_N = (\partial^2 Z/\partial^2 \mu)_{T,V,A}/\beta^2 Z$$
$$= [\partial(\partial Z/\partial \mu_{T,V,A}/\partial \mu]/\beta^2 Z$$
$$= [\partial(\beta \bar{N} Z)/\partial \mu_{T,V,A}]/\beta^2 Z$$
$$= [[\bar{N}(\partial Z/\partial \mu)_{T,V,A}]/\beta Z]$$
$$+ [(\partial \bar{N}/\partial \mu)_{T,V,A}/\beta]$$
$$= \bar{N}^2 + kT(\partial \bar{N}/\partial \mu)_{T,V,A}. \quad [27]$$

Consequently we get

$$\overline{\delta N^2} = \overline{N^2} - \bar{N}^2 = kT(\partial \bar{N}/\partial \mu)_{T,V,A} \quad [28]$$

$$\overline{\delta N^2}/\bar{N}^2 = \overline{\delta \varrho^2}/\bar{\varrho}^2$$
$$= (kT)/(\bar{N}^2 (\partial \mu/\partial \bar{N})_{T,V,A}). \quad [29]$$

In the case of thermal equilibrium the order parameter z is a function of the variables V and T, the value of the conjugated variable A is zero as discussed above. In that case eq. [29] can be transformed into the equation [2]. Consequently the scattered intensity is related to the compressibility of the material.

In order to understand eq. [29] we shall at first consider some features of second order phase transitions. At these transitions the first derivatives of the thermodynamic potential are continuous whereas the second derivatives are discontinuous. If we chose as independent variables V, T, N the thermodynamic potential is the free energy F.

$$F = F(N,T,V); \qquad dF = -SdT - pdV + \mu dN \quad [30]$$

As we are concerned with the behaviour of the chemical potential we note that at the transition $\mu = (\partial F/\partial N)_{T,V}$ should be continuous whereas $(\partial \mu/\partial N)_{T,V} = (\partial^2 F/\partial^2 N)_{T,V}$ should be discontinuous.

Now we will proceed to calculate the value of the discontinuity of $(\partial \mu/\partial N)_{T,V}$ for the case of the glass transition, following the procedure of *Rehage* (22). In the glassy state the chemical potential depends on T, V, N and on the order parameter z. If we consider $d\mu$ along the transition curve on both sides of the transition we get

$$d\mu_{A=0}(N,V,T) = d\mu_{z=\text{const}}(N,V,T,z_G) \quad [31]$$

$$z_G = \bar{z}\, T_g(V,N). \quad [32]$$

In analogy to *Rehage* we get from the total differential of the chemical potential

$$(\partial \mu/\partial N)_{T,V,A=0} - (\partial \mu/\partial N)_{T,V,z=\text{const}}$$
$$= (\partial \mu/\partial z)_{T,V,N}(\partial z/\partial N)_{T,V,A}. \quad [33]$$

The term on the right side is the difference between $(\partial \mu/\partial N)_{T,V}$ in the thermodynamically stable state and in the glassy state. It is the value of the discontinuity of $(\partial \mu/\partial N)_{T,V}$ at the glass transition. We can transform the expression $(\partial \mu/\partial N)_{T,V,z}$ into more familiar terms.

$$\mu = \mu(T,V,N,z) \quad [34]$$

$$(\partial \mu/\partial N)_{T,V,z} = -(V/N)(\partial \mu/\partial V)_{T,N,z} \quad \text{(*Eulers* theorem)} \quad [35]$$

$$(\partial \mu/\partial V)_{T,N,z} = -(\partial p/\partial N)_{T,V,z} \quad \text{(by cross differentiation)} \quad [36]$$

$$(\partial p/\partial N)_{T,V,z} = -(V/N)(\partial p/\partial V)_{T,N,z} \quad \text{(*Eulers* theorem)} \quad [37]$$

From [35]–[37] we get

$$(\partial \mu/\partial N)_{T,V,z} = V/(N^2 \varkappa_z) \quad [38]$$

where $\varkappa_z$ is the compressibility of the glass. The result is that $(\partial \mu/\partial N)_{T,V,z}$ is related to the compressibility of the glassy state. In contrast to the case of thermal equilibrium, however, the density fluctuations and consequently the scattered intensity in the glassy state are no longer related to the compressibility as they are related to $(\partial \mu/\partial N)_{T,V,A=\text{const}}$ rather than to $(\partial \mu/\partial N)_{T,V,z=\text{const}}$. Consequently the compressibility will change stepwise at the glass transition whereas the scattered intensity will not behave in the same way. Since the affinity A is a continuous function of the parameters T, V, N, z at T_g at temperatures just below T_g the expression $(\partial \mu/\partial N)_{T,V,A=\text{const}}$ will be equal to $(\partial \mu/\partial N)_{T,V,A=0}$. As discussed above the last expression is related to the compressibility in the thermodynamically stable state. Since we consider temperatures in the neighbourhood of $T_g(z_G = \bar{z}(T_g(V,N)))$ the expression $(\partial \mu/\partial N)_{T,V,A=0}$ is related to the compressibility at T_g. The result is that at temperatures just below T_g the scattered intensity and the density fluctuations are proportional to the compressibility at the glass transition.

This result is in agreement with the experimental result. It disagrees, however, with the work of *Weinberg* (24) who stated that a glass should retain the configurational fluctuations but not the vibrational fluctuations characteristic of the liquid at the glass transition. He describes the fluctuations in the glassy state by the expression

$$\overline{\delta N^2}/\bar{N}^2 = kT_g\varkappa(T_g)/V. \quad [39]$$

This implies that the fluctuations in the glassy state should be independent of the temperature which is in contrast to the experimental data. Apparently it is not the fluctuation itself which is frozen in at T_g but the possibility of the fluctuation. Consequently the fluctuation and therefore the scattered intensity should decrease with decreasing temperature as observed experimentally.

As the value of the density fluctuation in the glassy state is proportional to $\varkappa$ (T_g) it depends on the way by which the glass was produced. The prediction is that fast cooling from above T_g which results in a high T_g should increase the fluctuations in the glassy state whereas slow cooling should decrease the fluctuations. Samples which were prepared by cooling down at elevated pressures – followed by a release of the pressure – should have smaller fluctuations than samples which were cooled down at normal pressures. We intend to perform experiments, which will test these predictions.

Since thermal properties such as for instance the diffusion of small molecules through amorphous polymers are related to thermal fluctuations our results on thermal density fluctuations in the glassy state can contribute to a better understanding of the thermal properties of the glassy state.

Acknowledgements

This research was supported by the Deutsche Forschungsgemeinschaft through the Sonderforschungsbereich Makromoleküle (SFB 41) Mainz-Darmstadt. The PMMA-samples were kindly supplied by Dr. *Wunderlich* (Röhm GmbH) and *W. A. Kruse* (Universität Mainz).

Summary

Thermal density fluctuations in amorphous polymethyl methacrylate, polycarbonate and polyethylene terephthalate were studied by means of small angle X-ray scattering. The measurements were performed in a temperature range from 20 °C up to about 50 °C above the glass transition temperature T_g of the individual sample.

Above T_g the experimental values of the fluctuations are proportional to the isothermal compressibility and the temperature of the sample as predicted by the fluctuation theory for a system in thermodynamic equilibrium.

At temperatures below T_g this relation is no longer correct. The experimentally determined fluctuations are now proportional to the compressibility of the sample in the equilibrium state at T_g and to the actual temperature of the glassy sample. By considering a statistical ensemble with exchange of energy, particles and "order" between the systems of the ensemble an equation can be derived for the fluctuations of the number of particles per given volume which predicts the observed behaviour. The order parameter takes into account the fact that the properties of the glassy state depend on the way by which the state was produced.

Zusammenfassung

Es wurden thermische Dichtefluktuationen in amorphem Polymethylmethacrylat, Polycarbonat und Polyäthylenterephthalat mit Hilfe der Röntgenkleinwinkelstreuung untersucht. Die Messungen erstrecken sich über einen Temperaturbereich von 20 °C bis zu etwa 50 °C oberhalb der Glastemperatur T_g der jeweiligen Probe.

In Übereinstimmung mit den Ergebnissen der Fluktuationstheorie sind die Fluktuationen oberhalb von T_g proportional zur isothermen Kompressibilität und zur Temperatur der Probe.

Unterhalb der Glastemperatur ist diese Beziehung nicht mehr erfüllt. Hier ist die Fluktuation proportional zur Kompressibilität der Probe im Gleichgewichtszustand bei T_g und zur Temperatur. Auf der Basis einer statistischen Gesamtheit mit der Austauschmöglichkeit von Energie, Partikel und „Ordnung" zwischen den Systemen der Gesamtheit kann eine Beziehung für die Dichtefluktuation abgeleitet werden, die mit den experimentellen Ergebnissen übereinstimmt. Der zusätzliche Ordnungsparameter berücksichtigt die Tatsache, daß die Eigenschaften im Glaszustand wegabhängig sind.

References

1) *Münster, A.*, Statistical Thermodynamics (Berlin 1969).
2) *Clay, T. R., H. S. Frank*, J. Chem. Phys. **57**, 2910 (1972).
3) *Thomas, P.*, Z. Physik **208**, 338 (1968).
4) *Cummings, H. Z.* and *R. W. Gammon*, J. Chem. Phys. **44**, 2785 (1966).
5) *Steinbach, M.*, Diplomarbeit (Mainz 1970).
6) *Fischer, E. W.* and *M. Dettenmeier*, Kolloid. Z. u. Z. Polymere.
7) *Pierre, A., D. R. Ullmann* and *F. N. Molea*, J. appl. Cryst. **6**, 216 (1972).
8) *R. D. Maurer*, J. Chem. Phys. **25**, 1206 (1956).
9) *Perret, R.* and *W. Ruland*, Kolloid Z. u. Z. Polymere **247**, 83 (1971).
10) *Flory, P. J.*, Principles of Polymer Chemistry (Cornell University Press 1953).
11) *Yeh, G. S. Y.*, J. macromol. Sci. (Phys.) **B6 (3)**, 465 (1972).
12) *Kargin, V. A.*, J. Polymer Sci. **30**, 247 (1958).
13) *Pechold, W.*, Kolloid Z. u. Z. Polymere **228**, 1 (1968); **231**, 418 (1969).
14) *Kirste, R. G., W. A. Kruse* and *J. Schelten*, Makrom. Chemie **162**, 299 (1972).
15) *Yeh, G. S. Y.* and *P. H. Geil*, J. macromol. Sci. (Phys.) **2**, 235 (1967).
16) *Guinier, A.*, X-ray diffraction (1963).
17) *Ruland, W.*, J. appl. Cryst. **4**, 70 (1970).

18) *Stuhrmann, H. B.* and *R. G. Kirste,* Z. Physik. Chemie, Neue Folge **46**, 247 (1965); **56**, 334 (1967).
19) *Harget, P. J.* and *A. Siegmann,* J. Appl. Phys. **43**, 4357 (1972).
20) *Vonk, C. G.,* J. Polymer Sci. **A2**, **10**, 121 (1972).
21) *Hellwege, K. H., W. Knappe* and *P. Lehmann,* Kolloid Z. u. Z. Polymere **183**, 110 (1962).
22) *Breuer, H.* and *G. Rehage,* Kolloid Z. u. Z. Polymere **216**, 159 (1962).
23) *Davies, R. O.* and *G. O. Jones,* Advances in Physics **2**, 370 (1953).
24) *Weinberg, D. L.,* Physics Letters **7**, 324 (1963).

Authors' address:

Prof. *E. W. Fischer* and Dr. *J. H. Wendorff*
Institut für Physikalische Chemie, 2. Ordinariat
D-65 Mainz (W.-Germany), Jakob Welder Weg 15

Kolloid-Z. u. Z. Polymere **251**, 884–891 (1973)

Lectures during the labour conference of the Fachausschuß Physik der Hochpolymeren in the course of the spring meeting of the Arbeitskreis Festkörperphysik bei der Deutschen Physikalischen Gesellschaft from March 21 to 23, 1973 at Münster/Westf.

From the Institut für Physikalische Chemie der Universität Mainz, 2. Ordinariat

Small angle X-ray scattering from amorphous polymers arising from heterogeneities

By J. H. Wendorff and E. W. Fischer

With 6 figures and 1 table

(Received June 12, 1973)

1. Introduction

For many years the glassy state and the melt of polymers have been considered to be homogeneous and random in structure. However, in recent years, experimental results have been obtained, which seem to indicate that the amorphous phases of polymers are not homogeneous on the microscopic level, but that a low level of order may exist. A nodular structure has been observed by electron microscopy on several glassy polymers (1–4). *Kargin* (5) and coworkers performed electron diffraction experiments on polymer melts and interpreted their data in terms of bundles of parallel polymer chains. In addition calorimetric measurements (6), mechanical properties (7), crystallisation properties (8), rheological properties (9) and the density values of the amorphous phases suggest the existence of some order in the amorphous phase.

These results have stimulated the proposal of many structural models, which assume various degrees of order in the amorphous phase. Among these models are the chain packet model of *Kargin* (5), the Mäander-model of *Pechold* (11) and the folded chain fringed micellar grain model of *Yeh* (12). Although the models mentioned are in agreement with a variety of experimental facts, there are also results which seem to contradict these models. For instance neutron scattering experiments on atactic PMMA (13) showed that the radius of gyration of a single chain in the glassy phase has approximately the same value as in a θ solvent. This result indicates that in contrast to the models mentioned above the conformation of the chain is similar to that in a dilute solution, namely a statistical coil. *Flory* (14) strongly supports this idea. Light scattering experiments have been performed by *E. W. Fischer* and *M. Dettenmaier* (15) on atactic PMMA. From the value of the depolarisation they calculated the upper limit of the number of monomer units in a bundle of parallel chains, which would just give the experimental value of the depolarisation. The number turned out to be 160, which corresponds to a diameter of the bundle of about 30 Å. This value is much smaller than the value assumed in most of the models.

It is obvious that more information is needed about the structure before we can decide which of the models is closest to reality. Our present work is concerned with this general area.

A convenient and direct method of determining the structure of a substance is the diffraction of electromagnetic waves. We decided to perform small angle X-ray scattering experiments on polymers in the glassy state and in the melt, as we wanted to know specifically whether the amorphous phase is homogeneous or consists of small regions with different average densities. As discussed in a previous paper small angle X-ray diffraction experiments yield this information. Up to now only a few papers have been published which were concerned with the small angle X-ray scattering by amorphous polymers. *Vonk* (16) reported small angle scattering in a linear polyethylene melt, but he did not interpret the results. *Kirste* and *Steinbach* studied the small angle X-ray scattering of a variety of amorphous PMMA-samples and of polydimethyl siloxane (25, 26). They detected an increase of the scattered intensity at small angles.

Harget and *Siegmann* (17) detected small angle scattering in amorphous polyethylene terephthalate. From the curves they estimated that the diameter of the scattering particles was in the range between 30 and 40 Å. They interpreted their data on the basis of the two phase structural model suggested by *Yeh* (12) which is based mainly on electron microscopic studies of the nodular structure. The two major elements of his model are the grain, which consists of a high density ordered domain with parallel chains and a grain boundary and the low density intergranular region, which consists of chain ends and molecules that are in a random conformation. *Harget* and *Siegmann* assumed that the small angle X-ray scattering arises from these different structural units.

We performed experiments similar to those of *Harget* and *Siegmann* on a variety of glassy polymers (PET, PMMA, PVC, PC) and on the melts of different polyethylenes. The nodular structure has been observed for PMMA, PS, PC and PET but never for amorphous polyethylene. The scattering theory and results concerning thermal density fluctuations have been presented in a previous paper. In this paper we will report the results of continuous X-ray scattering at small angles.

2. Experimental

Thin films with a thickness ranging from 0.3 mm to 1.45 mm were used for the experiments. The samples studied in more detail were

a) Polycarbonate-PC (Makrolon, Bayer AG Dormagen) $M_w = 35000$ (Poly 4,4'-dihydroxydiphenyl-2, 2-propanecarbonate).

b) Polyethylene terephthalate-PET (Kalle Company Wiesbaden).

c) Polyvinylchloride-PVC, commercial sample.

d) Stamylan 8800, linear polyethylene-PE 1 (DSM)
3 CH_3/1000 C $M_w = 130000$ $M_w/M_n = 10$

e) Lupolen 6011 L, linear polyethylene-PE 2 (BASF)
1 CH_3/1000 C $M_w = 345000$ $M_w/M_n = 19$

f) Lupolen 1800 D, branched polyethylene-PE 3 (BASF)
36 CH_3/1000 C $M_w = 400000$ $M_w/M_n = 17.2$

g) Linear polyethylene (Allied chemical) -PE 4
$M_w = 2.5 \cdot 10^6$

h) Fractionated linear polyethylene

PE 5	$M_w = 10460$	$M_n = 6210$	$M_w/M_n = 1.7$
PE 6	$M_w = 41600$	$M_n = 20900$	$M_w/M_n = 2.0$
PE 7	$M_w = 155000$	$M_n = 42300$	$M_w/M_n = 3.7$

First the scattering behaviour was measured for the untreated samples (T 0) at room-temperature; in the case of the polyethylene melts at 140 °C. Then the samples were subjected to a variety of treatments T_i. These treatments are:

(T1) *Stepwise increase in temperature:* The temperatures ranged from 25 °C to temperatures above the glass transition temperature T_g for the amorphous samples and from 140 °C to 200 °C for the polyethylene melts. The scattering experiments were performed at constant temperatures.

(T2) *Annealing:* The samples were held at constant temperatures above and below T_g (at 140 °C, 170 °C and 200 °C in the case of the polyethylene melts) for up to 48 hours.

(T3) *Crystallisation:* The samples were crystallized at different temperatures and slowly cooled down to room-temperature.

(T4) *Stretching:* The PET samples were drawn at 60 °C and subsequently annealed at different temperatures in the range between 60 °C and 255 °C.

(T5) *Crystallisation from dilute solution:* The PE-samples were dissolved in tetrachloroethylene at 95 °C. After filtering the dilute solution (0.2%), it was cooled down to 80 °C and to 20 °C. The solution grown crystals were molten to a film.

(T6) *Removal of additives:* 2n HCl was added to a dilute solution of PE in tetrachloroethylene at 95 °C, the mixture was stirred for several hours at that temperature. This method is used to remove insoluble substances from a solution by chemical conversion into a substance which is solvable in a second phase (in our case water and HCl) and removing it together with the second phase. After separation of the acid from the organic solution the solution was cooled down to 80 °C. The polyethylene crystals were molten to a film.

(T7) *Increase of the additive content:* To a dilute solution of PE in tetrachloroethylene we added small amounts of MgO, which was known to be contained in the sample. The solution grown crystals were molten to a film.

(T8) *Swelling:* Polyethylene samples were swollen in tetralin for 4 weeks. Subsequently the weight of the samples remained constant. The total increase of the sample weight was between 6.4% and 16%, depending on the degree of crystallinity of the sample. The measurements at high temperatures were performed in the presence of tetralin in the sample cell.

A survey of the treatments and of the treated samples is given in table 1.

Experiments were also performed on samples with different molecular weights and on samples with different kinds of additives.

(A1) *Different molecular weights:* We studied samples of PE (PE1–PE4) with different molecular weights, ranging from 130000 to $2.5 \cdot 10^6$. The samples came from different sources, the molecular weight distribution was fairly broad. We also studied fractionated PE-samples (PE5–PE7), which came from the same mother substance. The width of the distribution is given above.

(A2) *Samples with different additives:* Scattering experiments were performed on PET-samples with different amounts and kinds of additives.

The scattering experiments were performed with a Rigaku Denki small angle X-ray camera, which has been described in a previous paper (24).

Results and discussion

The amorphous polymers and the polyethylene melts exhibited strong small angle X-ray scattering. This is indicated in fig. 1. The intensities and the shape of the scattering curves depend on the nature of the polymer. Polymers of the same kind but from different sources show differing scattering behaviour. The origin of the scattering is not clear. Three possibilities can be imagined:

1) The amorphous phase may be assumed to consist of regions of different densities. This interpretation is in agreement with the model of *Yeh* (12) and the work of *Harget* and *Siegmann* (17).

2) Microholes may be present in the polymer samples. The density difference between the holes and the polymer matrix determines the value of the scattered intensity. Microholes have been identified as the origin of the small angle X-ray scattering in a variety of fibres (18, 19). *Statton* (18) arrived at this conclusion by studying the influence of different treatments of the fibres on the scattering behaviour of the fibres.

3) Foreign particles may be present in the polymer phase. The scattering curve and the intensity are determined by the shape, amount and density of these particles. Foreign particles are catalyzers, stabilizers etc. Small angle X-ray scattering studies have successfully been used as a means of characterizing the specific surface of fillers in amorphous polymers (20).

Considering these three possibilities we devised two series of experiments:

In the first series of experiments, we treated the same sample in different ways ($T1$–$T8$) and measured the influence of the particular treatment on the scattering behaviour.

In the second series of experiments we studied polymers of the same chemical nature but with different molecular weights, molecular weight distribution or different kinds of additives ($A1$, $A2$).

We will now discuss the response of the scattering behaviour to the different treatments, the results are also given in Table 2 in comparison to the scattering of the untreated samples.

($T1$) The scattered intensity of the samples PMMA/T, PC/T, PET/T and PE 1, 2, 3/T increased only very slightly with increasing temperature. The shape of the curve did not change, it remained constant even at the glass transition temperature of the amorphous polymers.

($T2$) The shape and intensity of the scattering curves of the samples PMMA/a, PC/a, PET/a and PE 1, 2, 3/a were not influenced by the annealing process.

($T3$) The scattering curves of the crystallized samples PET/c and PE 1, 2/c, after correction for the absorption, were the same as those of the untreated samples. This was indicated by two facts. At very small angles the scattering behaviour from a semi crystalline sample gives rise to a continuously decreasing scattering curve; the contribution of the two phase system crystalline-amorphous to the scattering is small.

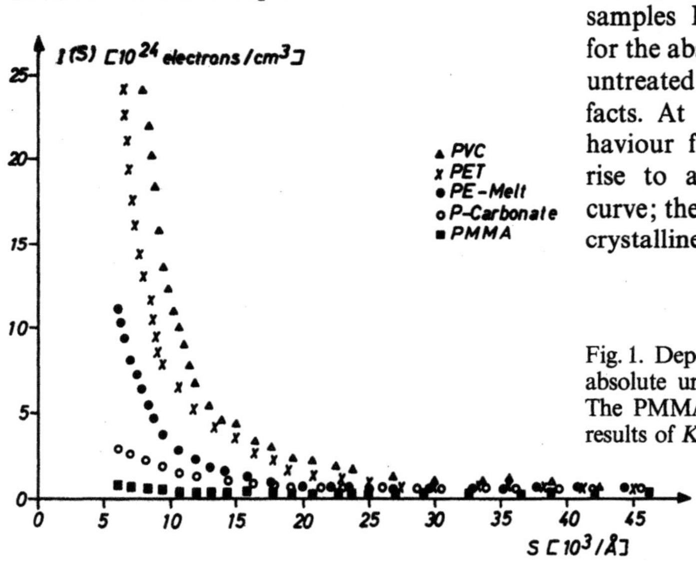

Fig. 1. Dependence of the scattered intensity $I(s)$ in absolute units on s for various amorphous polymers. The PMMA scattering curve is in agreement with the results of *Kirste* and *Steinbach* (25, 26)

Table 1. Survey of the treated samples

Sample treatment	PC	PET	PVC	PE 1	PE 2	PE 3
T0) No treatment	PC/u	PET/u	PVC/u	PE 1/u	PE 2/u	PE 3/u
T1) Temperature increase	PC/T	PET/T	–	PE 1/T	PE 2/T	PE 3/T
T2) Annealing	PC/a	PET/a	–	PE 1/a	PE 2/a	PE 3/a
T3) Crystallisation	–	PET/c	–	PE 1/c	PE 2/c	–
T4) Stretching	–	PET/d	–	–	–	–
T5) Crystallisation from solution	–	–	–	PE 1/s	PE 2/s	PE 3/s
T6) Removing of additives	–	–	–	PE 1/r	–	–
T7) Increase of the additive content	–	–	–	PE 1/in	–	–
T8) Swelling	–	–	–	PE 1/sw	PE 2/sw	PE 3/sw

It is in this region that the scattering curve agrees with the scattering curve of the amorphous sample. The second indication comes from the fact, that after the subtraction of the amorphous scattering curve from the scattering curve obtained from the semi-crystalline material we get a corrected curve, which has exactly the shape which we would expect from the *Kiessig* pattern.

(T4) The small angle scattering obtained from the drawn PET-samples PET/d was isotropic, as in the case of the untreated sample. The shape and the intensity of the scattering curve did not change.

(T5) The scattering behaviour of the samples which were crystallized from dilute solution (PE 1, 2, 3/s) was the same as that of the untreated samples. This is shown in fig. 2.

(T6) The samples from which foreign particles were removed (PE 1/r) scattered much less than the untreated samples. This is shown in fig. 2.

(T7) Samples to which foreign particles had been added (PE 1/in) scattered more strongly than the original sample.

(T8) The scattered intensity of swollen samples PE 1, 2, 3/sw was slightly decreased compared with the untreated samples. The decrease occurred mainly at very small angles.

(A1) The scattering behaviour of samples with different molecular weight and different molecular weight distribution (PE 1–PE 7) did not show a systematic dependence on these parameters.

(A2) The scattered intensity and the shape of the scattering curves depend strongly on the amount and kind of additives in the polymer samples. This is shown in fig. 3 for the case of different PET-samples. When the polymerisation was performed such as to prevent the formation of heterogeneous particles in the polymer matrix, the scattering intensity was low. In that case we observed an increase of the intensity only at very small angles, the increase was just above the limit of error of our experiments.

Without going into detail, we will now discuss possible reasons for the small angle scattering from amorphous polymers with respect to the results given above. From these results we can obviously conclude that, in the case of the polymers studied, the small angle X-ray scattering cannot be attributed to the inherent structure of the pure amorphous phase. This is shown by the response of the scattering behaviour to the treatments T_i. For instance, if the small angle scattering arises from the structure of the pure polymer phase, it should not depend on the amount and nature of the additive (T6, T7, A2). We will discuss the consequence of this result later in more detail.

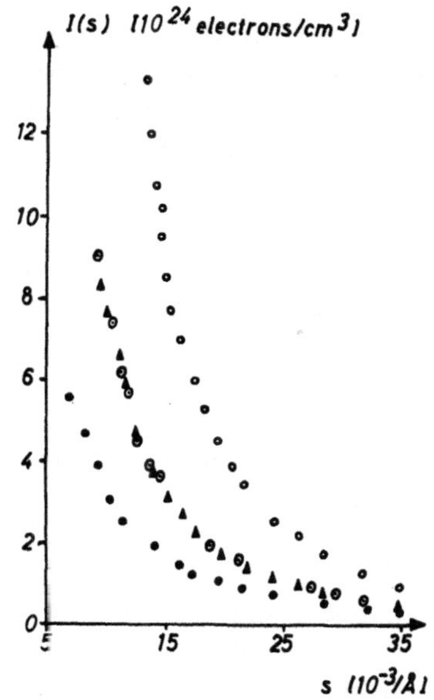

Fig. 2. Dependence of the scattered intensity $I(s)$ in absolute units on s for polyethylene melts at 140 °C. (⊙ untreated sample, ▲ sample crystallized from dilute solution, ○ sample with additional additives, ● sample after the removal of some additives)

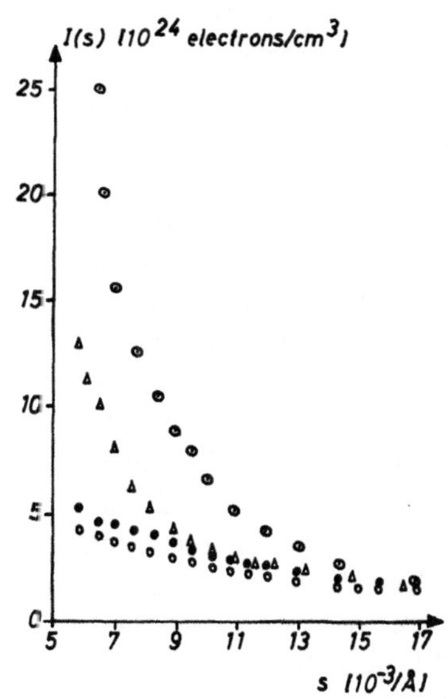

Fig. 3. Dependence of the scattered intensity $I(s)$ in absolute units on s for PET-samples with different kinds of additives

From our experiments we also can conclude that in general the small angle X-ray scattering of the samples studied cannot be attributed to microholes in the sample. Comparing our results with *Statton*'s results on fibres (18), we can conclude that the response of the scattering behaviour to the treatments $T2$, $T4$, $T6$, $T7$, $T8$ and $A2$ contradicts the hole theory. During the drawing process, for instance, the holes should be elongated in the drawing direction, consequently the scattering pattern should become anisotropic; annealing of the sample should decrease the scattered intensity. Swelling a sample should lead to a decrease in intensity, if holes were producing the scattering.

We thus conclude that the scattering is caused by foreign particles in the polymer such as additives, which are heterogeneously distributed in the polymer matrix. Foreign particles can also arise from the processing of the polymer in extruders etc. In commercial polymers a variety of additives can be found. They are stabilizers against heat, UV-light, oxygen, they are catalyzers, pigments of fillers. With the possible exception of fillers and pigments, the amount of additives in the polymer is small. However in many cases the density difference between the additive and the polymer is large as for instance in the case of metal oxids, consequently the scattered intensity is high even for small amounts of additives. This interpretation of the small angle scattering of amorphous polymers is in agreement with all experimental results. Especially the response of the scattering behaviour to the treatments $T1$, $T4$, $T6$, $T7$, $A2$ favor this explanation. We will discuss the consequences of this result in a later part of this paper.

First we will discuss this result with respect to the nodular structure in the amorphous phase. Our conclusion is, that the small angle X-ray scattering does not originate from the inherent structure of the pure polymer phase, but arises from foreign particles. This result, however, does not necessarily imply that small regions of different density do not exist in the pure polymer phase. If they exist their density must be so small that we do not detect the intensity scattered by them. At small angles the total scattering curve can be assumed to be composed of the constant intensity, which is caused by thermal density fluctuations, of the additive-scattering and possibly of the scattering, which arises from the inhomogeneous pure polymer phase. From the total scattering curve we can subtract the additive scattering if it can be represented in some analytical form. This was possible for most of the samples studied. In the case of a particular PMMA-sample the additive scattering was negligible. We can also subtract the scattering which is caused by thermal fluctuations. We attributed the remaining scattering totally to the scattering of the pure polymer phase. Then we can calculate the upper limit of the density difference between different regions in the amorphous phase, since for a two phase structure the scattered intensity is given by the expression

$$I(s) = (\varrho - \varrho_0)^2 \left|\sum(s)\right|^2$$

where $\sum(s)$ is the *Fourier* transform of the shape of the particles (21). The calculations were done in several ways by assuming various distributions and sizes of the regions of different densities in accordance with the suggested structural models. The result was that in all cases the density difference between different parts of the amorphous phase must be smaller than 0.3%. For a judgement of the homogeneity of the amorphous phase we have to compare this value with the actual value of the density in regions of the order of 20 Å to 100 Å in diameter, as the models assume regions of this size. For this pupose we consider the following experiment.

In a homogeneous structure we measure the density at different points averaged over large volumes, in which case the density will be nearly constant in all volumes. However if we decrease the size of the volume, over which we average, the density will not be the same in all volumes. Due to thermal fluctuations we get a distribution of the density, the width of the distribution increases with decreasing volume. We can represent the probability of any deviation of the density from the mean by a *Gaussian* distribution with the standard relative deviation σ where

$$\sigma^2 = \overline{(\varrho - \varrho^-)^2} = kT\varkappa/V$$

$\varkappa$ is the isothermal compressibility, V the volume considered. This equations has been discussed in a previous paper. Fig. 4 represents the density distribution in volumes which contain about 30 PMMA-monomeric units (diameter 20 Å) and 480 monomeric units (diameter 50 Å) for the case of PMMA at 25 °C. It also shows the upper limit of the density difference between regions of different average density (0.3%). The result is that for these small dimensions it is unreasonable to differentiate between two phases, if the density difference between the phases is smaller than 0.3% since the fluctuation within one phase is much larger than the fluctuation between the phases.

One immediate conclusion is, that the observed nodules cannot be related to regions of different density. Due to the thermal fluctuations small density differences between different regions of the amorphous phase are smeared out, consequently they cannot be observed as nodules.

We now return to the result that the small angle X-ray scattering in amorphous polymers is caused in general by foreign particles. We will discuss two consequences of this result.

1. As the small angle scattering results from foreign particles, it must be independent of treatments of the sample involving crystallisation and stretching. Thus we can measure the scattered intensity in the amorphous phase and subtract it after appropriate corrections from the total scattering of the partially crystalline sample. By this correction – which has already been used by *Vonk* (16) – we get more reliable data from the scattering curve. We applied this correction with good results for the case of the slit smeared intensity curves of drawn and annealed PET-samples.

2. In many cases the small angle X-ray scattering method can be used to characterize the microscopic and macroscopic distribution of the additives in a polymer sample. Chemical analysis, fluorescence measurements, *UV* and *IR* measurements have been used for this purpose. The small angle X-ray scattering method has the advantage, that the experiments can be performed on undestroyed, relatively thick samples. The method can be used to determine the amount of the additive in a particular part of the sample, the size, and in some cases, even the shape of the additives. The limit of the method is related to the density difference between the polymer matrix and the additive, the amount and the kind of distribution of the additive in the sample. If for instance the distribution is homogeneous (solid solution) no continuous scattering curve can be observed. The curves can be analysed to get values such as the radius of gyration, intersects or the correlation length of the scattering particles.

For most of the samples, which we studied, we could characterize the system by a correlation function $C(r)$

$$C(r) = \exp(-r/a)$$

which defines a correlation length a. *Debye* used this correlation function for the characterization of the hole distribution in dried gels. The intensity function which corresponds to this correlation function in the case of a slit-like primary beam is

$$I(s) = \text{const.}\,(1 + s^2 a^2)^{-3/2}.$$

Thus a plot of $I(s)^{-2/3}$ versus s^2 gives a straight line and the correlation length can be calculated from

$$a = (\text{slope/intercept } (s = 0))^{1/2}.$$

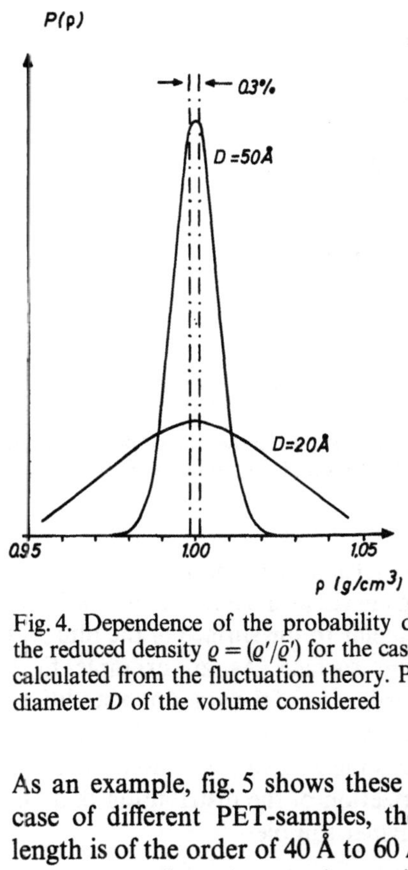

Fig. 4. Dependence of the probability density $P(\varrho)$ on the reduced density $\varrho = (\varrho'/\bar{\varrho}')$ for the case of PMMA, as calculated from the fluctuation theory. Parameter is the diameter D of the volume considered

As an example, fig. 5 shows these plots for the case of different PET-samples, the correlation length is of the order of 40 Å to 60 Å. The deviations at small angles can be attributed to the presence of large holes and in one case to the presence of small amounts of pigments.

The macroscopic distribution can also be checked by the small angle X-ray method. This can be done by determining the scattering curve at different parts of the sample. From this we can calculate the distribution of the amount and

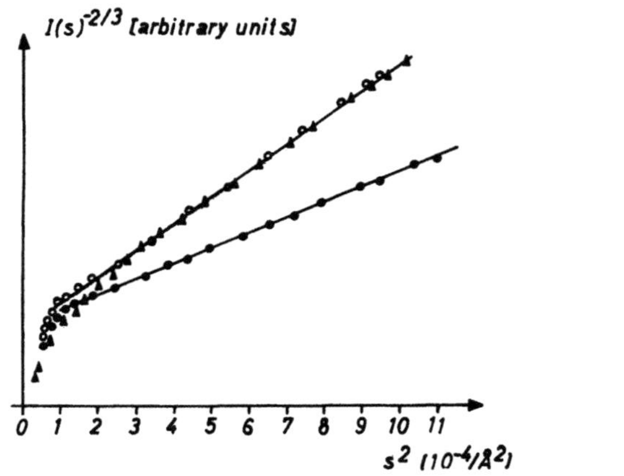

Fig. 5. *Debye* plot $I(s)^{-2/3}$ versus s^2 for PET-samples with different additives

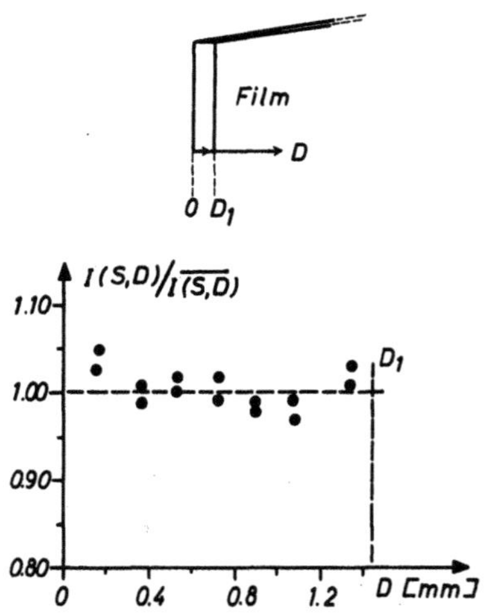

Fig. 6. Dependence of the relative intensity $(I(D)/I(\bar{D}))$ on the position D, measured perpendicular to the surface of a PET-film

size of the particles in the sample. We measured the scattering curves at different parts of a PET-film perpendicular to the surface of the film and along the film surface. As an example fig. 6 shows the distribution of the amount of additives perpendicular to the film surface. The conclusion is that this method can be a useful tool for the characterization of the distribution of additives in a polymer sample.

Acknowledgements

This research was supported by the Deutsche Forschungsgemeinschaft through the Sonderforschungsbereich Makromoleküle (SFB 41) Mainz-Darmstadt. The samples were kindly supplied by Dr. *C. G. Vonk* (Stamylan), the Kalle Company/Wiesbaden (PET) and Dr. *Heinze*, BASF (PE-Lupolen).

We are indebted to Prof. *R. G. Kirste*, and Dr. *G. F. Schmidt* for helpful discussions.

Summary

The small angle X-ray scattering of glassy polymers (PET, PC, PVC, PMMA) and of polymer melts (PE) was studied. The dependence of the intensity scattered at small angles on the sample treatment suggests that neither the inherent structure of the pure polymer phase nor microholes are the origin of the scattering. In agreement with all experimental facts the scattering can be attributed to foreign particles such as for instance stabilizers in the polymer matrix. The consequence of this result is discussed with respect to the nodular structure of the amorphous phase and with respect to structural models of the amorphous phase. The nodular structure is not related to regions of different densities within the pure amorphous phase.

The small angle X-ray scattering can be used to characterize the microscopic and macroscopic distribution of additives in polymer samples.

Zusammenfassung

Es wurden Röntgenkleinwinkeluntersuchungen an glasig erstarrten Polymeren (PÄT, PC, PVC, PMMA) und an Polymerschmelzen vorgenommen (PÄ). Die Abhängigkeit der bei kleinen Winkeln beobachteten Streuung von der Probenbehandlung weist darauf hin, daß weder die innere Struktur der amorphen Phase noch Mikrolöcher die Ursache für die Streuung sein können. In Übereinstimmung mit allen Ergebnissen wird die Streuung Fremdpartikeln wie z. B. Stabilisatoren in der Polymermatrix zugeschrieben. Die Folgerungen, die sich hieraus ergeben, werden hinsichtlich der „Körnerstruktur" der amorphen Phase und der Strukturmodelle diskutiert. Die Körnerstruktur kann nicht durch Bereiche unterschiedlicher Dichte in der amorphen Phase erklärt werden.

Die Röntgenkleinwinkelstreuung kann zur Charakterisierung der makroskopischen und der mikroskopischen Verteilung der Zusätze im Polymeren herangezogen werden.

References

1) *Rochow, E. C.*, Ber. Bunseng. f. Phys. Chemie **60**, 222 (1956).

2) *Schoon, Th. G. F.* and *E. Kretschmer*, Kolloid-Z. u. Z. Polymere **197**, 43 (1964), **211**, 55 (1965).

3) *Frank, W., H. Goddar* and *H. A. Stuart*, Polymer Letters **5**, 711 (1967).

4) *Yeh, G. S. Y.* and *P. H. Geil*, J. Macrom. Sci. (Phys.) **2**, 235 (1967).

5) *Kargin, V. A.*, J. Polymer Sci. **30**, 247 (1958). – *Ovchinnokov, Yu. K., G. S. Markovwa* and *V. A. Kargin*, Vysokomol. Soed. **A 11**, 329 (1969).

6) *Ali, M. S.* and *R. P. Sheldon*, J. appl. Polymer Sci. **14**, 2619 (1970).

7) *Frank, W.* and *H. A. Stuart*, Kolloid-Z. u. Z. Polymere **225**, 1 (1968).

8) *Nikonorova, N. I., N. F. Bekeyev, S. Kh. Fakirov* and *V. A. Kargin*, Polymer Sci. USSR **11**, 2503 (1969).

9) *Vinigradov, G. V.* and *J. M. Belkin*, J. Polymer Sci. **A 3**, 917 (1965).

10) *Robertson, R. E.*, J. Phys. Chem. **69**, 1575 (1965).

11) *Pechold, W.*, Kolloid-Z. u. Z. Polymere **228**, 1 (1968), **231**, 418 (1969). – *Pechold, W.* and *S. Blasenbrey*, Kolloid-Z. u. Z. Polymere **241**, 955 (1970).

12) *Yeh, G. S. Y.*, J. Macromol. Sci. Phys. **B6** (**3**), 465 (1972).

13) *Kirste, R. G., W. A. Kruse* and *J. Schelten*, Makromol. Chem. **162**, 299 (1972).

14) *Flory, P. J.*, Principles of Polymer Chemistry (1953).

15) *Dettenmaier, M.* and *E. W. Fischer*, Kolloid-Z. u. Z. Polymere **251**, 922 (1973).

16) *Vonk, C. G.*, J. Pol. Sci. **A2**, **10**, 121 (1972).

17) *Harget, P. J.* and *A. Siegmann*, J. appl. Phys. **43**, 4357 (1972).

18) *Statton, W. O.*, J. Polymer Sci. **22**, 385 (1956).

19) *Hermans, P. H., D. Heikens* and *A. Weidinger*, J. Polymer Sci. **35**, 145 (1959).

20) *Brown, D. S., F. P. Warren* and *R. E. Wettin*, Polymer **13**, 575 (1972).

21) *Guiner, A.*, X-ray Diffraction (1963).

22) *Hill, T. L.*, Statistical Mechanics (New York 1956).

23) *Debye, P.*, Z. Physik **156**, 256 (1959).

24) *Fischer, E. W.* and *J. H. Wendorff*, Kolloid-Z. u. Z. Polymere **251**, 876 (1973).

25) *Steinbach, M.*, Diplomarbeit (Mainz 1970).

26) *Kirste, R. G.* and *M. Steinbach*, Private communication.

Authors' address:

Dr. *J. H. Wendorff* and Prof. *E. W. Fischer*
Institut für Physikalische Chemie
II. Ordinariat
D-6500 Mainz, Jacob-Welder-Weg 15

Kolloid-Z. u. Z. Polymere **251**, 892–900 (1973)

Vorgetragen auf der Arbeitstagung des Fachausschusses Physik der Hochpolymeren im Rahmen der Frühjahrstagung des Arbeitskreises Festkörperphysik bei der Deutschen Physikalischen Gesellschaft vom 21.–23. März 1973 in Münster/Westf.

Aus dem Bereich Polymere, FB 14, Universität Marburg/L., Lahnberge

Zustandsänderungen von polymeren Netzwerken bei Orientierung

II. Analyse der Dehnungskristallisation auf der Grundlage kalorimetrischer Untersuchungen

Von D. Göritz und F. H. Müller

Mit 9 Abbildungen und 1 Tabelle

(Eingegangen am 3. Juli 1973)

Die erhöhte Neigung eines Polymeren, durch Deformation auch oberhalb der Schmelztemperatur der isotropen Probe zu kristallisieren, ist ein lange bekanntes Phänomen (1). Es wurde zuerst an Naturkautschuk beobachtet, erweist sich aber als eine allgemein verbreitete Eigenschaft vieler Polymerer. Dabei werden die Kristallite als gut orientiert, mit ihrer Kettenachse parallel zur Verstreckrichtung beobachtet. Die uniaxiale Dehnung – nur diese soll in dieser Arbeit betrachtet werden – zwingt der polymeren Probe eine orientierte Struktur auf, die durch Relaxationsprozesse, insbesondere Fließprozesse, nicht abgebaut werden kann, wenn die Ketten durch Verknüpfungen ein Netzwerk bilden. Die Konfigurationsentropie der einzelnen gedehnten Kette ist herabgesetzt, und dadurch wird die Tendenz, sich in kristalline Bereiche einzuordnen, ganz offensichtlich erhöht.

Der Nachweis der Kristallisation läßt sich mit verschiedenen Methoden durchführen. Eine Methode, die besonders empfindlich auf Kristallisation anspricht, empfindlicher als alle anderen bisher angewendeten, ist die Kalorimetrie. Mit dem in dieser Arbeit verwendeten Verstreckungskalorimeter sollte sich deshalb neben anderen auch ein Vorgang studieren lassen, der sich bisher den Untersuchungen weitgehend entzog, nämlich der Ablauf der Kristallisation während der Dehnung selbst.

An dieser Stelle sei darauf hingewiesen, daß man bei der „Dehnungskristallisation" unterscheiden muß, auf welche Weise die Kristallisation ausgelöst wird.

Man kann eine Probe weit oberhalb ihres Schmelzpunktes dehnen, und zwar bei einer so hohen Temperatur, daß eine Kristallisation der orientierten Ketten ausgeschlossen werden kann. Dann wird die Temperatur möglichst schlagartig auf die Kristallisationstemperatur gesenkt und dadurch der Umordnungsprozeß, die Kristallisation, ausgelöst (2, 3, 4). Diesen Vorgang wollen wir im weiteren „temperaturinduzierte" Kristallisation von orientierten Polymeren nennen.

Zum anderen kann man eine amorphe Probe bei der Kristallisationstemperatur selbst dehnen, so daß die Kristallisation durch die Orientierung von einer gewissen Dehnung an ausgelöst wird (5, 6). Entsprechend nennen wir diesen Vorgang die „dehnungsinduzierte" Kristallisation.

Im Verstreckungskalorimeter treten beide Vorgänge hintereinander geschaltet auf, und es wird gezeigt werden, daß beide Vorgänge getrennt analysiert werden können und auch müssen, sofern man die Kristallisationskinetik klar übersehen will.

Als System zur Untersuchung dieses Problems erwies sich aus einer Reihe von Vorversuchen mit verschiedensten Substanzen der Naturkautschuk, vernetzt mit Dicumylperoxid, als geeignet. Dieselben Erscheinungen treten im Prinzip im gummielastischen Zustand, d. h. bei geeigneter Dehnung und im passenden Temperaturbereich, auch an anderen Systemen auf, wie schon betont.

Experimentelles*)

Die Kristallisationserscheinungen werden im Kalorimeter an der Entwicklung der freiwerdenden Wärmen verfolgt.

Die Dehnung eines Elastomeren ist aber noch von weiteren meßbaren Energieeffekten begleitet, und zwar von einer Wärmeabgabe durch die Entropieverringerung der orientierten Ketten und der im Falle des Naturkautschuks in ent-

*) Einzelheiten zum Experimentellen und zu den Proben s. Dissertation *Dietmar Göritz*, Marburg a.d. Lahn, Fachbereich Physikalische Chemie, 1973.

gegengesetzte Richtung laufenden Erhöhung der Inneren Energie der Einzelkette, wobei der letztere Effekt Rotationen um Bindungen der Hauptkette zugeschrieben wird (gauche-trans-Umwandlung).

Zur Abtrennung beider Effekte wurde die Entropieänderung der Netzwerkketten beim Dehnen mit Hilfe der statistischen Theorie der Kautschukelastizität berechnet.

Als Zugdehnungsbeziehung wurde die Gleichung [1] von *Flory*, *Hoeve* und *Ciferri* (7) in der folgenden Form verwendet:

$$f = \frac{R \cdot T \cdot m}{\bar{M}c} \cdot \frac{\langle r_i^2 \rangle}{\langle r_0^2 \rangle}\left(\alpha - \frac{1}{\alpha^2}\right) \qquad [1]$$

mit

- f Zugkraft pro Querschnitt der unverformten Probe
- m Probenmasse
- $\bar{M}_c$ mittleres Molekulargewicht einer Kette zwischen zwei Vernetzungspunkten
- α $\frac{L + L_0}{L_0}$ mit L_0 = Länge der ungedehnten Probe
- $\langle r_0^2 \rangle$ mittleres Quadrat des End-zu-End-Abstandes der ungestörten Ketten, wenn die Vernetzungspunkte aufgehoben werden
- $\langle r_i^2 \rangle$ mittleres Quadrat des End-zu-End-Abstandes der Ketten im Netzwerk.

Die Integration von Gl. [1] über α führt zu der beim Dehnungsgrad elastisch in der Probe gespeicherten Arbeit A_{el}. Mit

$$A_{el} = -T \cdot \Delta S = Q_S$$

ergibt sich für die beim Dehnen freiwerdende Entropiewärme

$$\frac{Q_S}{m} = \frac{R \cdot T}{\bar{M}_c} \frac{\langle r_i^2 \rangle}{\langle r_0^2 \rangle}\left(\frac{\alpha^2}{2} + \frac{1}{\alpha} - \frac{3}{2}\right). \qquad [2]$$

Mit dieser Beziehung kann der Verlauf der gemessenen Dehnungswärmen in Abhängigkeit von α in dem Bereich, in dem noch keine Kristallisation auftritt, grundsätzlich beschrieben werden. Zur Anpassung an die Meßwerte muß lediglich der sog. Frontfaktor $\langle r_i^2 \rangle / \langle r_0^2 \rangle$ variiert werden.

Die Dehnungswärmen für einen vernetzten Kautschuk sind zusammen mit den nach Gl. [2] berechneten und angepaßten Werten in der Abb. 1 für fünf Meßtemperaturen aufgetragen.

Die Meßwerte lassen sich unterhalb des Kristallisationsbeginns für alle Meßtemperaturen gut durch Gl. [2] wiedergegeben, so daß sie zur Berechnung der nichtkristallinen Dehnungswärmen auch nach einsetzender Kristallisation benutzt wurden.

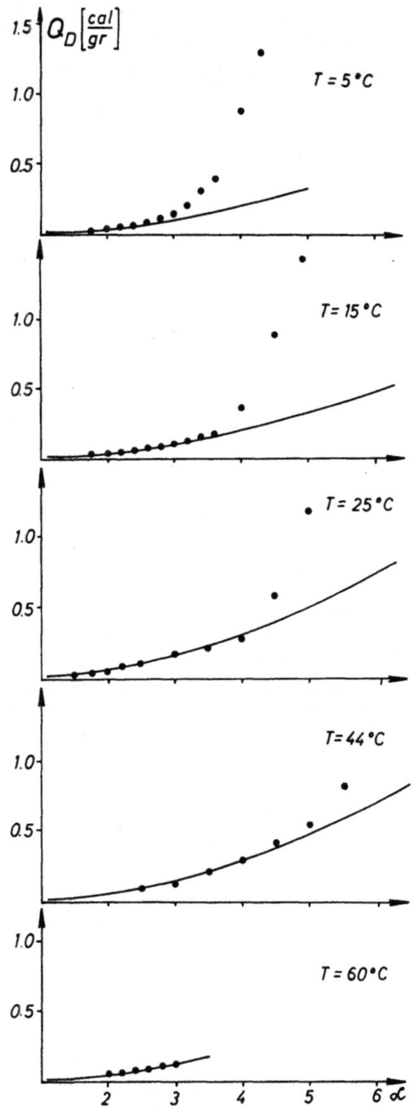

Abb. 1. Gemessene und nach Gl. [2] berechnete (durchgezogene Linie) Dehnungswärmen als Funktion von der Dehnung bei fünf Verstrecktemperaturen

Man sollte denken, daß auch an den Zug-Dehnungskurven das Einsetzen von Kristallisation, gegebenenfalls in laufend steigendem Zuge, klar zu erkennen ist. *Smith*, *Greene* und *Ciferri* (2) konnten jedoch in Kraft-Dehnungs- und Kraft-Temperaturdiagrammen an der Stelle des Schmelzpunktes keine sprunghafte Änderung der Kraft feststellen.

Durch den Dehnprozeß werden zwar Kristallite gebildet, die wie Vernetzungspunkte wirken, und damit wird in Gl. [1] das wirksame Molekulargewicht $\bar{M}_c$ der Ketten verringert. Gleichzeitig nimmt jedoch durch die in die Kristallite eingebauten Kettenstücke die Zahl der an der Deformation beteiligten Ketten ab. Die zusätzlichen Vernetzungspunkte sollten eine verstärkte Entropieabnahme der Ketten bei gleichem Dehnungsgrad erwarten lassen. Da die Kristallite aber mit ihrer Kettenachse parallel zur Dehnrichtung liegen, wird mit der Kristallisation die Entropie der Ketten ober- und unterhalb eines Kristallites durch Streckung der kristallinen Kettenbereiche erhöht. Bei hohen Kristallisationsgraden (niedrigen Temperaturen) gewinnt diese Entropieerhöhung der amorphen Bereiche durch die Streckung des kristallinen Anteils sogar eine größere Bedeutung als die zusätzlich auftretenden Vernetzungspunkte. Man beobachtet Kraftkurven, die nach einsetzender Kristallisation gegen die Dehnungsachse abflachen.

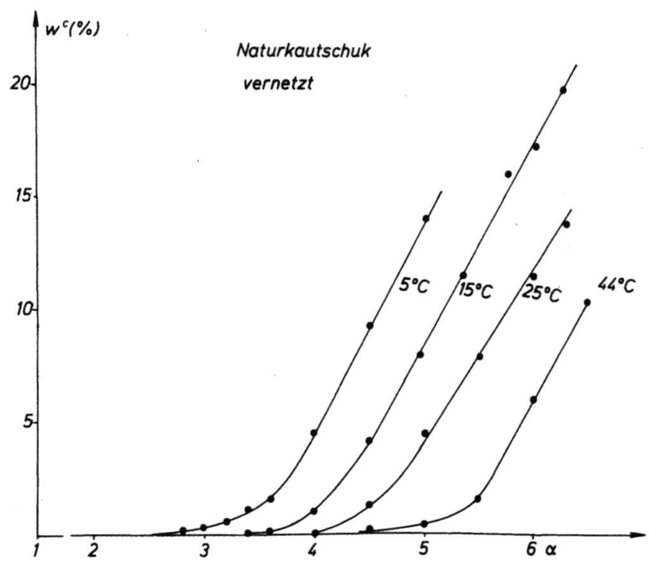

Abb. 2. Die Abhängigkeit des Kristallisationsgrades von der Dehnung für einen vernetzten Naturkautschuk bei den angezeigten Temperaturen

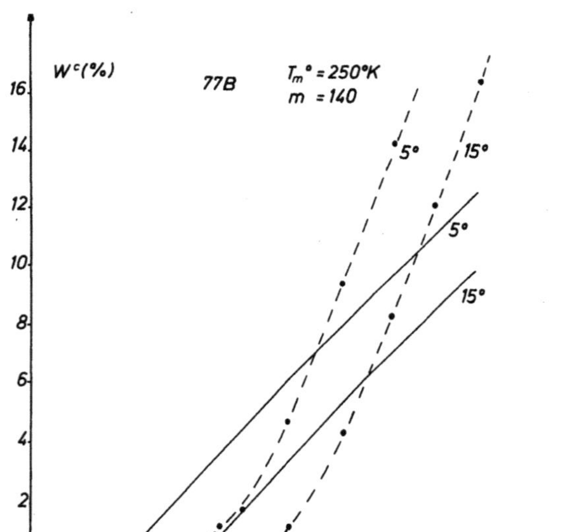

Abb. 3. Der Kristallisationsgrad als Funktion der Dehnung. Gemessen (gestrichelte Linie) und berechnet mit der Theorie von *Flory* (durchgezogene Linie)

Die Extrapolation der Entropieänderung muß sich deshalb aus der Wärmestrom-Dehnungskurve bzw. aus den Kurven Innere Energie gegen Dehnung, in der oben beschriebenen und in der Abb. 1 dargestellten Weise auf den Dehnbereich, in dem die Kristallisation stattfindet, durchführen lassen. Die Kristallanteile für jeden Dehnungsgrad erhält man somit aus der Differenz der gemessenen und berechneten Dehnungswärmen mit Hilfe der bekannten Kristallisationswärme für Naturkautschuk [$\Delta H = 15{,}3$ cal/g (8)].

Meßergebnisse

Die Kristallanteile während der Dehnung und in gedehnt gehaltenem Zustand als Funktion vom Dehnungsgrad zeigt die Abb. 2.

Man erhält eine Schar von Kurven, die mit ansteigender Temperatur zu höheren Dehnungsgraden parallel verschoben wird.

Die Abhängigkeit des Kristallanteils von der Dehnung für ein vernetztes System wurde von *Flory* (9) berechnet. Es fragt sich, wie diese Rechnung mit unseren Messungen übereinstimmt. In Abb. 3 sind Voraussagen der *Flory*schen Theorie mit den von uns gemessenen Werten bei zwei Temperaturen aufgetragen.

Es zeigt sich deutlich, daß sich offensichtlich die gemessenen Daten durch die *Flory*sche Theorie in dieser Form nicht beschreiben lassen. Für kleine Dehnungen werden in der *Flory*schen Theorie zwar aufgrund von einigen eingeführten Näherungen notwendig zu hohe Kristallanteile vorausgesagt, doch die Abweichungen treten in allen Bereichen auf.

Prüft man jedoch nochmals die Voraussetzungen, von denen *Flory* ausging, durch, so findet man, daß die Beziehung zwischen w^c und α streng nur für den Fall der „temperaturinduzierten" Kristallisation hergeleitet worden ist. Die Versuche im Verstreckungskalorimeter werden aber bei konstanter Temperatur durchgeführt. Es wird mindestens zu Anfang schon während der Dehnung ein gewisser Anteil an

Kristalliten ausgebildet. Nach Beendigung des Dehnvorganges läuft dann die Kristallisation in gedehnt gehaltenem Zustand weiter: Es sind bei unserem Experiment die Vorgänge der „dehnungsinduzierten“ und anschließend die entsprechend der „temperaturinduzierten“ Kristallisation hintereinander geschaltet, jeder Kristallanteil mit beträchtlichem Beitrag.

Die zeitliche Entzerrung der Wärmestrommeßkurven gestattet uns, diese beiden Vorgänge sauber zu trennen und die Kristallanteile während der Dehnung und in gedehnt gehaltenem Zustand gesondert zu bestimmen. Der Kristallanteil, der sich unter den gleichen Voraussetzungen gebildet hat, wie sie *Flory* in seiner Theorie betrachtet, kann also in der Abb. 4 gegen die Dehnung aufgetragen werden und mit der theoretischen Kurve verglichen werden.

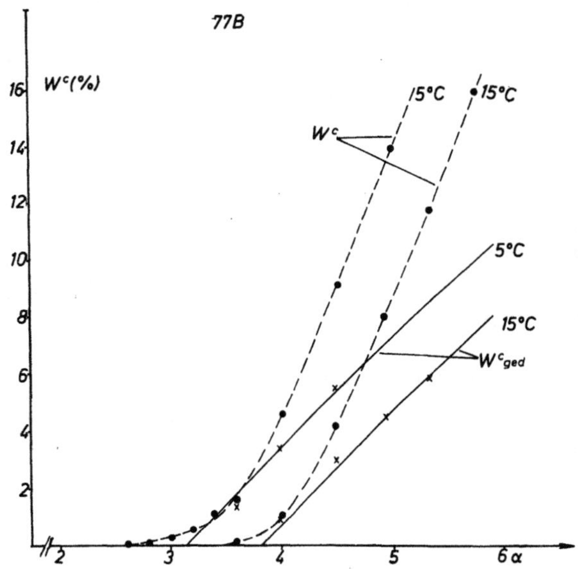

Abb. 4. Der Kristallisationsgrad als Funktion der Dehnung. w^c = Gesamtkristallisationsgrad, w^c_{ged} = abgetrennter Anteil erfolgt nach Beendigung der Dehnung bei konstant gehaltener Dehnung. Kreuze gemessene Werte und durchgezogene Linien berechnet mit der Theorie von *Flory* mit dem veränderten Wert der Temperatur $T^0_m = 237\,°K$

Der Vergleich der gemessenen Kurven mit den berechneten zeigt die gute Übereinstimmung der Theorie mit den Kristallisationsverhältnissen der gedehnten Probe.

Wendet man die Theorie formal auf die Verhältnisse der gedehnten Probe an, so ergibt sich für den temperaturinduzierten Kristallisationsmechanismus folgendes Bild:

(i) Die Keimbildung findet nur in einem anfänglichen Kristallisationsintervall statt; bei den schon meßbaren Kristallanteilen, die sich während der Verstreckung ausbilden, liegt dieses Intervall mit Sicherheit innerhalb des Dehnbereiches.

(ii) Die weitere Kristallisation ist auf longitudinales Wachstum, und zwar in Verstreckungsrichtung der vorgebildeten Kristallite beschränkt.

Weiterhin kann geschlossen werden, daß die Ausbildung der Kristallisation während der Dehnung einem grundsätzlich anderen Mechanismus unterliegen muß. Aussagen darüber sollten sich aus der zeitlichen Analyse der Kristallisation gewinnen lassen.

Befreit man die registrierten Wärmestromkurven von der apparativ bedingten Verzerrung, so kann die zeitliche Entwicklung der Kristallisation direkt verfolgt werden.

Eine Schar von typischen Kristallisationsisothermen zeigt die Abb. 5, in der w^c gegen die Zeit aufgetragen wurde. Man erkennt deutlich den Einfluß des eingestellten Dehnungsverhältnisses auf den Endwert von w^c. Der grundsätzliche Charakter der Isothermen wird dadurch jedoch nicht beeinflußt. Die *S*-förmige Kurve wird bei isothermer Kristallisation immer gefunden, auch im Falle einer isotropen Probe. Eine Erhöhung der Dehnungsgrade ändert also nicht den prinzipiellen Prozeß der Kristallisation.

Die Kristallisationsisothermen wurden analysiert nach der Theorie von *Avrami* (10) in der nach *Mandelkern* (11) für Polymere modifizierten Form.

$$w^c(t) = w^c(\infty)\left(1 - \exp\left(-\frac{k\,t^n}{w^c(\infty)}\right)\right) \qquad [3]$$

$w^c(t)$ ist der Kristallisationsgrad zur Zeit t, $w^c(\infty)$ die entsprechende Größe am Ende des Prozesses, k eine Geschwindigkeitskonstante und n eine ganzzahlige Konstante zwischen 1 und 4, die charakteristisch ist für die Geometrie des Größenwachstums und die Art der Keimbildung.

Aus der doppeltlogarithmischen Auftragung von [3] in der folgenden Weise gegen $\ln t$

$$\ln\left(-\ln\frac{w^c(\infty) - w^c(t)}{w^c(\infty)}\right) = \ln k - \ln w^c(\infty) + n \ln t \qquad [4]$$

können die Konstanten k und n leicht ermittelt werden.

Wenn wir unsere Daten in der Auftragung nach *Avrami* aufzeichnen, so erhalten wir Kur-

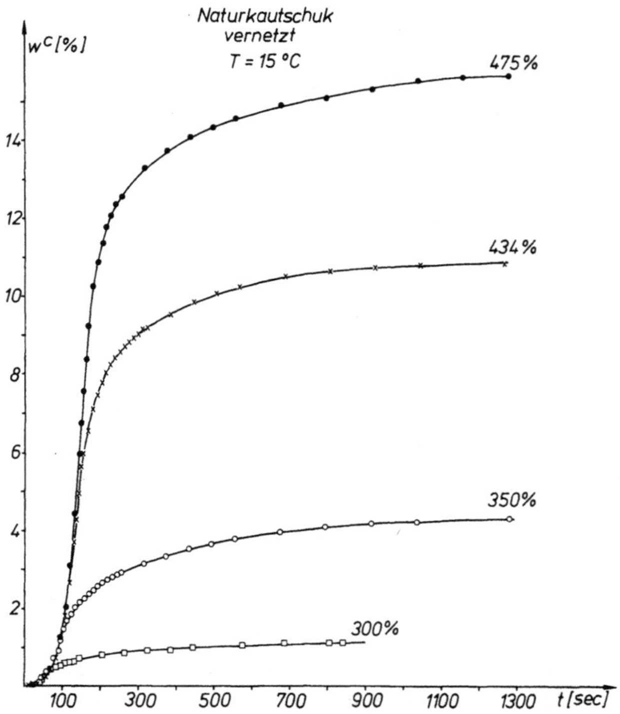

Abb. 5. Kristallisationsisothermen in der Auftragung w^c gegen die Zeit t für die angezeigten Dehnungsgrade

ven gemäß Abb. 6. Man erkennt, daß für alle Dehnungsgrade diese Kurven aus (mindestens) *zwei* Geradenstücken mit verschiedenem Anstieg bestehen. Während des Dehnvorganges erhält man Geraden mit dem Anstieg $n = 4$. Nach einer gewissen Zeit, genauer nach Beendigung des Verstreckprozesses, knicken die Kurven ab und gehen in Geraden mit dem Anstieg $n \approx 1$ über. Dieses Verhalten wurde für alle Proben unabhängig von der Temperatur, vom Vernetzungs- und Dehnungsgrad gefunden.

Die Exponenten für den Bereich während der Dehnung n_D und des gedehnten Zustandes n_{ged} sind für die nach *Avrami* analysierten Meßkurven in der Tabelle zusammengestellt. Die über alle Temperaturen, Dehnungs- und Vernetzungsgrade gemittelten Werte sind $n_D = 4.0$ und $n_{ged} = 0.88$.

Die Kristallisationsvorgänge des Naturkautschuks beim Dehnen lassen sich also ganz offensichtlich nicht durch einen einheitlichen für die gesamte Zeitskala gültigen Prozeß beschreiben. Deutlicher wird dieses, kehrt man zur ursprünglichen exponentiellen Darstellung zurück (Gl. [3]).

Abb. 7 zeigt die Meßergebnisse für eine vernetzte Probe bei 15 °C und $\alpha = 4.5$. Die durchgezogenen Kurven sind mit Gl. [3] für $n = 1$ und $n = 4$ berechnet worden. Den Parameter für die Kristallisationsgeschwindigkeitskonstante k legt man fest, indem die Kurven entlang der ln t-Achse verschoben werden. Eine Überlagerung der experimentellen und theoretischen Werte gelingt jedoch nicht, wie man die Parameter n und k auch wählt.

Es ist ganz offenbar, daß man die Vorgänge beim Dehnen und in gedehnt gehaltenem Zustand nicht als einen Kristallisationsprozeß, der über dem gesamten Zeitintervall mit einem einzigen Mechanismus abläuft, betrachten darf. Man muß die Anteile, die sich während der Dehnung

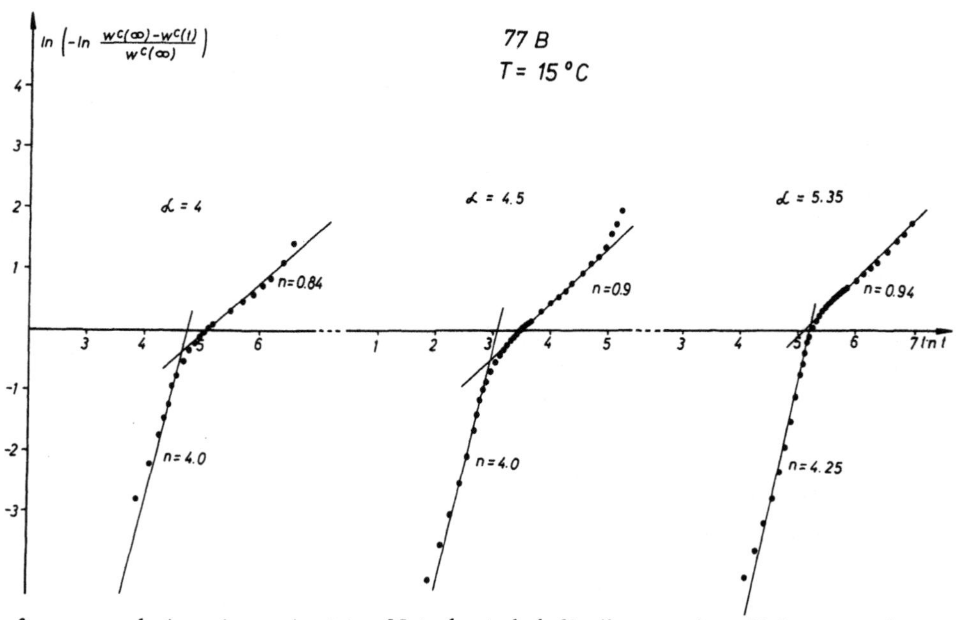

Abb. 6. Auftragung nach *Avrami* von vernetztem Naturkautschuk für die angezeigten Dehnungsgrade

ausbilden, gesondert von denen im verspannten Zustand behandeln. Abb. 8 zeigt das Ergebnis.

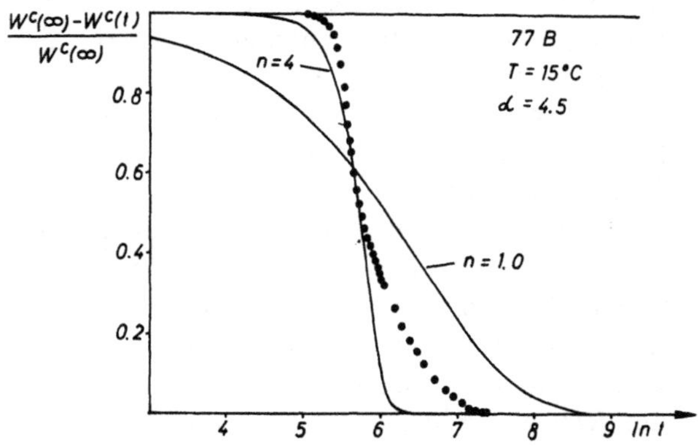

Abb. 7. Auftragung der Größe $w^c(\infty) - w^c(t)/w^c(\infty)$ gegen ln t für vernetzten Naturkautschuk bei $T = 15\,°C$ und $\alpha = 4.5$. Die durchgezogenen Linien wurden nach Gl. [3] für $n = 1$ und $n = 4$ berechnet

nicht unwahrscheinlich, daß sich eine gewisse Anzahl von benachbarten Segmenten flüchtig zu einer geschlossenen Packung anordnet, die in einer Ebene senkrecht zur Verstreckrichtung liegt. Solch eine zeitliche Anordnung, deren Lebensdauer von der Zahl der Segmente und der Temperatur abhängt, wird als potentieller Kristallkeim betrachtet.

Der Keim wird zu einem Kristallit anwachsen, wenn sich sukzessiv benachbarte Segmente derselben Kette in ähnlichen Ebenen parallel zur ersten ausrichten, d.h. die Kristallisation ist auf longitudinales Wachstum der Kristallite beschränkt. *Flory* betrachtet den Fall der temperaturinduzierten Kristallisation, d.h. die Keimbildung findet in der orientierten Probe oberhalb des Schmelzpunktes statt. Senkt man nun die Temperatur der Probe schnell genug auf eine

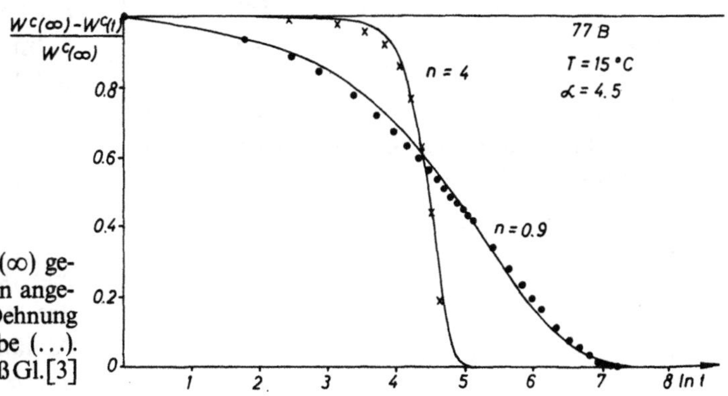

Abb. 8. Auftragung der Größe $w^c(\infty) - w^c(t)/w^c(\infty)$ gegen ln t für vernetzten Naturkautschuk unter den angezeigten Bedingungen für den Bereich der Dehnung (× × ×) und den der gedehnt gehaltenen Probe (...). Die durchgezogenen Kurven sind berechnet gemäß Gl. [3]

Die gemessenen $w^c(\infty) - w^c(t)/w^c(\infty)$-Werte lassen sich jetzt ganz offensichtlich mit genügender Genauigkeit durch das Zeitgesetz nach *Avrami* beschreiben, und zwar für die Zeit während der Dehnung mit dem Zeitexponenten $n = 4$ und für die Kristallisation bei konstanter Länge mit $n = 0.9$.

Diskussion

Betrachten wir zunächst den Exponenten $n = 1$, d.h. den Fall der temperaturinduzierten Kristallisation. Für diesen Fall hatten wir Übereinstimmung unserer Meßergebnisse mit der *Flory*schen Theorie gefunden.

Flory geht von folgendem Keimbildungsmodell aus.

Die frei beweglichen Segmente der orientierten Ketten werden aufgrund der thermischen Bewegung mit hoher Frequenz ständig ihren Platz wechseln, soweit ihre Bindungen zu benachbarten Segmenten und der zur Verfügung stehende freie Raum dies zulassen. Dabei ist es

Temperatur unterhalb des Schmelzpunktes, so erreichen einige Embryonen einen stabilen Zustand, sie werden Keime, die die Kristallisation mit soeben beschriebener Wachstumsgeometrie auslösen. Die temperaturinduzierte Kristallisation wird also charakterisiert durch eine athermische Keimbildung mit anschließendem eindimensionalen Wachstum. Dieser Fall wird aber durch das Zeitgesetz [3] von *Avrami* mit dem Exponenten $n = 1$ beschrieben.

Die hier nach *Avrami* analysierten Meßkurven führten im Mittel unabhängig von der Temperatur, dem Vernetzungs- und vor allem dem Dehnungsgrad zu einem Exponenten $n_{ged} = 0.88$ (s. Tab.), in Hinsicht auf die Fehlerbreite der Wärmestrommessungen und die Unsicherheit der doppeltlogarithmischen Auftragung eine genügend gute Annäherung an den theoretischen Wert. Von *Gent* (12) ist ein einziger Wert, dilatometrisch bestimmt, bekannt. Er erhält bei $-25\,°C$ und einer Dehnung um 200% ebenfalls den Exponenten $n = 1$.

Tab. 1. *Avrami*-Exponenten für die angegebenen Versuchsbedingungen

Probe	T/°C	α	n_D	n_{ged}
75 B	5°	3,40	3,4	1
$m = 40$		4,0	4,0	0,7
76 B	5°	3,9	3,0	0,8
$m = 71$		4,8	4,15	0,75
	15°	4,5	4,25	0,8
77 B	5°	4,0	3,5	1
$m = 140$		5,0	4,0	1
	15°	4,0	4,0	0,9
		4,5	4,0	0,82
		5,35	4,25	0,95
		5,75	5,0	0,92
	25°	4,5	3,3	0,85
		6,0	4,15	1,0
	44°	5,5	4,0	1,2
		6,0	5,0	0,95
		6,5	5,0	0,9
78 B	15°	3,9	4,0	0,8
$m = 252$		5,45	3,1	0,55
Mittelwert			4,0	0,88

m Zahl der statistischen Segmente zwischen den Vernetzungspunkten

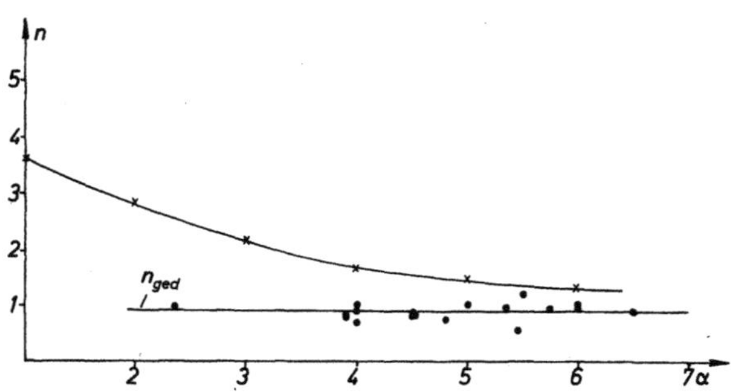

Abb. 9. *Avrami*-Exponenten n gegen die Verlängerung. Die Kreuze entsprechen den Werten von *Kim* und *Mandelkern* (3), die Punkte den eigenen Messungen. Die Gerade gibt den gemittelten Wert wieder, wie er nach Abtrennung des Teiles der Kristallisation folgt, der bei konstant gehaltener Dehnung abläuft. Der andere Teil der Kristallisation, der schon während der Dehnung stattfindet, würde Exponenten ergeben, die um Werte bei 4 streuen. Diese Werte wurden nicht eingezeichnet

Kim und *Mandelkern* (3) untersuchten dagegen in dem Temperaturbereich zwischen 0° und -20 °C systematisch den Einfluß der Verstrekkung auf die Kristallisationskinetik und fanden aus Kraftrelaxationsmessungen, daß n stetig mit ansteigendem Dehnungsgrad fällt, von $n = 3{,}55$ für die ungedehnte Probe, bis $n = 1{,}28$ bei $\alpha = 6$. Ihre Werte zeigt Abb. 9.

Zusätzlich wurden die von uns kalorimetrisch gefundenen Daten eingezeichnet. Die Gerade entspricht dem gemittelten Wert von $n = 0{,}9$. Für vernetztes Polyäthylen fanden *Iguchi* u. Mitarb. (13) ebenfalls einen *Avrami*-Exponenten von ungefähr 1 in dem Dehnbereich von $\alpha = 2$–5.

Für die Versuche von *Kim* und *Mandelkern* war ein Temperaturbereich gewählt worden, in dem schon der ungedehnte Naturkautschuk in Zeiten kristallisiert, die den Meßzeiten, in denen die Relaxation beobachtet wird, vergleichbar sind. In diesem Temperaturbereich sollten deshalb bei der Dehnung die beiden Kristallisationsmechanismen ablaufen, unterschiedlich in der Kinetik und damit im *Avrami*-Exponenten. Die von *Kim* und *Mandelkern* gewählte Versuchsführung gestattet aber nur die gleichzeitige Messung beider Effekte. Dadurch wird eine Dehnungsabhängigkeit vorgetäuscht. Es wird nämlich für die Kristallisation der ungedehnten Probe ein Exponent von $n = 3$ gefunden.

Im Bereich kleiner Dehnungen wird der Mechanismus der isotropen Kristallisation dominieren. Die geringe Orientierung der Ketten wird ohne wesentlichen Einfluß sein. Da bekanntlich eine zunehmende Orientierung die Kristallisationsgeschwindigkeit um Größenordnungen heraufsetzt, wird mit steigendem α immer stärker der Kristallisationsmechanismus des orientierten Zustandes überwiegen. Eine Abhängigkeit des Exponenten von α, wie *Kim* und *Mandelkern* sie fanden, hat somit keine Aussagekraft über die Kinetik selber – diese ist wie beschrieben dehnungsunabhängig –, sondern nur eine Aussage über den Anteil der beiden Kristallisationsmechanismen an der Gesamtkristallisation.

Für die dehnungsinduzierte Kristallisation werden die Versuche bei konstanter Temperatur durchgeführt, die oberhalb oder in der Nähe des Schmelzpunktes des ungedehnten Kautschuks liegt. Dehnt man die Probe, werden die Ketten orientiert und von einem gewissen Orientierungsgrad ab wird die Keimbildung nach obigem Schema einsetzen. Der Verstreckprozeß läuft aber kontinuierlich weiter. Die stetig steigende Orientierung der Ketten bedeutet thermodynamisch eine fortwährende Erhöhung des Schmelzpunktes und damit eine ständig stärker wirksame Unterkühlung der Schmelze.

Die stetig steigende Schmelztemperatur während der Dehnung bewirkt somit, daß die bei jedem α gebildeten Embryonen im nächsten Augenblick zu stabilen Keimen werden. Mit der steigenden Orientierung werden also bis zum

Dehnende fortwährend neue Keime erzeugt. Damit wird die dehnungsinduzierte Kristallisation durch einen homogenen oder auch thermischen Keimbildungsprozeß bestimmt. Zusammen mit dem für diesen Bereich bestimmten *Avrami*-Exponenten von $n = 4$ folgt, daß die Kristallite während der Dehnung aus den sich stetig bildenden Keimen dreidimensional heranwachsen.

Man sollte deshalb am Ende des Dehnprozesses erwarten, über die ganze Probe verteilte Kristallite vorzufinden, deren äußere Abmessungen sehr gering sein dürften, weil einmal nur etwa 20% aller Ketten an der Kristallisation teilnehmen, zum anderen aber eine während der Verstreckung ständig anwachsende Zahl von Keimen die Kristallisation auslöst. In der Tat hat *Andrews* (6) solche Strukturen in dünnen vernetzten Naturkautschukfolien, die bei Zimmertemperatur im Elektronenmikroskop verstreckt und direkt beobachtet wurden, festgestellt. Er erhielt fibrilläre, der Verstreckrichtung parallele Strukturen, wobei die einzelne Fibrille nicht kontinuierlich, sondern aus einer Reihe von winzigen Kristalliten aufgebaut war. Aus der Linienverbreiterung spezieller Reflexe der elektronischen Beugungsbilder schätzte er die Kristallitdimension ab. Für die Abmessungen entlang der Fibrillenachse erhielt er 120–150 Å.

Ein völlig anderes Bild erhielt er jedoch, wenn die Probe bei $-25\,°C$ verstreckt eine Stunde lang kristallisieren konnte. In diesem Fall beobachtete er senkrecht zur Verstreckrichtung kurze Fasern (α-filaments), die in Bändern längs der Dehnrichtung oder unter einem kleineren Winkel dazu angeordnet waren (γ-filaments).

Zusammen mit den in dieser Arbeit gewonnenen Ergebnissen über die Keimbildung und Geometrie des Kristallitwachstums kann man sich von den Kristallisationsmechanismen während der Orientierung der Ketten folgendes Bild machen:

Orientiert man ein vernetztes Polymeres in der Nähe oder oberhalb der Schmelztemperatur, erzeugt man in der thermodynamisch betrachtet unterkühlten Schmelze im Verlauf der gesamten Dehnung fortwährend Keime. Die Bildung eines Keimes bedeutet, daß alle parallelisierten Ketten, die durch ihn hindurchlaufen, in ihrer Lage fixiert werden. Dadurch wird aber die Wahrscheinlichkeit für eine bevorzugte Bildung von weiteren Keimen ober- und unterhalb des ersten vergrößert. Die Keime wachsen dreidimensional heran, wobei die Ketten, die sich zufällig zu einem Bündel angeordnet hatten, gleichsam als Gerüst dienen. Es erscheint die beschriebene fibrilläre Struktur.

Nach Abschluß des Dehnvorganges wird die Keimbildung aufhören. Die vorliegende Arbeit besagt, daß anschließend die Kristallite eindimensional weiterwachsen, und zwar in Richtung der orientierten Ketten. Mit jedem Segment, das auf diese Weise den Kristalliten verlängert, wird aber zwangsläufig die Spannung der amorphen Bereiche ober- und unterhalb verringert. Deren Entropie nimmt zu und damit sinkt die Tendenz, sich in kristalline Bereiche einzuordnen. Irgendwann wird der Zustand erreicht, in dem der Energiegewinn aus der Kristallisation geringer ist als die Entropie, die dazu geopfert werden müßte; das gilt für

$$T \cdot \Delta S > \Delta H$$

Ist diese Bedingung erfüllt, wird das longitudinale Wachstum aufhören.

Danksagung

Wir fühlen uns der Deutschen Forschungsgemeinschaft zu großem Dank verpflichtet für die laufende Förderung der vorliegenden verstreckungskalorimetrischen Untersuchungen an Polymeren, insbesondere zuletzt der Arbeiten zur Dehnungskristallisation. Der eine von uns (*D. G.*) wurde aus DFG-Mitteln finanziert. Wir danken ferner dem Fonds Chemie sowie dem Verband Kunststofferzeugender Industrie für großzügige Hilfe. Der Fa. Bayer (Dr. *Heil*, Dr. *Müller*) und der Fa. Dunlop (Dr. *Caspary*) sei auch hier für die bereitwillige Herstellung der Meßproben aus Naturkautschuk verbindlichst gedankt. Herrn Dr. *G. Angerer* von der Fa. Dunlop sind wir für die Ausführung der Kontrollmessungen zur Vernetzung mit dem von ihm entwickelten Quelltester verpflichtet.

Zusammenfassung

Untersuchungen der Dehnungskristallisation mit der kalorischen Methode zeigen, daß während der Dehnung die Kristallisation nach einem anderen Mechanismus abläuft als im gedehnten Zustand. Der Kristallisationsgrad am Ende des gesamten Dehnprozesses wird temperatur- und dehnungsabhängig gefunden. Seine Abhängigkeit von der Verlängerung läßt sich jedoch nicht mit der von *Flory* entwickelten Theorie der Kristallisation von uniaxial orientierten polymeren Netzwerken beschreiben. Trennt man die Kristallisation in einen Anteil, der sich während der Dehnung entwickelt und in einen zweiten, der die anschließenden Vorgänge in der gedehnt gehaltenen Probe erfaßt, auf, dann stimmen im zweiten Fall Theorie und Experiment gut überein.

Die zeitliche Analyse der Gesamtkristallisation zeigt das gleiche Verhalten. Die Kristallisation läßt sich quantitativ nicht mit den von *Avrami* entwickelten Zeitgesetzen als einheitlichen Prozeß beschreiben. Betrachtet man indes wieder zwei getrennte Vorgänge, wird für jeden eine genügend gute quantitative Beschreibung gefunden. Die dehnungsinduzierte Kristallisation wird durch eine homogene Keimbildung gesteuert. Die sich während der gesamten Dehnung bildenden Keime wachsen dreidimensional zu Kristallen heran. Beendet man die Verstreckung, werden keine weiteren Keime gebildet. Die weiter fortdauernde Kristallisation ist auf longitudinales Wachstum der vorhandenen Kristallite in Verstreckrichtung beschränkt.

Beide Kristallisationsmechanismen sind unabhängig von der Temperatur, vom Dehnungs- und Vernetzungsgrad.

Summary

Studies of the oriented crystallization on axial stress have shown that crystallization during stretching follows to a different mechanism than in the extended state. The final degree of crystallization is found to be dependent on temperature and elongation. The dependence on elongation does not follow *Florys* theory of crystallization induced by stretching polymeric networks. However, separating the crystallization into one process developing during stretching and another in the extended state shows that this theory applies to the latter one.

Time analysis of the oriented crystallization on axial stress yields similar results. This crystallization cannot be described as one uniform process by the theory of *Avrami*. However, considering two separate processes each can be described quantitatively with sufficient accuracy. The stress induced crystallization is controlled by a homogeneous grow three-dimensionally. After termination of stretching no further nuclei are formed. Further crystallization is restricted to one-dimensional growth of existing crystallites in the direction of stress. Both mechanisms of crystallization are independent of temperature, elongation and degree of crosslinking.

Literatur

1) *Katz, I. R.*, Naturwiss., **13**, 410 (1925).

2) *Smith, K. J., A. Greene* und *A. Ciferri*, Kolloid-Z. u. Z. Polymere **194**, 1, 49–67 (1964).

3) *Kim, H. G.* und *L. Mandelkern*, J. Polym. Sci., A-2, **6**, 181–196 (1968).

4) *Shen, M. C.*, J. Appl. Phys., **41**, 11, 4351 (1970).

5) *Göritz, D.* und *F. H. Müller*, Kolloid-Z. u. Z. Polymere, **241**, 1075–1079 (1970).

6) *Andrews, E. H.*, J. Polym. Sci., A-2, **4**, 668 (1966).

7) *Flory, P. J., C. A. J. Hoeve* und *A. Ciferri*, J. Polym. Sci., **34**, 337 (1959).

8) *Roberts, D. E.* und *L. Mandelkern*, J. Amer. Chem. Soc., **77**, 781 (1955).

9) *Flory, P. J.*, J. Chem. Phys., **15**, 6, 397–408 (1947).

10) *Avrami, M.*, J. Chem. Phys., **8**, 212 (1940); ibid, **9**, 177 (1941).

11) *Mandelkern, L.*, Crystallization of Polymers (New York 1964).

12) *Gent, A. N.*, Trans. Farad. Soc., **50**, 521 (1954).

13) *Iguchi, M., T. Matsumoto, H. Tonami, T. Kawai, H. Maeda* und *S. Mitsuhashi*, IUPAC-Konferenz, Tokyo-Kyoto, Japan (1966).

Anschrift der Verfasser:

Dr. *D. Göritz* und Prof. Dr. *F. H. Müller*
Bereich Polymere, FB 14
3550 Marburg/Lahn
Lahnberge, Gebäude H

Kolloid-Z. u. Z. Polymere **251**, 901–905 (1973)

Vorgetragen auf der Arbeitstagung des Fachausschusses Physik der Hochpolymeren im Rahmen der Frühjahrstagung des Arbeitskreises Festkörperphysik bei der Deutschen Physikalischen Gesellschaft vom 21.–23. März 1973 in Münster/Westf.

Aus dem Institut für Physikalische Chemie und Kolloidchemie, Universität Köln

Ermittlung kinetischer Parameter durch Differenzthermoanalyse von polymerisierenden Schmelzen

Von K.-U. Heinen und D. O. Hummel

Mit 5 Abbildungen und 2 Tabellen

(Eingegangen am 24. April 1973)

Einleitung

Die vorliegende Arbeit berichtet über die Anwendungsmöglichkeit der Differenzthermoanalyse zur Verfolgung der thermisch initiierten Polymerisation von Bismaleinimiden. Die Bismaleinimide sind Derivate aromatischer bzw. aliphatischer Diamine (1, 2), die mit zwei Molekeln Maleinsäureanhydrid unter Wasserabspaltung reagieren (Abb. 1). Das dabei entstehende niedrig schmelzende monomere Bismaleinimid kann bei Temperaturen von ca. 473 K thermisch polymerisiert werden, wobei durch Aufbrechen der C=C-Bindungen ein stark vernetztes makromolekulares Produkt von beträchtlicher thermischer Stabilität entsteht.

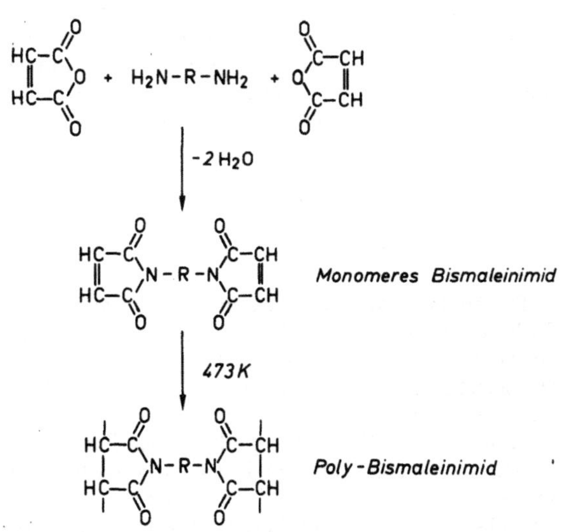

Abb. 1. Struktur und Herstellung von Polybismaleinimiden

Gegenstand unserer Untersuchungen waren Bismaleinimide mit folgenden aliphatischen Brückengliedern:

$R = (CH_2)_2$, $(CH_2)_6$, $(CH_2)_8$, $(CH_2)_{10}$ und $(CH_2)_{12}$.

Im folgenden werden diese Bismaleinimide bezeichnet mit BMI-1,2; BMI-1,6; BMI-1,8; BMI-1,10 und BMI-1,12.

Für die Durchführung der Untersuchungen wurde ein Mettler Thermoanalyzer eingesetzt, mit dem simultane differenzthermoanalytische und thermogravimetrische Messungen an ein und derselben Probe durchgeführt werden können.

Theorie

Man findet in der Literatur im wesentlichen zwei verschiedene Ansätze zur Ermittlung der kinetischen Parameter aus differenzthermoanalytischen Untersuchungen, den von *Borchard* und *Daniels* sowie den von *Kissinger*.

Borchard und *Daniels* (3) beschrieben 1957 ein DTA-Gerät zur Ermittlung kinetischer Parameter für in Lösung stattfindende Reaktionen. Um in der mathematischen Behandlung ihrer Problemstellung nicht die endliche Wärmeleitfähigkeit von Probe und Inertsubstanz sowie des Ofenraumes berücksichtigen zu müssen, schafften *Borchard* und *Daniels* eine spezielle DTA-Anordnung. Hierbei liegen Probe und Inertsubstanz in flüssiger Form vor und werden zum besseren Temperaturausgleich gerührt. Da sich Probe und Inertsubstanz in einem Flüssigkeitsheizbad befinden, kann innerhalb von Probe, Inertsubstanz und Heizbad jeweils eine einheitliche Temperatur angenommen werden.

Für die Berechnung der Aktivierungsenergie fanden *Borchard* und *Daniels* für Reaktionen erster Ordnung die Formel:

$$-\frac{E_\alpha}{RT} = \ln\frac{\Delta T}{f}. \qquad [1]$$

Hierbei bedeuten ΔT die Temperaturdifferenz zwischen Probe und Referenzsubstanz, f die Restfläche unter der DTA-Kurve bei der Temperatur T (Abb. 2).

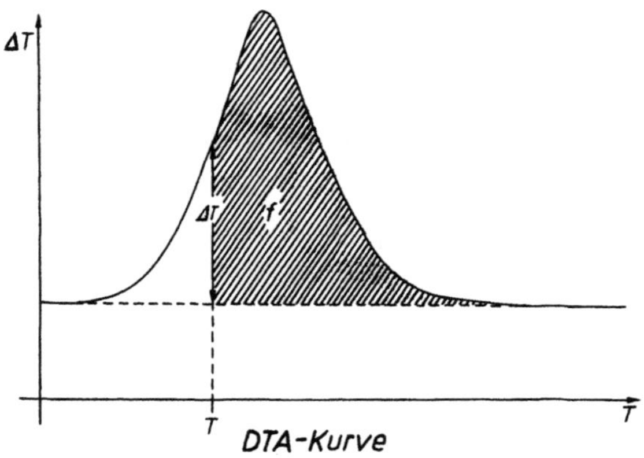

Abb. 2. Schematische DTA-Kurve

In einer späteren Arbeit (4) hat *Borchard* diese Theorie auch auf Festkörperreaktionen angewendet. Durch Auftragen von $\ln \Delta T/f$ gegen T^{-1} ergibt sich nach Gl. [1] die Aktivierungsenergie E_a.

Kissinger (5) fand in seiner theoretischen Ableitung für Reaktionen erster Ordnung die Formel:

$$\frac{d \ln \left(\frac{\Phi}{T_{\max}^2}\right)}{d \left(\frac{1}{T_{\max}}\right)} = -\frac{E_a}{R} \qquad [2]$$

mit Φ = Aufheizgeschwindigkeit und $T_{\max}$ = Temperatur des Peakmaximums. Durch Auftragen von $\ln(\Phi/T_{\max}^2)$ gegen $T_{\max}^{-1}$ ergibt sich aus der Steigung der Geraden nach Gl. [2] die Aktivierungsenergie.

Beide Methoden sind von anderen Autoren (6, 7) aufgegriffen worden und liefern laut Literatur gute Übereinstimmung mit Ergebnissen anderer Methoden.

Diese beiden dynamischen Methoden wurden mit einer modifizierten dynamischen Methode (8) verglichen. Hierbei wurde der zu untersuchende Polymerisationsvorgang in einen isothermen und in einen dynamischen Schritt unterteilt. Hierdurch ist es möglich, am Ende des isothermen Schrittes exakte Umsatzmessungen durchzuführen.

Die Grundlage dieser Methode bildet die Tatsache, daß die Fläche unter der Polymerisationsexothermen der Konzentration der vor Reaktionsbeginn vorliegenden C=C-Bindungen in den Imidringen proportional ist. Daraus folgt, daß bei gleichen Einwaagen einer monomer vorliegenden Substanz und einer teilweise polymerisierten Substanz die Fläche unter der Polymerisationsexothermen bei dem Monomeren größer ist als bei der teilweise polymerisierten Substanz (Abb. 3). Unter Berücksichtigung dieser Tatsache lassen sich nun die kinetischen Parameter des thermischen Polymerisationsvorganges bestimmen.

Experimentelles

Das zu untersuchende monomere Bismaleinimid wurde in verschiedene Tiegel gleicher Wärmekapazität gefüllt und dann unterschiedliche Zeiten bei der Polymerisationstemperatur, die durch einen Vorversuch aus der DTA-Kurve ermittelt wurde, getempert. Die so vorbehandelten Proben wurden anschließend im Thermoanalyzer auspolymerisiert, und die Flächen unter den Polymerisationsexothermen, die den Konzentrationen der noch vorhandenen C=C-Bindungen proportional sind, wurden bestimmt. Dabei wurde die Fläche unter der Polymerisationsexothermen einer thermisch nicht vorbehandelten Probe einer Konzentration c an C=C-Bindungen von 100 gleichgesetzt.

Durch Auftragen von $\ln c$ als Funktion der Temperzeit t erhält man für alle untersuchten Bismaleinimide bis zu 30% Umsatz eine Gerade, deren Steigung die Geschwindigkeitskonstante k für die gewählte Polymerisationstemperatur darstellt. Daraus folgt, daß die Polymerisationsreaktionen der einzelnen Bismaleinimide im Bereich bis 30% Umsatz nach einem Gesetz erster Ordnung verlaufen.

Eine zweite Versuchsreihe mit derselben Substanz bei einer etwas höheren Polymerisationstemperatur liefert nach demselben Verfahren eine größere Geschwindigkeitskonstante k (Abb. 4). Aus beiden k-Werten läßt sich dann die Aktivierungsenergie berechnen zu:

$$E_a = \frac{R \cdot \ln \frac{k_2}{k_1} \cdot T_1 \cdot T_2}{T_2 - T_1}. \qquad [3]$$

Diesen DTA-Methoden wurde zum Vergleich eine IR-Methode gegenübergestellt (9). Bei der infrarotspektroskopischen Methode wurde von den monomeren Bismaleinimiden ein Schmelzfilm hergestellt und dieser dann zwischen zwei KBr-Tabletten gepreßt. Die so präparierten und im Trockenschrank bei der Polymerisationstemperatur getemperten Proben wurden in regelmäßigen Zeitabständen im Wellenzahlbereich von 3200 bis 3000 cm^{-1} extinktionslinear gemessen, wobei die Abnahme der Intensität der =C—H-Valenzschwingungsbande der monomeren Maleinimidringe bei 3100 cm^{-1} als repräsentativ für den Fortschritt der Polymerisation angesehen werden kann. Trägt man nun den natürlichen Logarithmus der maximalen Extinktion dieser Bande als Funktion der Polymerisationszeit auf (Abb. 5), so ergeben sich bis zu einem Umsatz von 30% Geraden, aus deren Steigung, wie im Falle der modifi-

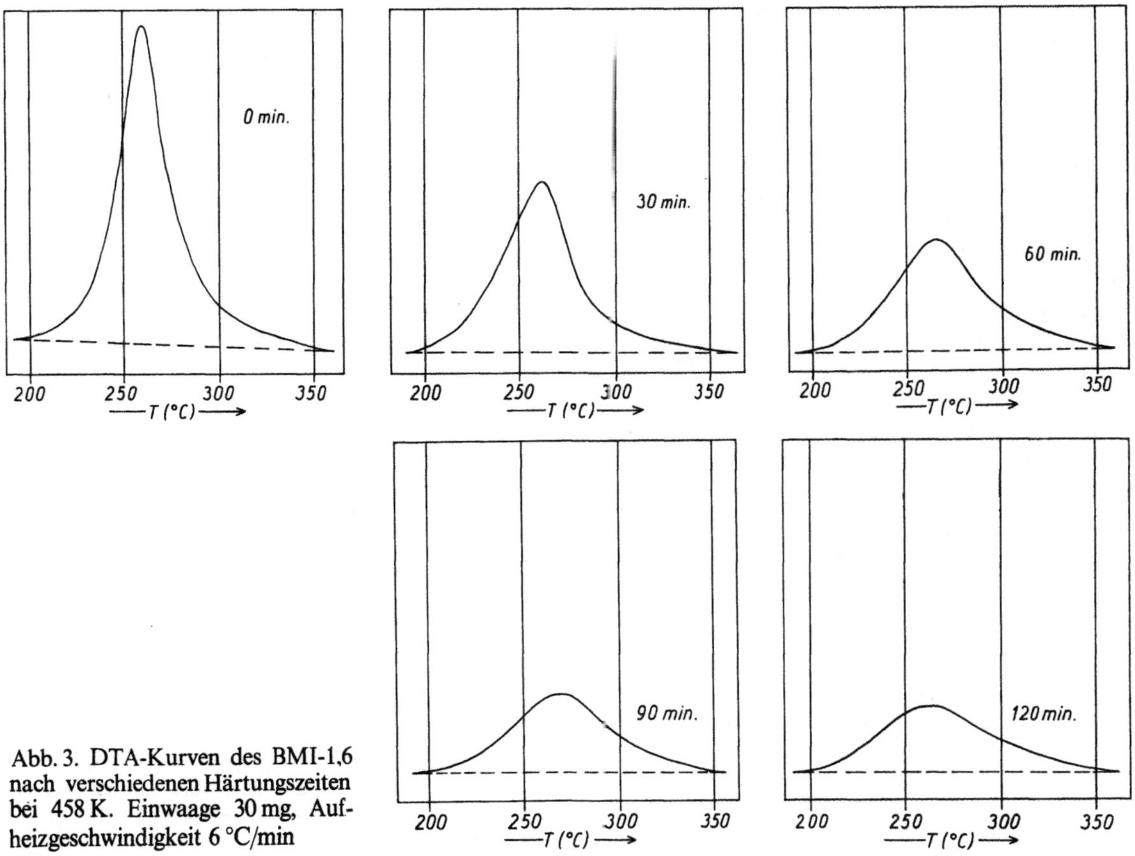

Abb. 3. DTA-Kurven des BMI-1,6 nach verschiedenen Härtungszeiten bei 458 K. Einwaage 30 mg, Aufheizgeschwindigkeit 6 °C/min

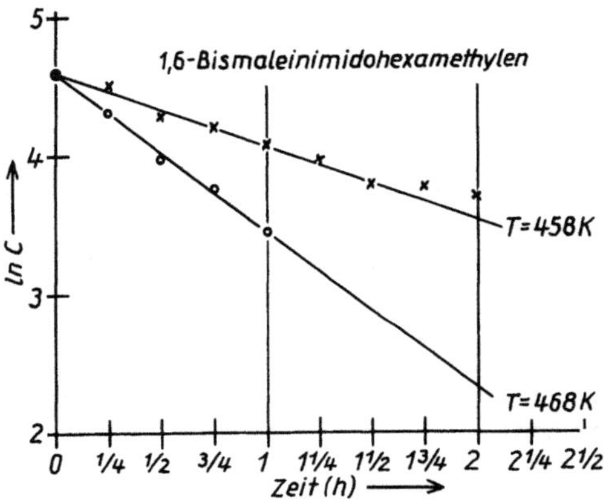

Abb. 4. Bestimmung der Geschwindigkeitskonstanten des BMI-1,6 nach der modifizierten DTA-Methode bei den Polymerisationstemperaturen $T = 458$ K und $T = 468$ K

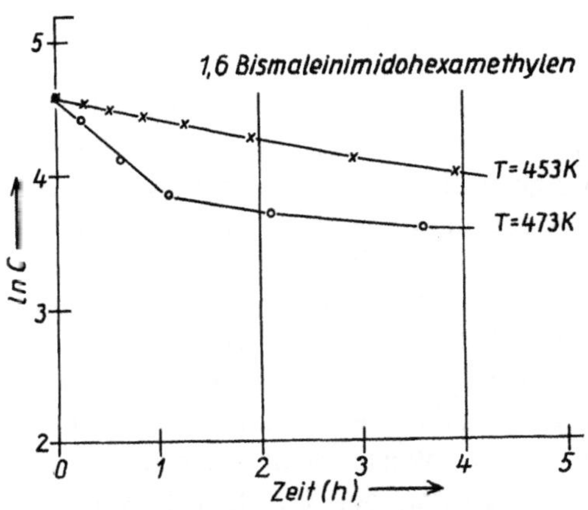

Abb. 5. Bestimmung der Geschwindigkeitskonstanten des BMI-1,6 nach der IR-Methode bei den Polymerisationstemperaturen $T = 453$ K und $T = 473$ K

zierten DTA-Methode, nach Gl. [3] die Aktivierungsenergie ermittelt werden kann.

Ergebnisse und Diskussion

In Tab. 1 sind die nach den verschiedenen Methoden berechneten Aktivierungsenergien zusammengestellt.

Es zeigt sich, daß die Ergebnisse der modifizierten DTA-Methode und der IR-Methode gut übereinstimmen, während die Werte nach *Kissinger* stark von denen der erstgenannten Methoden abweichen. Die Gründe hierfür liegen darin, daß *Kissinger* in seiner Theorie annahm, daß im Maximum des DTA-Peaks auch das Maximum der Reaktionsgeschwindigkeit liegt. Dieses Postulat ist aber, wie *Reed* et al. (10) gezeigt haben, in der Praxis nicht erfüllt. Das Maximum der DTA-Kurve zeigt lediglich an, daß hier die zugeführte Wärmemenge gleich der abgeführten ist.

Tab. 1

Substanz	E_a nach *Kissinger* [kJ/mol]	E_a nach mod. DTA-Methode [kJ/mol]	E_a nach IR-Methode [kJ/mol]
BMI-1,6	111,4	141,5	140,2
BMI-1,8	105,5	123,1	121,4
BMI-1,10	98,4	112,2	114,3
BMI-1,12	87,1	95,0	94,2

Die Ergebnisse nach der Methode von *Borchard* und *Daniels* sind in Tab. 2 zusammengefaßt. In der ersten Spalte dieser Tabelle sind die Aufheizgeschwindigkeiten in °C/min und in den weiteren Spalten die ermittelten Aktivierungsenergien in kJ/mol angegeben.

Tab. 2

Aufheiz-geschw.	BMI-1,6	BMI-1,8	BMI-1,10	BMI-1,12
1	194,7	139,8	137,3	136,5
2	176,7	133,1	126,8	120,6
4	156,6	124,8	116,4	104,7
6	146,9	119,7	110,1	96,3

Aus Tab. 2 geht hervor, daß, zunächst unerwarteterweise, mit zunehmender Aufheizgeschwindigkeit die Aktivierungsenergie abnimmt. Die Ursache für diese Erscheinung ist methodisch bedingt und findet ihre Begründung darin, daß die Differenzthermoanalyse eine dynamische Methode darstellt. Eine Erhöhung der Aufheizgeschwindigkeit bewirkt einen größeren Umsatz pro Zeiteinheit und damit eine Vergrößerung von dc/dt. Wegen $dc/dt \sim k$ bedeutet dies eine Vergrößerung der Geschwindigkeitskonstanten k. Da nun k der Aktivierungsenergie umgekehrt proportional ist, d.h. $E_a \sim 1/\ln k$, folgt, daß mit zunehmender Aufheizgeschwindigkeit die Aktivierungsenergie abnehmen muß.

Zusammenfassend kann man sagen, daß die Hauptschwierigkeiten der mathematischen Behandlung der Theorien von *Borchard* und *Daniels* und von *Kissinger* darin bestehen, daß die Differenzthermoanalyse keine isotherme, sondern eine dynamische Methode darstellt. Darüber hinaus läßt sich nach diesen beiden Methoden die zu einem bestimmten Zeitpunkt während der Reaktion noch vorhandene Menge eines Stoffes nicht direkt aus der DTA-Kurve bestimmen. Dagegen läßt sich die thermisch initiierte Polymerisation von Bismaleinimiden recht gut mit der modifizierten DTA-Methode beschreiben. Da für diese Methode lediglich die Flächen unter der Polymerisationsexothermen zur Auswertung herangezogen werden, ist die modifizierte DTA-Methode weitgehend unabhängig von der Aufheizgeschwindigkeit. Vorversuche haben ergeben, daß bei gleichen Einwaagen bis zu Aufheizgeschwindigkeiten von 10 °C/min die Flächen unter den DTA-Kurven konstant bleiben.

Damit stellt die modifizierte DTA-Methode eine sehr schnelle Methode dar und ist, im Gegensatz zur IR-Methode, auch für Bismaleinimide mit aromatischen Brückengliedern anwendbar.

Zusammenfassung

Am Beispiel der thermisch initiierten Polymerisation von Bismaleinimiden wird eine Methode zur Bestimmung kinetischer Parameter mittels Differenzthermoanalyse beschrieben. Die zeitliche Abnahme der Fläche unter der DTA-Kurve läßt unter bestimmten Voraussetzungen Rückschlüsse auf die Reaktionsordnung und die Aktivierungsenergie des Vernetzungsvorganges zu. Die mit dieser Methode gewonnenen Ergebnisse werden mit den Ergebnissen anderer Methoden verglichen und diskutiert.

Summary

A method for the determination of kinetic parameters of the crosslinking polymerization of unsaturated bismaleinimides by differential thermal analysis is described. From the decrease of the area under the polymerization exotherm, rate constants and activation energies of the polymerization were determined. The results obtained by this method were compared with those obtained by other methods.

Literatur

1) *Behr, E.*, Hochtemperaturbeständige Kunststoffe (München 1969).

2) *Grundschober, F.*, Battelle-Kolloquium, Frankfurt a.M., Febr. 1968.

3) *Borchard, H. J.* und *Daniels, F.*, J. Amer. Chem. Soc. **79**, 41–46 (1957).

4) *Borchard, H. J.*, J. Inorg. Nucl. Chem. **12**, 252–254 (1960).

5) *Kissinger, H. E.*, Analytic. Chem. **29**, 1702–1706 (1957).

6) *Barrett, K. E. J.*, J. Appl. Polymer Sci. **11**, 1617 bis 1626 (1967).

7) *Katovic, Z.*, J. Appl. Polymer Sci. **11**, 95–102 (1967).

8) *Nachtrab, G.*, Kunststoffe **60**, 261–265 (1970).
9) *Siesler, H., K.-U. Heinen, H. Stenzenberger* und *D. O. Hummel*, in Vorb.
10) *Reed, R. L., L. Weber* und *B. S. Gottfried*, Ind. Eng. Chem. **4**, 38–46 (1965).

Anschrift der Verfasser:
K. U. Heinen und *D. O. Hummel*
Institut für Physikalische Chemie
und Kolloidchemie der Universität
5000 Köln-41, Universitätsstraße 14

Kolloid-Z. u. Z. Polymere **251**, 906–912 (1973)

Vorgetragen auf der Arbeitstagung des Fachausschusses Physik der Hochpolymeren im Rahmen der Frühjahrstagung des Arbeitskreises Festkörperphysik bei der Deutschen Physikalischen Gesellschaft vom 21.–23. März 1973 in Münster/Westf.

Aus dem Institut für Physikalische Chemie, Universität Köln

Raman- und Infrarotspektren von linearen, aliphatischen Polyestern: Einfluß der Estergruppe auf die Schwingungen der Methylengruppen und des Molekelgerüstes

Von K. Holland-Moritz

Mit 8 Abbildungen und 1 Tabelle

(Eingegangen am 25. April 1973)

Einleitung

Die chemischen und physikalischen Eigenschaften von Polymeren des Typs

$$—((CH_2)_x—Z—(CH_2)_y—Z—)—$$

(mit Z = O, S, CO, SO_2, COO, CONH, NHCONH, NHCOO usw.)

werden stark von der Heterogruppe Z beeinflußt. Mit wachsender Länge der Methylensequenzen nimmt die Ähnlichkeit zum Polyäthylen zu. Die Wechselwirkungen zwischen Methylengruppen und Heterogruppen bestimmen die Konformationen der Molekelketten und das Kristallisationsverhalten der Polymeren.

Die Lage der Schmelzpunkte der linearen, aliphatischen Polyester hängt in charakteristischer Weise von der Länge der Methylensequenzen ab. Diese Abhängigkeit kann durch den Einfluß der Heterogruppe COO erklärt werden (1). Die Polyester mit einer geraden Anzahl von CH_2-Gruppen in der Alkohol- und Säurekomponente (PE-g,g) kristallisieren leicht, diejenigen mit einer ungeraden Anzahl von Methylengruppen im Alkohol- oder Säureteil (PE-u,g; PE-g,u) kristallisieren teilweise mit Schwierigkeiten. Röntgenbeugungsuntersuchungen von *Fuller* et al. (2), *Turner-Jones* und *Bunn* (3), *Hobbs* und *Billmeyer* (4), sowie eigene Elektronenbeugungsuntersuchungen (5) lassen auf eine annähernd planare Zickzack-Konformation des Molekelgerüstetes der kristallisierbaren Polyester schließen. Raman- und infrarotspektroskopische Untersuchungen (1, 5, 6) bestätigen diese Struktur. Der Äthandiol-Bernsteinsäure-Polyester (PE-2,4) weist keine planare Konformation auf (2, 5). Der Butandiol-Bernsteinsäure-Polyester (PE-4,4) tritt wahrscheinlich in einer nicht planaren und einer planaren Modifikation auf.

Experimentelles

Die Molekulargewichte der durch Polykondensation von α,ω-Dialkoholen mit einem 10%-igen Überschuß von α,ω-Dicarbonsäuren synthetisierten Polyester (Abb. 1) lagen zwischen 1500 und 4000[1]). Die Infrarotspektren der in Abb. 1 aufgeführten Polyester wurden mit dem Infrarotspektrometer Modell 125 der Firma Perkin-Elmer von langsam auf KBr-Scheiben rekristallisierten Schmelzfilmen bei 153 K, 323 K und 393 K in einem Wellenzahlbereich von 4000 cm^{-1} bis 400 cm^{-1} aufgenommen.

Zur Registrierung der Ramanspektren von fein gepulverten Polyesterproben zwischen Δ 4000 cm^{-1} und 400 cm^{-1} diente ein Laser-Raman-Spektrometer Modell 25305 von Jarrell-Ash. Als Erregerlinie wurde die rote Kryptonlinie bei 647,1 nm oder die blaue Argonlinie bei 488 nm benutzt. Die Intensität des Laserstrahles betrug 150 mW.

Diskussion

Lineare, aliphatische Polyester aus α,ω-Dialkoholen und α,ω-Dicarbonsäuren enthalten in erster Näherung drei zu unterscheidende Methylengruppen, die wegen der verschiedenen benachbarten Atomgruppen unterschiedlichen intramolekularen Kräften unterliegen (Abb. 2). Es sind dies die α-ständigen CH_2-Gruppen der Säure- und Alkoholkomponente, sowie die mittelständigen β, γ, δ, ... -CH_2-Gruppen beider Komponenten. Wegen der unterschiedlichen Kopplung der Methylengruppen, bedingt durch den Einfluß der Estergruppe auf das Kraftfeld der benachbarten Atome, müssen die Schwingungen der jeweils α-ständigen CH_2-Gruppen,

---

[1]) Die Proben wurden freundlicherweise von *H. Batzer*, *F. Lohse* und *R. Schmid*, Ciba-Geigy AG, Basel, hergestellt.

Polyester - X,Y (X ↓, Y →)	3	4	5	6	7	8	9	10	11	12
2		IR,R X		IR,R X		IR,R X	X	IR,R X		
3		IR,R X	X	X	X	X	X	X		
4	IR	IR,R	IR,R	IR,R		IR,R		IR,R		
5		IR,R		IR,R	IR,R					
6		IR,R	IR,R	IR,R	IR,R	IR,R	IR,R	IR,R		
7		IR,R		IR,R						
8		IR,R		IR,R		IR,R E		IR,R		
9		IR,R								
10		IR,R X	X	IR,R X		IR,R X	X	IR,R X		
11										
12										IR,R

Abb. 1. Untersuchte Polyester (IR = Infrarotspektren, R = Ramanspektren, X = Röntgenbeugung, E = Elektronenbeugung)

Abb. 2. Unterschiedliche Typen von Methylengruppen in aliphatischen Polyestern

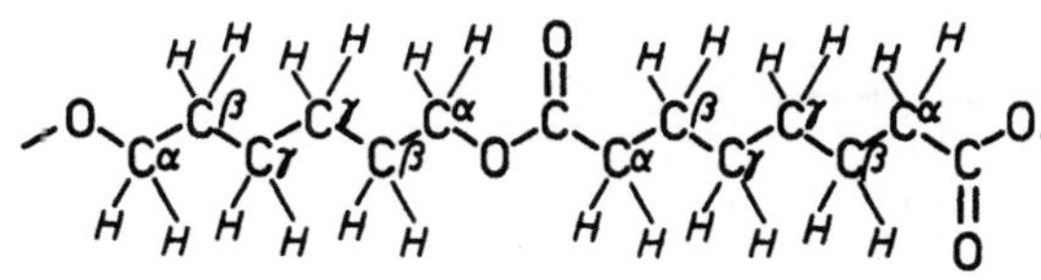

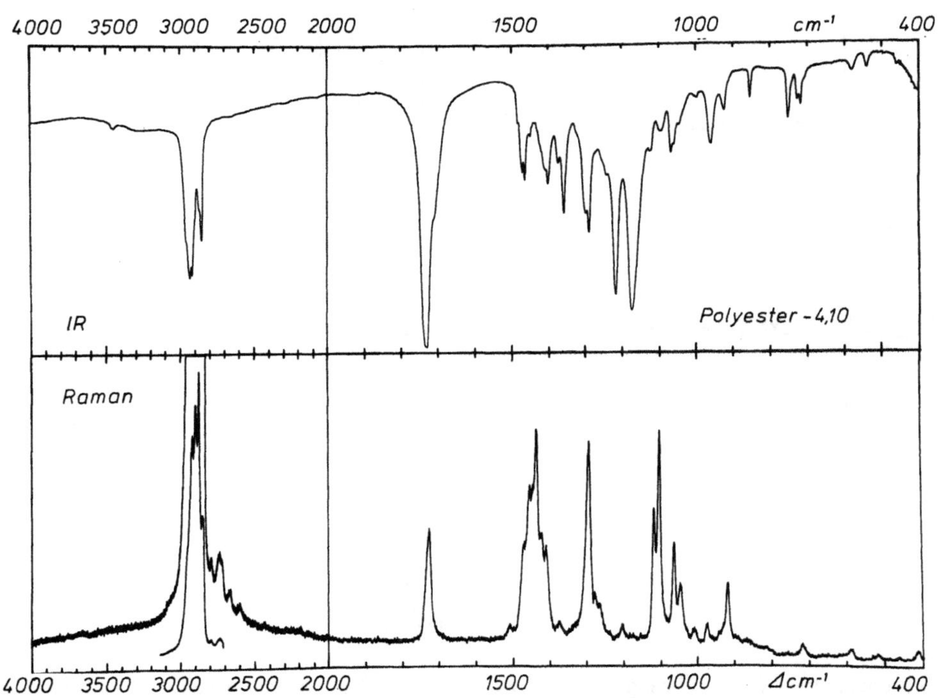

Abb. 3. Infrarot und Ramanspektrum des Butandiol Sebacinsäure-Polyesters zwischen 4000 cm^{-1} und 400 cm^{-1}

sowie die Gerüstschwingungen unter Beteiligung der C_β—C_α—O-, C_α—O—CO-, O—CO—C_α-Bindungen ein von den mittelständigen Gruppen unterschiedliches Schwingungsverhalten zeigen und somit spektroskopisch zu erfassen sein.

Infrarot- und Ramanspektren der aliphatischen Polyester lassen sich in folgende vier Schwingungsbereiche gliedern (Abb. 3):

I: CH_2-Streckschwingungen zwischen 3000 cm^{-1} und 2800 cm^{-1}
II: C=O-Streckschwingungen bei 1730 cm^{-1}
III: CH_2-Deformationsschwingungen und Gerüststreckschwingungen zwischen 1500 cm^{-1} und 700 cm^{-1}
IV: Deformationsschwingungen des Molekelgerüstes unterhalb 700 cm^{-1}.

Bei Änderung der Zahl der Methylengruppen in der Alkohol- bzw. Säurekomponente treten in den Infrarotspektren charakteristische Banden, sowie Bandenverschiebungen im Bereich der bending- (1500 cm^{-1}–1400 cm^{-1}), wagging- (1400 cm^{-1}–1200 cm^{-1}) und rocking-Schwin-

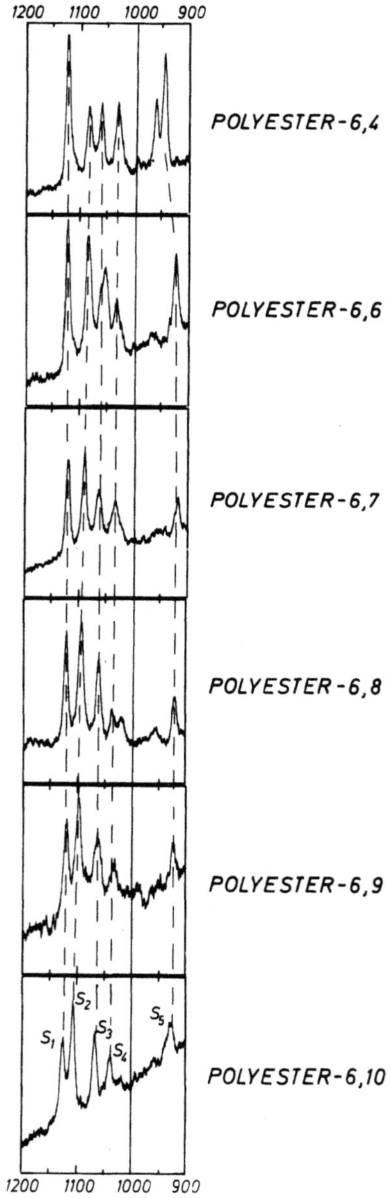

Abb. 4. Die ramanaktiven Streckschwingungen des Molekelgerüstes bei Variation der Zahl der Methylengruppen der Säurekomponente

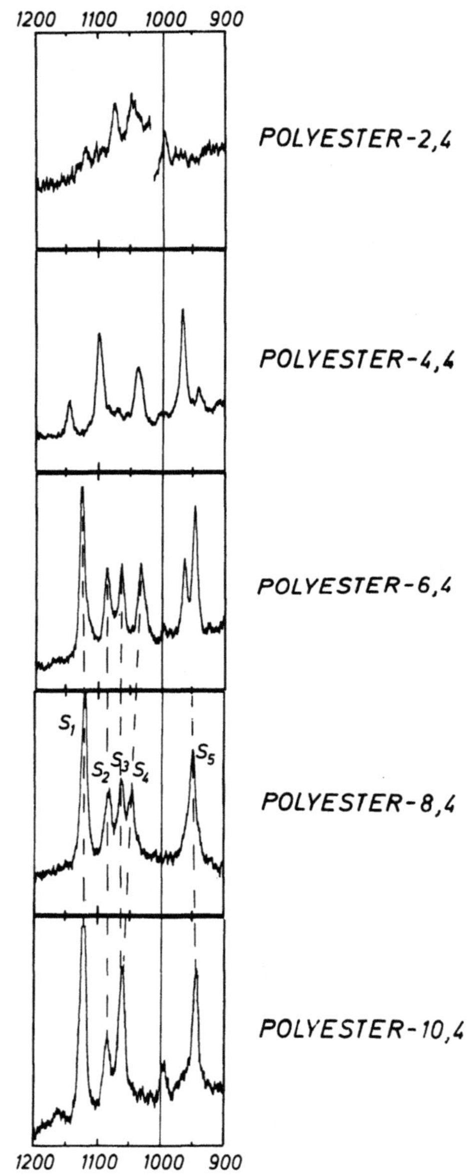

Abb. 5. Die ramanaktiven Streckschwingungen des Molekelgerüstes bei Variation der Zahl der Methylengruppen der Alkoholkomponente

gungen (1000 cm^{-1}–720 cm^{-1}) auf (1, 5, 6). Zur infrarotspektroskopischen Charakterisierung der Polyester eignen sich die weniger intensiven Banden der Gerüstschwingungen kaum. Hingegen finden sich in den Ramanspektren die deutlichsten und definiertesten Änderungen bei Variation der Länge der Methylensequenzen zwischen 1150 cm^{-1} und 900 cm^{-1}. Die in diesem Bereich auftretenden 4 oder 5 Banden mittlerer bis starker Intensität können den Gerüstschwingungen zugeordnet werden (Abb. 4, Abb. 5).

Bei dieser Zuordnung der Gerüstschwingungen – einschließlich der Schwingungen der Atome der Estergruppe – müssen induktive und mesomere Effekte berücksichtigt werden. Unabhängig von Kopplungseffekten über mehrere Bindungen sind in erster Näherung folgende Streckschwingungen des Molekelgerüstes möglich, deren Frequenzen in dem zu diskutierenden Bereich liegen (Abb. 3).

I: Streckschwingungen der mittelständigen Kohlenstoffatome (C_β, C_γ, ...) beider Komponenten
II: Streckschwingungen der C_α-C_β-Atome des Säure- und Alkoholteils
III: Streckschwingungen der C_α—O—CO-Gruppe
IV: Streckschwingungen der CO—C_α-Gruppe

Es ist zu erwarten, daß sich die Frequenzen der Streckschwingungen der C_α-C_β-Gruppen beider Komponenten nicht wesentlich unterscheiden, jedoch sollten sich die der Streckschwingungen der C_α—O- und O—CO-Bindungen wegen des Einflusses der Carbonylgruppe unterscheiden. Da sich das Kraftfeld in den C_α—O—CO—C_α-Gruppen durch unterschiedlich lange Methylensequenzen kaum beeinflussen läßt, dürfen die Banden der Streckschwingungen der C_α—O—CO—C_α-Gruppen bei Änderung der Zahl der CH_2-Gruppen keinen wesentlichen Wellenzahlschwankungen unterliegen.

Von den 5 in den Ramanspektren der Polyester (Ausnahme: Äthandiolpolyester) zwischen 1150 cm^{-1} und 900 cm^{-1} auftretenden Banden mittlerer bis starker Intensität, liegen die Banden S_1 (1122 $\pm$ 2 cm^{-1}), S_3 (1063 $\pm$ 1 cm^{-1}) und S_5 (922 $\pm$ 2 cm^{-1}) abgesehen von den angegebenen, verständlichen Ausnahmen immer in demselben Wellenzahlbereich. Die Intensität der Bande S_1 vermindert sich relativ zum Gesamtspektrum deutlich mit zunehmender Länge der Säurekomponente bei jeweils konstant bleibender Alkoholkomponente. Die Bande S_2 findet sich bei den Polyestern PE-*x*,4 bei 1087 $\pm$ 2 cm^{-1} und verschiebt sich mit wachsender Zahl der Methylengruppen der Säurekomponente zu höheren Wellenzahlen hin und liegt beim PE-12,12 bei 1108 cm^{-1}. Im Bezug auf das Gesamtspektrum bleibt die Intensität dieser Bande annähernd konstant. Dies gilt ebenfalls für die Bande S_3, solange sie nicht von der Bande S_4 überlagert wird (Abb. 5). Die Bande S_4 verschiebt sich mit zunehmender Länge der Alkoholkomponente von 1033 $\pm$ 2 cm^{-1} bei den Polyestern PE-6,*y* nach höheren Wellenzahlen und überlagert sich bei den Polyestern PE-10,*y* und PE-12,*y* der Bande S_3, die dadurch wesentlich intensiver erscheint. Die Bande S_5 findet sich bei allen Polyestern mit mehr als 3 CH_2-Gruppen in der Säurekomponente bei 922 $\pm$ 2 cm^{-1}. Bei kürzeren Methylensequenzen im Säureteil verschiebt sich diese Bande über 932 cm^{-1} bei den Polyestern PE-*x*,5 nach 945 cm^{-1} bei den Polyestern PE-*x*,4. Gleichzeitig wird diese Bande intensiver (Abb. 4).

Unter Berücksichtigung der mesomeren und induktiven Einflüsse der Carbonylgruppe auf die Bindungen der C_α—O—CO—C_α-Gruppe und der damit verknüpften Änderungen in den Kraftkonstanten gegenüber vergleichbaren Bindungen ohne benachbarte Carbonylgruppe ergibt sich durch Vergleich der Spektren der Polymeren und Monomeren die in Tab. 1 angegebene Zuordnung der ramanaktiven Gerüstschwingungen. Die Ramanspektren der zugehörigen Monomeren können in diesem Bereich nur begrenzt bei der Zuordnung berücksichtigt werden. Die in der C_α—O—CO—C_α-Gruppe vorliegenden Bindungsverhältnisse können nicht auf die der Alkohole übertragen werden. In den Ramanspektren der dimerisierten Dicarbonsäuren treten in dem diskutierten Bereich immer zwei Banden auf, die bei Variation der Zahl der Methylengruppen zwischen den Carboxylgruppen ein den Banden S_2 und S_5 analoges Verhalten zeigen. Eine Verschiebung der reinen C—C-Gerüststreckschwingungen mit zunehmender Länge der Methylensequenz in paraffinähnlichen Substanzen wurde von verschiedenen Autoren in Raman- und Infrarotspektren beobachtet (7, 8, 9).

Zwischen 1500 cm^{-1} und 1400 cm^{-1} kann der Einfluß der Estergruppe auf die bending-Schwin-

Tab. 1. Wellenzahlen und Zuordnung der ramanaktiven Streckschwingungen des Molekulargerüstes

Bande	Wellenzahl	Zuordnung
S_1	1122 ± 2 für $x \geqslant 2$, $y \geqslant 4$	O—CO
S_2	$y=4$ $y=5$ $y=6$ $y=7$ $y=8$ $y=9$ $y=10$ $y=12$ $x \geqslant 2$ 1082 1084 1087 1092 1097 1099 1102 1108 ± 2	C—C, mittelständige C-Atome der Säurekomponente
S_3	1063 ± 1 für $x \geqslant 2$, $y \geqslant 4$	C_α—O
S_4	$x=4$ $x=5$ $x=6$ $x=7$ $x=8$ $x=9$ $x=10$ $x=12$ $y \geqslant 4$ 1045 1040 1032 1034 1046 1063 1064 ± 2	C—C, mittelständige C-Atome der Alkoholkomponente
S_5	$y=4$ $y=5$ 945 932 922 ± 2 für $x \geqslant 2$, $y \geqslant 6$	CO—C_α

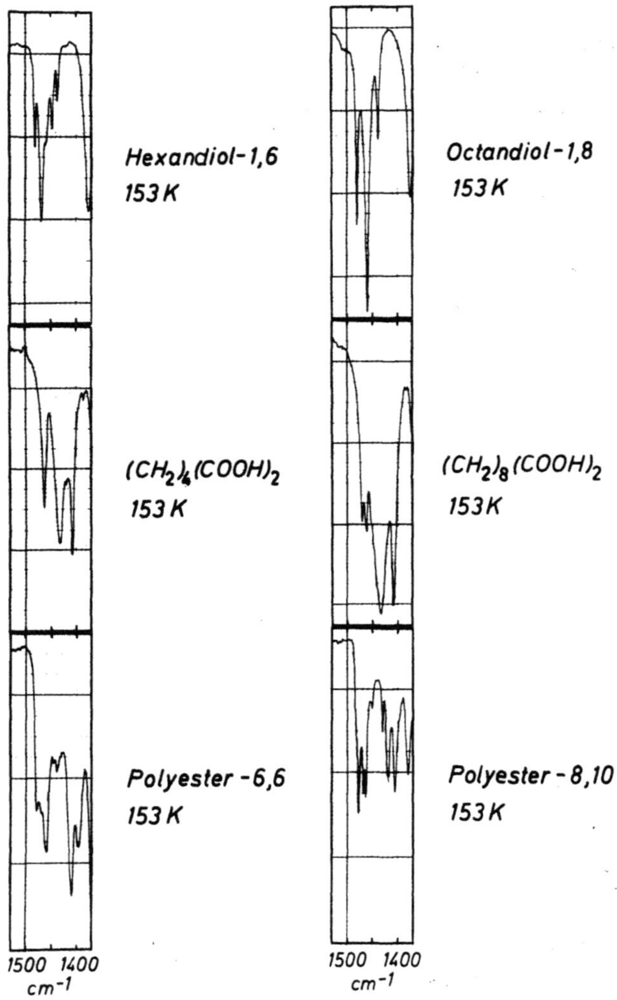

Abb. 6. Die infrarotaktiven CH_2-bending-Schwingungen am Beispiel der Polyester PE-6,6 und PE-8,10 und ihrer Monomeren

gungen der CH_2-Gruppen in Raman- und Infrarotspektren sehr deutlich verfolgt werden. Aus Literaturangaben ist bekannt, daß die bending-Schwingungen mittelständiger CH_2-Gruppen kristalliner und amorpher Substanzen Banden zwischen 1475 cm^{-1} und 1435 cm^{-1} hervorrufen. Die bending-Schwingungen der α-CH_2-Gruppen mit benachbartem Sauerstoffatom liegen oberhalb 1475 cm^{-1} (10, 11), die der α-CH_2-Gruppen mit benachbarten C=O-Gruppe zwischen 1420 cm^{-1} und 1410 cm^{-1} (12, 13).

Die Infrarotspektren der Dialkohole mit mehr als zwei Methylengruppen zeigen zwischen 1482 cm^{-1} und 1478 cm^{-1}, sowie 1463 cm^{-1} und 1459 cm^{-1} jeweils eine scharfe Bande mittlerer Intensität und eine schwache Bande bei 1440 cm^{-1}, die den bending-Schwingungen der α- bzw. der mittelständigen CH_2-Gruppen zugeordnet werden (Abb. 6, Abb. 8). Mittelständige CH_2-Gruppen der Dicarbonsäuren absorbieren zwischen 1475 cm^{-1} und 1465 cm^{-1}, α-CH_2-Gruppen bei 1410 cm^{-1}. Eine breite Bande mittlerer Intensität wird einer Ringschwingung der dimer gebundenen Carboxylgruppen zugeschrieben (12).

Dialkohole besitzen Ramanbanden zwischen 1483 cm^{-1} und 1475 cm^{-1}, 1466 cm^{-1} und 1457 cm^{-1}, sowie 1446 cm^{-1} und 1439 cm^{-1} (Abb. 7). Wie bei allen paraffinähnlichen Substanzen liegen die intensivsten Banden der ramanaktiven bending-Schwingungen der mittelständigen Methylengruppen um 20 cm^{-1} niedriger als die Banden der infrarotaktiven Schwingungen. Dies gilt auch für die entsprechenden Schwingungen der Dicarbonsäuren mit Banden zwischen 1468 cm^{-1} und 1458 cm^{-1}, 1446 cm^{-1} und 1430 cm^{-1}, sowie 1420 cm^{-1} und 1410 cm^{-1}. In den Ramanspektren der kristallinen Dialkohole und Dicarbonsäuren können im bending-Schwingungsbereich zusätzlich die ersten Oberschwingungen der infrarotaktiven rocking-Schwingungen der Methylengruppen auftreten.

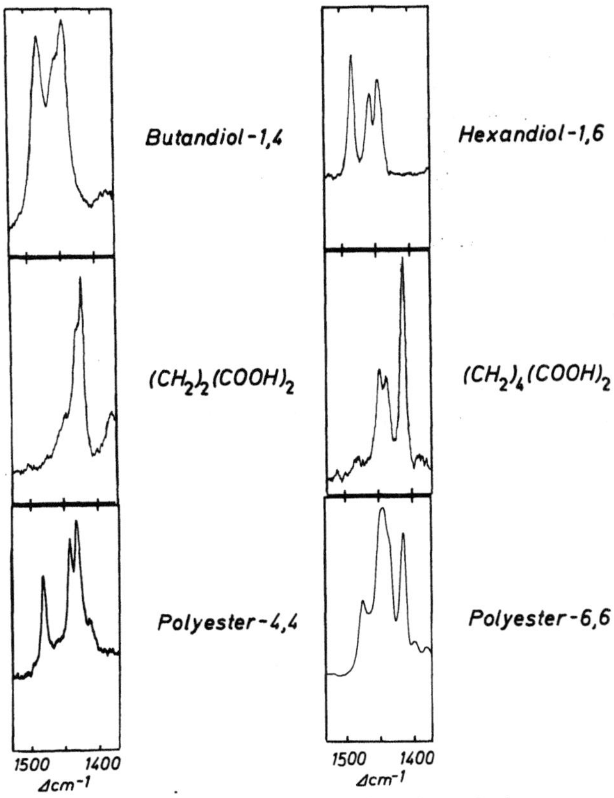

Abb. 7. Die ramanaktiven CH_2-bending-Schwingungen am Beispiel der Polyester PE-4,4 und PE-6,6 und ihrer Monomeren

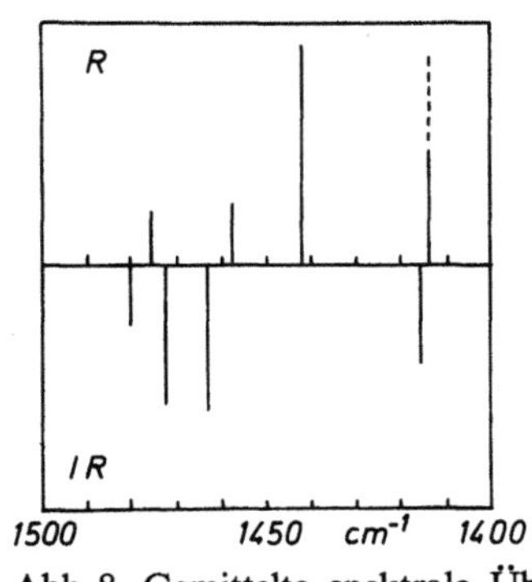

Abb. 8. Gemittelte spektrale Übergänge des Bereiches der CH_2-bending-Schwingungen der Polyester

Mit Ausnahme der Banden der Ringschwingungen der dimer gebundenen Carboxylgruppen finden sich im Bereich der bending-Schwingungen sowohl der Infrarot- als auch der Ramanspektren der Polyester alle charakteristischen Banden der zugehörigen Monomeren. Die Bande der α-CH_2-bending-Schwingung der Säurekomponente ist bei den Polyestern 5 cm^{-1} zu höheren Wellenzahlen verschoben, da die C—C_α-Bindung der Dicarbonsäuren durch Mesomerie mehr geschwächt wird als in den Polyestern.

In Abb. 8 sind die wichtigsten spektralen Übergänge (gemittelte Werte) der bending-Schwingungen von Dialkoholen, Dicarbonsäuren und Polyestern aufgetragen. Bei Monomeren und Polymeren mit nur α-CH_2-Gruppen fehlen die entsprechenden Banden der mittelständigen Methylengruppen. In den kristallineren Polyestern (und Dicarbonsäuren) mit mindestens 4 CH_2-Gruppen wird teilweise eine sehr intensive Bande um 1414 cm^{-1} beobachtet, die nicht nur der bending-Schwingung der α-CH_2-Gruppe der Säurekomponente zugeschrieben werden kann. Möglicherweise ist für diese große Intensität eine durch Fermi-Resonanz verstärkte Wechselwirkung des ersten Obertons der Au-rocking-Schwingung bei 721 cm^{-1} mit der Ag-bending-Schwingung der α-CH_2-bending-Schwingung verantwortlich (5).

Wegen der bei den rocking-Schwingungen in den Infrarotspektren auftretenden Progressionsbanden (1), sollte die Lage ihrer ramanaktiven Oberschwingungen ebenfalls von der Länge der Methylensequenzen abhängen. Durch ramanspektroskopische Untersuchungen an auf 110 K gekühlten Polyestern werden diese Oberschwingungen zur Zeit näher untersucht.

Zusammenfassung

Die *Raman*- und Infrarotspektren der aus α,ω-Dialkoholen und α,ω-Dicarbonsäuren synthetisierten linearen, aliphatischen Polyester des Typs

$$\text{—}((CH_2)_x\text{—O—CO—}(CH_2)_y\text{—CO—O})\text{—}$$

mit $x = 2, 3, \ldots 12$ und $y = 3, 4, \ldots 12$

werden diskutiert und mit den Spektren der entsprechenden Dialkohole und Dicarbonsäuren verglichen. Aus den charakteristischen Unterschieden und Übereinstimmungen zwischen den Spektren der verschiedenen Polyester einerseits und den Spektren der Monomeren und Polyester andererseits wird der Einfluß der Estergruppe auf die Schwingungen der Methylengruppen und des Molekelgerüstes untersucht.

Summary

The *Raman* and infrared spectra of linear aliphatic polyesters of the type

$$\text{—}((CH_2)_x\text{—O—CO—}(CH_2)_y\text{—CO—O})\text{—}$$

which were synthesized from α,ω-hydroxyalkanes and α,ω-carboxyalkanes, were discussed and compared with the spectra of the corresponding diols and dicarboxylic acids. The characteristic changes between the spectra of different polyesters on the one side and the spectra of the monomers and polyesters on the other side made it possible to study the influence of the ester group on the vibrations of the monoethylene groups and the skeletal.

Literatur

1) *Hummel, D. O.* und *K. Holland-Moritz*, Molecular Spectroscopy (London, 1971), 297.

2) *Fuller, C. S.*, Chem. Rev. **26**, 143 (1940).

3) *Turner-Jones, A.* und *C. W. Bunn*, Acta Cryst. **15**, 105 (1962).

4) *Hobbs, S. Y.* und *F. Y. Billmeyer*, J. Polymer Sci. **A-2**, **7**, 1119 (1967).

5) *Holland-Moritz, K.* und *D. O. Hummel*, J. Mol. Structure 19 A, 289 (1973).

6) *Holland-Moritz, K.* und *D. O. Hummel*, Second European Symposium on Polymer Spectroscopy, Mailand 1971.

7) *Snyder, J. H.* und *R. G. Schachtschneider*, Spectrochim. Acta **19**, 85 (1963).

8) *Zbinden, R.*, Infrared Spectroscopy of High Polymers (New York 1964).

9) *Kohlrausch, K. W. F.*, Der Smekal-Raman-Effekt (Berlin 1938).

10) *Uchida, T.* und *H. Tadokoro*, J. Polymer Sci. **A-2**, **5**, 63 (1967).

11) *Kakida, H., D. Makino, Y. Chatani, M. Kobayashi* und *H. Tadokoro*, Macromolecules **3**, **5**, 569 (1970).

12) *Jones, R. N.*, Can. J. Chem. **40**, 321 (1962).

13) *Hadzi, D.* und *N. Sheppard*, Proc. Roy. Soc. **A 216**, 247 (1953).

Anschrift des Verfassers:

Dr. *K. Holland-Moritz*
Institut für Physikalische Chemie der Universität
5000 Köln-41, Luxemburger Str. 116

Kolloid-Z. u. Z. Polymere **251**, 913–918 (1973)

Vorgetragen auf der Arbeitstagung des Fachausschusses Physik der Hochpolymeren im Rahmen der Frühjahrstagung des Arbeitskreises Festkörperphysik bei der Deutschen Physikalischen Gesellschaft vom 21.–23. März 1973 in Münster/Westf.

Aus dem Institut für Physikalische Chemie, Universität zu Köln

Raman- und Infrarotspektren der höheren, isotaktischen Poly-α-olefine I: Der Einfluß der Temperatur auf die Schwingungsspektren

Von K. Holland-Moritz, I. Modric, K.-U. Heinen, D. O. Hummel

Mit 8 Abbildungen und 2 Tabellen

(Eingegangen am 25. April 1973)

Einleitung

Nach der Veröffentlichung der Methode von *Ziegler* zur Synthese höhermolekularer Olefine aus Äthylen (1), gelang es 1954 *Natta* u. Mitarb. (2), Propen und andere α-Olefine zu hochmolekularen Produkten zu polymerisieren. Röntgenographische Untersuchungen zeigten, daß es sich bei den erhaltenen Substanzen um stereoreguläre Polymere handelte. Nach *Natta* nehmen die isotaktischen Poly-α-olefine im kristallinen Zustand eine Helixstruktur an (3). Im Anschluß an diese Arbeiten erschien eine Vielzahl von Publikationen, die sich mit der Chemie und Physik der Poly-α-olefine und deren Anwendung in der Technik beschäftigten. Polypropen und Polybuten-1 wurden besonders eingehend studiert; die höheren Polyolefine erlangten geringere Aufmerksamkeit.

Chemische und physikalische Eigenschaften isotaktischer Poly-α-olefine hängen in charakteristischer Weise ab von der Länge der Seitenketten, insbesondere von deren räumlicher Orientierung und deren intra- und intermolekularen Wechselwirkungen. Die Hauptkette von Poly-α-olefinen besteht aus einer Vinylkette mit einem Alkylrest an der CH-Gruppe:

$$
\begin{array}{ccccccccc}
—CH_2— & CH & —CH_2— & CH & —CH_2— & \\
 & | & & | & & \\
 & (CH_2)_n & & (CH_2)_n & & (n=0,1,2,\ldots) \\
 & | & & | & & \\
 & CH_3 & & CH_3 & &
\end{array}
$$

Die Kettenformation (Regularität) und das Kristallisationsverhalten der Polymeren werden von der Zahl der CH_2-Gruppen in den Seitenketten bestimmt. In Tab. 1 sind die Schmelzpunkte der homologen Reihe isotaktischer Poly-α-olefine angegeben. Die länger werdenden Seitenketten behindern die Ausbildung einer ein- und dreidimensionalen Ordnung: Die Kristallisationsneigung nimmt ab, die Entropie steigt und die Schmelzpunkte sinken. Polyhexen-1, Polyhepten-1 und Polyocten-1 sind bei Zimmertemperatur amorph und kristallisieren auch bei −20 °C äußerst schwierig (4). Nach *Turner-Jones* zeigt sich vom Polynonen-1 an eine deutliche Kristallisationstendenz der Seitenketten. Ab Polytetradecen-1 reichen die Wechselwirkungen innerhalb und zwischen den Seitenketten aus, um eine mit den Paraffinen vergleichbare Anordnung der Seitenketten zu ermöglichen. Die Infrarot- und Ramanspektren des Polyoctadecen-1 sind jenen des Polyäthylens schon sehr ähnlich (Abb. 1 und 2).

Die von einem kristallinen Hochpolymeren angenommene Kettenkonformation hängt vor allem von der chemischen Struktur ab. In einigen Fällen wurden jedoch – je nach Herstellungsbedingungen und Temperatur – unterschiedliche definierte Kettenkonformationen für ein und dasselbe Polymere gefunden. Kristallines isotaktisches Polypropen tritt nur in einer 3_1-Helix auf. Vom Polybuten-1 sind drei Modifikationen bekannt. Der Umwandlungspunkt zwischen Modifikation I (rhombisch, 3_1-Helix) und II (tetragonal, 11_3-Helix) liegt bei 65 °C (5, 8), Modifikation III (rhombisch, 10_3-Helix) (8) kann nur durch Kristallisation aus der Schmelze erhalten werden. Die höheren Poly-α-olefine wurden im Hinblick auf verschiedene Modifikationen sowie Glasumwandlungen bisher nicht eingehend untersucht.

In diesem Beitrag werden erste Ergebnisse über spektroskopische Untersuchungen zur Bestimmung von Konformation und Kristallinität, sowie den Einfluß der Temperatur auf die Infrarotspektren der höheren Poly-α-olefine am Beispiel des Polyoctadecens, mitgeteilt.

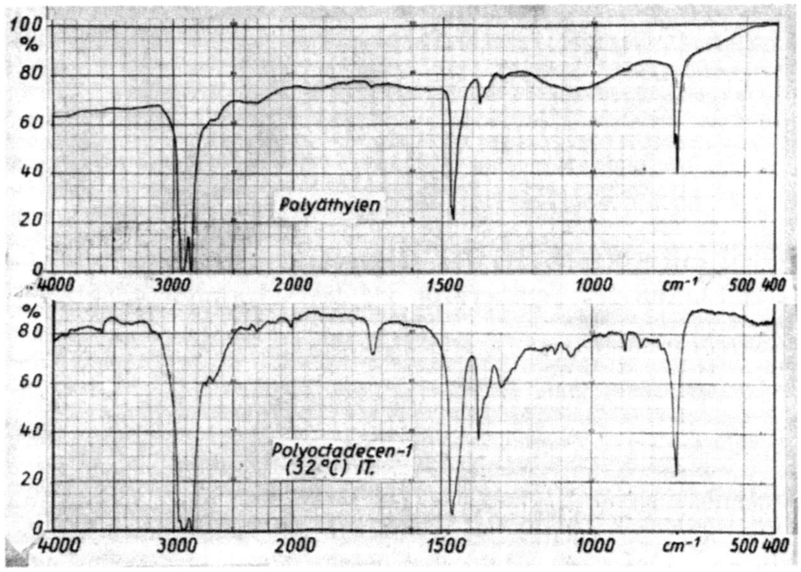

Abb. 1. Infrarotspektrum des Polyoctadecen-1 und Polyäthylen

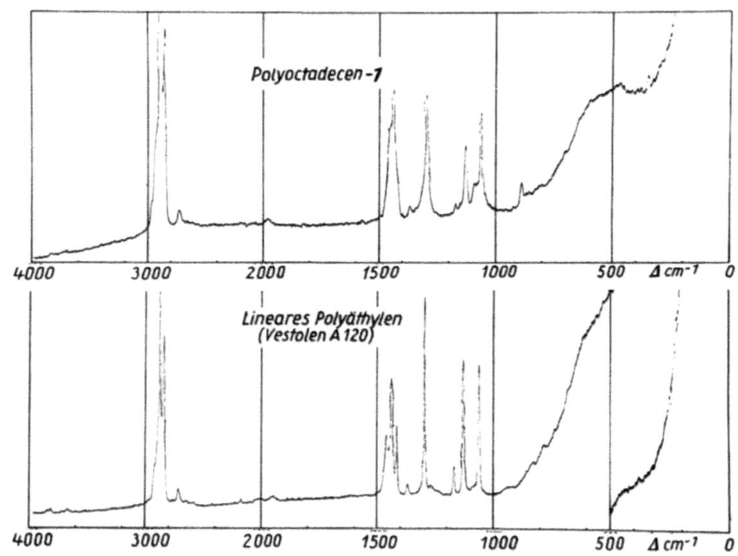

Abb. 2. Ramanspektrum des Polyoctadecen-1 und Polyäthylen

Tab. 1. Schmelzpunkte und Seitenketten der Poly-α-Olefine

Name	Seitenkette	Schmelzpunkt
Polypropen-1	$-CH_3$	171 °C
Polybuten-1	$-(CH_2)_1-CH_3$	120 °C
Polypenten-1	$-(CH_2)_2-CH_3$	73 °C
Polyhexen-1	$-(CH_2)_3-CH_3$	–
Polyhepten-1	$-(CH_2)_4-CH_3$	–
Polyocten-1	$-(CH_2)_5-CH_3$	–
Polydecen-1	$-(CH_2)_7-CH_3$	29 °C
Polydodecen-1	$-(CH_2)_9-CH_3$	46 °C
Polytetradecen-1	$-(CH_2)_{11}-CH_3$	52 °C
Polyhexadecen-1	$-(CH_2)_{13}-CH_3$	63 °C
Polyoctadecen-1	$-(CH_2)_{15}-CH_3$	71 °C

Experimentelles

Die Ramanspektren der isotaktischen Poly-α-olefine[1]) wurden mit einem Laser-Raman-Spektrometer Modell 25305 der Firma Jarrell-Ash in einem Wellenzahlbereich von 4000 cm^{-1} bis 100 cm^{-1} aufgenommen. Als Erregerlinie wurde die blaue Argonlinie (488 nm) oder die rote Kryptonlinie (647,1 nm) benutzt. Die Leistung der Strahlung betrug jeweils 150 mW.

Die Infrarotspektren wurden auf einem Spektrometer Modell 125 der Firma Perkin Elmer zwischen 4000 cm^{-1} und 400 cm^{-1} registriert. Um die Konformation der Seitenketten des Polyoctadecen-1 in Abhängigkeit von

[1]) Die Proben wurden uns freundlicherweise von *E. G. M. Tornqvist*, Esso Research and Engineering Company, New Jersey, überlassen (6).

der Temperatur zu untersuchen, wurden die Infrarotspektren des Polyoctadecen-1 mit einer von uns entwickelten Kühl- und Heizzelle (7) bei verschiedenen Temperaturen gemessen. Die Temperatur der Probe konnte zwischen -170 °C und 200 °C mit einer Genauigkeit von $\pm 0{,}2$ eingestellt werden. Es war somit möglich, die Infrarotspektren in diesem Bereich bei genau definierten Temperaturen ohne Zellenwechsel zu messen. Die optimalen Meßtemperaturen ergaben sich aus DTA-Kurven. Die folgende Abb. 3 zeigt die DTA-Kurve einer Probe von Polyoctadecen-1, deren Vorbehandlung der infrarotspektroskopischen Präparations- und Untersuchungsmethode entsprach.

Diskussion

Die Abb. 4 und 5 zeigen die bei Zimmertemperatur registrierten Ramanspektren und die bei -120 °C gemessenen Infrarotspektren einiger Poly-α-olefine. Der Einfluß der Länge der Seitenketten auf Konformation und Kristallinität der Poly-α-olefine kann gut verfolgt werden.

Die von *Cornell* und *Koenig* (8) gemessenen Ramanspektren der verschiedenen Modifikationen des Polybuten-1 zeigen deutlich den kristallinen Charakter dieses Polymeren. Beim Polypenten-1 (Abb. 4) finden sich die ersten Anzeichen eines teilkristallinen Verhaltens. Die Banden der Gerüst- und rocking-Schwingungen werden zwischen 1100 cm^{-1} und 900 cm^{-1} bzw. 900 cm^{-1} und 780 cm^{-1} von zwei für amorphe Bereiche typischen, breiten Banden überlagert. Die Spektren des Polyhexen-1 und Polyocten-1 gleichen mit ihren breiten Banden (Halbwertsbreite $> 30\ cm^{-1}$) dem Spektrum eines geschmolzenen Polymeren. Dies gilt auch für die folgenden Poly-α-olefine. Erst beim Polydodecen-1 treten wieder erste Anzeichen für eine Teilkristallinität auf. Im Bereich der CH_2-bending-Schwingungen (δ-CH_2) wird neben den Schwingungen der amorphen Teilbereiche erstmals auch die für polyäthylenähnliche, kristalline Substanzen charakteristische Bande der ramanaktiven $\delta(CH_2)$-Schwingung bei 1440 cm^{-1} beobachtet. Gleichzeitig verschwindet, wie beim Übergang vom geschmolzenen zum kristallinen Polyäthylen, die „amorphe Bande" bei 1303 cm^{-1} und es tritt die Bande der CH_2-twisting-Schwingung kristalliner Bereiche bei 1295 cm^{-1} auf. Die breite, durch die Gerüstschwingungen amorpher Bereiche hervorgerufene Bande zwischen 1200 cm^{-1} und 900 cm^{-1} mit einer zusätzlichen Bande bei 1066 cm^{-1} deutet ebenfalls auf das Vorhandensein kristalliner Bereiche hin. Wesentlich besser ist der teilkristalline Charakter im Ramanspektrum des Polytetradecen-1 zu erkennen. Die ramanaktive CH_2-bending-Schwingung ist intensiver geworden. Zusätzlich tritt bei 1418 cm^{-1} eine Schulter

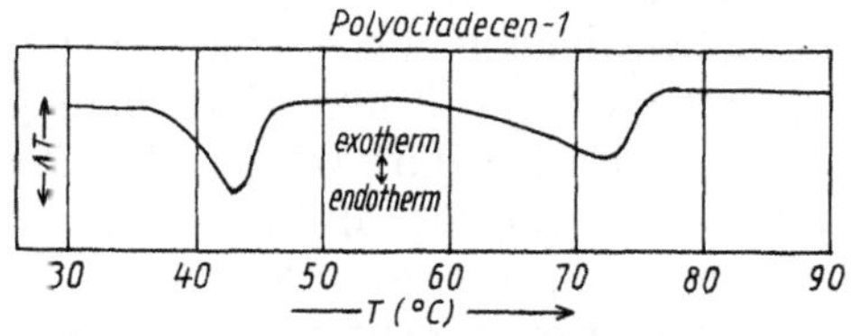

Abb. 3. DTA-Kurve des Polyoctadecen-1

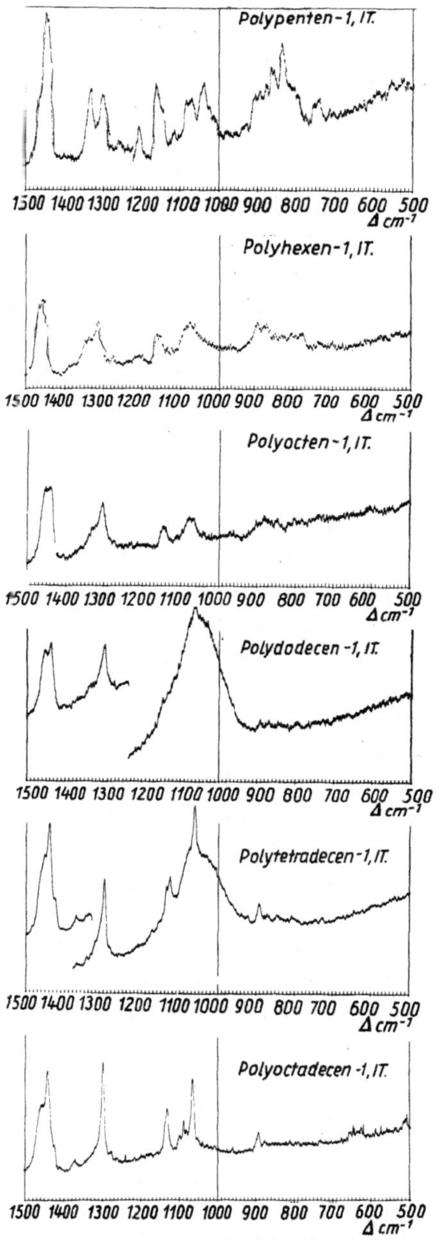

Abb. 4. Abhängigkeit des Ordnungszustandes von der Länge der Seitenketten der Poly-α-Olefine: Ramanspektren zwischen 1500 $\Delta\ cm^{-1}$ und 500 $\Delta\ cm^{-1}$

auf, deren Ursache selbst beim Polyäthylen noch umstritten ist (9, 10). Diese Bande wird nur bei kristallinen Proben beobachtet. Möglicherweise kann sie der ramanaktiven ersten Oberschwingung der infrarotaktiven antisymmetrischen CH_2-rocking-Schwingung zugeordnet oder auf eine Aufspaltung der CH_2-bending-Schwingung bei 1440 cm^{-1} zurückgeführt werden (9). Die Bande der twisting-Schwingung bei 1296 cm^{-1} ist schärfer und intensiver geworden.

Als besonders charakteristisch für die Teilkristallinität erweist sich der Bereich der Gerüstschwingungen. Hier wird die für amorphe Bereiche typische Bande der Gerüststreckschwingungen von zwei kristallinen Banden mittlerer Intensität um 1130 cm^{-1} und 1064 cm^{-1} überlagert, die bei vergleichbaren Wellenzahlen bei allen langkettigen Paraffinen zu finden sind. Im Spektrum des Polyoctadecen-1 sind die Banden von Schwingungen amorpher Bereiche fast völlig verschwunden. Das Spektrum dieses Polymeren gleicht schon sehr dem Spektrum des Polyäthylen (Abb. 2).

Betrachtet man im Gegensatz zu den ohne Kühlung oder Heizung registrierten Ramanspektren die bei −120 °C gemessenen Infrarotspektren derselben Poly-α-olefine, so findet sich innerhalb der Probenreihe wieder dieselbe Abhängigkeit des Ordnungszustandes wie in den Ramanspektren. Eine Abkühlzeit von zwei Tagen reichte offenbar nicht aus, um den Ordnungsgrad der Proben wesentlich zu erhöhen. In den Übersichtsspektren der Abb. 5 treten drei intensive Bandenkombinationen auf: zwischen 3000 cm^{-1} und 2800 cm^{-1} (CH_3- und CH_2-Streckschwingungen), zwischen 1500 cm^{-1} und 1300 cm^{-1} (CH_3- und CH_2-bending-Schwingungen, CH_2 wagging-Schwingungen bestimmter Konformationen) und zwischen 750 cm^{-1} und 720 cm^{-1} (CH_2-rocking-Schwingungen). Die Lage der Banden der CH_3- und CH_2-Streckschwingungen ist aus Tab. 2 ersichtlich. Mit zunehmender Länge der Seitenketten sinkt die relative Intensität der Banden der CH_3-Streckschwingungen. Ein analoges Verhalten zeigen die antisymmetrischen und symmetrischen CH_3-bending-Schwingungen bei 1454 cm^{-1} und 1378 cm^{-1}. Die im Spektrum des Polypenten-1 sehr intensive Bande der antisymmetrischen bending-Schwingung der CH_3-Gruppe erscheint beim Polydodecen-1 nur noch als Schulter. Beim Polytetradecen-1 und den folgenden Poly-α-olefinen wird diese Bande immer schwächer, und

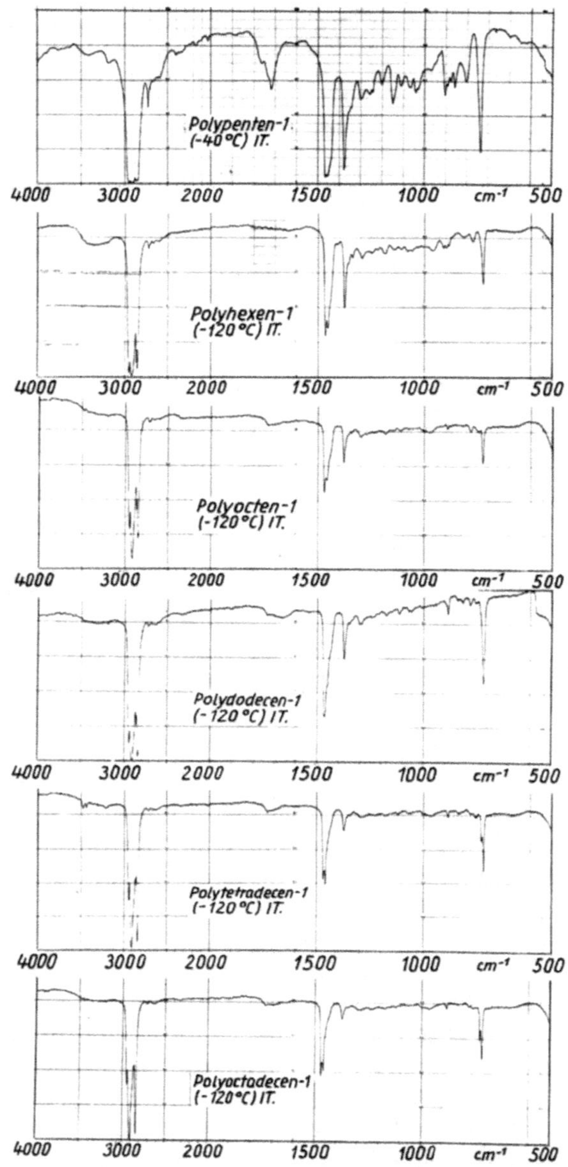

Abb. 5. Abhängigkeit des Ordnungszustandes von der Länge der Seitenketten der Poly-α-Olefine: Infrarotspektren zwischen 4000 cm^{-1} und 400 cm^{-1}

Tab. 2. Wellenzahlen (in cm^{-1}) der CH_2- und CH_3-Streckschwingungen

Name	a–CH_3	a–CH_2	s–CH_3	s–CH_2
Polybuten-1	2951	2907	2867	2847
Polypenten-1	2950	2915	2868	2842
Polyhexen-1	2950	2918	2868	2852
Polyhepten-1	2947	2916	2863	2848
Polyocten-1	2948	2914	2866	2848
Polydecen-1	2947	2912	2864	2846
Polydodecen-1	2946	2911	2863	2842
Polytetradecen-1	2948	2910	2866	2841
Polyhexadecen-1	2949	2910	2867	2842
Polyoctadecen-1	2948	2912	2866	2842

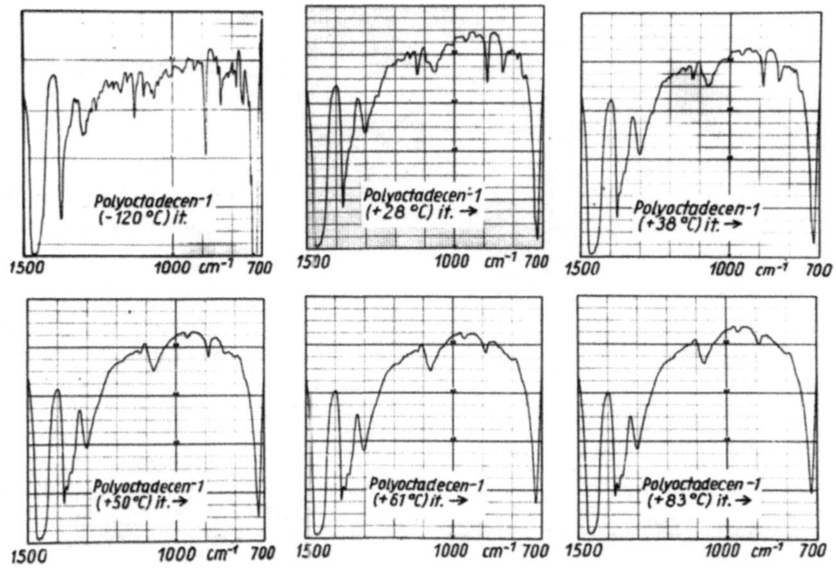

Abb. 6. Infrarotspektren des Polyoctadecen-1 bei verschiedenen Temperaturen zwischen 1500 cm^{-1} und 700 cm^{-1}

die Bande der CH_2-bending-Schwingung spaltet in zwei Banden bei 1471 cm^{-1} und 1459 cm^{-1} auf. Bis zum Polydecen können bei 1357 cm^{-1} eine Schulter und bei 1338 cm^{-1} eine Bande beobachtet werden. Diese Absorptionen gehören zu CH_2-wagging-Schwingungen verschiedener Konformationen (11); in diesen Polymeren hat sich demnach noch keine einheitliche Konformation ausgebildet. Ab Polydodecen-1 werden im Vergleich zu den anderen Banden der CH_2-Schwingungen diese Banden immer schwächer. Eine planare Anordnung der Kohlenstoffatome der Seitenketten scheint nicht möglich, da erst ab Polydodecen-1 eine Aufspaltung der Bande der CH_2-rocking-Schwingung beobachtet wird. Diese Aufspaltung ist an eine planare Zickzackkonformation von mindestens vier Methylengruppen gebunden.

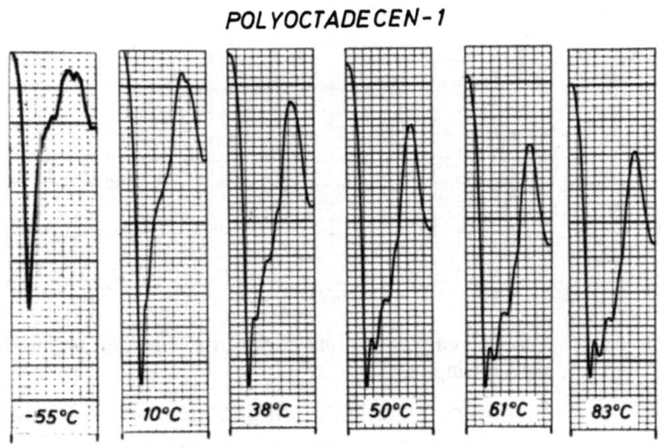

Abb. 7. Die Infrarotbanden zwischen 1400 cm^{-1} und 1300 cm^{-1} bei verschiedenen Temperaturen des Polyoctadecen-1

Bei größeren Schichtdicken zeigen auch bestimmte schwache Banden der Übersichtsspektren der Abb. 5 charakteristische Änderungen bei Variation der Länge der Seitenketten oder Temperatur, auf die in einer nachfolgenden Publikation näher eingegangen werden wird.

Hier soll der Einfluß der Temperatur am Beispiel des Infrarotspektrums des Polyoctadecen-1 diskutiert werden. Die DTA-Kurve des Polyoctadecen-1 zeigt zwei Endotherme (Abb. 3). Der Beginn der ersten Endothermen liegt bei 36 °C, ihr Maximum bei 43 °C. Die zweite Endotherme beginnt bei 56 °C und besitzt ein Maximum bei 73 °C. Diese beiden Endothermen deuten auf Änderungen des Ordnungszustandes des Polyoctadecens in den angegebenen Temperaturbereichen hin. In den bei verschiedenen Temperaturen zwischen −112 °C und 83 °C aufgenommenen Infrarotspektren der Abb. 6 können folgende Beobachtungen gemacht werden. Mit zunehmender Temperatur nimmt die Bandenintensität und Bandenschärfe aller Banden langsam ab. Bei 28 °C sind fast alle Banden des Tiefkühlspektrums zumindest als Schultern oder Einsattelungen wiederzufinden. Erst beim Übergang von 28 °C zu 50 °C ändern sich einige Bandenbereiche wesentlich mehr, als in den vergleichbaren Temperaturbereichen. Zwischen 1400 cm^{-1} und 1300 cm^{-1} (Abb. 7) können neben der symmetrischen CH_3-bending-Schwingung auch die wagging-Schwingungen verschiedener Konformationen der Methylengruppen absorbieren. Während bei 10 °C diese Banden der wagging-Schwingungen nur als schwache

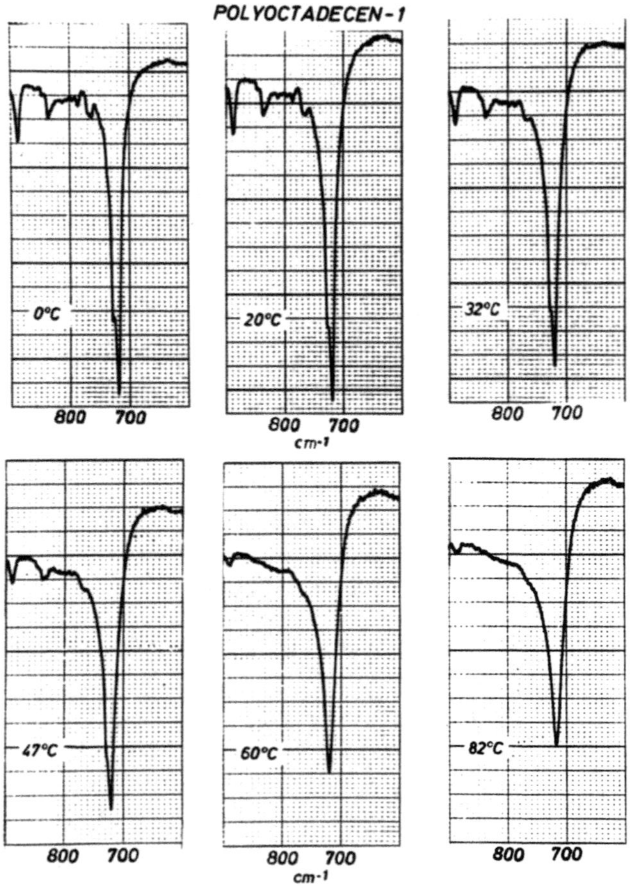

Abb. 8. Temperaturabhängigkeit der Banden der rocking-Schwingungen

Schultern angedeutet sind, treten sie in den folgenden Spektren wesentlich intensiver auf. Bei 50 °C (am Ende der ersten Endothermen der DTA-Kurve) werden bei 1367 cm^{-1} und 1351 cm^{-1} zwei Banden und eine Schulter bei 1341 cm^{-1} im IR-Spektrum beobachtet. Die Intensitäten dieser Banden ändern sich bei weiterer Temperaturerhöhung nicht mehr sehr stark. Löst man den betrachteten Bandenbereich in Einzelbanden auf, so ergibt sich eine beträchtliche Zunahme der Intensität der drei Banden der wagging-Schwingungen zwischen 28 °C und 50 °C. Aus ihrer Zuordnung zu CH_2-wagging-Schwingungen von GTG^+-, GG- und GTTG-Konformationen kann gefolgert werden, daß mit Beginn der ersten Endotherme bei 35 °C eine größere Seitenkettenbeweglichkeit eintritt, und somit verschiedene Konformationen der Seitenketten ermöglicht werden. Bestätigt wird diese Annahme durch die Abnahme der Aufspaltung der Bande der CH_2-rocking-Schwingung, da diese Aufspaltung nur bei einer planaren Zickzackkonformation von mindestens vier Methylengruppen zu beobachten ist. Die Bande der rocking-Schwingung des Äthylrests des Endes der Seitenkette liegt bei 739 cm^{-1}. Diese Bande verschwindet ebenfalls beim Übergang von einer Temperatur vor der ersten Endothermen zu einer Temperatur nach der Endothermen. Auch diese charakteristische Änderung beweist, daß die erste Endotherme der Abb. 3 das Ende einer regelmäßigen, paraffinischen Ordnung der Seitenketten des Polyoctadecen-1 anzeigt. Die zweite Endotherme wird durch ein vollständiges Aufschmelzen des Polyoctadecen-1 hervorgerufen.

Zusammenfassung

Um den Einfluß der Seitenketten auf Stereoregularität, Konformation und Kristallinität von isotaktischen Poly-α-olefinen zu untersuchen, wurden raman- und infrarotspektroskopische Messungen durchgeführt. Die Infrarotspektren wurden bei verschiedenen Temperaturen mit einer von uns entwickelten Kühl- und Heizzelle aufgenommen. Aus DTA-Kurven konnten die Parameter für diese Messungen optimiert werden. In den Spektren wurden zwischen 1500 cm^{-1} und 700 cm^{-1} charakteristische Änderungen festgestellt, die Rückschlüsse auf den Einfluß der Seitenketten zuließen.

Summary

The influence of the side chain on stereoregularity, conformation, and crystallinity of isotactic poly-α-olefines was studied by Raman and infrared spectroscopic methods. The infrared spectra were scanned at different temperatures in a new developed cooling and heating cell. From DTA studies the parameters for the infrared measurements were optimised. Characteristic changes between 1500 cm^{-1} and 700 cm^{-1} were found and allowed to understand the side chain influence.

Literatur

1) *Ziegler*, Angew. Chem. **64**, 323 (1952).
2) *Natta, G., P. Pino* und *G. Mazzanti*, US. Pat. 3112301, US. Pat. 3112300, Brit. Pat. 810023.
3) *Natta, G.*, Makromol. Chem. **16**, 213 (1955).
4) *Turner-Jones, A.*, Makromol. Chem. **71**, 1 (1964).
5) *Danusso, F.* und *G. Gianotti*, Makromol. Chem. **80**, 1 (1964).
6) *Tornqvist, E. G. M.*, Ann. New York Acad. Sci. **155**, 447 (1969).
7) *Holland-Moritz, K.* und *I. Modrić*, in Vorb.
8) *Cornell, S. W.* und *J. L. Koenig*, J. Polymer Sci. Part A-2, **7**, 1965 (1969).
9) *Boerio, F. J.* und *J. L. Koenig*, J. Chem. Phys. **52**, 3425 (1970).
10) *Hendra, P. J., D. S. Watson, M. E. A. Cudby, H. A. Willis* und *P. Holiday*, Chemical Communications **1970**, 1048.
11) *Snyder, R. G.*, J. Chem. Phys. **47**, 1316 (1967).

Anschrift der Verfasser:
K. Holland-Moritz et al.
Institut für Physikalische Chemie
der Universität
5000 Köln-41, Luxemburger Str. 116

Kolloid-Z. u. Z. Polymere **251**, 919–921 (1973)

Vorgetragen auf der Arbeitstagung des Fachausschusses Physik der Hochpolymeren im Rahmen der Frühjahrstagung des Arbeitskreises Festkörperphysik bei der Deutschen Physikalischen Gesellschaft vom 21.–23. März 1973 in Münster/Westf.

Aus dem Institut für Physikalische Chemie der Universität Mainz und dem Institut für Festkörperforschung der Kernforschungsanlage Jülich

Über die Gestalt von Polymethylmethacrylat im Glaszustand

Von J. Schelten, W. A. Kruse und R. G. Kirste

Mit 4 Abbildungen

(Eingegangen am 19. April 1973)

Bekanntlich geben Streuexperimente mit Licht- und Röntgenstrahlen Aufschluß über die Gestalt von Fadenmolekülen in verdünnten Lösungen. Es drängt sich nun die Frage auf, welche Konfiguration die Fadenmoleküle in festem Zustand einnehmen, wo sie nur von ihresgleichen umgeben sind. Zu dieser Frage sind recht verschiedene Vorstellungen entwickelt worden. Von *Pechhold* (1) wird von Molekülsträngen gesprochen, während von *Vollmert* (2) total kollabierte, bällchenartige Knäuel vermutet wurden. Diese beiden Vorstellungen sind konträr zu den Beobachtungen zur Gestalt von Fadenmolekülen in verdünnten Lösungen. Dagegen postulieren *Flory* (3) und *Hoffmann* (4) das Knäuelmodell, wie es sich für Lösungen bewährt hat, auch für den amorphen Zustand; mit einer Knäuelgestalt, wie sie in θ-Lösungen bzw. athermischen Lösungen auftreten.

Diese Aufzählung der recht verschiedenen Vorstellungen verlangt nach einem Streuexperiment, mit dem die Gestalt der Fadenmoleküle im festen Zustand genau so beobachtet werden kann wie in verdünnten Lösungen.

Das Problem ist der Kontrast, d.h.: Ist es möglich, statistisch etwa jedes hundertste Molekül dadurch auszuzeichnen, daß es kräftiger als alle anderen streut? *Krigbaum* (5) hat 1965 die Schweratom-Methode, wie sie in der Kristallographie bekannt ist, angewendet. 5% aller Polystyrolmoleküle wurden mit je einem Silberatom an ihren beiden Enden beschwert, die allein den zwar geringen, aber nötigen Kontrast in der Röntgen-Kleinwinkelstreuung lieferten. Diese Methode birgt einige schwerwiegende Nachteile in sich, die nicht erörtert werden sollen. Sie wird sogar für hochmolekulare Fadenmoleküle ganz unpraktikabel. Wie man nicht nur die Enden, sondern jedes Segment der Moleküle, die man auszeichnen möchte, in der Streuung hervorhebt, das ist mehrfach unabhängig voneinander vorgeschlagen worden, und zwar von *Farnoux* et al. (6) in Saclay, von *Wignall* (7) aus der Firma Imperial Chemical Industries und von uns (8). Durch eine H, D-Substitution an den auszuzeichnenden Molekülen wird längs des ganzen Moleküls ein Unterschied in der Streukraft für Neutronen erreicht, der glücklicherweise auch noch kräftig ist, denn der Unterschied in den kohärenten Neutronen-Streulängen von Wasserstoff und Deuterium ist relativ groß. Die Effizienz eines solchen Neutronenstreuexperimentes kann man noch um etwa einen Faktor 10 steigern, wenn man die Probe aus deuterierten Molekülen aufbaut und nur der markierte Anteil aus normalen, protonenhaltigen Molekülen besteht. Durch diese Maßnahme wird nämlich die Untergrundstreuung vom Wasserstoff mit seinem extrem hohen inkohärenten Wirkungsquerschnitt vermieden. Allerdings muß auch eingeräumt werden, daß eine solche Steigerung der Effizienz nur mit höheren Anforderungen an die Probenpräparation erkauft werden kann.

Dieses Verfahren ist realisiert worden am Polymethylmethacrylat (PMMA) im Glaszustand. Über unsere Neutronenstreuergebnisse soll jetzt berichtet werden.

Zur Probenpräparation: Gewöhnliches, protonenhaltiges PMMA wurde in vollständig deuteriertem monomerem Methylmethacrylat gelöst. Danach wurde das D-Monomer polymerisiert. Zur Vermeidung von Blasen wurde entgast. Durch Tempern bei 130 °C wurden die fertigen Glasblöcke von Spannungen befreit. Das Molekulargewicht des protonhaltigen PMMA, mit Konzentrationen zwischen 0,3% und 1,2% in den Glaskörpern vertreten, und das des D-Polymers war 250000. Als Nullprobe diente ein Glasblock aus einem statistischen Copolymeren von 1,2% Methylmethacrylat und 98,8% D-Methylmethacrylat.

Die Streuexperimente wurden mit der Neutronen-Kleinwinkelstreuanlage am Reaktor DIDO in Jülich durchgeführt. In Abb. 1a ist

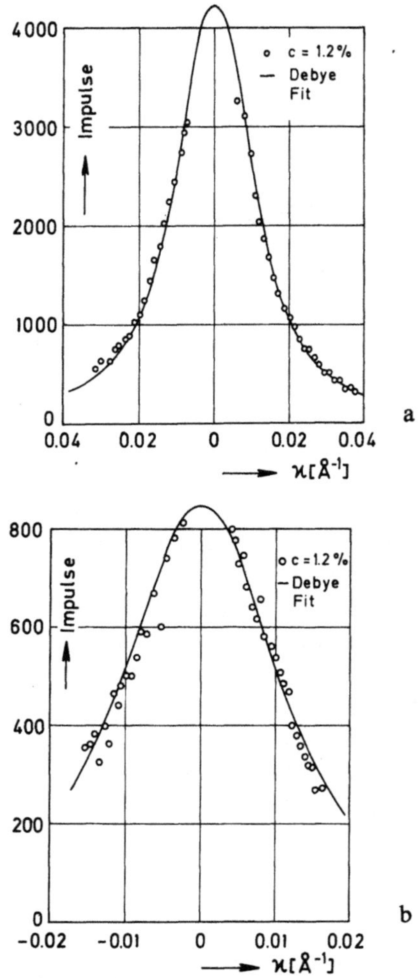

Abb. 1. Differenzstreukurve von Präparat (1,2% PMMA/98,8% D-PMMA) und Nullpräparat (PMMA mit D:H = 98,2:1,2). Ausgezogene Kurve ist eine Anpassung der Funktion $P(\varkappa) = (2/x^2)(e^{-x} - 1 + x)$ mit $x = r^2\varkappa^2$ an die Meßwerte

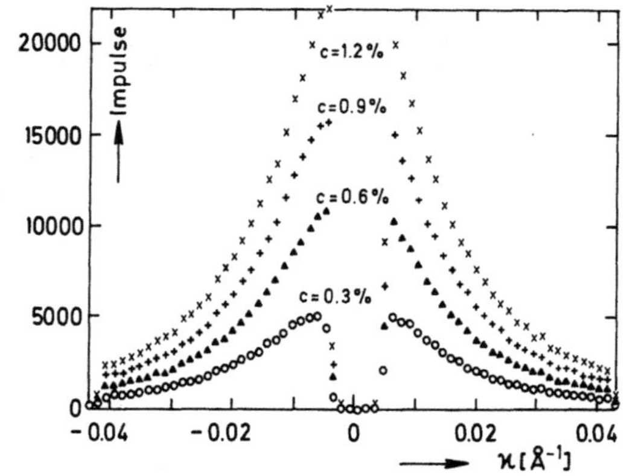

Abb. 2. Differenzstreukurven von den Präparaten (D-PMMA mit [1,2%, +0,9%, 0,6% und 0,3%] und der Nullprobe (s. Text)

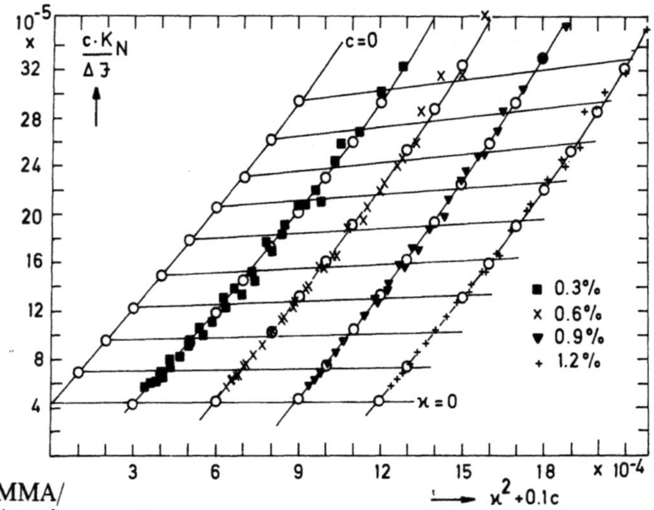

Abb. 3. Auftragung nach *Zimm* für die Streudaten von Abb. 2

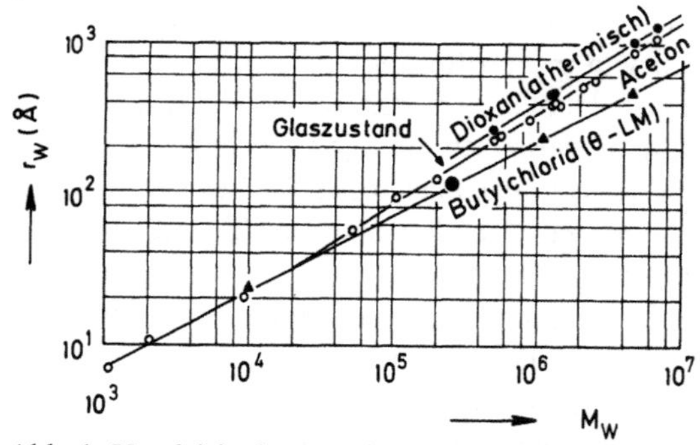

Abb. 4. Vergleich des Trägheitsradius von PMMA im Glaszustand ⊗ aus dem Neutronenexperiment mit denen in niedermolekularen Lösungen aus Licht- und Röntgenstreuung (9) ● Dioxan (athermisch), ○ Aceton, ▲ Butylchlorid (θ-Lösungsmittel)

die gestreute Intensität nach Abzug des Untergrundes von der Nullprobe gegen den Beugungsvektor $\varkappa$ ($= 2\pi\,\vartheta/\lambda$, ϑ = Streuwinkel, λ = 7 Å mittlere Wellenlänge der Neutronen) nach rechts und links aufgetragen. Die durchgezogene Kurve ist eine Anpassung der Knäuelstreufunktion von *Debye*. Hierbei sind der Trägheitsradius r und die Vorwärtsstreuung die beiden angepaßten Parameter; die Summe der Abweichungsquadrate wurde minimalisiert. Aus Abb. 1a darf man entsprechend den Voraussetzungen, die zum *Debye*schen Streugesetz führen, schließen, daß die PMMA-Moleküle im Glaszustand verknäuelt sind. Da bei dieser Konzentration von 1,2% an markierten Molekülen kein Interpartikeleffekt erkennbar ist, darf diese Streufigur bereits als das gemittelte Streubild der markierten Fadenmoleküle angesehen werden. Da ein eventuell vorliegender Interpartikeleffekt sich im Bereich kleinster $\varkappa$ am deutlichsten zeigt, wurde auch in diesem Bereich gemessen. In Abb. 1b ist wieder die Differenzstreuung und ihre Anpassung an die *Debye*-Funktion aufgetragen. Auch hier zeigt sich kein Interpartikeleffekt, auch wenn wegen der notwendig schärferen Kollimation die statistischen Fehler größer sind.

Eine Meßreihe an Proben mit verschiedenen Konzentrationen erlaubt eine Extrapolation der Streufiguren auf die Konzentration 0, was die Streufunktion frei von jedem Interpartikeleffekt liefert. An vier Proben wurden solche Messungen durchgeführt. In Abb. 2 ist die Streuintensität für die Konzentrationen 1,2, 0,9, 0,6 und 0,3% aufgetragen. Ein *Zimm*-Diagramm dieser absolut kalkulierten Streudaten ist in Abb. 3 gezeigt, in dem auch die Extrapolation $\varkappa \to 0$ und $c \to 0$ eingezeichnet sind. Wie bekannt, erhält man aus der Steigung der Extrapolation $c \to 0$ den Trägheitsradius, aus der Steigung der Extrapolation $\varkappa \to 0$ den zweiten Virialkoeffizienten A_2 und aus beiden Extrapolationen das Molekulargewicht. Innerhalb der Fehlergrenzen stimmt der Wert mit dem bei der Probenpräparation über die Gelpermeationschromatographie festgelegten Molekulargewicht überein. Diese Feststellung gibt uns Vertrauen in die Interpretation der Meßresultate. Der zweite Virialkoeffizient ist innerhalb der Meßgenauigkeit $0: |A_2| \leq 2 \cdot 10^{-5}\,\mathrm{cm^3/g^2}$.

Der aus der Extrapolation gewonnene Trägheitsradius soll anhand der Abb. 4 diskutiert werden. Dort sind Trägheitsradien von PMMA in verdünnten Lösungen (Ergebnisse älterer Messungen mit Röntgen- und Lichtstreuung) gegen das Molekulargewicht doppelt logarithmisch aufgetragen und unser mit der Neutronenstreuung im Glaszustand gemessener Trägheitsradius eingetragen. Er liegt dicht bei der $M^{0,5}$-Geraden, die für das θ-Lösungsmittel Butylchlorid gefunden wurde. Dies und das Resultat, daß der zweite Virialkoeffizient verschwindet, berechtigen zu der Schlußfolgerung, daß die Gestalt der Fadenmoleküle identisch ist mit der des ungestörten Knäuels, wie es sich in θ-Lösungen ausbildet, ein Ergebnis also wie es *Flory* (3) vorausgesagt hat.

Stichhaltig wird diese Folgerung erst, wenn die Molekulargewichtsabhängigkeit für den Glaszustand gemessen ist und das $M^{0,5}$-Gesetz gefunden wird. Messungen dazu sind zur Zeit in Vorbereitung.

Literatur

1) *Pechhold, W.*, Kolloid-Z. u. Z. Polymere **228**, 1 (1968).

2) *Vollmert, B.* und *H. Stutz*, Angew. Makromolekulare Chemie **3**, 182 (1968).

3) *Flory, P. J.*, J. Chem. Physics. **17**, 303 (1949).

4) *Kämpf, G., M. Hoffmann* und *H. Krömer*, Ber. Bunsenges **74**, 851 (1970).

5) *Krigbaum, W. R.* und *R. V. Godwin*, J. Chem. Physics. **43**, 4523 (1965).

6) *Cotton, J. P., B. Farnoux, G. Jannink, J. Mons* und *C. Picot*, C. R. Heb'd Sean Acad. Sci. C. (France) **275**, 175 (1972).

7) *Wingall, C. D.*, ICI International Report PQR G 19/70 (1970).

8) *Kirste, R. G.*, Jahresbericht 1969, 1970 und 1971 des Sonderforschungsberichtes 41, Mainz, 47 (1970), 127 (1971) und 86 (1972). – *Kirste, R. G., W. A. Kruse* und *J. Schelten*, Makromolekulare Chemie **162**, 299 (1972).

9) Die Literatur zu diesen Daten ist zusammengestellt in *R. G. Kirste* und *W. Wunderlich*, Z. Physik. Chem. (Ffm) **58**, 133 (1968).

Anschrift der Verfasser:

Prof. Dr. *R. G. Kirste* und Dr. *W. A. Kruse*
Institut für Physikalische Chemie
der Universität
6500 Mainz
Jakob-Welder-Weg 15

Dr. *J. Schelten*
Institut für Festkörperforschung der
Kernforschungsanlage
5710 Jülich

Kolloid-Z. u. Z. Polymere **251**, 922–931 (1973)

Vorgetragen auf der Arbeitstagung des Fachausschusses Physik der Hochpolymeren im Rahmen der Frühjahrstagung des Arbeitskreises Festkörperphysik bei der Deutschen Physikalischen Gesellschaft vom 21.–23. März 1973 in Münster/Westf.

Aus dem Institut für Physikalische Chemie der Universität Mainz, II. Ordinariat Mainz

Untersuchungen zu den Anisotropie- und Dichtefluktuationen im Polymethylmethacrylat mit Hilfe der Lichtstreuung

Von M. Dettenmaier und E. W. Fischer

Mit 11 Abbildungen und 1 Tabelle

(Eingegangen am 12. Juni 1973)

1. Einleitung

Die Frage der Nahordnung und der Konformation von Kettenmolekülen im amorphen Zustand ist in letzter Zeit häufig diskutiert worden. Insbesondere bestehen verschiedene Meinungen darüber, ob in amorphen Polymeren eine sich über viele Monomereinheiten erstreckende, weitreichende Parallelisierung von Kettensegmenten und somit eine anisotrope Nahordnungsstruktur auftritt.

P. J. Flory (1, 2) kommt durch eine Reihe von Viskositäts-Temperatur-Messungen an Polymeren in verdünnter Lösung und Spannungs-Temperatur-Messungen an gequollenen Polymeren zu dem Ergebnis, daß kein Grund zu einer solchen Annahme besteht. Nach seiner Auffassung bilden die Makromoleküle im amorphen Zustand ineinander verflochtene Knäuel. Für dieses Modell sprechen auch die Untersuchungen von *R. G. Kirste* et al. (3) an Polymethylmethacrylat (PMMA). Sie fanden mit Hilfe der Neutronenkleinwinkelstreuung, daß sich ein einzelnes Kettenmolekül wie ein statistisches Knäuel in einem Theta-Lösungsmittel verhält.

Dem Knäuelmodell stehen Modelle wie das von *Yeh* (4) vorgeschlagene „folded-chain fringed micellar grain" Modell und das *Pechhold*sche Mäander-Modell (5) gegenüber, in denen anisotrope Nahordnungsstrukturen gefordert werden. Ihre Verfechter sehen in der relativ hohen Dichte amorpher Polymerer und dem damit verbundenen Packungsproblem einen Hinweis für die Existenz solcher Strukturen. Sie stützen sich darüber hinaus vor allem auf Untersuchungen mit Hilfe der Elektronenbeugung und Elektronenmikroskopie.

Um die verschiedenen Modelle überprüfen zu können, bedarf es einer Untersuchungsmethode, die auf die Anisotropie der Nahordnungsstrukturen anspricht. Die Lichtstreuung erfüllt diese Bedingung, da sie nicht nur Aussagen über Dichtefluktuationen wie die Röntgenstreuung zuläßt. Die depolarisierte Streuung stellt eine Meßgröße dar, die in unmittelbarem Zusammenhang mit den Anisotropiefluktuationen in einem Streukörper steht.

Die bisher erschienenen Arbeiten über die Lichtstreuung an amorphen Polymeren konzentrierten sich im wesentlichen auf die Untersuchung der Dichteschwankungen. *P. Debye* und *A. M. Bueche* (6) fanden Dichtekorrelationen im PMMA, die sich über relativ große Bereiche von 2800 Å erstreckten. Der von ihnen gemessene, durch Streuung verursachte Extinktionskoeffizient liegt wesentlich höher als nach der Fluktuationstheorie (7, 8) zu erwarten ist. Auch die von *F. Bueche* (9) unter dem Winkel $\theta = 90°$ gemessene Lichtstreuung von Polystyrol liegt über dem theoretischen Wert. In einer Reihe von neueren Arbeiten (10, 11, 12) wird das Verhältnis von *Rayleigh*- zur *Brillouin*streuung (*Landau-Placzek*-Koeffizient) untersucht. Die experimentell ermittelten Werte dieser Größe liegen infolge einer zu hohen *Rayleigh*streuung um ein Vielfaches über dem theoretischen.

Aus den bisherigen Ausführungen ergibt sich eine Problemstellung, die Untersuchungen in zweierlei Richtungen wünschenswert erscheinen läßt. Demgemäß wollen wir im ersten Teil der vorliegenden Arbeit aus der Höhe der depolarisierten Streuung eine Abschätzung für die obere Grenze der im PMMA vorhandenen anisotropen Strukturen angeben. Im zweiten Teil beschäftigen wir uns mit den im PMMA vorliegenden Dichtefluktuationen und versuchen eine Erklärung für das von der Theorie abweichende Streuverhalten zu finden.

2. Theoretische Grundlagen

Teilen wir einen Streukörper in kleine Volumenelemente V_i ein, dann können die optischen Eigenschaften eines jeden Elementes durch die

Richtung einer optischen Hauptachse $\vec{e}_i$ (Zylindersymmetrie vorausgesetzt), die mittlere Polarisierbarkeit $\alpha_i = \frac{1}{3}[(\alpha_\parallel)_i + 2(\alpha_\perp)_i]$ und die Anisotropie $\delta_i = (\alpha_\parallel)_i - (\alpha_\perp)_i$ charakterisiert werden. Eine homogene ($\alpha_i = \langle\alpha\rangle$) und isotrope ($\delta_i = 0$) Probe streut kein Licht. Bei einer isotropen, inhomogenen Probe kommt die Streuung nur durch die Abweichung der Polarisierbarkeit bzw. der Dielektrizitätskonstante vom Mittelwert zustande. In diesem Fall spricht man von Dichtefluktuationen. Sie verursachen keine depolarisierte Streuung ($H_v = 0$), und die V_v-Komponente ist nach *G. Ross* (13) gegeben durch die Beziehung:

$$V_v = \frac{4\pi^3}{\lambda_0^4}\langle\Delta\varepsilon^2\rangle \int_0^\infty \varrho^2 F(\varrho)\frac{\sin(\varrho s)}{\varrho s}d\varrho. \qquad [1]$$

$s = \frac{4\pi}{\lambda}\sin\frac{\theta}{2}$, λ_0 bezeichnet die Lichtwellenlänge im Vakuum, λ diejenige im Streukörper, $\langle\Delta\varepsilon^2\rangle$ ist die mittlere quadratische Schwankung der Dielektrizitätskonstante und $F(\varrho)$ die Korrelationsfunktion, die definiert ist durch

$$F(\varrho) = \frac{\frac{1}{V}\iiint\limits_V \Delta\varepsilon(\vec{r}_i)\,\Delta\varepsilon(\vec{r}_i + \vec{\varrho})\,d\vec{r}_i}{\langle\Delta\varepsilon^2\rangle}.$$

$\Delta\varepsilon(\vec{r}_i) = \varepsilon(\vec{r}_i) - \langle\varepsilon(\vec{r})\rangle$ gibt die lokale Abweichung der Dielektrizitätskonstante vom Mittelwert an. V ist das Volumen des Streukörpers.

Häufig läßt sich die Korrelationsfunktion in der Form

$$F_1(\varrho) = e^{-\frac{\varrho}{a}} \quad \text{oder} \quad F_2(\varrho) = e^{-\frac{\varrho^2}{a^2}}$$

darstellen, wobei der Parameter a als Korrelationslänge bezeichnet wird. Aus [1] folgt dann (13):

$$V_{v,1} = \frac{8\pi^3\langle\Delta\varepsilon^2\rangle a^3}{\lambda_0^4}\,\frac{1}{(1 + a^2 s^2)^2} \qquad [2]$$

$$V_{v,2} = \frac{\pi^{\frac{7}{2}}\langle\Delta\varepsilon^2\rangle a^3}{\lambda_0^4}\,e^{-\frac{a^2 s^2}{4}}. \qquad [3]$$

Hieraus erhält man den totalen Streuquerschnitt pro Volumeneinheit σ, der Extinktionskoeffizient genannt wird, durch Integration über alle Richtungen (13):

$$\sigma_1 = \frac{2\pi^2\langle\Delta\varepsilon^2\rangle a}{\lambda_0^2\langle\varepsilon\rangle}\left[\frac{(q^2+2)^2}{q^2(1+q^2)} - 2\frac{q^2+2}{q^4}\ln(1+q^2)\right] \qquad [4]$$

$$\sigma_2 = \frac{\pi^{\frac{5}{2}}\langle\Delta\varepsilon^2\rangle a}{\lambda_0^2\langle\varepsilon\rangle}\left[\left(1 + \frac{64}{q^4}\right)\left(1 - e^{-\frac{q^2}{4}}\right) - \frac{8}{q^2}\left(1 + e^{-\frac{q^2}{4}}\right)\right] \qquad [5]$$

mit $q = \frac{4\pi}{\lambda}a$.

Erstrecken sich die Dichtekorrelationen, wie z.B. bei Flüssigkeiten außerhalb des kritischen Punktes, über Bereiche, die klein im Vergleich zur Lichtwellenlänge sind, so folgt aus Gleichung [1]:

$$V_v = \frac{\pi^2}{\lambda_0^4}\langle\Delta\varepsilon^2\rangle V$$

und damit

$$\sigma = \frac{8\pi^3}{3\lambda_0^4}\langle\Delta\varepsilon^2\rangle V. \qquad [6]$$

Wir kommen nun zu dem Fall, daß in einem Streukörper neben Dichte- auch Anisotropiefluktuationen vorliegen, d.h. $\delta_i \neq 0$ und $\alpha_i \neq \langle\alpha\rangle$. *M. Goldstein* und *E.R. Michalik* (14), *R.S. Stein* und *P.R. Wilson* (15) sowie *J.J. van Aartsen* (16) untersuchten das Streuverhalten eines solchen Körpers. Es tritt eine depolarisierte Streuung auf ($H_v \neq 0$), und die V_v-Komponente enthält einen Anteil, der von den Anisotropiefluktuationen herrührt. Auf Grund unserer experimentellen Ergebnisse, daß die H_v-Komponente nicht vom Streuwinkel abhängt und sehr viel kleiner als die V_v-Komponente ist, ergibt sich eine wesentliche Vereinfachung des allgemeinen Streuproblems. Wegen $H_v \ll V_v$ kann der Streubeitrag der Anisotropieschwankungen zur V_v-Komponente vernachlässigt werden, d.h. V_v ist nach wie vor durch Gleichung [1] gegeben und hängt nur von den im Streukörper vorhandenen Dichteschwankungen ab. Die Anisotropiefluktuationen dagegen werden durch die H_v-Komponente charakterisiert. Wegen $H_v = \text{const}(s)$ erstrecken sie sich über Bereiche, die klein sind verglichen mit der Lichtwellenlänge. *J.J. van Aartsen* (16) wies darauf hin, daß in diesem Fall eine Absolutmessung der H_v-Komponente die mittlere Anisotropie der Volumenelemente V_i liefert und somit eine Aussage über die Anisotropie der in Polymeren vorhandenen Strukturen ermöglicht.

Um einen quantitativen Zusammenhang zwischen der H_v-Komponente und der Anisotropie der Nahordnungsstrukturen herstellen zu können, gehen wir von einem Modell aus, das statistisch verteilte anisotrope Struktureinheiten enthält, die klein im Vergleich zur Lichtwellenlänge sind. Beschreibt man das innere Feld der Probe durch ein *Lorentz*-Feld, so erhält man (17)

$$H_v = \frac{16\pi^4}{15\lambda_0^4} \frac{(\langle n \rangle^2 + 2)^2}{9} N_{\mathrm{cm}^3} \delta^2. \qquad [7]$$

$\langle n \rangle$ bezeichnet den mittleren Brechungsindex der Probe, N_{cm^3} die Anzahl der anisotropen Struktureinheiten pro cm^3 und δ ihre Anisotropie. Mit Hilfe dieser Beziehung läßt sich, wie wir in 4.1 sehen werden, eine Abschätzung für die Größe der im PMMA vorhandenen anisotropen Strukturen angeben.

3. Experimentelles

3.1 Lichtstreuphotometer

Abb. 1 zeigt eine schematische Darstellung des Lichtstreuphotometers, mit dem die Messungen am PMMA durchgeführt wurden. Als Lichtquelle dient ein He-Ne-Laser mit einer Leistung von 90 mW. Die PMMA-Probe befindet sich in Form eines polierten Zylinders mit einem Durchmesser von 65 mm und einer Höhe von 10 mm in einer thermostatisierten, zylindrischen Lichtstreuküvette. Mit einem Thermoelement wird die Temperatur direkt an der Probe gemessen. Die Temperaturschwankungen betragen maximal 0,2 °C. Als Immersionsflüssigkeit wird Silikonöl verwendet. Ein an der Innenwand der Küvette befestigtes Schwarzglas bildet die Lichtfalle für den Primärstrahl. Das Detektorsystem ist auf dem Schwenkarm eines Goniometerdrehtisches aufgebaut. Der von den beiden Blenden des Detektorsystems begrenzte Raumwinkel, der das Auflösungsvermögen der Apparatur bestimmt, beträgt 1°. Die depolarisierte Streuung der untersuchten PMMA-Proben war so gering, daß das Laserlicht mit Hilfe eines Choppers moduliert und der Multiplierstrom phasenempfindlich verstärkt werden mußte.

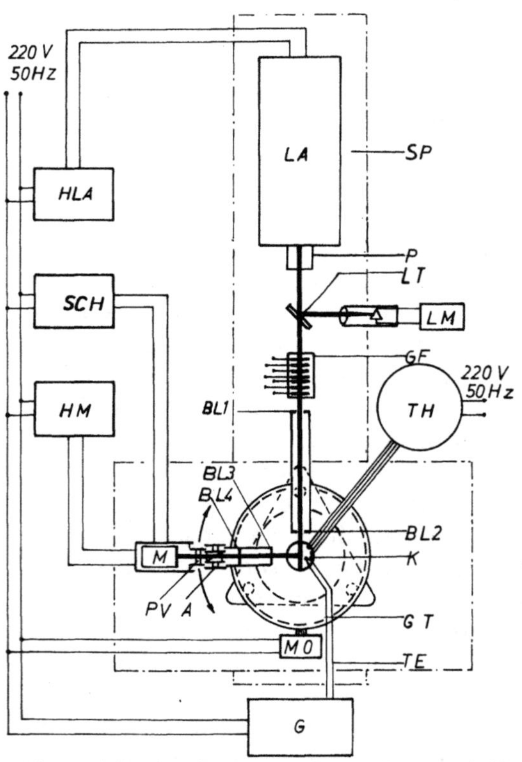

Abb. 1. Lichtstreuphotometer. LA = Laser mit Hochspannungsversorgung HLA, SP = Steinplatte, P = Vorsatz zur Drehung der Polarisationsrichtung, LT = Lichtteiler, LM = Leistungsmesser, GF = Graufilter, BL = Blenden, K = Küvette, A = Analysator, PV = Photoverschluß, M = Multiplier mit Hochspannungsversorgung HM, Mo = Motor, GT = Goniometerdrehtisch, SCH = Schreiber, TE = Thermoelement, G = Galvanometer, TH = Thermostat

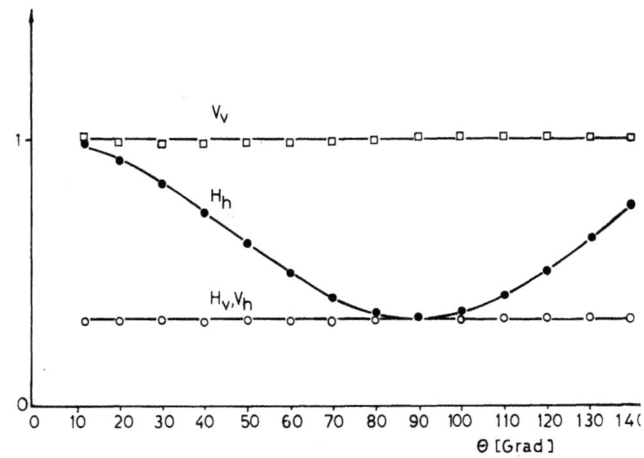

Abb. 2. Streukomponenten von Toluol. V_v = 1 gesetzt

Zum Beweis für die einwandfreie Justierung der Apparatur nahmen wir, wie es beim Bau von Lichtstreuphotometern dieser Art üblich ist, die V_v-, H_v-, V_h- und H_h-Komponenten einer Flüssigkeit (Toluol) in Abhängigkeit vom Streuwinkel θ auf (Abb. 2). Dabei bezeichnet in X_y der Buchstabe X die Polarisationsrichtung des Analysators (H = horizontal bzw. V = vertikal zur Streuebene), y die des Polarisators. Entsprechend der Theorie der *Rayleigh*streuung zeigen die V_v-, V_h- und H_v-Komponenten keine Winkelabhängigkeit, es gilt $V_h = H_v$, und die H_h-Komponente erfüllt die Beziehung $H_h = H_v + (V_v - H_v)\cos^2\theta$.

Die V_v-Komponente des PMMA wurde im Winkelbereich 12°–120° untersucht. Dort beträgt die Meßgenauigkeit, die in erster Linie von der Justierung der Apparatur bestimmt wird, ungefähr 3%. Die depolarisierte Streuung bzw. der Depolarisationsfaktor $\varrho = \frac{H_v}{V_v}$ ist so klein, daß in die H_v-Komponente einige zusätzliche Fehlerquellen wesentlich eingehen. Hierzu zählen: Streulicht, das durch Reflexion an der Küvettenwand eine Änderung in der Polarisationsrichtung erfährt, die endliche Apertur des Detektorsystems und die Durchlässigkeit der Polarisatoren für die zur Polarisationsrichtung senkrechte Komponente. Wenn man sich bei der Messung der H_v-Komponente auf den Winkelbereich 30° bis 120° beschränkt, resultieren hieraus Fehler von insgesamt 10%. Bei Winkeln kleiner als 30° nehmen sie jedoch schnell zu.

Die Streuung der PMMA-Proben wurde mit der eines Streustandards (Toluol) bei $\theta = 90°$ verglichen. Die V_v und H_v-Komponente des Toluols erhielten wir aus dem von *R. C. Leite* et al. (18) angegebenen Extinktionskoeffizienten $\sigma = 1{,}47\ 10^{-4}\ \text{cm}^{-1}$ und dem von uns gemessenen Depolarisationsfaktor $\varrho = 0{,}333$, der bis auf 2% mit dem *R. C. Leites* übereinstimmt.

Wegen $n_{\text{PMMA}} \approx n_{\text{Toluol}}$ genügte es, eine volumenabhängige Korrektur anzubringen, in der berücksichtigt wird, daß sich das Streuvolumen nach der Beziehung $V(\theta) = V(90)\ (\sin\theta)^{-1}$ mit dem Streuwinkel ändert.

3.2 Untersuchte Proben

Das Plexiglas 240 der Fa. Röhm GmbH hat ein gewichtsmittleres Molekulargewicht von $M_w = 7\ 10^6 \frac{g}{\text{Mol}}$ und einen Monomergehalt von $m = 0{,}5$ Gew.%. Die entsprechenden Werte des Plexiglases 218 der gleichen Firma sind: $M_w = 5\ 10^6 \frac{g}{\text{Mol}}$ und $m = 1{,}5$ Gew.%. Das PMMA 240 unterscheidet sich vom PMMA 218, was die Herstellung betrifft, nur durch längere Polymerisations- und Temperzeiten, nicht aber durch den Starter und die Starterkonzentration.

W. A. Kruse, Mainz, stellte uns PMMA-Proben mit unterschiedlichem Molekulargewicht und Molekulargewichtsverteilung zur Verfügung. Bei der Herstellung wurde besonderer Wert auf die chemische Reinheit, Staub- und Blasenfreiheit der Proben gelegt.

Die PMMA-Proben wurden unterschiedlich lang im Vakuum getempert, um den Einfluß der Temperzeiten auf das Streuverhalten zu untersuchen. Wir achteten besonders darauf, daß bei dem über einen Zeitraum von 2 h erfolgenden Abkühlungsprozeß keine Spannungen entstanden, die zu einer Verfälschung der Meßergebnisse führen können.

4. Ergebnisse und Diskussion

4.1 Untersuchungen zu den Anisotropiefluktuationen im PMMA

In diesem Kapitel beschränken wir uns auf die Untersuchung des PMMA 240, da dies die Probe mit der niedrigsten V_v-Komponente war, siehe Abschnitt 4.2. Die H_v-Komponente des PMMA 240 zeigt im Rahmen der Meßgenauigkeit weder eine Abhängigkeit von der Probenbehandlung (Tempern bei 130 °C, 160 °C und 180 °C) noch von der Temperatur. Sie ist nahezu unabhängig vom Streuwinkel (Abb. 3), d.h. die Anisotropiekorrelationen erstrecken sich über Bereiche, die klein verglichen mit der Lichtwellenlänge sind. Ihr Wert beträgt $H_v = V_h = 2{,}8\ 10^{-7}\ \text{cm}^{-1}$.

Nimmt man an, daß sich das PMMA aus statistisch verteilten anisotropen Struktureinheiten (z. B. Bündeln) zusammensetzt, so läßt sich mit Hilfe von Gl. [7] eine Abschätzung für die streuäquivalente Anzahl s von parallel zueinander gelagerten Monomereinheiten innerhalb einer solchen Struktureinheit angeben. Hierzu benötigen wird die Anisotropie δ_0 einer Monomereinheit des PMMA. Diese Größe läßt sich nur unter gewissen zusätzlichen Annahmen aus experimentellen Daten abschätzen.

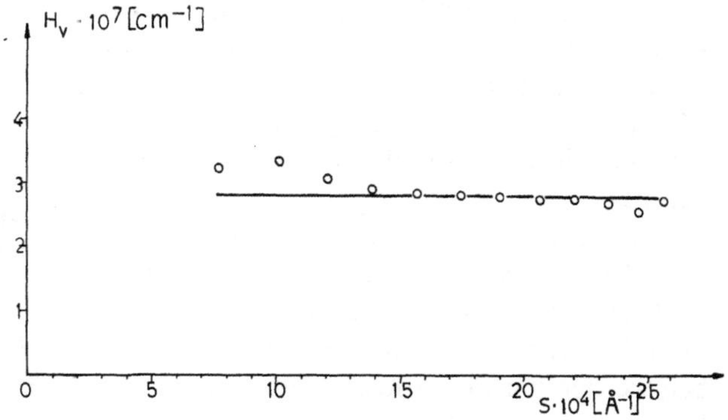

Abb. 3. H_v-Komponente von PMMA 240

Eine Möglichkeit dazu liefert der spannungsoptische Koeffizient, der die Anisotropie eines *Kuhn*schen Fadenelementes liefert. Nach den Messungen von *W. Hellmuth* et al. (19) erhält man aus dem Zusammenhang zwischen Doppelbrechung und Deformation eine Anisotropie der Monomereinheit von $\delta_0 = -1{,}4\ 10^{-25}\ \text{cm}^3$. Wenn wir für die weiteren Rechnungen diesen Wert verwenden, so beinhaltet dies die Voraussetzung, daß der Ordnungszustand innerhalb einer anisotropen Einheit durch die Parallelisierung *Kuhn*scher Fadenelemente beschrieben werden kann. Mit

$$N_{\text{cm}^3}\,\delta^2 = \frac{n_{\text{cm}^3}}{s}(s\delta_0)^2 = n_{\text{cm}^3}\,s\,\delta_0^2,$$

wobei $n_{\text{cm}^3} = \frac{\varrho L}{M}$ die Anzahl der Monomereinheiten pro cm³ im PMMA, ϱ die Dichte, L die *Loschmidt*sche Zahl und M das Molekulargewicht einer Monomereinheit ist, erhält man:

$$s = \frac{15\,\lambda_0^4}{16\pi^4}\,\frac{9}{(\langle n\rangle^2 + 2)^2}\,\frac{1}{n_{\text{cm}^3}\,\delta_0^2}\,H_v = 160. \qquad [8]$$

Das Volumen einer anisotropen Struktureinheit beträgt dann:

$$V = \frac{s}{n_{\text{cm}^3}} = 28^3\ \text{Å}^3.$$

Aus zweierlei Gründen kann die durchgeführte Rechnung nur eine Abschätzung für die Größe der im PMMA vorhandenen anisotropen Strukturen liefern:

Einmal ist der verwendete δ_0-Wert mit einer gewissen Unsicherheit behaftet, da die Gültigkeit der *Kuhn*schen Theorie vorausgesetzt wird. δ_0 ist verglichen mit anderen Polymeren sehr niedrig, so daß das PMMA ein für unsere Zwecke ungünstiges Polymeres darstellt. Bisher stand jedoch kein anderes Polymeres mit ähnlich ausgezeichnet optischer Güte zur Verfügung. Messungen an anderen Polymeren mit höherer Anisotropie der Monomereinheit werden vorbereitet.

Eine andere Schwierigkeit hängt mit Näherungen der Streutheorie zusammen. Gl. [7] beruht nämlich auf der Annahme, daß das innere Feld der Probe durch ein *Lorentz*-Feld beschrieben werden darf. Bei Flüssigkeiten, deren Moleküle eine geringe Anisotropie besitzen, kommt die depolarisierte Streuung aber gerade durch die Anisotropiefluktuationen des inneren Feldes zustande (20), die im *Lorentz*-Feld nicht berücksichtigt werden. Würde man auf eine Flüssigkeit wie Tetrachlorkohlenstoff Gl. [8] anwenden, so käme man wegen $H_v \neq 0$ und $\delta_0 = 0$ zu unendlich großen anisotropen Strukturen.

Für eine qualitative Abschätzung der Ordnungsstrukturen in amorphen Polymeren ist ein Vergleich der von uns gemessenen H_v-Komponente mit den an niedermolekularen Flüssigkeiten gefundenen Werten von Interesse. Die H_v-Komponente des PMMA liegt nicht wesentlich höher als diejenige von CCl_4. Flüssigkeiten, deren Moleküle eine von 0 verschiedene Anisotropie haben, verursachen eine um ein Vielfaches höhere depolarisierte Streuung (21). Wir können daraus schließen, daß der für PMMA berechnete V-Wert eine Abschätzung nach oben darstellt, und der tatsächliche Wert wesentlich kleiner sein dürfte.

4.2 *Untersuchungen zu den Dichtefluktuationen im PMMA*

Abb. 4 zeigt die V_v-Komponenten des PMMA 218 und 240, die sich sowohl in ihrer Höhe als auch in ihrer Winkelabhängigkeit unterscheiden. Nach 2stündigem Tempern des PMMA 218 bei 130 °C besteht kein Unterschied mehr im Streuverhalten zwischen den beiden PMMA-Sorten, so daß wir im folgenden nur noch vom PMMA 240 sprechen werden. Gleiches gilt dann auch für das getemperte PMMA 218.

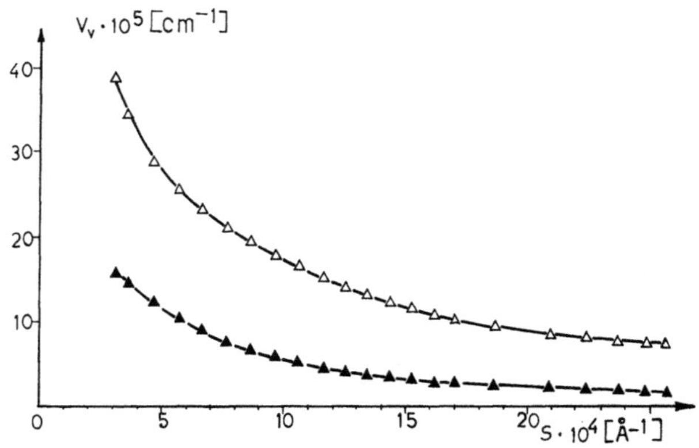

Abb. 4. △ V_v-Komponente von PMMA 218, ▲ V_v-Komponente von PMMA 240

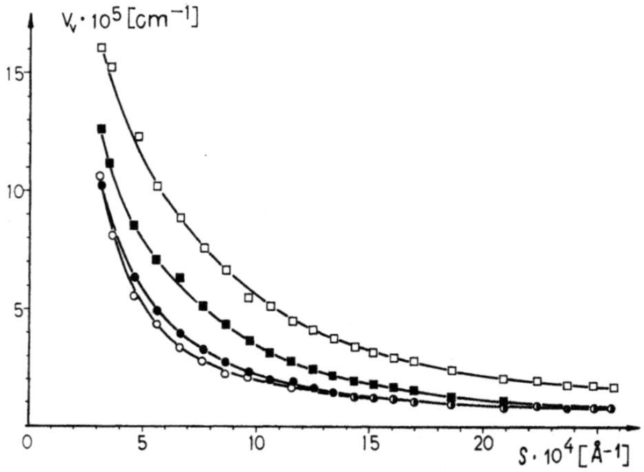

Abb. 5. □ V_v-Komponente von PMMA 240 (ungetempert), ■ V_v-Komponente von PMMA 240 (2h bei 160 °C getempert), ● V_v-Komponente von PMMA 240 (15h bei 160 °C getempert), ○ V_vKomponente von PMMA 240 (70h bei 160 °C getempert)

Auch beim PMMA 240 läßt sich die V_v-Komponente durch Tempern bei noch höheren Temperaturen weiter herabsetzen (Abb. 5). Während nach 2 und 15 stündiger Temperzeit bei 160 °C eine deutliche Abnahme der Streuung zu verzeichnen ist, tritt bei längerem Tempern keine wesentliche Änderung mehr auf. Da auch eine Erhöhung der Temperatur auf 180 °C keinen Einfluß auf die Streuung ausübt, können wir annehmen, daß das 70h bei 160 °C getemperte PMMA einen gewissen Endzustand erreicht hat. Auf ein Tempern bei noch höheren Temperaturen wurde verzichtet, da hier die Gefahr eines fortschreitenden thermischen Abbaues besteht.

Die Lichtstreuung der von *W. A. Kruse* hergestellten Proben übertraf die des PMMA 240 um das 10–100fache. Sie zeigte keine Abhängigkeit von Molekulargewicht und Molekulargewichtsverteilung und konnte durch Tempern der Proben nicht wesentlich herabgesetzt werden. Statt dessen war festzustellen, daß diejenigen Proben am höchsten streuten, die unter dem niedrigsten Druck polymerisiert wurden. Falls, wie es sich hier andeutet, die Herstellungsbedingungen mitentscheidend für die Höhe der Streuintensität sind, müßte eine analog zum PMMA 240 polymerisierte Probe (gleiche Starterkonzentration, Polymerisationstemperaturen und -zeiten), die wir im folgenden mit PMMA 240 (K) bezeichnen wollen, anders als das von der Fa. Röhm GmbH gelieferte Plexiglas streuen.

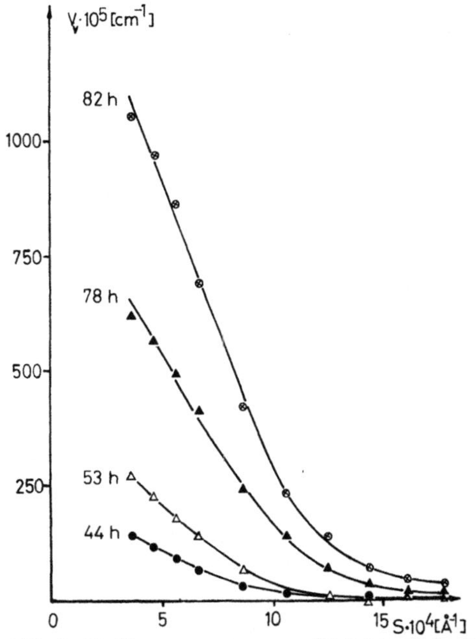

Abb. 6. V_v-Komponente von PMMA 240 (K) nach ● 44h, △ 53h, ▲ 78h und ⊗ 82h Polymerisationszeit

Im Labor wurde es nämlich unter dem Dampfdruck des Monomeren, im industriellen Fertigungsprozeß dagegen unter dem Druck zweier bei der Kontraktion des Polymeren mitgeführten Platten hergestellt. Aus Abb. 6 ist ersichtlich, wie mit zunehmender Polymerisationszeit die Streuung des PMMA 240 (K) stark ansteigt.

Wir wollen uns nun die Frage stellen, welcher Art die im PMMA gefundenen Dichtefluktuationen sind, die sich in der V_v-Komponente der Lichtstreuung äußern.

Der Einfluß des Temperns auf die Lichtstreuung des PMMA 240 und 218 sowie die beträchtliche Zunahme der Streuintensität während der Polymerisation des PMMA 240 (K) zeigen, daß Verunreinigungen, etwa in Form von Staub, keine wesentliche Rolle spielen können.

Die hohe Lichtstreuung des PMMA 240 (K) kommt offensichtlich dadurch zustande, daß sich mit zunehmender Polymerisationszeit und damit höherer Viskosität der Probe Löcher bilden.

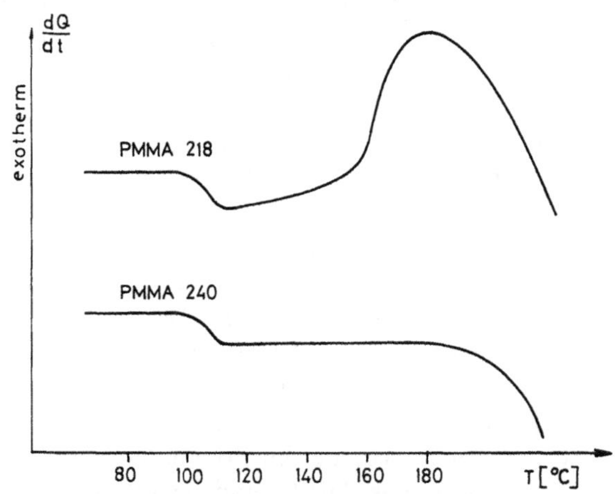

Abb. 7. DSC-Kurven von PMMA 218 und 240

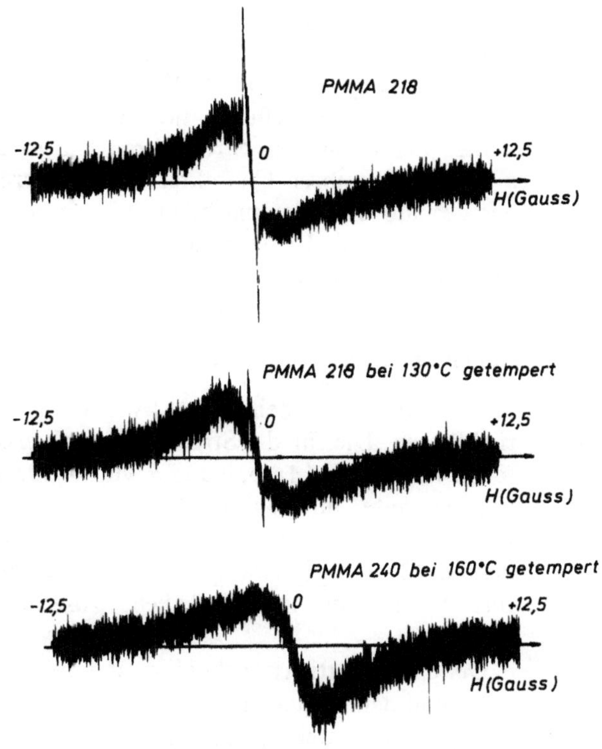

Abb. 8. Kernresonanzkurven von PMMA 218 und 240

Zwar könnte man die Abhängigkeit der V_v-Komponente des PMMA 240 und 218 von den Temperbedingungen ebenfalls durch Löcher erklären, ergänzende Untersuchungen mit der DSC, der Magnetischen Kernresonanz sowie die

Temperaturabhängigkeit der Lichtstreuung, die wir später behandeln wollen, legen jedoch eine andere Erklärung nahe. Der in der DSC auftretende Polymerisationspeak (Abb. 7), die schmale Komponente in der Magnetischen Kernresonanz (Abb. 8) und der im Vergleich zum PMMA 240 höhere Monomergehalt sind Hinweise dafür, daß im PMMA 218 infolge einer zu geringen Temperzeit bei der Herstellung niedermolekulare Bereiche mit einem von ihrer Umgebung verschiedenen Brechungsindex vorhanden sind. Sie polymerisieren zum überwiegenden Teil bei 130 °C nach. Nicht nur die Streukurven, sondern auch die DSC- und Magnetischen Kernresonanzmessungen des getemperten PMMA 218 und des PMMA 240 stimmen überein. Die schmale Komponente des PMMA 240 kann ebenso wie die Lichtstreuung durch eine Erhöhung der Temperatur auf 160 °C reduziert werden (Abb. 8). Wir können annehmen, daß sich dabei ein Teil der im Polymeren vorhandenen niedermolekularen Bereiche auflöst.

Wir kommen nun zur quantitativen Auswertung der Streukurven auf der Basis der im Kapitel 2. dargestellten Theorie. Die für die Winkelabhängigkeit der V_v-Komponente verantwortlichen Dichtefluktuationen verursachen keinen nennenswerten Streubeitrag bei großen s-Werten. Zu ihrer Charakterisierung werden wir deshalb die Streuung beim größten gemessenen s-Wert als Untergrund von der V_v-Komponente abtrennen. Der verbleibende Teil der V_v-Komponente läßt sich auf Dichtekorrelationen der Form $F_1(\varrho) = e^{-\frac{\varrho}{a}}$ beim PMMA 240 bzw. $F_2(\varrho) = e^{-\frac{\varrho^2}{a^2}}$ beim PMMA 240 (K) zurückführen. Die für die Streuung charakteristischen Parameter $\langle \Delta \varepsilon^2 \rangle$, a und σ wurden für das unbehandelte, für das bei 160 °C getemperte PMMA 240 sowie für das PMMA 240 (K) aus den Gl. [2] und [4] bzw. [3] und [5] bestimmt. Ihre Werte sind in der Tabelle zusammengestellt.

Der Gesamtextinktionskoeffizient σ_g setzt sich aus σ und dem Untergrund der V_v-Komponente verursachten Anteil σ_u zusammen:

$$\sigma_g = \sigma + \sigma_u$$

Die σ_u- und σ_g-Werte werden ebenfalls in der Tabelle angegeben.

E. W. Fischer und *J. H. Wendorff* (22) fanden einen Untergrund in der Röntgenkleinwinkelstreuung, der einer Dichteschwankung

$$\frac{\langle \Delta \varrho^2 \rangle}{\langle \varrho \rangle^2} = \frac{1}{V} k T \varkappa_T(T_g)$$

entspricht. Hierbei bedeutet $\varkappa(T_g)$ die isotherme Kompressibilität kurz oberhalb der Einfriertemperatur. Überträgt man diese Beziehung auf die Lichtstreuung, so erhält man mit

$$\langle \Delta \varepsilon^2 \rangle = 4 \langle n \rangle^2 \langle \varrho \rangle^2 \left(\frac{\partial \langle n \rangle}{\partial \langle \varrho \rangle} \right)^2 k T \frac{1}{V} \varkappa_T(T_g)$$

aus Gleichung [6] den Extinktionskoeffizienten unterhalb der Einfriertemperatur.

Tab. 1

	I	II	III	IV
a [Å]	1100	1900	2700	2800
$\langle \Delta\varepsilon^2 \rangle\ 10^8$	1,03	0,21	21,6	7,62
$\sigma\ 10^4$ [cm^{-1}]	2,59	1,14	106,8	42,8
$\sigma_u\ 10^4$ [cm^{-1}]	1,39	0,59	9	2
$\sigma_g\ 10^4$ [cm^{-1}]	3,98	1,73	115,8	44,8

I PMMA 240 unbehandelt
II PMMA 240 70 h bei 160 °C getempert
III PMMA 240 (K) nach 82 h Polymerisationszeit
IV Werte von *P. Debye* und *A. M. Bueche* (6) (Ihre σ-, σ_u- und σ_g-Werte wurden auf unsere Wellenlänge umgerechnet)
a Korrelationslänge
$\langle \Delta\varepsilon^2 \rangle$ Mittleres Schwankungsquadrat der Dielektrizitätskonstante nach Abzug des Streuuntergrunds
σ Extinktionskoeffizient nach Abzug des Streuuntergrunds
σ_u Extinktionskoeffizient des Streuuntergrunds
σ_g Extinktionskoeffizient der Gesamtstreuung

$$\sigma_F = \frac{32 \pi^3}{3 \lambda_0^4} \langle n \rangle^2 \left(\langle \varrho \rangle \frac{\partial \langle n \rangle}{\partial \langle \varrho \rangle} \right)^2 k T \varkappa_T(T_g). \quad [9]$$

Gl. [9] stellt eine modifizierte Form der *Einstein-Smoluchowski*schen Gleichung (7, 8) dar, die für eine Reihe von Flüssigkeiten experimentell verifiziert wurde. Wendet man die *Lorentz-Lorenz*-Gleichung an, so folgt aus [9]:

$$\sigma_F = \frac{8 \pi^3}{27 \lambda_0^4} (\langle n \rangle^2 - 1)^2 (\langle n \rangle^2 + 2)^2 k T \varkappa_T(T_g).$$

Aus Messungen von *K.-H. Hellwege* et al. (23) ergibt sich $\varkappa_T(T_g) = 4{,}87\ 10^{-11}$ cm g^{-1} sec^2 und damit

$$\sigma_F = 2{,}98\ 10^{-5}\ \text{cm}^{-1}.$$

σ_u des bei 160 °C getemperten PMMA 240 liegt um einen Faktor 2 über diesem Wert, d.h. zum

Untergrund der V_v-Komponente tragen auch andere als die in σ_F enthaltenen Dichtefluktuationen bei. Wir können annehmen, daß es sich hierbei um niedermolekulare Bereiche handelt, die klein verglichen mit der Lichtwellenlänge sind.

Ein über die thermischen Dichtefluktuationen hinausgehender Streuuntergrund wurde auch von *P. Debye* und *A. M. Bueche* (6) gefunden. Ihre im Vergleich zum PMMA 240 relativ hohen Werte für $\langle \Delta\varepsilon^2 \rangle$, σ, σ_u und σ_g deuten darauf hin, daß ihre Proben Löcher enthielten.

Ein quantitativer Vergleich unserer Ergebnisse mit denen von *W. L. Peticolas* et al. (10), *E. A. Friedman* et al. (11) und *A. B. Romberger* et al. (12) ist nicht möglich, da in den zitierten Arbeiten keine Absolutwerte der gestreuten Intensität angegeben werden. Man muß jedoch generell feststellen, daß die dort ermittelten *Landau-Placzek*-Koeffizienten insofern einen geringen Aussagewert besitzen, als sie bei einem einzigen Streuwinkel gemessen wurden. Eine solche Messung ist nur dann repräsentativ für den gesamten Winkelbereich, wenn eine winkelunabhängige *Rayleigh*streuung vorliegt. Dies wurde jedoch in diesen Arbeiten nicht nachgeprüft und ist nach unseren Ergebnissen auch nicht zu erwarten.

Das Streuverhalten des PMMA 240 wurde auch in Abhängigkeit von der Temperatur gemessen. Abb. 9 läßt erkennen, daß die gestreute Intensität stark von der Temperatur abhängt. In Abb. 10 und 11 ist die Änderung der V_v-Komponente mit der Temperatur bei zwei verschiedenen Streuwinkeln aufgetragen. Sie ist im gesamten Temperaturbereich reversibel. Unterhalb T_g tritt ein linearer Anstieg der Streuung mit zunehmender Temperatur auf, wobei die prozentuale Änderung unabhängig vom Streuwinkel ist. Dieser Effekt könnte mit den niedermolekularen Bereichen erklärt werden. Ihr Brechungsindex $\langle n_B \rangle$ ist kleiner und nimmt mit steigender Temperatur schneller ab als der ihrer polymeren Umgebung $\langle n_p \rangle$. Für ein 2-Phasenmodell aus niedermolekularen Bereichen und Polymeren gilt die Beziehung

$$\sqrt{V_v(T)} \sim \langle n_p \rangle (T) - \langle n_B \rangle (T).$$

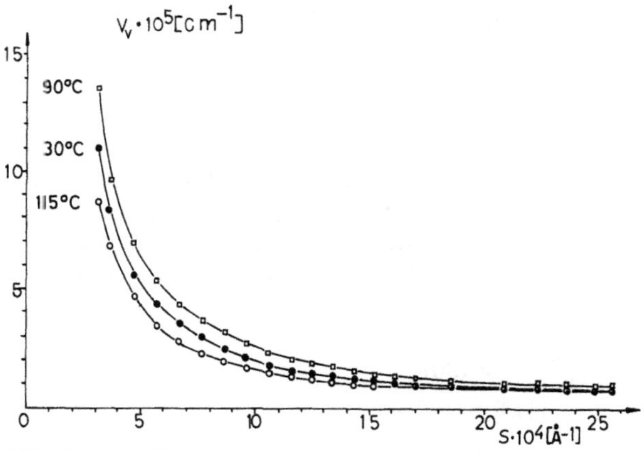

Abb. 9. ● V_v-Komponente von PMMA 240 (getempert bei 160 °C) $T = 30$ °C, □ V_v-Komponente von PMMA 240 (getempert bei 160 °C) $T = 90$ °C, ○ V_v-Komponente von PMMA 240 (getempert bei 160 °C) $T = 115$ °C

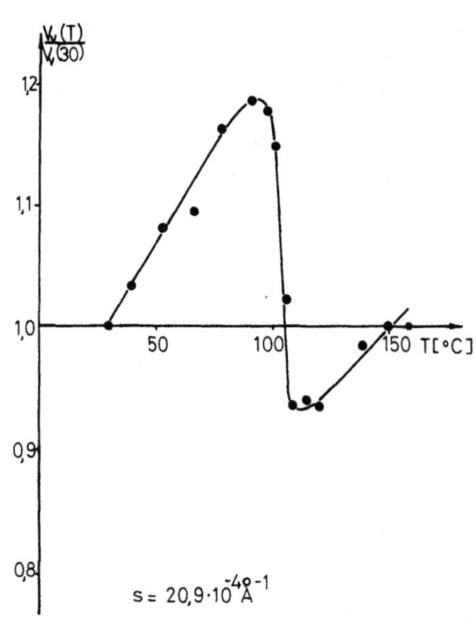

Abb. 10. Temperaturabhängigkeit der V_v-Komponente von PMMA 240 (getempert bei 160 °C), $s = 20{,}9\ 10^{-4}$ Å^{-1}

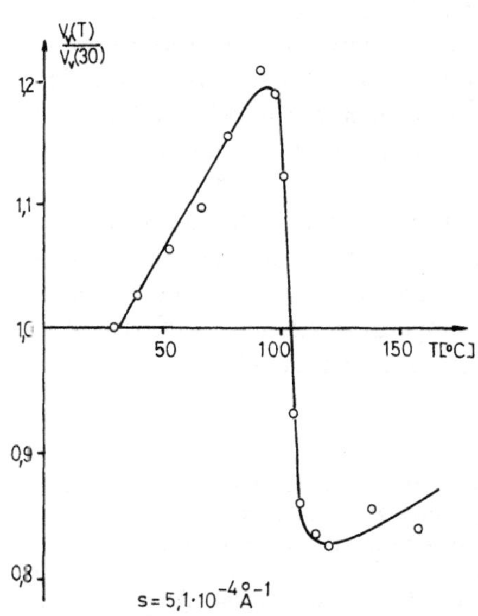

Abb. 11. Temperaturabhängigkeit der V_v-Komponente von PMMA 240 (getempert bei 160 °C), $s = 5{,}1\ 10^{-4}$ Å^{-1}

Wir erhalten in der Auftragung

$$\sqrt{\frac{V_v(T)}{V_v(30)}}$$

gegen T eine Gerade, da $\langle n_p \rangle$ und $\langle n_B \rangle$ sich in dem Temperaturbereich, über den sich unsere Messungen erstreckten, linear mit T ändern. Das gleiche trifft wegen der relativ kleinen Differenzen

$$\frac{V_v(T) - V_v(30)}{V_v(30)}$$

auch für die Auftragung

$$\frac{V_v(T)}{V_v(30)}$$

gegen T zu. Unter der Annahme, daß die niedermolekulare Phase ausschließlich aus Monomerem besteht, läßt sich die Steigung m der Geraden

$$\sqrt{\frac{V_v(T)}{V_v(30)}}$$

abschätzen. Mit der von *A.B. Romberger* et al. (11) gemessenen Temperaturabhängigkeit von $\langle n_p \rangle$ und den von *E.H. Riddle* (24) angegebenen Werten von $\langle n_{\mathrm{MMA}} \rangle (T)$ und $\langle \varrho_{\mathrm{MMA}} \rangle (T)$ ergibt sich $m = 3{,}8\ 10^{-3}\ {}^\circ\mathrm{C}^{-1}$. Aus Abb. 10 erhält man $m = 1{,}7\ 10^{-3}\ {}^\circ\mathrm{C}^{-1}$. Der Unterschied ist wahrscheinlich darauf zurückzuführen, daß die im PMMA vorhandenen niedermolekularen Bereiche nicht nur aus Monomerem bestehen.

Beim Überschreiten der Glastemperatur fällt die Streuintensität nahezu sprunghaft ab und steigt dann bei weiterer Temperaturerhöhung wieder an (Abb. 10 u. 11). Wie schon erwähnt, sind auch diese Änderungen reversibel. Die Deutung dieses Effektes ist noch unklar. Auf der Grundlage des bisher beschriebenen Modells, daß die Dichtefluktuationen durch niedermolekulare Bereiche verursacht werden, müßte man annehmen, daß sich diese Bereiche beim Überschreiten der Einfriertemperatur teilweise auflösen und beim Abkühlen wieder zurückbilden.

Danksagung

Diese Arbeit wurde im Rahmen des Sonderforschungsbereiches 41, Mainz-Darmstadt, durchgeführt; der Deutschen Forschungsgemeinschaft danken wir für die finanzielle Unterstützung. Herrn *W.A. Kruse*, Mainz und Herrn Dr. *W. Wunderlich* bei der Fa. Röhm GmbH, Darmstadt, danken wir für die zur Verfügung gestellten Proben. Den Herren Prof. *R.G. Kirste*, Dr. *J.H. Wendorff* und Dr. *G. Schmidt* haben wir für wertvolle Diskussionen zu danken.

Zusammenfassung

Die V_r- und H_r-Komponenten des an verschieden vorbehandelten Polymethylmethacrylat-Proben gestreuten Lichtes wurden mit Hilfe eines Lichtstreuphotometers in Abhängigkeit vom Streuwinkel und von der Temperatur gemessen. Aus der Höhe der winkel- und temperaturunabhängigen H_v-Komponente wurde eine obere Grenze von 28 Å für die Größe der im PMMA vorhandenen anisotropen Strukturen errechnet. Tatsächlich dürften sie jedoch wesentlich kleiner sein. Flüssigkeiten mit isotropen Molekülen wie z.B. Tetrachlorkohlenstoff verursachen nämlich bereits eine ähnlich hohe H_v-Komponente.

Neben den geringen Anisotropiefluktuationen liegen Dichtefluktuationen vor, die zu einer Winkelabhängigkeit der V_v-Komponente führen. Verantwortlich hierfür sind niedermolekulare Bereiche und Löcher mit Dimensionen von 1000–3000 Å. Zusätzlich sind thermische Dichtefluktutionen vorhanden. Bei großen Streuwinkeln kommt etwa die Hälfte der gestreuten Intensität durch sie zustande.

Summary

The V_v and H_v components of the light scattered by polymethylmethacrylate samples, which had been subjected to different pretreatments, were measured as a function of the scattering angle and temperature with the help of a light scattering photometer. An upper limit of 28 Å for the size of the anisotropic structures present in PMMA was calculated from the height of the angle- and temperature-independent H_v component. They may however be essentially smaller. In fact, fluids with isotropic molecules, for example carbon tetrachloride, give rise to a similarly high H_v component.

In addition to the slight anisotropy fluctuations, density fluctuations are present, which lead to an angular dependence of the V_v component. Lower molecular regions and holes with dimensions of 1000–3000 Å are responsible for this. There exist also thermal fluctuations. Approximately half of the scattered light intensity at large scattering angles is caused by them.

Literatur

1) *P. J. Flory, A. Ciferri* und *R. Chiang*, J. Amer. Chem. Soc. **83**, 1023 (1961).

2) *A. Ciferri, C. A. J. Hoeve* und *P. J. Flory*, J. Amer. Chem. Soc. **83**, 1015 (1961).

3) *R. G. Kirste, W. A. Kruse* und *J. Schelten*, Makromol. Chem. **162**, 299 (1972).

4) *G. S. Y. Yeh*, J. Macromol. Sci. **B6**, 465 (1972).

5) *W. Pechhold* und *S. Blasenbrey*, Kolloid-Z. u. Z. Polymere **241**, 955 (1970).

6) *P. Debye* und *A. M. Bueche*, J. Appl. Phys. **20**, 518 (1949).

7) *A. Einstein*, Ann. Physik **33**, 1275 (1910).

8) *M. V. Smoluchowski*, Ann. Physik **25**, 205 (1908).

9) *F. Bueche*, J. Appl. Phys. **23**, 1280 (1952).

10) *W. L. Peticolas, G. I. A. Stegeman* und *B. P. Stoicheff*, Phys. Rev. Letters **18**, 1130 (1967).

11) *E. A. Friedman, A. J. Ritger* und *R. D. Andrews*, J. Appl. Phys. **40**, 4243 (1968).

12) *A. B. Romberger, D. P. Eastman* und *J. L. Hunt*, J. Chem. Phys. **51**, 3723 (1969).

13) *G. Ross*, Optica Acta **15**, 451 (1968).

14) *M. Goldstein* und *E. R. Michalik*, J. Appl. Phys. **26**, 1450 (1955).

15) *R. S. Stein* und *P. R. Wilson*, J. Appl. Phys. **33**, 1914 (1962).

16) *J. J. van Aartsen*, Polymer Networks: Structural and Mechanical Properties edited by *A. I. Chompff* and *S. Newman* (NewYork 1970).

17) *J. Cabannes*, La diffusion moléculaire de la lumière, Les Presses Universitaires de France, Paris (1929).

18) *R. C. C. Leite, R. S. Moore, S. P. S. Porto* und *E. Ripper*, Phys. Rev. Letters **14**, 7 (1965).

19) *W. Hellmuth, H. G. Kilian* und *F. H. Müller*, Kolloid-Z. u. Z. Polymere **218**, 10 (1967).

20) *M. Fixman*, J. Chem. Phys. **23**, 2047 (1955).

21) *M. Kerker*, The Scattering of Light (New York 1969).

22) *E. W. Fischer* und *J. H. Wendorff*, Kolloid-Z. u. Z. Polymere (in Vorbereitung).

23) *K.-H. Hellwege, W. Knappe* und *P. Lehmann*, Kolloid-Z. u. Z. Polymere **183**, 110 (1962).

24) *E. H. Riddle*, Monomeric Acrylic Esters (New York 1954).

Anschrift der Verfasser:

Dr. *M. Dettenmaier* und Prof. Dr. *E. W. Fischer*
Institut für Physikalische Chemie
der Universität, II. Ordinariat
6500 Mainz, Jakob Welder Weg 15

Kolloid-Z. u. Z. Polymere **251**, 932–940 (1973)

Vorgetragen auf der Arbeitstagung des Fachausschusses Physik der Hochpolymeren im Rahmen der Frühjahrstagung des Arbeitskreises Festkörperphysik bei der Deutschen Physikalischen Gesellschaft vom 21.–23. März 1973 in Münster/Westf.

Aus dem Bereich Polymere, FB 14, Universität Marburg/Lahn, Lahnberge

Dielektrische Relaxation Polymerer bei Temperaturen bis 1 °K

Von F. H. Müller, O. Heybey und G. Knispel

Mit 11 Abbildungen und 2 Tabellen

(Eingegangen am 17. August 1973)

Einleitung

Das Auftreten von dielektrischen Verlusten an einem Material zeigt an, daß es in dem vermessenen Temperaturbereich noch Möglichkeiten für Umlagerungen, für Änderungen der gegenseitigen Anordnung von molekularen Bausteinen, zeitliche Fluktuationen, gibt. Solange dielektrische Verluste gemessen werden, sind also nicht alle Bewegungsmöglichkeiten eingefroren.

Normalerweise stellt man sich vor, daß die sich im Feld umlagernden Bausteine aus Atomgruppen, mindestens aus einzelnen Atomen[1]), bestehen. Diskutiert wird heute außer diesen lokalisierten Platzwechseln als weitere Ursache auch die allgemeine thermische Fluktuation im Material (2). Beides, diskrete Platzwechselmechanismen und allgemeine thermische Fluktuation, sollten aber mit sinkender Temperatur bei Annäherung an den absoluten Nullpunkt einfrieren. Bei welcher Temperatur dies erfolgt, hängt u. a. von der Größe der sich umordnenden Bereiche ab, von der erforderlichen Aktivierung; und für alle bisher bekannten diskreten Umlagerungen kleinster Bereiche sollte man erwarten, daß Relaxationen unterhalb von einigen zehn °K nicht mehr auftreten können.

Die Existenz von thermischen Fluktuationen dagegen kann man sich bei tieferen Temperaturen noch vorstellen, doch dürften hierbei keine Maxima im tan δ auftreten: man würde nur ein stetiges Absinken bis zum absoluten Nullpunkt hin erwarten.

Unter diesem Gesichtspunkt schien uns ein Ergebnis von *Bobo* und *Fallou* (3) an Polyäthylen sehr bemerkenswert. Gemäß Abb. 1 beginnt der dielektrische Verlust für Polyäthylen mit Annäherung an den Siedepunkt des flüssigen Heliums überraschenderweise wieder zu steigen. Wenn dies – was bei einer so subtilen Messung kleinster Verluste für derartig tiefe Temperaturen durchaus verständlich wäre – kein Meßfehler ist, dann könnte etwas Interessantes hinter dieser experimentellen Festellung stecken.

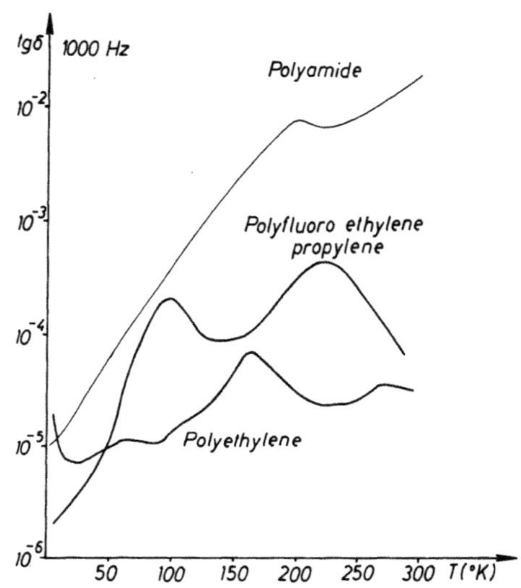

Abb. 1. Dielektrische Verluste als Funktion der Temperatur für Polyäthylen, Polyamid 1,1 und Polyfluoräthylenpropylen (3).
Man beachte den Anstieg bei Polyäthylen bei tiefen Temperaturen

Wir haben also die Messungen an Polyäthylen bei tiefsten Temperaturen wiederholt, und zwar nicht nur herab bis zu 4,2 °K, sondern bis zu 1,1 °K. Letzteres ist die Temperatur, die sich durch Abpumpen des Heliums erreichen läßt.

Wir konnten mit unseren Messungen nicht nur die Werte der französischen Kollegen an Polyäthylen bestätigen, sondern im Bereich zwischen 1 °K und 4 °K tan δ-Maxima auffinden, in der Temperaturlage abhängig von der Meßfrequenz (4). Das deutet an, daß ein Relaxations- und kein Resonanzmechanismus vor-

[1]) Es gibt z. B. auch Protonensprungprozesse (1).

liegen dürfte, wenngleich die exakte Aussage erst aus der Feststellung der Frequenzdispersion über einen entsprechenden Frequenzbereich folgen würde (5).

Über diese Messungen an Polyäthylen wurde inzwischen schon eingehend berichtet (4). Das soll hier nicht wiederholt werden. Wir haben jedoch inzwischen unsere Untersuchungen auf andere polymere Materialien ausgedehnt und auch den Bereich zwischen 4 °K und 80 °K einbezogen. Darüber soll berichtet werden.

Zuvor sei jedoch nur nochmals kurz das Wichtigste aus den Erfahrungen an Polyäthylen zusammengestellt (4).

1. Im Frequenzbereich von 1 bis 10 kHz ergeben sich Maxima im Verlauf von tan δ gegen T (Beispiel Abb. 2).

2. Aus der Verschiebung der Maxima mit der Meßfrequenz folgen Werte für die Aktivierungsenergie von der Größenordnung einiger cal/Mol, statt der sonst für Relaxationsprozesse von kleinen Gruppen üblichen Werte von einigen kcal/Mol[2]).

3. Auftreten und Höhe der Verluste hängt außerordentlich von der Vorgeschichte der Probe ab[3]). Insbesondere wird beim Verstrecken und Pressen des Materials der Verlust größer, während er durch Tempern mit anschließend rascher Abkühlung unter die Meßbarkeitsgrenze von unserer Brücke gebracht werden kann. Erhöhung der Kristallinität gibt im allgemeinen Vergrößerung der Verluste.

Problemstellung

Es ist auf dieser Grundlage eine naheliegende Frage, ob die am Polyäthylen aufgefundenen Erscheinungen einen spezifischen Einzelfall darstellen, oder ob sie als ein allgemeines Verhalten – zumindest für alle polymeren Substanzen – auftreten.

Experimentelles

Der Kryostat und Meßkondensator

Kryostat-Anordnung und Meßkondensator sind dieselben, wie sie in der vorausgehenden Veröffentlichung (4) über das Polyäthylen beschrieben wurden. Dort wurde auch die Handhabung und die Präparation der Proben angegeben. Dieser Kryostat mit einer Gegenheizung erlaubt im übrigen den gesamten Meßbereich bis herauf zu Raumtemperaturen zu untersuchen. Die Temperaturablesungen im Gebiet von 1 bis 4,2 °K beruhen auf der Messung des Heliumdampfdruckes (Genauigkeit besser als 0,01 °K), die Temperaturen von 4,2 °K aufwärts werden mit einem Gold-Nickelchrom-Thermoelement (Eichpunkte: Siedepunkt von Helium, Siedepunkt von Stickstoff) gemessen (Genauigkeit ±0,1 °K). Der Meßkondensator war so konstruiert, daß mit ihm tan $\delta = \varepsilon''/\varepsilon'$, nicht aber ε' und ε'' jedes für sich bestimmt werden konnte. Das hat den Vorteil, daß die Geometrie der Meßprobe und ihre Änderung mit der Temperatur nicht in die Messung eingeht, den Nachteil der geringeren Information.

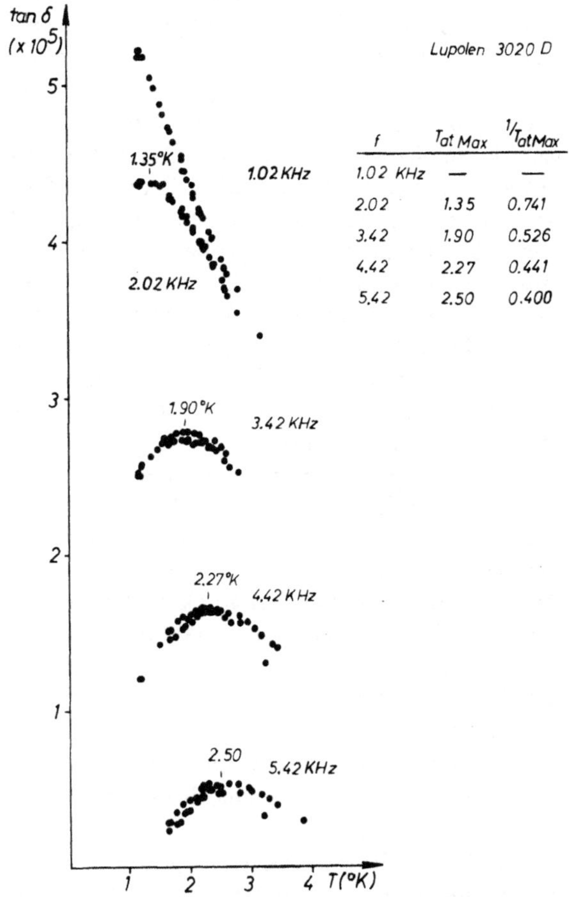

Abb. 2. Polyäthylen: tan δ im Bereich von 1,2 bis 4 °K

Als Meßbrücke bedienten wir uns eines Gerätes der Fa. General Radio „Precision Capacitance-Measurement System Type 1621". Diese Brücke gestattet es, Kapazität und Leitfähigkeit unabhängig voneinander abzugleichen und zu erfassen. Verwendet wurde die Brücke in der dreipoligen Schaltung, d.h. der Meßkondensator ist beidseitig gegen Erde isoliert (teilwertgeschirmte Schaltung). Die abgelesene Kapazität und der abgelesene Leitwert müssen noch korrigiert werden. In die Korrekturformeln, wie sie der Hersteller angibt und wie sie sich aus 1. Nähe-

[2]) Dabei wäre zu diskutieren, ob die für solche Temperaturen übliche Auswertung mit der Theorie der aktivierten Prozesse bei diesen tiefen Temperaturen noch sinnvoll bleibt.

[3]) Das ist eine Feststellung, auf die wir größten Wert legen, zumal andere neuere inzwischen bekannt gewordene Untersuchungen die Feststellung nicht enthalten.

rung darstellen, gehen die beiden Erdkapazitäten C_1 und C_2 der Kondensatorplatten sowie der Zuleitungen gegen Erde ein. Ferner spielt der Widerstand R und die Induktivität L der Zuleitung zum Erdpunkt der Meßbrücke eine Rolle. Außerdem ist die Frequenz $\omega = 2\pi\nu$ wesentlich.

Die Korrekturformeln lauten:

$$C_{abgel} = C_x - \omega^2 C_1 C_2 L$$

$$G_{abgel} = G_x - \omega^2 C_1 C_2 R$$

Daraus errechnet sich $\tan\delta = G_x/C_x \cdot \omega$.

Die Messungen wurden im Frequenzbereich von 10 Hz bis 10 kHz durchgeführt.

Fehlergrenzen

Man hat zwischen absoluten und relativen Werten hinsichtlich der Genauigkeit zu unterscheiden. Die Brücke eliminiert die Kapazitäten C_1 und C_2, solange diese Kapazitäten nicht jeweils 100 pF plus der Leitungskapazität der geschirmten Kabel überschreiten. Durch die notwendigerweise relativ ziemlich langen Zuführungen im Kryostaten waren in unserem Fall diese Kapazitäten etwas größer. Wir müssen also die Korrekturglieder einfügen, auch schon wegen der extrem niedrigen Werte an Verlusten. Das bedeutet in unserem Fall, daß wir für größere Frequenzen rasch ansteigende Korrekturen erwarten müssen, daß wir also im Frequenzbereich beschränkt sind.

Wie schon in der vorangegangenen Veröffentlichung diskutiert, kann das für abgelesene Leitwerte zu negativen Werten führen, insbesondere bei sehr kleinem Leitwert, bei verlustfreien Proben. Für die absolute Genauigkeit der Brücke wird für Kapazitäten kleiner 1000 pF die *absolute* Genauigkeit der Verluste bei $\tan\delta = 10^{-3}$, 10^{-4}, 10^{-5} zu resp. 1%, 10% und 100% angegeben (4).

Das beschränkt unsere Diskussion, soweit *absolute* Werte von $\tan\delta$ eine Rolle spielen, in bestimmter Weise.

Was hier mehr interessiert, ist *jedoch die relative Genauigkeit*, etwa in Abhängigkeit von der Temperatur, und diese ist *mindestens das Hundertfache der absoluten* Genauigkeit.

Nochmals zusammengefaßt:

a) Bei tiefen Temperaturen werden die Leitwerte sehr klein, die Werte für Kapazität laufen einem Grenzwert zu. Wegen der notwendigen Korrekturen müssen also die Proben mit extrem kleinen Verlusten sorgfältig diskutiert werden.

b) Korrekturen wachsen quadratisch mit der Meßfrequenz. Diese Tatsache beschränkt die Anwendung der höheren Frequenzbereiche unserer Meßbrücke auf unsere Untersuchungen.

c) Hinsichtlich Folgerungen auf relative Änderungen dagegen von $\tan\delta$ sind also Schlüsse auf Piks in den Temperaturkurven absolut zuverlässig zu vollziehen.

Untersuchte Substanzen

Als Meßproben wurden Folien so wie geliefert verwendet oder wurden Proben dieser Folien bei verschiedenen Temperaturen getempert, verstreckt usw. Die so behandelten Folien wurden jeweils mit Methanol gewaschen und unter Vakuum mit Silber bedampft, um einen guten elektrischen Kontakt mit dem Material herzustellen. Die vorhergegangenen Experimente (4) haben schon gezeigt, daß diese Silberkontaktierung keinen Einfluß auf die Messung hat.

An polymeren Stoffen wurden hier untersucht:

Polyäthylen (PE), Lupolen 6000 L geliefert von BASF, Ludwigshafen.

Polytetrafluoräthylen (PTFE), geliefert von A. Krüger Kunststoffe, Hamburg-Wandsbek.

Polyvinylalkohol (PVA) von der Firma Kalle AG., Wiesbaden-Biebrich.

Polyvinylchlorid (PVC), dieses Material liegt noch vor aus dem Jahre 1942, von dem früheren IG-Farben-Werk Wolfen (ein nachcholoriertes Material).

Polyvinylchlorid verstreckt, ebenfalls aus dieser Zeit, als Luvithermfolie.

Polyäthylenterephthalat (PET), geliefert von der Fa. Kalle AG., Wiesbaden-Biebrich.

Polyamid (Perlon), geliefert von der Fa. Bayer, Leverkusen.

Cellophan, geliefert von der Fa. Kalle AG., Wiesbaden-Biebrich.

Selen, Proben selbst hergestellt.

Die letzten beiden Stoffe erbrachten keine brauchbaren Meßergebnisse: Das Selen zeigte auch bei tiefsten Temperaturen eine zu große Leitfähigkeit und beim Cellophan war die Anzeige zu unruhig, als daß die Brücke abgeglichen werden konnte.

Manche der Materialien wurden nicht nur im Lieferzustand untersucht, sondern noch in bestimmter Weise vorbehandelt (Tab. 1).

Meßergebnisse

Zunächst seien die Meßergebnisse an unbehandeltem Material besprochen, d.h. an den Polymeren „in geliefertem Zustand".

Tab. 1

Nr.	Material	Vorbehandlung	Kristallinität
1	PÄ (Lup. 6000 L)	gepreßte Platte	0,76**)
2	PTFE		
3	PVA	gegossene Folie	
4a	PVC (nachchlor.)	Folie wie geliefert (gegossener Film)	
4b	(nachchlor.)	längs- und quergereckt geliefert	
5a	PET Hosta-	Folie wie geliefert	0*)
5b	PET phan- vor-	2 Std. bei 120 °C getempert	33,9*)
5c	PET folie	2 Std. bei 165 °C getempert	39,7*)
5d	PET	4mal verstreckt bei 72 °C	16,5*)
6a	Polyamid (Perlon)	Folie wie geliefert	
6b	Polyamid (Perlon)	100% kalt verstreckt	
7	Cellophan	Folie wie geliefert	
8	Selen	bei Zimmertemperatur zu einer dicken Schicht aufgedampft (0,048 mm)	0

*) aus Dichtebestimmung mit $\varrho_a = 1{,}334$ g/cm³ und $\varrho_k = 1{,}455$ g/cm³

**) aus Dichtebestimmung mit $V_a = 1{,}173$ cm³/g und $V_k = 1{,}001$ cm³/g

Die Abbildungen geben die Temperaturabhängigkeit im Bereich bis 80 °K an, wobei in einigen Fällen Teilbereiche nochmals vergrößert herausgezeichnet worden sind.

Die ersten beiden Abb. 3 und 4 vergleichen das unpolare Polyäthylen mit dem ebenfalls unpolaren Polytetrafluoräthylen. In beiden Fällen sind die Verluste sehr klein, das Absinken der Verlustwerte mit steigender Frequenz sei wegen der oben diskutierten Unsicherheit der Absolutwerte zunächst außer Betracht gelassen.

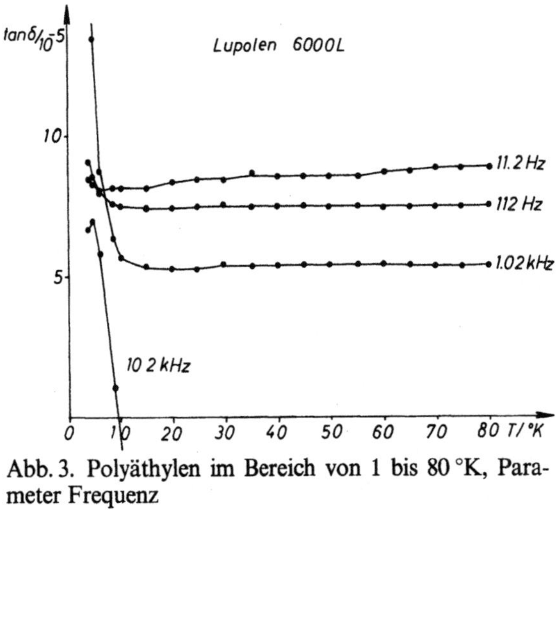

Abb. 3. Polyäthylen im Bereich von 1 bis 80 °K, Parameter Frequenz

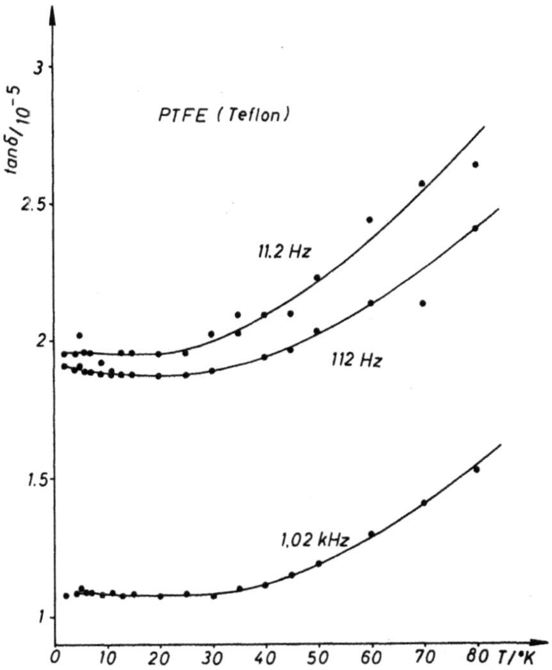

Abb. 4. Polytetrafluoräthylen: Verluste im Bereich 1 bis 80 °K für verschiedene Frequenzen

Auffällig ist, daß das Polyäthylen bis 80 °K noch konstante Werte ergibt, während beim Teflon der Konstanzbereich sich auf die ersten 30 °K beschränkt. Im übrigen scheint, wenn auch nicht so markant, sich für noch tiefere Temperaturen als von uns erfaßt, ein analoges Maximum wie beim Polyäthylen anzudeuten.

Die nächsten vier Abbildungen zeigen den Verlauf bis 80 °K für Polyvinylalkohol und Polyvinylchlorid, Polyäthylenterephthalat sowie Polyamid 6, vier polare Polymere. Es scheint typisch, daß für diese polaren Polymeren die dielektrischen Verluste um etwa eine Zehnerpotenz höher liegen. Ein derartiges Verhalten ist uns aus Messungen im cm-Wellen-Gebiet geläufig (6). Es scheint uns ein Indiz, daß der Anstieg mit der Temperatur, soweit nicht durch überlagerte Piks gestört, mit den sogenannten dielektrischen Untergrundverlusten in Zusammenhang stehen dürfte.

Für das PVC sowie das Polyäthylenterephthalat überlagert sich allerdings deutlich im Bereich von 10 bis 30 °K je ein Pik im Verlauf von tan δ. Man kann ihn im üblichen Verfahren abzutrennen versuchen, wenn man annimmt, daß der Untergrund stetig durchlaufen würde.

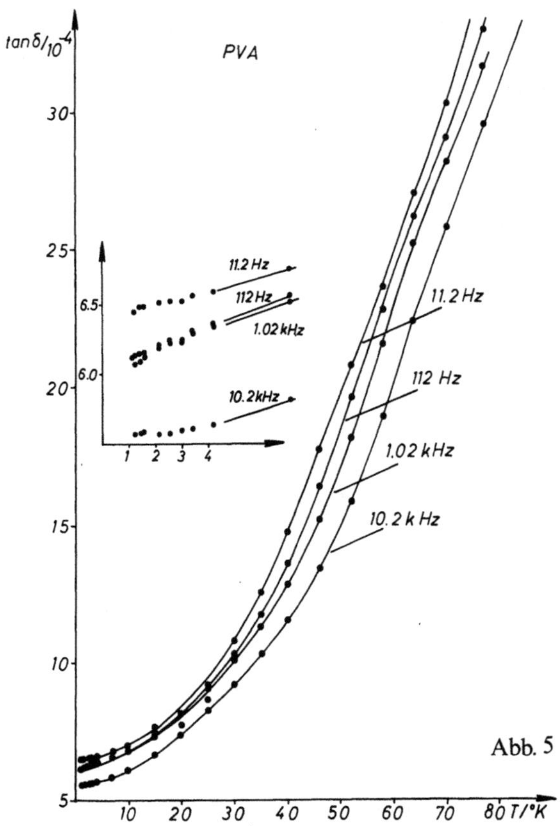

Abb. 5

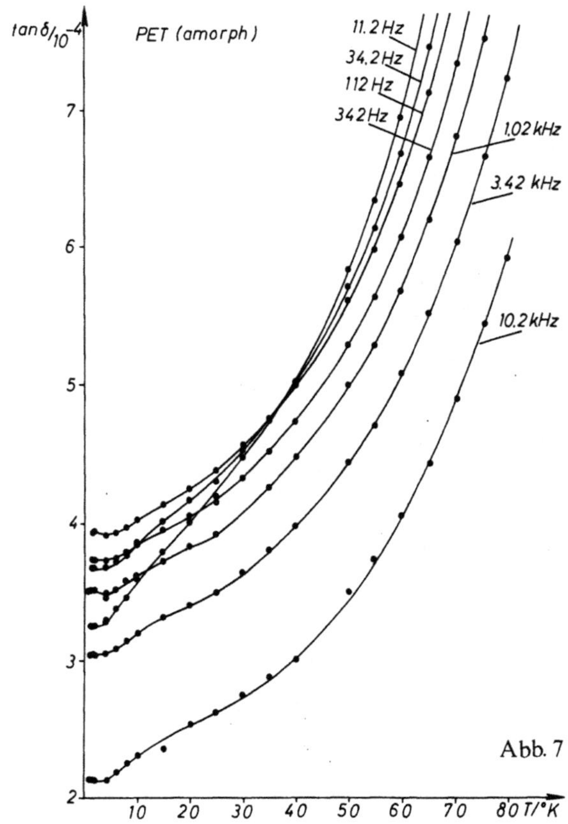

Abb. 7

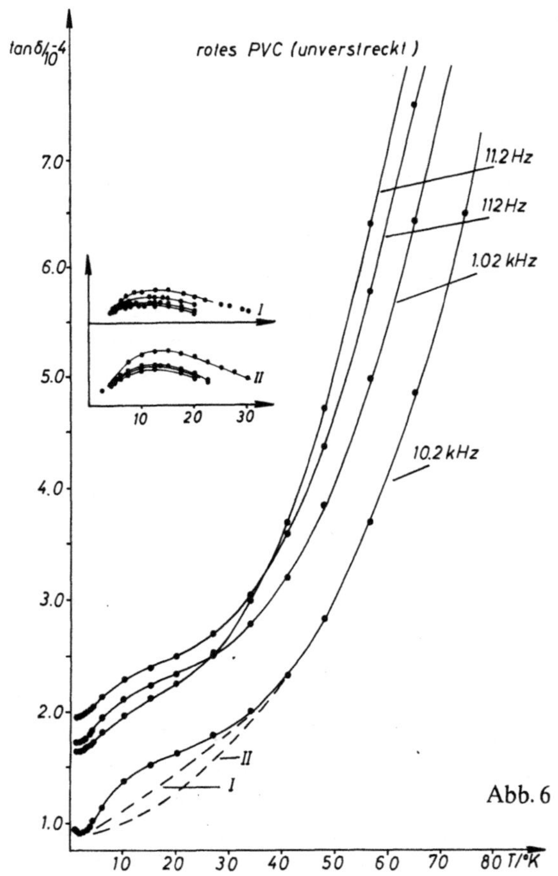

Abb. 6

Abb. 5. Polyvinylalkohol: tan δ als Funktion der Temperatur für verschiedene Frequenzen. Vergrößert herausgezeichnet die Messungen für den Bereich 1 bis 4 °K

Abb. 6. Polyvinylchlorid nachchloriert (ca. 20%): Messungen für den Bereich 1 bis 80 °K. Herausgezeichnet wurde das nach zwei Verfahren abgetrennte Maximum bei etwa 12 °K

Abb. 7. Polyäthylenterephthalat: tan δ mit Parameter Frequenz für den Bereich 1 bis 80 °K

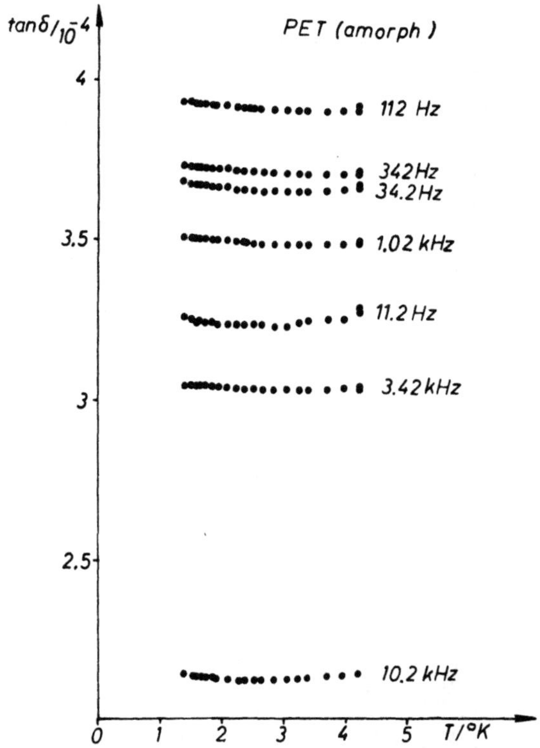

Abb. 7a. Meßwerte aus Abb. 7 herausgezeichnet für 1 bis 5 °K

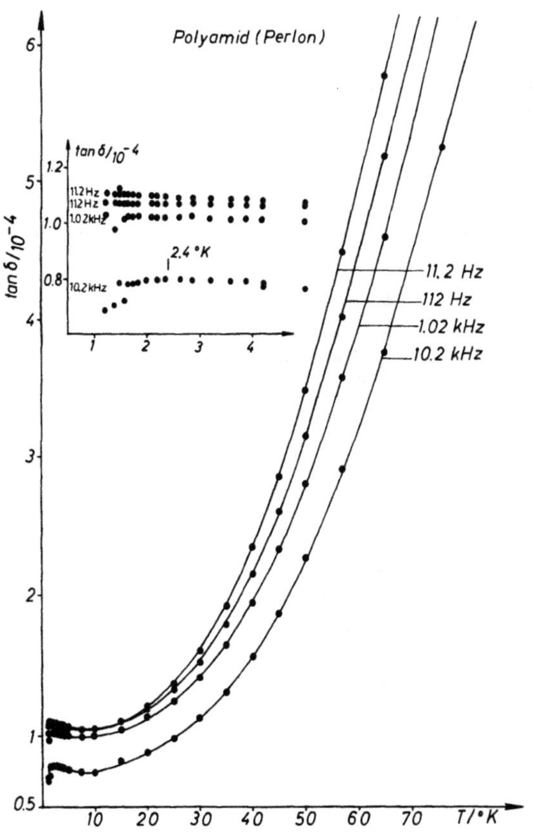

Abb. 8. Polyamid-6 (Perlon): tan δ bis 80 °K. Bereich für tiefste Temperaturen gesondert herausgezeichnet

Man kann auch versuchen, die zugehörigen Aktivierungsenergien aus der Verschiebung mit der Meßfrequenz abzuschätzen. Die hier ermittelten Werte sind nicht sehr genau, lassen aber schon gewisse Schlüsse zu (Tab. 2).

Tab. 2

	Temperatur-bereich	Aktivierungs-energie
Polyäthylen	1– 3 °K	0,005 kcal/mol
Polyamid	1– 4 °K	0,009 kcal/mol
Polyvinylchlorid	10–15 °K	0,6–1,8 kcal/mol
Polyäthylenterephthalat	15–25 °K	2,5–3,2 kcal/mol

Darüber hinaus ergibt sich, daß für den Bereich kleinster Temperaturen sich in fast allen Fällen noch irgendwelche Prozesse anzudeuten scheinen, die eben nur meßtechnisch nicht erfaßt wurden, weil unser Meßbereich bei 1,1 °K aufhört, und weil dort unten die Absolutwerte für tan δ immer kleiner werden[4]). Immerhin, das Verhalten des Polyäthylens scheint kein Einzelfall zu sein.

Etwas anderes scheint uns ebenfalls in Parallele zu stehen zu den Verhältnissen die wir beim Polyäthylen gefunden haben: die empfindliche Abhängigkeit der Verlusthöhe von der Vorgeschichte. Etwas ausgiebiger haben wir das bei Polyäthylenterephthalat untersucht, und zwar deshalb, weil dort ausführliche Messungen mechanischer Relaxation vorliegen (7). Eine Temperung über 2 Stunden bei 120 °C ändert am dielektrischen Verhalten gegenüber dem Lieferzustand noch nicht viel (Abb. 9). Die Temperung bei 165 °C, ebenfalls über 2 Stunden, läßt dagegen sehr deutlich einen Prozeß bei extrem tiefen Temperaturen hervortreten, ohne daß dort ein Maximum erreicht werden kann (Abb. 10). Stets bleibt das Nebenmaximum zwischen 10° und 20 °K bestehen. Der Verlauf von tan δ ändert sich aber erneut merklich durch Verstreckung (Abb. 11). Es sieht so aus, als ob der steile und begradigte Kurvenverlauf im letzteren Fall nur zu erklären ist durch Ausbildung eines weiteren breiten Nebenmaximums zwischen 35° und 55 °K. Jedenfalls wäre diese Deutung in Analogie zu den mechanischen Befunden möglich.

Beim Polyamid wirkt sich eine Verstreckung besonders stark aus (Abb. 12). Vielleicht ist das

[4]) Das wird deutlich an den Kurven mit vorbehandeltem Material.

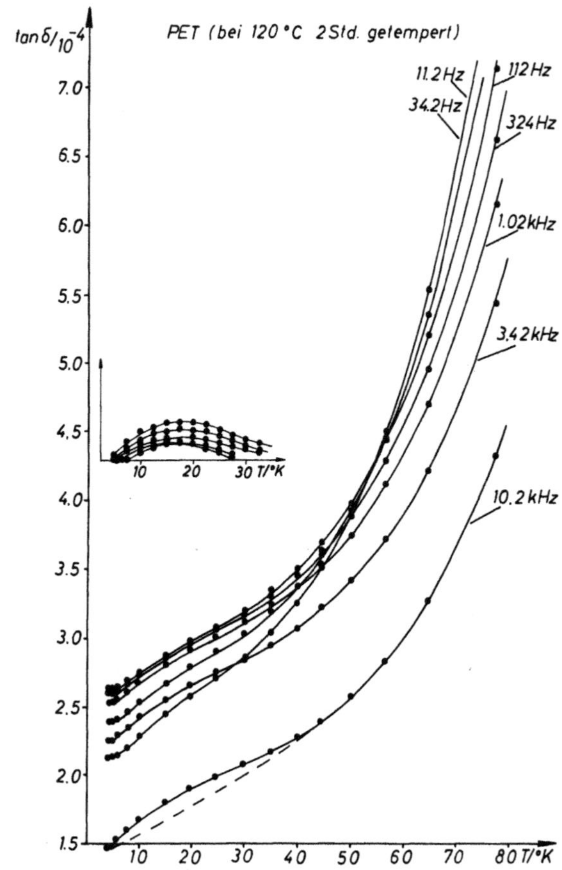

Abb. 9. tan δ-Meßwerte für Polyäthylenterephthalat 2 Stunden bei 120 °C getempert Maximum bei 18 °K abgetrennt

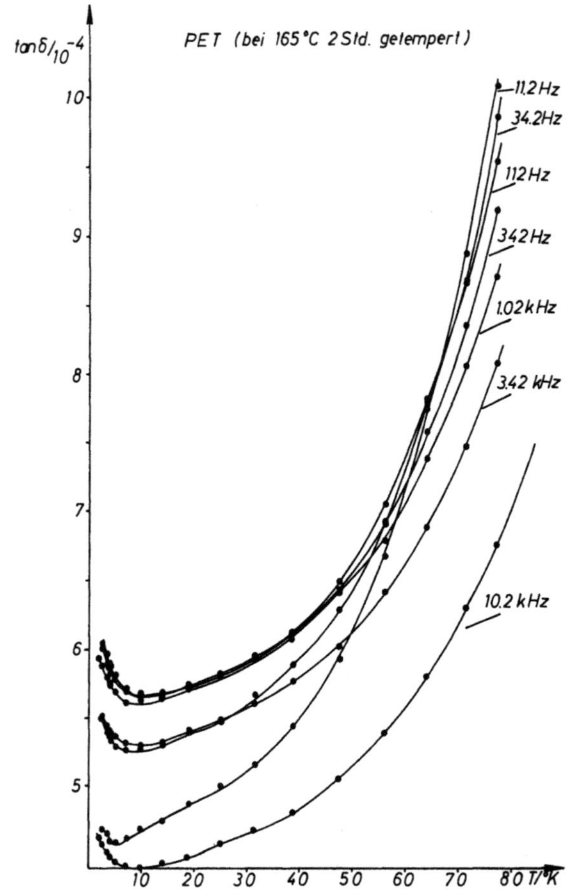

Abb. 10. Polyäthylenterephthalat 2 Stunden getempert bei 165 °C

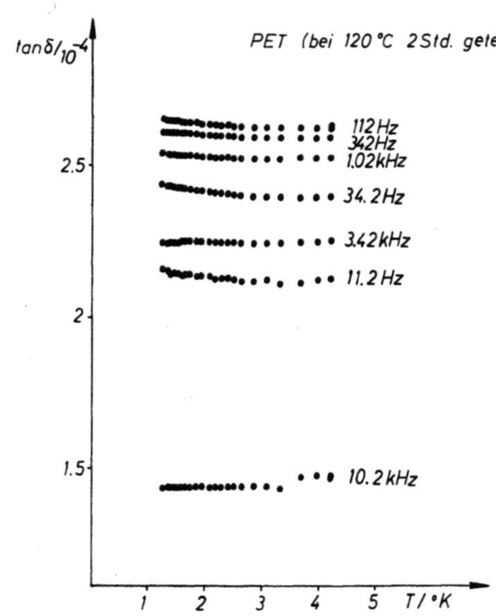

Abb. 9a. Messungen für den Bereich 1 bis 5 °K an dem Material in Abb. 9 gesondert herausgezeichnet

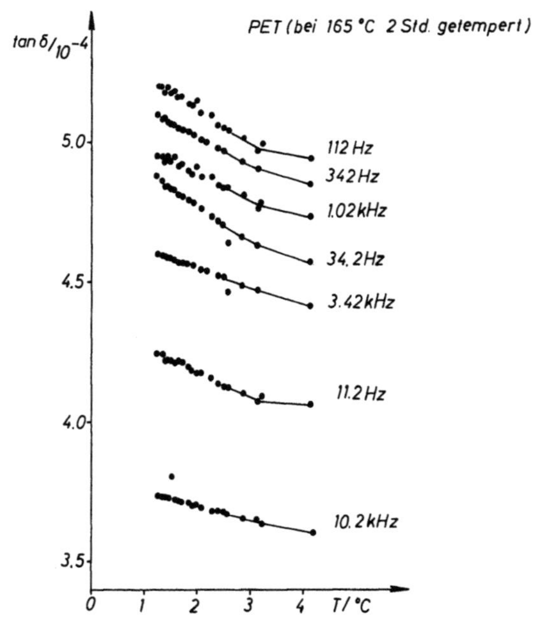

Abb. 10a. Aus Abb. 10 die Werte für den Bereich 1 bis 4 °K gesondert herausgezeichnet.

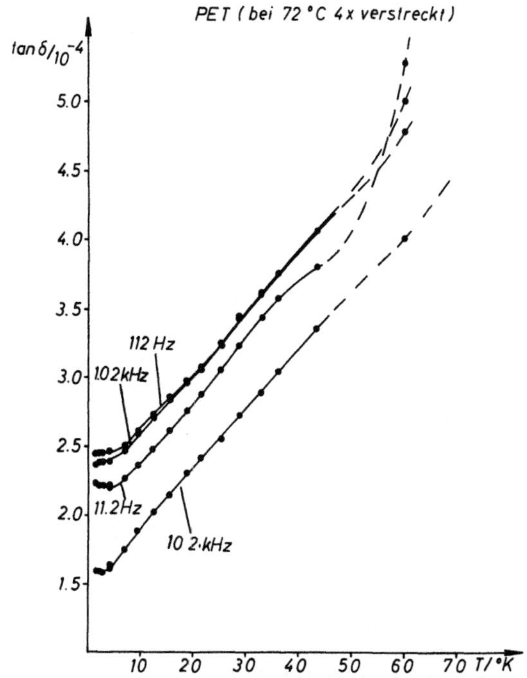

Abb. 11. Messungen für verstrecktes Polyäthylenterephthalat (bei 71 °C auf das vierfache verstreckt)

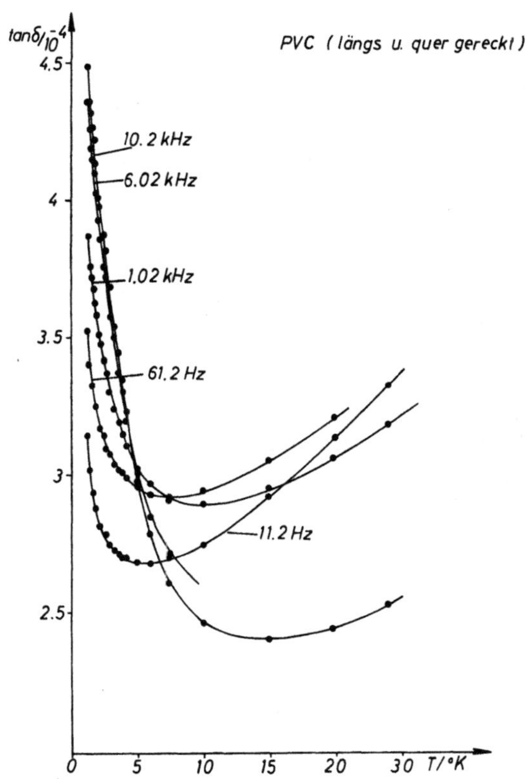

Abb. 13. PVC biaxial gereckt (Luvitherm)

eine Folge der Tatsache, daß nicht warm-, sondern kalt-verstreckt wurde, also mit starker Beanspruchung des Materials. Sowohl die Anhebung bei tiefsten Temperaturen und kleinsten Frequenzen wird sehr deutlich als auch der allgemeine Anstieg der tan δ-Werte auf das etwa zehn- bis zwanzigfache[5]).

Beim Polyvinylchlorid konnten wir eine unverstreckte Probe (Abb. 13) mit einer biaxial gestreckten Probe vergleichen. In beiden Fällen war das chemische Produkt dasselbe und beide Proben waren gleich alt und gleich gelagert. Die biaxial verstreckte Probe zeigt wiederum eine sehr starke Anhebung der Verluste nach tiefen Temperaturen und eine Erhöhung der Werte insgesamt.

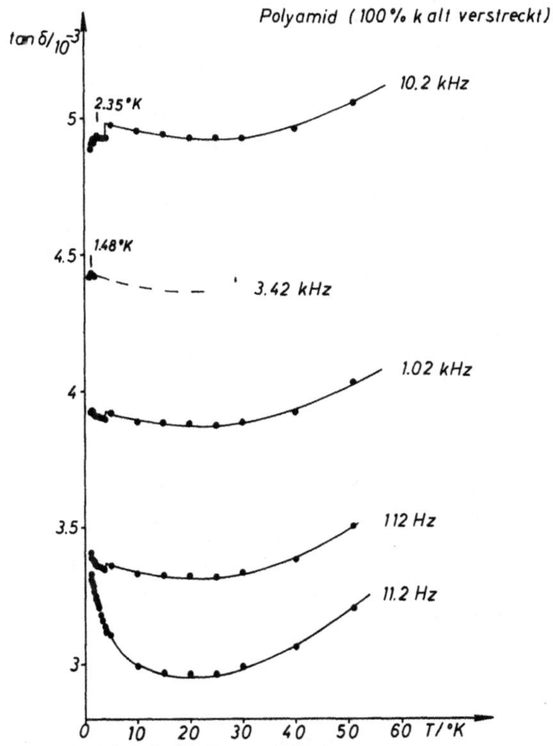

Abb. 12. Polyamid kalt verstreckt

Diese in allen Fällen etwa gleichartige und auffällige Abhängigkeit von der Vorgeschichte wurde für dielektrisches Verhalten unseres Wissens noch nicht berichtet, soweit es den Verlauf bei Temperaturen nahe dem absoluten Nullpunkt angeht. Änderungen des dielektrischen Verlustes und sogar Auftreten von neuen tan δ-Maxima im normalen Temperaturbereich, tem-

[5]) Die kleine Stufe, die im tan δ-Verlauf bei 4,3 °K eintritt (Abb. 12) rührt daher, daß sich bei dieser Temperatur um die Probe im Kondensator flüssiges Helium kondensiert. Das führt nur zu einer kleinen reproduzierbaren Korrektur in der Auswertung.

porär oder bleibend, haben wir selbst schon vor Jahren gemessen und diskutiert (8).

Danksagung

Wir danken der Röhmstiftung für finanzielle Unterstützung unserer Arbeiten.

Zusammenfassung

Es werden Messungen des dielektrischen Verlustes tan δ im Temperaturbereich von 1 bis 80 °K und bei verschiedenen Frequenzen zwischen 10 Hz und 10 kHz an einer Reihe von Polymeren mitgeteilt.

Der dielektrische Verlust sinkt im allgemeinen mit Annäherung an den absoluten Nullpunkt monoton ab. Es scheint dies anzudeuten, daß immer ein dielektrischer Untergrund, beruhend auf allgemeinen thermischen Fluktuationen, existiert, der im übrigen für Polymere mit polaren Gruppen höher liegt als für unpolar gebaute. Zu tiefsten Temperaturen hin überlagert sich diesem allgemeinen Trend oft noch ein Maximum, wenngleich bei Temperaturen bis 1 °K herab zuweilen nur erst in einer Konstanz der Verlustwinkel-Werte angedeutet. Es sieht also so aus, als ob auch noch bei tiefsten Temperaturen singuläre Relaxationsmechanismen eine Rolle spielen können. In einer Reihe von Fällen findet man weitere Relaxationsprozesse zwischen 15 und 40 °K.

Soweit sich Aktivierungsgrößen aus der Auftragung der Maximallage in der Temperatur mit der Frequenz nach Abtrennung des allgemeinen Untergrundes abschätzen lassen, werden diese mit sinkender Temperaturlage immer kleiner.

Die dielektrischen Verluste sind in allen Fällen *extrem abhängig von der Vorgeschichte* der Proben und zwar insofern, daß offensichtlich Verspannungen im Material infolge von Deformationsprozessen und anderen Behandlungen zu einer erheblichen Erhöhung der Verluste führen, sowohl des Untergrundes als der singulären Mechanismen.

Summary

Investigations of dielectric loss in the temperature range 1–80 °K and with frequencies between 10 c/sec and 10 kc/sec for diverse polymers a presented. For all polymers the dielectric loss decreases in principle monotonely with the approximation of the absolute Zero-point.

Thus we suppose the existence of a common dielectric background loss depending from the thermal fluctuations in the material. Moreover this background losses are higher for substances with polar groups.

At the lowest temperatures in most cases there seems to appear a loss peak. For temperatures down to 1 °K often this can be only suggested from the constancy of losses. But it seems to be a quite normal fact, that for extremely deep temperatures something as a singular relaxation mechanism may exist.

Further discrete mechanisms exist for the range between 15 and 40 °K. Activation energy evaluated formally from the experimental dates in the normal manner after separation of the peaks from the background becomes smaller and smaller with decreasing temperatures.

In all investigated cases the dielectric losses are very sensible to prehistory of the samples. It seems, that expecially stress, by deformation and other treatments, gives rise for an increase of loss for the background as for discrete mechanisms.

Literatur

1) *Müller, F. H.*, in: *H. Stäger*, Werkstoffkunde der elektrotechnischen Isolierstoffe. 2. Auflage, S. 239, Abb. 46 (Berlin 1941).

2) *Garton, C. G.*, Trans. Faraday Soc. **42 A**, 56 (1947). – *Amrhein, E. M.* und *F. H. Müller*, Trans. Faraday Soc. **543**, 64, 3 (1968). – *Amrhein, E. M.* und *F. H. Müller*, J. Amer. Chem. Soc. **90**, 3146 (1968).

3) *Fallou, B.* und *J. C. Bobo*, BEAMA Electrical Insulation Conference, S. 197 (1971).

4) *Heybey, O.* und *F. H. Müller*, Kolloid-Z. u. Z. Polymere **251**, 383–393 (1973).

5) Wir fanden inzwischen in der Literatur derartige Messungen in Abhängigkeit von der Frequenz: *Phillips, W. A.*, Proc. Roy. Soc. (London) **A 319**, 565–581 (1970).

6) *Amrhein, E. M.* und *F. H. Müller*, Mat. Res. Bull. **3**, 169–180 (1968).

7) *Armeniaden, C. D.* und *E. Baer*, J. Polymer Sci. **A-2**, Vol. **9**, 1345 (1970).

8) *Müller, F. H.* und *K. Huff*, Kolloid-Z. u. Z. Polymere. **148**, 83 (1956). – *Huff, K.* und *F. H. Müller*, Kolloid-Z. u. Z. Polymere. **153**, 5–28 (1957) (s. Abb. 26).

Anschriften der Verfasser:

Prof. Dr. *F. H. Müller*
D-3550 Marbach bei Marburg, Schulstr. 26

Dipl.-Phys. *G. Knispel*
Bereich Polymere
D-3550 Marburg/Lahn, Lahnberge, Gebäude H 2

Dr. *O. Heybey*
Dept. Polymer Sci.
University of Massachusetts
Amherst, Mass., 01002

Kolloid-Z. u. Z. Polymere **251**, 941–946 (1973)

Vorgetragen auf der Arbeitstagung des Fachausschusses Physik der Hochpolymeren im Rahmen der Frühjahrstagung des Arbeitskreises Festkörperphysik bei der Deutschen Physikalischen Gesellschaft vom 21.–23. März 1973 in Münster/Westf.

Aus den Forschungslaboratorien der Siemens AG, Erlangen

Thermisch stimulierte Ströme in Hochdruckpolyäthylen *)

Von P. Fischer und P. Röhl

Mit 8 Abbildungen und 2 Tabellen

(Eingegangen am 4. Mai 1973)

Einleitung

Eindeutige Antworten auf Fragen nach dem elektrischen Leitungsmechanismus organischer Hochpolymerer sind in den seltensten Fällen auf direktem Wege zu erhalten, und man ist im allgemeinen gezwungen, über eine Mehrzahl von Experimenten mit Variation sovieler Parameter wie möglich, Rückschlüsse zu ziehen. Ein solches Experiment ist die Messung thermisch stimulierter Ströme. Das Prinzip thermisch stimulierter Ströme (TSC) für Polarisation über ein angelegtes Gleichfeld ist in Abb. 1 erläutert. Als Abszisse ist die Zeit aufgetragen, als Ordinate das angelegte Gleichfeld, die Probentemperatur und die elektrische Aktivität. Das Gleichfeld E_{pol} polarisiert die Probe während einer Polarisationszeit t_{pol} bei einer Temperatur T_{pol}, wobei ein zeitabhängiger Ladestrom i_{pol} fließt. Bei angelegtem Feld wird die Temperatur der Probe auf einen Wert T_0 gesenkt, um Polarisationserscheinungen einzufrieren. Danach wird das Polarisationsfeld entfernt. Es empfiehlt sich im allgemeinen eine kurze Zeit t_d zu warten, um geringe isotherme Depolarisationsströme i_d unter die Meßempfindlichkeitsgrenze abklingen zu lassen. Während die Temperatur dann linear mit der Zeit hochgeregelt wird, wird die interessierende elektrische, thermisch stimulierte Aktivität i_{TSC} registriert.

Eine mögliche Interpretation der Depolarisationsströme erfolgt über Dipolorientierungsprozesse und die erste mathematische Formulierung dieser Erscheinung geht auf *Bucci* u. Mitarb. (1) zurück. Eine weitere Interpretation ist das Detrapping von eingefangenen Ladungs-

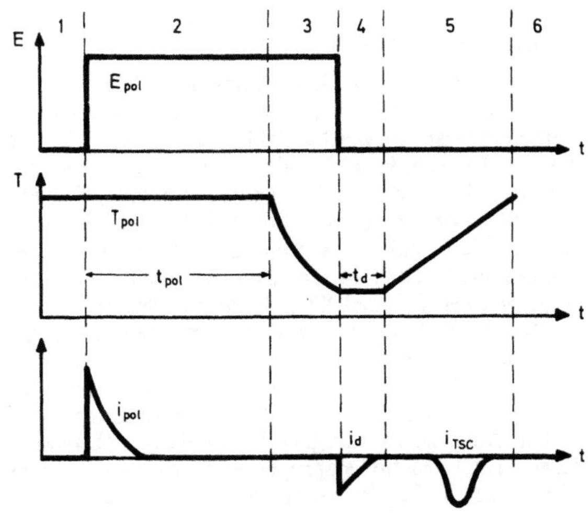

Abb. 1. Prinzip der Messung thermisch stimulierter Ströme

trägern, in welchem Falle die energetische Tiefe, Verteilung, und Konzentration der entsprechenden Haftstellen und möglicherweise auch der Zusammenhang der Haftstellen mit der molekularen und physikalischen Struktur des Materials feststellbar ist. *Creswell* und *Perlman* (2) haben gezeigt, daß Depolarisationsströme durch Detrapping elektrodennaher Ladungsträger auch ohne äußeres Ziehfeld möglich sind. Beide Erscheinungen, die Dipolorientierung sowie das Ausheizen von Ladungsträgern, können unter gewissen vereinfachenden Annahmen durch folgende Gleichung beschrieben werden:

$$i(T) = A \exp\left[-\frac{E_{act}}{kT} - B \times \int_{T_0}^{T} \exp\left(-\frac{E_{act}}{kT}\right) dT\right] \qquad [1]$$

Es ist $i(T)$ der im Meßkreise registrierte temperaturabhängige Strom, E_{act} eine Aktivierungs-

*) Die diesem Bericht zugrunde liegenden Arbeiten werden mit Mitteln des Bundesministers für Forschung und Technologie im Rahmen des Technologieprogramms gefördert. Die Verantwortung für den Inhalt liegt jedoch allein bei den Autoren.

energie, T die absolute Temperatur, k die Boltzmannkonstante und A und B Konstanten, die je nach zugrunde liegendem Mechanismus unterschiedliche Parameter enthalten. Bezüglich der gemachten Annahmen, der Parameter, sowie der Eigenschaften der Funktion [1] wird auf die Originalliteratur (1, 2) verwiesen.

Im Folgenden werden erste Messungen thermisch stimulierter Ströme an einem Polyäthylen niedriger Dichte (LDPE), polarisiert über ein angelegtes Gleichfeld, erläutert.

Experimenteller Teil

Die verwendete Meßanordnung ist schematisch in Abb. 2 gezeigt. Sie besteht aus einem Stickstoff-Verdampferkryostaten, welcher die Probe, die Meßelektrode und die beheizte Erdelektrode enthält, einem Temperaturregler der wiederum über einen Spannungsgeber angesteuert wird und brauchbare Heizraten zwischen 5×10^{-3} K/s und 1 K/s ermöglicht, einer Hochspannungsquelle (1,2 kV) sowie einem Elektrometer (Keithley) welches einen 2-Kanal-XY-Schreiber ansteuert.

Das durch Extraktion und Umkristallisation gereinigte LDPE liegt als Folie (i. allg. 100 μm dick), beidseitig mit Aluminium bedampft, vor, und hat eine Elektrodenfläche von 20 cm^2 in Schutzringanordnung.

Das Material ist bezüglich Molekulargewichtsverteilung (GPC), Methylendgruppen-, Unsättigungs-, und C=O-Gehalt charakterisiert (IR). Dichte, Schmelzverhalten, sowie Kristallinitätsgrad (DTA) sind bekannt. Wenn nicht anders vermerkt, betrug die Polarisationsfeldstärke $E_{pol} = 12$ kV/mm, die Polarisationszeit $t_{pol} = 30$ min, Polarisationstemperatur $T_{pol} = +40$ bzw. -180 °C, Ruhezeit $t_d = 10$ min und Aufheizgeschwindigkeit $dT/dt = 6{,}7$ *K/min.*

Ergebnisse und Diskussion

In Abb. 3a sind die Depolarisationsströme für $E_{pol} = 2$ bis 12 kV/mm, $t_{pol} = 30$ min und

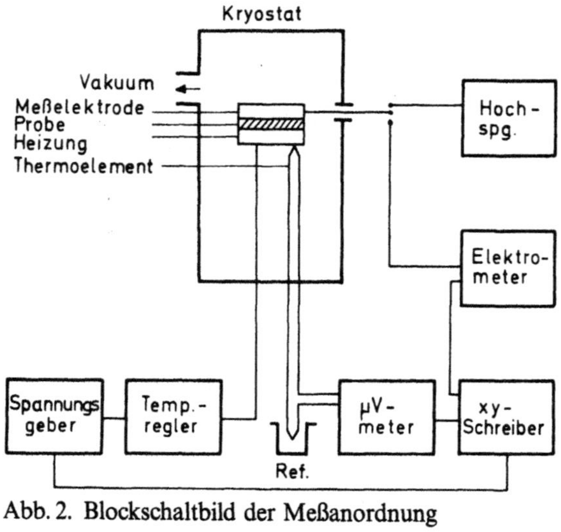

Abb. 2. Blockschaltbild der Meßanordnung

$T_{pol} = +40$ °C gezeigt. Man erkennt im gemessenen Temperaturbereich ein Maximum bei -15 °C und ein als Schulter angedeutetes Maximum bei -60 °C. Des weiteren ist bei höherem E_{pol} eine zusätzliche Depolarisationserscheinung bei -135 °C zu erkennen. Die Lage der Strommaxima ist unabhängig von der Größe des Polarisationsfeldes. Das Maximum bei -135 °C kann ausgeprägter durch Polarisation bei -180 °C erzeugt werden (Abb. 3b), wobei der Hochtemperaturpeak überhaupt nicht mehr in Erscheinung tritt, und man erkennt, daß das Tieftemperaturmaximum aus wenigstens zwei Komponenten, bei -170 °C und bei -135 °C, besteht. Für beide der gezeigten Hauptmaxima ist die ausgeheizte Ladung, erhalten durch graphische Integration der Strom-Zeit-Kurve, im verwendeten Polarisationsfeldbereich eine lineare Funktion von E_{pol} (Abb. 4).

Der Einfluß der Ladezeit t_{pol} geht aus Abb. 5 hervor. Im oberen Teil sind die thermisch stimulierten Ströme für $T_{pol} = 40$ °C und Ladezeiten von ca. 0, 5, 30 und 120 min gezeigt, wobei $t_{pol} \approx 0$ min bedeutet, daß mit Anlegen des Gleichfeldes die Temperatur gesenkt wurde. Man erkennt, daß die ausgeheizte Ladung unabhängig von t_{pol} ist. Im unteren Teil der Abbildung ist der Einfluß des Parameters t_{pol} bei $T_{pol} = -180$ °C gezeigt. Bei dieser Temperatur nimmt die Ladung mit der Polarisationszeit zu. Abb. 6 zeigt den Einfluß der Ladetemperatur an einigen repräsentativen Stromverläufen. Hier erkennt man mit steigender Polarisationstemperatur gewisse Peakverschiebungen bzw. Peakneuerscheinungen bei höheren Temperaturen, wovon einige der Peaks sicherlich als Artefakte durch teilweises Laden von bei höheren Temperaturen auftretenden Peaks sind. Der Übersichtlichkeit halber sind einige Stromverläufe nicht eingezeichnet. In einigen Fällen tritt keine Veränderung der Peakform ein, es ist lediglich eine Intensitätszunahme zu verzeichnen, so z.B. bei $T_{pol} = -150$ °C (nicht gezeigt) im Vergleich zu $T_{pol} = -180$ °C. Des weiteren wird festgestellt, daß oberhalb -40 °C die Ladetemperatur keinen Einfluß mehr auf die Lage des Strommaximums und auf die ausgeheizte Ladung hat.

Es ist durchaus möglich und dies ist in einigen Versuchen angedeutet, daß neben den Strommaxima bei -170, -135, -60 und -15 °C noch weitere oberhalb $+40$ °C auftreten. Um die thermische Vorgeschichte der Probe jedoch zu erhalten, wurde für die bisher durchgeführten

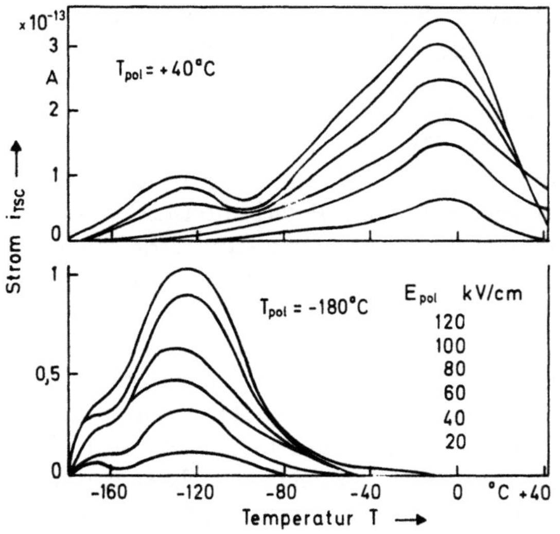

Abb. 3. Thermisch stimulierte Ströme für unterschiedliche Polarisationsfeldstärken und die Polarisationstemperaturen
a) $T_{pol} = +40\,°C$ und b) $T_{pol} = -180\,°C$

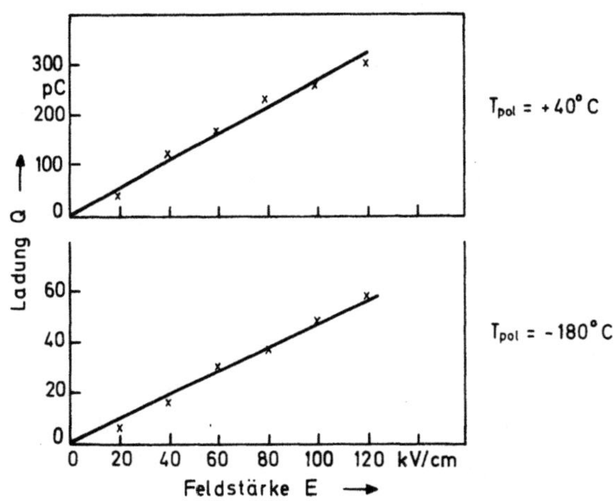

Abb. 4. Ausgeheizte Ladung Q in Abhängigkeit von der Polarisationsfeldstärke E_{pol} und der Polarisationstemperatur
a) $T_{pol} = +40\,°C$ und b) $T_{pol} = -180\,°C$

Versuche auf Lade- und Ausheiztemperaturen über 40 °C verzichtet.

Bei der Frage nach dem Ursprung der Depolarisationsströme stehen zunächst drei Möglichkeiten zur Diskussion, Dipole, Ionen und Elektronen oder Löcher, bzw. das Auftreten mehrerer dieser Erscheinungen gleichzeitig, wobei verschiedene Prozesse in unterschiedlichen Temperaturbereichen dominieren können. Es ist zunächst erstaunlich, daß selbst für $T_{pol} = -180\,°C$ ausgeprägte Depolarisationserscheinungen zu verzeichnen sind, also eine Polarisation bei einer Temperatur auftritt, wo molekulare Beweglichkeit und Ionendrift weitgehend eingefroren sein

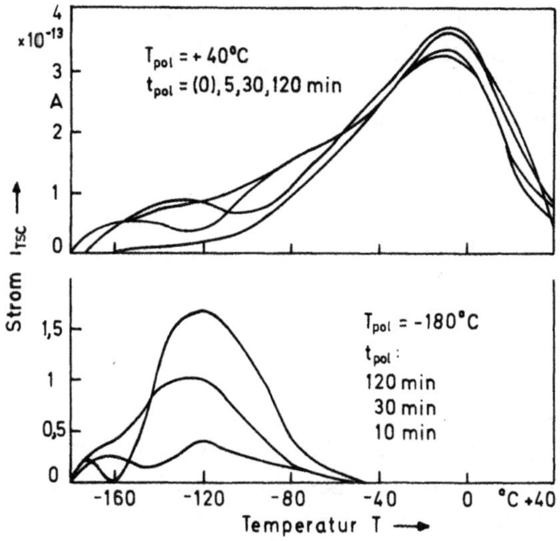

Abb. 5. Thermisch stimulierte Ströme in Abhängigkeit von der Polarisationszeit t_{pol} und der Polarisationstemperatur
a) $T_{pol} = +40\,°C$ und b) $T_{pol} = -180\,°C$

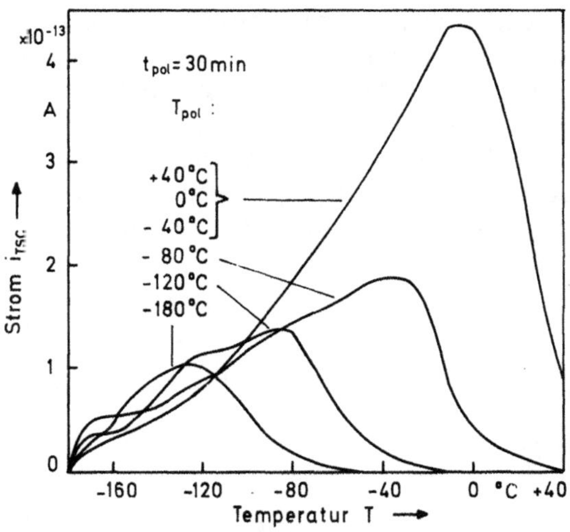

Abb. 6. Thermisch stimulierte Ströme mit der Polarisationstemperatur T_{pol} als Parameter

sollten. Des weiteren zeigen das entsprechende ungereinigte Material und weitere Hochdruckpolyäthylene im Rahmen der Meßgenauigkeit identische Erscheinungen, obwohl bekannte Verunreinigungskonzentrationen (z.B. Oxydationsstabilisator) von ca. $10^{20}\,cm^{-3}$ vorliegen. Es erscheint sinnvoll, die bei tiefer Temperatur auftretenden Polarisationserscheinungen mit der Grundstruktur des PE in Verbindung zu bringen und anzunehmen, daß injizierte Elektronen bzw. Löcher die Ursache sind. Das Vorzeichen von i_{TSC} ist mit einer negativen Homoladung des Polymeren vereinbar und die Arbeiten von *Davies* (3), der die durch Metallkontaktierung auf hochpolymere Dielektrika übertragene Ladung direkt mit der Austrittsarbeit des respektiven Metalls korrelieren konnte, bestätigen den Übertritt von Elektronen ins Polymere. Über die Gleichungen (2)

$$n_{t0} = \frac{2dQ}{eA} \cdot \frac{1}{\delta^2} \qquad [2]$$

und

$$\mu\tau = \frac{\varepsilon A}{dQ} \cdot \delta^2 \qquad [3]$$

können die Dichte anfänglich getrappter Ladungsträger n_{t0} und das Beweglichkeits-Lebensdauer-Produkt $\mu\tau$ berechnet werden. Es sind weiterhin: Q die ausgeheizte Ladung, d die Probendicke, A die aktive Elektrodenfläche, e die Elektronenladung, ε die Permittivität, und δ die mittlere Eindringtiefe der Ladungsträger. Mit $\delta = 10^{-5}$ cm, einem Wert der durchaus plausibel erscheint (3), errechnet sich n_{t0} zu einigen 10^{15} cm^{-3} und $\mu\tau$ zu einigen 10^{-10} cm^2/V. Diese Werte stimmen erstaunlich gut mit den von *Creswell* u. Mitarb. (4) ermittelten Werten von 2 bis 4×10^{15} cm^{-3} und 1,8 bis $7{,}5 \times 10^{-10}$ cm^2/V an durch Beglimmen aufgeladenem Niederdruckpolyäthylen überein. Die Übereinstimmung sollte jedoch nicht überbewertet werden.

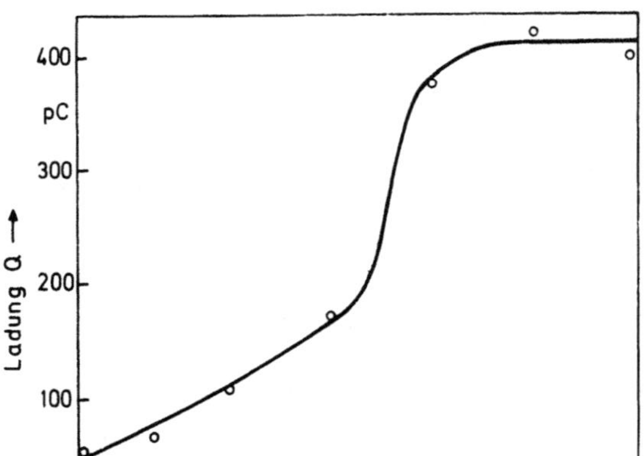

Abb. 7. Ausgeheizte Ladung Q in Abhängigkeit von der Polarisationstemperatur T_{pol}

Für die Maxima bei höheren Temperaturen können gleiche Überlegungen angestellt werden, und sie führen zu durchaus vernünftigen Werten der ebengenannten Parameter. Es sei jedoch hervorgehoben, daß diese Maxima erst durch Polarisation bei höherer Temperatur in Erscheinung treten, was aus der Auftragung der ausgeheizten Gesamtladung gegen T (Abb. 7) deutlich hervorgeht, so daß ein grundlegend anderer Prozeß, wie Dipolorientierung, vernünftig erscheint. Die ausgeheizte Ladung zeigt die durch die *Bucci*-Theorie (1) geforderte lineare Abhängigkeit vom Polarisationsfeld, und die mit Annahme eines Dipolmomentes von 2 bis 3 Debye errechnete Dipolkonzentration von ca. 10^{18} cm^{-3} stimmt annehmbar mit der aus IR-Analyse bestimmten maximalen C=O Konzentration überein. Die Depolarisationserscheinung wird demzufolge als Dipolorientierungsstrom PE-eigener Dipole gedeutet. Zusätzliche Beiträge von noch verbleibenden Restmengen an Verunreinigungen können natürlich nicht ausgeschlossen werden.

Zur Ermittlung von thermischen Aktivierungsenergien stehen bei TSC- und Thermolumineszenzmessungen diverse Methoden und Auswerteverfahren zur Verfügung. Die mit der sog. „initial rise"-Methode und mit dem von der Aufheizgeschwindigkeit unabhängigen *Bucci*-Verfahren gefundenen Werte waren nicht sehr gut reproduzierbar, da diese Auswertemethoden nur auf einwandfrei saubere, nicht überlagerte Maxima anwendbar sind. Diese lagen hier nicht vor und waren auch durch „peak-cleaning" schwer zu erhalten. Am besten geeignet zeigte sich die Methode des partiellen Ausheizens (2). Bei dieser Methode wird die Probe polarisiert, der erreichte Zustand eingefroren und dann sukzessive zu höheren Temperaturen, mit jeweils zwischengeschaltetem Abkühlen, ausgeheizt.

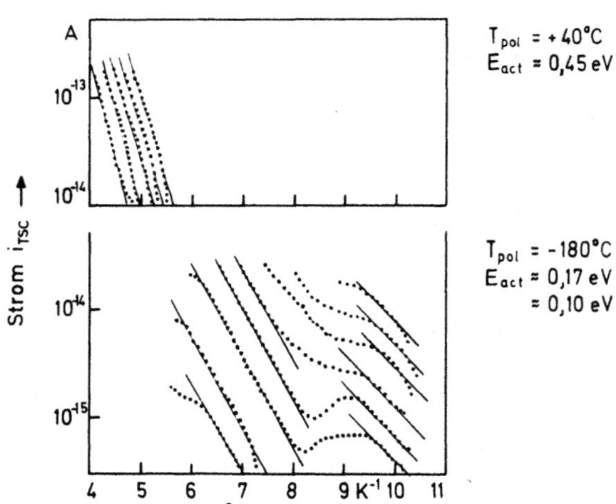

Abb. 8. *Arrhenius*-Darstellung der thermisch stimulierten Ströme (partielles Ausheizen) für die Polarisationstemperaturen
a) T_{pol} = +40 °C und b) T_{pol} = −180 °C

Abb. 8 zeigt so erhaltene Kurvenscharen in der *Arrhenius*-Auftragung $\log i_{TSC}$ gegen $1/T$. Es sind hierbei bestimmte Trends erkennbar, nämlich Geraden in Nähe von −170 °C mit $E_{act} = 0{,}09$ bis 0,11 eV, in Nähe von −135 °C mit $E_{act} = 0{,}12$ bis 0,20 eV und im Gebiet um −60 °C, wo ein nur als Schulter in Erscheinung tretendes Maximum ist, mit $E_{act} = 0{,}41$ bis 0,46 eV. Bei höheren Temperaturen streuen die Werte dann stärker und steigen bis auf 1 eV an. Tab. 1 faßt

Tab. 1. Thermische Aktivierungsenergien von TSC Maxima in LDPE

TSC Maximum (°C)	Therm. Aktivierungsenergie (eV)	
	PH	IR
−170	≤ 0,1	~ 0,1
−135	0,15 bis 0,2	
− 60	0,45	~ 0,4
− 15	0,5 bis 1	~ 0,4

PH partielles Ausheizen
IR „*initial rise*"-*Methode*

die gemessenen Werte zusammen. Die für die drei erstgenannten Aktivierungsenergien gezeigten Geraden zeigen gute Parallelität, was eine Beschreibung der Fallen bzw. des Prozesses durch eine Aktivierungsenergie bzw. eine Relaxationszeit rechtfertigt. Die kontinuierlich bis gegen 1 eV ansteigenden Geraden bei höheren Temperaturen deuten auf ein Aktivierungsenergie- bzw. Relaxationszeitspektrum für den hier zugrunde liegenden Prozeß. Für die Aktivierungsenergien erkennt man, daß die für die Strommaxima bei höherer Temperatur gefundenen Werte im Bereich der durch andere Messungen bzw. Abschätzungen akzeptierten Wertespannen für molekulare Relaxationserscheinungen liegen. Die Aktivierungsenergien der beiden Tieftemperaturmaxima sind jedoch kleiner als generell akzeptierte Werte von PE-Relaxationserscheinungen.

Ein Vergleich der TSC Maxima mit anderen Messungen, wie z. B. Messungen von Thermolumineszenz (TL), mechanischen und dielektrischen Verlusten, ESR und NMR, zeigt gute Übereinstimmung in einigen Bereichen. Tab. 2 gibt einen repräsentativen aber unvollständigen Überblick solcher Meßergebnisse. Bei Polyäthylen sind drei Temperaturbereiche relativ gut charakterisiert, die Bereiche der sog. α-, β- und γ-Relaxationen, und zwei der auftretenden TSC Peaks, bei −135 °C und bei −60 bzw. −15 °C, befinden sich in den Temperaturbereichen der γ- bzw. der β-Relaxation. Man kann die Strommaxima also mit Gruppenrelaxation von CH_2-Sequenzen bzw. Verzweigungsstellen in Verbindung bringen, z.B. bei den tieferen Temperaturen mit einem Elektronendetrapping durch Bewegung der CH_2-Sequenzen, bei höherer Temperatur möglicherweise einem ähnlichen Mechanismus, oder aber, und dies erscheint wahrscheinlicher, mit der Dipolrückorientierung PE-eigener C=O-Dipole, welcher Mechanismus an die Beweglichkeit größerer Kettensegmente bzw. Verzweigungsstellen gekoppelt ist. Das Detrapping der Elektronen ist nicht allein durch eine thermische Aktivierung der Ladungsträger zu deuten, sondern ist mit einer Zerstörung der Fallen gekoppelt. Diverse Autoren haben Kinken als Elektronentraps betrachtet und auch Messungen der dielektrischen Verluste an oxidiertem PE (13, 14) stehen mit der

Tab. 2. Vergleich von TSC und TL Maxima mit Relaxationserscheinungen in LDPE

Temperaturbereich (°C)					Methode	Autor
−170	−135	−60	−15	> 40?	TSC	diese Arbeit
	−140		−28		TSC	*Ranicar* u. *Fleming* (5)
−185	−133	−65			TL	*Boustead* u. *Charlesby* (6)
−167	−101					
	−128	−83	−28		TL	*Ranicar* u. *Fleming* (5)
−163	−115	−54			Phosph.	*Boustead* (7)
	−126		−11	66	Mech. Verl.	*Flocke* (8)
	−130		−22	88	Mech. Verl.	*Schmieder* u. *Wolf* (9)
	−110		−10	70	Diel. Verl.	*McCrum* u. Mitarb. (10)
	−133	−75	−33		ESR	*Kashiwabara* (11)
	−120 bis −80		−15		NMR	*Rempel* u. Mitarb. (12)
	γ-Rel. CH_2-Sequenz.		β-Rel. Verzweig.-stellen	α-Rel. krist. Phase		

Deutung des Hochtemperaturpeaks als einem Dipolprozeß in Einklang.

Schlußbetrachtung

Beim derzeitigen Stand der Arbeiten werden die Depolarisationserscheinungen an LDPE wie folgt gedeutet: Die Tieftemperaturmaxima werden durch Detrapping injizierter Elektronen hervorgerufen, wobei der −170 °C-Peak möglicherweise auf flache Oberflächenzustände zurückzuführen ist. Der −135 °C-Peak wird durch Detrapping von an Kinken oder dgl. angelagerten Elektronen verursacht. Die Erscheinungen bei höheren Temperaturen werden auf Dipolorientierungseffekte zurückgeführt. Zusätzliche Effekte bei höherer Temperatur und mit der kristallinen Phase zusammenhängend sind weiterhin möglich.

Es ist notwendig, weitere Versuche an gezielt aufgebauten Polyäthylenen durchzuführen, um ein detaillierteres Bild des Trappingverhaltens und des Leitungsmechanismus in PE zu erhalten.

Zusammenfassung

Zur Untersuchung des Leitungsmechanismus in Polyäthylen (LDPE) wurden Messungen thermisch stimulierter Ströme im Temperaturbereich von −190 bis +40 °C durchgeführt. Dabei treten, abhängig von der Polarisationstemperatur, bis zu vier, teilweise nur als Schulter ausgeprägte Maxima auf. Zwei Peaks bei tiefer Temperatur, die im wesentlichen unabhängig von der Polarisationstemperatur sind, werden mit Injektion und Trapping von Ladungsträgern (Elektronen oder Löcher) in Verbindung gebracht. Der Hauptpeak bei hoher Temperatur, dessen Erscheinen abhängig von der Polarisationstemperatur ist, kann mit einer Dipolorientierung PE-eigener Dipole erklärt werden.

Summary

Thermally stimulated currents have been measured in low-density polyethylene in the temperature range from −190 to +40 °C. In this range four peaks are discernable, of which two near −170 °C and −135 °C are interpreted in terms of electron or hole injection and subsequent detrapping. The depolarisation phenomenon at higher temperatures is strongly sensitive to polarisation temperature and can be explained in terms of dipole orientation.

Literatur

1) *Bucci, C., R. Fieschi,* und *G. Guidi,* Phys. Rev. **148,** 816 (1966).

2) *Creswell, R. A.* und *M. M. Perlman,* J. Appl. Phys. **41,** 2365 (1970).

3) *Davies, D. K.,* Static Electrification Conf., IPPS Conf. Ser. No. 4, 29 (1967). – *Davies, D. K.,* Brit. J. Appl. Phys. (J. Phys. D) **2,** 1533 (1969).

4) *Creswell, R. A., M. M. Perlman* und *M.A. Kabayama,* Polymer Preprints **12,** 206 (1971) u.a.

5) *Ranicar, J. H.* und *R. J. Fleming,* J. Polymer Science **10,** 1979 (1972).

6) *Boustead, I.* und *A. Charlesby,* Proc. Roy. Soc. (London) **A 316,** 291 (1970) u.a.

7) *Boustead, I.,* Europ. Polymer J. **6,** 731 (1970).

8) *Flocke, H. A.,* Kolloid-Z. **180,** 118 (1962).

9) *Schmieder, K.* und *K. Wolf,* Kolloid-Z. **134,** 149 (1953).

10) *McCrum, N. G., B. E. Read,* und *G. Williams,* Anelastic and Dielectric Effects in Polymeric Solids (New York 1967).

11) *Kashiwabara, H.,* Jap. J. Appl. Phys. **3,** 384 (1964).

12) *Rempel, R. C., H. E. Weaver, R. H. Sands,* und *R. L. Miller,* J. Appl. Phys. **28,** 1082 (1957) u.a.

13) *Mikhailov, G. P., S. P. Kabin,* und *T. A. Krylova,* Zh. Tekh. Fiz. **27,** 2050 (1957).

14) *Booij, H. C.,* J. Appl. Polymer Science **16,** 1761 (1967).

Anschrift der Verfasser:
Peter Fischer Ph. D. und Dipl. Phys. *Peter Röhl*
Forschungslaboratorien der Siemens AG.
8520 Erlangen

Kolloid-Z. u. Z. Polymere **251**, 947–950 (1973)

Vorgetragen auf der Arbeitstagung des Fachausschusses Physik der Hochpolymeren im Rahmen der Frühjahrstagung des Arbeitskreises Festkörperphysik bei der Deutschen Physikalischen Gesellschaft vom 21.–23. März 1973 in Münster/Westf.

Aus den Forschungslaboratorien der Siemens AG, Erlangen

Zur elektrischen Gleichstromleitfähigkeit von Polyäthylen *)

Von P. Röhl und P. Fischer

Mit 4 Abbildungen

(Eingegangen am 4. Mai 1973)

1. Einleitung

Um Aufschluß über den Leitungsmechanismus von Polyäthylen zu erhalten, ist es notwendig, eine Vielzahl verschiedener und sich ergänzender Messungen durchzuführen. Ein Grundexperiment ist dabei die Bestimmung der elektrischen Leitfähigkeit und die Untersuchung ihrer Abhängigkeit von den Parametern Zeit, Temperatur und Feldstärke. In der vorliegenden Arbeit wird über Leitfähigkeitsmessungen an Polyäthylenfolien definierter Herstellung berichtet. Die Anwendung der gleichen Probengeometrie bei diesen Messungen wie auch bei der Messung thermisch stimulierter Ströme (1) läßt direkte Vergleiche zu.

2. Meßanordnung und experimentelle Durchführung

Als Probe wird im allgemeinen eine 100 μm starke Folie verwendet, die aus charakterisiertem Hochdruckpolyäthylen (LDPE) (1) unter Schutzgas gepreßt und anschließend getempert wird. Beide Seiten werden mit Aluminiumelektroden einer Fläche von 20 cm^2 bedampft, und um die Meßelektrode wird zusätzlich ein Aluminiumschutzring gedampft, um bei der späteren Messung Oberflächenströme auszuschließen. Die Messung erfolgt nach der üblichen Meßkondensatoranordnung in einer thermostatisierten und evakuierten ($\approx 10^{-3}$ Pa) Probenkammer. Als Spannungsquelle dient ein Hochspannungsnetzgerät. An einem mit der Probe in Reihe geschalteten Widerstand wird mit einem Elektrometer (Keithley) die Spannung gemessen und daraus der Strom bestimmt, der durch die Folie fließt. Seine zeitliche Abhängigkeit wird über einen Schreiber registriert. In dieser Anordnung, bezogen auf die Folienstärke 100 μm, sind Leitfähigkeitsmessungen bis herab zu etwa 10^{-21} S/cm möglich.

Ein Meßzyklus an einer Probe beinhaltet die Messung des Ladestroms i_{pol} bei angelegter Spannung und nach Abschalten der Spannung die Messung des Entladestroms i_d, der aus der polarisierten Probe herausfließt. Der zeitliche Verlauf der Ströme wird bis zum Erreichen der Meßgrenze bzw. bis zu etwa 6 Std. verfolgt. Die Messungen wurden im Feldstärkenbereich von 10^4 bis 5×10^5 V/cm durchgeführt. Zur Bestimmung der thermischen Aktivierungsenergie wurde die Probentemperatur im Bereich von 20 bis 90 °C variiert. Die Reproduzierbarkeit bei Messungen an der gleichen Probe war besser als der Faktor zwei, bei Untersuchungen an verschiedenen Proben lag sie nur unwesentlich darüber.

3. Ergebnisse

Die Ladeströme zeigen eine ausgeprägte Zeitabhängigkeit, die bei den bisherigen Untersuchungen kein Einmünden in einen konstanten Strom erkennen lassen. Abb. 1 zeigt als repräsentatives Beispiel für den untersuchten Feldstärkebereich zeitabhängige Leitfähigkeiten für verschiedene Probentemperaturen und die Feldstärke $E = 224$ kV/cm. Das Zeitverhalten des Stroms, bezogen auf unterschiedliche Feldstär-

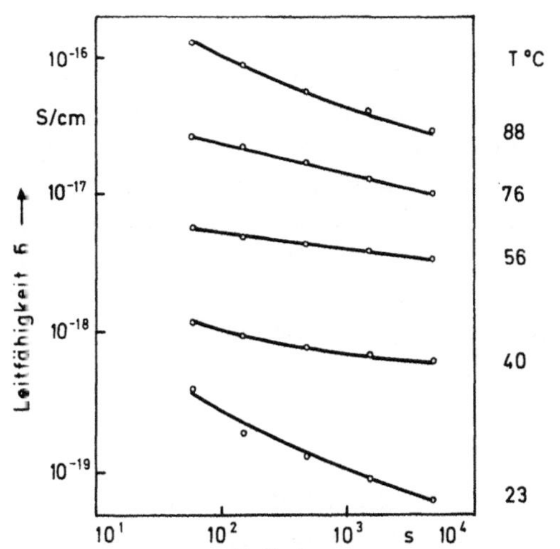

Abb. 1. Zeitabhängigkeit der Gleichstromleitfähigkeit (Feldstärke $E_{pol} = 224$ kV/cm) für verschiedene Temperaturen

*) Die diesem Bericht zugrunde liegenden Arbeiten werden mit Mitteln des Bundesministers für Forschung und Technologie im Rahmen des Technologieprogramms gefördert. Die Verantwortung für den Inhalt liegt jedoch allein bei den Autoren.

ken bei gleicher Temperatur, ist im wesentlichen identisch, so daß die Auftragung im doppellogarithmischen Papier ($\log j$ gegen $\log t$) nahezu parallel laufende Stromkurven gibt. Deutlich ausgeprägt ist ein überproportionales Ansteigen des Stroms mit der Feldstärke. Abb. 2 zeigt die

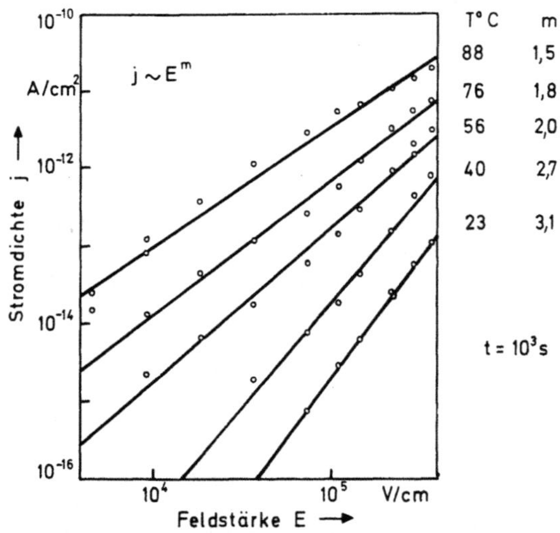

Abb. 2. $\log j$ gegen $\log E$: Feldabhängigkeit $j \sim E^m$ der Ladestromdichte j_{pol} (nach $t = 10^3$ s) für verschiedene Temperaturen

Auftragung der Stromdichten zur Zeit $t = 10^3$ s gegen die Feldstärke. Aufgrund des gleichen Zeitverhaltens der Ladeströme erhält man für die Auftragung der Stromdichten bezüglich anderer Zeiten als 10^3 s eine Parallelverschiebung im Bild und die ermittelten Exponenten m bleiben gleich. Die anschließend an das Ladeexperiment gemessenen Entladeströme zeigen eine Zeitabhängigkeit, die durch die Form

$$j \sim t^{-n} \qquad [1]$$

beschrieben werden kann und auf ein Relaxationszeitspektrum für den zugrundeliegenden Prozeß deutet. Der Exponent n, der unabhängig von Feldstärke und Temperatur ist, beträgt ungefähr 1. Die Entladeströme sind bis zu einer Temperatur von etwa 60 °C dem vorher angelegten Feld proportional. Die thermische Aktivierungsenergie in diesem Bereich beträgt etwa 0,3 eV.

4. Diskussion

Die Zeitabhängigkeit des Ladestroms läßt sich nicht, wie ursprünglich angenommen wurde, durch die einfache Superposition eines konstanten Leitungsstroms j_{const} und eines zeitabhängigen Polarisationsstroms $j(t)$ nach der Form

$$j_{pol}(t) = j_{const} + j(t)$$
$$j_d(t) = -j(t) \qquad [2]$$

erklären, wobei j_d den Entladestrom darstellt. Abb. 3 zeigt ohne Berücksichtigung der unterschiedlichen Polarität den Ladestrom j_{pol}, den Entladestrom j_d und die Differenz aus beiden.

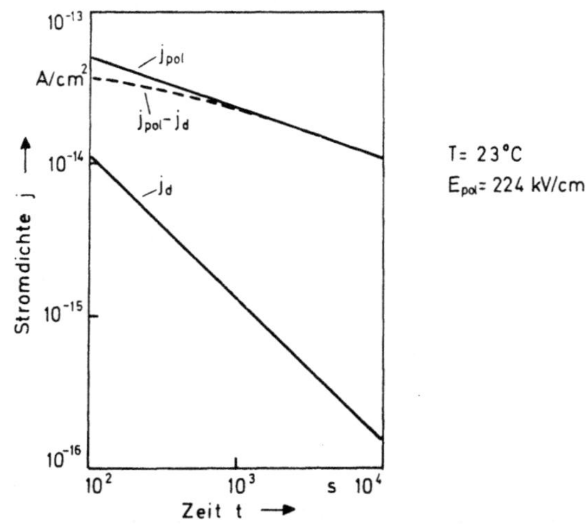

Abb. 3. Zeitabhängigkeit der Ladestromdichte j_{pol} und Entladestromdichte j_d sowie deren Differenz $j_{pol} - j_d$ ($E_{pol} = 224$ kV/cm, $T = 23$ °C)

Obwohl ein deutlicher Einfluß durch den den Entladestrom bestimmenden Mechanismus auf das Zeitverhalten des Ladestroms zu erkennen ist, reicht dieser als einzige Erklärung nicht aus.

Betrachtet man zunächst die Entladeströme, so zeigt ein Vergleich zwischen der bei Rückstrommessungen aus der Probe herausfließenden Ladung und der ausgeheizten Ladung der entsprechenden Messung thermisch stimulierter Ströme bei gleichen Vorbedingungen (d. h. identische Probe, gleiche Feldstärke, Polarisationstemperatur und Ladezeit) eine deutliche Übereinstimmung. Für die thermische Aktivierungsenergie aus Rückstrommessungen erhält man den Wert 0,3 eV, der sich mit Hinblick auf die deutlich abweichenden Werte aus Ladestrommessungen, nicht sehr stark von der Aktivierungsenergie von 0,45 eV des Hochtemperaturpeaks bei der Messung thermisch stimulierter Ströme (1) unterscheidet. Aus diesen Gründen ist es naheliegend, dem Entladestrom aus Leitfähigkeitsmessungen den gleichen Prozeß zugrundezulegen, der den Hochtemperaturpeak der Messung thermisch stimulierter Ströme bestimmt, und wir nehmen für ihn einen Dipolorientierungsstrom materialeigener Dipole an.

Für den Leitungsmechanismus in Polyäthylen, und damit für die Betrachtung des Ladestroms, legen verschiedene Autoren der letzten Jahre Elektronen als Ladungsträger zugrunde (2, 3). *Davies* z. B. zeigt, daß durch einfache Kontaktierung Metall-Polyäthylen Elektronen injiziert werden, und bestimmt deren Beweglichkeit (4). Untersuchungen thermisch stimulierter Ströme sowie das Auftreten von Photoeffekten legen ebenfalls diese Deutung nahe.

Wie vorher erwähnt, zeigt der Ladestrom j_{pol} eine Zeitabhängigkeit, die nicht allein durch die Überlagerung eines Dipolorientierungsstroms gedeutet werden kann (Abb. 3). Es ist daher zunächst naheliegend, eine Erklärung über die Theorie der raumladungsbeschränkten Ströme zu suchen, und die Zeitabhängigkeit des Stroms mit dem Aufbau einer Raumladung im Volumen in Verbindung zu bringen. Ein Kriterium dafür ist, für den Fall des konstanten Leitungsstroms, das Auftreten eines überproportionalen Stromanstiegs mit dem angelegten Feld

$$j \sim E^m$$

mit $m > 1$. [3]

In unserem Fall wurde wegen des Fehlens eines konstanten Leitungsstroms das feldabhängige Verhalten des Stroms zur Zeit $t = 10^3$ s untersucht (Abb. 2). Die Darstellung durch [3] ergibt eine gute Beschreibung der Meßpunkte und mit den Werten $m > 1$ für den Exponenten ist der Aufbau einer Raumladung im untersuchten Temperaturbereich angezeigt. Man erkennt jedoch ebenfalls aus Abb. 2, daß diese Erklärung allein nicht genügt.

Bedingt durch die Temperaturabhängigkeit des Exponenten m wird die thermische Aktivierungsenergie des Stroms feldabhängig. Die Potentialbarriere wird mit zunehmender Feldstärke kleiner, ähnlich den Prozessen, die durch den *Richardson-Schottky*- bzw. *Poole-Frenkel*-Effekt bestimmt sind. Die Feldabhängigkeit des Stroms muß bei Vorliegen eines der beiden Effekte der Form

$$j \sim \exp\left(-(e/kT)\left(V_g - \beta\sqrt{E}\right)\right) \qquad [4]$$

mit $\beta_{PF} = (e/\pi\varepsilon_r\varepsilon_0)^{1/2}$ (*Poole-Frenkel*-Effekt)

bzw. $\beta_{RS} = \beta_{PF}/2$ (*Richardson-Schottky*-Effekt)

gehorchen. Für ein *Coulomb*sches Potential und mit der *DK* von Polyäthylen $\varepsilon_r = 2{,}3$ ergeben sich die theoretischen β-Werte $\beta_{PF} \approx 5 \times 10^{-4}$ $(\text{Vcm})^{1/2}$ und $\beta_{RS} \approx 2{,}5 \times 10^{-4}$ $(\text{Vcm})^{1/2}$. Die Auftragung von $\ln j$ gegen $\sqrt{E}$ sollte bei Gültigkeit von [4] Geraden mit der Steigung β und dem Achsenabschnitt V_g als Barriere ergeben (Abweichungen sind im Bereich kleiner Feldstärken zu erwarten). Die Meßwerte aus Abb. 2 werden in der logarithmischen Darstellung von [4] (Abb. 4) durch leicht gekrümmte Reihen dargestellt, die gut durch Geraden genähert werden können. Einzig die Meßreihe für die Temperatur $T = 88$ °C zeigt eine starke Abweichung, die eventuell durch stärkere Veränderung im beginnenden Aufschmelzen begründet ist, und die im folgenden unberücksichtigt bleibt. Aus den Steigungen der Geraden ermittelt sich β zu 3,3 bis $3{,}9 \times 10^{-4}$ $(\text{Vcm})^{1/2}$, das eine gute Übereinstimmung mit den theoretisch zu erwartenden β-Werten zeigt, das aber keine eindeutige Zuordnung zu einem der beiden Effekte – *Poole-Frenkel* oder *Richardson-Schottky* – zuläßt. Für die Potentialbarriere erhält man den Wert $V_g = 1{,}1$ eV.

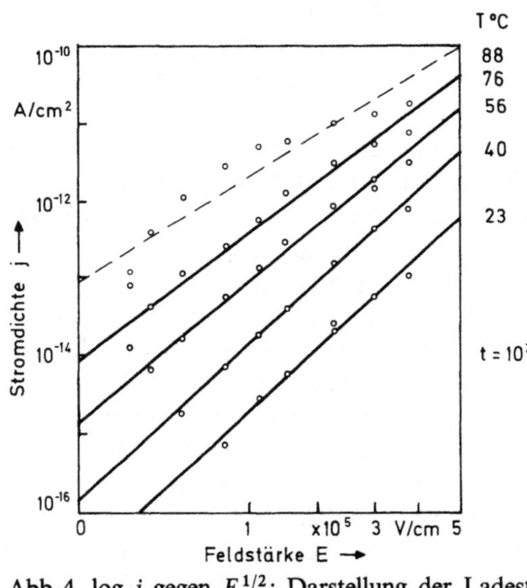

Abb. 4. log j gegen $E^{1/2}$; Darstellung der Ladestromdichte j_{pol} (nach $t = 10^3$ s) für verschiedene Temperaturen bezüglich des *Richardson-Schottky*- bzw. *Poole-Frenkel*-Effekts

Eine Beschreibung durch den *Richardson-Schottky*-Effekt wird aus zwei Gründen als wenig wahrscheinlich angesehen. Erstens konnte nach bisherigen Messungen kein Einfluß des Elektrodenmaterials auf die Potentialbarriere nachgewiesen werden. Zum zweiten zeigt eine Abschätzung des thermischen Emissionsstroms nach der *Richardson-Dushman*-Gleichung, daß wir Stromdichten zu erwarten hätten, die um Größenordnungen über den tatsächlich gemessenen liegen müßten. Die Grenzfläche Metall-Polyäthylen ist also für den Ladestrom ein nachliefernder Kontakt. Die Tatsache, daß bei Messungen an Polyäthyleneinkristallen der *Schottky*effekt eine wesentliche Rolle spielen kann (5), widerspricht wegen deren höherer Leitfähigkeit diesen Überlegungen für teilkristallines Material nicht.

Die genannten Gründe scheiden einen stärkeren Einfluß der Grenzfläche Metall-Polyäthylen auf das Stromverhalten aus und fordern die Betrachtung des *Poole-Frenkel*-Effekts als eines volumenbestimmten, feldabhängigen Aktivierungsprozesses. Eine Beschreibung durch einen reinen *Poole-Frenkel*-Effekt im Sinne der Halbleiterphysik, d.h. Erzeugung und Transport von Ladungsträgern, die aus Donatoren im Volumen stammen, scheint für das vorliegende Material nicht sehr sinnvoll zu sein. Eine charakteristische Eigenschaft von Polyäthylen ist sein Aufbau als Zweiphasensystem, bestehend aus amorphen und kristallinen Bereichen, die unterschiedliches Leitfähigkeitsverhalten zeigen. Verschiedene Autoren (5, 6, 7) konnten Leitfähigkeiten in Polyäthyleneinkristallen nachweisen, die viele Größenordnungen über denen des teilkristallinen Polyäthylen liegen. Wegen der unterschiedlichen Leitfähigkeiten sind unterschiedliche Energiebilder für die amorphen und kristallinen Bereiche anzunehmen und an ihren inneren Grenzflächen sind Potentialbarrieren zu erwarten, die durch Umladungseffekte eine feldabhängige Größe zeigen. Es erscheint vernünftig, den aus den Messungen ermittelten Wert $V_g = 1{,}1$ eV diesen Potentialbarrieren an inneren Grenzflächen zuzuordnen. Der durch die Probe fließende Strom wird dann im wesentlichen durch diese grenzflächenbestimmten Potentialbarrieren kontrolliert. *Davies* (4) kommt mit seinen völlig unterschiedlich durchgeführten Beweglichkeitsmessungen zu ähnlichen Überlegungen und erhält für LDPE Potentialbarrieren von 0,7 – 0,9 eV.

Zusammenfassend erscheint folgendes Bild für den Leitungsmechanismus von LDPE zuzutreffen: Ladungsträger werden an der Grenzfläche Metall-Polyäthylen injiziert und der Elektronenstrom wird im wesentlichen durch feldabhängige Potentialbarrieren von ungefähr 1,1 eV an inneren Grenzflächen zwischen amorphen und kristallinen Bereichen kontrolliert. Der Aufbau einer Raumladung im Volumen, u.U. speziell an den inneren Grenzflächen, beeinflußt das Zeitverhalten des Stroms. Zusätzlich ist ein Dipolorientierungsstrom bedingt durch materialeigene Dipole, mit einer Aktivierungsenergie von 0,3 eV überlagert. Bei der Messung des Entladestroms tritt dieser Anteil wegen der geringen Aktivierungsenergie in den Vordergrund und überdeckt den Abbau der Raumladung im Volumen.

Zusammenfassung

An einem Hochdruckpolyäthylen definierter Herstellung werden Leitfähigkeitsmessungen bezüglich der Parameter Feldstärke und Temperatur durchgeführt. Der zeitabhängige Ladestrom läßt sich nicht einfach in einen konstanten Leitungsstrom und einen überlagerten Dipolorientierungsstrom trennen. Das Verhalten des zeitabhängigen Ladestroms, dem ein feldabhängiger thermisch aktivierter Prozeß zugrunde liegt, wird mit einer Art *Richardson-Schottky*-Effekt an den inneren Grenzflächen zwischen amorphen und kristallinen Bereichen erklärt, wobei die Zeitabhängigkeit außer vom überlagerten Dipolorientierungsstrom noch vom Aufbau einer Raumladung im Volumen herrührt.

Summary

DC conductivity measurements with the applied field and temperature as parameters have been performed on a low-density polyethylene. The time-dependent charging current cannot be separated into a time-independent conduction current and a superposed dipole-orientation current. The charging current shows a field-dependent thermal activation energy and is interpreted in terms of a *Richardson-Schottky*-type effect between amorphous and crystalline regions of the polymer. The time dependence is due to two contributions, a dipole orientation and the build-up of a volume space-charge.

Literatur

1) *Fischer, P.* und *P. Röhl*, Kolloid-Z. u. Z. Polymere **251**, 941 (1973).
2) *Hirsch, J.* und *E. H. Martin*, J. Appl. Phys. **43**, 1008 (1972).
3) *Taylor, D. M.* und *T. J. Lewis*, J. Phys. D, Appl. Phys. **4**, 1346 (1971).
4) *Davies, D. K.*, J. Phys. D, Appl. Phys. **5**, 162 (1972). – *D. K. Davies*, Static Electrif. Conf., 29 (1967).
5) *Miyoshi, Y.* und *K. Chino*, Jap. J. Appl. Phys. **6**, 181 (1967).
6) *v. Roggen, A.*, Phys. Rev. Lett. **9**, 368 (1962).
7) *Senecal, G.* und *J. S. Ham*, J. Appl. Phys. **42**, 2714 (1971).

Anschrift der Verfasser:
Dipl.-Phys. *Peter Röhl* und *Peter Fischer* Ph. D.
Forschungslaboratorien der Siemens AG
8520 Erlangen

Kolloid-Z. u. Z. Polymere **251**, 951–961 (1973)

Vorgetragen auf der Arbeitstagung des Fachausschusses Physik der Hochpolymeren im Rahmen der Frühjahrstagung des Arbeitskreises Festkörperphysik bei der Deutschen Physikalischen Gesellschaft vom 21.–23. März 1973 in Münster/Westf.

Aus dem Institut für Physikalische Chemie der Universität Mainz, II. Ordinariat

Untersuchung der Struktur der nichtkristallinen Bereiche in Polymeren mit Hilfe der magnetischen Kernresonanz

Von H. G. Zachmann

Mit 18 Abbildungen

(Eingegangen am 21. Mai 1973)

A. Einleitung

Bei der Untersuchung der Ordnungsstrukturen in Polymeren stehen heute zwei Fragen im Vordergrund. Die erste Frage lautet: Welche Ordnungsstrukturen treten in Schmelzen bzw. amorphen Stoffen auf? Sind die Moleküle völlig statistisch verknäult, wie in Teil a von Abb. 1 angedeutet, oder treten Bündel von parallelen Ketten auf, wie in Teil b von Abb. 1? Argumente

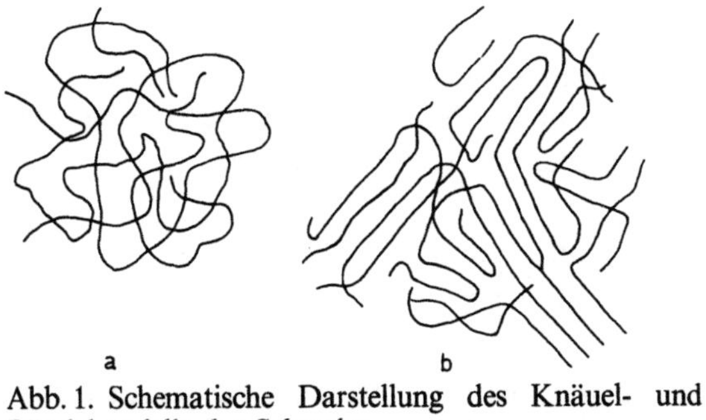

a b

Abb. 1. Schematische Darstellung des Knäuel- und Bündelmodells der Schmelze

für das Knäuelmodell wurden unter anderem von *Flory* (1), *Hoffmann* (2) sowie von *Schelten*, *Kruse* und *Kirste* (3) vorgebracht. Dieses Modell lehnt sich eng an die Vorstellungen an, die man von der verdünnten Lösung hat. Es steht in Übereinstimmung mit Messungen des Fadenendenabstandes, und es vermag gut die Viskosität und die gummielastischen Eigenschaften zu erklären. Das Bündelmodell wird unter anderem von *Kargin* u. Mitarb. (4), *Robertson* (5), *Yeh* und *Geil* (6) sowie von *Pechhold* und *Blasenbrey* (7) vertreten. Es beruht auf der Annahme, daß es bei einer statistischen Verknäuelung der Ketten schwierig, wenn nicht unmöglich ist, die Moleküle so dicht, wie sie tatsächlich in der Schmelze liegen, zu packen, und es wird auch durch verschiedene elektronenmikroskopische Befunde gestützt. Es war bis heute nicht möglich, eindeutig zu entscheiden, welches der beiden Modelle bei einzelnen Stoffen jeweils zutrifft.

Die zweite Frage ist die, wie die Ketten in den nichtkristallinen Bereichen von kristallisierten Polymeren angeordnet sind. Es ist allgemein bekannt, daß Polymere bei der Kristallisation niemals vollständig kristallisieren. Am Ende der Kristallisation liegt ein Gemisch von kristallinen und nichtkristallinen Bereichen vor. Verschiedene Typen von Ketten, die die nichtkristallinen Bereiche aufbauen, zeigt Abb. 2. Man sieht hier

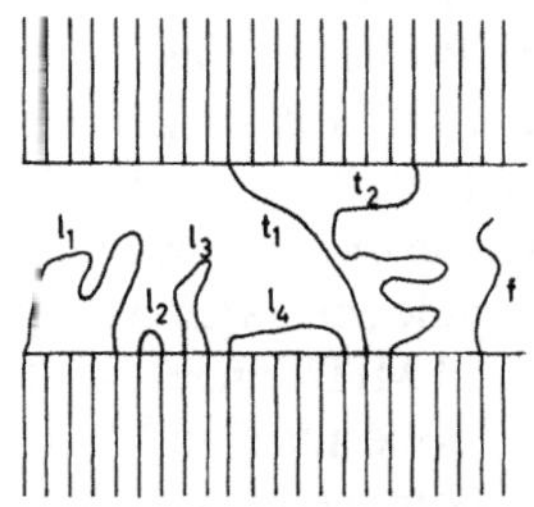

Abb. 2. Schematische Darstellung der verschiedenen Typen von Ketten in einem nichtkristallinen Bereich

zwei Kristalle und dazwischen einen nichtkristallinen Bereich. Die Ketten in diesem Bereich können Schlaufen mit mehr oder weniger großem Endenabstand sein (l_1, l_3 und l_4), Ketten, die verschiedene Kristalle miteinander verbinden (t_1 und t_2), Ketten mit einem freien Ende (f) oder scharfe Falten (l_2). Man kann zur Zeit nicht mit Sicherheit feststellen, in welchen Anteilen die einzelnen Kettentypen vorliegen. *Keller* (8) nimmt an, daß vorwiegend scharfe Falten auftreten. Nach *Flory* (9) sowie *Fischer* und *Lorenz* (10) sollen die nichtkristallinen Bereiche dagegen aus längeren Schlaufen mit statistisch verteilten Endabständen bestehen. In jedem Fall muß auch ein gewisser Anteil an verbindenden Molekülen vorhanden sein, da sonst das Material nicht die hohe mechanische Festigkeit hätte.

Einen Aufschluß darüber, wie die nichtkristallinen Bereiche aufgebaut sind und welche Strukturen in der Schmelze auftreten, kann man mit Hilfe der magnetischen Kernresonanz erhalten. Die Breite und Form der Kernresonanzlinie hängt nämlich wesentlich von der inneren Beweglichkeit der Moleküle ab. Im nichtkristallinen Bereich hat nun eine Kette mit weit auseinanderliegenden, festsitzenden Enden (t_1) eine geringere Beweglichkeit als eine mit nahe beieinanderliegenden Enden (l_3) oder eine Kette mit einem freien Ende (f). Jeder Kettentyp wird daher im Prinzip zu einer Linie mit einer anderen Breite führen. Ähnlich werden in der Schmelze Ketten, die sich innerhalb eines Bündels befinden, unter Umständen eine andere Beweglichkeit aufweisen und damit zu anderen Linienformen führen als statistisch verknäulte Ketten. Wir wollen nun im folgenden über entsprechende Untersuchungen der magnetischen Kernresonanz berichten.

B. Einige Grundzüge der magnetischen Kernresonanz

Bei der Messung der magnetischen Kernresonanz befindet sich die Probe im Feld eines starken Magneten M, das mittels einer Zusatzspule Z sägezahnförmig verändert wird (Abb. 1). Senkrecht zu dem dadurch erzeugten Magnetfeld H wird über eine Sendespule ein magnetisches Wechselfeld der Frequenz 60 MHz eingestrahlt. Im allgemeinen nimmt die Probe aus dem Wechselfeld keine Energie auf. Nur wenn das sägezahnförmig veränderte Feld H jeweils den Wert $H_0 = \omega_0/\gamma$ annimmt, wird Energie aufgenommen. γ ist dabei das Verhältnis von magnetischem Moment und Drehimpuls des Atomkerns. Trägt man die Absorption als Funktion der Stärke des Magnetfeldes H auf, so erhält man daher bei dem oben angegebenen Wert des Feldes eine sogenannte Kernresonanzlinie. Bei Lösungen ist diese Linie extrem schmal und zeigt eine Aufspaltung, die von der chemischen Struktur des Moleküls abhängt. In der Schmelze und insbesondere im festen Stoff ist die Linie bedeutend breiter. Der Einfluß der chemischen Struktur verschwindet hier vollkommen. Die Form und Breite der Kernresonanzlinie wird hier wesentlich durch die Beweglichkeit der Moleküle beeinflußt.

Im folgenden interessiert uns insbesondere der Zusammenhang zwischen der Beweglichkeit der Moleküle und der Breite der Kernresonanzlinie. Ich will daher zunächst auf diesen Zusammenhang eingehen. Dabei kann ich allerdings nicht Einzelheiten der Theorie besprechen, sondern muß mich darauf beschränken, in vereinfachter Form einige wichtige theoretische Ergebnisse mitzuteilen (11).

Wenn die Moleküle ihre Konformationen nicht ändern können, wie in einem Kristall oder in einem Glas, so führen die lokalen Magnetfelder der einzelnen Protonen zu einer relativ stark verbreiterten Kernresonanzlinie. Das zweite Moment M_2 dieser Linie ist nach der bekannten Formel von *van Vleck* durch

$$M_2 = \frac{\text{const}}{N} \sum_{i \neq j}\sum \left(\frac{1 - 3\cos^2\theta_{ij}}{r_{ij}^3}\right)^2 \qquad [1]$$

gegeben. r_{ij} ist der Abstand zwischen dem i-ten und dem j-ten Proton, θ_{ij} der Winkel zwischen dem Verbindungsvektor dieser beiden Protonen und dem statischen Magnetfeld H_0. Der Ausdruck in der runden Klammer ist nun das Feld H_{ij} des i-ten Protons am Ort des j-ten Protons.

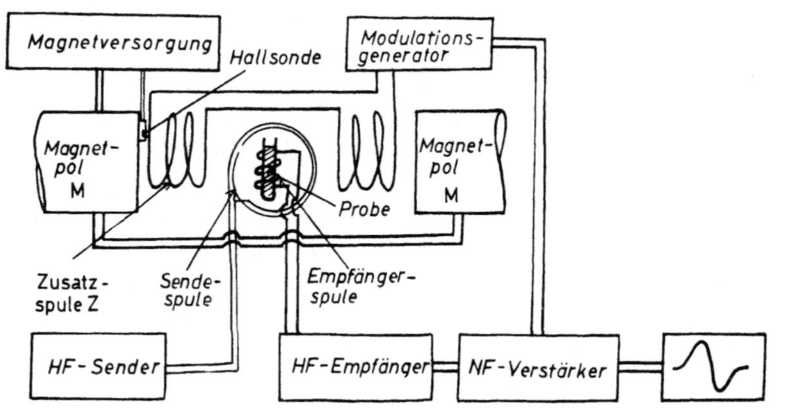

Abb. 3. Grundsätzlicher Aufbau einer Apparatur zur Messung der magnetischen Kernresonanz

Man kann daher anstelle von Gl. [1] auch schreiben

$$M_2 = \frac{\text{const}}{N} \sum_{i \neq j}\sum H_{ij}^2 . \qquad [2]$$

Mit Hilfe dieser Formel erhält man, in Übereinstimmung mit den Meßergebnissen, für Polymere in kristallinem oder glasförmigem Zustand Werte von 10 bis 20 Gauß^2.

Wenn die Moleküle infolge wachsender Temperatur beweglich werden, so bleibt Gl. [2] gültig, sofern die Bewegung rasch im Vergleich zur Lebensdauer eines Spins erfolgt, die bei 10^{-4} bis 10^{-2} sec liegt. Man muß aber dann für die H_{ij} anstelle der momentanen lokalen Felder die über die Lebensdauer eines Spins zeitlich gemittelten Felder $\bar{H}_{ij}^t$ einsetzen,

$$M_2 = \frac{\text{const}}{N} \sum_{i \neq j}\sum (\overline{H_{ij}^t})^2 . \qquad [3]$$

Die Mittelwerte der Felder sind kleiner als die Felder selbst, so daß die Bewegung zu einer Abnahme des zweiten Moments führt. Schwingungen der Atome machen sich hier nur geringfügig bemerkbar. Eine Rotation der Moleküle führt dagegen bereits zu einer Abnahme des zweiten Moments auf ein Viertel des ursprünglichen Wertes. Die Konformationsänderungen in der Schmelze und in der Lösung schließlich führen dazu, daß die $\bar{H}_{ij}^t$ Null werden.

In diesem letzten Fall wird die Linie allerdings nicht wie aufgrund von Gl. [3] folgen würde, unendlich schmal. Es müssen nämlich im Falle, daß die $\bar{H}_{ij}^t = 0$ sind, einige weitere linienverbreiternde Effekte berücksichtigt werden, die in der *van Vleck*schen Formel vernachlässigt wurden. Die Linienbreite und -form wird in diesem Fall davon bestimmt, wie rasch sich die Felder H_{ij} zeitlich ändern, d.h. von der Geschwindigkeit der Bewegung. Ein Maß für diese Geschwindigkeit ist die sogenannte Korrelationszeit τ_c, deren Bedeutung qualitativ und stark vereinfacht in folgender Weise veranschaulicht werden kann: Trägt man das Feld H_{ij} als Funktion der Zeit auf, so erhält man bei einer statistischen Bewegung eine völlig unregelmäßig verlaufende Kurve, die zwischen positiven und negativen Werten schwankt (siehe Abb. 4). Die Korrelationszeit ist dann ein Maß für die Zeit, die im Mittel für eine volle Periode der Schwankung des Feldes von einem positiven Wert über einen negativen bis wieder zu einem positiven Wert erforderlich ist. Wenn nun die Bewegung durch eine einzige Korrelationszeit τ_c beschrieben werden kann, so erwartet man eine lorentzförmige Kurve, deren Halbwertsbreite desto kleiner ist, je kleiner τ_c ist. Muß man dagegen zur Beschreibung der Bewegung mehrere stark verschiedene Korrelationszeiten verwenden, so stellt die Kurve eine Überlagerung von mehreren lorentzförmigen Kurven dar.

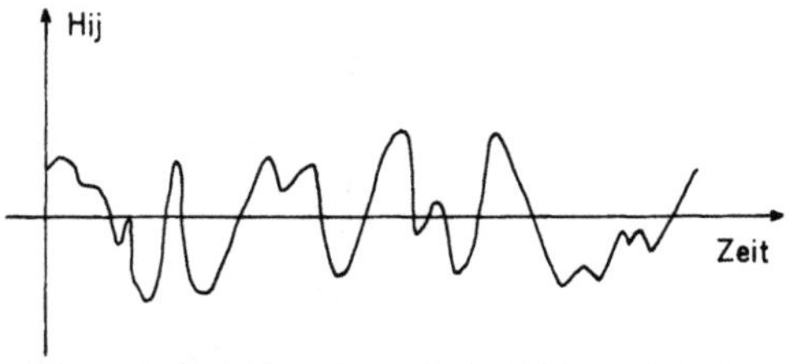

Abb. 4. Beispiel für ein statistisch schwankendes Magnetfeld H_{ij}

Wir können also zusammenfassen: Wenn der zeitliche Mittelwert $\bar{H}_{ij}^t$ der einzelnen lokalen Felder nicht Null ist, so kann man das zweite Moment mit Hilfe der *van Vleck*schen Formel Gl. [2] berechnen. Es wird dann desto kleiner, je kleiner der zeitliche Mittelwert der lokalen Felder ist. Sind dagegen die $\bar{H}_{ij}^t$ gleich Null, so wird die Kurvenform wesentlich von der Geschwindigkeit der Bewegung beeinflußt. Wenn man die Bewegung in diesem Fall durch eine einzige Korrelationszeit beschreiben kann, erhält man eine lorentzförmige Kurve, muß man mehrere Korrelationszeiten verwenden, so erhält man eine Überlagerung von *Lorentz*-Kurven.

Wir wollen nun im folgenden mit Hilfe der eben angestellten Betrachtungen die experimentellen Ergebnisse an hochpolymeren Stoffen interpretieren.

C. Untersuchung der Struktur der nichtkristallinen Bereiche

Die Kernresonanzlinie eines teilkristallinen Stoffes oberhalb der Einfriertemperatur besteht aus einer breiten und einer schmalen Komponente. In Abb. 5 zeigt die obere Kurve die typische Form einer solchen Kernresonanzlinie. Die untere Kurve gibt die erste Ableitung dieser Linie an, die gewöhnlich im Experiment bestimmt wird. Das Auftreten von zwei Komponenten wird in folgender Weise in erster Näherung erklärt: Die breite Komponente rührt von den Ketten in den Kristalliten her, die ihre Konformationen nicht ändern können und bei denen daher die Dipol-Dipol-Wechselwirkung die starke Verbreiterung verursacht. Die schmale Komponente dagegen ordnet man den Ketten in den nichtkristallinen Bereichen zu, von denen man annimmt, daß sie eine so hohe Segmentbeweglichkeit besitzen, daß sich die Dipol-Dipol-Wechselwirkung zeitlich weitgehend herausmittelt und somit im zeitlichen Mittelwert nahezu Null beträgt.

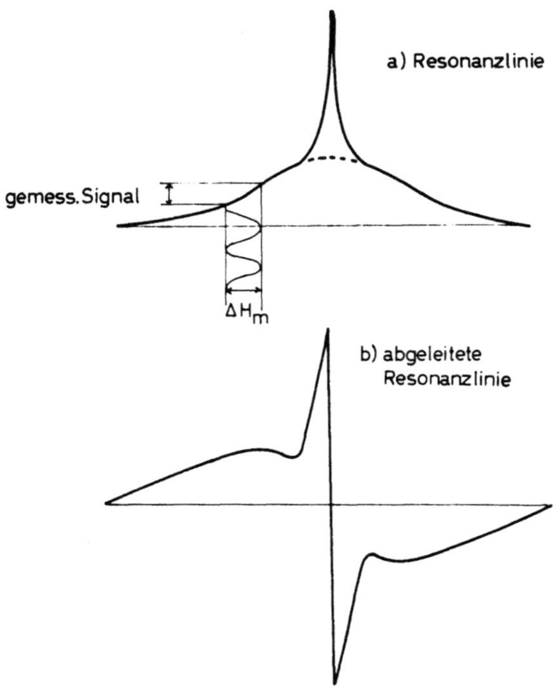

Abb. 5. Kernresonanzsignal eines teilkristallinen Polymeren

Eine kritische Betrachtung zeigt nun, daß die letzte Aussage nicht unbedingt richtig sein muß. Bei Ketten, bei denen nur ein Ende festliegt, sowie bei Ketten mit zwei festliegenden Enden und mit einem relativ geringeren Fadenendenabstand wird wahrscheinlich die innere Beweglichkeit so groß sein, daß das mittlere Dipolfeld tatsächlich annähernd Null ist. Wenn dagegen bei den Ketten mit zwei festliegenden Enden der Fadenendenabstand immer größer wird, so wird die Beweglichkeit immer geringer, und bei der völlig gestreckten Kette ist sie so gering wie bei den Ketten im Kristall. Die Linienbreite müßte daher mit wachsendem Kettenendenabstand immer größer werden und bei der gestreckten Kette schließlich den Wert erreichen, den die Kette im Kristall besitzt. Es erhebt sich nun die Frage, welche der in Abb. 2 gezeigten Ketten noch zur schmalen Komponente beitragen.

Um diese Frage zu klären, hat Herr *Schmedding* in unserem Institut das zweite Moment des Kernresonanzsignals von Ketten mit festliegenden Enden als Funktion des Fadenendenabstandes berechnet (12, 13). Abb. 6 zeigt einige Ergebnisse. Aufgetragen ist das zweite Moment M_2 als Funktion von h/h_0. h ist dabei der Fadenendenabstand der Kette und h_0 der Fadenendenabstand der völlig gestreckten Kette. Wir betrachten zunächst nur die ausgezogenen Kurven. Wenn h/h_0 gleich 1 ist, ist die Kette völlig gestreckt. In diesem Fall findet man das gleiche zweite Moment wie für eine Kette im Kristall. Mit abnehmenden Werten von h nimmt auch das zweite Moment ab, und zwar desto stärker, je länger die Ketten sind. Wenn man diese Ergebnisse beachtet und annimmt, daß die Linien annähernd die Form von Gauß-Kurven haben, so kann man sagen, daß Ketten mit einem Fadenendenabstand, der größer ist als die Hälfte desjenigen Wertes der gestreckten Kette, auf alle Fälle zur breiten Komponente beitragen werden[1]).

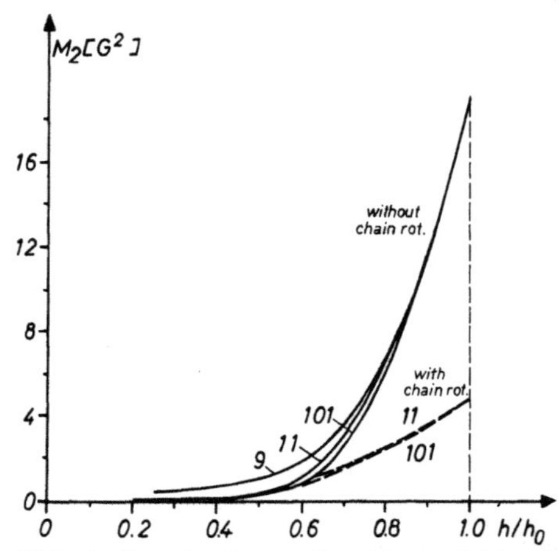

Abb. 6. Berechnetes zweites Moment M_2 als Funktion des relativen Fadenendenabstandes h/h_0 für Polyäthylen (12, 13). (———) ohne Kettenrotation, (- - - -) mit Kettenrotation

Wir wollen die nichtkristallinen Ketten, die zur breiten Komponente beitragen, als starre nichtkristalline Ketten bezeichnen. Den Anteil dieser Ketten nennen wir den starren nichtkristallinen Anteil β. β läßt sich in folgender Weise

[1]) Wenn man den berechneten Zusammenhang zwischen Fadenendenabstand und zweitem Moment betrachtet, so erhebt sich die Frage, welche Anforderungen an die Verteilung der Fadenendenabstände gestellt werden müssen, damit die Kernresonanzlinie aus zwei einzelnen, voneinander trennbaren Komponenten besteht. Diese Frage wird zur Zeit von uns untersucht.

bestimmen: Aus dem Flächenanteil unter der schmalen Komponente des Kernresonanzsignals bestimmt man als erstes den Anteil der beweglichen Ketten, im folgenden kurz beweglicher Anteil y genannt. Danach bestimmt man über die Dichte oder über die Röntgenweitwinkelstreuung oder mit Hilfe von kalorimetrischen Messungen den kristallinen Anteil α. Der starre nichtkristalline Anteil ist dann gegeben durch

$$\beta = 1 - \alpha - y.$$

Eine Bestimmung des beweglichen Anteils aus dem Kernresonanzsignal wurde erstmals von *Wilson* und *Pake* (14) durchgeführt. Dabei wurde in der abgeleiteten Kurve die Trennung der breiten Komponente von der schmalen einfach durch eine mehr oder weniger willkürlich eingezogene gerade Linie vorgenommen (siehe Abb. 7). Dieses Verfahren ist natürlich recht ungenau und versagt bei manchen Stoffen vollständig. *Bergmann* und *Nawotki* (15, 16) haben daher die Trennung bei Polyäthylen so durchgeführt, daß sie zunächst die Form der breiten Komponente durch Messungen bei tiefen Temperaturen ermittelt haben und dann die breite Komponente entsprechend bei dem zu trennenden Spektrum angepaßt haben. Dabei erwies es sich als notwendig, drei Komponenten zu betrachten, anstelle von nur zwei. Ähnliche Ergebnisse wurden auch bei verstrecktem Polyäthylen erhalten (17, 18). Auch dieses Verfahren ist aber nicht frei von zusätzlichen Annahmen. Außerdem wird bei beiden Meßverfahren die schmale Komponente nicht in ihrer richtigen Form, sondern stark verzerrt erhalten. Dies hat folgenden Grund: Wie bereits erwähnt, bestimmt man bei der Breitlinientechnik nicht die Kernresonanzlinie selbst, sondern ihre erste Ableitung. Man erhält diese, indem man die Kernresonanzlinie mit einem Wechselfeld der Modulationsamplitude ΔH_m abtastet und die Verstärkung dieses Wechselfeldes mißt (siehe Abb. 5). Um nun die breite Komponente mit ausreichender Intensität zu erhalten, muß man ΔH_m in der Größenordnung von einigen hundert Milligauß wählen. Dies ist bedeutend mehr als die Halbwertsbreite der schmalen Komponente. Die schmale Komponente erscheint daher bei der Messung stark verbreitert.

Wir haben nun ein etwas anderes Trennverfahren entwickelt, bei dem die schmale Komponente in ihrer richtigen Form aufgezeichnet wird und das frei von jeder Willkür beim Einzeichnen

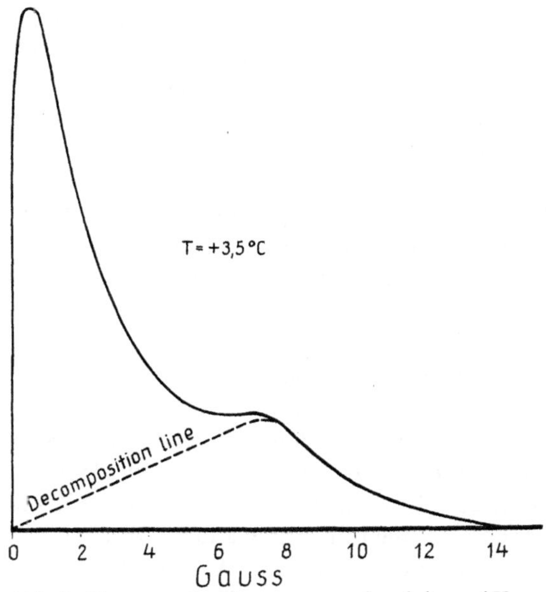

Abb. 7. Trennung des Kernresonanzsignals in zwei Komponenten nach *Wilson* und *Pake* (14)

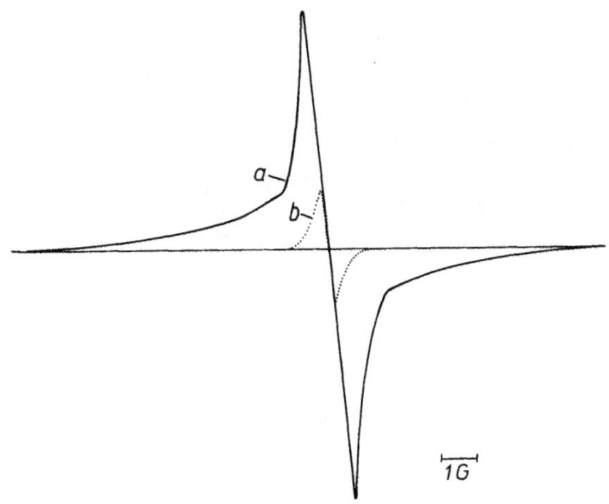

Abb. 8. Kernresonanzsignal von Polyäthylenterephthalat (19) gemessen mit einer Modulationsamplitude von a) 0,8 Gauß und b) 0,03 Gauß

einer Trennlinie oder bei der Anpassung einer Kurve ist. Es beruht darauf, daß das Spektrum zweimal mit jeweils verschiedener Modulationsamplitude aufgezeichnet wird. Als erstes wählen wir eine äußerst kleine Modulationsamplitude, z.B. ΔH_m gleich 0,03 Gauß. Wir erhalten dabei allein die schmale Komponente des Spektrums in unverzerrter Form (Kurve *b* in Abb. 8). Die breite Komponente ist bei dieser kleinen Modulationsamplitude so schwach, daß sie im Rauschen verschwindet. Anschließend nehmen wir das Spektrum mit einer großen Modulationsamplitude, z.B. ΔH_m gleich 0,8 Gauß, auf. Man erhält dabei die breite Komponente, überlagert von einer verbreiterten schmalen Komponente

(Kurve *a* in Abb. 8). Wir berechnen nun die durch die Erhöhung der Modulationsamplitude bedingte Veränderung der als erstes gemessenen schmalen Komponente (Kurve *b*) und erhalten so den Anteil der schmalen Komponente zur Kurve *a*. Diesen Anteil ziehen wir von der Kurve *a* ab und bekommen so die breite Komponente. Dadurch haben wir beide Komponenten getrennt bestimmt, ohne Einzeichnung eines willkürlichen Trennstriches.

Auf diese Art wurde zuerst der bewegliche Anteil von Polyäthylenterephthalat bestimmt (19). Die Proben wurden bei verschiedenen Temperaturen 6 Stunden lang isotherm kristallisiert und anschließend abgeschreckt bzw. langsam abgekühlt. Es zeigte sich, daß die schmale Komponente bei allen Proben in guter Näherung eine lorentzförmige Kurve war. Abb. 9 gibt den be-

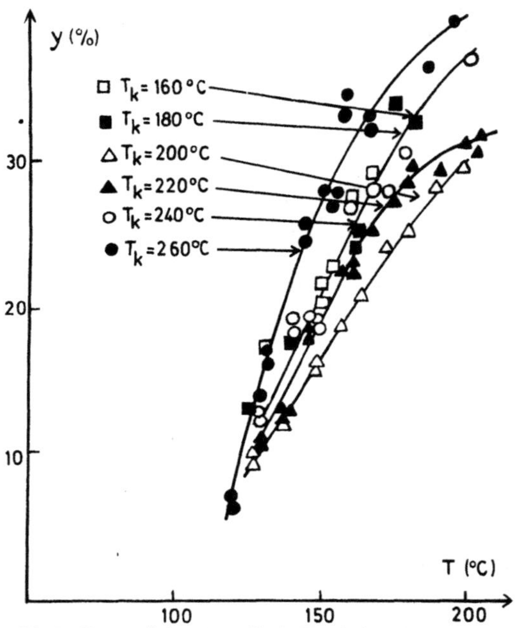

Abb. 9. Beweglicher Anteil als Funktion der Temperatur für Polyäthylenterephthalat, das 5 Stunden isotherm bei T_k kristallisiert und anschließend langsam abgekühlt worden ist (19)

weglichen Anteil als Funktion der Meßtemperatur für die von der Kristallisationstemperatur langsam abgekühlten Proben wieder. Parameter ist die Kristallisationstemperatur T_k. Ein beweglicher Anteil tritt erstmals bei etwa 130 °C auf, das sind 40 °C oberhalb der dilatometrisch bestimmten Einfriertemperatur. Dieser Unterschied ist auf die hohe Frequenz zurückzuführen, mit der die Kernresonanzmessung durchgeführt wird. Man sieht, daß der bewegliche Anteil mit wachsender Temperatur bei allen Proben ansteigt und bei den höchsten der Messung zugänglichen Temperaturen (200 °C) noch keinen konstanten Wert erreicht. Um nun auf den bei höheren Temperaturen maximal erreichbaren beweglichen Anteil y_∞ zu kommen, der den tatsächlichen Anteil von Ketten angibt, die eine Segmentbeweglichkeit ausführen können, wurde ein Extrapolationsverfahren angewandt, das von *Cohen* und *Turnbull* (20) aufgrund einer Theorie des freien Volumens angegeben wurde. Des weiteren wurde über die Dichte der kristalline Anteil α ermittelt und daraus dann der starre nichtkristalline Anteil $\beta = 1 - \alpha - y_\infty$ berechnet.

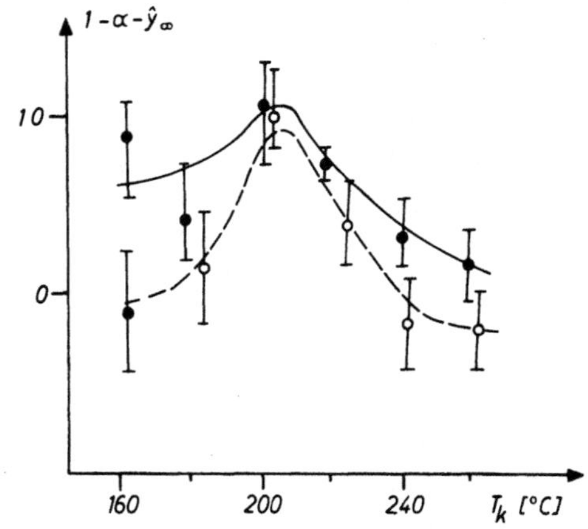

Abb. 10. Starrer nichtkristalliner Anteil als Funktion der Kristallisationstemperatur T_k bei Polyäthylenterephthalat (19). (– – – –) nach der Kristallisation langsam abgekühlt, (———) nach der Kristallisation rasch abgekühlt

In Abb. 10 ist der starre nichtkristalline Anteil als Funktion der Kristallisationstemperatur angegeben. Die gestrichelte Kurve bezieht sich auf Proben, die von der Kristallisationstemperatur langsam abgekühlt worden sind, die ausgezogene Kurve auf abgeschreckte Proben. Man sieht, daß bei langsam abgekühlten Proben, die bei relativ tiefen oder relativ hohen Temperaturen kristallisiert worden sind, der starre nichtkristalline Anteil Null ist. Alle nichtkristallinen Ketten sind hier auch beweglich. Bei mittleren Kristallisationstemperaturen tritt dagegen ein starrer nichtkristalliner Anteil von etwa 10% auf. Er wird den oben angeführten theoretischen Überlegungen zufolge von Ketten verursacht, deren Fadenendenabstand größer als etwa die halbe Kettenlänge ist (z. B. t_1 und l_4 in Abb. 2). Bei den rasch abgekühlten Proben tritt bei allen Kristallisationstemperaturen ein starrer nichtkristalliner Anteil auf.

Das Maximum des starren nichtkristallinen Anteils bei mittleren Kristallisationstemperaturen rührt vermutlich daher, daß bei diesen Temperaturen die Kristallisationsgeschwindigkeit ein Maximum besitzt. Bei den gleichen Temperaturen besitzt auch die Einfriertemperatur ein Maximum und die Bruchfestigkeit und Bruchdehnung ein Minimum (21). Offensichtlich bilden sich bei der raschen Kristallisation besonders viele stark verspannte nichtkristalline Kettenstücke aus, die die Einfriertemperatur erhöhen und die Bruchfestigkeit und Bruchdehnung erniedrigen.

Wir haben unser Trennverfahren auch auf Kernresonanzmessungen an Polyamiden angewandt (22). Es zeigte sich, daß hier die Verhältnisse komplizierter liegen, weil die schmale Komponente nicht lorentzförmig ist und die breite Komponente auch bei der Aufnahme des Spektrums mit der kleinen Modulationsamplitude nicht vollständig verschwindet. Wir konnten unser Verfahren trotzdem anwenden. Die schmale Komponente wurde in zwei lorentzförmige Kurven zerlegt, deren Verbreiterung dann einzeln berechnet wurde. Die breite Komponente war bei der Aufnahme mit der kleinen Modulationsamplitude so schwach, daß Ungenauigkeiten bei der Abtrennung nicht merkbar ins Gewicht fielen. Erste Ergebnisse werden in Abb. 11 wiedergegeben. Aufgetragen ist der bewegliche Anteil von unverstrecktem Perlon und Nylon-6,6 sowie von verstrecktem Perlon. Alle Proben sind vor der Messung zwei Stunden lang bei 180 °C kristallisiert worden. Man sieht, daß Nylon-6,6 einen kleineren beweglichen Anteil als Perlon besitzt. Dies ist vermutlich die Ursache für die höheren Rückstellkräfte in Nylon-6,6. Außerdem sieht man, daß das verstreckte Material einen kleineren beweglichen Anteil als das unverstreckte aufweist.

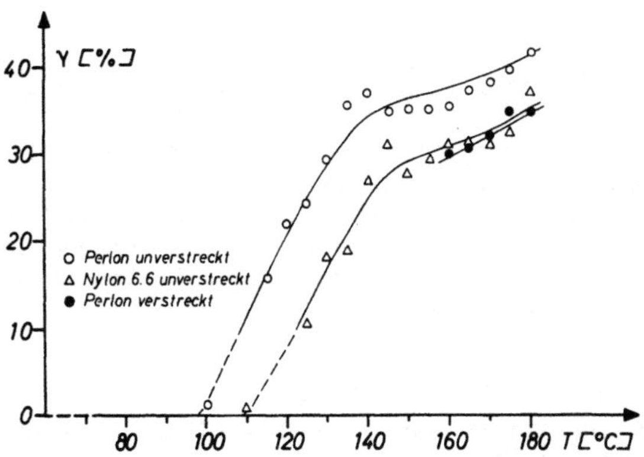

Abb. 11. Beweglicher Anteil von verschiedenen Polyamiden als Funktion der Temperatur (22). Probenvorbehandlung: Kristallisation bei 180 °C zwei Stunden lang

Neben dem beweglichen Anteil ist auch die Form und Halbwertsbreite der schmalen Komponente von Interesse, da beides Aufschluß über die Beweglichkeit der zu dieser Komponente beitragenden Ketten ergibt. Bei Polyäthylenterephthalat ist die schmale Komponente, wie bereits erwähnt, lorentzförmig. Abb. 12 gibt die Halbwertsbreite dieser Komponente als Funktion der Meßtemperatur an für Proben, die bei verschiedenen Temperaturen kristallisiert und dann langsam abgekühlt worden sind. Man sieht, daß die Halbwertsbreite unabhängig von der Kristallisationstemperatur ist und mit zunehmender Meßtemperatur einen konstanten Wert von etwa 0,12 Gauß erreicht. Bei Polyamiden ist die schmale Komponente nicht lorentzförmig.

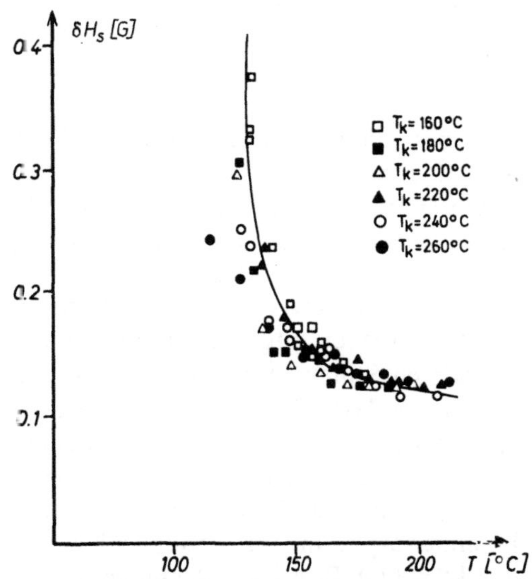

Abb. 12. Linienbreite der schmalen Komponente als Funktion der Temperatur für Polyäthylenterephthalat, das 5 Stunden bei T_k isotherm kristallisiert und anschließend langsam abgekühlt worden ist (19)

Sie kann aber in zwei lorentzförmige Anteile zerlegt werden. In Abb. 13 sind die Halbwertsbreiten des breiten Anteils (durchgezogene Linie) und des schmalen Anteils (gestrichelte Linie) als Funktion der Meßtemperatur aufgetragen. Man sieht, daß Nylon-6,6 breitere Kurven aufweist als Perlon und daß eine Verstreckung des Materials eine große Verbreiterung der schmalen Komponente zur Folge hat. Auch bei Polyäthylen kann die schmale Komponente in zwei lorentzförmige Anteile zerlegt werden, deren Halbwertsbreiten in Abb. 14 wiedergegeben sind. Der starke Abfall der Halbwertsbreite im Bereich von etwa 130 °C ist auf das Schmelzen der Probe zurückzuführen, das bei den beiden anderen Substanzen im untersuchten Temperaturbereich nicht auftrat.

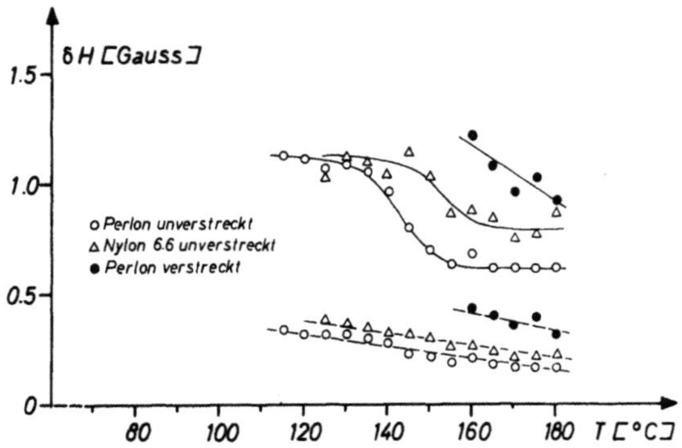

Abb. 13. Linienbreiten des schmalen Anteils (----) und des breiten Anteils (——) der schmalen Komponente des Kernresonanzsignals von verschiedenen Polyamiden (22). Probenvorbehandlung: Kristallisation bei 180 °C zwei Stunden lang

Es ist besonders bemerkenswert, daß die schmale Komponente von Polyäthylenterephthalat lorentzförmig ist, während die von Polyamiden und Polyäthylen nicht lorentzförmig sind. Dies könnte damit erklärt werden, daß die nichtkristallinen Bereiche in Polyäthylenterephthalat einheitlicher aufgebaut sind als in den beiden anderen Stoffen. Eine andersseitige Bestätigung dieser Hypothese sowie eine Begründung hierfür steht aber noch aus. Abweichungen von der *Lorentz*form wurden auch in verschiedenen Seifen gefunden und dort mit entsprechenden Behinderungen in der Beweglichkeit der Ketten erklärt (23). Daß bei Polyamiden besonders breite Anteile in der schmalen Komponente auftreten, könnte auf das Vorhandensein von Wasserstoffbrücken zurückgeführt werden.

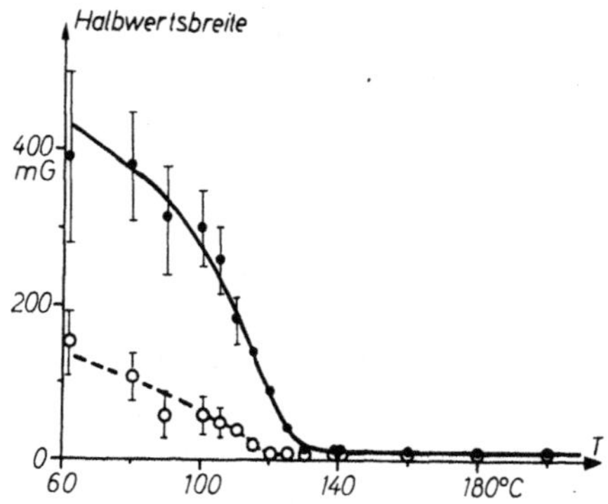

Abb. 14. Linienbreiten des schmalen Anteils (----) und des breiten Anteils (——) der schmalen Komponente des Kernresonanzsignals von linearem Polyäthylen (25)

D. Untersuchung der Schmelze und der Lösung

Wir kommen nun zum zweiten Problem, der Frage nach den Ordnungsstrukturen in der Schmelze. Wir haben dieses Problem am Beispiel des Polyäthylens untersucht. Um eventuell vorhandene Ordnungsstrukturen nachzuweisen, wurde die Linienform von Polyäthylen, das in verschiedenen Konzentrationen in Tetrachloräthan gelöst worden war, sowie von reinem geschmolzenem Polyäthylen mit Hilfe der hochauflösenden Kernresonanz untersucht (24, 25). Bei der Hochauflösungstechnik erhält man unmittelbar die Kernresonanzlinie und nicht die abgeleitete Kurve.

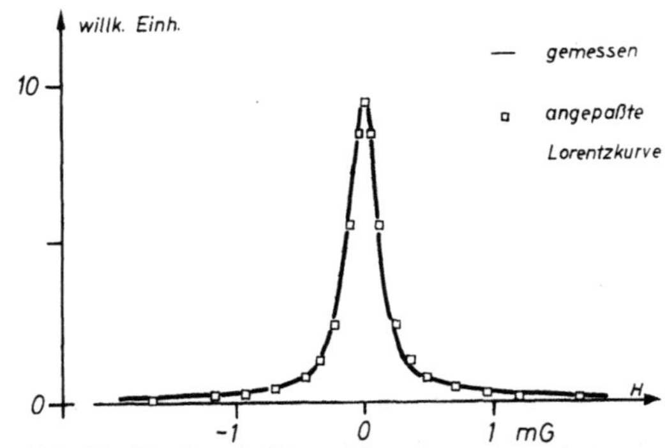

Abb. 15. Hochaufgelöstes Kernresonanzspektrum einer verdünnten Lösung von Polyäthylen in Tetrachloräthan (24) bei 120 °C

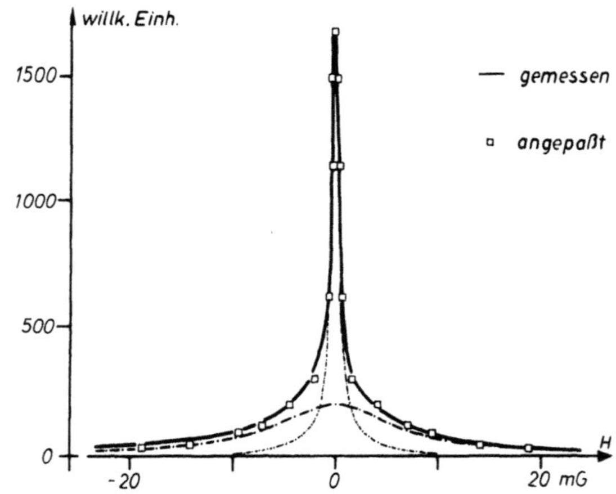

Abb. 16. Zerlegung des bei 140 °C gemessenen hochaufgelösten Kernresonanzspektrums von geschmolzenem linearem Polyäthylen (24). Durchgezogene Kurve: gemessene Kernresonanzlinie; gestrichelte Kurven: lorentzförmige Komponenten; eingezeichnete Punkte: Summe der beiden lorentzförmigen Komponenten

Abb. 15, durchgezogene Kurve, zeigt die Kernresonanzlinie, die für eine verdünnte Lösung (0,8 CH_2-Gruppen auf ein Molekül Tetrachloräthan) erhalten wurde. Die Punkte geben die angepaßte *Lorentz*-Kurve wieder. Es besteht, wie man sieht, eine sehr gute Übereinstimmung mit einer *Lorentz*-Kurve. Bei höheren Konzentrationen von Polyäthylen treten Abweichungen von der *Lorentz*-Form auf, die schließlich in der reinen Schmelze besonders groß sind. Man kann diese nichtlorentzförmigen Kurven aber in jedem Fall als Überlagerung von zwei lorentzförmigen Kurven darstellen. Abb. 16, durchgezogene Kurve, zeigt hierzu die Kernresonanzlinie von geschmolzenem Polyäthylen bei 140 °C. Gestrichelt eingezeichnet sind die zwei *Lorentz*-Kurven, in die die gemessene Kurve zerlegt werden kann. Die Punkte geben die Summe der beiden *Lorentz*-Kurven an, die genügend genau mit der gemessenen Kurve übereinstimmen. Eine Annäherung der gemessenen Kurve durch eine einzige *Lorentz*-Kurve, wie im Fall der Abb. 15, wäre dagegen unmöglich. In Übereinstimmung mit den von uns gefundenen Abweichungen von der *Lorentz*-Kurve wurde bereits früher von anderen Autoren (26–29) an geschmolzenem Polyäthylen ein nicht exponentieller Abfall der Magnetisierung bei Spinechomessungen gefunden.

Deuten die erhaltenen Messungen auf das Vorhandensein von Bündeln aus parallelen Ketten in der Schmelze? Als erstes müssen wir anführen, daß die geringe Halbwertsbreite der Kernresonanzlinie der Schmelze (einige Milligauß) die Existenz von Bündeln ausschließt, deren Lebensdauer größer als die Lebensdauer eines Spinzustandes ist, das sind etwa 10^{-4} sec. Man erkennt dies unmittelbar anhand der Ergebnisse aus Abb. 6. Wenn man zum Beispiel annimmt, daß die Kette in einem Bündel einen relativen Fadenendenabstand von 0,7 besitzt, was sicher ein sehr kleiner Wert für eine Kette in einem Bündel ist, so muß das zweite Moment der Kernresonanzlinie der Abbildung zufolge immer noch 3 Gauß^2 betragen. Auch wenn man als eine zusätzliche Bewegung eine Rotation der Ketten zuläßt (gestrichelte Kurve in Abb. 6), so beträgt das zweite Moment noch 1,3 Gauß^2. Bei Annahme einer gaußförmigen Kurve entspricht dies einer Linienbreite von 1,1 Gauß. Dieser Wert ist um einen Faktor, der etwa 100 beträgt, größer als der experimentell ermittelte Wert. Die Beweglichkeit der Ketten innerhalb der Bündel reicht daher nicht aus, um die beobachtete schmale Linie zu erklären. Wenn Bündel auftreten, müssen sie eine Lebensdauer haben, die kleiner als die Spinlebenszeit ist.

Wir fragen nun, ob unsere Ergebnisse für das Auftreten von Bündeln mit einer derartig geringen Lebensdauer sprechen. In der verdünnten Lösung haben wir, wie oben beschrieben, eine lorentzförmige Kurve beobachtet, in der konzentrierten Lösung und in der Schmelze dagegen nichtlorentzförmige Kurven. Die Abweichungen von der *Lorentz*-Form kann man nun tatsächlich mit dem Auftreten von Bündeln von geringer Lebensdauer erklären. Wenn Bündel auftreten, müssen nämlich für die Bewegung der Ketten mindestens zwei verschiedene Korrelationszeiten maßgebend sein: Eine Korrelationszeit für die Kettenteile innerhalb der Bündel, die in erster Näherung mit der Lebensdauer der Bündel übereinstimmt und daher relativ groß ist, sowie eine zweite, relativ kleine Korrelationszeit für hochbewegliche Kettenteile außerhalb der Bündel. Dies führt den Ausführungen in Abschnitt B zufolge zu einer Kernresonanzlinie, die eine Überlagerung von mindestens zwei lorentzförmigen Kurven ist. Die Kettenteile innerhalb der Bündel sowie stark „verspannte" Ketten, die verschiedene Bündel miteinander verbinden, bewirken den breiteren Anteil der Kernresonanzlinie, die hochbeweglichen Kettenteile außerhalb der Bündel dagegen den schmäleren Anteil.

Einen Hinweis darauf, daß diese Hypothese richtig sein könnte, haben wir aus Untersuchungen der isothermen Kristallisation gewonnen. Polyäthylen wurde bei 150 °C geschmolzen und anschließend isotherm kristallisiert, wobei laufend das hochaufgelöste Kernresonanzsignal registriert wurde (25). Die zu verschiedenen Zeitpunkten gewonnenen Kernresonanzsignale wurden in zwei *Lorentz*-Kurven zerlegt. Abb. 17 zeigt die relativen Intensitäten der beiden Anteile des Signals als Funktion der Kristallisationszeit für eine Kristallisation bei 122 °C. Man sieht, daß in einem ersten Abschnitt der Kristallisation, der sogenannten Hauptkristallisation, bei der die Probe mit Sphärolithen ausgefüllt wird, nur der breitere Anteil der Linie abnimmt. Das wird damit erklärt, daß während dieser rasch verlaufenden Hauptkristallisation nur die Ketten innerhalb der Bündel kristallisieren. Während der langandauernden Nachkristallisation dagegen nimmt vorwiegend der schmälere Anteil der Linie ab. Hierbei würden unserer Vorstellung zufolge Kettenteile außerhalb der Bündel kristallisieren. Die Tatsache, daß während der Kristallisation als erstes die vorgeordneten Ketten innerhalb der Bündel kristallisieren, ist leicht verständlich und wird auch durch gewisse experimentelle Ergebnisse von *Yeh* und *Lambert* (30) nahegelegt.

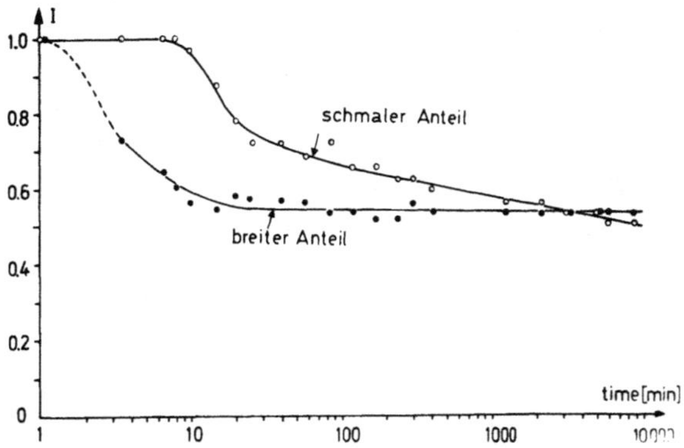

Abb. 17. Relative Intensitäten des breiten und des schmalen Anteils des hochaufgelösten Kernresonanzsignals (25) von linearem Polyäthylen als Funktion der Kristallisationszeit während einer Kristallisation bei 122 °C

Der in Abb. 17 zum Ausdruck kommende, verschieden rasche Abfall der einzelnen Anteile der Kernresonanzlinie bei der Kristallisation kann auch erkannt werden, wenn man unmittelbar die Kernresonanzlinie selbst betrachtet. Abb. 18 zeigt diese Linie nach einer Kristallisation von 40 min (Ende der Hauptkristallisation) sowie nach einer Kristallisation von 6000 min. Man sieht, daß während der Nachkristallisation der schmale Anteil (Spitze der Kurve) um etwa 50% abgenommen hat, während der breite Anteil (Ausläufer) nur um etwa 10% kleiner geworden ist.

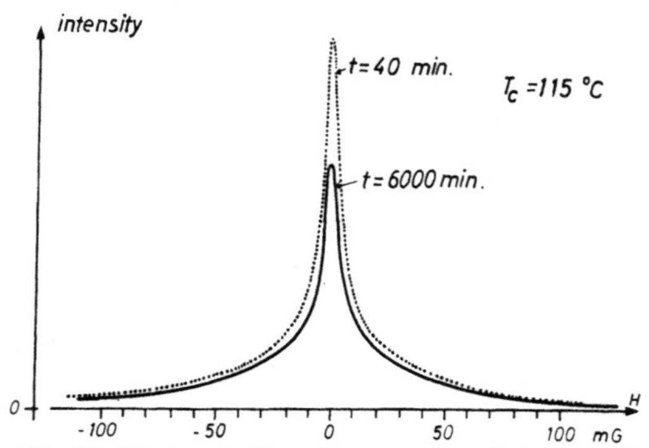

Abb. 18. Hochaufgelöste Kernresonanzlinie von linearem Polyäthylen (25) während einer Kristallisation bei 115 °C nach 40 min bzw. nach 6000 min

Abschließend soll noch betont werden, daß die hier beschriebenen Untersuchungen erst einen Anfang darstellen. Die Zerlegung des Kernresonanzsignals in nur zwei lorentzförmige Kurven wird aus rein auswertetechnischen Gründen vorgenommen; es kann nicht ausgeschlossen werden, daß mehr als zwei lorentzförmige Komponenten vorhanden sind, es ist aber nicht sinnvoll, im Rahmen der erreichten Meßgenauigkeit eine weitergehende Zerlegung vorzunehmen. Des weiteren ist die Erklärung der Abweichungen von der *Lorentz*-Form durch das Auftreten von Kettenbündeln eine Hypothese, die noch weiter geprüft werden muß. Wir glauben aber, daß schon jetzt ersichtlich wird, daß die magnetische Kernresonanz eine vielversprechende Methode zur Untersuchung der Struktur der Schmelze und der nichtkristallinen Bereiche ist.

Zusammenfassung

Die magnetische Kernresonanz stellt eine vielversprechende Methode zur Untersuchung der Struktur der nichtkristallinen Bereiche sowie der Schmelze dar. Die Ordnungsstrukturen beeinflussen nämlich wesentlich die Beweglichkeit der Moleküle, die wiederum die Breite und Form der Kernresonanzlinie bestimmt.

Das Kernresonanzsignal von teilkristallinen Hochpolymeren oberhalb der Einfriertemperatur kann man in erster Näherung in eine breite und in eine schmale Komponente aufspalten. Die schmale Komponente rührt von beweglichen Ketten in den nichtkristallinen Bereichen her, die breite von den Ketten in den Kristallen sowie von stark verspannten und daher unbeweglichen Ketten in den nichtkristallinen Bereichen. Durch Anwendung eines besonderen, jede Willkür vermeidenden Verfahrens zur Zerlegung der Linie, konnte der Anteil der beweglichen Molekülteile bei Polyäthylenterephthalat sowie bei Polyamiden bestimmt werden. Durch einen Vergleich mit dem kristallinen Anteil wurde ferner der Anteil der stark verspannten nichtkristallinen Kettenteile ermittelt. Er betrug bei Polyäthylenterephthalat, das bei etwa 200 °C kristallisiert und langsam abgekühlt worden war, etwa 10%. Bei relativ hohen und relativ tiefen Kristallisationstemperaturen war er dagegen Null. Durch eine theoretische Berechnung des zweiten Momentes als Funktion des Fadenendenabstandes konnte festgestellt werden, daß es sich bei den „stark verspannten" Kettenteilen um Ketten handelt, deren relativer Fadenendenabstand größer als etwa 0,6 ist. Bei Polyamiden wurde gefunden, daß der bewegliche Anteil bei Nylon-6,6 kleiner ist als bei Perlon. Der Unterschied in der Verformbarkeit beider Stoffe läßt sich also auf Unterschiede in den Anteilen von beweglichen Ketten zurückführen. Bei einer Verstreckung des Materials wird eine Erniedrigung des beweglichen Anteils sowie eine Erhöhung der Linienbreite der schmalen Komponente erzeugt.

Bei der Untersuchung der Schmelze steht heute die Frage im Vordergrund, ob in dieser die Moleküle statistisch angeordnet sind oder ob Kettenbündel auftreten. Aus der Tatsache, daß das Kernresonanzsignal der Schmelze nicht lorentzförmig ist, wird auf die Existenz von Bündeln geschlossen. Eine Untersuchung des Kernresonanzsignals während einer isothermen Kristallisation ergibt, daß während der Hauptkristallisation ausschließlich die Ketten innerhalb der Bündel kristallisieren, während der Nachkristallisation dagegen vor allem hochbewegliche Kettenteile außerhalb der Bündel. Aus der geringen Halbwertsbreite des Kernresonanzsignals der Schmelze sowie einigen theoretischen Rechnungen wird geschlossen, daß die Bündel nicht über längere Zeit stabil sein können, sondern eine Lebensdauer haben müssen, die kleiner ist als die Lebenszeit eines Spinzustandes.

Summary

Nuclear magnetic resonance is a good method for the investigation of the structure of the noncrystalline regions as well as of the melt. This is so, because molecular order influences the mobility of the molecules and the mobility determines the shape of the NMR-line.

The NMR-line of semicrystalline polymers above glass transition temperature can be separated in a broad and a narrow component. The narrow component is caused by the mobile chains within the noncrystalline regions, the broad component by the chains in the crystals and by "almost extended" chains within the noncrystalline regions. By using a special method for the decomposition of the line which avoids any ambiguity, the mobile fraction of chains was determined in polyethyleneterephthalate and in polyamids. By a comparison of the mobile fraction and the crystalline fraction it was possible to determine the fraction of "almost extended" noncrystalline chains. From theoretical examinations it was concluded that these "almost extended" chains were chains with an end to end distance larger than about 60% of the length of the completely extended chain. It has been also found that the mobile fraction of Nylon 6,6 is smaller than that of Nylon 6. Therefore, the difference in mechanical properties of the two materials can be explained by a difference in the mobile fractions. By drawing, the mobile fraction is decreased and the half width of the narrow component of the NMR-line is increased.

Concerning the melt, the main question today is the following one: Are the molecules statistically coiled or do they form bundles of parallel chains? From the fact that the NMR-line of the melt is not a lorentzian curve we conclude that the molecules form bundles. An investigation of the change of the NMR-line during isothermal crystallization shows that during primary crystallization mainly the chains within the bundles crystallize; during secondary crystallization highly mobile chains outside of the bundles are incorporated into the crystals. From the small half width value of the NMR-line and some theoretical considerations it is concluded that the lifetime of an individual bundle must be smaller than the lifetime of a nuclear spin, that is approximately 10^{-4} seconds.

Literatur

1) *Flory, P. J.*, IUPAC Symposium, Helsinki 1972.

2) *Hoffmann, M.*, Makromolekulare Chemie **144**, 309 (1971).

3) *Schelten, J., W. A. Kruse* und *R. G. Kirste*, Kolloid-Z. u. Z. Polymere **251**, 919 (1973).

4) *Kargin, V. A., A. I. Kitaigorodoskii* und *G. L. Slonimkii*, Kolloid. Z. **19**, 131 (1957).

5) *Robertson, R. E.*, J. Physic. Chemistry **69**, 1575 (1965).

6) *Yeh, G. S. Y.* und *P. H. Geil*, J. Makromol. Sci. (Phys.) **B1 (2)**, 235 (1967).

7) *Blasenbrey, S.* und *W. Pechhold*, Ber. Bunsengesellschaft physik. Chem. **74**, 784 (1970).

8) *Keller, A.*, Philos. Mag. **2**, 1171 (1957).

9) *Flory, P. J.*, J. Amer. Chem. Soc. **84**, 2857 (1962).

10) *Fischer, E. W.* und *R. Lorenz*, Kolloid-Z. u. Z. Polymere **189**, 97 (1963).

11) Wegen weiterer Einzelheiten siehe z.B. das Buch von *C. P. Slichter*, Principles of magnetic resonance (1963).

12) *Schmedding, P.* und *H. G. Zachmann*, Colloid & Polymer Sci. (i. Vorb.).

13) *Schmedding, P.* und *H. G. Zachmann*, Colloid & Polymer Sci. (i. Vorb.).

14) *Wilson, C. W.* und *G. E. Pake*, J. Polymer Sci. **10**, 503 (1953).

15) *Bergmann, K.* und *K. Nawotki*, Kolloid-Z. u. Z. Polymere **219**, 132 (1967).

16) *Bergmann, K.*, Ber. Bunsenges. physik. Chemie **74**, 912 (1970).

17) *Fischer, E. W., H. Goddar* und *W. Piesczek*, Polymer Sci. Symp. No. **32**, 149 (1971).

18) *Loboda-Cackovic, J., R. Hosemann* und *W. Wilke*, Kolloid-Z. u. Z. Polymere **235**, 1253 (1969).

19) *Eichhoff, U.* und *H. G. Zachmann*, Ber. Bunsenges. physik. Chemie **74**, 919 (1970).

20) *Cohen, M. H.* und *D. Turnbull*, J. Chem. Phys. **31**, 1164 (1959).

21) *Slusallek, K.* und *H. G. Zachmann*, Kolloid-Z. u. Z. Polymere **251**, 865 (1973).

22) *Wangermann, K.* und *H. G. Zachmann*, Colloid & Polymer Sci. (i. Vorb.).

23) *Lawson, K. D.* und *T. F. Flautt*, J. Physic Chem. **69**, 4256 (1965).

24) *Gölz, W. L. F.* und *H. G. Zachmann*, Kolloid-Z. u. Z. Polymere **247**, 814 (1971).

25) *Gölz, W. L. F.* und *H. G. Zachmann*, J. Polymer Sci. im Druck.

26) *McCall, D. W., D. C. Douglas* und *E. W. Anderson*, J. Chem. Phys. **30**, 1272 (1959).

27) *McCall, D. W.* und *D. C. Douglas*, Polymer **4**, 433 (1963).

28) *McCall, D. W., D. C. Douglas* und *E. W. Anderson*, J. Polymer Sci. **59**, 301 (1962).

29) *Haeberlen, U., R. Hauser* und *F. Noack*, Z. Naturforschg. **18a**, 1345 (1963).

30) *Yeh, G. S. Y.* und *S. L. Lambert*, J. Polymer Sci. im Druck.

Anschrift des Verfassers:

Prof. Dr. *H. G. Zachmann*
Institut für Physikalische Chemie
6500 Mainz
Jakob Welder Weg 15

Kolloid-Z. u. Z. Polymere **251**, 962–979 (1973)

Vorgetragen auf der Arbeitstagung des Fachausschusses Physik der Hochpolymeren im Rahmen der Frühjahrstagung des Arbeitskreises Festkörperphysik bei der Deutschen Physikalischen Gesellschaft vom 21.–23. März 1973 in Münster/Westf.

Aus dem Meß- und Prüflaboratorium der BASF Aktiengesellschaft, Ludwigshafen/Rhein

NMR-Untersuchung der Molekularbeweglichkeiten teilkristalliner Polymerer*)

Von K. Bergmann

Mit 20 Abbildungen und 4 Tabellen

(Eingegangen am 25. Juni 1973)

1. Einleitung

Bei der Untersuchung des Relaxationsverhaltens der Polymeren hat sich neben den mechanisch-dynamischen und dielektrischen Meßverfahren (1) die NMR-Methode bewährt (2). Führt man die Messungen bei festgehaltener Frequenz als Funktion der Temperatur aus, dann machen sich bei den erstgenannten Verfahren die Molekularbewegungen in einer Energieabsorption in gewissen Temperaturbereichen bemerkbar, die man, von höheren nach tieferen Temperaturen gehend, als α-, β-, γ-, ...-Prozesse bezeichnet. Bei der NMR-Methode erhält man in diesen Temperaturbereichen eine Änderung der Form der Protonenspektren. Die Spektren wurden bisher fast ausschließlich nach einfachen Kriterien wie Wendepunktsbreite, Zweites Moment und „beweglicher Anteil" diskutiert. Hierbei nutzte man jedoch nur einen Teil der in den Spektren enthaltenen Information aus und beging obendrein bei der Bestimmung des „beweglichen Anteils" nach der Methode von *Wilson* und *Pake* (3) insofern einen Fehler, als man bei der Linienseparation nur die stark beweglichen Protonen beachtete und die weniger stark beweglichen zum unbeweglichen Anteil hinzurechnete. Durch die Fehlbestimmung des beweglichen Anteils ergaben sich beträchtliche Diskrepanzen zwischen NMR- und anderen Bestimmungen des Kristallisationsgrades der Polymeren (4).

Für den Fall des Polyäthylens konnte gezeigt werden, daß erst durch die Zerlegung in drei (statt bisher zwei) Komponenten eine gültige Aussage über das Relaxationsverhalten erhalten wird, indem die weniger stark beweglichen Protonen durch eine Komponente mittlerer Breite gekennzeichnet werden (4). Die mittlere Komponente erscheint, wenn man die Temperatur des Polymeren langsam erhöht, im Temperaturbereich des γ-Prozesses, wo alle nichtkristallinen Protonen zu einer behinderten Beweglichkeit (Rotationsplatzwechsel von CH_2-Gruppen) aktiviert werden. Unter der Voraussetzung, daß *alle* nichtkristallinen Protonen oberhalb der Übergangstemperatur des γ-Prozesses beweglich und alle kristallinen Protonen unbeweglich sind, ergibt sich hieraus eine neue Methode zur Bestimmung des kristallinen Anteils (4). Die in der Nähe der Glastemperatur im Spektrum erscheinende schmale Komponente kennzeichnet ferner diejenigen Protonen, die innerhalb der nichtkristallinen Bereiche eine mikrobrownsche Bewegung ausführen. Schließlich findet man bei noch höheren Temperaturen im Rahmen des α-Prozesses eine behinderte Beweglichkeit aller kristallinen Protonen (5).

Nach der Klärung des NMR-Verhaltens von Polyäthylen stellte sich die Frage, ob sich die dort angewandte Methode der Linienseparation auch auf andere Polymere übertragen läßt. Bei diesen tritt jedoch dadurch eine Schwierigkeit auf, daß nicht, wie im Falle des Polyäthylens, die breite Komponente aus einer nahezu 100% kristallinen Probe gewonnen werden kann. Wie gezeigt werden wird, ist jedoch ganz allgemein die breite Komponente auch aus einem Spektrum ableitbar, das bei so tiefer Temperatur gemessen wird, daß noch keine Molekularbeweglichkeit auftritt. Damit wird das Verfahren der Spektrenseparation im Prinzip auch auf beliebige teilkristalline Polymere anwendbar.

An einer Reihe von Polymeren soll im folgenden geprüft werden, wie weit sich aus der Analyse der Linienform der NMR-Spektren sinnvolle Aussagen über die Molekularbeweglichkeiten

*) Auszugsweise vorgetragen auf der Frühjahrstagung des Arbeitskreises Festkörperphysik bei der Deutschen Physikalischen Gesellschaft vom 19. bis 24. März in Münster

Tab. 1. Kennzeichnung der untersuchten Polymeren

Material	Abkürzg.	Grundeinheit	ϱ (gcm^{-3})	Vorbehandlung[1]), Bemerkungen
lineares Polyäthylen	HDPE	$-CH_2-$	0,972	®Lupolen 6011 L[2]); 0,1 mm Folie, aus der Schmelze in Eiswasser abgeschreckt, 20 h bei 120 °C im Vakuum getempert
verzweigtes Polyäthylen	LDPE	$-CH_2-$	0,920	® Lupolen 1800 M[2]); 34 CH_3/1000 C
Polyoxymethylen	POM	$-CH_2-O-$	1,414	® Delrin 100 X[3])
Polyäthylenoxid	PEO I	$-(CH_2)_2-O-$	1,225	Molekulargewicht $8 \cdot 10^3$
Polyäthylenoxid	PEO II	$-(CH_2)_2-O-$	1,205	Molekulargewicht $3 \cdot 10^5$
Polytetramethylenoxid	PTMO	$-(CH_2)_4-O-$	1,070	Molekulargewicht $5 \cdot 10^3$; bei 50 °C im Probenrohr verflüssigt und abgekühlt
Polyvinylidenchlorid	PVDC	$-CH_2-CCl_2-$	—	Suspensionspolymerisat; Pulver auf 150 °C erhitzt und zusammengestaucht
6-Polyamid	PA	$-NH-(CH_2)_5-CO-$	1,149	Ultramid B3[2]); durch Spritzguß auf eine Dichte von 1,098 gcm^{-3} abgeschreckt, anschließend 1 h bei 200 °C in Stickstoff-Atmosphäre getempert; Dicke 1 mm
Polypropylen	PP	$-CH_2-CH(CH_3)-$	0,916	®Hostalen PP N 1075[4]); 0,1 mm dicke Folie, in Wasser abgeschreckt, 1 h bei 156 °C getempert

[1]) Wenn nichts anderes vermerkt ist, wurde die 1 mm dicke Probe in der Presse langsam abgekühlt. Die zeitliche Temperaturabnahme betrug dabei 2,0, 3,3, 4,6 K/min bei einer Preßtemperatur von 100, 150, 200 °C. Anschließend wurden die Proben getrocknet und für die NMR-Messung in Scheiben von 9 mm Durchmesser ausgestanzt. 12 bis 15 dieser Scheiben wurden in das Meßröhrchen des Spektrometers eingeführt. Für die dielektrische Messung wurde mit Ausnahme der 0,1 mm dicken PP-Probe eine 1 mm dicke Scheibe des Durchmessers 63 mm verwendet.

[2]) Hersteller: BASF Aktiengesellschaft, Ludwigshafen/Rhein.

[3]) Hersteller: E. I. DuPont de Nemours & Co., Inc., Wilmington, Del./USA.

[4]) Hersteller: Farbwerke Hoechst AG, Frankfurt/Main-Höchst.

® = Registriertes Warenzeichen.

gewinnen lassen. Hierbei gehen wir von CH_2-Systemen wie Polyäthylen, Polyoxymethylen und Polyäthylenoxid auch zu solchen Systemen wie Polypropylen und 6-Polyamid, die andere als CH_2-Protonen besitzen, über. Durch Vergleich der NMR-Messungen mit bei einer Frequenz von 10^4 Hz ausgeführten dielektrischen Messungen soll ferner geprüft werden, wie weit die beiden Methoden sich in ihren Aussagen stützen oder ergänzen.

Bei der großen Zahl von untersuchten Polymeren ist es natürlich nicht möglich, alle Meßergebnisse erschöpfend zu diskutieren. Es kommt uns hier vor allem darauf an, zu zeigen, daß mit der Methode der Spektrenseparation bei einer Reihe von verschieden aufgebauten Polymeren Resultate zu erhalten sind, die mit denen aus anderen Meßmethoden übereinstimmen und damit den Beweis für die Allgemeingültigkeit des NMR-Verfahrens zur Untersuchung der Molekularbewegungen in teilkristallinen Polymeren zu erbringen.

2. Apparaturen und Proben

Die NMR-Messungen wurden mit dem NMR-Spektrometer HB-60 der Bruker-Physik AG bei einer Frequenz von 60 MHz und mit einer Modulationsamplitude von 0,5 G[1]), die dielektrischen Messungen mit einer Verlustfaktor-Meßbrücke von Siemens und Halske in Verbindung mit einem Kondensator eigener Konstruktion (6) ausgeführt. Der Kondensator wurde vor der Messung mit flüssigem Stickstoff auf ca. 100 K abgekühlt und während der Messung mit einer Geschwindigkeit von 50 K/h aufgeheizt.

Die untersuchten Proben sind in Tab. 1 näher gekennzeichnet.

3. Methodisches zur Spektrenseparation

Wir zerlegen die gemessenen NMR-Spektren, $y_{gem}(x)$, in eine breite, mittlere und schmale Komponente y_b, y_m und y_s durch Vergleich mit dem nach Gl. [1] berechneten Spektrum,

[1]) Die Spektren von *HDPE* bei $T \geq 350$ K wurden ausnahmsweise mit einer Modulationsamplitude von 1 G gemessen.

$$y_{\text{ber}}(x) = a_b y_b(x, M) + a_m y_m(x, \beta_{mg}, \beta_{ml}) + a_s y_s(x, \beta_s, H_{\text{mod}}), \quad [1]$$

indem wir die Summe der Abweichungsquadrate

$$\Phi = \Sigma \Delta x (y_{\text{gem}} - V y_{\text{ber}})^2 \quad [2]$$

an den Stellen $x = 0{,}125,\ 0{,}250,\ 0{,}375 \ldots 1{,}875,\ 2{,}0,\ 2{,}5,\ 3{,}0 \ldots$ G unter der Nebenbedingung

$$a_b + a_m + a_s = 1 \quad [3]$$

mit Hilfe einer Rechenanlage minimalisieren (4, 7). Es bedeuten: $M = \delta H_b(T)/\delta H_b$ (110 K), δH_b = Wendepunktsbreite der breiten Komponente [2]); x = magnetische Feldstärke in G; β_{mg}, β_{ml}, β_s = Verbreiterungsparameter; H_{mod} = Modulationsamplitude; V = Verstärkungsfaktor des Spektrometers; a_b, a_m, a_s = Protonenanteile. Vor der Zerlegung werden die gemessenen Spektren, die in digitaler Form mit den Inkrementen $\Delta x = 0{,}1205$ G vorliegen, noch rechnerisch aufbereitet: Die Spektren werden zunächst mit Ausnahme der Spitzen, die mehr als doppelt so groß wie das Rauschen sind, durch Ausgleichsrechnung geglättet. Nach dem Aufsuchen des Spektrennullpunktes wird anschließend der Mittelwert aus den beiden Spektrenhälften gebildet und durch Interpolation die y-Werte für die obengenannten Stützstellen berechnet. Zum Abschluß werden die Spektren auf $y_{\max} = 100$ Skt. normiert (Abb. 1). Die größere Punktdichte bei kleinen x-Werten dient zur genaueren Erfassung der schmalen Spektralbereiche, als dies bei äquidistanter Punktfolge unter gegebenem Rechenaufwand möglich wäre. Zur Vermeidung einer Überanpassung des schmalen auf Kosten des breiteren Spektralbereiches wird in Gl. [2] eine Wichtung der y-Werte proportional zu ihrem Abszissen-Inkrement Δx eingeführt.

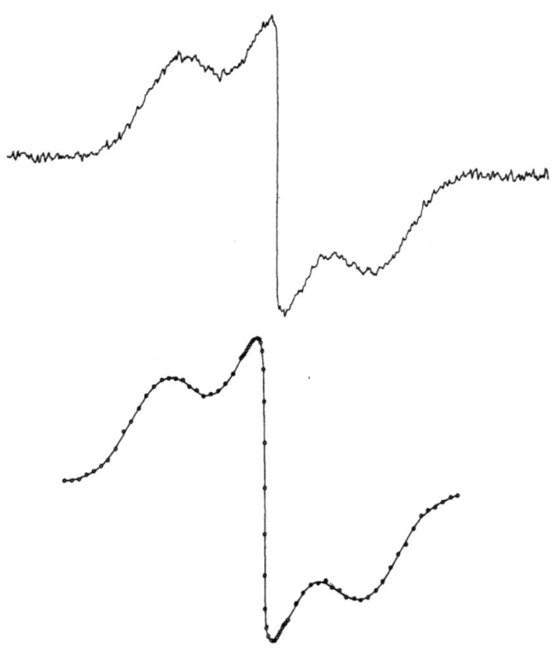

Abb. 1. Vergleich eines gemessenen Spektrums (oben) mit dem rechnerisch für die Separation aufbereiteten Spektrum. (Zum Vergleich sind *beide* exakt antisymmetrischen Kurvenhälften des unteren Spektrums dargestellt.)

Bei der Spektrenseparation nach Gl. [1] werden drei Protonenbeweglichkeiten unterschieden. Der breiten Komponente entsprechen die „unbeweglichen" Protonen, das sind solche, die keine Relaxationsprozesse ausführen. Der mittleren Komponente entsprechen Protonen der nichtkristallinen Bereiche, die bereits unterhalb der Glastemperatur an molekularen Rotationsplatzwechseln beteiligt sind [3]). Die schmale Komponente schließlich wird denjenigen Protonen innerhalb der nichtkristallinen Bereiche zugeordnet, die sich oberhalb der Glastemperatur (bei ca. 10^4 Hz) befinden und eine mikrobrownsche Bewegung ausführen [4]).

Die *breite Komponente* y_b gewinnen wir wie folgt. Die bei Polyäthylen benutzte Methode, bei der die breite Komponente aus der Messung an einer nahezu 100% kristallinen Probe berechnet wurde (4), ist bei Polymeren, bei denen eine solche Probe nicht zur Verfügung steht, nicht anwendbar. Man kann jedoch ganz allgemein die breite Komponente auch aus dem bei so tiefer Temperatur gemessenen Spektrum ableiten, daß noch keine Molekularbeweglichkeit auftritt. Voraussetzung hierzu ist, daß sich – abgesehen von einer geringfügigen Änderung der Wendepunktsbreite – das Tieftemperaturspektrum einer hochkristallinen Probe von dem einer niederkristallinen des gleichen Materials nicht unterscheidet. Das läßt sich z. B. für Polyäthylen zeigen (Abb. 2). Das Einfrieren der Beweglichkeit erkennt man an der Konstanz der Linienform bei weiterer Abkühlung der Probe.

[2]) Diese Definition von M weicht wegen des Bezugs auf das bei 110 K gemessene Spektrum (siehe unten) geringfügig von der früher gegebenen (7) ab.

[3]) Wir sehen hier noch von der später zu erörternden kristallinen Beweglichkeit (α-Prozeß) ab.

[4]) In den Arbeiten, in denen nicht zwischen verschiedenen Arten der Molekularbeweglichkeit unterschieden wird (z. B. 3, 8) stimmt der aus der schmalen Komponente abgeleitete „bewegliche" Anteil mit unserem schmalen Anteil annähernd überein.

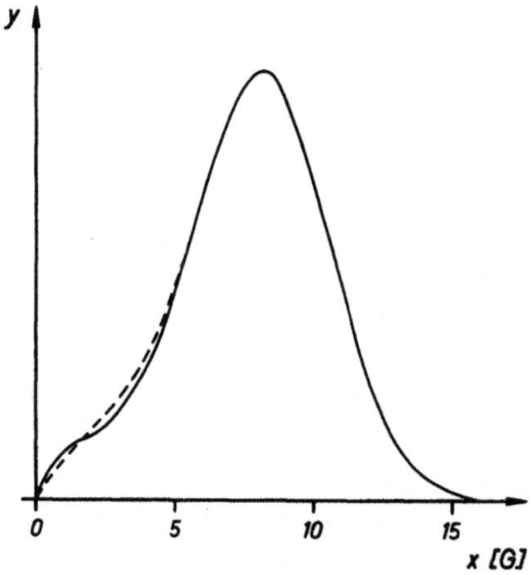

Abb. 2. Vergleich der bei 110 K gemessenen Spektren einer 94% (——) und einer 56% (– – –) kristallinen Probe aus linearem Polyäthylen. Der Abszissenmaßstab des letzteren Spektrums ist gegenüber dem ersteren um 2,7% gedehnt

Derart tiefe Temperaturen lassen sich jedoch nicht immer realisieren. So läßt unser Spektrometer eine Messung unterhalb 110 K nicht zu. Da CH_3-Gruppen bei dieser Temperatur aber schon voll beweglich sein können (9), ist z. B. bei Polypropylen das bei 110 K gemessene Spektrum nicht das des völlig unbeweglichen Polymeren. Wegen der Unveränderlichkeit des Bewegungszustandes der CH_3-Gruppen bei zunehmender Temperatur lassen sich trotzdem, wie in Abschn. 5 gezeigt wird, aus der Linienseparation des Polypropylens unter Verwendung des bei 110 K gemessenen Spektrums als breite Komponente alle Molekularbewegungen außer der der CH_3-Gruppe verfolgen.

Die breite Komponente der einzelnen Polymeren ist aufgrund der unterschiedlichen Anordnung der Protonen in den unbeweglichen Bereichen notwendigerweise verschieden. So findet man für relativ isolierte CH_2-Gruppen, wie sie z. B. bei einem Material wie Polyvinylidenchlorid vorliegen[5]), eine breite Komponente, die einen ähnlichen Verlauf zeigt, wie das von *Pake* berechnete Spektrum (10) (Abb. 3). In Abb. 3 stimmen wesentliche Züge der beiden Spektren, wie die Maxima bei 5 und 8 G miteinander überein. Abweichungen beruhen darauf, daß die Wechselwirkung der CH_2-Gruppen des Polyvinylidenchlorids nicht so weit wie in der *Pake*schen Theorie vernachlässigt werden kann. Für sehr dicht gepackte CH_2-Gruppen, wie die des Polyäthylens, findet man dagegen eine wesentlich breitere Linie (vgl. z. B. Abb. 7). Bei Polymeren, die auch andere als CH_2-Protonen enthalten, wird die Form der breiten Komponente auch von der Art und Zahl der in der Grundeinheit vorhandenen Protonen (z. B. CH-, CH_3-) bestimmt (vgl. z. B. Abb. 17).

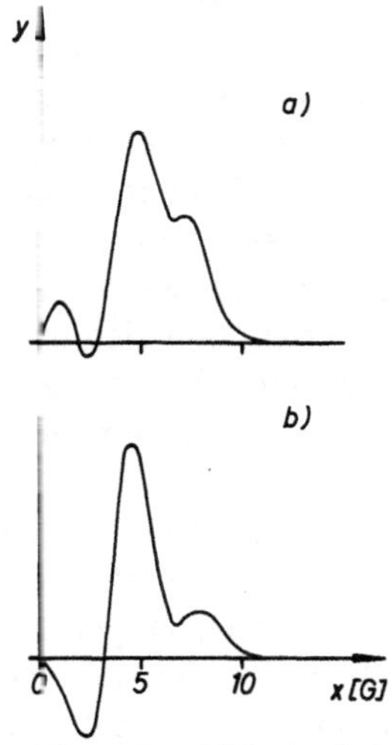

Abb. 3. Vergleich des bei 110 K gemessenen Spektrums von *PVDC* (oben) mit einem nach *Pake* (9) berechneten Spektrum der unbeweglichen CH_2-Gruppe (Protonenabstand 0,174 nm, $\beta = 1$ G)

Für die Linienform der *mittleren Komponente* nehmen wir eine kombinierte *Gauß-Lorentz*-Kurve an (7)[6]). Diese geht für $\beta_{mg}/\beta_{ml} \ll 1$ in eine *Gauß*-Kurve und für $\beta_{mg}/\beta_{ml} \gg 1$ in eine *Lorentz*-Kurve über. Der erste Grenzfall wird bei tiefen Temperaturen realisiert[7]). Die dort beobachtete über 6–7 G breite Linie entspricht nach *Gutowsky*

[5]) Hier wirken die CCl_2-Gruppen als intra- und intermolekulare Abstandshalter.

[6]) Eine ähnliche Linienform wird auch von *Abragam* für die Linienverschmälerung durch Diffusion von Atomen in kristallinen Festkörpern diskutiert (11). Die numerische Berechnung der Fouriertransformierten von *Abragams* Gl. [35] ergibt für Sprungzeiten zwischen 10^{-6} und 10^{-4} s Spektren, die sich von den nach Gl. [8] in (7) berechneten kaum unterscheiden. Der Übergang von einer *Gauß*- in eine *Lorentz*-Kurve durch Molekularbewegung wurde kürzlich auch von *Andrew* und *Lipofsky* (12) theoretisch untersucht.

[7]) *Andrew* und *Brookeman* berechneten die Linienform von CH_2-Gruppen für den Fall, daß die Protonenverbindungslinie einen Rotationssprung um den Winkel 2γ ausführt (13). Während sie für $2\gamma = 90°$ das Resultat von *Gutowsky* und *Pake* (14) bestätigen, erhalten die Autoren für den bei Polymeren zutreffenderen Sprungwinkel $2\gamma = 120°$ Kurven, die sich bei der in den Polymeren stets vorhandenen magnetischen Wechselwirkung zwischen den einzelnen CH_2-Gruppen jedoch von den von *Gutowsky* und *Pake* berechneten Kurven bzw. *Gauß*-Kurven der Wendepunktsbreite 6–7 G nicht unterscheiden.

und *Pake* (13) im Fall von CH_2-Gruppen der behinderten Beweglichkeit um eine raumfeste Achse, die mit der CC-Bindung in der Polymerkette zusammenfällt. Es handelt sich hier vermutlich um die von *Pechold* diskutierten Rotationsplatzwechsel einer 2g1-Kinke (15). Unterschreitet die Wendepunktsbreite den obigen Grenzwert, so nimmt die Beweglichkeit der CH_2-Gruppen weiter zu. Denkbar sind Bewegungsformen, bei denen die Rotationsachse selbst noch Bewegungen um größere Winkelbeträge ausführt, z. B. Übergänge von 2g2- oder größeren Kinken oder auch eine Diffusion von Kinken entlang den Ketten (16). Bei Polymeren, die andere als CH_2-Gruppen enthalten, läßt sich eine Unterscheidung der genannten Bewegungen nach dem Absolutwert der Linienbreite natürlich nicht mehr treffen.

Eine Zerlegung der NMR-Spektren in die breite und mittlere Komponente ist im allgemeinen nur möglich bis zur Glastemperatur ($\sim 10^4$ Hz), wo zusätzlich noch die *schmale Komponente* y_s auftritt. Sie wird näherungsweise durch eine (übermodulierte) *Lorentz*-Linie beschrieben (5)[7a]) und entspricht den Kettenabschnitten, die eine mikrobrownsche Bewegung ausführen: Im Bereich der Glastemperatur gehen die am wenigsten stark eingespannten Ketten[8]) der nichtkristallinen Bereiche von der oben besprochenen mehr behinderten Bewegung in die mikrobrownsche Bewegung über.

4. Korrelation von NMR- und dielektrischen Messungen

In Abschn. 5 werden wir bei den einzelnen Polymeren unsere NMR-Messungen durch dielektrische Messungen zu stützen suchen. Es ist grundsätzlich möglich, aus dielektrischen (oder mechanischen) Relaxationsuntersuchungen in einem breiten Frequenz-Temperaturbereich die NMR-Parameter zu berechnen unter der Voraussetzung, daß alle dielektrisch aktiven Prozesse auch NMR-aktiv sind (5, 7). Diese Voraussetzung ist in den meisten Fällen erfüllt. Nicht erfüllt ist sie jedoch z. B. im Fall von CH_3-Rotationen (NMR-, aber nicht dielektrisch aktiv) oder im Fall der Beweglichkeit von COO-Gruppen (dielektrisch, aber nicht NMR-aktiv).

Für die Protonen-Anteile eines partiell-kristallinen Polymeren, das die drei Relaxationsprozesse α, β und γ besitzt, wobei der α-Prozeß eine Molekularbewegung in den kristallinen, der β- und γ-Prozeß dagegen eine solche in den nichtkristallinen Bereichen beschreibt, gilt:

$$a_b = 1 - kA_\alpha - (1-k)A_\gamma$$
$$a_s = a_{s\infty} A_\beta$$
$$a_m = 1 - a_b - a_s \qquad [4]$$

mit

$$A_i = \int_{-\infty}^{q_c} P_i(q)dq \Big/ \int_{-\infty}^{\infty} P_i(q)dq \quad (i = \alpha, \beta, \gamma). \qquad [5]$$

Es bedeuten: k = kristalliner Anteil, P_i = Verteilung der Korrelationszeiten des Prozesses i, τ = Korrelationszeit, τ_i = mittlere Korrelationszeit des Prozesses i, $q = \ln(\tau/\tau_i)$, $q_c = \ln(\tau_c/\tau_i)$, τ_c = kritische Korrelationszeit $\approx 10^{-5}$ s[9]), $a_{s\infty} = a_s$ für $T \to \infty$. Aus den dielektrischen Messungen ergeben sich die Korrelationszeiten-Verteilungen der einzelnen Prozesse und hieraus mittels der Gl. [4] und [5] die Anteile a_b, a_m und a_s.

Da dielektrische Messungen in einem weiten Frequenz-Temperatur-Bereich und ihre Analyse sehr aufwendig sind, wollen wir die Korrelationen betrachten, die sich aus einer temperaturabhängigen Messung bei nur einer Frequenz (10^4 Hz) ergeben. Bei derjenigen Temperatur, bei der die dielektrische Verlustzahl ε'' ein

[7a]) Eine einfache *Lorentz*-Kurve ist nur für Flüssigkeiten zu erwarten, die *Debye*-Verhalten zeigen. Bei Polymeren liegt dagegen stets eine Verteilung der Korrelationszeiten vor, wie z. B. aus frequenzabhängigen dielektrischen Messungen bekannt ist. Dementsprechend besteht die schmale Komponente der Polymerspektren grundsätzlich aus einer Summe von *Lorentz*-Kurven unterschiedlicher Breite. Durch die Übermodulation, die notwendig ist zur Erfassung der breiten neben der mittleren und schmalen Komponente, wird aber die Form der schmalen Linie so verändert, daß sie trotzdem näherungsweise als eine einzige übermodulierte *Lorentz*-Linie darstellbar ist (7).

[8]) Nach *Schmedding* und *Zachmann* hängt bei voller Aktivierung aller Bewegungsprozesse die beobachtete Linienbreite von der Einspannlänge der nichtkristallinen Ketten ab (17). Danach ist die schmale Komponente, deren 2. Moment kleiner als ca. 3 G^2 ist, für Ketten, deren Einspannlänge kleiner als 70% der maximalen Kettenlänge ist, zu erwarten.

[9]) Hierbei vernachlässigen wir den Unterschied von τ_c für die einzelnen Komponenten, der durch die Beziehung $\tau_c = (\gamma \delta H_0)^{-1}$ auftritt, wo δH_0 die Wendepunktsbreite der den betrachteten Prozeß noch nicht ausführenden Protonen bedeutet. Durch die Vernachlässigung wird eine Verschiebung der a_m-Stufe (siehe weiter unten) um 10–20 K nach höheren Temperaturen gegenüber dem dielektrischen γ-Maximum möglich. Im Falle des α- und β-Prozesses ist die Verschiebung dagegen vernachlässigbar klein.

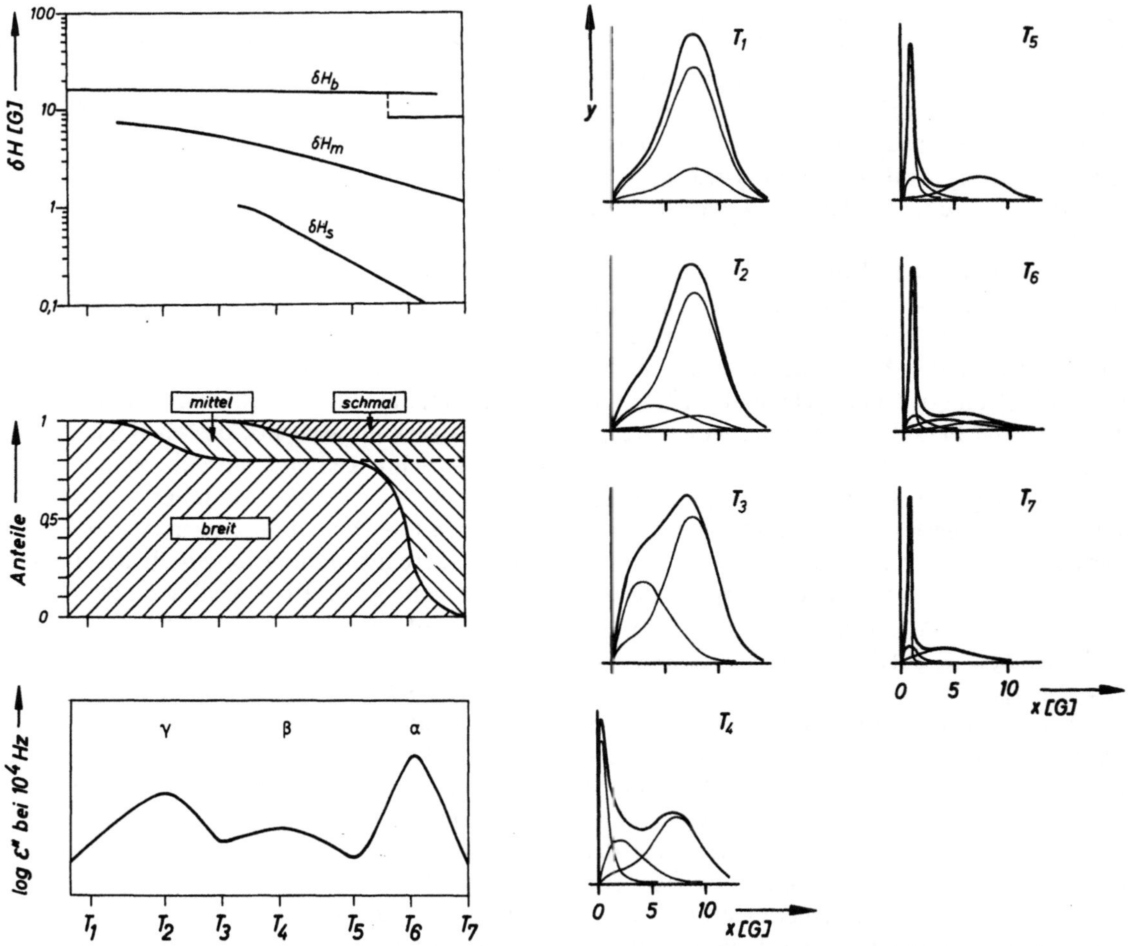

Abb. 4. Korrelation von dielektrischen und NMR-Messungen für ein 80% kristallines Polymeres, das zwei Relaxationsprozesse (β, γ) in den nichtkristallinen und einen (α) in dem kristallinen Bereich besitzt. Nur die Hälfte der nichtkristallinen Protonen soll zu einer mikrobrownschen Bewegung fähig sein. Rechts sind die bei den Temperaturen $T_1 \ldots T_7$ zu erwartenden Spektren angegeben (schematisch)

Maximum besitzt, gilt für die mittlere Korrelationszeit des betreffenden Prozesses $\tau_i = 1/(2\pi \cdot 10^4\ \text{Hz}) \approx 1{,}6 \cdot 10^{-5}$ s. Da nach Gl. [5] bei etwa derselben Temperatur auch $q_c = 1$ und $A_i = 0{,}5$ ist, befindet sich der entsprechende Protonenanteil gerade in der Mitte seiner stufenförmigen Veränderung. Einem ε''-Maximum entspricht daher unter der genannten Voraussetzung stets eine Stufe des Protonenanteils.

In Abb. 4 diskutieren wir das NMR-Verhalten von partiell-kristallinen Polymeren an einem schematischen Beispiel in Verbindung mit dem dielektrischen Verhalten. Wir gehen hierbei von einem 80% kristallinen Material aus, dessen bei 10^4 Hz gemessene dielektrische Verlustzahl ε'' die drei Maxima α, β und γ zeige.

Bei der Temperatur T_1, die weit unterhalb der Übergangstemperatur $T_2 \equiv T_\gamma$ des γ-Prozesses liegen soll, tritt noch keine Beweglichkeit auf. Es gilt $A_\alpha = A_\beta = A_\gamma = 0$ und $a_b = 1$. Daher erscheint im NMR-Spektrum nur die breite Komponente[10]). Bei einer Temperaturerhöhung auf T_2 wird der γ-Prozeß aktiviert, wodurch die mittlere Komponente im Spektrum erscheint. Für die Protonenanteile ergibt sich mit $A_\alpha = A_\beta = 0$, $A_\gamma = 0{,}5$ und $k = 0{,}8$; $a_b = 0{,}9$, $a_m = 0{,}1$ und $a_s = 0$. Der breite Anteil beträgt hier also 90% und der mittlere Anteil 10%.

Wir erhöhen die Temperatur weiter auf T_3. Nun nehmen alle nichtkristallinen Protonen am γ-Prozeß teil. Mit $A_\alpha = A_\beta = 0$, $A_\gamma = 1$ gilt $a_b = 0{,}8$, $a_m = 0{,}2$, $a_s = 0$. Bei der Aktivierungstemperatur $T_4 \equiv T_\beta$ des β-Prozesses (Glasüber-

[10]) In Abb. 4 sind die (experimentell nicht unterscheidbaren) breiten Komponenten der kristallinen und nichtkristallinen Bereiche eingezeichnet. Die breite Komponente der Abb. 4 ist die von *HDPE*.

ganges) wird zusätzlich die schmale Komponente im Spektrum beobachtet[11]). Hier gilt $A_\alpha = 0$, $A_\beta = 0{,}5$, $A_\gamma = 1$. In unserem Beispiel soll nur die Hälfte der nichtkristallinen Ketten zur mikrobrownschen Bewegung imstande sein („flüssiger“ Anteil $a_{s\infty} = 0{,}1$). Damit wird $a_b = 0{,}8$, $a_m = 0{,}15$, $a_s = a_{s\infty}/2 = 0{,}05$ (a_s = schmaler Anteil)[12]).

Bei T_5 sind schließlich alle dazu fähigen Ketten mikrobrownsch beweglich und es gilt $a_b = 0{,}8$, $a_m = a_s = 0{,}1$. Die Wendepunktsbreiten der mittleren und schmalen Komponente sind in Abb. 4 jetzt auf 2,4 und 0,26 G abgefallen bei Zunahme des *Lorentz*-Charakters (des Quotienten $\beta_{mg/ml}$) der mittleren Komponente.

Bei T_6 liegt die Aktivierungstemperatur des α-Prozesses. Durch die hier einsetzende Kettenbeweglichkeit der kristallinen Bereiche tritt im Übergangsbereich die breite Komponente auf Kosten einer etwa 8 G breiten *Gauß*-Kurve zurück. Bei $T_6 \equiv T_\alpha$ gilt: $A_\alpha = 0{,}5$, $A_\beta = A_\gamma = 1$ und $a_b = 0{,}4$, $a_{mk} = 0{,}4$, $a_{ma} = a_s = 0{,}1$. Gemäß Abb. 4 sind bei T_6 zwei mittlere Komponenten zu unterscheiden: eine 1,6 G breite *Gauß-Lorentz*-Linie des Anteils $a_{ma} = 0{,}1$, die den nichtkristallinen behindert beweglichen Bereichen entspricht und eine 8 G breite Linie des Anteils $a_{mk} = 0{,}4$ der zu 50% beweglichen kristallinen Bereiche. Die Unterscheidung zwischen einer nichtkristallinen und einer kristallinen mittleren Komponente ist jedoch nur in den Fällen möglich, in denen die Beweglichkeit in beiden Bereichen sich – wie im vorliegenden Beispiel – genügend unterscheidet, um einen deutlichen Unterschied in den Wendepunktsbreiten zu erzeugen. Bei einer Auftrennung der mittleren Komponente gilt anstelle der Gl. [4] für die Anteile:

$$\begin{aligned} a_b &= 1 - kA_\alpha - (1-k)A_\gamma \\ a_{ma} &= (1-k)A_\gamma - a_{s\infty}A_\beta \\ a_{mk} &= kA_\alpha \\ a_s &= a_{s\infty}A_\beta . \end{aligned} \qquad [4']$$

Bei der Diskussion der Messungen werden wir Beispiele für beide Möglichkeiten kennenlernen.

Schließlich sind bei der Temperatur T_7 neben den nichtkristallinen auch alle kristallinen Ketten beweglich. Es gilt: $A_\alpha \doteq A_\beta = A_\gamma = 1$ und $a_b = 0$, $a_{mk} = 0{,}8$, $a_{ma} = a_s = 0{,}1$. Im NMR-Spektrum tritt keine breite, zwei mittlere und eine schmale Komponente auf.

Nach den Gl. [4] läßt sich aus dem Niveau, das der unbewegliche Anteil bei der Beweglichkeit der nichtkristallinen Protonen oberhalb T_γ erreicht, der Kristallisationsgrad k der Polymeren bestimmen: für $A_\gamma = 1$, $A_\alpha = 0$ gilt $a_b = k$. Ein Vergleich der so gewonnenen Kristallisationsgrade von Polyäthylen mittleren und hohen Molekulargewichts, dessen Kristallinität durch Abschrecken und anschließendes Tempern in weiten Grenzen verändert wurde (18), mit denen aus Dichtemessungen in Tab. 2 zeigt deren Übereinstimmung innerhalb der Fehlergrenzen von $\pm 0{,}02$ jeder Meßmethode[13]).

Leider ist die zuverlässige Bestimmung der Kristallinität mit unabhängigen Methoden aufgrund der Schwierigkeit, aus einem experimentell oft nur kleinen Kristallinitätsbereich die Eigenschaften des 0 und 100% kristallinen Materials zu extrapolieren und wegen der Abhängigkeit dieser Eigenschaften von der Kristallinität selbst (19, 20) bei den meisten Polymeren heute noch problematisch. Daher können die in Abschnitt 5 gefundenen k-Werte nur in einigen Fällen mit unabhängig gewonnenen Kristallinitäten verglichen werden.

Obwohl die NMR-Spektren der Polymeren, wie wir gezeigt haben, im allgemeinen aus drei Komponenten bestehen, zeigen sie aufgrund der starken Überlappung von schmaler und mittlerer Komponente nur in ganz wenigen Ausnahmefällen [verstreckte (21)[14]) oder mit Lösungsmittel gequollene Proben (22)] drei Maxima. Damit drei Maxima auftreten, muß die schmale Komponente zugleich einen kleinen Anteil und eine kleine Wendepunktsbreite besitzen. Diese Voraussetzung ist jedoch im allgemeinen nicht erfüllt, denn entweder ist nach Abb. 4 der Anteil

[11]) Der Abb. 4 liegt für $T \leq T_4$ eine Modulationsamplitude von 0,5 G, darüber eine von 1 G zugrunde.

[12]) Dieser Anteil stimmt – wie bereits erwähnt – nahezu mit dem „beweglichen“ Anteil derjenigen Arbeiten überein, die unter Vernachlässigung der mittleren Komponente nur zwischen unbeweglichen und beweglichen Protonen unterscheiden.

[13]) In (7) haben wir zwar bei der Separation der oberhalb T_γ gemessenen *PE*-Spektren $a_b \equiv w_c$ gesetzt, doch läßt sich, wie weitere Untersuchungen zeigten, die Kristallinität k auch direkt aus den NMR-Messungen bestimmen, wobei sich gemäß Tab. 2 nur geringe Unterschiede zu w_c ergeben. (Vgl. auch die Abb. 5 und 6 hinsichtlich $T \neq$ Raumtemperatur.)

[14]) Hier beruht die sehr schwache und sehr schmale Komponente wahrscheinlich auf einer zusätzlichen, außerordentlich großen Protonenbeweglichkeit in der Nähe von Kettenbrüchen.

Tab. 2. Vergleich des Kristallisationsgrades von linearem Polyäthylen nach Dichte- und NMR-Messungen. Messung bei Raumtemperatur. $w_c = (V_a - V)/(V_a - V_c)$; $V_a = 1{,}16\ \mathrm{gcm}^{-3}$, $V_c = 1{,}00\ \mathrm{gcm}^{-3}$

$\varrho(\mathrm{gcm}^{-3})$	0,926	0,932	0,939	0,947	0,958	0,972	0,985
w_c	0,50	0,54	0,59	0,65	0,72	0,82	0,90
k	0,54	0,56	0,61	0,65	0,75	0,81	0,94

klein und die Wendepunktsbreite groß oder umgekehrt.

Der Abb. 4 ist ferner zu entnehmen, daß eine Separation nur bei den Temperaturen möglich ist, wo unter Beachtung der Gl.

$$H_{\mathrm{mod}} \lesssim \delta H_m/5 \qquad [6a]$$

[Vermeidung von Übermodulation der mittleren Komponente (7)] die breite Komponente noch nicht im Rauschen verschwindet. Als Arbeitsregel gilt: eine Separation ist möglich, falls

$$y_{\max}(\text{breit}) \gtrsim 0{,}1 \cdot y_{\max}(\text{schmal}). \qquad [6b]$$

Die Zurücknahme der Modulationsamplitude bei kleinen δH_m-Werten gemäß Gl. [6a] ließe sich vermeiden, wenn man, wie im Fall der schmalen Komponente, auch bei der mittleren Komponente die Übermodulation rechnerisch berücksichtigte. Hierbei stößt man jedoch wegen der mathematisch komplizierteren Struktur dieser Komponente sowie der starken Überlagerung mit der schmalen Komponente auf Schwierigkeiten.

5. Diskussion der Messungen

Der Abschnitt 5 gliedert sich in zwei Teile. Im ersten wird eine mehr qualitative Beschreibung der NMR-Ergebnisse, die als Funktion der Temperatur vorliegen, gegeben. Zur Illustration der NMR-Analyse werden auch die wichtigsten Spektren und ihre Separation gezeigt. Im zweiten Teil wird dann bei dem Vergleich der untersuchten Polymeren das aus den NMR-Messungen abgeleitete Zahlenmaterial vollständig wiedergegeben und im Zusammenhang mit Ergebnissen aus dielektrischen und Röntgenmessungen diskutiert.

5.1 Diskussion der temperaturabhängigen Messungen an den einzelnen Polymeren

Bei der Diskussion unserer Messungen an den einzelnen, in Tab. 1 näher charakterisierten, Polymeren gehen wir von dem im vorigen Abschnitt besprochenen Modell der Abb. 4 aus. Hierbei werden wir, unabhängig von der Reihenfolge der Prozesse auf der Temperaturskala, unter dem α-Prozeß stets die Beweglichkeit der kristallinen Bereiche und unter den β- und γ-Prozessen die der nichtkristallinen Bereiche verstehen.

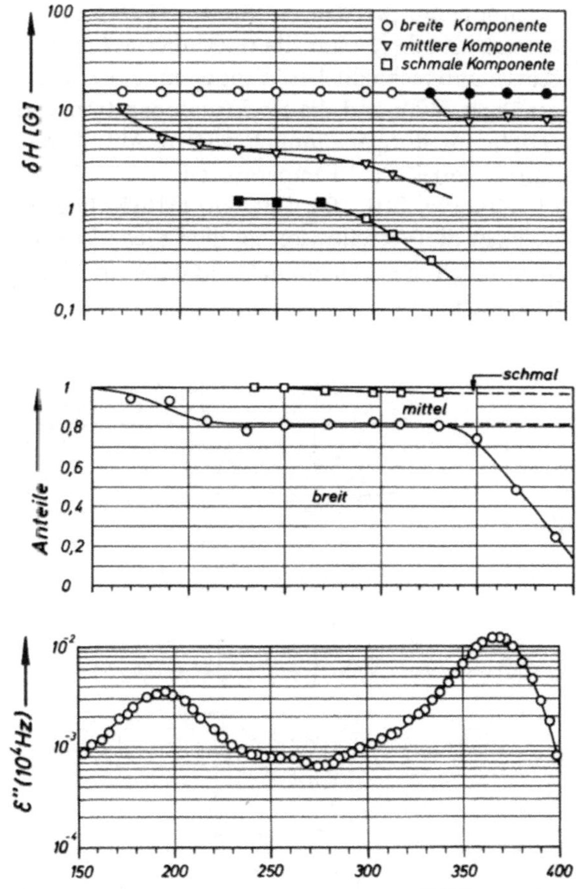

Abb. 5. Wendepunktsbreiten, Protonenanteile und dielektrische Verlustzahl von *HDPE* als Funktion der Temperatur. Die bei der Separation festgehaltenen Parameter werden durch ausgefüllte Zeichen markiert.

HDPE (Abb. 5) und *LDPE* (Abb. 6) entsprechen in ihrem Verhalten weitgehend dem genannten Modell. Allerdings ist das β-Maximum von *HDPE* bei 300 K nur schwach ausgeprägt[15])

[15]) Die ε''-Kurve wurde an einer 1 mm dicken, 3 Std. bei 160 °C gewalzten unstabilisierten Probe gemessen, um die sonst sehr schwachen Maxima zu verstärken. Die Ursache des Maximums bei 260 K ist unbekannt.

und der α-Prozeß des stark beweglichen *LDPE* der NMR-Messung nicht zugänglich. Auch bei *HDPE* sind die oberhalb 330 K gemessenen Spektren aufgrund der Gl. [6] nicht mehr separierbar. Verzichtet man aber in diesem Temperaturbereich auf eine Aussage über die Beweglichkeit der nichtkristallinen Bereiche, dann läßt sich bei Vergrößerung der Modulationsamplitude über den nach Gl. [6a] zulässigen Wert aus der Abnahme von Wendepunktsbreite und Anteil der breiten Komponente trotzdem der α-Prozeß beobachten. Die mittlere und schmale Komponente werden in diesem Temperaturbereich durch je eine übermodulierte *Lorentz*-Kurve unterschiedlicher Wendepunktsbreite angenähert. Während die Spektrenseparation von *HDPE* im übrigen ähnlich wie in Abb. 4 verläuft [wobei die Temperaturen $T_1 \ldots T_7$ bei rd. 110, 195, 210, 300, 330, 370 (410) K liegen], weichen die Verhältnisse bei dem niederkristallinen *LDPE* hiervon ab und sind daher in Abb. 7 wiedergegeben.

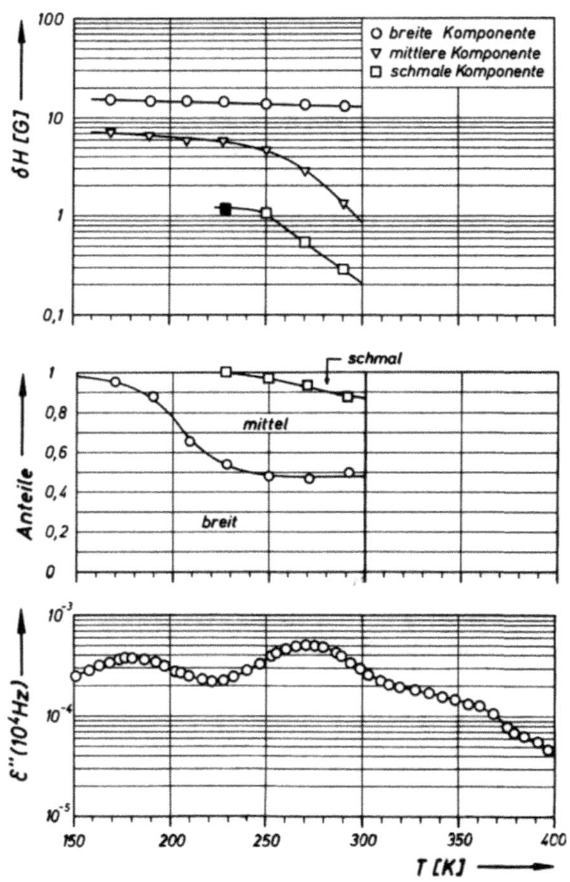

Abb. 6. Wendepunktsbreiten, Protonenanteile und dielektrische Verlustzahl von *LDPE* als Funktion der Temperatur

Der „flüssige" Anteil von *HDPE* ist mit 3%, wie schon früher gezeigt wurde (7), außerordentlich klein und macht nur 15% des nichtkristallinen Anteils aus. Bei *LDPE* liegen sowohl der Absolutwert des „flüssigen" Anteils (14%)[16] als auch der auf den nichtkristallinen Anteil bezogene Wert (25%) etwas höher. Unter der Annahme, daß die CH_3-Gruppen in den nichtkristallinen Bereichen liegen und zur schmalen Komponente beitragen, sind die Verhältnisse für die CH_2-Gruppen jedoch dieselben wie bei *HDPE*: „flüssiger" Anteil = 14 − 5 = 9%, bezogen auf den nichtkristallinen Anteil, 17%.

Der β-Prozeß des *HDPE* liegt um rund 30 K höher als der des *LDPE*, wie ein Vergleich der Temperaturen zeigt, bei denen in Abb. 5 und 6 die Wendepunktsbreite der schmalen Komponente auf einen bestimmten Wert, z.B. 0,7 G, abgefallen ist. Dieser Effekt beruht auf der höheren Kristallinität des *HDPE*, denn eine *HDPE*-Probe, deren Kristallinität durch Abschrecken auf 52% reduziert wurde, zeigt dieselbe Übergangstemperatur T_β wie *LDPE* (18)[17]. Die Verschiebung von T_β mit der Kristallinität wurde auch von *Illers* mit Hilfe von mechanisch-dynamischen Untersuchungen gefunden (23). Unterschiede zwischen *HDPE* und *LDPE* bestehen auch hinsichtlich des γ-Prozesses. Die Wendepunktsbreite δH_m von *HDPE* fällt mit steigender Temperatur steiler ab als die von *LDPE* und weist auf die (wegen des Fehlens der als Vernetzung wirkenden Verzweigungen) stärkere Beweglichkeit der nichtkristallinen Bereiche des *HDPE* hin[18]. Diese Ergebnisse stimmen mit denen von *Illers* aus mechanisch-dynamischen Messungen an Polyäthylen gut überein (24). *Illers* fand zwei verschiedene γ-Prozesse für die nichtkristallinen Bereiche: ein γ_I-Maximum bei rund 150 K mit einer Aktivierungsenergie von 14 kcal/Mol und ein γ_{II}-Maximum bei 130 K mit einer halb so großen Aktivierungsenergie[19]. Bei den längeren Kettensequenzen des *HDPE* ist das γ_I-Maximum und bei den

[16]) Zur Berechnung von $a_{s\infty}$, falls, wie in Abb. 6, a_s noch nicht seinen Grenzwert erreicht hat, vgl. Abschn. 5.2.

[17]) Vgl. auch die Ergebnisse an *PEO*.

[18]) Die bei höheren Temperaturen auch bei *LDPE* beobachtete größere Abnahme von δH_m dürfte auf die größere Beweglichkeit einer relativ kleinen Zahl von unverzweigten Kettenabschnitten zurückzuführen sein.

[19]) Wegen der verschiedenen Aktivierungsenergien ergeben die bei 1 Hz noch gut zu trennenden Prozesse bei 10^4 Hz nur noch ein einziges ε''-Maximum (24).

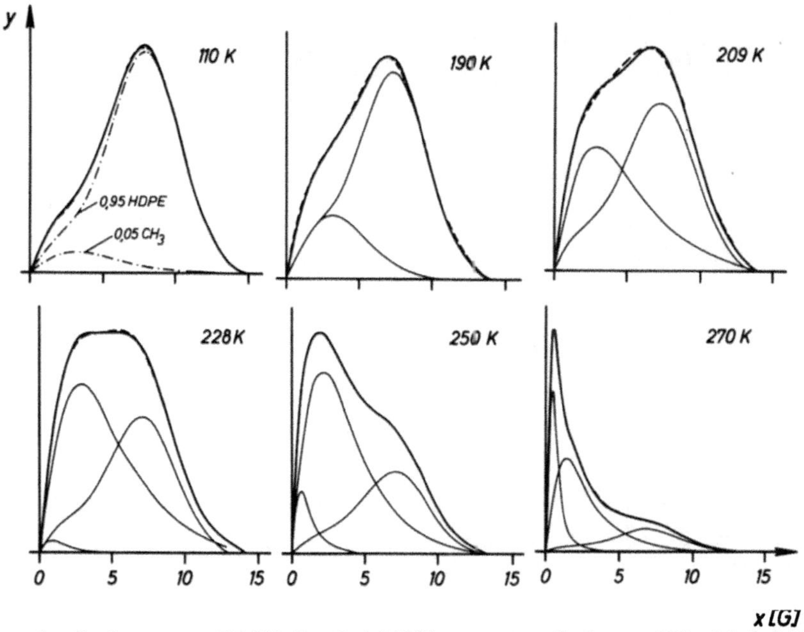

Abb. 7. Separation der Spektren von *LDPE*. Das bei 110 K gemessene Spektrum läßt sich bei Berücksichtigung der (rotierenden) CH_3-Gruppen des Materials (Anteil 5%) auf das bei derselben Temperatur gemessene Spektrum von *HDPE* zurückführen (--- Messung, ——— Rechnung)

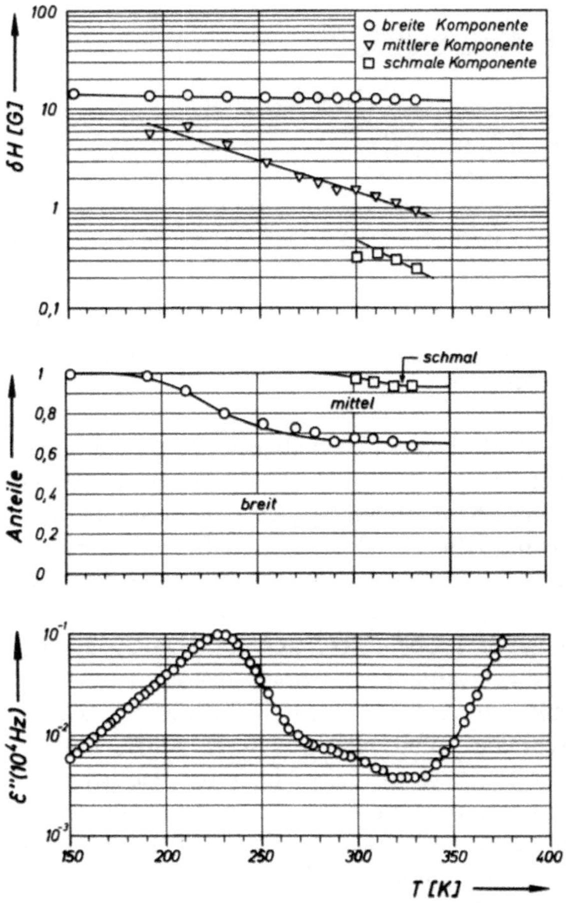

Abb. 8. Wendepunktsbreiten, Protonenanteile und dielektrische Verlustzahl von *POM* als Funktion der Temperatur

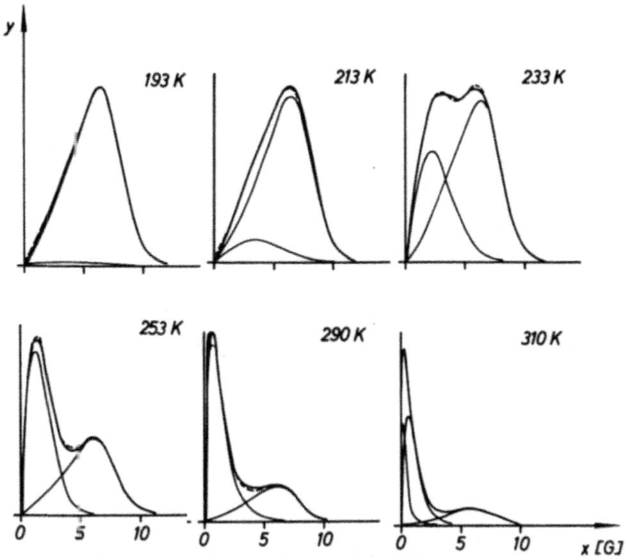

Abb. 9. Separation der Spektren von *POM*

kürzeren Sequenzen das γ_{II}-Maximum das intensivere.

Ein ähnliches Verhalten wie *PE* zeigt auch *POM* (Abb. 8 und 9).

Das starke ε''-Maximum bei 230 K entspricht nach Abb. 8 dem γ-Prozeß und das schwache bei 300 K in Übereinstimmung mit *Takayanagi* (25) und *Bohn* (26) dem β-Prozeß. Der α-Prozeß ist weder dielektrisch (aufgrund von Leitfähigkeitseffekten steigt ε'' monoton mit der Temperatur an) noch durch NMR-Messungen (Gl. [6])

zu beobachten. Der kristalline Anteil beträgt nach unseren Messungen (66 ± 3)% und ist merklich größer als der nach *Wilski* (27) aus der Dichte berechnete Wert von 56%. Der „flüssige" Anteil liegt mit 6 bis 7% ebenso wie bei *PE* weit unter dem nichtkristallinen Anteil.

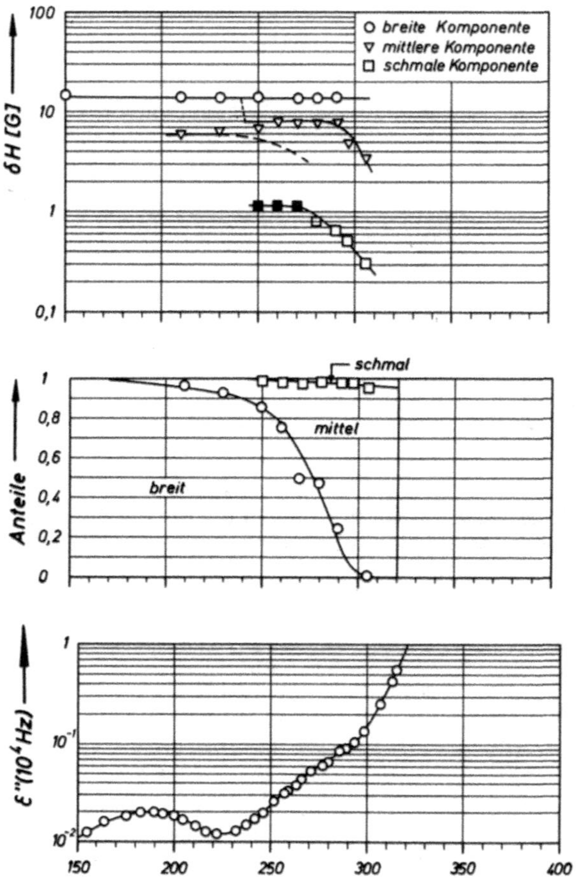

Abb. 10. Wendepunktsbreiten, Protonenanteile und dielektrische Verlustzahl von *PEO I* als Funktion der Temperatur

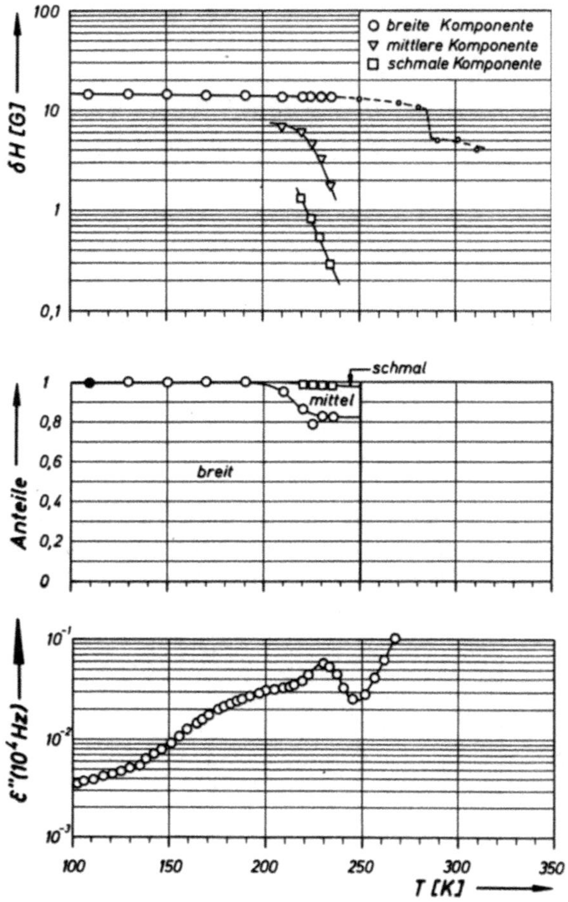

Abb. 12. Wendepunktsbreiten, Protonenanteile und dielektrische Verlustzahl von *PEO II* als Funktion der Temperatur

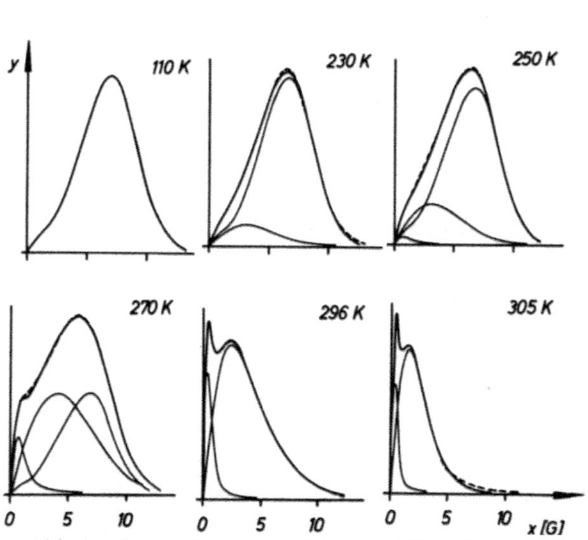

Abb. 11. Separation der Spektren von *PEO I*

Das Relaxationsverhalten des *PEO* unterscheidet sich von dem der bisher besprochenen Polymeren hauptsächlich durch den zusammen mit dem β-Prozeß aktivierten α-Prozeß (Abb. 10 und 11). Wegen des fehlenden Plateaus des breiten Anteils ist die Kristallinität der niedermolekularen Probe *PEO I* aus der NMR-Messung nicht bestimmbar. Jedoch deutet der kleine mittlere Anteil bei 210 K sowie der kleine schmale Anteil auf einen Wert ≥ 90% hin. In der ε''-Kurve ist das γ-Maximum deutlich und das α-Maximum, das einem auf Leitfähigkeitseffekten [*Maxwell-Wagner*-Effekt (28)] beruhenden monotonen ε''-Anstieg überlagert ist, nur als Schulter zu erkennen. Bei der hochmolekularen Probe *PEO II* ist dagegen aufgrund eines größeren nichtkristallinen Anteils der γ-

und besonders der β-Prozeß deutlicher als bei *PEO I* zu erkennen (Abb. 12): Der γ-Prozeß bei 210 K ergibt hier ein größeres ε''-Maximum sowie eine deutliche Stufe des breiten Anteils, aus der die Kristallinität der Probe zu 82% folgt[20]. Auch zeigt der β-Prozeß, der für *PEO II* bei 230 K und damit rund 30 K tiefer als bei *PEO I* liegt, jetzt ein scharfes ε''-Maximum. Die Verschiebung der Übergangstemperatur T_β von *PEO II* gegenüber *PEO I* ist eine Folge der unterschiedlichen Kristallinität der beiden Proben (vgl. auch *PE*), die wiederum eine Folge des unterschiedlichen Molekulargewichts ist (1). Der Abstand zwischen T_β und T_γ ist bei *PEO II* außergewöhnlich klein und beträgt nur 20 K.

Der sehr steile Abfall der Wendepunktsbreiten der mittleren und schmalen Komponente oberhalb 230 K weist auf eine besonders rasche Aktivierung der Kettenbeweglichkeit in den nichtkristallinen Bereichen bei Temperaturerhöhung des *PEO II* hin. Aufgrund der Gl. [6] ist die Spektrenseparation oberhalb 235 K nicht mehr möglich. Das Verschwinden der breiten Komponente zugunsten einer 5 G breiten mittleren Komponente bei 290 K kann man den Spektren jedoch auch ohne Separation entnehmen. Es zeigt, daß der α-Prozeß des *PEO* nicht vom Molekulargewicht abhängt. Nach *McCrum*, *Read* und *Williams* wurde der α-Prozeß aus mechanisch-dynamischen Messungen bisher nur bei einer Probe des Molekulargewichts $2{,}8 \cdot 10^6$ bei 260 K und 0,5 Hz gefunden (1). Unsere NMR-Messungen sowie die anderer Autoren nach der Zweite-Moment-Methode (29, 30) lassen dagegen diesen Prozeß auch bei niederen Molekulargewichten und höherer Meßfrequenz (10^4 Hz) klar erkennen.

PTMO besitzt nach Abb. 13 einen γ-Prozeß bei 180 K und einen β-Prozeß bei 220 K. Die Kristallinität der Probe beträgt 75% und der schmale Anteil strebt einem Grenzwert von 11% zu. Ein α-Prozeß tritt unterhalb 250 K nicht auf.

Die Spektren von *PVDC* zeigen aufgrund der (im 3. Abschnitt besprochenen) stark strukturierten breiten Komponente nach Abb. 15 stets drei Maxima. Die Zerlegung in drei Komponenten wird hiervon jedoch nicht berührt und ergibt die in Abb. 14 gezeigten Anteile und Wendepunktsbreiten. Der γ-Prozeß wird bei 250 K und der β-Prozeß bei 310 K aktiviert. Die ε''-Kurve läßt nur das β-Maximum erkennen. Das γ-Maximum ergibt sich nur indirekt aus der Subtraktion des intensiven β-Maximums von der ε''-Kurve. Während die Kristallinität unserer *PVDC*-Probe nach Abb. 14 (75 ± 3)% beträgt, strebt der schmale Anteil einem Grenzwert von 10% zu. Der α-Prozeß tritt unterhalb 350 K nicht auf.

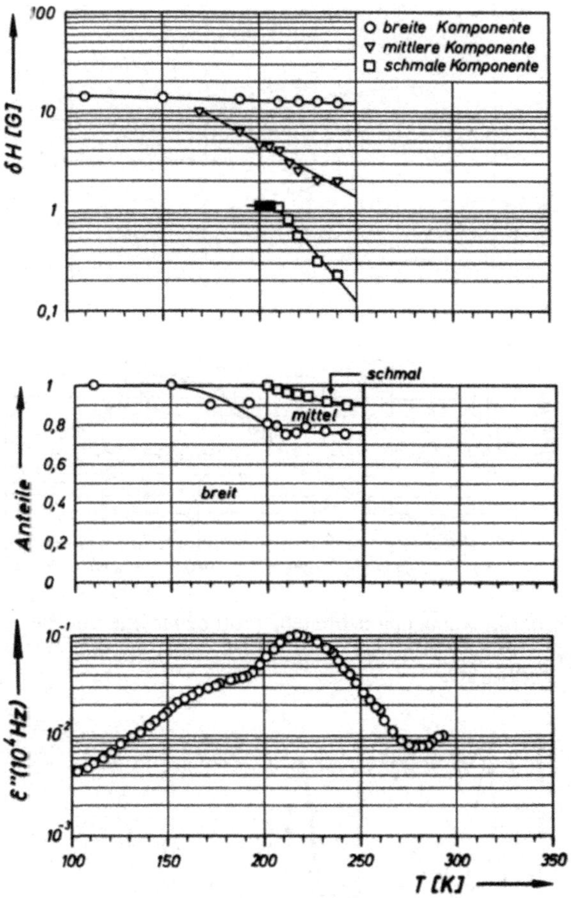

Abb. 13. Wendepunktsbreiten, Protonenanteile und dielektrische Verlustzahl von *PTMO* als Funktion der Temperatur

Zum Abschluß diskutieren wir noch das Verhalten der Polymeren Polypropylen und 6-Polyamid. Diese Stoffe enthalten neben CH_2-Gruppen auch noch andere Protonengruppen (CH-, NH-, CH_3-).

Durch die Anwesenheit der CH- und der (rotierenden) CH_3-Gruppen erhält das Tieftemperaturspektrum des *PP* eine gerundete, wenig Struktur zeigende Form (Abb. 17). Hiervon wird jedoch die Zerlegung in Komponenten genauso wenig berührt wie im Fall des *PVDC*, wo die breite Komponente sehr stark strukturiert ist.

[20]) Die ε''-Kurve deutet ein drittes Maximum unterhalb 100 K an. Die entsprechende Molekularbewegung wird von den erst bei 110 K beginnenden NMR-Messungen jedoch nicht erfaßt.

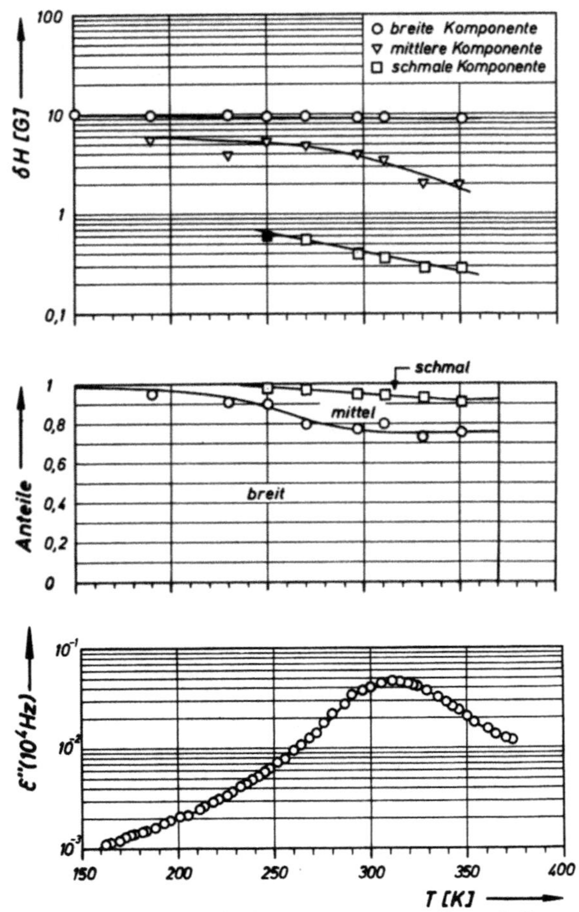

Abb. 14. Wendepunktsbreiten, Protonenanteile und dielektrische Verlustzahl von *PVDC* als Funktion der Temperatur

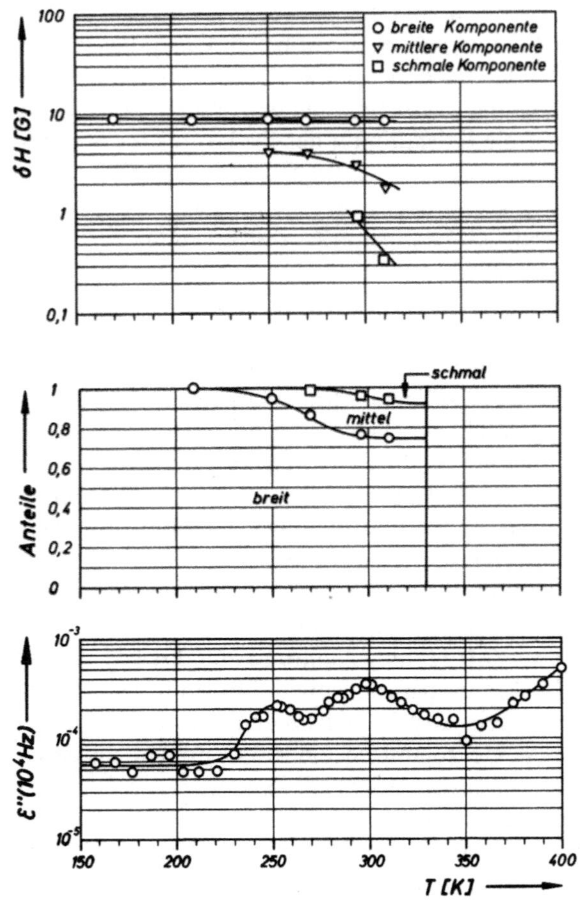

Abb. 16. Wendepunktsbreiten, Protonenanteile und dielektrische Verlustzahl von *PP* als Funktion der Temperatur

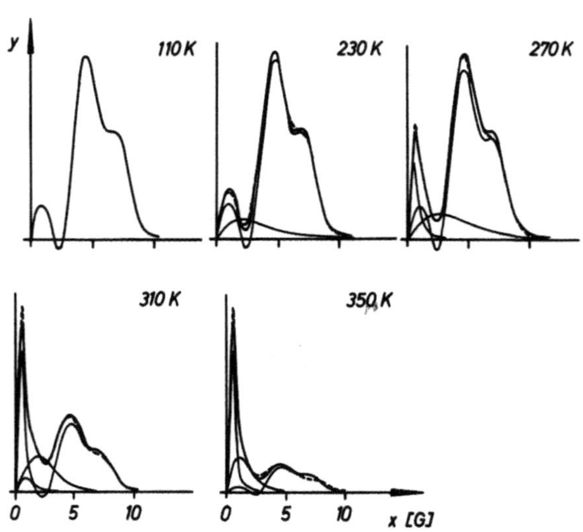

Abb. 15. Separation der Spektren von *PVDC*

Der γ-Prozeß liegt aufgrund der Behinderung durch die voluminöse CH_3-Gruppe mit 270 K von allen untersuchten Polymeren am höchsten. Er wird dielektrisch rund 20 K tiefer gefunden[21]). Wegen der Übermodulation der mittleren Komponente endet die Separation bei 310 K. Sie ergibt ferner in guter Übereinstimmung mit Röntgenmessungen (31) einen kristallinen Anteil von 75% und ferner einen „flüssigen" Anteil von 8%.

Bei *PA* werden dielektrisch drei Relaxationsprozesse bei 210, 270 und 360 K gefunden. Nach Abb. 18 sind davon jedoch nur die Prozesse bei 210 und 360 K mittels NMR nachzuweisen. Bei dem ersteren handelt es sich um den γ-Prozeß, bei 360 K um die bei nahezu gleicher Temperatur aktivierten α- und β-Prozesse. Die von dem sehr fest gebundenen, durch Trocknen der Probe nicht austreibbaren Wasser verursachte Relaxation bei 270 K (32) ist vermutlich aufgrund des nur sehr kleinen Protonenanteils und der geringen Beweglichkeit des gebundenen Wassers im NMR-Experiment nicht zu erkennen.

[21]) Vgl. Fußnote 9.

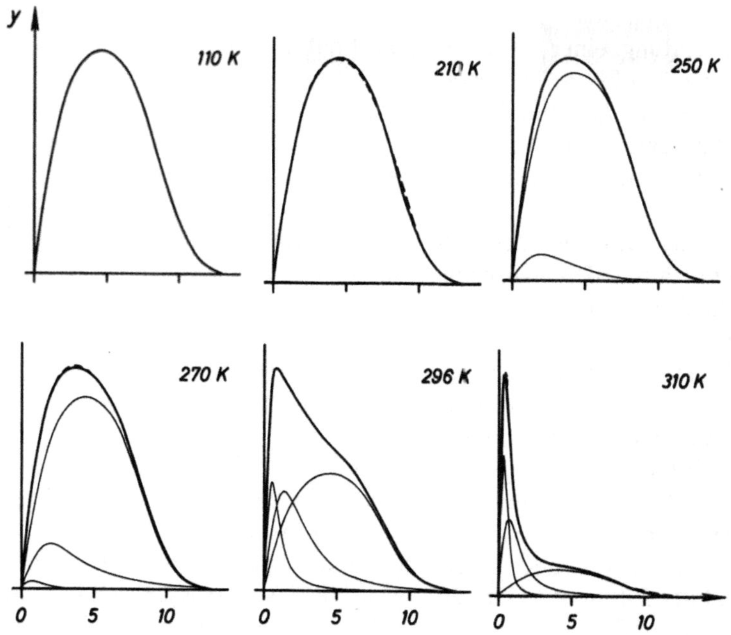

Abb. 17. Separation der Spektren von *PP*

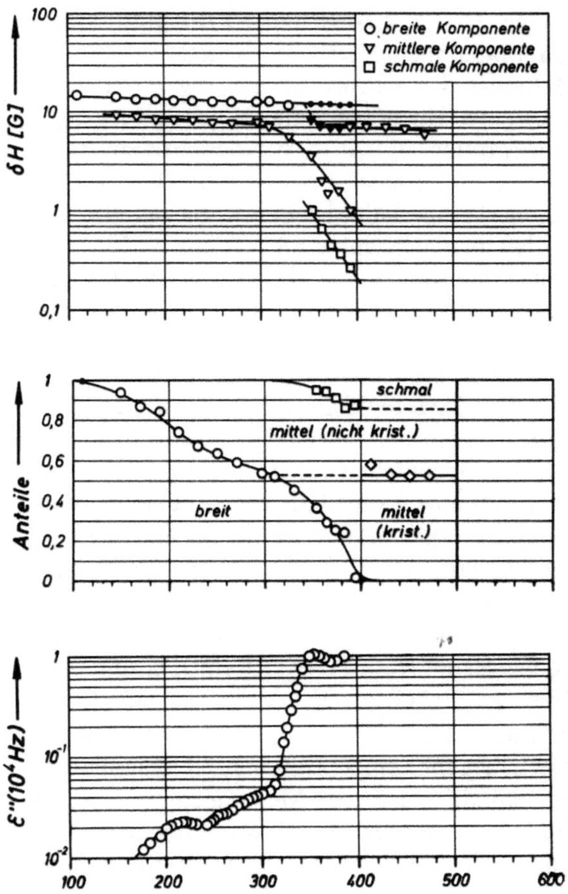

Abb. 18. Wendepunktsbreiten, Protonenanteile und dielektrische Verlustzahl von *PA* als Funktion der Temperatur

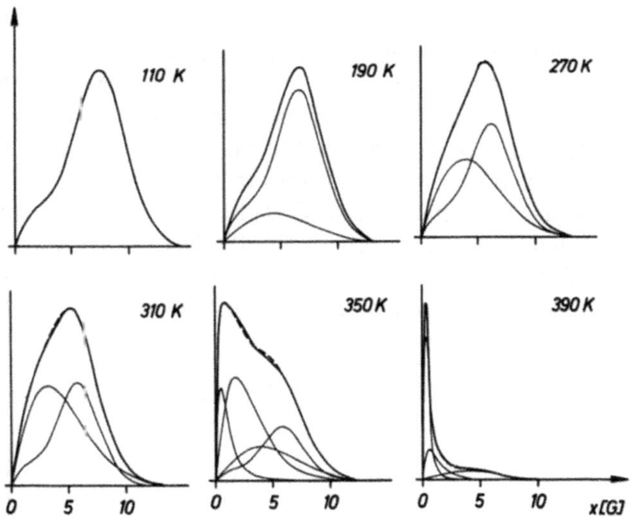

Abb. 19. Separation der Spektren von *PA*

Nach Abb. 18 ist unsere *PA*-Probe rund 50% kristallin mit einem „flüssigen" Anteil von 14%. Ähnlich wie im Fall *PEO II* fällt die Wendepunktsbreite der mittleren Komponente von *PA* mit der Temperatur sehr steil ab. Dieses Verhalten weist auf die große Kettenbeweglichkeit der nichtkristallinen Bereiche dieser Stoffe hin. Wegen der Übermodulation der mittleren Komponente ist die Spektrenseparation oberhalb 390 K nicht mehr möglich. Unter Verzicht auf eine Aussage über die Beweglichkeit der nichtkristallinen Bereiche läßt sich trotzdem der (bewegliche) kristalline Anteil als 7 G breite *Gauß*-Linie unter Verwendung einer Modulationsamplitude von 1 bzw. 2 G bis zu Temperaturen von 470 K hin verfolgen. Die schmale und mittlere Komponente berücksichtigen wir hierbei näherungsweise durch je eine übermodulierte *Lorentz*-Kurve.

Der α-Prozeß von *PA* ist, wahrscheinlich aufgrund der Überlagerung durch den β-Prozeß, dielektrisch und mechanisch-dynamisch noch nicht gefunden worden (1). Aus NMR-Messungen ist er jedoch schon frühzeitig von *Slichter* erkannt (33) und kürzlich von *Olf* und *Peterlin* bestätigt worden (34). Er äußert sich bei unseren Messungen in dem Abfall des unbeweglichen Anteils bei 370 K. Wegen des gleichzeitigen Erscheinens der schmalen Komponente und der relativ kleinen Kristallinität der Probe ist die kristalline Beweglichkeit des *PA* nicht so klar zu erkennen wie z.B. bei *HDPE* (Abb. 5). Eine Möglichkeit, den α-Prozeß trotzdem zu identifizieren, besteht in folgendem: Nimmt man bei der Separation an, daß der unbewegliche Anteil oberhalb 350 K *nicht* abfällt, dann erhält man in der Auftragung des so gewonnenen Maßstabsfaktors *M* der breiten Komponente über der reziproken Temperatur aufgrund der Zunahme der Gitterschwingungen mit der Temperatur eine angenäherte Gerade, die bei 350 K einen Knick aufweist (Abb. 20). Dieser Knick zeigt ebenfalls an, daß die Beweglichkeit der kristallinen Bereiche ab 350 K erhöht wird.

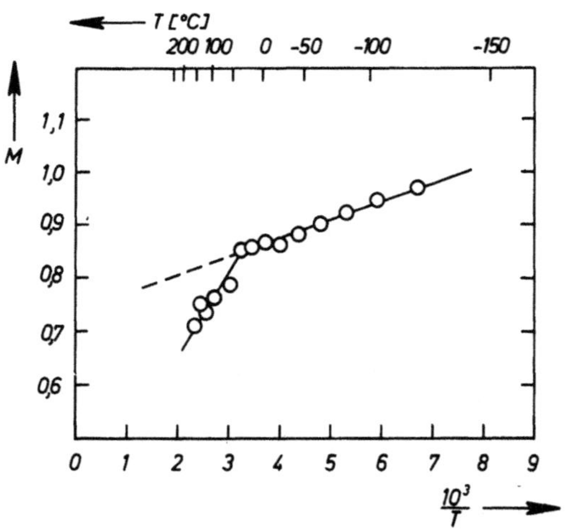

Abb. 20. Maßstabsfaktor *M* der breiten Komponente von *PA* als Funktion der reziproken Temperatur ($a_b = 0{,}55$ für $T \geq 350$ K)

Obwohl die Tangente der Kurven $a_b = f(T)$ bei 110 K nicht, wie z.B. in Abb. 16, horizontal verläuft, ergibt sich doch bei dieser Temperatur ein breiter Anteil von 100%. Dies läßt sich prüfen, wenn man das bei 110 K gemessene Spektrum mit einer breiten Komponente analysiert, die man aus der Extrapolation der Messungen auf 0 K erhält. Das extrapolierte Spektrum ist zwar 4,7% breiter, unterscheidet sich aber in der Linienform nicht von dem bei 110 K gemessenen Spektrum.

5.2 *Vergleich der Eigenschaften der untersuchten Polymeren miteinander*

In der Tab. 3 sind die aus unseren NMR- und dielektrischen Messungen gefundenen Übergangstemperaturen T_α, T_β und T_γ zum Vergleich nochmals zusammengestellt. Der α-Prozeß ließ sich NMR-spektroskopisch in dem uns zugänglichen Temperaturbereich (vgl. Abschn. 4) nur bei den Stoffen *HDPE, PEO I, PEO II* und *PA* nachweisen, während er dielektrisch bei den Stoffen *HDPE, LDPE* und *PEO I* auftrat. Bei den Materialien *HDPE* und *PEO I*, wo beide Methoden den α-Prozeß zeigen, ergibt sich auch eine gute Übereinstimmung der Übergangstemperaturen T_α. Auch bei den beiden *PEO*-Proben unterschiedlichen Molekulargewichts stimmt T_α innerhalb der Fehlergrenzen überein.

Als Übergangstemperatur T_β aus NMR-Messungen kann man einmal von den Gleichungen [4] und [5] ausgehen, die für $T = T_\beta$, $A_\beta = 0{,}5$ und $a_s = a_{s\infty}/2$ ergeben. Die dieser Definition entsprechenden Übergangstemperaturen sind in Tab. 3 als T_β(1) bezeichnet. In vielen Fällen kann jedoch wegen der Schwierigkeit, a_s mit ausreichender Genauigkeit für $T < T_\beta$ zu bestimmen (7), T_β nur innerhalb relativ weiter Fehlergrenzen angegeben werden. Eine zweite Möglichkeit zur Bestimmung von T_β besteht darin, die Temperatur anzugeben, bei der die wahre Wendepunktsbreite der schmalen Komponente, $\delta H'_s$, (gemessen mit $H_{\text{mod}} \ll \delta H'_s$) auf einen bestimmten Wert, z.B. 0,7 G, abgefallen ist[22]). Diese Temperaturen sind in Tab. 3 als T_β(2) bezeichnet. Die Übergangstemperaturen T_β(2) stimmen mit den aus dielektrischen Messungen gefundenen Übergangstemperaturen T_β ausgezeichnet überein, wie Tab. 3 zeigt, während T_β(1) und T_β(2)

[22]) Wegen des gewöhnlich sehr steilen Abfalls von $\delta H'_s$ mit steigender Temperatur ändert sich T_β nur wenig, wenn anstelle von 0,7 z.B. 0,5 G gewählt würde.

Tab. 3. Zahlenwerte der aus den NMR-Messungen abgeleiteten Übergangstemperaturen und Protonenanteile und ihre Korrelation mit dielektrischen und Röntgenmessungen

Material	NMR				dielektrisch			NMR			NMR			Röntgen		
	T_α [K]	$T_\beta(1)$ [K]	$T_\beta(2)$ [K]	T_γ [K]	T_α [K]	T_β [K]	T_γ [K]	k	$a_{s\infty}$	$2a_s(T_\beta)$	λ	$10\,\lambda/l_a$ [nm^{-1}]	$\Delta\delta H_s/\delta H_s$	L [nm]	x_c	l_a [nm]
HDPE	370	270–290	300	190 (I)	370	(300)	190	0,82	0,03	–	0,15	0,25	0,4	30,0	0,84	5,0
LDPE	–	270	263	200 (II)	360	272	180	0,48	(0,13)	0,14	0,25	0,25	0,4	18,0	0,48	9,5
POM	–	310	298	230 (I)	–	300	230	0,65	0,07	0,06	0,20	0,40	0,2	16,0	0,71	4,5
PEO I	270	260	265[1])	190–220	270	–	190	0,9	0,02	–	–	–	0,2	17,0	0,90	2,0
PEO II	280	–	228	210 (I)	–	231	200	0,82	–	0,03	0,2–0,3	0,2–0,3	0,3	50,0	0,79	10,5
PTMO	–	220	216	180 (I)	–	217	170	0,75	0,10	0,12	0,40	(0,9)	0,5	17,5	–	(4,4)
PVDC	–	280–310	–	250 (II)	–	312	(240)	0,75	0,08	0,12	0,40	–	0,7	–	–	–
PP	–	–	299	270 (II)	–	300	250	0,75	(0,06)	0,08	0,25	0,40	0,4	24,0	0,73	6,5
PA	370	365	362	200 (II)	–	360	210	0,5	0,15	0,12	0,25	0,50	0,2	9,5	0,50	5,0

[1]) extrapoliert

nur innerhalb der relativ großen Fehlergrenzen von $T_\beta(1)$ übereinstimmen[23]).

Bei dem γ-Prozeß lassen sich, wie bei der Besprechung von Polyäthylen bereits erwähnt wurde, zwei Verläufe der Kurve $\delta H_m(T)$ unterscheiden: Bei *HDPE* und den Polyäthern wird ein verhältnismäßig steiler Abfall von δH_m mit der Temperatur beobachtet. In Anlehnung an die Ergebnisse von *Illers* (24) bezeichnen wir diesen Prozeß in Tab. 3 als γ_{I}-Prozeß. Bei den übrigen Polymeren ist dagegen im Bereich des dielektrischen γ-Maximums δH_m nahezu unabhängig von der Temperatur. Die entsprechende geringere Kettenbeweglichkeit wird in Tab. 3 als γ_{II}-Prozeß bezeichnet.

Nach Tab. 3 stimmen in der Mehrzahl der Fälle die dielektrisch und NMR-spektroskopisch gefundenen Übergangstemperaturen T_γ innerhalb des Meßfehlers von ± 5 K überein[24]). Das zeigt, daß beide Meßmethoden auf dieselben Bewegungsprozesse ansprechen. Offenbar sind in diesen Fällen die beweglichen Kettenabschnitte so groß, daß sie beide Arten der Indikatoren (elektrische Dipole bzw. Protonen) zugleich enthalten. Die Übereinstimmung ist ferner ein Hinweis auf die Gültigkeit der für die Spektrenseparation gemachten Annahmen.

Die mittels NMR- und Röntgenmessungen bestimmten Kristallinitäten k und x_c stimmen in den Fällen, in denen eine Röntgenbestimmung möglich ist, innerhalb der Fehlergrenzen überein. Bei den Röntgenwerten handelt es sich um Flächenanteile der Streukurve, für die bisher nur in den Fällen *PE* und *PP* nachgewiesen ist, daß sie die kristallinen Anteile richtig wiedergeben (31). Nach Tab. 3 ist diese Übereinstimmung jedoch auch in den anderen Fällen vorhanden.

Die in Tab. 3 aufgeführten k-Werte sind gemäß Abschn. 4 aus dem Niveau des breiten Anteils, das sich zwischen T_α und T_γ einstellt, berechnet. Der Fehler von k kann aus der Streuung der Meßpunkte in den einzelnen Abbildungen abgelesen werden. Bestimmt man die Kristallinität einer Probe jedoch nur aus einer einzigen Messung im Temperaturbereich $T_\gamma < T < T_\alpha$, so erhält man das Resultat der Tab. 4. Die Fehlergrenze wurde in Tab. 4 aus der Bedingung $\Phi = 1{,}2 \cdot \Phi_{\min}$, die eine noch akzeptable Ab-

[23]) Für *PVDC* ist die Temperatur $T_\beta(2)$ wegen der starken Überlagerung der schmalen Komponente und des schmalen Maximums der breiten Komponente nicht bestimmbar (vgl. Abb. 15).

[24]) Vgl. auch Fußnote 9.

weichung von gemessenem und berechnetem Spektrum bedeutet, berechnet (Φ = Summe der Abweichungsquadrate, vgl. Gl. [2]). Nach Tab. 4 ergibt sich ein um so kleinerer Fehler von a_b, je größer das Zweite Moment des betreffenden Spektrums ist (Ausnahme: *POM*). Dieser Zusammenhang ist zu erwarten, denn der breite Anteil eines Spektrums ist um so leichter zu bestimmen, je größer die Wendepunktsbreite und der Anteil der jeweiligen breiten Komponente ist. Diese Größen bestimmen auch im wesentlichen das Zweite Moment.

Tab. 4. Zusammenhang des Meßfehlers von $k \equiv a_s$ für $T_\gamma < T < T_\alpha$ mit dem Zweiten Moment M_2

Material	$T\,[K]$	a_b	$M_2\,[G^2]$
HDPE	295	$0{,}82 \pm 0{,}02$	20,1
LDPE	270	$0{,}46 \pm 0{,}05$	13,7
POM	300	$0{,}70 \pm 0{,}02$	10,5
PEO II	250	$0{,}74 \pm 0{,}04$	14,1
PTMO	230	$0{,}77 \pm 0{,}02$	16,6
PVDC	296	$0{,}78 \pm 0{,}05$	11,9
PP	320	$0{,}72 \pm 0{,}05$	10,3

Der „flüssige" Anteil $a_{s\infty}$ läßt sich auf zwei Weisen bestimmen. Einmal ist $a_{s\infty}$ gleich dem Grenzwert von a_s für Temperaturen, die genügend weit über der Temperatur T_β liegen. Zum anderen ist gemäß Gl. [4] $a_{s\infty} = 2a_s(T_\beta)$. Beide Werte von $a_{s\infty}$ sollten innerhalb der Fehlergrenzen übereinstimmen, was nach Tab. 3 auch der Fall ist. In den Fällen, wo die Messungen aufgrund der Übermodulation der mittleren Komponente nicht bis zu den benötigten hohen Temperaturen ausgeführt werden konnten, blieb nur die zweite Methode zur Bestimmung von $a_{s\infty}$ übrig.

Der Mittelwert des „flüssigen" Anteils $\bar{a}_{s\infty} = [a_s(T \gg T_\beta) + 2a_s(T_\beta)]/2$ aller untersuchten Polymeren ist, wie Tab. 3 zeigt, stets kleiner als der nichtkristalline Anteil. Der Quotient $\lambda = \bar{a}_{s\infty}/(1-k)$, der als der Anteil an unverspannten nichtkristallinen Ketten bezeichnet werden könnte, liegt im Bereich zwischen 0,15 und 0,4, d. h., nur 15–40% der nichtkristallinen Kettenabschnitte sind oberhalb der Glastemperatur zu mikrobrownschen Molekularbewegungen fähig. Die in Tab. 3 aufgeführten λ-Werte sind auf 0,05 gerundet.

Um die Frage zu prüfen, in welcher Weise die λ-Werte von der Morphologie der Proben abhängen, sind in Tab. 3 auch die Röntgenlangperioden L sowie die mittels der Gleichung $l_a \approx (1-x_c)L$ berechneten Dicken l_a der nichtkristallinen Schichten des Lamellenmodells von *Fischer* und *Schmidt* (35) wiedergegeben. Für *PE*-Proben, deren Langperiode durch Variation der Temperaturvorgeschichte bzw. des Molekulargewichts in einem weiten Bereich verändert wurde, ergibt sich eine Proportionalität zwischen λ und l_a [25, 26]). Die Proportionalität gilt jedoch, wie die Spalte λ/l_a der Tab. 3 zeigt, nicht auch für die anderen Polymeren aufgrund ihrer von *PE* abweichenden morphologischen Struktur. Macht man die Annahme, daß um so mehr Ketten mikrobrownsch beweglich sind, je größer ihre Rückfaltungsschlaufen sind, dann erwartet man für Moleküle mit größerer Grundeinheit als *PE* auch größere Werte des Quotienten λ/l_a. Ein solcher Trend deutet sich in Tab. 3 an.

Eine Angabe über die Form der schmalen Komponente ergibt sich aus Messungen mit unterschiedlichen Modulationsamplituden. Nur wenn sich für alle Modulationsamplituden ein und dieselbe Wendepunktsbreite δH_s ergibt, ist die schmale Komponente eine *Lorentz*kurve. Der Quotient $\Delta\delta H_s/\delta H_s = (\delta H_s - \delta H_s')/\delta H_s$, wo δH_s die mit einer Modulationsamplitude von 0,5 G gemessene und aus der Separation mittels der Gleichung $\delta H_s = 2\beta_s/\sqrt{3}$ berechnete und $\delta H_s'$ die mit $H_{\mathrm{mod}} \ll \delta H_s'$ direkt gemessene Wendepunktsbreite ist, verschwindet in diesem Fall. Tab. 3 zeigt, daß dies für die untersuchten Polymeren nicht zutrifft ($\delta H_s = 0{,}3$ G). Man muß daher die schmale Komponente dieser Stoffe als eine Überlagerung von mehreren *Lorentz*-Kurven unterschiedlicher Breite auffassen (7)[27]).

Der Verfasser dankt Herrn Dr. *Haberkorn* für die Röntgendaten der Tab. 3 sowie ihm und den Herren Dr. *Hendus* und Dr. *Illers* für Diskussionen. Die NMR-Messungen wurden von Herrn *Schmiedberger* ausgeführt.

Zusammenfassung

Die Molekularbewegungen der Polymeren verändern die Linienform der NMR-Spektren. Aus der Linienformanalyse lassen sich Aussagen über die Art der Bewegung sowie die Zahl der daran beteiligten Protonen gewinnen. Nach einer zunächst an Polyäthylen erprobten Separationsmethode werden die Spektren einer Reihe teilkristal-

---

[25]) Für $l_a \leq 12$ nm gilt: $\lambda = 2{,}3 \cdot 10^{-2}\, l_a$ (18).

[26]) λ ist nicht identisch mit dem Anteil an Protonen, der einem nur einseitig eingespannten Kettenende angehört. Dies folgt aus der Beobachtung, daß hochmolekulare Proben aus *HDPE* trotz geringerer Zahl von Kettenenden größere λ-Werte zeigen als niedermolekulare derselben Kristallinität (18).

[27]) Vgl. Fußnote 7a.

liner Polymerer in drei Komponenten unterschiedlicher Wendepunktsbreite zerlegt. Hierbei werden unbewegliche, behindert bewegliche und mikrobrownsch bewegliche Protonen unterschieden.

In dem Temperaturbereich, in dem alle kristallinen Protonen unbeweglich und alle nichtkristallinen beweglich sind, stimmt die Kristallinität eines Polymeren mit dem unbeweglichen Protonenanteil überein. Hieraus leitet sich eine neue Methode der Kristallinitätsbestimmung ab. Ferner ergibt sich unter der fast immer erfüllten Voraussetzung, daß alle NMR-aktiven Bewegungen auch dielektrisch aktiv sind, eine Korrelation beider Meßverfahren derart, daß einem dielektrischen Verlustzahlmaximum stets eine Stufe des beweglichen Protonenanteils entspricht. Ein weiteres Ergebnis dieser Untersuchung ist, daß der Anteil der Protonen, die oberhalb der Glastemperatur zu einer mikrobrownschen Bewegung befähigt sind, in allen Fällen wesentlich kleiner als der nichtkristalline Anteil ist.

Die Untersuchung erstreckt sich auf die Stoffe Polyäthylen, Polyoxymethylen, Polyäthylenoxid, Polytetramethylenoxid, Polyvinylidenchlorid, Polypropylen und 6-Polyamid.

Summary

The molecular motions of polymers change the line shapes of their NMR spectra. By analyzing the line shapes information is obtained about the type of motion and the number of the participating protons. Following a method firstly applied to polyethylene, the spectra of several partial crystalline polymers are decomposed into three components of differing line width. Hereby rigid, hindered mobile and microbrownian mobile protons can be distinguished.

In the temperature range where all crystalline protons are rigid and all noncrystalline ones are mobile, the crystalline fraction of a polymer is identical with the rigid fraction. From this a new method for the determination of the crystallinity is derived. Furthermore in the case where all dielectric active motions are also NMR active, a correlation between NMR and dielectric properties is obtained such that a dielectric loss factor maximum always corresponds to a step of the mobile proton fraction. Finally it is found that only a small fraction of the noncrystalline protons is able to perform microbrownian motions.

The following polymers are examined: polyethylene, polyoxymethylene, polyethylene oxide, polytetramethylene oxide, polyvinilidene chloride, polypropylene and 6 polyamide.

Literatur

1) *McCrum, N. G., B. E. Read* und *G. Williams*, Anelastic and Dielectric Effects in Polymeric Solids (London-New York-Sydney 1967).

2) *Powles, J. G.*, Polymer **1**, 219 (1960).

3) *Wilson, C. W.* und *G. E. Pake*, J. Polymer Sci. **10**, 503 (1953).

4) *Bergmann, K.* und *K. Nawotki*, Kolloid-Z. u. Z. Polymere **219**, 132 (1967).

5) *Bergmann, K.*, Ber. Bunsenges. Phys. Chem. **74**, 912 (1970).

6) *Thurn, H.* und *F. Würstlin*, Elektrotechn. Z. B **15**, 615 (1963).

7) *Bergmann, K.* und *K. Nawotki*, Kolloid-Z. u. Z. Polymere **250**, 1094 (1972).

8) *Eichhoff, U.* und *H. G. Zachmann*, Ber. Bunsenges. Phys. Chem. **74**, 919 (1970).

9) *Bergmann, K.* und *K. Nawotki*, in: Chem. Soc. Special Publication Nr. 20: Molecular Relaxation Process, S. 135 (London 1966).

10) *Pake, G. E.*, J. Chem. Phys. **16**, 327 (1948).

11) *Abragam, A.*, The Principles of Nuclear Magnetism, Kap. X (Oxford 1961).

12) *Andrew, E. R.* und *J. Lipofsky*, J. Magn. Res. **8**, 217 (1972).

13) *Andrew, E. R.* und *J. R. Brookeman*, J. Magn. Resonance **2**, 259 (1970).

14) *Gutowsky, H. S.* und *G. E. Pake*, J. Chem. Phys. **18**, 162 (1950).

15) *Pechhold, W.*, Kolloid-Z. u. Z. Polymere **228**, 1 (1968).

16) *Pechhold, W.* und *B. Stoll*, Ber. Bunsenges. Phys. Chem. 74, 912 (1970).

17) *Schmedding, P.* und *H. G. Zachmann*, Kolloid-Z. u. Z. Polymere **250**, 1105 (1972).

18) *Bergmann, K.*, Kolloid-Z. u. Z. Polymere (in Vorb.).

19) *Kavesh, S.* und *J. M. Schultz*, 27th annual conference, Society of Plastic Engineers, Chicago 1969.

20) *Konrad, G.* und *H. G. Zachmann*, Kolloid-Z. u. Z. Polymere **247**, 851 (1971).

21) *Hyndman, D.* und *G. F. Origlio*, J. Polymer Sci. **39**, 556 (1959).

22) *Fischer, E. W.* und *A. Peterlin*, Makromol. Chem. **74**, 1 (1964).

23) *Illers, K. H.*, Kolloid-Z. u. Z. Polymere **250**, 426 (1972).

24) *Illers, K. H.*, Kolloid-Z. u. Z. Polymere, im Druck.

25) *Takayanagi, M.*, Mem. Fac. Eng. Kyushu Univ. **23**, 1 (1963).

26) *Bohn, L.*, Kolloid-Z. u. Z. Polymere **201**, 20 (1965).

27) *Wilski, H.*, Makromol. Chem. **150**, 209 (1971).

28) *Hill, N. E., W. E. Vaughan, A. H. Price* und *M. Davies*, Dielectric Properties and Molecular Behaviour, Kap. 5 (New York-Toronto-Melbourne 1969).

29) *Olf, H. G.* und *A. Peterlin*, Makromol. Chem. **104**, 135 (1967).

30) *Hikichi, K.* und *J. Furuichi*, J. Polymer Sci. A **3**, 3003 (1965).

31) *Haberkorn, H.*, unveröffentlichte Messungen.

32) *Illers, K. H.*, Makromol. Chem. **38**, 168 (1960).

33) *Slichter, W. P.*, J. Applied Phys. **26**, 1099 (1955).

34) *Olf, H. G.* und *A. Peterlin*, J. Polymer Sci. A-2 **9**, 1449 (1971).

35) *Fischer, E. W.* und *G. Schmidt*, Angew. Chem. **74**, 551 (1962).

Anschrift des Verfassers:

Dr. *Klaus Bergmann*
BASF Aktiengesellschaft, WHM-G 201
D-6700 Ludwigshafen

Kolloid-Z. u. Z. Polymere **251**, 980–990 (1973)

Lectures during the labour conference of the Fachausschuß Physik der Hochpolymeren in the course of the spring meeting of the Arbeitskreis Festkörperphysik bei der Deutschen Physikalischen Gesellschaft from March 21 to 23, 1973 at Münser/Westf.

From the Institute of Physical Chemistry of the University Mainz (Germany)

Investigation of the structure of solution grown crystals of lactide copolymers by means of chemical reactions

By E. W. Fischer, Hans J. Sterzel, and G. Wegner

With 15 figures and 2 tables

(Received March 22, 1973)

1. Introduction

The relationship between crystallisation and melting behaviour of copolymers and their morphology has been the subject of intensive discussion. One of the main points of interest is the distribution of the noncrystallizable units within the partially crystalline systems. For the explanation of physical properties of copolymers very often equilibrium theories (1, 2) are applied which start from the basic assumption that the noncrystallizable units of the polymer chains are rejected from the crystalline regions. On the other hand, the results of some structure studies by means of small angle X-ray scattering revealed strong evidence, that for example in branched polyethylene the comonomer units are partially incorporated in the crystal (3, 4).

Besides small angle scattering and electron microscopy chemical degradation is another valuable method for obtaining more experimental information relevant to this problem. It is well known, that the disordered intercrystalline region in bulk polymers or the fold surface of polymer single crystals show different chemical reactivity compared with that of the crystal core. A study of the reaction products after chemical attack of the solid polymer will reveal informations on the chemical composition of the disordered regions. This technique which is also very useful for evalution of the physical structure of the fold surface (5) has been successfully applied to the copolymer problem in the case of ethylene copolymers (6).

The determination of the concentration of the comonomer units after the selective degradation turned out to be rather difficult using these polymers. Therefore we decided to study the mentioned problem with a copolymer system, where the chemical composition can be measured very easily: The optical active copolymer consisting of L(-)-lactide and DL-lactide units offers such a chance, since the composition before and after degradation can be measured by means of polarimetry. Copolymers of this type were prepared and crystallized from dilute solution or from melt. Various chemical procedures were applied to the solid polymers and the attacked samples were characterized by various methods.

The main objects of our investigations were the solution grown crystals and the evaluation of the dependence of their structure on the crystallisation conditions. The use of crystals owing a well defined morphology has some advantages compared with the studies of bulk materials. On the other hand, the melting behaviour and other physical properties of the solution grown crystals are very similiar to those of bulk polymers (7), therefore some general conclusions on the crystallisation behaviour of copolymers can be expected. In addition the results of our studies may be relevant to the well known and often discussed problem of the structure of the "fold surface" of polymer single crystals (8). In this paper we mainly describe the results of the degradation experiments. The thermal behaviour and the effect of annealing will be published in a second paper.

2. Experimental

a) Sample preparation

The copolymers were synthesized by ring opening cationic polymerisation of mixtures of L(-)-lactide[1]) and DL-lactide (11):

[1]) Boehringer und Sohn, Ingelheim (Germany).

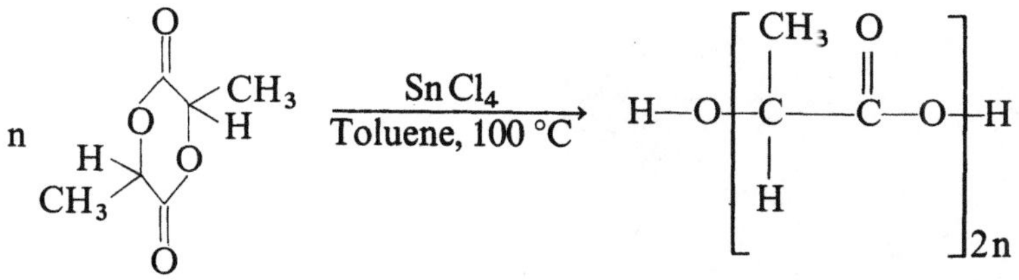

DL-lactide was prepared by dimerising racemic lactic acid (12). 0.19 g of tintetrachloride, dissolved in 1.5 ml of toluene were added to 80 ml of a 12% solution of the monomer mixture in toluene at 100 °C. The polymerisation was complete after 20 hours yielding a conversion of 90 to 95%. The molecular weights measured by intrinsic viscosity using the equation (13)

$$[\eta] = 1.29 \cdot 10^{-5} \cdot M^{0.82} \qquad [1]$$

solvent: chloroform, $T = 25$ °C

were about 80,000 to 100,000.

Single crystals were obtained by isothermal crystallisation from 0.1% solutions in xylene using different crystallisation temperatures T_c. There is only a small increase of the molecular weight by fractionating during crystallisation. After two days the solvent was slowly removed through a glass frit which was held at T_c in order to avoid further crystallisation at lower temperatures.

Pure hot xylene was added several times and a suspension of single crystals in pure xylene was obtained without drying the crystals at any time.

The solution grown single crystals were examined by electron microscopy. As an example fig. 1 shows a single crystal containing 2.75% D-units. The crystallisation product of a copolymer containing 10.2% of D-units is shown in fig. 2. In both cases T_c was 60 °C. If the content of D-units was greater than 15%, single crystals were no more formed.

Thin films of the copolymers were obtained by the following method: Polymer material was dissolved in chloroform and cast on a glass plate. After evaporation of the solvent the film was molten and quickly cooled to crystallisation temperatures between 120 and 145 °C. After 24 h the polymer films of about 25 μm thickness were cooled to room temperature and floated in water. During crystallisation from the melt well defined spherulites developed as shown in fig. 3. An electron micrograph of a surface replica of the spherulitic film is shown in fig. 4.

Fig. 1. Polylactide single crystal containing 2.75% D-units obtained from 0.1% xylene solution at 60 °C

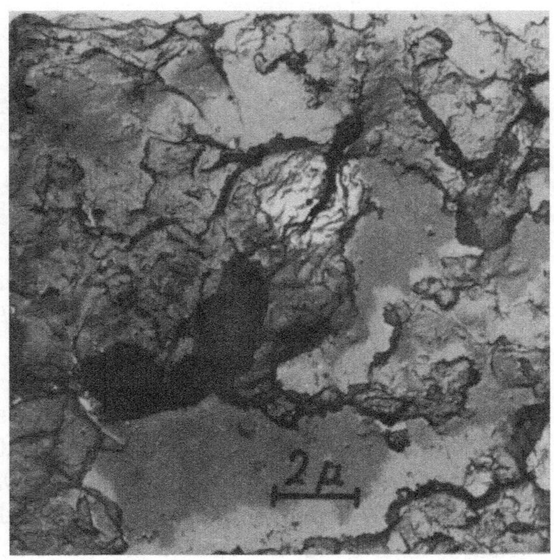

Fig. 2. Polylactide single crystal containing 10.3% D-units obtained from 0.1% xylene solution at 60 °C

b) Hydrolysis of the single crystals

Before hydrolysis the xylene was exchanged by methanol using conventional techniques. After exchange water was added to obtain a 1:2 water-methanol mixture. The mixture was

Fig. 3. Polylactide foil, thickness about 25 μm, crystallized at 130 °C, between crossed polaroids. The copolymer contains 3.65% D-units

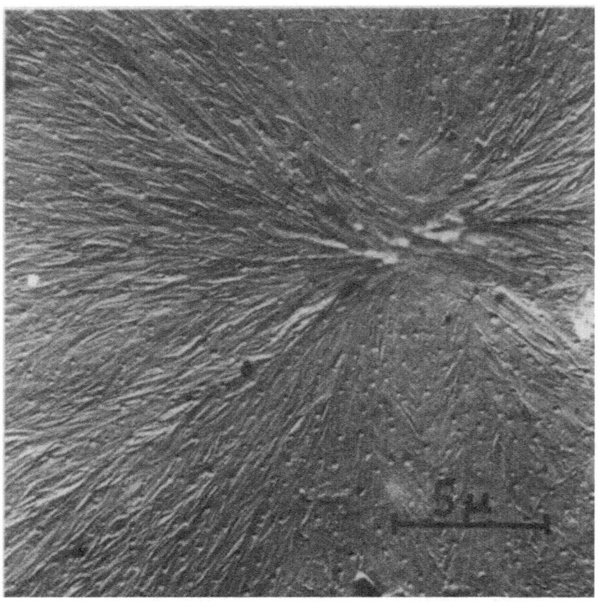

Fig. 4. Electromicrograph of a surface replica from the foil showed in fig. 3. The surface was treated for 10 min with a 20% aqueous solution of isopropylamine

slightly stirred and held at 20 °C. For hydrolysis a 1:2 water-methanol mixture, containing 0.02 to 0.04 moles per liter of sodium hydroxide was added at the same temperature. During the reaction ester bonds are cleaved and lactic acid anions are obtained.

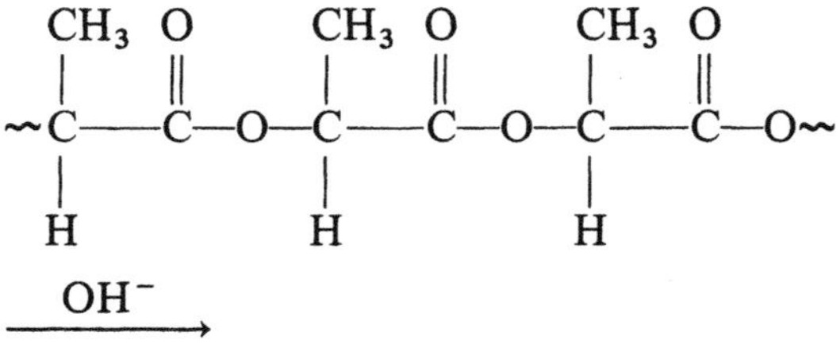

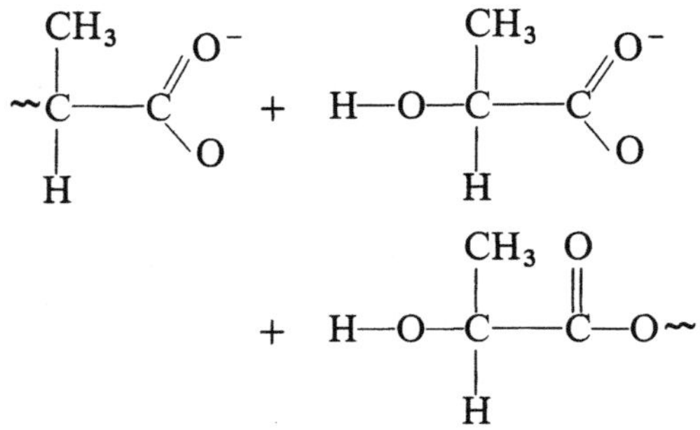

There is no inversion of the asymmetric carbon during hydrolysis (11). The hydrolysis was followed by measuring the electrical conductivity of the suspension, because substitution of the hydroxide ions by the lactic acid anions, possessing a lower mobility, gives rise to a decrease in conductivity. The concentration of lactic acid anions at time t is given by

$$c_t = c_e \cdot \frac{\varkappa_0 - \varkappa_t}{\varkappa_0 - \varkappa_e} \qquad [2]$$

with $\varkappa_0$: Initial electrical conductivity
$\varkappa_t$: Electrical conductivity at time t
$\varkappa_e$: Electrical conductivity at the end of hydrolysis
c_e: Concentration of lactic acid anions at the end of hydrolysis. c_e was determined by titration of the remaining base with hydrochloric acid.

Since polylactide hydrolyzes rapidly treating it with hydroxide ions and very slowly in the case of hydrochloric acid, the reaction can be stopped easily by adding an excess of hydrochloric acid.

c) Characterisation of the samples

For electron microscopy single crystals were prepared in the usual way and shadowed with carbon/platinum. For obtaining surface replicas of the films the polymer was removed from the carbon films by a 25% aqueous solution of isopropylamine.

The long period was measured with a photographic *Kratky* type camera. The densities were obtained by means of a density gradient consisting of mixtures of ligroine and bromobenzene. It was calibrated with glass bulbs of known density. The error is about ± 0.0005 g/cm^3. For the calculation of the degree of crystallinity the values $\varrho_c = 1.290$ g/cm^3 and $\varrho_a = 1.248$ g/cm^3 were used. ϱ_c was determined from the dimensions of the unit cell at 30 °C. ϱ_a was measured using a completely amorphous DL-polylactide ($X_D = 0.5$). The dependence of ϱ_c and ϱ_a on the concentration of D-units is not yet known.

Gel permeation chromatography (GPC)-measurements were used to control the selectivity of the hydrolysis. The apparatus consisted of two columns of 2 m length and 12 mm in diameter connected in series. The columns were filled with "Merckogel OR 20,000". The hydrolyzed single crystals were dissolved in tetrahydrofuran and the chromatogram was run at room-temperature. For calibration narrow fractions of low molecular weight polylactide were used. Their molecular weights were determined by viscosity measurements.

Melting curves were obtained from a Perkin-Elmer DSC-1B apparatus. Sample weights ranged from 2 to 5 mg. The heating rate was 16 °/min.

For polarimetry the samples were solved in *p*-dioxane with a concentration of about 1 g/100 ml. The rotatory strength was measured with the precision polarimeter "Carl Zeiss LEP A1, 0.005 °". Using the wavelength 365 nm, where [α] of the homopolymer L(-)-lactide is -443 °, the content of D-units in the copolymers could be determined with the limits of error of ± 0.002 molefraction units.

3. Results and discussion

a) Solution grown crystals

D, L-polylactide copolymers with a content of about 1 to 13 molepercent D-units were crystallized from dilute solutions at various temperatures. The properties of the undegraded crystals are summarized in table 1. In addition to the crystallisation temperature T_c the approximate degree of supercooling $\Delta T_u = T_s - T_c$ is listed, where T_s is the apparent solution temperature of the crystals in xylene measured by the visually observed disappearance of the crystals during heating the suspension. We are aware of the discrepancy between T_s and the thermodynamic equilibrium solution temperature for an infinite crystal. But for a qualitative discussion of the influence of supercooling the quantity ΔT_u may be quite suitable.

Table 1 shows the results of the X-ray small angle and density measurements. From the values of the specific volume the degree of crystallinity w_c was calculated using the above mentioned values of ϱ_a and ϱ_c.

Since the dependence of ϱ_a and ϱ_c on the concentration X_D of D-units is not known, the crystallinity thus obtained is merely an approximation. An alteration of the lattice parameters when the content of D-units was increased up to 10% was not observed within an error of ± 0.05 Å. The comonomer units in the lattice of the L-lactide cause a defect enthalpy and consequently there must be a change of the density. Nevertheless it may be useful to calculate the thickness l of the crystalline layer

$$l = L \cdot w_c \cdot \frac{\varrho_a}{\varrho_c} \quad [3]$$

assuming a two phase layer model for the semicrystalline polymer. Here L is the long spacing calculated from the X-ray small angle pattern.

A closer inspection of table 1 reveals some tendencies which are quite obvious in spite of the approximative nature of the values used. At constant supercooling ΔT_u only small variations of the long spacing L are observed, whereas the thickness l of the crystalline layer decreases systematically with increasing content X_D of D-units. This decrease of l is due to the decrease of crystallinity w_c at almost constant values of the long spacing L. On the other hand using constant crystallisation temperatures T_c a strong systematic increase of the long spacing L is observed resulting in an almost constant thickness l of the crystalline core. This behaviour resembles very much to that of ethylene copolymers with various degrees of CH_3-, C_2H_5- and $C_{11}H_{23}$-branches (3, 9, 10). There, it also has been observed that the long spacings of the solution grown crystals are determined solely by the supercooling independent of degree of branching, whereas the thickness of the crystalline layer strongly decreases with increasing number of branches at constant supercooling.

Tab. 1. Characteristic data of the lactide copolymers

$X_D \cdot 100$	T_c [°C]	ΔT_u	f	w_c	$X_{D,a} \cdot 100$	$X_{D,c} \cdot 100$	v [cm³/g]	L [Å]	l [Å]	T_m [°C]
1.15	60	42	0.734	0.76	3.5	0.4	0.7815	101	74	147.2
2.4	60	38	0.789	0.753	7.7	0.67	0.7816	108	78	150.2
2.75	60	36	0.722	0.75	8.0	1.04	0,7817	106	77	147.7
3.75	60	32	0.821	0.73	11.4	0.92	0.7822	112	79	151.4
5.2	60	29	0.741	0.69	12.4	1.95	0.7833	117	78	147.9
7.5	60	17	0.694	0.61	13.3	3.8	0.7854	123	73	138.7
10.3	60	9	0.626	0.60	16.1	6.4	0.7856	132	77	138.8
0.6	99	9	0.27	0.847	1.06	0.52	0.7792	132	108	166.4
2.75	85	9	0.315	0.82	4.8	2.3	0.7799	135	107	163.3
5.2	80	9	0.407	0.76	8.8	4.05	0.7815	132	96	157.5
7.5	68	9	0.578	0.64	12.0	4.95	0.7846	136	84	153.2
10.3	60	9	0.626	0.60	16.1	6.4	0.7856	132	77	138.8
0.6	88	20	0.516	0.834	1.86	0.35	0.7795	122	99	165.6
1.15	83	20	0.60	0.83	4.05	0.55	0.7796	120	96	160.9
2.4	78	21	0.61	0.81	7.7	1.15	0.7802	116	91	159.1
2.75	75	21	0.59	0.79	7.7	1.43	0.7807	122	93	156.2
3.65	73	20	0.60	0.78	10.0	1.85	0.7809	118	89	155.2
5.2	69	20	0.65	0.71	11.7	2.6	0.7828	114	78	153.0
5.75	65	20	0.71	0.70	13.6	2.36	0.7830	115	78	149.3
7.5	57	20	0.73	0.61	14.0	3.38	0.7854	123	73	146.1
10.3	49	20	0.72	0.58	17.7	5.00	0.7862	132	77	139.5
0.6	80	28	0.576	0.815	1.87	0.31	0.7800	110	86	159.9
1.15	75	27	0.579	0.81	3.5	0.60	0.7802	113	88	156.2
3.65	65	28	0.67	0.75	9.8	1.6	0.7817	115	84	149.4
5.2	60	29	0.74	0.69	12.4	1.95	0.7833	117	78	147.9
0	102	6		0.87			0.7786	161	135	169.7
0	97	11		0.85			0.7791	132	108	170.0
0	90	18		0.83			0.7796	122	99	165.6
0	82	26		0.815			0.7800	110	86	159.9
0	75	33		0.794			0.7806	105	81	159.4
0	60	48		0.772			0.7811	96	72	157.9

X_D Molefraction of D-units
$X_{D,a}$ Molefraction of D-units in the amorphous phase
$X_{D,c}$ Molefraction of D-units in the crystalline phase
T_c Crystallisation temperature
ΔT_u Approximate degree of supercooling
w_c Degree of crystallinity
v Specific volume
f Fraction of D-units in the amorphous phase $f = N_{D,a}/N_D$
L Long spacing
l Crystalline phase thickness
T_m Melting temperature as revealed from the maxima of the first DSC-peak

On the base of existing theories of crystallisation of homopolymers from solution these results cannot be explained, but they have to be taken in account developing a crystallisation theory of copolymers.

The melting behaviour of the undegraded solution grown crystals was also studied. The DSC-curves show two distinct peaks, where the first one is assumed to be due to the melting of crystallites of the original thickness. Subsequently recrystallisation occurs and further temperature rise results in melting of the just formed thicker crystallites which causes the second peak. Table 1 gives the temperatures of the maxima of the first peak. As generally observed the melting temperature T_m decreases with increasing content of comonomer units.

In fig. 5 the reciprocal value of T_m is plotted versus $\ln X_L$ for crystals obtained with constant supercooling $\Delta T_u = 20$ °C. A straight line is obtained showing that the lactide copolymers obey *Florys* equation for the case of random distribution of the comonomer units:

$$1/T_m = 1/T_m^0 - (R/\Delta H_m) \cdot \ln X_L \qquad [4]$$

The enthalpy of melting H_m obtained from the slope is about 1600 cal/mole. It may be mentioned that the samples crystallized at constant T_c do not follow *Florys* equation.

Although the heat of fusion obtained from eq. (4) is in reasonable agreement with the value $\Delta H_m \approx 1400$ cal/mole obtained from the DSC-curves of the crystals by extrapolation to infinite crystal thickness, the application of eq. [4] to solution grown crystals is rather meaningless for the following reasons: i) The T_m measured as above has a meaning differing from that of *Florys* theory and ii) the basic assumption of an equilibrium theory is by no means correct in our case as it can be proved by the results of the degradation experiments described later on. Fig. 5 simply demonstrates that this type of plotting is rather unspecific with regard to the supermolecular structure and that the melting behaviour of solution grown crystals is similiar to that of the bulk material.

The solution grown crystals characterized in table 1 were degraded by the method described in the experimental section. Fig. 6 shows a typical degradation curve. The logarithm of the ratio of initial base concentration to concentration at time t is plotted versus the reaction time. The order of the reaction was found to be one with respect to the base concentration and zero with respect to the polymer. The curve mainly consists of two straight lines possessing different slopes. This behaviour is interpreted as follows:

The cleavage of ester bonds starts in the amorphous surface regions of the single crystals and proceeds rather fast until the noncrystallized polymer sequences within the surface layer have reacted completely.

After this process is finished the reaction rate decreases strongly because further degradation can only occur on the crystalline core. Accordingly, the conversion of the polymer after termination of the fast reaction amounts to about 20–40% depending on the degree of crystallinity of the solution crystallized samples.

The degradation in suspension offers an important opportunity to determine the content of D-copolymer units in the remaining crystalline core. First of all, however, our explanation of the degradation curve was controlled by other techniques. The most important method for verification is the GPC of the degradation product. If hydrolysis only occurs in the amorphous regions, the molecular weight distribution after

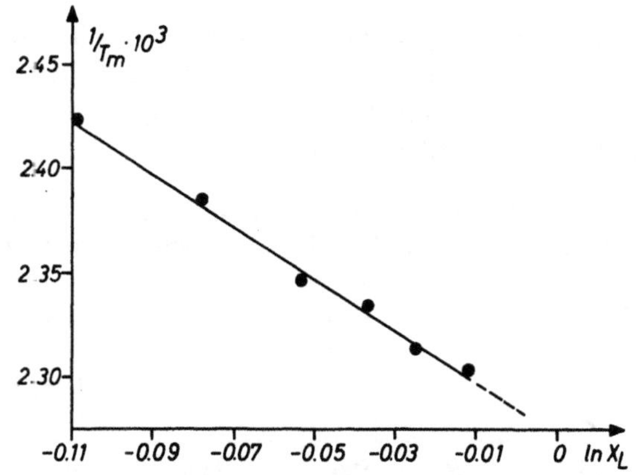

Fig. 5. Plot of $1/T_m$ versus ln X_L for the single crystals obtained at 20 °C supercooling

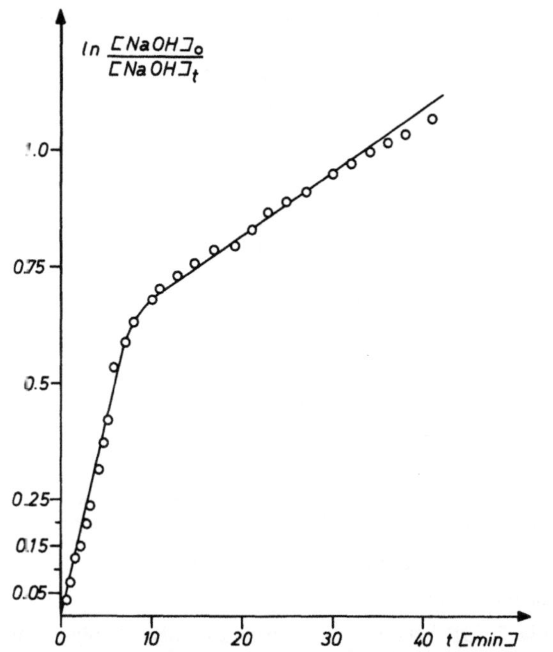

Fig. 6. Degradation curve showing the hydrolysis at 20 °C of polylactide single crystals containing 2.75% D-units. The logarithm of the ratio of the initial base concentration to the concentration at time t is plotted versus the reaction time

the reaction should resemble to the thickness of the crystal in chain direction. Fig. 7 shows a GPC-curve obtained from hydrolyzed single crystals. The three distinct peaks are nearly corresponding to the onefold, twofold and threefold of the molecular weight as expected from the known data of the crystalline phase thickness and the length of a repeating unit, which is 2.88 A (14). Table 2 shows that the calculated molecular weight is somewhat smaller than the molecular weight revealed from the position of the first GPC-peak. The differences correspond to three or four repeating units. They are caused either by the calibration of the GPC or by an inclination of about 25° of the chain axis with regard to the normal of lamellae surface.

atures decrease. The melting behaviour of lactide copolymers will be discussed in detail in a second paper and there also the alterations of the thermal data by hydrolysis will be described.

Table 2. Comparison of the molecular weights from the GPC of the hydrolyzedpolylactidesingle crystals with the molecular weight calculated from the number of repeating units of the chains in the crystalline phase

Content of D-units	T_c	Long period L [Å]	Degree of cryst. w_c	Cryst. phase thickness l [Å]	Nr. of repeating units	M_{calcul}	GPC 1. peak	2. peak	3. peak
2.75	60	106	75.0	76.9	26.7	1920	2140	4480	6310
3.75	60	112	73.1	79.2	27.5	1980	2250	4500	6890
5.2	60	117.4	68.7	78.0	27.1	1950	2200	4630	—
7.5	60	123.5	61.4	73.4	25.5	1840	2030	4520	6650
10.2	60	132	60.0	76.6	26.6	1920	2200	4400	6650

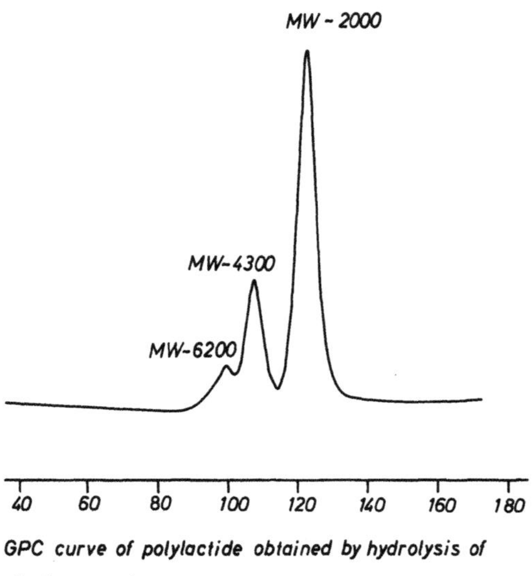

Fig. 7. GPC curve obtained from hydrolyzed polylactide single crystals. The initial fraction of D-units has been 7.5%, $T_c = 60$ °C

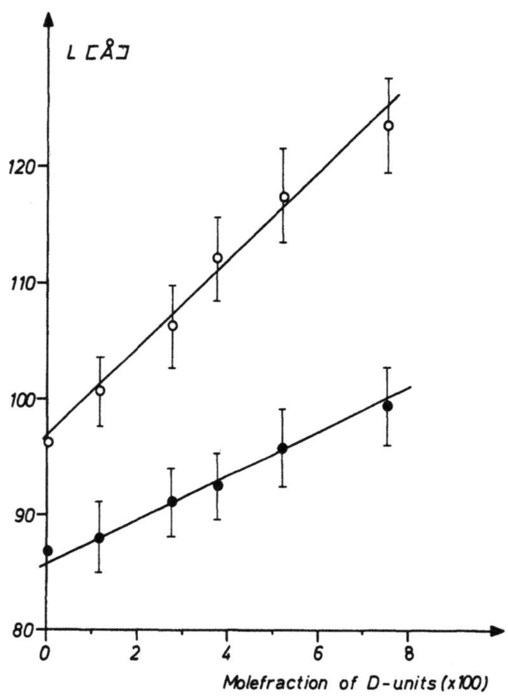

Fig. 8. Long spacings of polylactide single crystals, crystallized at 60 °C. Upper line: Unhydrolyzed single crystals. Lower line: Hydrolyzed single crystals

A further proof of the selectivity of hydrolysis is the decreasing of the long spacing due to the loss of amorphous material between the crystalline regions. Fig. 8 shows the behaviour of the long spacing before and after hydrolysis. The results show that the average distance of the crystalline regions decreases by hydrolysis.

Electron micrographs of the hydrolyzed single crystals show no essential alteration of the morphology (fig. 9). Thermal analysis also shows, that hydrolysis of the single crystals occurs selectively in the amorphous phase. Due to the loss of amorphous material the enthalpy of melting per gram increases, the melting temper-

The content of D-units in the remaining single crystals was determined by polarimetry since the rotatory strength is proportional to the number N of optical active units. For the description of our results we use the following quantities:

X_D Total mole fraction of D-units in the sample N_D/N

$X_{D,a}$ Mole fraction of D-units in the amorphous regions $N_{D,a}/N_a$

$X_{D,c}$ Mole fraction of D-units in the crystalline regions $N_{D,c}/N_c$

f $N_{D,a}/N_D$ = Fraction of D-units in the amorphous regions.

Fig. 9. Single crystal containing 2.75% D-units, hydrolyzed in a water/methanol mixture 1:2 at 20 °C

The quantity $X_{D,c}$ is determined directly from the rotatory strength of the polymer after degradation. For the calculation of f the degree of crystallinity must be known:

$$f = 1 - X_{D,c} \cdot w_c/X_D$$

Then the mole fraction of D-units in the amorphous phase is calculated by:

$$X_{D,a} = f \cdot X_D/(1 - w_c).$$

If all copolymer units are rejected from the crystalline regions as it is assumed in the equilibrium theories, the fraction of D-units in the amorphous regions should be $f = 1$. On the other hand, in the case of a complete random distribution of D- and L-units in the amorphous and crystalline regions $N_{D,a}$ is equal to $N_D \times (1 - w_c)$ and consequently $f = 1 - w_c$. The values from our measurements are listed in table 1. They are plotted in fig. 10 for two series of experiments: i) constant crystallisation temperature T_c and ii) constant supercooling ΔT_u.

In the first case a slight decrease of the fraction f of D-units in the amorphous regions is observed with increasing X_D. These results indicate, that the D-units are partially incorporated in the crystals; the number of D-units within the crystal is higher the larger the overall concentration X_D of comonomer units is.

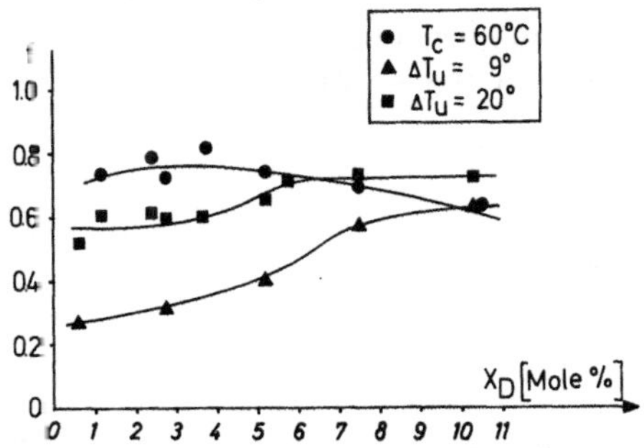

Fig. 10. Fraction of cleavable D-units f in the amorphous phase of polylactide single crystals as a function of the total amount X_D of D-units. Crystallization was carried out either at constant temperature ($T_c = 60$ °C) or at constant supercoolings ($\Delta T_u = 9$ °C and $\Delta T_u = 20$ °C)

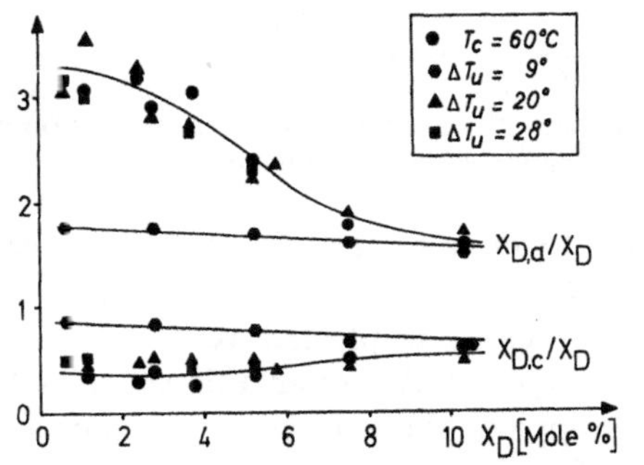

Fig. 11. The ratios of the mole fractions of D-units in the amorphous phase $X_{D,a}/X_D$ and the mole fraction of D-units in the crystalline phase $X_{D,c}/X_D$ as a function of X_D

One has to take in account, however, that by a variation of X_D the supercooling ΔT_u is also changed. If the experiment is carried out using constant supercooling, the fraction f increases, fig. 10. So supercooling represents a determining factor and the decrease of f at constant crystallisation temperature T_c is due to a diminution of the supercooling with increasing X_D.

Before discussing the role of supercooling in more detail, the variations of the mole fractions $X_{D,a}$ and $X_{D,c}$ are considered. In fig. 11 the ratios $X_{D,a}/X_D$ and $X_{D,c}/X_D$ are plotted versus the mole fraction X_D of D-units. These ratios appear to approach the value one for large concentrations X_D, this means for large X_D the molefractions of D-units in the crystalline and amorphous regions are the same and equal to the overall concentration of D-units. This behaviour can be easily understood, since for large X_D the rejection of D-units from the crystal lattice would prevent crystallisation at all.

Fig. 11 also shows that for a given copolymer the ratio $X_{D,a}/X_D$ depends on supercooling, especially when ΔT_u is small. $X_{D,a}/X_D$ is decreased if a smaller supercooling is applied in accordance with the results of fig. 10.

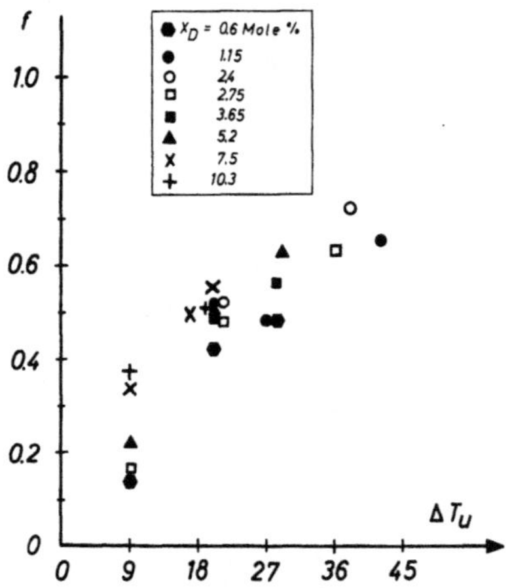

Fig. 12. Fraction of cleavable D-units f as a function of the supercooling for various copolymers

In order to demonstrate the role of supercooling in fig. 12 the fraction f of D-units in the amorphous regions is plotted versus ΔT_u for various copolymers. Although this set of data is still incomplete there is clear evidence for increasing f using smaller supercoolings. One may assume that extrapolation to $\Delta T_u = 0$ will yield $f = 1 - w_c$, i.e. an equal distribution of D-units in the ordered and disordered regions.

Most of the existing theories of copolymer crystallization (1, 2, 15) start from the assumption, that all co-units are rejected from the crystal lattice. The described results show that this is by no means true in the case of polylactide copolymers. There are other examples of inclusion of co-units in the crystal already described in literature (3, 4, 16).

One could assume that the inclusion of co-units is only due to kinetic effects. In this case, however, one should expect, that the influence of supercooling is just opposite to the observed behaviour. Application of larger supercooling leads to an increase of the rate of crystal growth and to a decrease of the time available for the attachment of a chain sequence at the growing crystal face. So the concentration of co-units in the crystal should increase if the inclusion of those units is caused by the kinetics of crystal growth.

On the base of our results (see fig. 12) we believe that the distribution of D-units between the crystalline and amorphous phases is more or less governed by equilibrium conditions, although the thickness of the crystal may be controlled by the kinetics of crystal growth.

A simple model taking into account on one hand the free energy of a defect in the crystal and on the other hand the entropy decrease due to the segregation leads to a qualitative agreement of theoretical values with the experimental data. Quantitatively some systematic deviations are observed which have to be explained by a more sophisticated theory which is now in progress.

The including of D-units in the L-lattice is also proved by the annealing behaviour (fig. 13).

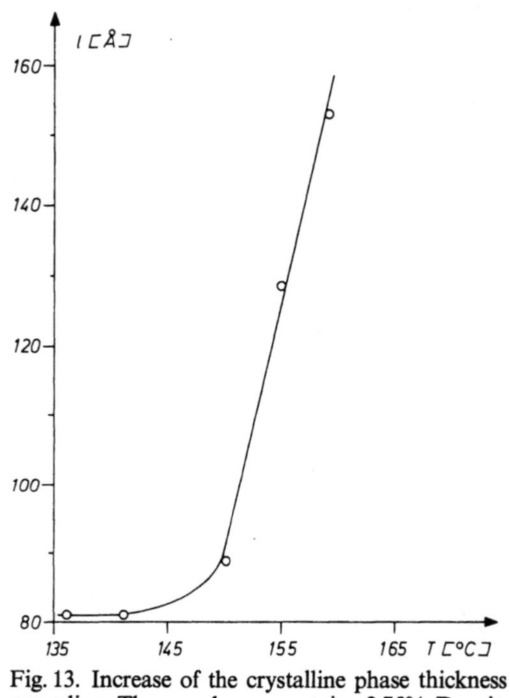

Fig. 13. Increase of the crystalline phase thickness l by annealing. The copolymer contains 2.75% D-units and was crystallized at 75 °C. The samples were annealed in air for 5 h

The lamellae thicknesses of the undegradated copolymers increase with increasing annealing temperature. This behaviour involves that the D-units are able to migrate into the L-lattice by annealing.

b) Melt crystallized material

Hydrolysis of the described foils under similar conditions as in the case of the single crystals does not lead to a selective cleavage of ester bonds in the disordered phase. This was proved by thermal analysis, polarimetry and GPC. But we obtained an other unexpected effect, that is the selective degradation of the spherulite centers. Fig. 14 shows a foil after treatment with base. There is no center remaining. Fig. 15 shows an electron micrograph of a surface replica of the same foil.

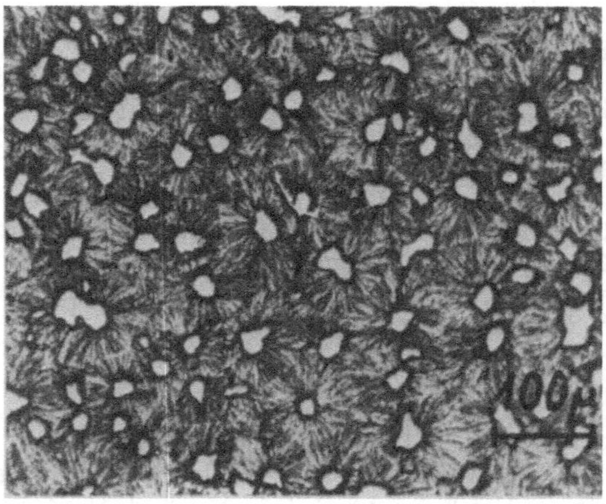

Fig. 14. Polylactide foil after treatment with sodium hydroxide in a water/methanol mixture 1:2 at 70 °C for 3 h. The base concentration was 0.02 n

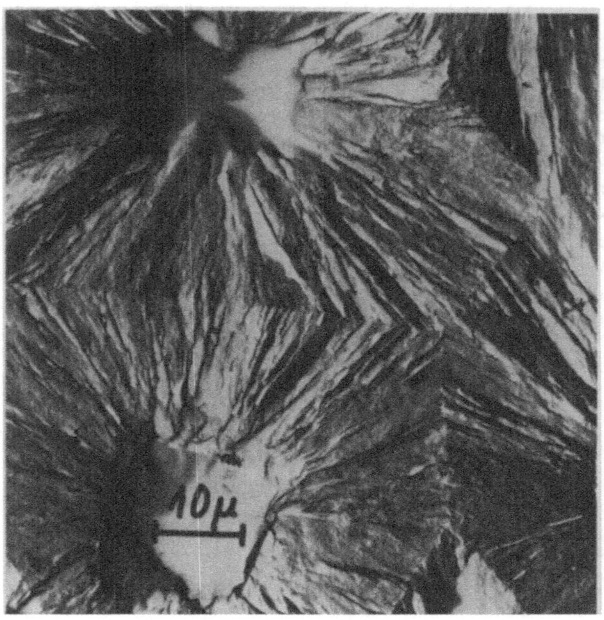

Fig. 15. Electronmicrograph of a surface replica of the foil shown in fig. 14.

This behaviour shows that the centers must be more sensible to the base than the outer regions of the spherulites. This is an evidence, that there must be a high fraction of disordered material in the centers, maybe due to a high concentration of defects formed during nucleation of the spherulites.

It is worth mentioning that a controlled degradation is not possible in the gaseous phase. The copolymers in form of dried single crystals or foils were treated with isopropylamine at 350 Torrs (initial pressure) at 80 °C. The amount of conversion was studied by measuring the decreasing vapour pressure of the isopropylamine. No selective degradation in the amorphous regions was observed, but the single crystals were degraded from the edges. It seems therefore, that the swelling effect of the dispersing agent is of importance. In water-methanol mixtures the contact between the individual lamellae is loosened and so the hydroxide ions can migrate into the lamellar surfaces cleaving the ester bonds in the amorphous regions. But when there is no swelling, as during the treatment with the gaseous amine, this condition for a selective reaction is not accomplished.

Conclusions

The results of this work lead to the following conclusions:

1. The disordered regions of single crystals of polylactide copolymers are selectively degraded with sodium hydroxide in a suspension. The selective cleavage of ester bonds in the disordered regions produces oligomers possessing a very narrow molecular weight distribution corresponding to the thickness of the crystalline phase.
2. The dispersing agent plays an important role due to swelling effects as it is shown by the different behaviour using hydrolysis in the gaseous phase.
3. The amount of comonomer units included into the L-lactide crystal lattice depends strongly on the supercooling. Extrapolation to $\Delta T_u = 0$ yields an equal distribution of D-units in the ordered and disordered regions. This behaviour can be explained qualitatively by equating the chemical potential of the L-units in the amorphous phase with the chemical potential of the L-units in the crystalline phase.

Acknowledgment

This work is part of a research project of the Sonderforschungsbereich 41 der Deutschen Forschungsgemeinschaft. The authors wish to thank the DFG for financial support. They are indebted to Prof. Dr. *W. Heitz* and Dipl.-Chem. *R. Walz*, Institut für organische Chemie der Universität Mainz, for the GPC measurements.

Summary

Lactide copolymers consisting of L- and DL-lactide were prepared and crystallized from solution and from melt. Crystallization from solution yielded single crystals, which were examined by electron microscopy, X-ray small angle scattering and DSC. The single crystals were treated with dilute sodium hydroxide in order to obtain a selective cleavage of the ester bonds in the disordered regions. Electron microscopy, GPC and X-ray small angle scattering were applied for proving the selectivity of the hydrolysis. The comparison of the rotatory strength of the copolymers before and after hydrolysis shows that the D-units are partially included into the L-lactide lattice. The distribution of the D-units between crystalline and amorphous phase depends strongly on the supercooling. Hydrolysis of spherulitic foils under similar conditions yields no selective reaction. In this case the centers of the spherulites are degraded selectively.

Zusammenfassung

Die Synthese von Copolylactiden aus L- und D,L-Lactid und die Kristallisation der Copolymeren aus Lösung und aus der Schmelze werden beschrieben. Die durch Lösungskristallisation erhaltenen Einkristalle wurden mit Hilfe der Elektronenmikroskopie, der Röntgenkleinwinkelstreuung und differentialthermoanalytisch (DSC) charakterisiert. Durch Behandeln mit verdünnter Natronlauge wurden die Esterbindungen in den ungeordneten Bereichen der Einkristalle selektiv gespalten. Die Selektivität der Hydrolyse wurde mit Hilfe der Gelchromatographie, der Elektronenmikroskopie und mit der Röntgenkleinwinkelstreuung überprüft. Durch Vergleich der optischen Drehwerte der Copolymeren vor und nach der Hydrolyse der fehlgeordneten Bereiche ergibt sich, daß die D-Einheiten teilweise in das Gitter der L-Einheiten eingebaut werden. Die Verteilung der D-Einheiten zwischen kristalliner und amorpher Phase hängt vom Grad der Unterkühlung bei der Kristallisation ab. Hydrolyse von sphärolithisch kristallisierten Folien unter ähnlichen Bedingungen ergibt keinen selektiven Abbau der fehlgeordneten Bereiche. In diesem Fall werden jedoch die Zentren der Sphärolithe bevorzugt angegriffen.

References

1) *Flory P. J.*, Trans. Faraday Soc. **51**, 848 (1955).

2) *Kilian, H. G.*, Kolloid. Z. u. Z. Polymere **231**, 534 (1969).

3) *Fischer, E. W.* and *H. Hespe*, Kolloid Z. u. Z. Polymere **231**, 558 (1969).

4) *Kortleve, G., C. A. F. Tuijnman*, and *C. G. Vonk*, J. Polymer Sci. **A**2, **10**, 123 (1972).

5) *Blundell D. J.* and *A. Keller*, J. Polymer Sci. **A2**, **5**, 991 (1967).

6) *Palmer, R. P.* and *A. J. Cobbold*, Makromol. Chem. **74**, 174 (1964). – *Shida M. S.* et al., Polym. Letters **4**, 347 (1966). – *Holdsworth, P. J.* and *A. Keller*, Makromol. Chem. **125**, 82 (1969). – *Kawai, T., K. Ujikara* and *H. Maeda*, Makromol. Chem. **132**, 87 (1970).

7) *Fischer, E. W.*, Kolloid. Z. u. Z. Polymere **231**, 458 (1969).

8) *Keller, A.*, Rep. Progr. Phys. **31**, 623 (1968).

9) *Hespe, H.*, Dissertation (Mainz 1968).

10) *Hoffman, J. D.* et al., Kolloid. Z. u. Z. Polymere **231**, 564 (1969). – *Sanchez, J. C.* and *E. A. Di Marzio*, J. Res. Nat. Bur. Stand. **76** A, 213 (1972).

11) *Guthmann, W.*, Dissertation (Mainz 1967).

12) *Kleine, J.* and *H. H. Kleine*, Makromol. Chem. **30**, 23 (1959).

13) *Burchard, W.*, unpublished results, Institut für makromolekulare Chemie (Freiburg 1967).

14) *Fischer, E. W.*. and *J. Kaiser*, unpublished results, (Mainz 1969).

15) *Baur, H.*, Kolloid-Z. u. Z. Polymere **203**, 97 (1965); **212**, 97 (1966).

16) *Eby, R. K.*, J. Res. Nat. Bur. Stand. **68A**, 269 (1964); J. Appl. Phys. **34**, 2442 (1963).

Authors' address:

Prof. Dr. *E. W. Fischer* et al.
Institut für Physikalische Chemie der Universität
6500 Mainz, Jakob-Welder-Weg 15

Kolloid-Z. u. Z. Polymere **251**, 991–1005 (1973)

Lectures during the labour conference of the Fachausschuß Physik der Hochpolymeren in the course of the spring meeting of the Arbeitskreis Festkörperphysik bei der Deutschen Physikalischen Gesellschaft from March 21 to 23, 1973 at Münser/Westf.

From the Celanese Research Company, Summit, New Jersey (U.S.A.)

X-ray diffraction and morphology of crystalline, hard, elastic materials

By H. D. Noether and W. Whitney

With 16 figures and 2 tables

(Received February 1, 1973)

A major advance in polymer science in the last decade has been the development of an understanding of the morphology of crystalline polymers. The practical application of this knowledge is still very new, however the examples are increasing of control of morphology for the improvement of properties and rational design of new morphologies with special properties. This article, part of a series on hard, elastic polymeric materials (1), explores in detail a particular morphology, and discusses the distinctive and unusual macroscopic properties of these materials, properties for which a direct correlation with morphological features seems to exist.

Early X-ray and structural studies of crystalline polymers were interpreted in terms of a two phase, fringe-micelle model; a single molecule was thought to pass through a number of crystallites and the intervening amorphous regions, the crystallites thereby serving as mechanical cross-links in the matrix. This perfectly logical and useful model of polymer structure, however, was proven inadequate and probably incorrect in view of the investigations on the growth structure and properties of polymer single crystals from solution. A most significant observation of single crystals showed not only that these crystals grew in a lamellar habit but also that the molecular chain axes are oriented perpendicular to the plane of the thin, flat lamellae. Thus, the individual molecules being, in general, folded back and forth within a given lamella and the fold period corresponding to the lamellar thickness, the lamellae are separate and independent entities.

Further, it was established that the concept of folded chain lamellae is equally valid for certain polymers crystallized from the melt although the fringed-micelle concept remains useful for some less ideal cases. Recognizing that during the processes of dense nucleation and contiguous growth in crystallizing melts, the probability of individual chains being incorporated in several adjacent lamellae is higher than in solution crystallization, nevertheless, the relative independence of the individual lamellae is a most significant aspect of this structure model. Certainly, the response of such a structure to deformation will be very different from that of the fringed-micelle model.

Supra-aggregates of crystallites such as spherulites have long been recognized and studied as a necessary step in the complete understanding of structure-property relationships, even though this understanding is difficult due to the large amount of randomness in the micro-structure of these aggregates. It is only recently that the full importance of the variability and specificity of the relative amount of order on this larger scale and its dependence on experimental factors has been realized. For example, by proper control of stress, temperature, thermal gradient etc., during crystallization and aftertreatment, bulk polymer samples with good superstructural order over distances of thousands of angstroms are possible.

In this paper, X-ray and electron microscopic results on several crystalline polymers which demonstrate elastic properties (polypropylene, Celcon® [1]), and poly-4-methyl pentene, etc.) will be reported. Photographic small angle X-ray diffraction techniques provided considerable qualitative information concerning the morphological features of these elastic materials both "as extruded" and during extension. Lamellar thickness, thickness distribution, concentration and perfection of lamellar sizes could be estimated. Lateral order features and orientation of the lamellar structures were obtainable from wide angle X-ray diffraction (spharpness and length of equatorial diffraction arcs). Electron microscopic results essentially confirmed the morpho-

[1]) Celcon®: Registered Trademark of Celanese Acetal Copolymer.

logical features postulated on the basis of the X-ray results. These morphological features are discussed in terms of a general structural model which appears consistent with the mechanical properties of these materials.

Even though there are only a few publications discussing hard elastic material specifically, there is considerable literature of an allied nature. Samples of polypropylene which exhibit the properties of hard elastic materials to some extent have been made, studied and characterized. *Samuels* (2) has studied spun and drawn yarns of polypropylene by various experimental techniques. Some of his results coincide with ours, his interpretation though is different, because his materials do not adequately possess the properties noted in the hard elastic materials of this report. Some similar duPont work, described in the patent literature (3), gives more closely the properties of hard elastic polypropylene and polypivalolactone without giving a morphological explanation or interpretation of the phenomenon. Other studies of spun, drawn or oriented polypropylene have been reported (4), as well as studies of morphology and crystal growth, from the melt and dilute solution (5, 6). These studies help to identify certain characteristics of the hard elastic polypropylene but do not define the particular structural features and their correlation to the unique macroscopic properties.

The studies of *Keller* et al. of the detailed morphology of oriented polyethylene during annealing (7), during deformation (8), or after certain types of stress crystallization (9) are more pertinent for this correlation. These studies contain the basic background on the variables of forming and annealing conditions, on the details of morphology, and the resultant properties.

Idealized morphologies of hard elastic materials and their behavior on extension have very recently been reported by *Clark* (10) on the basis of work at duPont with Delrin®[2]), polypropylene and polypivalolactone (3). His model and one of his proposals of the extension mechanism agrees with the model to be discussed in detail in this paper and also referred to in a previous summary publication (1). The degree of elasticity, observed in some of the materials to be reported, however, requires a morphological perfection, not available to the workers, referred to above.

[2]) Delrin®: Registered Trademark: DuPont Acetal Homopolymer.

Experimental procedures

A. Samples and sample preparation

Polypropylene[3]), Celcon®[4]) and poly-4-methylpentene[5]) fibers were melt extruded under a wide range of melt temperature, draw-down and quench conditions, to yield materials of a wide range of crystalline order and orientation. The samples were studied both "as extruded" and after annealing treatments at constant length in the range between 60 °C and a temperature about 10–20 °C below their respective melting points. The samples have been characterized and identified in this article in terms of their distinctive elastic properties. Of these properties, the immediate elastic recovery of sample length from 50% (ER_{50}) or 100% (ER_{100}) extension is most conveniently used to differentiate between the relative degrees of elastic behavior. Other characteristics unique to hard elastic materials will be reported in the future.

B. X-ray diffraction methods

Wide angle and small angle X-ray diffraction patterns were obtained with Ni-filtered CuK_α radiation using a Rigaku Denki rotating anode, high intensity X-ray generator (90–100 mA, 40–50 kV). Exposure times ranged from 5–10 min to 3–16 h depending on the electron density differences of the samples. Usually the sample to film distance was 300 mm. Fiber bundles and films were photographed "as is" or in the extended state in stretch holders. Flat plate and cylindrical cameras were used for the wide angle work, Rigaku Denki small angle goniometers with pinhole optics and vacuum path (the vacuum path starts behind the sample and includes beam stop and film holder), for small angle photographs. When required, the photographs were evaluated with a *Joyce-Loebl* Microdensitometer.

Experimental results

A. X-ray studies of "as is" and annealed samples

1. X-ray studies of "as extruded" materials

The small and wide angle diffraction patterns of samples of polypropylene and Celcon fibers having ER_{100} values of 80 and 71% respectively, are given in fig. 1. The wide angle patterns indicate a high or moderate degree of orientation, respectively; however, the orientation is not as high as often observed for high tenacity fibers of the same polymer. The small angle patterns of these "as extruded" elastic fibers only show either pairs of

[3]) Hercules Profax no. 6301; Melt Index: 15.0 (230 °C) ASTM-D-1238.

[4]) Celanese Celcon® M90-10; i.v. = 1.4 dl/g (20) i.v. $= \frac{\ln \eta_r}{c(0.1\%)}$.

[5]) Phillips Petroleum, experimental sample, i.v. = 1.94 dl/g (0.1% solution in decalin at 135 °C).

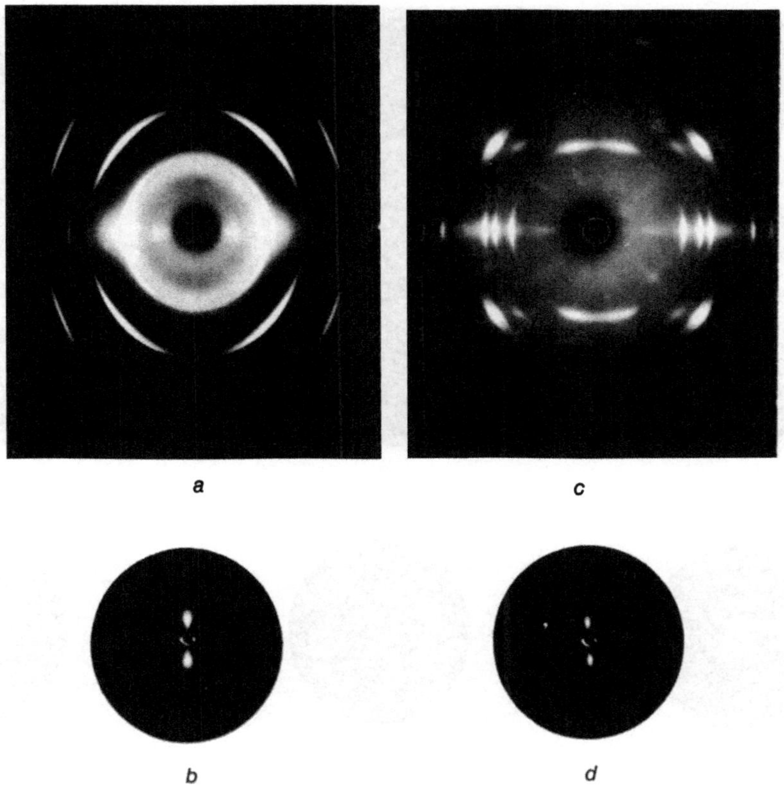

Fig. 1. WAXR and SAXR pattern of some elastic fibers "as prepared". (a) WAXR Celcon, Unicam cyl. camera (30 mm spacing). (b) SAXR Celcon, exp. time: 1 h (ER_{100} = 71%). (c) WAXR Polypropylene, Unicam cyl. camera (57.3 mm spacing). (d) SAXR Polypropylene, exp. time 1.5 h (ER_{100} = 80%)

spots or narrow fan-like streaks on the meridian and no other discrete scattering. For these samples, the average spacing determined from the most intense pair of spots, assuming discrete scattering and following *Bragg*s law, would indicate an average long period of about 140 Å for Celcon (scattering from beginning to end of fan-like streak 110–170 Å) and 130–140 Å for polypropylene (range 100–200 Å).

The features of the wide angle pattern show that the polymer chain direction is primarily parallel to the fiber axis (Celcon, poly-4-methylpentene) although in the case of polypropylene the wide angle patterns reveal both *a* and *c* axes oriented in the fiber direction due to twinning (19). The small angle patterns show that the lamellar structural units have their chain fold planes arranged preferentially normal to the fiber axis. This seems to be the preferred arrangement for most of the lamellar crystals independent of unit cell crystal structure. In spite of the strong twinning visible in the PP WAXR pattern, no pronounced equivalent SAXR pattern has been noted, only a meridional spot or fan being visible.

A polypropylene series, extruded in the range from 230–340 °C, shows a wide range of structural features from samples of very low crystalline order and no preferred orientation (by wide angle X-ray) to a rather well oriented system of good crystalline order (fig. 2A). The corresponding small angle patterns range from a rather weak ring (randomly oriented lamellae) to a fan-like meridional streak, characteristic for samples of good elastic behavior. Fig. 2B shows the same series after annealing at 140 °C. Table 1 collects the long period spacings and elastic recovery values of these samples "as is" and after annealing at 140 °C for 30 minutes.

2. *Effect of annealing conditions*

Annealing conditions for Celcon and polypropylene fibers ranged from 10–60 minutes in a temperature range from 60–160 °C, all annealing being done in air (except for Celcon samples above 140 °C). Figs. 3 and 4 show a representative series of SAXR Celcon and polypropylene patterns. With increasing temperature of annealing the patterns improve in perfection and the long

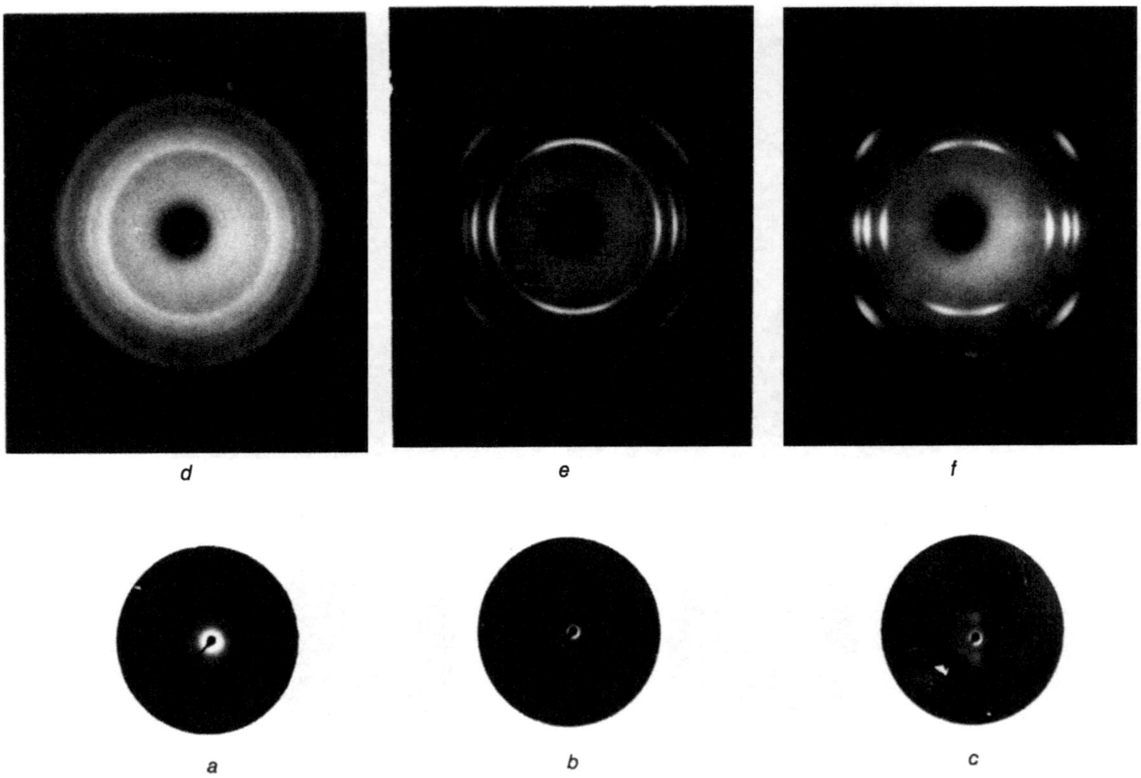

Fig. 2A. Polypropylene samples with different degrees of order and orientation "as is"

SAXR

	Nominal spin temp. (°C)	Exposure time (h)	ER_{50} (%)
(a)	320	16	37
(b)	280	2	49
(c)	230	2	86

WAXR

(d)	320	Unicam cyl. camera (57.3 mm spacing)
(e)	280	Unicam cyl. camera (57.3 mm spacing)
(f)	230	Unicam cyl. camera (57.3 mm spacing)

Table 1. Small angle spacings and ER_{50} as function of spinning and annealing conditions (polypropylene fibers)

Spin temp. (°C)	ER_{50} (%)	SAXR (Å)	Annealed (140 °C, $^1/_2$ h) ER_{50} (%)	SAXR (Å)
320	37	~110	54	~170
300	41	–	58	~170
280	49	~130	84	~170
260	60	–	93	~170
230	86	~145	93	~170

period spacing increases. Disorientation has been noted in the wide and small angle patterns only under the most severe annealing conditions.

The plots of figs. 5 and 6 show the dependence of the long period spacing of Celcon and polypropylene as function of annealing temperature. This dependence is essentially in agreement with data of *Blais* and *Manley* (11). The corresponding small angle patterns (figs. 3 and 4) reveal not only a change in spacing but also increases in scattering intensity and sharpness of the meridional spots with increasing annealing. The improvement in structural uniformity on annealing of polypropylene samples at 140 °C or higher is suggested both from the extreme sharpness of the meridional spot as well as from the appearance of what appears to be its second-order reflection.

B. *Effect of extension: X-ray studies*

A major part of this investigation was concerned with the elucidation of the structural changes during deformation of these fibers. Because of the availability of a high intensity X-ray source, both wide and small angle patterns could be obtained with very short exposure times, thus avoiding any averaging of the structure due to

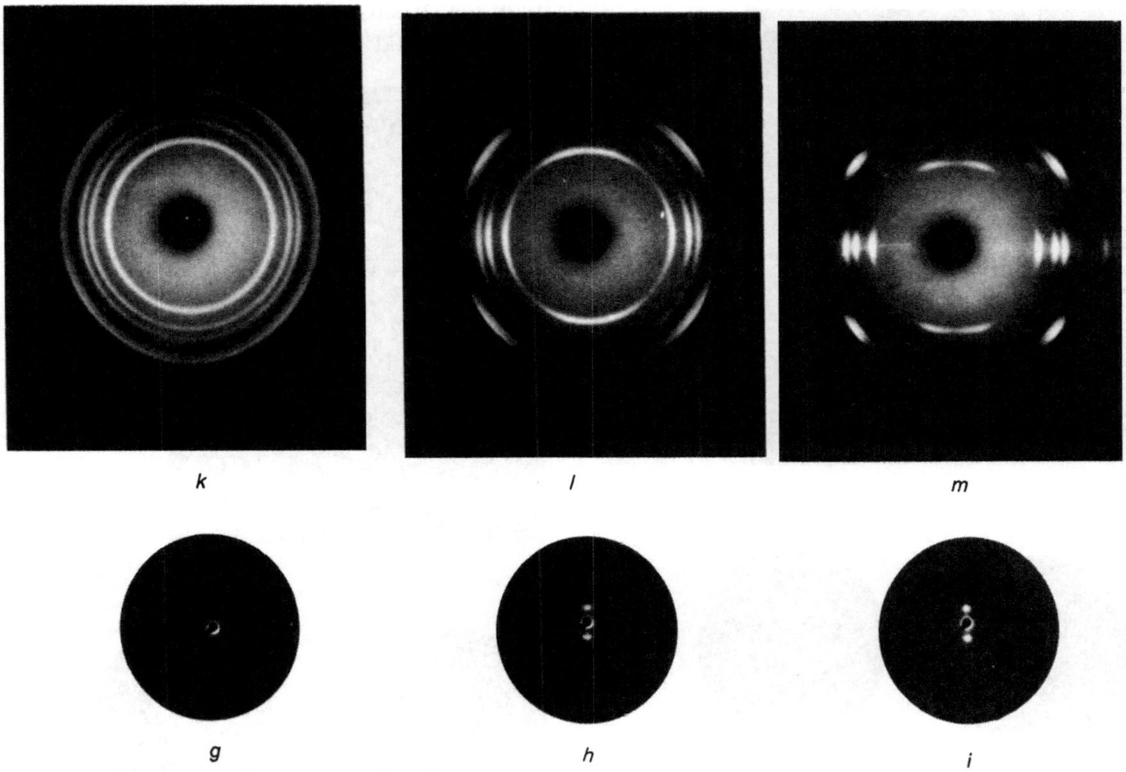

Fig. 2B. Polypropylene samples with different degrees of order and orientation after annealing at 140 °C for 45 min

SAXR

	Nominal spin temp. (°C)	Exposure time (h)	ER_{50} (%)
(g)	320	2	54
(h)	180	2	84
(i)	130	2	93

WAXR

(k)	320	Unicam cyl. camera (57.3 mm spacing)
(l)	280	Unicam cyl. camera (57.3 mm spacing)
(m)	230	Unicam cyl. camera (57.3 mm spacing)

Table 2. SAXR spacings observed in polypropylene fibers as a function of annealing temperature

Annealing temp. (°C)	Fiber "as annealed" A_1 (Å)	A_2 (Å)	Fiber "on extension" (30–100%) A_1	A_2 (Å)
120–135	160–180	~90	variable, $f(\varepsilon)$	120–130
150	200	95–100	"	135–140
160	280–300	125–140	"	200

Notes: (1) The exposure time for the "as annealed" pattern is about 2–3 h unless special features are to be brought out (see fig. 2). – (2) The exposure time for extended samples in air is usually about 5–20 min (see fig. 4).

large scale relaxation during exposure. In addition, one of the features of these elastic materials is their stability under stress, especially when the material is annealed at high temperatures prior to extension; thus relaxation usually was avoidable.

Upon extending hard elastic fibers above 30% at room temperature and observing the small angle X-ray patterns under stress, the following general features were noted: a) There was a considerable increase in the scattering intensity in the extended state (exposure time dropped from 1 to 2 h to 5–20 minutes, see resp. figs. 8, 9, 10). b) The position of the center of the first meridional spot moved towards longer spacings approximately proportional to the degree of extension. The spot also expanded somewhat in the lateral direction.

c) A weaker, second spot, appearing most clearly in polypropylene patterns, and corresponding to a shorter spacing, maintained its position; a position which seems to depend only on the annealing temperature of the starting material. This spacing increased with increasing annealing temperature and was about 40–70 Å smaller than the spacing of the unextended, annealed precursor. The intensity of this spot appeared to

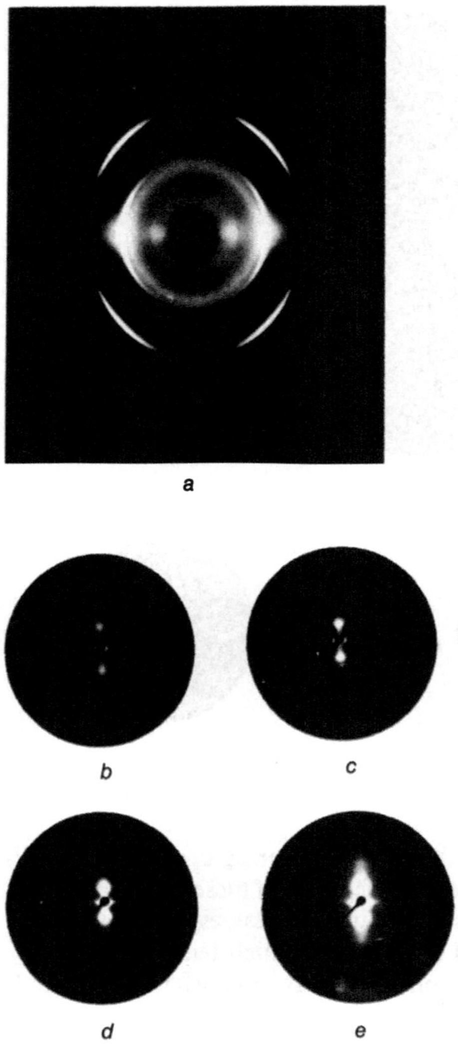

Fig. 3. WAXR and SAXR pattern of Celcon fibers as function of annealing temperature

(a) WAXR Celcon annealed 110 °C/1 h, Unicam cyl. camera (30 mm spacing) $ER_{100} = 80\%$

SAXR Celcon

	Annealed (°C)/(h)	Exposure time	ER_{100} (%)
(b)	110/1	15 min	80
(c)	160/1	30 min	90
(d)	150/1	1 h	89
(e)	150/1	6 h	89

have a maximum in the 50–60% stretch range. d) Polypropylene samples annealed at 135 to 140 °C and higher showed practically complete reversibility of position and intensity of small and wide angle X-ray patterns during the extension cycles, thus indicating a very high reversibility of the structural features (at least for elongations up to 100%).

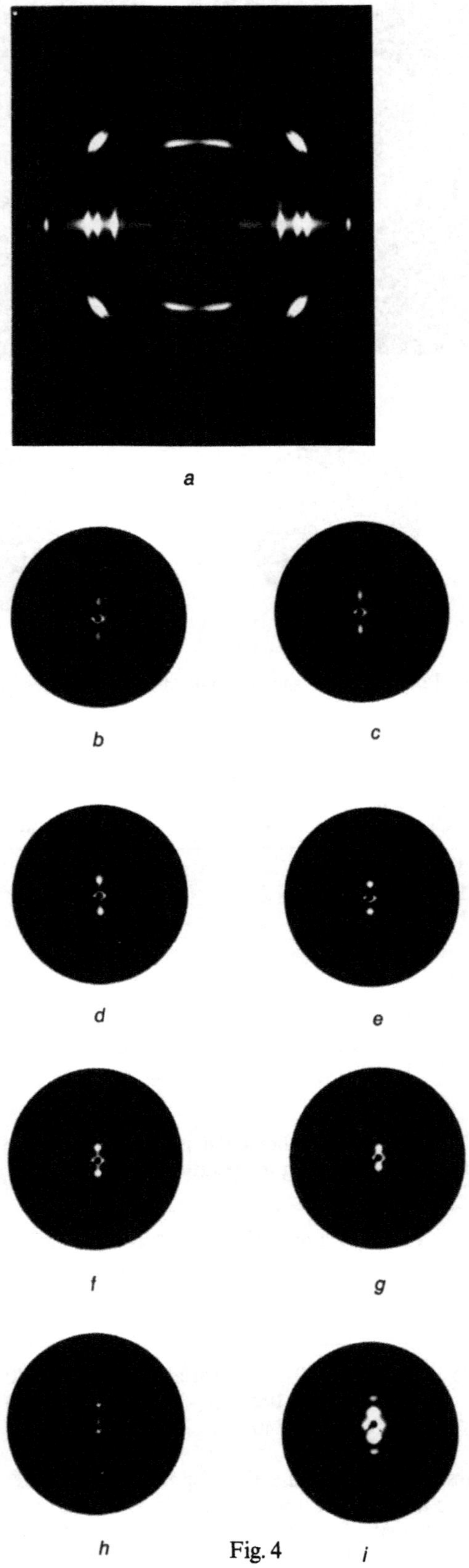

Fig. 4

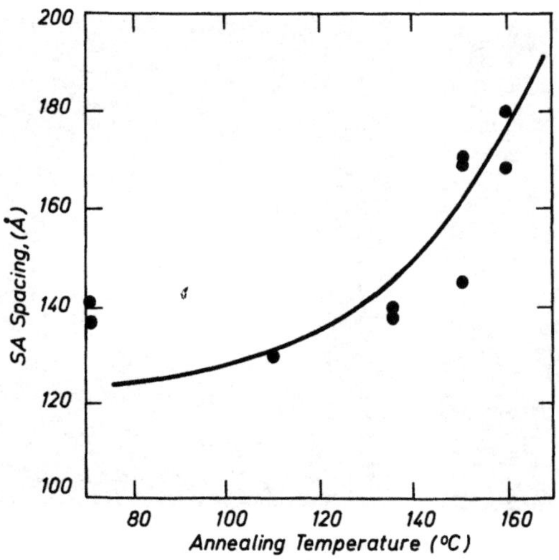

Fig. 5. Celcon SAXR spacing as a function of annealing temperature

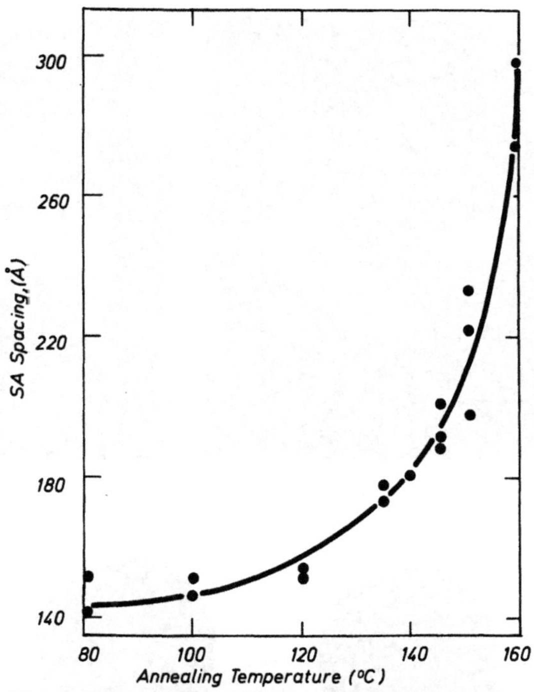

Fig. 6. Polypropylene SAXR spacing as a function of annealing temperature

Fig. 7 and table 2 show the spacings for polypropylene samples prior, during and after extension; fig. 8 illustrates the characteristics of the diffraction pattern for specific annealing temperatures. Similar data for un-annealed polypropylene ($ER_{100} = 80\%$) and annealed Celcon ($ER_{100} = 89\%$) fibers are shown in fig. 9. It is quite apparent that these samples do not possess the same perfection in morphology as the annealed polypropylene samples. Both the orientation of the lamellae and their size distribution in the samples prior to extension are inferior in quality to those of annealed polypropylene. As a result, the reversibility to the original state after extension is also not as complete.

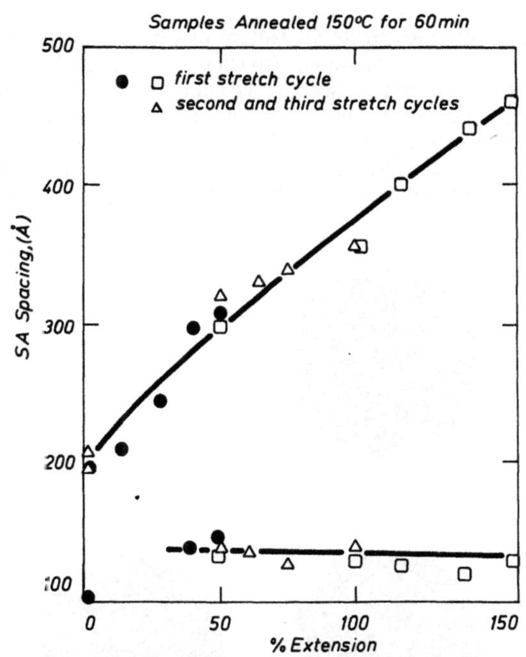

Fig. 7. Polypropylene SAXR spacing as a function of extension

Fig. 4. WAXR pattern of a polypropylene fiber annealed at 150 °C/1 h and SAXR pattern of the same fiber as a function of annealing temperature

(a) WAXR Polypropylene, annealed 150 °C/1 h, Unicam cyl. camera (57.3 mm spacing)

SAXR

	Annealed (°C)/(h)	Exposure time (h)	ER_{100} (%)
(b)	70/1	1.5	87
(c)	90/1	1.5	92
(d)	120/1	1.5	95
(e)	140/1.5	2.0	96
(f)	155/1	1.5	97
(g)	160/1	1.5	97
(h)	150/1	1/2	97
(i)	150/1	16.0	97

Finally, fig. 10 shows the behavior of an oriented poly-4-methyl pentene fiber as a function of extension ($ER_{50} = 95\%$). This fiber, annealed at 180 °C for 1 h, showed only a slight equatorial streak probably due to some highly elongated voids in the fiber direction. No meridional spots

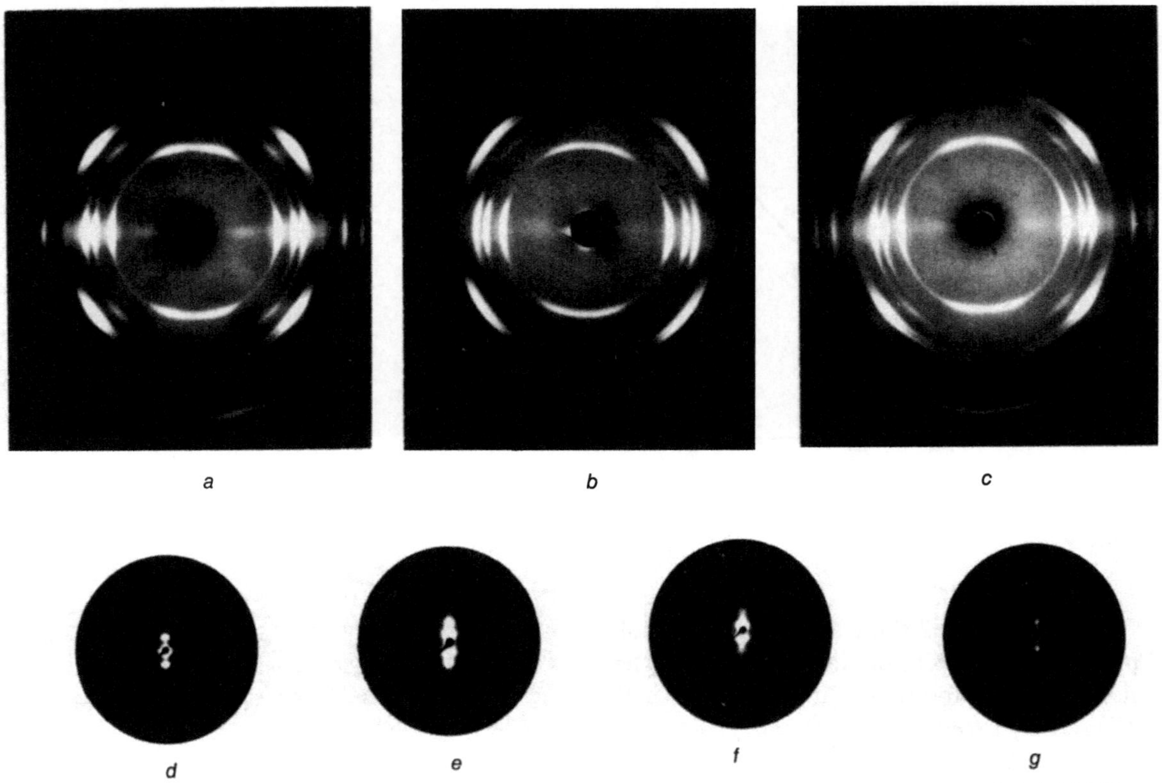

Fig. 8. WAXR and SAXR pattern of annealed polypropylene. (a) WAXR Polypropylene film annealed 140 °C/$^3/_4$ h "as is", Unicam cyl. camera (spacing 57.3 mm). (b) WAXR Polypropylene film annealed 140 °C/$^3/_4$ h, 73% extension, Unicam cyl. camera (spacing 57.3 mm). (c) WAXR Polypropylene film annealed 140 °C/$^3/_4$ h, relaxed after extension, Unicam cyl. camera (spacing 57.3 mm). (d) SAXR Polypropylene fiber annealed 150 °C/1 h, "as is" (ER_{100} = 96%), exp. time 3 h. (e) SAXR Polypropylene fiber annealed 150 °C/1 h, 50% extension, exp. time 10 min. (f) SAXR Polypropylene fiber annealed 150 °C/1 h, 100% extension, exp. time 20 min. (g) SAXR Polypropylene fiber annealed 150 °C/1 h, relaxed after 100% extension, exp. time 20 min

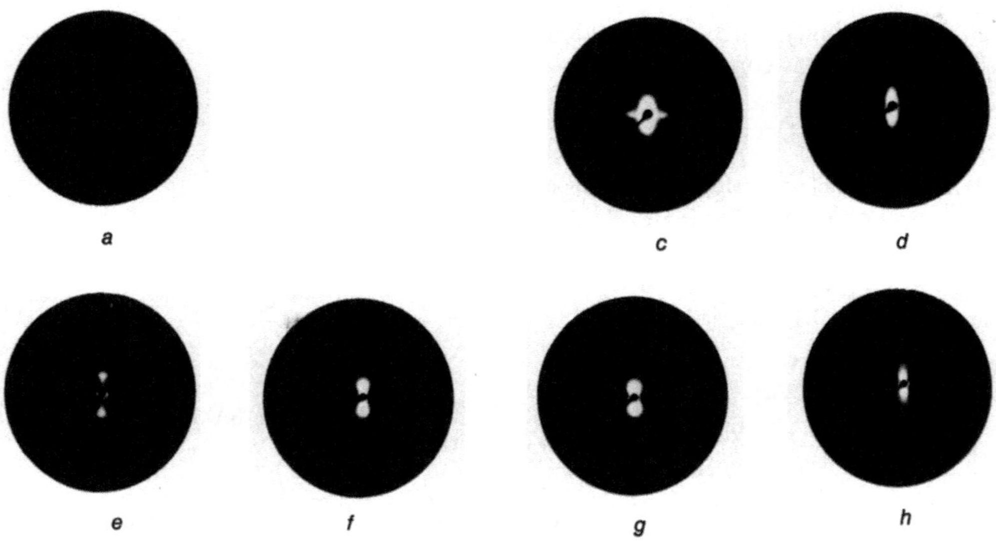

Fig. 9. Polypropylene "as is" SAXR pattern as function of extension. (a) SAXR Polypropylene "as is", exp. time 30 min. (b) SAXR Polypropylene, 30% extension, exp. time 20 min. (c) SAXR Polypropylene, 100% extension, exp. time 20 min. (d) SAXR Polypropylene relaxed after 100% extension, exp. time 20 min. – Celcon fiber, annealed 150 °C/1 h, SAXR pattern as function of extension. (e) SAXR Celcon "as is", exp. time 2 h. (f) SAXR Celcon, 40% extension, exp. time 15 min. (g) SAXR Celcon, 100% extension, exp. time 15 min. (h) SAXR Celcon relaxed after 100% extension, exp. time 1 h

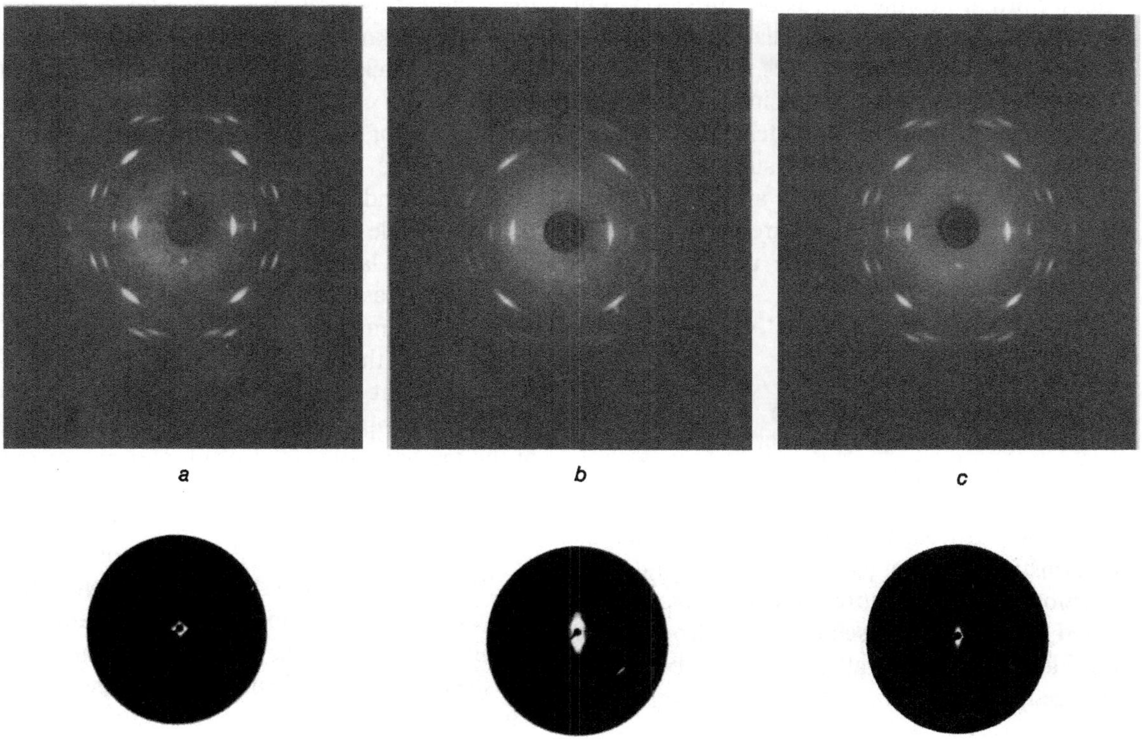

Fig. 10. WAXR and SAXR pattern of poly-4-methylpentene as a function of extension (ER_{50} = 95%). (a) WAXR of fiber annealed at 180 °C/1 h "as is", flat plate camera (50 mm spacing). (b) WAXR of fiber annealed at 180 °C/1 h, 50% extension, flat plate camera (50 mm spacing). (c) WAXR of fiber annealed at 180 °C/1 h, relaxed after 50% extension, flat plate camera (50 mm spacing). (d) SAXR of fibers annealed at 180 °C/1 h "as is", exp. time 3 h. (e) SAXR of fibers annealed at 180 °C/1 h, 50% extension, exp. time 1 h. (f) SAXR of fibers annealed at 180 °C/1 h, relaxed after 50% extension, exp. time 1 h

were observed even on very long exposures. On stretching to 50%, the typical strong pattern appears, as seen for polypropylene, at this extension, only to practically disappear again when stress is released. Thus the basic morphology of this specimen is revealed during extension to be identical to that of polypropylene and the other elastic materials.

Fig. 11. Electronmicrograph of elastic Polypropylene, annealed at 144 °C for 10 min

C. Electron microscopy study[6]

Electron microscopic studies of the elastic fibers and films will be reported in detail elsewhere. In general very well developed stacks of crystal lamellae are noted with interlamellar sur-

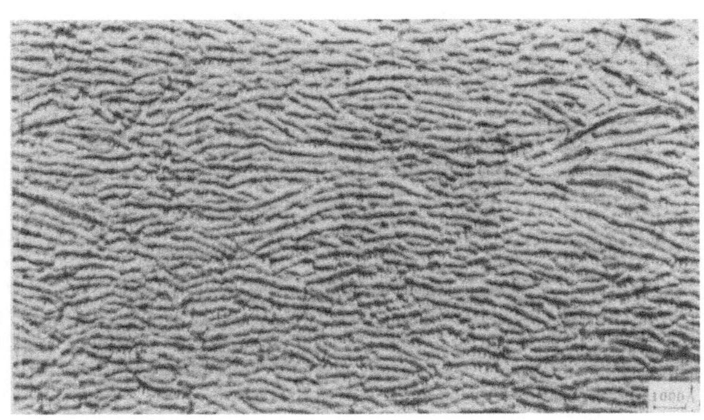

Fig. 12. Electronmicrograph of elastic Polypropylene, annealed at 144 °C for 10 min and extended about 80%. (Both photographs through courtesy of Dr. *I. L. Hay*)

[6]) The two photographs were provided by Dr. *I. L. Hay* of this laboratory.

faces normal to the extrusion direction. On annealing, the size of the lamellae becomes more uniform; their thickness agrees with the dimensions of the meridional spacings observed in small angle scattering. On extension, voids are created between the lamellar surfaces. The two electronmicrographs (figs. 11 and 12) are examples of the lamellar structure of an annealed polypropylene sample in the unextended and extended state, respectively.

Discussion of results

The discussion is primarily concerned with polypropylene, this polymer serving as an illustrative example of the similar, though not identical, results for the other polymers. Furthermore, since the hard elastic polypropylene materials demonstrate the best elastic properties and have the most regular structure of the polymers investigated, it is the most useful polymer from which an idealized structural model can be hypothesized.

A. Analysis of wide and small angle diffraction features of "hard" elastic materials

What are the important characteristics of a "good" elastic material i.e., one having a high degree of recovery from large extensions? Wide angle X-ray diffraction patterns show that such fibers have a high degree of crystalline orientation and a high degree of crystalline "order". Small-angle X-ray patterns of fibers of even mediocre elastic characteristics indicate that the superstructure consists of oriented lamellae stacked in layers like sheets, the large dimensions of these sheets arranged normal to the fiber direction. Variations in the lamellar thickness, uniformity of thickness, degree of orientation, amount of twist, etc., are all factors affecting the mechanical characteristics. It is known that these factors can be influenced by extrusion and annealing conditions. Thus wide and especially small angle X-ray diffraction data allow a good estimate of the degree of perfection of the lamellar "springs" both in the equilibrium state and during deformation.

Primary evidence of the desired morphological structure of an "as extruded" fiber is a narrow, fan-like, scattering pattern along the meridian in the small angle range. There is practically no other scattering noticeable except some slight, continuous, well-oriented scattering in the equatorial direction. The meridional streak is usually quite long, indicating a relatively wide distribution of lamellar thicknesses. Its width could be interpreted as correlating with the lateral extent of the lamellae, or it could be considered an indication of the range of orientations of the lamellar crystallites. These conclusions relative to lamellar orientation and crystalline order can be tested in the wide-angle X-ray pattern, where a distinction between lamellar size and orientation factors, on the basis of line width and length of arc (orientation) might be feasible.

Annealing, that is, heat treating the "as extruded" samples at constant length or free to shrink at various temperatures up to the neighborhood of the melting point for Celcon and polypropylene does the following: The wide angle pattern shows an increase in crystalline order and usually an improvement in the degree of orientation (this could be interpreted as a partial untwisting or straightening out of twisted lamellae). The meridional small angle pattern becomes progressively sharper and more intense with increasing temperature; for polypropylene above 135 °C the perfection is so great that apparently a first overtone of the lamellar spacing is also observed.

It was shown with polyethylene (17) and polypropylene (11) that the lamellar thickness in addition to being a function of temperature is also a function of the annealing time, the thickness increasing proportional to the logarithm of the annealing time. However, the rate of growth becomes of significant magnitude only quite close to the crystalline melting point. Some of the present data also seem to indicate such a trend, even though the annealing temperatures are generally too low and the exposure times too short to show this effect. Therefore, for the present work the lamellar thickness represents a useful tool for ascertaining appropriate extrusion and annealing conditions. A plot of lamellar thickness versus $1/\Delta T$ where $\Delta T = T_0 - T_A$ (T_0, crystalline melting point, T_A, annealing or crystallization temperature) leads to a straight line with $T_0 = 175\,°C$ (for polypropylene) as predicted by at least one crystallization theory (18).

B. Morphological considerations: model, comparison of calculations with observed data

The large angle X-ray data indicate that the polypropylene crystallizes in the α-form (12), apparently with two distinct crystallographic orientations, either *a* or *c* axis oriented in the fiber direction. Each of these oriented species is well ordered and appears to have cylindrical symmetry about the fiber axis. The effect of the extension of hard elastic polypropylene samples on their WAXR patterns is slight; essentially, some of the arcs are observed to undergo very small, but reversible extensions in the azimuthal direction with increased stretching. This suggests a disorientation or rotation of the diffracting crystals (fig. 8). The WAXR pattern of Celcon shown in fig. 1 is not nearly as well oriented as that of polypropylene; also here the *c*-axis (chain or helix axis) is in the fiber direction.

Typical small angle X-ray photographs of a hard elastic polypropylene sample of good elastic characteristics before and during extension were shown above where it was noted that in both cases the small angle scattering is along the meridian and consists of an intense and a weak pair of spots. It appears that upon extension the scattering intensity increases manyfold and that the intense pair of spots, at least, moves towards smaller scattering angles.

It was necessary for ease of analysis and interpretation of the SAXR data to assume a rough structure model at the outset. By combining the results of the WAXR interpretation of crystallographic orientation with the well documented concepts of lamellar growth habits from solution and melt, one can reasonably assume the existence of thin flat lamellar crystal platelets lying normal to the fiber axis [the row structure of *Keller* (9)]. This assemblage of stacked thin platelets is also confirmed by electron microscopy. *Fischer*, *Goddar*, and *Schmidt* (13), have shown that small angle X-ray diffraction pattern of such lamellar structures are identical with the light scattering pattern of the related electron microscopic photographs, the lamellar orientation, thickness and thickness distribution determining the position and shape of the light scattering diagram. *Gerasimov* and *Tsvankin* (14) calculated the shape and positions of small angle pattern as functions of lamellar dimensions and compared these with experimental results on polyethylene films.

The general character of the analysis of the observed meridional SAXR scattering and the linear lamellar structure model used are illustrated in fig. 13. It is shown that the scattering intensity (I) along the meridian as a function of scattering angle (Θ) can be represented as the product of two functions. The particle scattering function (F) represents scattering from the particles of a given size themselves, here represented by lamellae of equal thickness (a). The interference scattering function (B) represents a perturbation of the scattering due to interference effects which arise from the regular arrangement of the particles; it depends on a combination of the lamellar size (a) and interlamellar space (l), the latter taken to have a lower electron density than the crystal lamellae (two-phase model). This type of approach has been used widely (15).

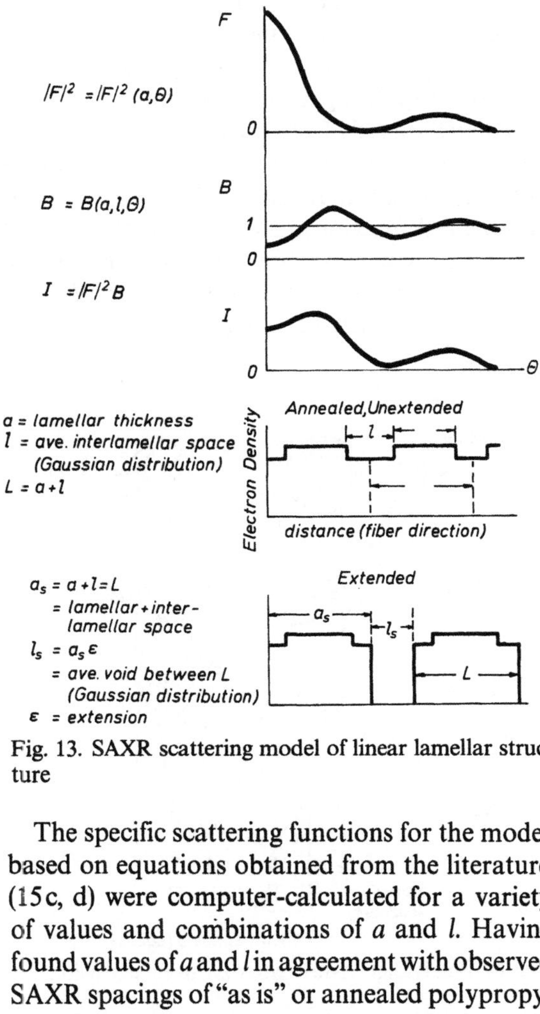

Fig. 13. SAXR scattering model of linear lamellar structure

The specific scattering functions for the model based on equations obtained from the literature (15c, d) were computer-calculated for a variety of values and combinations of a and l. Having found values of a and l in agreement with observed SAXR spacings of "as is" or annealed polypropylene fibers, these values were then employed in the following extension mechanism. It was assumed that, upon extension, the model would break apart in the middle of the interlamellar spaces, and thereby voids would be created. The new particle size (a_s) is equivalent to the original long spacing ($L = a + l$). The same equations can again be used: only, instead of a (the crystalline part of the lamella), a_s (total thickness of lamella) is introduced. The new long spacing becomes: $L_s = a_s + l_s = a_s(l + \varepsilon)$, where l_s represents the length of the new interparticle spaces or voids, and is a function of the amount of extension (ε); ($l_s = a_s\varepsilon$) and has the same kind of length distribution assumed for the original model.

Generalized small angle X-ray patterns are illustrated in fig. 14, where three pairs of spots are shown even though not all these spots appear in the actual photographs. The most intense spot in all the photographs has been interpreted as being the first order maximum of the interference function. The position of this maximum is related to the mean center to center spacing of the lamellae and is proportional but not always equivalent to the so-called "long period" of the structure as calculated directly from the position of the spot. Depending on the relative regularity of the center to center lamellar spacing, higher order maxima of this B function might occur, since for a more regular packing, each peak becomes sharper and higher. A second order maximum of the B function is also illustrated in fig. 14.

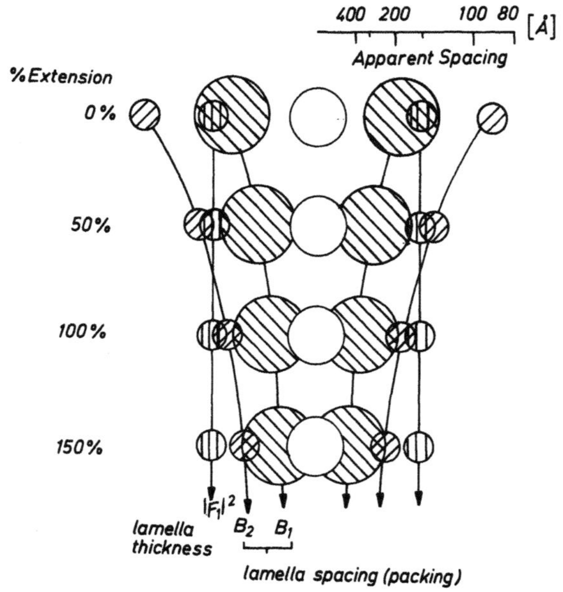

Fig. 14. Small angle X-ray patterns during extension

The third pair of spots illustrated in fig. 14 has been interpreted as the first order maximum of the scattering function ($|F|^2$), and as such would represent the true thickness (linear scattering cross section) of the lamellae themselves. Higher orders of this function, if significant, would be observed at larger angles.

The change of the SAXR patterns upon extension illustrates the unique qualities of the hard elastic materials and, in turn, the validity of the assignation of spots as above is recognized. Thus, it appears that, as the material is extended, the mean spacing between the lamellae increases, the lamellar thickness sensibly remaining the same. This is a unique scattering system where the density of packing can be incrementally and reversibly varied without changing the size or regularity of the individual elements. But, in the analysis of the SAXR patterns this sequence is apparent only through a step by step analysis at each stage of extension. Otherwise it is very easy to confuse, for example, the second order B maximum with the first order ($|F|^2$) maximum as their relative positions and intensities become similar. Furthermore, at one point during the extension, these two maxima are expected to superpose, their intensities thereby adding. This is a very likely explanation for the observation above that the "second spot" increased in intensity during extension up to about 50% extension and that thereafter its intensity decreases.

The observed variation in scattering intensity for unextended and deformed materials can be explained as follows: the original material in the extreme case of alternating crystalline and amorphous phases has a density difference $\Delta\varrho = \varrho_c - \varrho_a$, where ϱ_a is not too much lower than ϱ_c. If, upon extension, though, voids (where $\varrho_v = 0$) open up between the lamellae, the effective electron density difference increases several fold. Since the intensity of the various spots depends approximately on ($\Delta\varrho^r$) where r is between 2 and 4, quite large intensity increases are to be expected. Furthermore, this increase of intensity would be expected to occur abruptly at rather low extensions and thereafter by smaller amounts, depending on the other factors.

An interesting confirmation of the importance of this factor in the scattering behavior of these materials is provided by the series of photographs in fig. 10 of well-oriented and annealed poly-4-methylpentene ($ER_{50} = 95\%$). The absence of meridional scattering even on very long exposures can probably be explained by the fact, that the density of the crystalline areas and the fold surfaces are very similar. *Keller* and *Rånby* (16), on the basis of crystal structure calculations, have shown that the density of the crystalline regions is slightly lower than that of the amorphous areas. Thus the low scattering intensity of the annealed, unextended fiber appears plausible. At 50% extension, the lamellar structure is opened adequately to provide the large electron density differences necessary for all the features observed for extended structures to become visible. Assuming an equivalent morphology, a calculation of the original lamellar thickness might thus be feasible and could be checked by electron microscopy. On relaxation the original structure is practically completely regained and the scattering drops to the original low level.

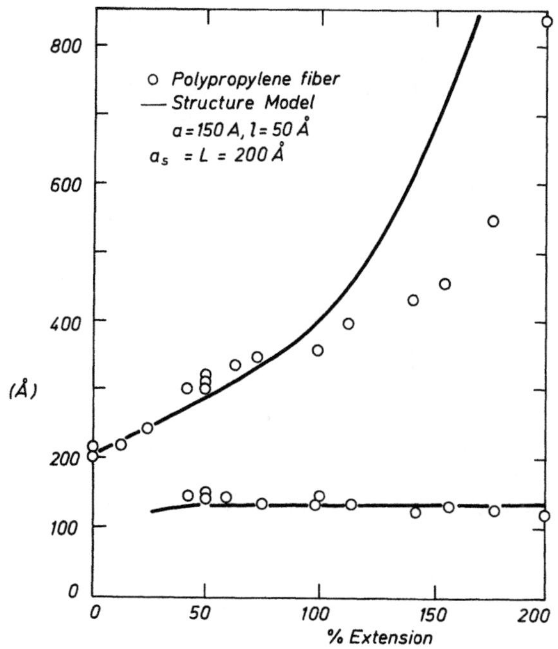

Fig. 15. SAXR spacings vs. extension

According to the computer analysis, an annealed sample which unextended shows two spacings at about 200 Å and 95–100 Å, is in agreement with a model having a crystalline size of about 150 Å and interlamellar dimensions of 50 Å. Fig. 15 (see also fig. 7, table 2) shows both the observed values when this fiber was extended and the computer-calculated curve using the 200 Å SAXR spacing for $L = a_s$. The position of the primary, strong spacing is proportional to the degree of extension; the secondary spacing (appearing usually at about 25–30% extension) is quite constant over the whole extension range and depends only on the annealing conditions of the original fiber. The computer calculation based on the proposed model accurately derives this second observed spacing. Thus it clearly correlates it to the particle scattering of the extended lamellar units.

More detailed studies of the shape and dimensions of the crystalline and interlamellar regions are possible by the introduction of liquids into the extended hard elastic materials. This work will be reported in detail in a subsequent paper. By chosing liquids of adequate electron densities, the intensity of scattering as well as the type of scattering can be changed allowing a more detailed analysis of the perfection, uniformity and dimensions of the crystalline parts of the lamellae and their intercrystalline dimensions.

C. *Summary of structural considerations*

The preceeding analysis of the X-ray diffraction and electron microscope data of the fibers and films of this work has shown in detail the new phenomenon of highly crystalline, well-oriented materials possessing highly reversible elastic properties on large extensions (at 50–100% extension, elastic recoveries of 95% or better are observed). Their morphology consists of a well-oriented, uniform superstructure of crystalline lamellae. This is in contrast to well-oriented, crystalline fibers with high modulus, high tenacity, and low extensibility based on a fibrillar morphology (21).

Thus a systematic model of the structure on a lamellar scale can now be proposed. As shown in the electron micrographs of the surface of hard elastic materials and as sketched in fig. 16, the unstretched material can be represented as stacks of flat, regular, *c*-axis oriented lamellae, which are many times wider than they are thick.

Of great importance to the structural integrity of the model during stretching are the different kinds of tie points or regions which could possibly exist between the lamellae. These tie points between adjacent lamellae might be, for example, short "amorphous" chains, entanglements between amorphous, switchboard (re-entry) chains or chain ends on the fold surfaces, or longer, crystalline microfibrils. In any case, they would essentially act as spot welds for interlamellar adhesion. Unfortunately, there is little experimental evidence, at least from scattering experiments, regarding the nature, size, or distribution of these tie points or regions. Nevertheless, it seems reasonable, in view of the structural integrity and spring-like elastic character of the structure, that these tie points are relatively widely and probably randomly distributed over the fold surfaces of the lamellae. Minimal spring-like character would be expected if the individual tie points were regularly distributed over each other in long threads traversing many lamellae, or if the density of tie points was too high, i.e., too little free lamellar length between tie points to allow significant bending to occur. A rough estimate, derived from a mechanical model treating the lamellae as uniform beams, implies that the average length between reaction points of the beams is several times the lamellar thickness (150–200 Å); therefore, tie points between any two lamellae are about 1000 Å apart based on the model in fig. 16[7]).

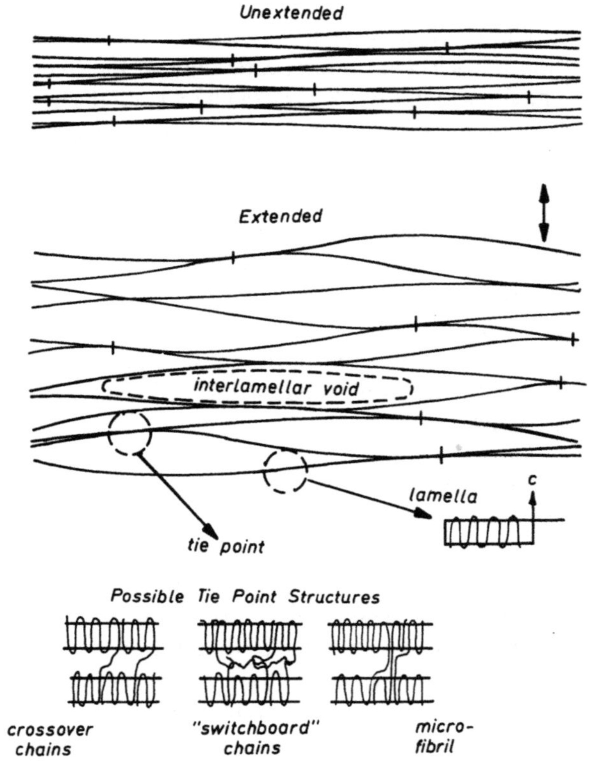

Fig. 16. Simple lamellar model

In summary then, the X-ray diffraction and electron microscopic data on annealed extended fibers and a considerable series of macroscopic observations such as volume, void, surface measurement, tensile and elastic characteristics (other papers in this series to be published) seem to favor a morphological model built up of layers of lamellar structures having a high degree of uniformity and perfection, with some as yet unspecified inter-lamellar connections. The elastic properties, unlike those in rubbers, which are based on the tendency of extended, oriented polymer chains to return to a more random configuration with a simultaneous increase in entropy, are here based on the tendency of deformed lamellar crystallites to return to their original unstrained configuration of lower energy on release of the applied tension.

As mentioned, the model presented here is an idealized assembly of springs with uniform thickness and modulus. The more perfect and uniform the lamellar structures and the more widely and evenly spaced the interlamellar links (physical and chemical) which have to be present to provide a continuous system, the closer the polymer structure is to the model and the better the elastic characteristics. Flaws, non-uniformity of crystallite size and lateral extent would concentrate the effect of stress in relatively weak points and preferentially lead there to slip, shear and irreversible deformation. Simultaneously, the imposed stress would be released and elastic reversibility lost. The effect of flaws, etc., therefore, is more noticeable in the "as prepared" samples or those annealed at relatively low temperatures. For them, some irreversibility is already apparent at 20% strain.

Acknowledgement

We want to thank Dr. *I. L. Hay* for providing the electron micrographs and the members of the Materials Science Research Department of Celanese Research Company for numerous fruitful discussions. Also we wish to thank the Celanese Corporation for permission to publish this work.

Summary

X-ray diffraction and electron microscopic results on several crystalline polymers which demonstrate elastic properties (polypropylene, Celcon®, poly-4-methyl-pentene) are reported. Photographic small angle X-ray diffraction techniques provided considerable qualitative information, concerning the morphological features of these elastic materials both "as extruded", annealed and during extension. Lamellar thickness, thickness distribution and perfection of lamellae could be estimated. Lateral order features and orientation of the lamellar structures were obtainable from the sharpness and length of the equatorial wide angle diffraction arcs. Electron microscopic results essentially confirm the morphological features postulated on the basis of the X-ray results. These morphological features are discussed in terms of a general structural model which appears consistent with the mechanical properties of these materials.

[7]) Note: The distance between tie points is calculated from the leaf spring model where the spring modulus is proportional to the material modulus and the fourth power of the ratio of spring thickness to distance between tie points. Lamellar thickness is 150–250 Å, post yield modulus (spring modulus) is between 0.1 and 1 g/den. *Youngs* modulus is 10–20 g/den. The calculation yields distances between tie points of the order of 1000 Å. The system in reality is much more complex, considerably more research is required to establish the actual mechanism of the elasticity of these materials.

Zusammenfassung

Röntgenbeugung und elektronenmikroskopische Daten von einigen kristallinen Polymerprodukten mit elastischen Eigenschaften (Polypropylen, Celcon, Poly-4-methylpenten) werden berichtet. Die photographische Röntgen-Kleinwinkelmethode liefert wichtige qualitative Messungen der morphologischen Struktur dieser elastischen Materialien in den Zuständen sowohl „wie hergestellt" als auch nach Tempern und während des Dehnungsprozesses. Die Dicke der Lamellen, ihre Dikkenverteilung und die Güte der Lamellen konnten abgeschätzt werden. Die laterale Ordnung und die Orientierung der Lamellen kann aus Weitwinkelbeugungsdaten abgeleitet werden. Die Elektronenmikroskopie bestätigt die Morphologie, die aus Röntgendaten folgt. Ein allgemeines Strukturmodel dieser Morphologie, das im Einklang mit den mechanischen Eigenschaften dieser Produkte steht, wird diskutiert.

References

1) Summary Papers: a) *Quynn, R. G.*, Preprints of Tidewater Meeting of Amer. Inst. Chem. Eng., May 1970, Williamsburg, Va.; b) *Quynn, R. G.*, et al., J. Macromol. Sci. Phys. **B4**, 953 (1970); **B5**, 721 (1971).

2) *Samuels, R. J.*, J. Polymer Sci. **A3**, 1741 (1965).

3) U.S. Patent 3,256,258 (6/14/66); U.S. Patent 3,299,171 (1/17/67).

4) *Wyckoff, H. W.*, J. Polymer Sci. **62**, 83 (1962). – *Baltá-Calleja, F. J.* and *A. Peterlin*, J. Materials Sci. **4**, 722 (1969); Makromol. Chemie **141**, 91 (1971); J. Macromol. Sci., Phys. **B4**, 519 (1970). – *Sakaoku, K.* and *A. Peterlin*, J. Polymer Sci. A-2, **9**, 895 (1971).

5) *Geil, P. H.*, "Polymer Single Crystals", Interscience (1963).

6) *Turner-Jones, A., J. M. Aizlewood*, and *D. R. Beckett*, Makromol. Chem. **75**, 134 (1964).

7) *Hay, I. L.* and *A. Keller*, J. Material Sci. **1**, 41 (1966).

8) *Hay, I. L.* and *A. Keller*, Kolloid-Z. u. Z. Polymere **204**, 43 (1965).

9) *Keller, A.* and *M. Machin*, J. Macromolecular Physics **B1**, 41 (1967).

10) *Clark, E. S.*, SPE Journal **23**, 46 (1967), Gordon Conference on Polymers, July 1970, Conference on "Crystallinity and Polymer Properties", University of Utah, July 1971.

11) *Blais, J. J. B. P.* and *R. St. John Manley*, J. Macromol. Sci., Phys. **B1** (3), 525–566 (1967).

12) *Natta, G., P. Corradini*, and *M. Cesari*, Rend. Accad. Naz. Lincei **21**, 365 (1956). – *Awaya, H.*, Polymer Letters **4**, 127 (1966).

13) *Fischer, E. W., M. Goddar*, and *G. F. Schmidt*, Kolloid-Z. u. Z. Polymere **226**, 30 (1968).

14) *Gerasimov, V. I.* and *D. Ya. Tsvankin*, Vysokomol. Soed **A11** (12), 2652 (1969).

15) Theory: a) *Guinier, A.* and *G. Fournet*, Small Angle Scattering of X-Rays (New York 1955). – b) *Hosemann, R.* and *S. N. Bagchi*, Direct Analysis of Diffraction by Matter (New York 1962). – c) *Reinhold, Chr., E. W. Fischer*, and *A. Peterlin*, J. Appl. Phys. **35**, 71 (1964). – d) *Tsvankin, D. Ya.*, Vysokomol. Soed. **6**, 2078, 2083 (1964). – e) *Bonart, R.*, Kolloid-Z. u. Z. Polymere **194**, 97 (1964); **199**, 136 (1964); **211**, 14 (1966).

16) *Frank, F. C., A. Keller*, and *A. O'Connor*, Phil. Mag. **8**, 200 (1959). – *Griffith, J. M.* and *B. G. Rånby*, J. Poly. Sci. **44**, 469 (1960).

17) *Fischer, E. W.* and *G. F. Schmidt*, Angew. Chemie **74**, 551 (1962).

18) *Hoffman, J. D.*, SPE Transactions **4**, 1 (1964).

19) *Khoury, F. J.*, Research NBS **70A**, 29 (1966).

20) *Wagner, H. L.* and *K. F. Wissbrun*, Makromol. Chemie **81**, 14 (1965).

21) *Sprague, B. S.* and *H. D. Noether*, Textile Res. J. **31**, 858 (1961) [Fortisan (Cellulose Fiber)]. – *Glen, W. J.*, Textile Inst. **62**, 11 (1972) (Polyester Industrial Yarns). – *Hearle, F. W. S.* and *R. H. Peters*, "Fibre Structure", The Textile Institute (1963).

Authors' addresses:

Dr. *H. D. Noether*
Celanese Research Comp.
Box 1000
Summit, N. J. 07901 (USA)

Dr. *W. Whitney*
Raychem Corp.
300 Constitution Drive
Menlo Park, California 94025 (USA)

Kolloid-Z. u. Z. Polymere **251**, 1006–1014 (1973)

Vorgetragen auf der Arbeitstagung des Fachausschusses Physik der Hochpolymeren im Rahmen der Frühjahrstagung des Arbeitskreises Festkörperphysik bei der Deutschen Physikalischen Gesellschaft vom 21.–23. März 1973 in Münster/Westf.

Aus den Farbwerken Hoechst AG, vormals Meister Lucius & Brüning, Frankfurt/Main

Makroskopische und molekulare Orientierung in Hochpolymeren

Von M. Fleißner

Mit 12 Abbildungen

(Eingegangen am 9. Mai 1973)

Die molekulare Orientierung in Hochpolymeren ist seit vielen Jahren Gegenstand der Forschung und Problem industrieller Entwicklungen. Man schenkt der molekularen Orientierung diese Beachtung, weil sie einerseits die Endeigenschaften der Produkte aus polymeren Werkstoffen entscheidend beeinflußt und weil ihr Studium andererseits das physikalische Verständnis der Hochpolymeren von dem molekularen Standpunkt aus wesentlich fördert. Im orientierten Zustand sind lineare Polymere äußerst anisotrope Materialien (1). Wie bei geordneten Strukturen niedermolekularer Verbindungen beobachtet man richtungsabhängige Effekte bei vielen physikalischen Eigenschaften. Die Wärmeleitfähigkeit, die optischen Eigenschaften, der lineare Ausdehnungskoeffizient und die Permeabilität sind nur einige Beispiele für ein solches anisotropes Verhalten. Die Richtungsabhängigkeit ist bei den mechanischen Eigenschaften am deutlichsten ausgeprägt: Steifheit und Festigkeit weisen ein sehr strukturabhängiges Verhalten auf (2). Lineare Hochpolymere bestehen aus Kettenmolekülen; diese Besonderheit ist die Voraussetzung für die hier zu behandelnden Orientierungsphänomene. Für das Deformationsverhalten im Festzustand ist bestimmend, ob kovalente Bindungen der Kette beansprucht werden können oder ob nur *van der Waals*-Kräfte wirksam werden.

Die Möglichkeit, hochpolymeren Stoffen äußerst anisotrope mechanische Eigenschaften zu verleihen, wird im großen Umfang technologisch genutzt. Während man sich bei der Herstellung von Fasern und Folien darum bemüht, die Festigkeitseigenschaften längs der Faserachse und in der Folienebene durch Orientierungsprozesse zu erhöhen, sind die Orientierungen in spritzgegossenen Fertigteilen dagegen im allgemeinen unerwünscht. Beim Spritzgußvorgang wird die Schmelze in der kalten Form geradezu abgeschreckt, und die in der Schmelze vorhandene molekulare Orientierung wird in dem Fertigteil weitgehend „eingefroren". Diese Orientierung, die sich außerdem noch von Punkt zu Punkt ändert, äußert sich nicht nur in einer Richtungsabhängigkeit von Eigenschaften, sondern besteht insbesondere aus einer Orientierungsverteilung im Wandquerschnitt des Fertigteiles, so daß der makroskopische Körper als ein Verbund der unterschiedlichsten Strukturen angesehen werden muß.

Die Bestimmung der molekularen Orientierung in polymeren Festkörpern (3)

Die Kenntnis der molekularen Orientierung ist die notwendige Voraussetzung, um das anisotrope makroskopische Verhalten polymerer Festkörper mit der submakroskopischen Struktur und molekularen Vorgängen zu korrelieren. Ich gebe zunächst einen sehr gerafften Überblick über die Meßverfahren, die entwickelt wurden, um die molekulare Orientierung in polymeren Festkörpern zu bestimmen. Ich stelle dann Prozesse vor, die zu orientierten Strukturen führen, und gehe schließlich im zweiten Teil auf ein spezielles Beispiel, nämlich die Orientierungszustände bei spritzgegossenen Fertigteilen, ein.

Bei teilkristallinen Polymeren liefert die Methode der *Röntgenweitwinkelstreuung* die Orientierungsverteilung der Normalen von Kristallebenen. Weiß man wie die Moleküle in der Elementarzelle angeordnet sind, so kann auch die molekulare Orientierung angegeben werden. Die Textur wird in einem mit der Probe verbundenen Koordinatensystem entweder durch eine Verteilungsfunktion oder durch einen Orientierungsparameter beschrieben. Gebräuchlicher Orientierungsparameter sind die gemittelten Kosinusquadrate der Verteilungsfunktion. Die Durchschnittsorientierung von Kristallachsen relativ zu einer Koordinatenachse kann durch eine einzige solche Zahlenangabe gekennzeichnet werden, wenn uniaxiale Symmetrie um diese Bezugsrichtung vorliegt. Die Röntgenstreuung wurde nur in wenigen Fällen herangezogen, um die Orientierung der amorphen Bereiche zu ermitteln.

Die *optische Doppelbrechung* erfaßt die Orientierung der Kettenmoleküle sowohl in den kristallinen als auch in den amorphen Bezirken. Die Methode liefert das zweite Moment der Verteilung und läßt keine weitere Angaben über die Verteilungsfunktion zu. Bei teilkristallinen Polymeren stellt die Doppelbrechung nur ein relatives Orientierungsmaß dar. Ist die Orientierung der kristallinen Phase jedoch bekannt, so ermöglicht die Doppelbrechung eine Aussage über die Orientierung der amorphen Phase. Die molekulare Orientierung führt zu endlichen Doppelbrechungen, weil die Polarisierbarkeit längs der Kette sich von der Polarisierbarkeit senkrecht zur Kette unterscheidet. Polarisierbarkeit und Brechungsindex sind eng zusammenhängende Größen. Die Doppelbrechung zeigt nur Differenzen von Brechungsindizes an, aus diesem Grund sind Messungen der Brechungsindizes selbst aussagekräftiger als Bestimmungen der Doppelbrechung. Die Komponenten des Brechungsindextensors lassen sich mittels interferometrischer und in speziellen Fällen auch mittels refraktometrischer Methoden bestimmen, auf die später noch eingegangen wird.

Die Technik des *Dichroismus* beruht auf der selektiven Absorption polarisierter Strahlung z. B. im infraroten Bereich. Die Absorption gewisser Banden hängt von der Richtung des elektrischen Vektors zur molekülfesten Schwingungsrichtung ab. Es ist möglich, den mittleren Orientierungsgrad der Kettenmoleküle in den kristallinen und den nichtkristallinen Strukturbereichen getrennt zu bestimmen, wenn definierte kristalline und nichtkristalline Banden auftreten.

Messungen der *Schallgeschwindigkeit* in einem orientierten Körper werden ebenfalls herangezogen, um die Orientierung zu charakterisieren. Solche Messungen liefern wie der IR-Dichroismus das zweite Moment der Orientierungsverteilung.

Die Molekülorientierung in polymeren Festkörpern wurde auch mit Hilfe der Photolumineszenz untersucht (4). Aus der Winkelverteilung der emittierten *Fluoreszenz* kann die Charakteristik der Molekülorientierung entnommen werden.

Um die molekulare Orientierung zu erfassen, werden ferner *Schrumpfmessungen* ausgeführt. Man erwärmt den orientierten Körper über die Einfriertemperatur oder den Kristallitschmelzpunkt und mißt entweder die auftretende Schrumpfkraft oder ermittelt den damit verbundenen Längenschrumpf. Die Entropieelastizität ist der Mechanismus für die zu beobachtenden Rückstellkräfte; die Abweichung der Kettenelemente von der statistischen Knäuelkonformation, die durch äußere Kräfte bewirkt wurde, wird wieder rückgängig gemacht.

Schließlich vermittelt das *Spannungs-Dehnungs-Verhalten* eine mittelbare Auskunft über den Orientierungszustand der Makromoleküle. Obwohl das Spannungs-Dehnungs-Verhalten meistens das Ziel technologischer Entwicklungsarbeiten ist, erlaubt es eine Kennzeichnung des Orientierungszustandes, da der Zusammenhang zwischen dem makroskopischen Deformationsverhalten und der Festkörperstruktur in einigen Fällen hinreichend untersucht worden ist.

Prozesse, die zu orientierten Strukturen führen

Wie entstehen nun orientierte Strukturen? Beim Schmelzspinnen zum Beispiel werden orientierte Strukturen erzeugt, indem man das geschmolzene Polymere durch eine enge Öffnung extrudiert und den Strang mit hoher Geschwindigkeit unter Abkühlung abzieht; sein Durchmesser wird dabei drastisch vermindert. Dieser ersten Stufe können sich weitere Verstreckprozesse, auch Kaltverstreckungen, anschließen, wenn die erzielte Orientierung nicht ausreicht. Der charakteristische Deformationsprozeß, dem die Schmelze vor dem Erstarren ausgesetzt ist, ist eine Dehnströmung. Sie entfernt die Moleküle aus ihrer statistischen Gleichgewichtslage und bewirkt eine Ausrichtung der Kettensegmente in die Faserachse. Der Ausrichtung steht die Wärmebewegung entgegen, welche die Gleichgewichtskonformation wiederherzustellen versucht. Der Abbau der Orientierung durch molekulare Umlagerungsprozesse wird unterbunden, wenn die Temperatur so weit abgesunken ist, daß die Einfriertemperatur unterschritten worden ist oder die einsetzende Kristallisation den Zustand fixiert.

Beim Extrudieren und Spritzgießen fließen Polymerschmelzen durch Düsen und andere komplizierte Strömungsbegrenzungen. Im Unterschied zum Schmelzspinnen bildet sich in den Fließkanälen ein Geschwindigkeitsfeld aus, das ein Geschwindigkeitsgefälle senkrecht zur Fließrichtung und nicht in Strömungsrichtung aufweist (5). Die beiden Fälle sind schematisch in der Abb. 1 dargestellt. Bei der reinen Scher-

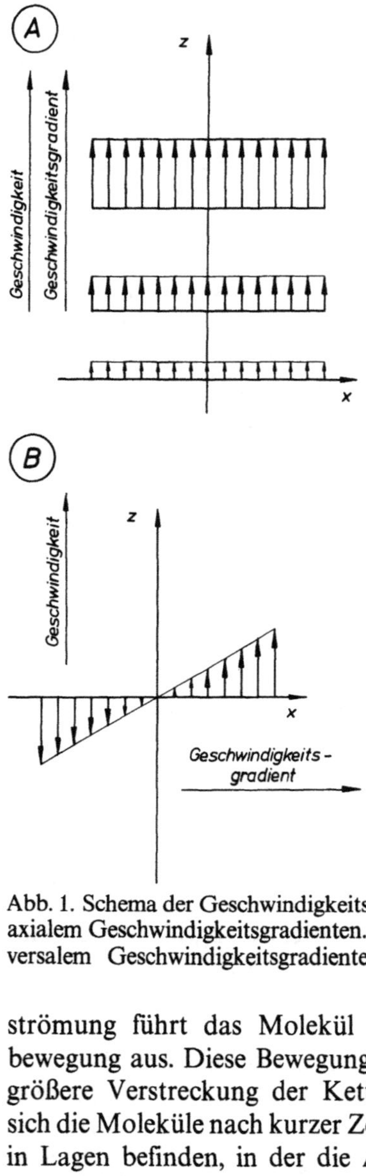

Abb. 1. Schema der Geschwindigkeitsfelder: (A) Feld mit axialem Geschwindigkeitsgradienten. (B) Feld mit transversalem Geschwindigkeitsgradienten (nach *Ziabicki*)

strömung führt das Molekül eine Rotationsbewegung aus. Diese Bewegung verhindert eine größere Verstreckung der Kettenmoleküle, da sich die Moleküle nach kurzer Zeit immer wieder in Lagen befinden, in der die Auslenkung von der Gleichgewichtslage wieder rückgängig gemacht wird. Werden viskoelastische Flüssigkeiten wie Polymerschmelzen einer Scherdeformation unterworfen, so wirken gleichzeitig Zugspannungen in Fließrichtung, die sog. Normalspannungen. Erst diese Abweichung vom idealen Verhalten bewirkt die hohe Orientierung der Kettenmoleküle in Fließrichtung. Auch in Lösungen haben Dehnströmungen den entscheidenden Einfluß auf die Ausrichtung der Kettenmoleküle. *Pennings* zeigte, daß die notwendige Unterkühlung, um Polyäthylen aus verdünnter Lösung zu kristallisieren, durch Rühren deutlich herabgesetzt werden kann. Genauere Untersuchungen in einem *Couette*-Viskosimeter ergaben, daß der Beginn der Kristallisation nicht an ein bestimmtes Geschwindigkeitsgefälle, sondern an das Auftreten von *Taylor*-Wirbeln geknüpft war, die in bestimmten Bereichen zu reinen Dehnströmungen führen (6).

Bei den teilkristallinen Polymeren ist die Kristallisation ein weiterer Mechanismus, der zu orientierten Strukturen führt. Der Kristallisationsprozeß ist jedoch im allgemeinen nicht die Ursache der Anisotropieerscheinungen, sondern er verstärkt nur die in der Schmelze vorhandenen Orientierungszustände. Kristallisiert eine orientierungsfreie Polymerschmelze, so bilden sich unter Normaldruck Aggregate von Sphärolithen. Jeder Sphärolith ist nach einem bestimmten Ordnungsprinzip aus Kristallamellen aufgebaut. Die Kristallamellen mit ihrer charakteristischen Rückfaltung der Makromoleküle sind in den Sphärolithen des Polyäthylens so angeordnet, daß die kristallographische *b*-Achse vorzugsweise in die Richtung des Sphärolithradius zeigt. Die Bildung der kristallinen Phase wird durch mehrere Nukleierungsschritte kontrolliert. Bei der Kristallisation einer orientierten Schmelze wird die Keimbildung durch die Parallelisierung der Ketten wesentlich erleichtert. Es bilden sich Fibrillen parallel zur Dehnungsrichtung, die eine Faserorientierung aufweisen. In einer zweiten Stufe wächst das übrige Material auf diese Fibrillenkeime auf, so daß wir im Fall des Polyäthylens eine bevorzugte Ausrichtung der kristallographischen *b*-Achse senkrecht zur Fließrichtung erhalten (7). Die nächsten beiden Abbildungen zeigen solche Reihenstrukturen, die sich längs der Fließlinien in einer Polypropylenschmelze entwickelt haben. Während die Abb. 2 einen Überblick gibt, läßt die Abb. 3 das sphärolithische Aufwachsen des Materials auf die Fibrillenkeime erkennen. Mit zunehmender Orientierung der Schmelze steigt die Keimdichte an, und die Reihenstruktur geht in eine Faserstruktur über.

Die Orientierung der Makromoleküle wird beim Schmelzspinnen, wie schon erwähnt, durch ein axiales Geschwindigkeitsgefälle bewirkt; die Geschwindigkeitsverteilung über dem Kapillarenquerschnitt ist dabei einheitlich. Die Abkühlbedingungen und damit die Relaxationsbedingungen sind wegen der geringen Dimensionen der Fasern annähernd gleichartig, so daß man eine homogene Orientierungsverteilung über den Querschnitt annehmen kann. Gibt es bei den Fasern nur in wenigen Fällen Hinweise für eine Mantel-Kern-Struktur (8), so weisen spritzgegossene Artikel stets eine Orientierungsverteilung im Wandquerschnitt auf. Diese Orientierungsverteilung ist auch auf die unterschiedliche Abkühlung der einzelnen Schichten zurückzuführen, sie ist aber vorwiegend durch die Scherströmung im Formenhohlraum bedingt. Die Scherströmung beim Spritzgießen in ein Plattenwerkzeug ist durch ein Geschwindigkeitsfeld gekennzeichnet, das ein Geschwindigkeitsgefälle senkrecht zur Fließrichtung aufweist, doch ist das Geschwindigkeitsgefälle nicht konstant. Das zur Querschnittsmitte symmetrische Geschwindigkeitsgefälle ist an der Formenwand am höchsten und fällt zur Mitte auf Null ab. Das Geschwindigkeitsfeld und das Geschwindigkeitsgefälle bei der Scherströmung skizziert die Abb. 4. Die Zeichnungen a) beschreiben die Verhältnisse bei einer *Newton*schen Flüssigkeit, b) die bei einer strukturviskosen Flüssigkeit und c) schematisch die Verhältnisse bei einer strukturviskosen Schmelze, bei der die Randschichten sich schon merklich abgekühlt haben. Die unterschiedliche rheologische Vorgeschichte und die ungleichmäßige Abkühlung verursachen die uneinheitliche Orientierung der Schichten im Wandquerschnitt des Fertigteiles. Da der Spritzgußvorgang ein instationärer Prozeß ist, ändert sich

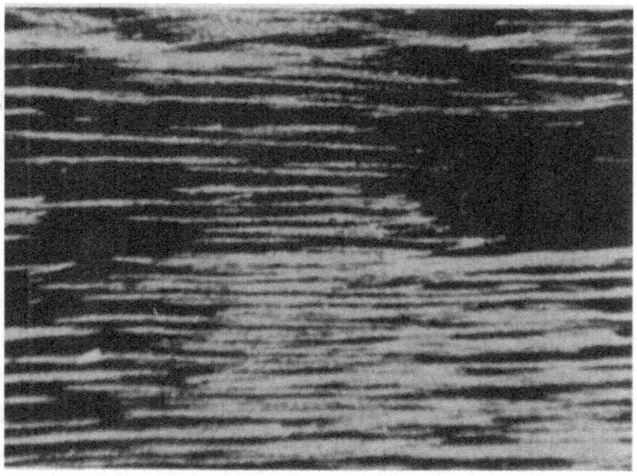

Abb. 2. Reihenstrukturen, die sich längs der Fließlinien in einer Polypropylenschmelze entwickelt haben (Überblick)

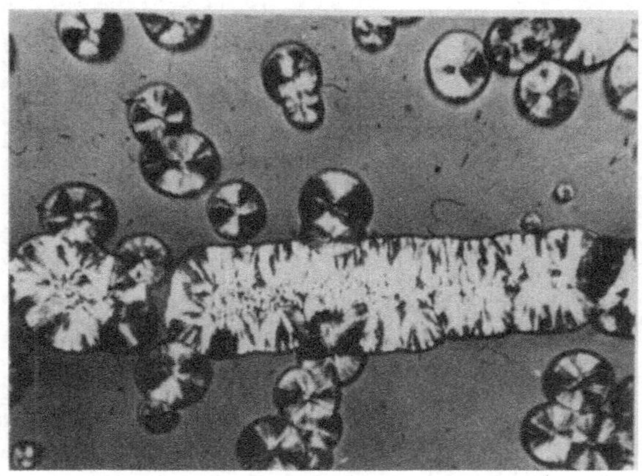

Abb. 3. Sphärolithisches Aufwachsen auf einen Fibrillenkeim beim Polypropylen

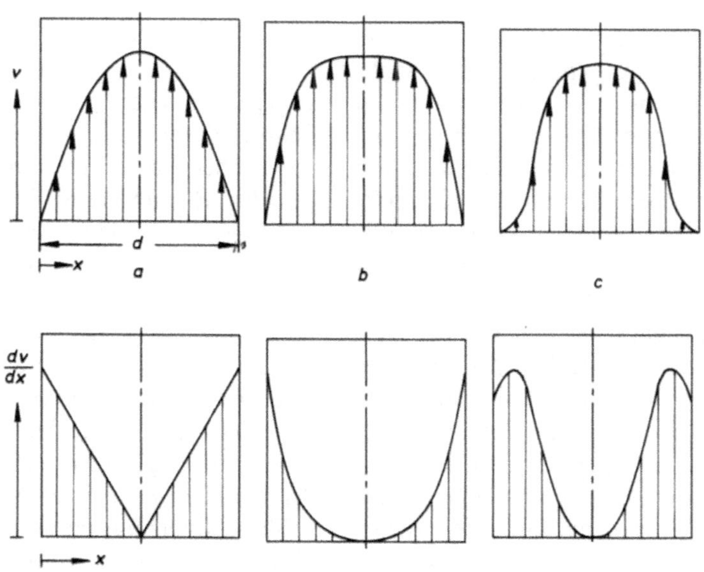

Abb. 4. Geschwindigkeitsfeld und Schergeschwindigkeit bei der Scherströmung in einem Plattenwerkzeug (Unterscheidungen a), b), c) siehe Text)

die Orientierung noch entlang des Fließweges und hängt von der Geometrie des Körpers ab. Diese Effekte wollen wir im folgenden jedoch nicht betrachten.

Orientierungszustände bei spritzgegossenen Fertigteilen

Zerlegt man eine 1 mm dicke Spritzgußplatte aus Polyäthylen in Dünnschnitte parallel zur Oberfläche und untersucht das Kraft-Dehnungs-Verhalten der Mikrotomschnitte, so erhält man ein anschauliches Bild von den Orientierungszuständen im Wandquerschnitt eines spritzgegossenen Teiles (9). Die Abb. 5 gibt die Kraft-

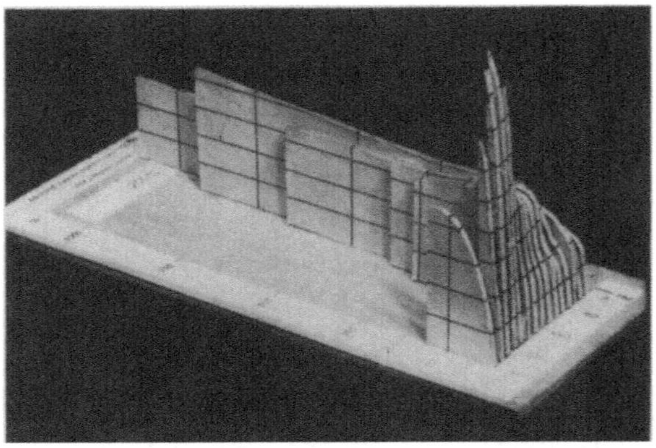

Abb. 5. Spannungs/Dehnungs-Diagramme in Abhängigkeit von der Schichttiefe bei einer 1 mm-Spritzgußplatte aus Polyäthylen (Der Abstand zweier Höhenlinien beträgt 10 N/mm^2)

Dehnungs-Diagramme der einzelnen Schichten bei einem Niederdruckpolyäthylen wieder. Das untersuchte Niederdruckpolyäthylen ist ein höhermolekularer Spritzgußtyp mit breiter Molekulargewichtsverteilung, der heute nur noch für spezielle Zwecke eingesetzt wird. Die Dünnschnitte waren 30 μm dick, und die Platte war bei einer Massetemperatur von 200 °C hergestellt worden. Da der Verlauf zur Querschnittsmitte symmetrisch ist, wurde in dem Modell nur der Verlauf von einer Plattenoberfläche bis zur Plattenmitte dargestellt. Die Schichten der Plattenmitte, das sind die im Modell hinten liegenden Diagramme, zeigen das für Polyäthylen im langsamen Zugversuch typische Phänomen der Kaltverstreckung. Im Gegensatz dazu fallen die Schichten unter der Plattenoberfläche durch Kraft-Dehnungs-Diagramme auf, die weitgehend Faserdiagrammen entsprechen. Bei dem Material werden in der Zone stärkster Scherung Orientierungszustände fixiert, die man gewohnheitsmäßig nur bei einem Spinnprozeß oder nach einer Kaltverstreckung erwarten würde. Wird die Probe, die einen Verbund aus Schichten mit unterschiedlichsten Eigenschaften darstellt, mechanisch beansprucht, so weicht das Verhalten von dem Eigenschaftsbild ab, das man dem mittleren Orientierungsgrad nach erwarten würde.

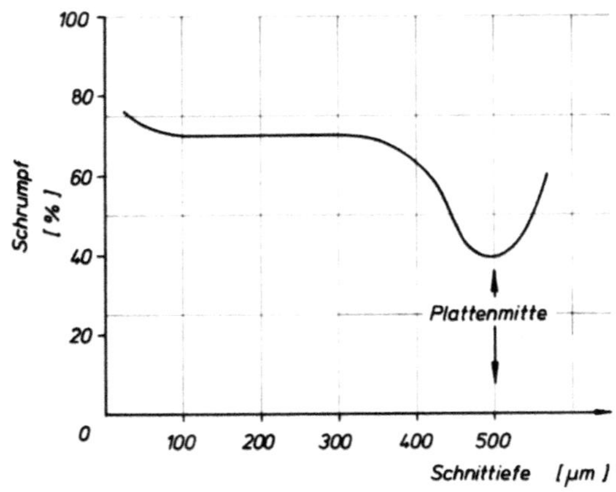

Abb. 6. Schrumpf in Abhängigkeit von der Schichttiefe

Man kann nun versuchen, durch Schrumpfmessungen die molekulare Orientierung zu erfassen, die diesem unterschiedlichen mechanischen Verhalten zugrunde liegt. Die Abb. 6 zeigt den Schrumpf der einzelnen Schichten in Orientierungsrichtung. Schrumpfmessungen wurden wiederholt herangezogen, um die Feinstruktur von Fertigteilen zu analysieren; üblicherweise wird als Schrumpfmaß die Größe

$$S = \frac{l_0 - l}{l_0} \cdot 100$$

angegeben. Mit l_0 wird die Länge vor dem Schrumpf und mit l die Länge des geschrumpften Probekörpers bezeichnet. Obwohl Messungen der Schrumpfkraft für eine solche Analyse geeigneter erscheinen, hat es sich gezeigt, daß bei vergleichbaren Voraussetzungen die Schrumpfmessung ebenfalls eine Aussage über den Orientierungszustand ermöglicht. Die Messungen ergeben einen hohen und über weite Strecken konstanten Orientierungsgrad, der erst nahe der Plattenmitte deutlich zurückgeht. Eine Sonderstellung der Schichten unmittelbar unter der Oberfläche zeichnet sich nicht ab.

Doppelbrechungsmessungen sind im Vergleich zu den recht aufwendigen Schrumpfmessungen einfach und rasch auszuführen. Wegen ihres hohen Auflösungsvermögens liefern die optischen Methoden obendrein eine Vielzahl von Einzelheiten. Wie bei den vorhergehenden Messungen wurde die Mitte der 75 × 75 × 1 mm Spritzplatte untersucht, die über einen Film entlang einer gesamten Kante angegossen war. Zur Darstellung der Ergebnisse wählten wir die folgende Achsenkonvektion: Die z-Achse zeigt in Fließrichtung, y-Achse ist die dazu senkrechte, in der Plattenebene liegende Richtung und x-Achse die Plattennormale. Die Doppelbrechungsprofile Δ_{zx} und Δ_{yx} sind in der Abb. 7 dargestellt. Betrachten wir zunächst die Doppelbrechung Δ_{zx}, die die Differenz der Brechungsindizes in Fließrichtung und in Richtung der Plattennormale erfaßt. Greift man auf den empirischen Zusammenhang zwischen Doppelbrechung und Verstreckungsgrad zurück, so leitet sich aus den Werten ein hoher Orientierungsgrad ab, der nur in der Querschnittsmitte deutlich zurückgeht. Es ergibt sich also ein ähnliches Bild wie bei den Schrumpfmessungen. Die Doppelbrechung in der yx-Ebene weist ebenfalls endliche Werte auf. Nur die Schichten unter der Oberfläche, die im Spannungs-Dehnungs-Verhalten verstreckten Polymeren gleichen, weisen auf ihre Sonderstellung hin, indem die Doppelbrechung angenähert uniaxiale Symmetrie anzeigt.

Die Abb. 8 zeigt die Variation der Brechungsindizes in den drei Hauptrichtungen. Der Verlauf im Wandquerschnitt wurde mit einer *Mach-*

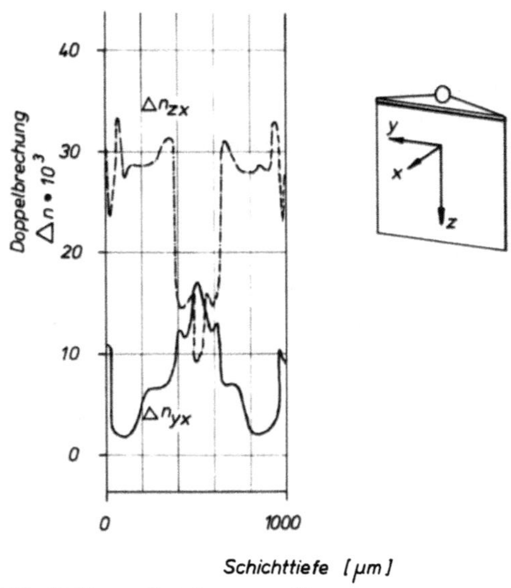

Abb. 7. Doppelbrechungsprofile

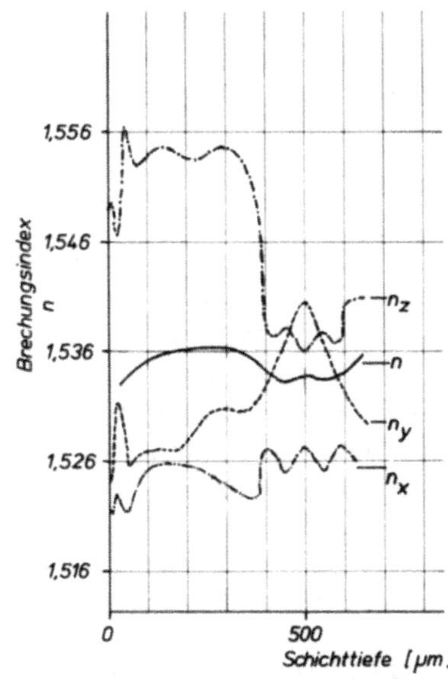

Abb. 9. Variation der Brechungsindizes über dem Querschnitt

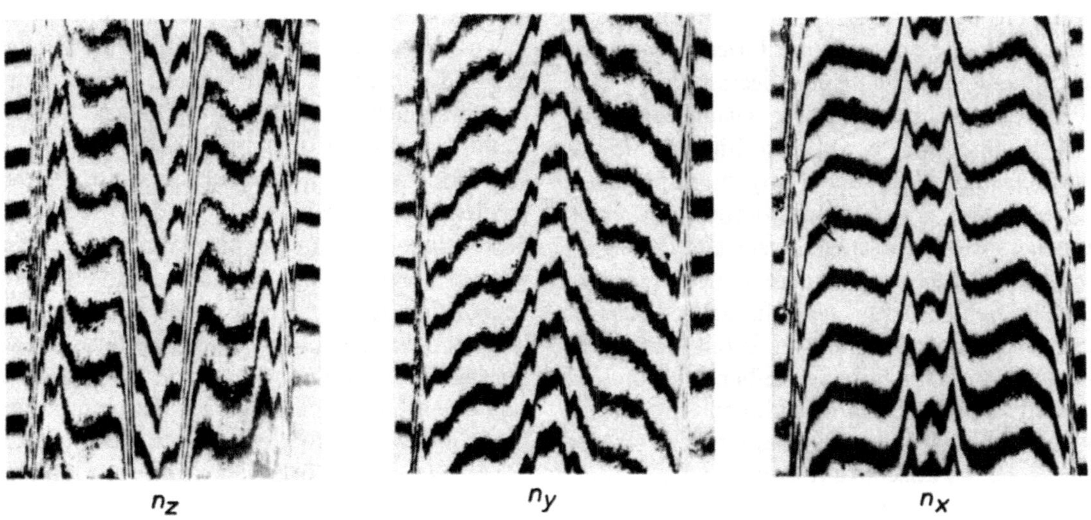

Abb. 8. Interferenzen an Dünnschnitten (150 μm) der Polyäthylen-Spritzplatte

Zehnder-Interferometeranordnung bestimmt (10). Die Gangunterschiede, die man mit einer solchen Anordnung feststellen kann, sind bei konstanter Schichtdicke der Brechungsindexvariation proportional. In der Abb. 9 sind diese drei Komponenten des Brechungsindextensors in ihrer absoluten Lage wiedergegeben. Außer den Komponenten n_x, n_y und n_z ist in dem Diagramm noch die Größe n eingetragen; sie stellt den von der Wahl des Bezugssystem unabhängigen Mittelwert dar und beträgt ein Drittel der Summe der drei Komponenten. Die Variation der einzelnen Komponenten verdeutlicht zunächst das Bild, das wir uns bereits anhand der Doppelbrechungsmessungen von dem Orientierungsprofil machen konnten. Der gemittelte Brechungsindex n und die Dichte d eines Materials sind über die *Lorentz-Lorenz*-Gleichung miteinander verknüpft:

$$\frac{n^2 - 1}{n^2 + 2} = r \cdot d$$

Die spezifische Refraktion r eines Stoffes ist für Licht einer gegebenen Wellenlänge eine konstante Größe, die von der Massendichte und dem Aggregatzustand unabhängig ist. Der Verlauf des gemittelten Brechungsindexes gibt somit die Änderung der Dichte wieder; das aus dem Brechungsindex berechnete Dichteprofil stimmt mit dem gemessenen Dichteprofil überein. Der Abbildung entnimmt man den Abschreckungseffekt an der kalten Formwand und einen Einfluß der Orientierung auf die Dichte. Die Plattenmitte erreicht keine so hohe Dichte, obwohl ihr wegen der schlechten Wärmeleitung des Kunststoffes die längste Zeit zur Kristallisation bei optimalen Temperaturen zur Verfügung steht. Daraus geht hervor, daß die Orientierung den Kristallisationsmechanismus beeinflußt.

Eine Untersuchung von *Heckmann* und *Spilgies* (11) rundet das gewonnene Bild ab. Sie bestimmten mit Hilfe der röntgenographischen Methode die Kristallitorientierung in einer dünnen spritzgegossenen Leiste aus dem gleichen Polyäthylen unter anderem auch als Funktion der Schichttiefe. Die gefundene Orientierungsverteilung wurde in drei Anteile zerlegt, in eine Faserstruktur, in eine Reihenstruktur und in einen unorientierten kristallinen Anteil. Wie aus der Abb. 10 hervorgeht, überwiegt an der Oberfläche die Faserstruktur, in der die Kristallite so orientiert sind, daß die Molekülketten bevorzugt in der Spritzrichtung liegen. Diese Struktur geht mit zunehmender Entfernung von der Oberfläche in eine Reihenstruktur über, ebenso steigt der unorientierte Anteil bei dieser Zerlegung an. Unter Reihenstruktur wird das sphärolithische Gefüge verstanden, das entlang ausgezeichneter Fließlinien nukleiert worden ist.

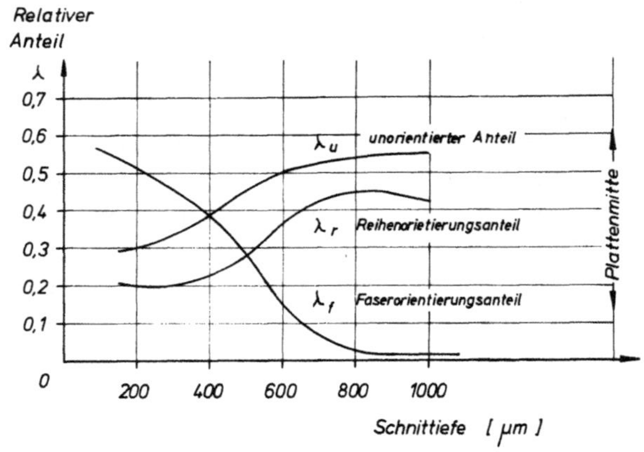

Abb. 10. Orientierungsanteile, die sich aus der röntgenographischen Analyse ergeben, in Abhängigkeit von der Schichttiefe bei einer spritzgegossenen Leiste aus dem gleichen Polyäthylen (nach *Heckmann* und *Spilgies*)

Die sehr aufwendige röntgenographische Analyse ermöglicht zwar eine präzise Ermittlung der Orientierungsstruktur, doch sind die Aussagen bei solchen gemischten Strukturen nicht unmittelbar aufschlußreich. Erst die modellmäßige Aufschlüsselung der Daten führt zu einer befriedigenden Charakterisierung. Brechungsindexmessungen können vorteilhaft herangezogen werden, um diese Zerlegung in verschiedene Strukturen zu überprüfen, da die verschiedenen Anordnungen sich sehr in der makroskopischen Polarisierbarkeit unterscheiden (12). Das örtliche Auflösungsvermögen der röntgenographischen Analyse ist im Vergleich zu den optischen Methoden begrenzt. Das Gleiche gilt für Infrarot-Untersuchungen. Für Messungen der Kristallitorientierung oder des Dichroismus müssen die Platten in Mikrotomschnitte zerlegt werden. Aus Intensitätsgründen darf die Schnittdicke nicht zu klein gewählt werden; meistens werden schon mehrere Dünnschnitte gleicher Schichttiefe zusammengelegt. Die optische Analyse kann dagegen ohne größeren Aufwand rasch durchgeführt werden. Sie ist deshalb geeignet, sich einen Überblick zu verschaffen, um andere Untersuchungsmethoden gezielt einzusetzen. Wegen der hohen örtlichen Auflösung und der großen Meßgenauigkeit lassen sich kleinste Unterschiede im Orientierungsprofil feststellen, und wegen des geringen Zeitaufwandes sind umfangreichere Untersuchungen möglich, wie z. B. das Studium der Orientierungen im Fertigteil in Abhängigkeit von den Herstellungsbedingungen und den Strukturparametern des Polymeren.

Abschließend möchte ich noch das Beispiel eines amorphen Thermoplasten anführen. Bei den amorphen Polymeren fallen die Schwierigkeiten weg, die sich durch die Bildung einer kristallinen Phase ergeben, und man kann den Einfluß der rheologischen Vorgeschichte auf den Orientierungszustand ungestört untersuchen. Die Abb. 11 stellt die Variation der Doppelbrechung im Wandquerschnitt einer 1 mm Spritzplatte aus Polystyrol dar.

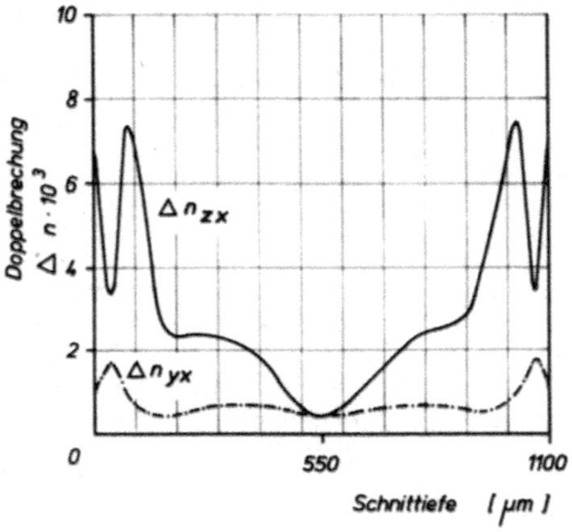

Abb. 11. Doppelbrechungsprofile bei einer 1 mm-Spritzgußplatte aus Polystyrol

Ähnliche detaillierte Orientierungsprofile wurden mittels Schrumpfmessungen erstellt (13, 14); die Schrumpfmessungen setzen aber wiederum die aufwendige Zerlegung in Dünnschnitte voraus. Die Außenhaut der Platte ist stark orientiert. Die Ausrichtung der Moleküle durchläuft ein schmales Minimum und geht dann durch ein Maximum, das einen ähnlichen Orientierungsgrad wie die Oberflächenschicht aufweist. Man muß sich vorstellen, daß die Schmelze mit hoher Geschwindigkeit in den Formenhohlraum strömt. Das größte Geschwindigkeitsgefälle und die größte Abkühlgeschwindigkeit herrschen an der Werkzeugwandung, so daß die dort vorhandene erhebliche Molekülorientierung sofort einfriert. Für den Orientierungsgrad ist nicht allein die Schergeschwindigkeit maßgebend, sondern die Scherung, das ist das Produkt aus Schergeschwindigkeit und Zeit. Erstarrende Schichten werden aus dem Deformationsprozeß herausgenommen und gegen die Querschnittsmitte fällt die Orientierung entsprechend dem Geschwindigkeitsgefälle ab. Schererwärmung und Fließvorgänge während der Nachdruckzeit beeinflussen außerdem noch das Orientierungsprofil.

Diese Orientierungsverteilungen wirken sich erheblich auf die Eigenschaften der spritzgegossenen Fertigteile aus. Zu den augenfälligsten Auswirkungen zählen unterschiedliche Formen der Bruchausbildung bei Schlagbeanspruchungen (15) und Delaminierungserscheinungen.

Abb. 12. Bruchfiguren von spritzgegossenen 1 mm dicken Polyäthylenplatten im biaxialen Falltest (links: Spritzgußtyp mit enger Molekulargewichtsverteilung, rechts: das untersuchte Beispiel)

Spritzplatten aus einem leichtfließenden Niederdruck-Polyäthylen zeigen beim biaxialen Falltest Risse in Fließrichtung (vgl. Abb. 12 links), während Platten aus dem hier untersuchten Niederdruck-Polyäthylen bei tiefen Verarbeitungstemperaturen Risse senkrecht zur Fließrichtung aufweisen (vgl. Abb. 12 rechts). Die nicht erwarteten Querrisse müssen auf das Sprödbruchverhalten der sehr orientierten Schichten unter der Plattenoberfläche zurückgeführt werden.

Die verschiedenen Untersuchungsmethoden beschreiben den Zustand des Fertigteiles übereinstimmend, aber auch abweichend. Bei der Kristallisation der Polymeren ermöglicht die Rückfaltung, daß eine hohe Ausrichtung der Kettenmoleküle ohne eine größere Kettenkontinuität längs der Ausrichtungsachse besteht. Das mechanische Verhalten und der Schrumpf brauchen deshalb nicht mit der Doppelbrechung und dem gemessenen Dichroismus übereinzustimmen. Eine solche ausführliche Analyse erlaubt, die Orientierungszustände mit den Strukturparametern des Polymeren und den Verarbeitungsbedingungen zu verknüpfen, und hilft gerade wegen der zu beobachtenden Unterschiede, das molekulare Verhalten der Stoffe zu verstehen.

Zusammenfassung

Die molekulare Orientierung ist sowohl für die Endeigenschaften von Produkten aus polymeren Werkstoffen bedeutend als auch für das physikalische Verständnis der Hochpolymeren von dem molekularen Standpunkt aus. Es wird zunächst ein sehr geraffter Überblick über die Meßverfahren gegeben, die zur Bestimmung von molekularen Orientierungen in Festkörpern entwickelt wurden. Dann wird auf Prozesse eingegangen, die zu orientierten Strukturen führen. Bei linearen Hochpolymeren sind dies vor allem Dehnströmungen im plastischen Zustand und Kristallisationsvorgänge, welche die Anisotropieerscheinungen in der Schmelze im allgemeinen noch verstärken. Im zweiten Teil wird ein spezielles Beispiel, nämlich die Orientierungszustände bei spritzgegossenen Fertigteilen, behandelt. Bei der Analyse stehen nicht die Anisotropieerscheinungen, sondern die Erfassung und Bedeutung der Orientierungsverteilung im Wandquerschnitt des spritzgegossenen Artikels im Vordergrund. Die Orientierungsverteilungen werden bei 1 mm dicken, spritzgegossenen Platten aus linearem Polyäthylen und Polystyrol studiert. Als Meßgrößen werden der Schrumpf, das Spannungs-Dehnungsverhalten, die optische Doppelbrechung, die Variation der Brechungsindizes und die Kristallitorientierung herangezogen. Die Ergebnisse werden einander gegenübergestellt und im Zusammenhang mit der rheologischen Vorgeschichte diskutiert.

Summary

The molecular orientation in polymers is of very general interest both for its profound effect on the physical behaviour of the finished product and from the purely scientific standpoint. First a condensed review of the measurement of molecular orientation in polymeric solids is given, then processes are described, which lead to oriented structures. For linear high polymers such mechanisms are deformation during flow and crystallization, which usually enhances the anisotropic structure of the melt. In a second part a special sample is discussed, namely the orientation states of injection molded parts. The analysis emphasizes the measurement and the significance of the orientation distribution over the cross section of injection molded parts. The orientation distribution has been studied at 1 mm thick, injection molded plates of linear polyethylene and polystyrene. Shrinkage, stress-strain behaviour, optical birefringence, variation of refractive indices and crystallite orientation were measured. The result are compared and are discussed in connection with the rheological history.

Literatur

1) *Treloar, L. R. G.*, Plastics and Polymers **1971**, S. 29.
2) *Frank, F. C.*, Proc. Roy. Soc. Lond. **A 319**, 127 (1970).
3) *Wilkes, G. L.*, The Measurement of Molecular Orientation in Polymeric Solids, Fortschritte der Hochpolymeren-Forschung **8**, 91 (1971).
4) *Nishijima, Y.*, Ber. Bunsenges. physik. Chem. **74**, 778 (1970).
5) *Ziabicki, A.*, J. Appl. Polymer Sci. **2**, 24 (1959).
6) *Pennings, A. J., J. M. A. A. van der Mark*, and *H. C. Booij*, Kolloid-Z. u. Z. Polymere **236**, 99 (1970).
7) *Keller, A.* and *M. J. Machin*, J. Macromol. Sci. **B 1**, 41 (1967).
8) *Fung, P. Y.-F.* and *S. H. Carr*, J. Macromol. Sci. **B 6**, 621 (1972).
9) *Fleißner, M.* und *E. Paschke*, Kunststoffe **61**, 195 (1971).
10) *Fleißner, M.*, Kunststoffe **63**, 597 (1973).
11) *Heckmann, W.* und *G. Spilgies*, Kolloid-Z. u. Z. Polymere **250**, 1150 (1972).
12) *Holmes, D. R.* and *R. P. Palmer*, J. Polymer Sci. **31**, 345 (1958).
13) *Wiegand, H.* und *H. Vetter*, Kunststoffe **56**, 761 (1970).
14) *Carlowitz, B.* und *N. Kallus*, Kunststoffe **60**, 334 (1970).
15) *Paschke, E.*, Kunststoffe **60**, 187 (1970).

Anschrift des Verfassers:

Dr. *Manfred Fleißner*
Farbwerke Hoechst AG,
vormals Meister Lucius & Brüning
6230 Frankfurt/M.-80

Kolloid-Z. u. Z. Polymere **251**, 1015–1027 (1973)

Vorgetragen auf der Arbeitstagung des Fachausschusses Physik der Hochpolymeren im Rahmen der Frühjahrstagung des Arbeitskreises Festkörperphysik bei der Deutschen Physikalischen Gesellschaft vom 21.–23. März 1973 in Münster/Westf.

Aus dem Institut für Nichtmetallische Werkstoffe der Technischen Universität Berlin, dem Zentralbereich Anwendungstechnik der Bayer A.G., Leverkusen, und dem Ingenieurbereich AP, Dormagen

Spann- und Fixiersysteme bei der Falschdrall-Texturierung synthetischer Endlosgarne

Von R. Bonart), L. Morbitzer und F. Schultze-Gebhardt*

Mit 8 Abbildungen

(Eingegangen am 18. Mai 1973)

Aufgabenstellung

Synthetische Endlosgarne werden zur Erzielung eines höheren, spezifischen Volumens und größerer Dehnbarkeit in zunehmendem Maße texturiert. Dennoch sind die hierbei ablaufenden Strukturumlagerungen noch weitgehend ungeklärt. Das Entsprechende gilt für den Einfluß der Morphologie auf den Texturierprozeß. Ferner ist nicht ausreichend bekannt, wodurch die unterschiedliche Texturierbarkeit von Garnen aus verschiedenen Rohstoffen bedingt ist (1, 2).

Der Versuch, maßgebliche Korrelationen rein empirisch zu finden, trifft wegen der Vielzahl beteiligter Struktur- und Prozeßparameter auf sehr große Schwierigkeiten, zumal die einzelnen Parameter in ihrer Gesamtheit weder meßtechnisch erfaßt, noch gar unabhängig voneinander reproduzierbar variiert werden können. Infolgedessen sind die bisher vorliegenden Einzelbeobachtungen wenig korrelierbar und auch rein qualitativ nur schwer zu überblicken.

Die vorliegende Arbeit soll dazu beitragen, ein theoretisches Modell zu finden, anhand dessen die phänomenologischen Fakten geordnet und zu einer anschaulichen, molekularen Vorstellung zusammengefaßt werden können.

Eines der bekanntesten und wichtigsten Verfahren zur Herstellung texturierter Garne ist die Torsionstexturierung nach dem sog. Falschdrallprinzip[1]) (3), auf die wir uns im folgenden beschränken. Entsprechende physikalische Gesetzmäßigkeiten liegen jedoch auch anderen Texturierverfahren zugrunde wie ganz allgemein der Thermofixierung beliebiger Verformungen textiler Fasern. Hierauf wird zu gegebener Zeit zurückzukommen sein.

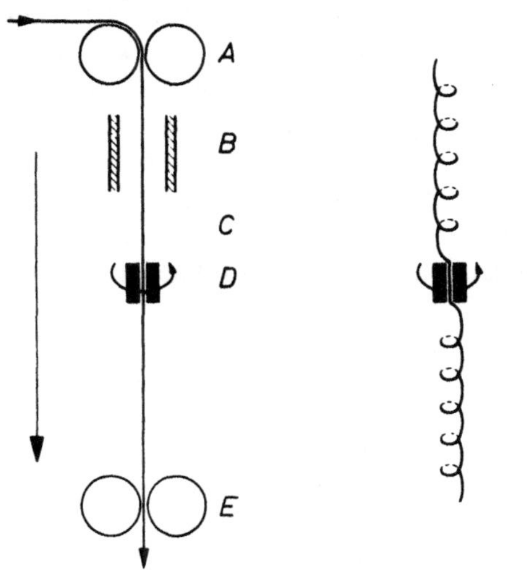

Abb. 1. Schema der Texturierung nach dem Falschdrall-Prinzip. *A*, *E*: Lieferwerke. *B*: Heizung. *C*: Kühlstrecke. *D*: Drallgeber. Rechte Seite: Schematische Darstellung des Dralles und Rückdralles bei ruhendem Garn. Laufendes Garn verläßt den Drallgeber im wesentlichen unverdreht

Abb. 1 gibt das Prinzip der Falschdrall-Texturierung wieder. Das von *A* nach *E* laufende Garn passiert nach dem Lieferwerk *A* eine Heizzone *B* und wird anschließend mit dem Drallgeber *D* (z.B. durch Umschlingung des Querstegs einer schnellrotierenden Spindel) vielmals um sich selbst gedreht, wobei sich die Deformation des Garns bereits unmittelbar nach dem Einlauf *A*, also beim Eintritt in die Heizstrecke *B* ausbildet. Bei ruhendem Garn würde der Drallgeber den Garnabschnitten *A–D* und *D–E* die jeweils entgegengesetzte Drehung (im Links- oder Rechtsschraubensinn) erteilen.

*) Gegenwärtige Anschrift: Institut für Nichtmetallische Werkstoffe der TUB, 1 Berlin 12, Englische Str. 20.

[1]) Unter „Drall" soll abweichend von der physikalischen Terminologie (Drall = Drehimpuls) hier wie in der Textiltechnik üblich die Drehung oder Windung eines Garns um seine Achse verstanden werden. Der Ausdruck „Falschdrall" deutet an, daß trotz ausgeübter Drehung im Resultat ein unverdrehtes, glattes Garn entsteht.

Bei transportiertem Garn kann sich in Laufrichtung hinter dem Drallgeber kein Drehmoment mehr ausbilden; die vor dem Drallgeber vorhandenen Garnwindungen werden durch die vom Lieferwerk *E* ausgeübte Zugkraft praktisch herausgezogen, so daß ein im wesentlichen „glattes" Garn die Zone *D–E* passiert und anschließend aufgewickelt wird. Natürlich können einmal entstandene nichtelastische Einzelfasertorsionen dadurch nicht wieder rückgängig gemacht werden.

Im Abschnitt *C* beginnt die allmähliche Abkühlung des in *B* erwärmten Garns gemäß den jeweils vorliegenden Wärmekonvektionsbedingungen. Daß sich häufig hinter *E* noch eine zweite Heizstrecke zur sog. Set-Behandlung des Garns anschließt, soll hier nur erwähnt, aber nicht ausführlicher behandelt werden. Um dem Garn Drehungen von $D \approx 3000$ [m^{-1}] erteilen zu können, sind bei Garnauslaufgeschwindigkeiten v_E von 200...300 [m/min] Drallgebertourenzahlen gemäß $n = Dv_E \approx 600000 \ldots 1000000$ [$\min^{-1}$] erforderlich, die technisch noch beherrscht werden können. Höhere Produktionsgeschwindigkeiten bei gleicher Garndrehung sind mit Friktionsdrallgebern zu erreichen.

Der in der Zone *A–D* erteilte Garndrall wird durch die im Abschnitt *D–E* infolge Reibung am Drallgeber angestiegene Garnspannung bei im allgemeinen noch leicht gegenüber der Umgebung erhöhter Temperatur wieder rückgängig gemacht. Beim Entspannen des Garns, was normalerweise erst in einer aus dem Garn gefertigten Rohware erfolgt, beobachtet man eine spontane Kräuselung, die aber noch nicht den vollen Texturiereffekt darstellt. Diese spontane Kräuselung wird durch die in den Garnfilamenten beim Drehen und Entdrehen zurückgebliebenen elastischen Spannungen erzeugt. Je nach ihrer Lage im Garnverband bilden die Einzelfäden in der Drallzone *A–D* Wendeln mit variierendem Durchmesser und unterschiedlichen Krümmungsradien (4). Die sich beim Entlasten einstellende Kräuselform wird durch den jeweiligen Durchmesser der einer gewissen Migration im Garnverband unterliegenden Einzelfaserwendeln und die Länge der Garnstücke zwischen Fixpunkten der Ware mitbestimmt (5).

Der volle Kräuseleffekt, der die angestrebte Voluminösität und Warendehnbarkeit hervorbringt, tritt erst auf, wenn man das texturierte Garn oder – wie es bei der praktischen Verarbeitung geschieht – die aus dem Garn hergestellte Ware erwärmt, wozu z.B. das Färben Gelegenheit gibt. Die sich hierbei entwickelnde, vorher latente Kräuselung beruht auf lokalen Schrumpfprozessen innerhalb kleinster Bereiche. Insofern hängen die Probleme der Texturierung engstens mit dem allgemeineren Problem des Faserschrumpfes zusammen, so daß das gesuchte theoretische Modell beide Vorgänge in gleicher Weise umfassen muß und umgekehrt beide Bereiche aus einem derartigen Modell Nutzen ziehen können. Unterschiede kommen allerdings durch die grundsätzlich unterschiedlichen Deformationen bei der Verstreckung bzw. bei Drehung und Entdrehung ins Spiel.

Die latente, entwicklungsfähige Kräuselung beruht darauf, daß ein Teil der Dralldeformation in der Texturierzone (*A–D*) durch das anschließende Entdrehen zwar makroskopisch aber nicht in seiner molekularen Speicherung aufgehoben wird. Grundsätzlich ist nämlich zwischen der Verformung und der molekularen Speicherung dieser Verformung zu unterscheiden, so daß ein und dieselbe Verformung unterschiedliche molekulare Ursachen haben kann. Unter gewissen, noch näher zu erläuternden Voraussetzungen kann das „Erinnern" an eine vorausgegangene Deformation molekular gespeichert bleiben, selbst wenn sie makroskopisch wieder rückgängig gemacht wird. Ist dies der Fall, so kann die ursprüngliche Verformung infolge von „Schrumpfprozessen" erneut in Erscheinung treten. Die hierfür maßgebliche, physikalische Vernetzung des Materials stellt ein Zentralproblem für weite Bereiche der Polymer-Physik dar.

Aspekte der physikalischen Vernetzung

Die Festigkeit der Fäden beruht außer auf den Hauptvalenzbindungen innerhalb der einzelnen Kettenmoleküle vor allem auch auf den zwischenmolekularen Wechselwirkungen, die den Zusammenhalt zwischen den Kettenmolekülen herstellen. Dies wird deutlich, wenn man an die Erweichung des Materials beim Überschreiten der Glas- oder der Schmelztemperatur denkt.

Die Gesamtheit aller Zusammenhaltskräfte im Material, die nicht direkt durch Hauptvalenzbindungen gegeben sind, wird als physikalische Vernetzung bezeichnet (6). Jede Deformation des Materials ist deshalb mit einer Umstrukturierung der physikalischen Vernetzung verbunden, die sich weitgehend lokal löst, um sich in veränderter Konfiguration neu zu bilden (7).

Die Hauptvalenzbindungen tragen zur Festigkeit dadurch bei, daß sie eine gewisse Kooperation der zwischenmolekularen Wechselwirkungen erzwingen.

Die physikalische Vernetzung kann in weitgehender Analogie zur chemischen Vernetzung durch Hauptvalenzbindungen diskutiert werden. Sie weist darüber hinaus jedoch eine Reihe charakteristischer Abweichungen auf. Unter anderem ist es grundsätzlich unmöglich, einzelne diskrete, physikalische Netzstellen zu definieren. Würde man die einzelnen Wechselwirkungen selber, unter anderem beispielsweise H-Brücken oder Kettenverhakungen (8) usw., als diskrete Netzstellen ansprechen, so bliebe die Kooperation unberücksichtigt. Man würde so zu einer Definition der physikalischen Netzstellendichte gelangen, die keinerlei praktische Bedeutung hat, vielmehr sogar irreführend ist, da das mechanische Verhalten stärker von der Kooperation als von der Konzentration der Wechselwirkungen abhängt. Andererseits ist es aber auch nicht möglich, die einzelnen zwischenmolekularen Wechselwirkungen in eindeutiger Weise zu Vernetzungsbereichen zusammenzufassen. Beispielsweise kann (stark vergröbernd) die Wechselwirkung *A* gleichzeitig mit beiden Wechselwirkungen *B* und *C* gekoppelt sein, ohne daß eine direkte Koppelung zwischen *B* und *C* selber existiert. Ferner hängt die jeweilige Koppelung von der Belastungsart (Dehnung, Stauchung, Torsion usw.) sowie von der Belastungsrichtung ab. Insgesamt muß deshalb der beim Gummi geläufige Begriff der Netzstellendichte durch den weniger scharf definierten Begriff der Vernetzungsdichte ersetzt werden, der sich statt auf diskrete Netzstellen auf eine kontinuierlich variierende örtliche Wechselwirkungsdichte bei gleichzeitig variierendem Kooperationsgrad bezieht.

Der Kooperationsgrad der Wechselwirkungen hängt u.a. von der Kettensteifigkeit, der Kettensymmetrie und der Kettenlänge ab. Die Kettensteifigkeit und die Kettensymmetrie sind für die Kooperation innerhalb kleinster Volumenelemente im Å-Bereich maßgeblich, die Kettenlänge dagegen für eine eher weiträumige Kooperation in Kolloid-Dimensionen.

Die Bedeutung der Kettensteifigkeit kann man sich u.a. anhand der Schmelztemperatur der aliphatischen Polyäther $[-(CH_2)_n-O-]$ verdeutlichen. Obwohl die Sauerstoffatome zusätzliche zwischenmolekulare Dispersionskräfte ins Spiel bringen, steigen die Schmelztemperaturen für $n \geq 4$ mit abnehmendem Gehalt an Äthersauerstoff an (9). Dies ist darauf zurückzuführen, daß die Rotationsbarrieren der Ätherverbindungen niedriger sind als die der $-CH_2-CH_2$-Bindungen, so daß die Kette mit abnehmendem Gehalt an Äthersauerstoff steifer wird und die Kooperation der Dispersionskräfte dementsprechend zunimmt. Der Kooperationsgrad hat in diesem Fall offensichtlich einen größeren Einfluß auf die physikalische Vernetzung als die Konzentration an Dispersionskräften.

Die Bedeutung der Kettensymmetrie ergibt sich u.a. aus dem Einfluß der Taktizität auf die mechanischen Eigenschaften. Als subtileres Beispiel kann die variable Erweichungstemperatur der Urethanelastomere in Abhängigkeit von der Symmetrie des Kettenverlängerers genannt werden. Analoge Symmetrieeffekte führen insbesondere bei den Polyamiden zu charakteristischen Unterschieden im rein mechanischen, im thermomechanischen und im Quellverhalten, die auf entsprechende Unterschiede in der physikalischen Vernetzung hinweisen (10, 11, 12) (s. Abb. 2).

Der Kooperationsgrad der zwischenmolekularen Wechselwirkungen ist mit dem Kristallinitätsgrad, d.h. mit der räumlich periodischen Anordnung der Wechselwirkungen verwandt. Mit steigender Kristallinität steigt der Kooperationsgrad und damit die Stabilität der physikalischen Vernetzung an. Dennoch wäre es falsch, den Kooperationsgrad direkt mit dem Kristallinitätsgrad gleichzusetzen, wie es bei der unkritischen Diskussion der Kristallinität implizit geschieht. Abgesehen von der Kooperation in den amorphen Bereichen und in den amorph-kristallinen Grenzflächen erstreckt sich die kristalline Kooperation im allgemeinen nur auf Teile der Kristallbereiche, da sie beispielsweise durch Gitterstörungen unterbrochen wird, oder greift durch Kristallbrücken oder ähnliches von einem Kristallbereich zum anderen hinüber [vgl. die Anisotropie der Quellung von biaxialorientiertem 6-Polyamid (13)].

Die H-Brücken-Kooperation im Kristallverband der Polyamide ist von vornherein nur auf die Rostebenen beschränkt, da der Zusammenhalt zwischen den Rostebenen vorwiegend nur durch *van-der-Waals*-Kräfte zustande kommt.

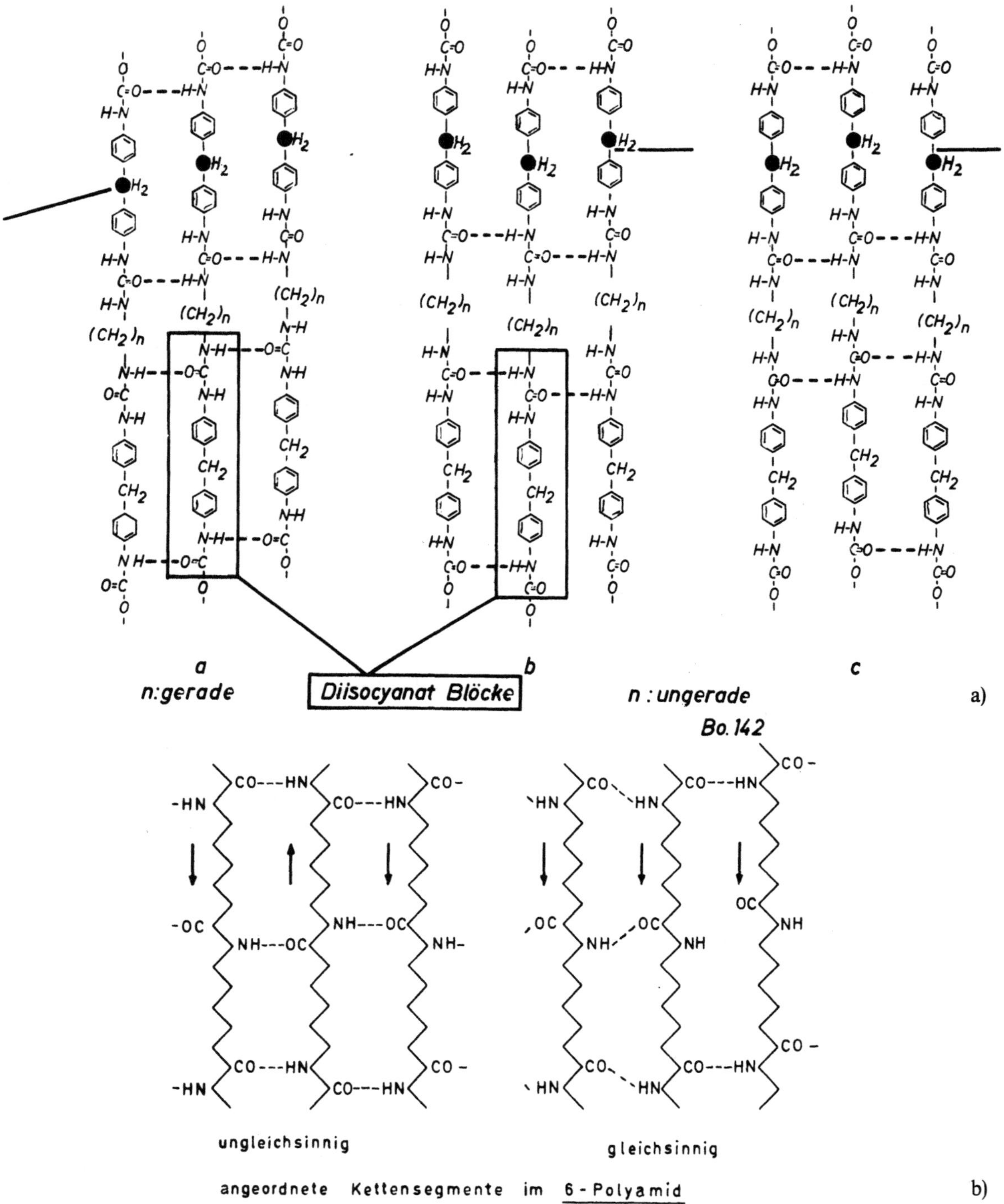

Abb. 2. Räumliche Anordnung der H-Brücken: a) in Urethan-Elastomeren, die mit aliphatischen Diaminen verlängert sind, in Abhängigkeit von der Zahl der CH_2-Gruppen im Diamin (6d), b) im 6-Polyamid in Abhängigkeit von der gegenseitigen Kettenpackung. In beiden Fällen variiert die Stabilität der physikalischen Vernetzung mit der Konzentration an spannungsfreien H-Brücken trotz gegebenenfalls konstanter Konzentration an Harnstoff- bzw. Amid-Gruppen

Die Kristallbereiche der Polyamide weisen deshalb eine stark anisotrope Plastizität (14, 15, 16) auf, wodurch ihre Texturierung wesentlich erleichtert wird, wie sich aus der unten gegebenen Diskussion der Abb. 7 ergibt.

Spann- und Fixiersysteme in den amorphen Bereichen

Makroskopische Deformationen beruhen molekular gesehen auf einer Vielzahl von Platzwechselvorgängen zwischen benachbarten Kettenteilen. Bei jedem Platzwechselvorgang löst sich die physikalische Vernetzung vorübergehend, um sich in entspannter Konfiguration neu zu bilden (7). Die Zeitkonstanten für verschiedene Umlagerungsmechanismen sind stark unterschiedlich und in hohem Maße von der Temperatur abhängig. Infolgedessen spaltet die physikalische Vernetzung auf in Wechselwirkungen, die bei der Deformation in ein neues Gleichgewicht übergehen, und andere Wechselwirkungen, die in einem Ungleichgewicht verharren. Erstere stabilisieren den deformierten Zustand und bilden in ihrer Gesamtheit das sogenannte Fixiersystem. Von letzteren geht dagegen eine Rückstellkraft aus. Sie bilden in ihrer Gesamtheit das sogenannte Spannsystem.

Wird isotropes, nicht kristallisationsfähiges Material, das als Modell für die amorphen Bereiche in teilkristallinen Fasern dienen möge, bei genügend hoher Temperatur praktisch unendlich langsam verstreckt, so bleibt die Probe trotz der Deformation ständig im Gleichgewicht. Infolge praktisch frei ablaufender Platzwechselvorgänge kommt es weder zu einer Molekülorientierung noch zum Aufbau eines Spannsystems. Die Deformation selbst ist rein viskos.

Mit steigender Verstreckgeschwindigkeit und fallender Verstrecktemperatur wird die Relaxation immer unvollständiger. Mehr und mehr Wechselwirkungen bleiben in ihrer ursprünglichen Konfiguration erhalten oder erreichen zumindest kein neues Gleichgewicht. Infolgedessen tritt ein Spannsystem auf, das die Probe in den vorhergehenden Zustand zurückzutreiben sucht und das phänomenologisch durch die Molekülorientierung beschrieben werden kann. Das dazugehörige Fixiersystem ist durch die Gesamtheit aller Segmentumlagerungen gegeben, die bei einem eventl. Schrumpf der Probe wieder rückgängig gemacht werden müssen. Bei zyklischer Deformation macht sich der periodische Auf- und Abbau des Fixiersystems in einer Dämpfung bemerkbar, die hier jedoch ohne Interesse ist.

Das Fixiersystem wird durch kurzlebige, sich rasch umlagernde Wechselwirkungen gebildet. Es ist im allgemeinen thermisch instabiler als das Spannsystem, das von langlebigen Wechselwirkungen herrührt, die auch im belasteten Zustand über lange Zeiten hin erhalten bleiben, wobei u.a. an Kettenverhakungen, Verschlaufungen (8) oder ähnliches zu denken ist. Auf der anderen Seite besitzt das Fixiersystem die weit höhere Vernetzungsdichte, der zufolge es unterhalb der Glastemperatur T_g gegenüber dem Spannsystem dominiert. Oberhalb der Glastemperatur ist das Fixiersystem dagegen ineffektiv, so daß das Spannsystem dort praktisch frei ist. Bei einer genaueren Betrachtungsweise zeigt sich allerdings, daß die Glastemperatur keinesfalls als scharfe Grenze für das Verschwinden des Fixiersystems aufgefaßt werden kann.

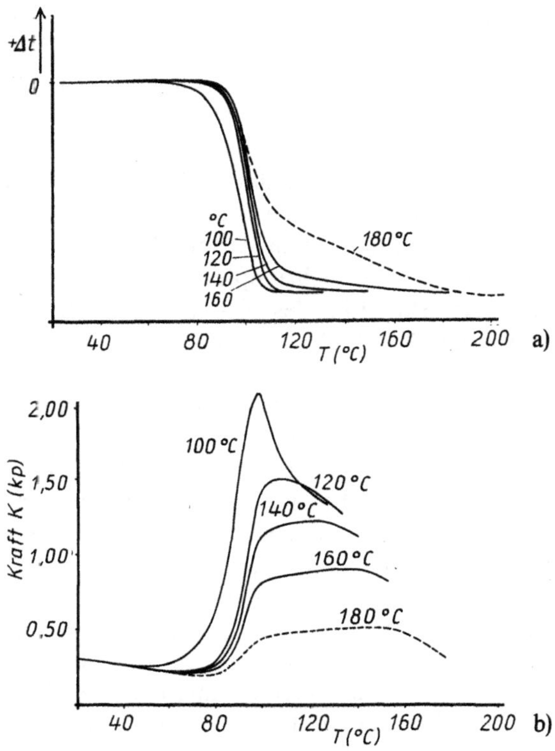

Abb. 3. Schrumpf- und Schrumpfspannung von amorphem PMMA, das zuvor bei verschiedenen Temperaturen um gleiche Beträge gedehnt worden ist. Der Schrumpf (a) ist ein Maß für die vorhergegangene Deformation, die Schrumpfspannung (b) ist dagegen ein Maß für die bei der Deformation erzeugte Molekülorientierung. Die „Kinetik" von Schrumpf und Schrumpfspannung läßt Rückschlüsse auf die Thermostabilität des Fixiersystems zu

Zur Untersuchung des Spann- und Fixiersystems eignen sich vor allem thermomechanische Methoden (18). Als Beispiel hierfür gibt Abb. 3 den Schrumpf und die Schrumpfspannung von amorphem PMMA wieder, dessen Glastemperatur bei ca. 100 bis 110 °C liegt. Die Proben sind zuvor mit 6%/sec zwischen ca. 100 und 180 °C etwa im Verhältnis 2,75:1 gedehnt und unmittelbar anschließend in gedehntem Zustand auf Raumtemperatur abgekühlt worden. Aus Gründen, die weiter unten deutlich werden, wurde die Probe bei 180 °C geringfügig stärker gedehnt, wovon zunächst jedoch abgesehen wird.

Bei der Erwärmung der zunächst eingefrorenen Proben wird das thermisch instabilere Fixiersystem sukzessive ineffektiv und gibt so, Schritt um Schritt, das Spannsystem frei, das daraufhin den Schrumpf einleitet. Da die Proben hierbei bis auf ihre Ausgangslänge zurückgehen und sie zuvor um den gleichen Betrag gedehnt worden sind, findet man in Abb. 3a in allen Fällen den gleichen Gesamtschrumpf, der also keinesfalls, wie teilweise angenommen wird (19), ein Maß für die Molekülorientierung im makroskopisch amorphen Material oder auch in den amorphen Bereichen teilkristalliner Fäden ist. Die Molekülorientierung kommt dagegen in der Schrumpfspannung zum Ausdruck die bei der Verhinderung des Schrumpfes auftritt, während sich die Stabilität des Fixiersystems in der Schrumpf-„Kinetik" bemerkbar macht (vgl. Abb. 3b).

Bei konstanter Deformation und konstanter Deformationsgeschwindigkeit gehen um so mehr Wechselwirkungen vom Spann- in das Fixiersystem über, je höher die Deformationstemperatur ist. Hierbei wird das Spannsystem zunehmend schwächer, das Fixiersystem dagegen zunehmend stärker. Gleichzeitig nimmt auch die Thermostabilität des Fixiersystems zu, da mit steigender Deformationstemperatur nicht nur die Anzahl, sondern auch die thermische Stabilität der Wechselwirkungen ansteigt, die vom Spann- in das Fixiersystem übergehen.

Schrumpf- und Schrumpfspannung der bei 100 °C gedehnten Probe entwickeln sich bereits ab ca. 60 °C, also bereits weit unterhalb der Glastemperatur, was auf ein besonders instabiles Fixiersystem hinweist. In Übereinstimmung mit dem Obengesagten weist die Probe gleichzeitig ein besonders starkes Spannsystem auf, das nur relativ wenige Wechselwirkungen an das Fixiersystem verloren hat. Ganz allgemein findet man die stärksten Spann- und die schwächsten Fixiersysteme in Proben, die unterhalb ihrer Glastemperatur deformiert worden sind. Die bei 180 °C gedehnte Probe entwickelt eine besonders geringe Schrumpfspannung. Sie erreicht ihren Endschrumpf erst bei ca. 180 °C, also etwa bei der Deformationstemperatur. Danach enthält das betreffende Fixiersystem Anteile, die noch weit oberhalb der Glastemperatur effektiv sind, um erst bei der vorhergehenden Deformationstemperatur ineffektiv zu werden. Den gleichen Sachverhalt findet man, wenn auch weniger deutlich, bei den bei 160 °C und bei 140 °C gedehnten Proben.

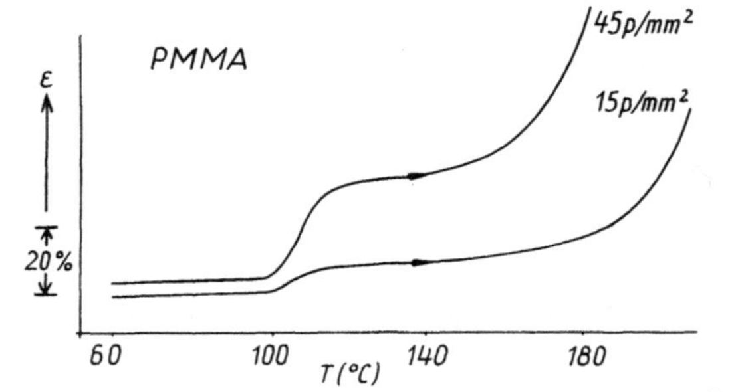

Abb. 4. Längenzunahme von isotropem, schwach belastetem PMMA bei kontinuierlicher Erwärmung (4°/min). Es treten Stabilitätsstufen bei der Glas- und bei der Fließtemperatur auf

Zur Abrundung der skizzierten Zusammenhänge gibt Abb. 4 die Längenzunahme von konstant belasteten anfangs isotropen Proben wieder, die mit 2 °C/min kontinuierlich aufgeheizt worden sind. Bei ca. 100 bis 110 °C macht sich die Erweichungs- oder Glastemperatur in einer stufenförmigen Längenzunahme bemerkbar, sowie, je nach Belastung, bei ca. 160 °C bis 200 °C die sogenannte Fließtemperatur. Offensichtlich hat man es (vergröbernd) mit zwei verschiedenen Vernetzungsmechanismen zu tun, von denen der eine bei ca. 100 °C, der andere dagegen erst bei ca. 180 °C (als Mittelwert über verschiedene Belastungen) ineffektiv wird und dann entsprechende Umlagerungen ermöglicht. Bei der Glaserweichung kann man u.a. an eine einfache Segmentumlagerung, bei der Fließerweichung an das Lösen von Verhakungen und Verschlaufungen denken, ohne daß dies hier näher diskutiert werden soll. In der bei 100 °C gedehnten Probe trägt der obere Vernetzungsmechanismus noch voll zum Spannsystem bei. In der bei 180 °C gedehnten Probe baut er dagegen das Fixiersystem mit auf, da er während der Deformation bei 180 °C bereits teilweise ineffektiv war und sich entsprechend umgelagert hat. Als weitere Folgen hiervon weist die Dehnung bei 180 °C einen rein viskosen Deformationsanteil auf, der sich in einer bleibenden Dehnung bemerkbar macht. Die bei 180 °C gedehnte Probe schrumpft nicht mehr voll auf ihre Ausgangslänge zurück, sondern behält eine Restdehnung bei. Um diese zu kompensieren, um also in allen Fällen den gleichen prozentualen Endschrumpf zu erhalten, wurde die Probe bei 180 °C, wie oben bereits gesagt, von vornherein geringfügig stärker gedehnt.

Spann- und Fixiersysteme in teilkristallinen Fäden

Für die amorphen Bereiche in teilkristallinen Fäden gilt im Prinzip das gleiche wie für das makroskopisch-amorphe Material. Sie können Träger eines Spann- sowie eines Fixiersystems sein, das gegebenenfalls beträchtlich oberhalb der Glastemperatur noch stabile Merkmale aufweist. Darüber hinaus muß man davon ausgehen, daß bei einer plastischen Deformation der Fäden im allgemeinen auch die Kristallbereiche plastisch deformiert werden. Hierdurch kommen weitere Spann- und Fixiersysteme ins Spiel, die teils direkt im Kristallgitter, teils auch in den amorph-kristallinen Phasengrenzen (20) lokalisiert sind. Sie beruhen in jedem Fall auf einer örtlichen Erhöhung der Gitter- bzw. der Oberflächenenergie (oder auf Erniedrigungen der Entropie). Derartige lokale Energieerhöhungen (oder Entropieerniedrigungen) können durch eine Rückdeformation oder durch Rekristallisationsvorgänge abgebaut werden. Sieht man von letzterem ab, so geht von den Bereichen erhöhter Energie (oder erniedrigter Entropie) eine Rückstellkraft aus, die einem Spannsystem entspricht, dem als Fixiersystem die ungestörten Gitterbereiche, bzw. die ungestörten Phasengrenzen gegenüber stehen.

Unter anderem ist diesbezüglich auf das Strukturmodell von *Statton* und *Predecki* (21) hinzuweisen, die innerhalb der Kristallmatrix ein Netzwerk von Doppelschraubenversetzungen annehmen. Unter dem Einfluß einer äußeren Belastung, d.h. bei einer Deformation, wandern die Versetzungslinien im Gitter. Hierdurch paßt sich die Kristallmatrix der Belastung an, wobei sich aber gleichzeitig die Gitterenergie in begrenzten Bereichen erhöht.

In etwas gröberer Betrachtungsweise kann man davon ausgehen, daß einzelne Ketten oder Kettenaggregate (beispielsweise Rostebenen oder Rostebenenpakete) im Gitter aneinander abgleiten, wobei sich gegebenenfalls Knickbänder (14, 22) ausbilden. Bezüglich der lokalen Erhöhung der Gitterenergie sowie der hieraus resultierenden Spannsysteme gilt das gleiche wie für das Modell von *Statton* und *Predecki*.

Bei der Deformation von Kristallamellen erhöht sich nicht nur ihre Gitter-, sondern auch ihre Oberflächenenergie. Das hieraus resultierende Spannsystem (20) überlagert sich den Systemen, die im Gitter selbst und in den amorphen Bereichen lokalisiert sind.

Werden Einzelketten oder Kettenbündel um ganze Vielfache der Faseridentitätsperiode aus den Kristallbereichen herausgezogen, so wird nur die Struktur der Lamellendeckflächen gestört, deren Rekristallisation durch Kettenfaltungen und Verschlaufungen stark behindert ist. Das Kristallgitter selbst geht dagegen direkt in ein neues Gleichgewicht über. Das Spannsystem ist dann ausschließlich auf die Lamellendeckflächen beschränkt, während das Kristallgitter als ganzes das Fixiersystem bildet, ohne einen Beitrag zum Spannsystem zu leisten. Dies ist insofern bemerkenswert, als die thermisch stabileren Wechselwirkungen nach dem oben Gesagten im Spannsystem verharren sollen, während die instabileren Wechselwirkungen in das Fixiersystem übergehen. Hier bilden die stabileren Wechselwirkungen des ungestörten Kristallgitters dagegen das Fixiersystem, während die instabileren Wechselwirkungen der gestörten Phasengrenzen das Spannsystem hervorrufen. Maßgeblich hierfür ist, daß die Überführung des Kristallgitters in das Fixiersystem nicht durch die Stabilitätsverhältnisse bedingt ist, sondern durch die Inhomogenität der Kraftübertragung, beispielsweise durch tie-Moleküle. Spannungskonzentrationen innerhalb der tie-Moleküle können nur durch Gleitungen innerhalb des Kristallgitters abgebaut werden, nicht aber durch eine Umstrukturierung der Lamellendeckflächen. Die Differenzierung der verschiedenen Wechselwirkungen erfolgt also außer aufgrund ihrer Thermostabilität bzw. der Relaxationszeiten für entsprechende Umlagerungen auch aufgrund des Widerstandes, den sie der Deformation entgegensetzen. Je stärker ein Strukturmerkmal die Deformation behindert, desto früher wird es in das Fixiersystem überführt und verleiht diesem dann evtl. eine Thermostabilität, die höher ist als die des verbleibenden Spannsystems. Dies gilt ganz allgemein für teilkristalline Fäden, also nicht etwa nur in dem skizzierten Spezialfall und ist insbesondere für eine Set-Behandlung von Interesse.

Infolge der komplizierten Stabilitätsverhältnisse hängt die thermische Auslösung des Schrumpfes außer von der jeweiligen Temperatur in hohem Maße auch von der Aufheizgeschwindigkeit ab. Bei langsamer Erwärmung werden die instabileren Spannsysteme durch

Rekristallisation und Relaxation bei noch stabilem Fixiersystem teilweise abgebaut, so daß ein vergleichsweise kleiner Schrumpf resultiert. Bei rascher Erwärmung kann durch die beteiligten Relaxationszeiten eine erhöhte Stabilität der Spannsysteme vorgetäuscht werden, so daß die Fixiersysteme gegebenenfalls bei noch voll wirksamen Spannsystemen ineffektiv werden, was zu einem entsprechend großen Schrumpf führt. Zur Veranschaulichung dessen gibt Abb. 5 den Schrumpf verstreckter 6-Polyamid-Fäden bei schneller und langsamer Erwärmung wieder (11).

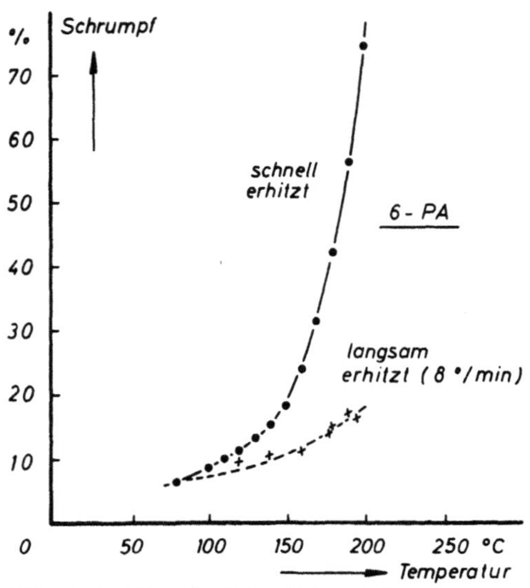

Abb. 5. Abhängigkeit des Schrumpfes von verstreckten Fäden aus 6-Polyamid in Abhängigkeit von der Aufheizgeschwindigkeit (11)

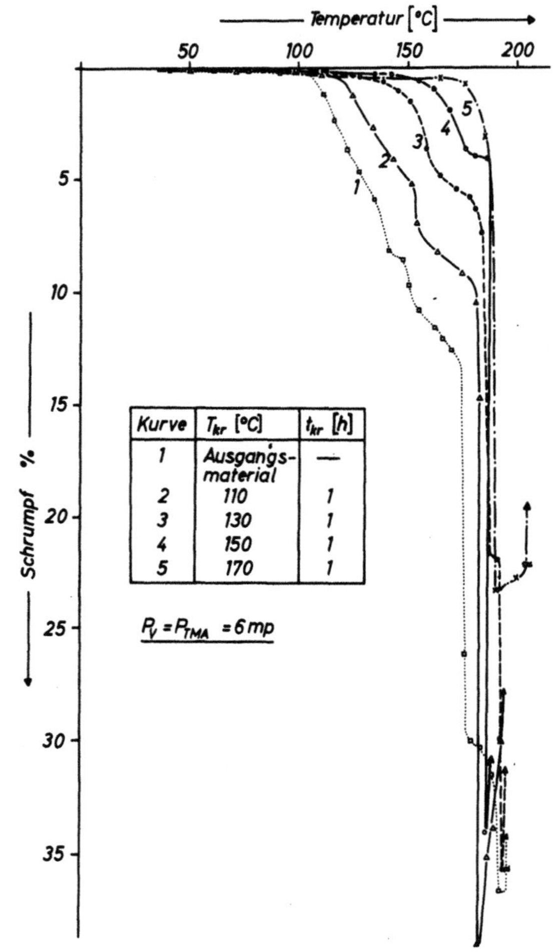

Abb. 6. Stufenförmiger Schrumpf von verstreckten Fäden aus Polyäthylenterephthalat [nach *Lindner* (23)]. Die Temperatur, bei der maximaler Schrumpf auftritt, ist weder mit der Glas- noch mit der konventionellen Schmelztemperatur korrelierbar

Lindner (23) hat bei der kontinuierlichen Erwärmung von verstreckten PET-Fäden reproduzierbar einen stufenförmigen Schrumpf beobachtet (s. Abb. 6), der auf stufenförmige Stabilitätsänderungen infolge von partiellem Schmelzen und Neukristallisieren hinweist. Keinesfalls wird der maximale Schrumpf unmittelbar beim Überschreiten der Glastemperatur ausgelöst [vgl. auch (24)], da die Kristallbereiche sowohl zum Fixier- als auch zum Spannsystem beitragen [vgl. (25)].

Spann- und Fixiersysteme bei der Falschdrall-Texturierung

Bei der Falschdrall-Texturierung sind drei Spann- und drei Fixiersysteme S_i bzw. F_i ($i = 0, 1, 2$) im Spiel. Die Systeme S_0 und F_0 rühren von der Verstreckung vor der Texturierung her, während sich die Systeme F_1 und S_1 beim Drall ε_1 bzw. die Systeme F_2 und S_2 beim Entdrehen ε_2 bilden. Das formale Zusammenspiel der genannten Systeme wird durch die Schemazeichnung Abb. 7 veranschaulicht. Die vertikalen Doppelpfeile symbolisieren die Verstreckung ε_0, d.h. die Spann- und Fixiersysteme S_0 und F_0, die für die primären Garneigenschaften sowie für den Schrumpf in engerem Sinne maßgeblich sind. Letzterer soll hier nicht explizit behandelt werden. Die horizontalen Querbindungen weisen auf „freie" Anteile der physikalischen Vernetzung hin, die weder zu S_0 noch zu F_0 beitragen, d.h. auf Anteile, die sich ohne Beeinträchtigungen von S_0 oder F_0 umzulagern vermögen und die beim Drehen bzw. Entdrehen die Systeme S_1/F_1 bzw. S_2/F_2 aufbauen (siehe Abb. 7a). Fehlen derartige Anteile, so trifft die Texturierung auf prinzipielle Schwierigkeiten.

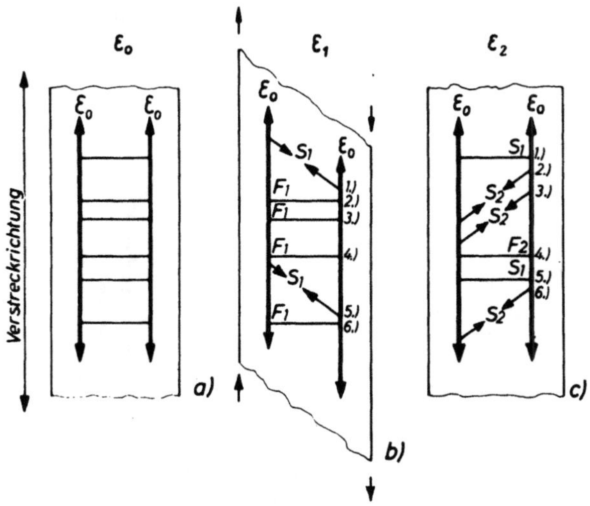

Spann- und Fixiersystem bei der Texturierung

Abb. 7. Formales Umlagerungsschema der Spann- und Fixiersysteme bei der Texturierung. Anstelle der Biegung der einzelnen Fäden ist eine einfache Scherung eines begrenzten Volumenelementes betrachtet worden. Obwohl die makroskopische Deformation in c) wieder rückgängig gemacht ist, hinterläßt sie eine „molekulare Erinnerung".

Das Fixiersystem F_0 muß dann nämlich beispielsweise durch Erwärmung des Garnes gelockert werden, wenn die Deformationen ε_1 und ε_2 keine molekularen Sprödbrüche innerhalb der einzelnen Fäden hervorrufen sollen. Unbeabsichtigt wird hierbei dann aber auch das Spannsystem S_0 freigesetzt, das daraufhin die Verstreckung ε_0 teilweise wieder rückgängig macht, wodurch die primären Garneigenschaften beeinträchtigt werden. Um dies zu vermeiden, müssen die Deformationen ε_1 und ε_2 bei stabilem Fixiersystem F_0 ablaufen, was nur möglich ist, wenn die physikalische Vernetzung des verstreckten Garnes in ausreichendem Umfange „freie" Anteile enthält, die insofern eine entscheidende Voraussetzung für die prinzipielle Texturierbarkeit eines Garnes darstellen. Hierauf kann ein Vergleich der Texturierbarkeit von Garnen mit unterschiedlicher Morphologie oder auch von Garnen aus verschiedenen Rohstoffen aufgebaut werden.

Die „freien" Anteile der physikalischen Vernetzung, die in engerem Sinne die Texturierung tragen, kommen vor allem durch die plastische Deformierbarkeit der Kristallbereiche zustande, in den Polyamiden beispielsweise durch das Aneinanderabgleiten der Rostebenen im Kristallverband. Garne, die starre, nicht deformierbare Kristallbereiche enthalten, wie die Zellulose beispielsweise, sind nur schlecht, bzw. überhaupt nicht texturierbar. Andererseits dürfen die Kristallbereiche auch nicht zu weich sein, da die Systeme S_1/F_1 und S_2/F_2 sonst keine befriedigende mechanische Stabilität besitzen. Hiervon ausgehend gewinnt man leicht ein anschauliches Verständnis für das typische Texturierverhalten beispielsweise der verschiedenen Polyamide, des Polyäthylenterephthalates und des Polycarbonates.

Bei der Garndrehung werden die Einzelfäden durch sich überlagerndes Tordieren und Biegen zu Wendeln verformt, wobei die Biegung mit zunehmendem Abstand von der Garnachse überwiegt (4). So wird der Mantel jedes einzelnen Fadens örtlich rasch wechselnd teils gedehnt, vor allem aber gestaucht. Letzteres erkennt man daran, daß sich die neutrale Zone der gebogenen Fäden jeweils zur konvexen Seite der Krümmung verschiebt (27, 28, 37). Dies entspricht der bekannten Tatsache, daß der bevorzugte molekulare Deformationsmechanismus dicht gepackter orientierter Polymerer im allgemeinen durch Knickungen gegeben ist (22), die in Kettenrichtung nur Stauchungen, jedoch keine Längungen zulassen (27) (s. Abb. 8). Auch die reine Fadentorsion läßt sich nach *Hien*, *Cooper* und *Koutsky* (26) auf solchen molekularen Knickmechanismus zurückführen. Dabei gleiten die Kettenmoleküle im Knickband, wie in Abb. 8 gezeigt, parallel zu ihrer Kettenrichtung aneinander ab. Vereinfachend ist dies in Abb. 7b durch die gegenseitige Vertikalverschiebung der Doppelpfeile ε_0 angedeutet worden, womit Knickungen und nicht einfach Gleitungen gemeint sind.

Beim Vorliegen flächenhafter Kettenaggregate wie beispielsweise der Rostebenen in den Polyamiden können sich die Knickbänder nur in bestimmten kristallographischen Richtungen ausbilden (29), in den Polyamiden beispielsweise nur parallel zu den Rostebenen (vgl. Abb. 8). Dementsprechend ist in Abhängigkeit von der unterschiedlich stark ausgeprägten biaxialen Kristallitorientierung im Mantel der einzelnen Fäden (15, 30) mit einem unterschiedlichen Biege- bzw. Texturierverhalten zu rechnen.

Knickungen führen in gleicher Weise wie andere plastische Kristalldeformationen zu Spann- und Fixiersystemen. Die anfänglich „freien" Anteile der physikalischen Vernetzung spalten bei der Deformation ε_1, wie in Abb. 7b dargestellt, in die Systeme S_1 und F_1 auf. Die horizontalen Querverbindungen in Abb. 7b beziehen sich auf Strukturmerkmale, die bei der Deformation ε_1

in ein neues Gleichgewicht übergegangen sind und infolgedessen den deformierten Zustand stabilisieren.

Falls die Thermostabilität der physikalischen Vernetzung zwei voneinander getrennte Stufen aufweist (wie u.a. im Beispiel Abb. 4), sind in dem

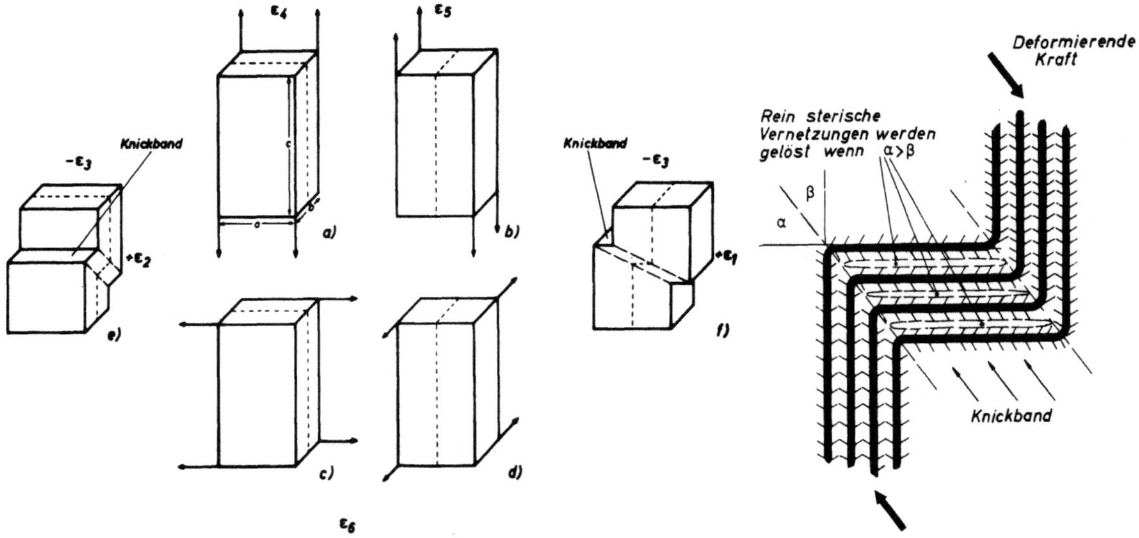

Abb. 8. Knickdeformationen als dominierender molekularer Deformationsmechanismus. Knickungen erlauben nur eine Kontraktion, jedoch keine Längung in Kettenrichtung. Da sie mit Gleitung zwischen benachbarten Ketten verbunden sind, müssen die Gleitlinien parallel zu den gleitfähigen Kettenaggregaten liegen

Die „schrägen" Querverbindungen beziehen sich dagegen auf Merkmale, die sich in einem „gespannten" Nichtgleichgewicht befinden und den vorhergehenden Deformationszustand wiederherzustellen suchen.

Das System F_1 fixiert die Verdrehung des Garnes. Es ist für die spätere, latente Kräuselung maßgeblich und soll deshalb möglichst stark und sowohl thermisch als auch mechanisch stabil sein. Gleichbedeutend hiermit muß das Spannsystem S_1, das dem unverdrehten Garn zugeordnet ist, soweit wie möglich abgebaut werden. Jedes Strukturmerkmal, das in S_1 verbleibt, geht dem System F_1 verloren. Dementsprechend wären möglichst hohe Temperatur und lange Verweilzeiten in der Heizzone B (Abb. 1) anzustreben, so daß eine im wesentlichen rein viskose Deformation ε_1 zustande kommt. Da gleichzeitig jedoch das Fixiersystem F_0 möglichst vollständig erhalten bleiben soll, sind Verweilzeit und Temperatur entsprechend der Thermostabilität von F_0 nach oben begrenzt. Hieraus ergeben sich Kriterien zur Optimierung der Texturierbedingungen, wobei natürlich weitere Forderungen wie nach möglichst geringer chemischer Veränderung des Materials bei höherer Temperatur (31) oder einer wirtschaftlich vertretbaren Garngeschwindigkeit mit zu berücksichtigen sind.

dazwischenliegenden Temperaturintervall alle Wechselwirkungen, die für die untere Stufe maßgeblich sind, ineffektiv. Alle Wechselwirkungen, die die obere Stufe hervorrufen, sind dagegen effektiv. Erstere können sich in dem betreffenden Zwischenbereich leicht, letztere dagegen nur schwer oder überhaupt nicht umlagern. Bilden die Wechselwirkungen der oberen Stufe das Fixiersystem F_0, so können die Wechselwirkungen der unteren Stufe bei stabilem F_0 um so vollständiger in das Fixiersystem F_1 übergehen, je deutlicher die Stabilitätsstufen durch ein horizontales Plateau voneinander getrennt sind. Gehen die verschiedenen Stabilitätsstufen dagegen kontinuierlich ineinander über, so trifft die Separierung von F_0 und F_1 sowie der Abbau von S_1 auf prinzipielle Schwierigkeiten, die durch die Technologie der Texturierung nicht überwunden werden können. Je schärfer beispielsweise der Schmelzbereich einsetzt [vgl. hierzu (32, 33)], desto höher kann die Dralltemperatur gewählt werden, ohne daß das Fixiersystem F_0 ineffektiv wird, und ein desto stabileres Fixiersystem F_1, d.h. eine desto stabilere, latente Kräuselung erhält man. Das Umgekehrte gilt im Falle eines verbreiterten, verwaschenen Schmelzbereiches.

Zweifellos kann das Fixiersystem F_0 etwa durch eine Optimierung der Fasermorphologie, z.B. eine Verbesserung der Kristallinität, noch wesentlich stabilisiert werden. [Beim 6-PA beispielsweise läßt sich die Schmelztemperatur bis auf etwa 250 °C anheben (32).] Kritisch ist hierbei allerdings, daß bei derartiger Variation der Morphologie gleichzeitig die „freien" Anteile der physikalischen Vernetzung aufgezehrt werden können und die Texturierung dann aus diesem Grunde auf Schwierigkeiten stößt. Unabhängig von der Morphologie würde auch ein erhöhter Garnzug in der Heizzone B (Abb. 1) zur Stabilisierung von F_0 beitragen (34), wobei jedoch eine obere Grenze einzuhalten ist, um nicht die Ausbildung eines hinreichend festen Systems F_1 aus den noch verfügbaren Anteilen physikalischer Vernetzung zu beeinträchtigen.

Abb. 7 bezieht sich auf den idealisierten Fall, daß die Rückdeformation ε_2 den Drall ε_1 geometrisch aufhebt, was in Abb. 7c dadurch zum Ausdruck gebracht ist, daß die beiden Pfeile ε_0 wieder auf gleicher Höhe liegen. Dabei entspannt sich das System S_1; – das Fixiersystem F_1, das den Zustand vor dem Entdrehen ε_2 repräsentiert, spaltet in die neuen Spann- und Fixiersysteme S_2 bzw. F_2 auf (vgl. die 2., 3. und 6. und im Unterschied dazu die 4. Querbindung in Abb. 7c). Würde sich das gesamte System F_1 in eine neue, entspannte Konfiguration F_2 umlagern, so wäre ε_1 durch die Rückdeformation ε_2 nicht nur geometrisch, sondern auch molekular aufgehoben. Damit wäre dann das „molekulare Gedächtnis" für den Drall ε_1 gelöscht, so daß keinerlei Texturierung zustande käme. Um dies zu vermeiden, muß die Rückdralltemperatur unter der Dralltemperatur liegen, d.h. das Garn sollte bei Passieren des Drallgebers hinreichend abgekühlt sein (5). Nur so bleiben genügend F_1-Merkmale in ihrer Ausgangskonfiguration erhalten und gehen infolgedessen bei der Deformation ε_2 in das Spannsystem S_2 über.

Der Abbau des Fixiersystems F_1 kann u.a. darauf beruhen, daß sich die zuvor geknickten Mantelzonen der einzelnen Fäden teilweise wieder strecken oder auch darauf, daß die anfangs gedehnten Mantelzonen sich jetzt erst knicken. Beides führt bezüglich der Kräuselung zum gleichen Resultat und soll hier deshalb nicht näher analysiert werden. Der Wert der Abb. 7 liegt gerade darin, daß sie eine Diskussion des Texturierergebnisses ermöglicht, ohne auf konkrete Strukturvorstellungen eingehen zu müssen.

Wenn oben gesagt worden ist, daß das Fixiersystem F_1 für die spätere, entwicklungsfähige Kräuselung maßgeblich ist, so gilt dies strenggenommen nur für denjenigen Teil von F_1, der sich bei der Rückdeformation ε_2 ins neue Spannsystem S_2 überführen läßt. Damit dieser Anteil genügend groß ist, muß die betreffende Stabilitätsstufe der physikalischen Vernetzung nicht nur zu hohen, sondern auch zu tiefen Temperaturen hin durch ein horizontales Plateau begrenzt sein, da nur dann die „Rückumlagerung" der F_1-Merkmale befriedigend verhindert werden kann. Hieraus ergibt sich erneut die Notwendigkeit, die Thermostabilität der physikalischen Vernetzung in den interessierenden Garnen detailliert zu untersuchen. Da bei der Texturierung weniger Dehnungen als vielmehr Biegungen im Spiele sind, müssen hierzu allerdings subtilere Methoden angewendet werden, als reine Temperaturdehnungsmessungen gemäß Abb. 4.

Die Systeme F_2 und S_1 sind beide in gleicher Weise dem unverdrehten Garn zugeordnet (vgl. die 4. und 5. Querverbindung in Abb. 7c), besitzen aber extrem unterschiedliche Thermostabilitäten und haben dementsprechend unterschiedliche Funktionen. S_1 wird durch besonders stabile Strukturmerkmale gebildet, die bereits beim Drall ε_1 erhalten geblieben sind, F_2 dagegen durch besonders instabile Merkmale, die sich sowohl beim Drall ε_1 als auch beim Entdrehen ε_2 umgelagert haben. Bei der Entwicklung der latenten Kräuselung durch Erwärmung des Garnes wird das Fixiersystem F_2 als erstes instabil, woraufhin das Spannsystem S_2 lokale Schrumpfprozesse auslöst und dadurch die Kräuselung hervorbringt. Das wesentlich stabilere Spannsystem S_1 bleibt dagegen effektiv und behindert die Kräuselung, so daß es, wie oben bereits gesagt, möglichst schwach sein soll.

Im Interesse einer optimalen Kräuselung muß S_1 während des Dralles möglichst weitgehend abgebaut werden, so daß möglichst viele Strukturmerkmale in das System F_1 übergehen, d.h. die Verdrillung fixieren. Beim anschließenden Rückverformen soll der Abbau des Systems F_1 dagegen weitgehend blockiert sein, so daß die Dralldeformation so weit wie möglich molekular gespeichert bleibt. Die Entdrehung soll also nur „oberflächlich" fixiert werden, d.h. durch ein instabiles System F_2, das bei der Entwicklung der Kräuselung vollständig wieder verschwindet, ohne das Spannsystem S_2, das weitgehend mit dem System F_1 identisch ist, zu behindern oder zu beeinträchtigen. Eventuell kann sich das Fixiersystem F_2 statt durch eine Rückumlagerung von F_1-Merkmalen auch durch erstmalige Umlagerung von bis dahin noch „freien" Anteilen der physikalischen Vernetzung bilden, wobei jedoch das gleiche wie für die Rückumlagerung gilt. Das Fixiersystem F_2 soll in jedem Fall, d.h. unabhängig von seiner tatsächlichen Realisierung, instabiler sein als das Spannsystem S_2, damit letzteres eine starke und stabile Kräuselung hervorbringen kann.

Das System S_2 kann dadurch untersucht werden, daß man die „Kinetik" der Kräuselkontraktionskraft bei der thermischen Entwicklung der Kräuselung erfaßt. Durch Messung der Kräuselkontraktionskraft im interessierenden Temperaturbereich (35) sind Aufschlüsse über die Stabilität des Fixiersystems F_2 und die Art seiner Abgrenzung vom F_1-System zu erwarten. Einzelheiten hierzu sollen in späteren Arbeiten mitgeteilt werden.

Zusammenfassende Diskussion

Texturierte Garne werden u.a. anhand ihrer Kräuselkontraktionskraft (35), in entwickelter Form durch die Entkräuselungskraft (36) sowie aufgrund der mechanischen und thermischen Stabilität der Kräuselung beurteilt. Ausschlaggebend für diese Eigenschaften ist in erster Linie das Spannsystem S_2, bzw. als Vorstufe hierzu das Fixiersystem F_1. Letzteres steht strukturell gesehen in Konkurrenz zu dem System S_1, ersteres dagegen zu dem System F_2.

Die genannten Systeme können experimentell separariert werden, indem man die „Kinetik" der Kräuselkontraktionskraft bei der thermischen Entwicklung der Kräuselung erfaßt sowie ihr Verschwinden bei weiterem Erwärmen mißt.

Im Interesse einer starken Kräuselung soll S_1 während des Dralls möglichst weitgehend abgebaut werden, sollen also möglichst viele und möglichst stabile Strukturmerkmale in das System F_1 übergehen, um so den Drall ε_1 zu fixieren. Je vollständiger dies gelingt, bei desto höherer Temperatur ist ein Verschwinden der Kräuselkontraktionskraft bei erwähnter thermomechanischer Analyse zu erwarten.

Während des Entdrehens soll ein Abbau des Systems F_1 möglichst vermieden werden, damit die Deformation ε_1 molekular hinreichend gespeichert bleibt. Ein Abbau von F_1 ist sowohl durch Rückumlagerung der zuvor von S_1 zu F_1 übergegangenen Strukturmerkmale als auch durch Ausbildung neuer Molekulardeformationen (z.B. Knickung der zunächst gedehnten Mantelzonen) möglich. Beides hat in erster Näherung den gleichen, makroskopischen Effekt, könnte aber im Hinblick auf eine nachfolgende Set-Behandlung Unterschiede ins Spiel bringen. Da auf Set-Behandlungen noch nicht eingegangen wurde, interessiert hier lediglich der Abbau von F_1, nicht aber, wie er molekular zustande kommt.

Die Entdrehung ε_2 soll nur „oberflächlich" sein, d.h. durch ein relativ instabiles System F_2 fixiert werden, das bei der Entwicklung der Kräuselung wieder vollständig verschwindet, ohne das Spannsystem S_2, das durch die Reste von F_1 gebildet wird, zu beeinträchtigen.

Die Entstehung der genannten Spann- und Fixiersysteme läßt sich prinzipiell aus den Stabilitätsstufen der physikalischen Vernetzung ableiten. Um diese experimentell zu erfassen, erscheint es notwendig, ihre Temperatur- und Frequenzabhängigkeit bei adäquaten nichtlinearen Deformationen zu ermitteln. Dabei muß das für die Texturierung maßgebliche Relaxationszeitspektrum hinreichend separiert werden. Hierauf aufbauend wäre dann nach der Trennbarkeit der physikalischen Vernetzungssysteme im Hinblick auf den Texturiervorgang zu fragen.

Zusammenfassung

Ausgehend von dem Begriff der physikalischen Vernetzung werden sog. Spann- und Fixiersysteme definiert. Erstere werden durch zwischenmolekulare Wechselwirkungen gebildet, die bei einer Deformation der Fasern erhalten bleiben und deshalb die Deformation rückgängig zu machen suchen, also eine entsprechende Rückstellkraft liefern. Letztere rühren dagegen von zwischenmolekularen Wechselwirkungen her, die sich bei der Deformation der Fasern lösen, um sich in entspannter Anordnung neu zu bilden. Das Fixiersystem sucht deshalb die jeweils aufgeprägte Deformation aufrechtzuerhalten.

Bei der sog. Falschdrall-Texturierung überlagern sich mehrere Spann- und Fixiersysteme, die von der Verstreckung der Fasern, dem Drehen des Garns vor und dem Entdrehen hinter dem Drallgeber herrühren, realisiert durch spezifische Verformungen nichtkristalliner wie kristalliner Bereiche. Der Zusammenhang zwischen diesen Systemen wird im Hinblick auf mögliche Verbesserungen der Kräuseleigenschaften diskutiert.

Summary

Based on the idea of physical crosslinking, so called "Spannsysteme" and "Fixiersysteme" are defined. The first are due to intermolecular interactions which remain stable during the deformation therefore causing a retractive force. The latter are produced by intermolecular interactions temporarily loosened yet restored in a relaxed conformation, thus stabilizing the deformation.

False yarn twisting is connected with at least three "Spann"- and three "Fixiersystemen", differing from each other by different thermal stabilities. They come into existence during stretching, twisting and untwisting at different temperatures.

Literatur

1) *Morawek, W.*, Textilpraxis **20**, 793 (1965).

2) *Quynn, R. G.*, J. Textile Inst. **62**, 510 (1971).

3) *Scherzberg, H.*, Texturierte Garne (Heidelberg 1968).

4) *Mertens, J. J.*, in: Bulk, Strech and Texture, 51. Annual Conference of the Textile Inst. 1961 in Baden-Baden, Manchester 1966, p. 42ff.

5) *Denton, M.*, Compte-rendu des Journées Internationales d'Etude sur les Fils Textures, Lyon 1969, p. 97f.

6) *Hellmuth, W., H.-G. Kilian* und *F. H. Müller*, Kolloid-Z. u. Z. Polymere **218**, 10 (1966). – Siehe auch: *R. Bonart*, J. Macromol. Sci. **B 2**, 115 (1968). – *R. Bonart, L. Morbitzer* und *G. Hentze*, J. Macromol. Sci. **B 3**, 337 (1969). – *R. Bonart, L. Morbitzer* und *H. Rinke*, Kolloid-Z. u. Z. Polymere **240**, 807 (1970).

7) *Hoffmann, W.*, Rheol. Acta **5**, 101, (1966).

8) *Hoffmann, W.*, Kolloid-Z. u. Z. Polymere **250**, 197 (1972).

9) *Tadokoro, H.*, Macromol. Rev. **1**, 119 (1967).

10) *Schultze-Gebhardt, F.*, unveröffentl. Ber. d. Bayer AG 1970.

11) *Schultze-Gebhardt, F.* und *E. H. Müller*, Faserforschung u. Textiltechn. **23**, 247 (1972).

12) *Schwartz, E.*, in: *R. Vieweg* u. *A. Müller*, Kunststoff-Handbuch Bd. VI Polyamide, S. 11f. (München 1966).

13) *Rothe, H.*, Faserforschg. u. Textiltechn. **8**, 244 (1957).

14) *Zaukelies, D. A.*, J. Appl. Phys. **33**, 2997 (1962). *R. Buchdahl* und *D. A. Zaukelies*, Angew. Chem. **74**, 369 (1962).

15) *Bonart, R.* und *F. Schultze-Gebhardt*, Die Angew. Makromol. Chem. **22**, 41 (1972).

16) *Bonart, R.*, Kunststoffe **57**, 391 (1967).

17) *Moseley, W. W.*, J. Appl. Pol. Sci. **7**, 187 1963).

18) *Herwig, H. U.*, Kolloid-Z. u. Z. Polymere **211**, 34 (1966).

19) *Wiegand, H.* und *H. Vetter*, Kunststoffe **56**, 761 (1966), u. **57**, 276 (1967).

20) *Falender, J. R.* und *D. Hansen*, J. Appl. Phys. **43**, 1610 (1972).

21) *Predecki, P.* und *W. O. Statton*, J. Appl. Phys. **37**, 4053 (1966).

22) *Robertson, R. E.*, J. Polymer Sci. **(A-2) 6**, 1673 (1968). – *C. W. Joynson*, J. Appl. Phys. **37**, 3969 (1966). – *R. E. Robertson*, J. Polymer Sci. **(A-2) 7**, 1315 (1969).

23) *Lindner, W.*, Dissertation Aachen, 1972.

24) *Bosley, D. E.*, J. Polymer Sci. (C), No. 20, p. 77 (1967).

25) *Dismore, P. F.* und *W. O. Statton*, J. Polymer Sci. (C), No. 13, p. 133 (1966).

26) *Hien, N. V., S. L. Cooper* und *J. A. Koutsky*, J. Macromol. Sci. **B 6**, 343 (1972).

27) *Peschel, P.*, Melliand-Textilber. **50**, 487 (1969).

28) *Freeston, Jr. W. D.* und *M. M. Schoppee*, Textile Res. J. **42**, 314 (1972).

29) *Bonart, R.*, Kolloid-Z. u. Z. Polymere **231**, 438 (1969).

30) *Heidemann, G.*, Chemiefasern **20**, 204 (1970).

31) *Feuerberg, H.*, Über Veränderungen von Nylon-6-Fasern beim Texturieren, Ber. Nr. 12 der Bundesanstalt für Materialprüfung Berlin, Mai 1972.

32) *Illers, K. H.* und *H. Haberkorn*, Makromol. Chem. **142**, 31 (1971).

33) *Arakawa, T.* und *F. Nagatashi*, J. Polymer Sci. **(A-2) 7**, 4161 (1969).

34) *Krigbaum, W. R., J. V. Dawkins, G. H. Via* und *Y. Balta*, J. Polymer Sci. **(A-2) 4**, 475 (1966).

35) *Stein, W.*, Chemiefasern **20**, 748 (1970); **21**, 891 (1971).

36) *Lünenschloß, J. W.*, Melliand-Textilber. **52**, 760 (1971).

37) *Miles, J. B.*, Textile Res. J. **41**, 108 (1971).

Anschriften der Verfasser:

Prof. Dr. *R. Bonart*
Institut für Nichtmetallische Werkstoffe
der Techn. Universität 1000 Berlin 12, Englische Str. 20

Dr. *L. Morbitzer*
Zentralbereich Anwendungstechnik der Bayer AG.
5090 Leverkusen

Dr. *F. Schultze-Gebhardt*
Ingenieurbereich AP des Werkes Dormagen
der Bayer AG.
4047 Dormagen

Kolloid-Z. u. Z. Polymere **251**, 1028–1037 (1973)

Vorgetragen auf der Arbeitstagung des Fachausschusses Physik der Hochpolymeren im Rahmen der Frühjahrstagung des Arbeitskreises Festkörperphysik bei der Deutschen Physikalischen Gesellschaft vom 21.–23. März 1973 in Münster/Westf.

Aus den Farbwerken Hoechst AG, vormals Meister Lucius & Brüning, Frankfurt/Main-Höchst, Werk Bobingen

Spezielle Strukturen in orientierten Fäden aus Polyäthylenterephtalat (PET)

Von E. Liska *)

Mit 12 Abbildungen und 1 Tabelle

(Eingegangen am 14. Juli 1973)

I. Einleitung

In der klassischen Technologie des Schmelzspinnens werden die Fäden in zwei Stufen verstreckt: im Spinnprozeß, der zu einem relativ schwach orientierten Zustand führt und im Verstreckprozeß zur Erzielung der Endorientierung. Normalerweise treten Zustände mittlerer Orientierung nicht auf. Ziel dieser Arbeit war es, solche zu untersuchen, um eventuell Aussagen über den gesamten Deformationsprozeß machen zu können.

Bei den Untersuchungen an PET hat sich gezeigt, daß die Zwischenzustände bei den verschiedenen Verstreckarten ziemlich ähnlich durchlaufen werden, zumindest im niederen und mittleren Orientierungsbereich. Im Bereich endverstreckter Fäden ergeben sich gewisse von der unterschiedlichen thermischen Belastung der einzelnen Verfahren herrührende Unterschiede.

Für die Darstellung der Eigenschaften im Bereich vom klassischen Spinnfaden bis zum endverstreckten Faden wurden Fäden gewählt, die mit zunehmender Spinngeschwindigkeit hergestellt wurden. Die Skala reicht von 20–70 m/s (1450–4000 m/min). (Für ausverstreckte textile Fäden müßten die Spinnabzüge bei 5000 bis 6000 m/min liegen).

Experimentelles

Die Fäden wurden im allgemeinen mit konstantem Titer und konstanter Kapillarenzahl (dtex 125 *f* 20) hergestellt. (Der Durchmesser einer einzelnen fertigen Kapillare betrug demnach etwa 170 μm.) Versponnen wurden zwei Rohstoffe unterschiedlicher Molekülkettenlänge (Spezifische Viskosität (*SV*) des Fadenmaterials $[\eta]$ = 0,74 und 0,88). Durchmesser des Düsenloches 0,4 mm. Schmelztemperatur 292 °C. Die Fäden wurden auf dem Spinnwege nicht durch Anblasung zusätzlich abgekühlt.

Röntgenografische Aufnahmen (Flachbild). Weit- und Kleinwinkelbereich (*Kiessig*-Kamera).

Weitere Fädendaten:

Schrumpf S: $S = 100\,(l - l_0)/l_0$, prozentuale Verkürzung des Fadens nach Erwärmung auf eine bestimmte Temperatur.

Doppelbrechung Δn: *Ehringhaus*-Kompensator, Polarisationsmikroskop.

Schallgeschwindigkeit c: Schallimpuls (10 kHz)-Laufzeitmethode für die longitudinale Geschwindigkeit im Faden. Vorspannung des Fadens 0,09 p/dtex.

Dichte ϱ: Gradientensäulen-Methode mit Zn-Cl_2-Lösungen.

II. Resultate

A. Röntgenaufnahmen

Die Weit- und Kleinwinkelaufnahmen Abb. 1 bis 3 zeigen einige charakteristische Erscheinungen an mittelorientierten PET-Fäden. In Abb. 1 nimmt die Spinnabzugsgeschwindigkeit von links nach rechts zu. Der mit 1450 m/min gesponnene ungetemperte Faden kann noch etwa 1:3, der mit 3500 m/min gesponnene noch 1:1,5 verstreckt werden, wobei die zunehmende Orientierung dieser Spinnfäden (obere Reihe) an der wachsenden Anisotropie des Halos zu erkennen ist. Die für die höchsten Abzüge sichtbare Überlagerung durch diskrete Reflexe deutet auf eine spannungsinduzierte Kristallisation während des Spinnens hin. Letzteres tritt bei höher molekularem Rohstoff deutlicher in Erscheinung (vgl. Abb. 2). Hierbei ergeben sich außer schärferen Weitwinkelreflexen auch diskrete Kleinwinkelreflexe mit Langperioden von etwa 240 Å.

Bei den getemperten Fäden (zugehörige Aufnahmen: Abb. 1, zweite bis 4. Zeile; Abb. 3) zeigt die Weitwinkelstreuung von einer isotropen Verteilung ausgehend mit zunehmender Ausgangsorientierung zunächst eine *a*-Orientierung, die allmählich in die übliche *c*-Orientierung der ausverstreckten Fäden übergeht. ($a \rightarrow c$). Im Zu-

*) Herrn Prof. *Karl Winnacker* zum 70. Geburtstag gewidmet.

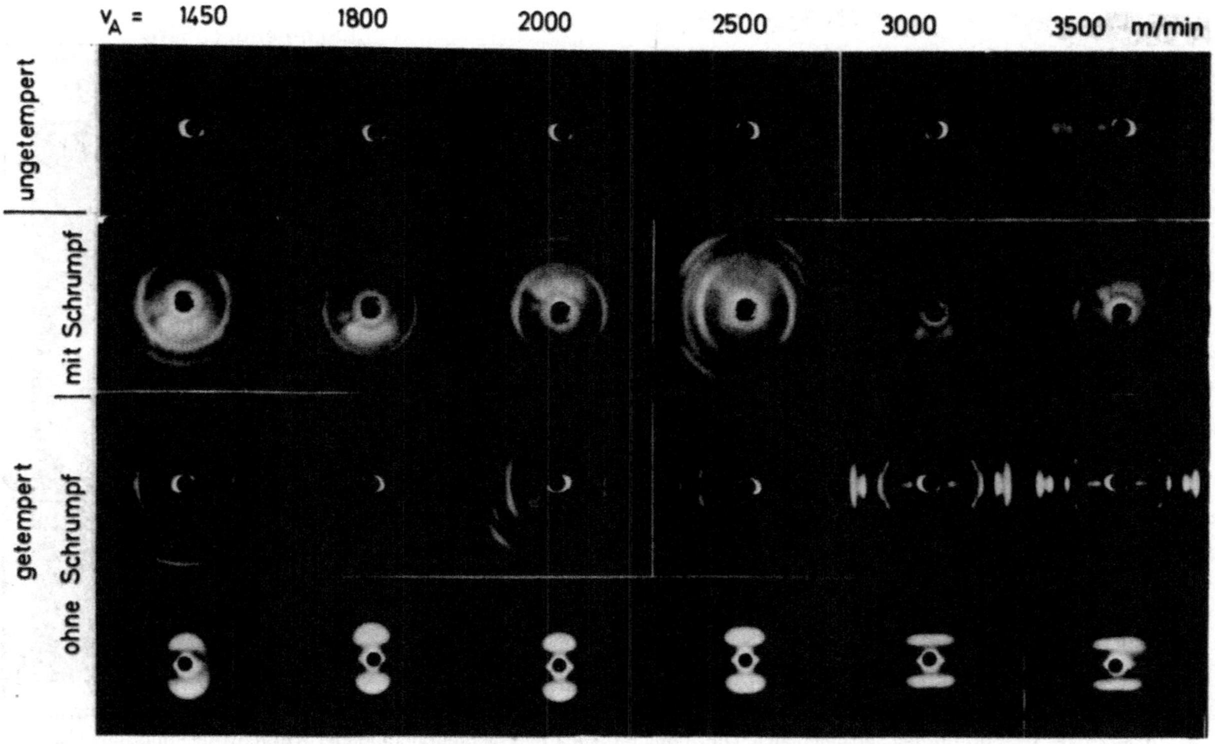

Abb. 1. Weitwinkelaufnahmen (obere 3 Zeilen) und Kleinwinkelaufnahmen von Fäden zunehmender Orientierung (Titer 125 *f* 20, $[\eta] = 0{,}74$, nach rechts zunehmender Spinnabzug)

stand der *a*-Orientierung weist die kristalline *a*-Achse in Faserrichtung. Dies zeigt besonders deutlich in Abb. 1 die Spalte 1450 m/min bei Temperung ohne Schrumpf, ebenso die Bilder der Abb. 3 oben, wo die nähere Umgebung dieses Zustandes durch Variation des Spinntiters und leichtes Nachverstrecken gespreizt wurde.

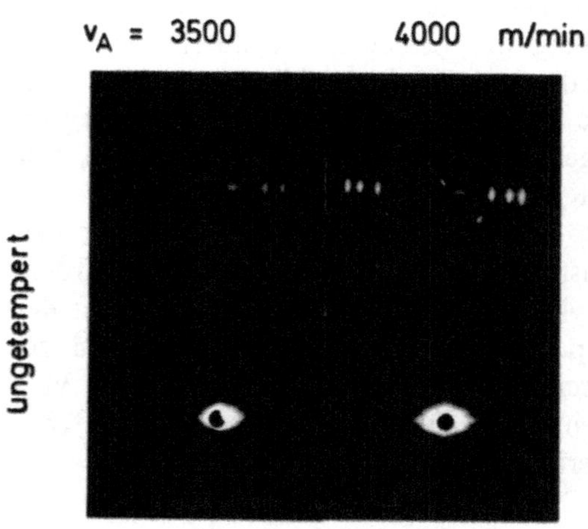

Abb. 2. Weitwinkel- und Kleinwinkelaufnahmen eines höhermolekularen Spinnfadens (Titer 125 *f* 20, $[\eta] = 0{,}88$) bei hohen Abzugsgeschwindigkeiten

Die *a*-Orientierung bei PET wurde durch *Bonart* (1) und verschiedene andere Autoren (2), (3) bekannt. Sie tritt beim Tempern mit und ohne äußere Schrumpfungsmöglichkeit auf. Mit Schrumpf liegt sie bei etwas höheren Ausgangsorientierungen. So beginnt die Drehung der Kristallrichtung – sichtbar an der Aufspaltung des im Meridian liegenden (100)-Reflexes – für die geschrumpften Fäden in Abb. 1 bei $v_A = 2500$ m/min, während sie für die Temperung ohne Schrumpf bei 1800 m/min beginnt.

Die Hauptreflexe (100) und ($1\bar{1}0$) gehen mit zunehmender Ausgangsorientierung von der Meridianlage in die Äquatorlage über, wobei dies beim ($1\bar{1}0$)-Reflex relativ rasch erfolgt. Der (010)-Reflex kommt aus einer 25°-Schrägstellung in den Äquator. Die Charakterisierung des *a*-*c*-Übergangs ist in Tab. 1 zusammengefaßt.

Ergänzend seien noch Informationen zur *a*-Orientierung von *Kuriyama* und *Shirakashi* (2) mitgeteilt: 1. Bei der Herstellung der Ausgangsfäden durch Verstrecken in Wasser wird deren Orientierung durch Erhöhen der Verstrecktemperatur von z.B. 60 °C auf 90 °C etwas geringer (molekulare Desorientierung). Dadurch verschiebt sich der *a*-*c*-Übergang der getemperten Fäden entsprechend zu größeren Verstreckverhältnissen (vgl. das Verhalten mit und ohne Schrumpf, s.o.). 2. Mit zunehmender Temper-

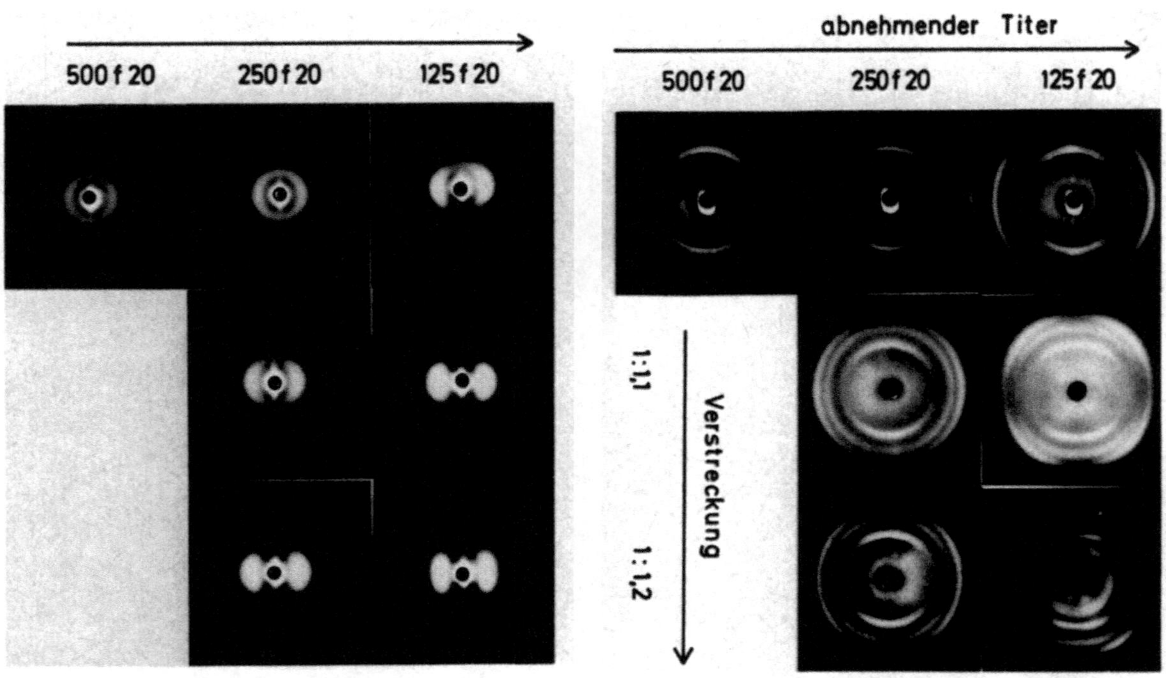

Abb. 3. (links Mitte u. unten) Weit- und Kleinwinkelaufnahmen getemperter Fäden (ohne Schrumpf). Abzugsgeschwindigkeit $v_A = 1450$ m/min bei verschiedenen Titern (nach oben aufgetragen abnehmender Kapillartiter) und teilweiser Nachverstreckung in Wasser von 80 °C (nach rechts aufgetragen). Die Orientierung der Ausgangsfäden nimmt nach oben und nach rechts zu

temperatur wird die Elementarzellenrichtung von der *a*- leicht in die *c*-Richtung gedreht. (Dies konnte durch eigene Versuche bestätigt werden, vgl. Abschn. B 3.)

Tab. 1. Charakterisierung der Röntgenaufnahmen getemperter Spinnfäden. Drehung der Kristallorientierung, charakterisiert durch die Winkellage der Reflexe im Faserdiagramm (Äquatorlage: $\alpha = 0$)

Zunehmende Orientierung der Ausgangsfäden	*a*-Orientierung	→	*c*-Orientierung	
(010)	25°	→	0°	gekoppelt
$(0\bar{1}1)$	0°	→	25°	„
(100)	90°	→	0°	
$(1\bar{1}0)$	90°	→	0°	gekoppelt
$(\bar{1}11)$	0°	→	20°	„
Charakterisierung der zugehörigen Kleinwinkelreflexe				
$\omega^* =$	90°	→	55°	
$L^* =$	100 Å	bleibt konstant		

Die Kleinwinkelstreuung ergibt bei sämtlichen getemperten Proben diskrete Reflexe, deren Form sich mit zunehmender Ausgangsorientierung von einem isotropen Ring über sichelförmige zu 2-Punkt-Diagrammen und schließlich zu 4-Punkt-Diagrammen wandelt (Abb. 1 unterste Zeile, Abb. 3 unten). Hierbei fällt die 2-Punkt-Struktur etwa mit der *a*-Orientierung und die 4-Punkt-Struktur mit der *c*-Orientierung zusammen. Die Langperioden liegen im Bereich von 100 Å.

Die Auswertung dieser Diagramme erfolgt nach einem einfachen Schichtenmodell, das *Bonart* und *Hosemann* (4) als Spezialisierung des Modelles von *Hess* und *Kiessig* (5) vorgeschlagen haben [Abb. 9 vgl. auch (6, 7)]. Die Anordnung der Schichten ist durch die Langperiode L, den Schwerpunktsabstand als häufigste Langperiode L^* und den Schichtwinkel ω^* gekennzeichnet (dargestellt in Abb. 8). Für die KW-Diagramme Abb. 1 untere Zeile sind diese Werte in Abb. 4a aufgetragen. Für den höchstorientierten Faden dieser Reihe wird in Abb. 4b gezeigt, wie sich diese Werte mit der Temperatur ändern. L^* und ω^* nehmen zu, während L ein Minimum durchläuft, ein Verhalten, das auch für ausverstreckte Fäden charakteristisch ist.

B. Fädendaten

1. Ungetemperte Fäden (Abb. 5)

Die molekulare Orientierung der Spinnfäden nimmt – erkenntlich am Verlauf der Doppelbrechung Δn und der longitudinalen Schallgeschwindigkeit c – mit wachsendem Spinnabzug zu. Im hier speziell untersuchten Orientierungsbereich zwischen klassischem Spinnfaden und hochorientiertem Faden liegen diese Größen im Mittelbereich der möglichen Werte: $0 < \Delta n < 200 \cdot 10^{-3}$; $1{,}3 < c < 4$ km/s.

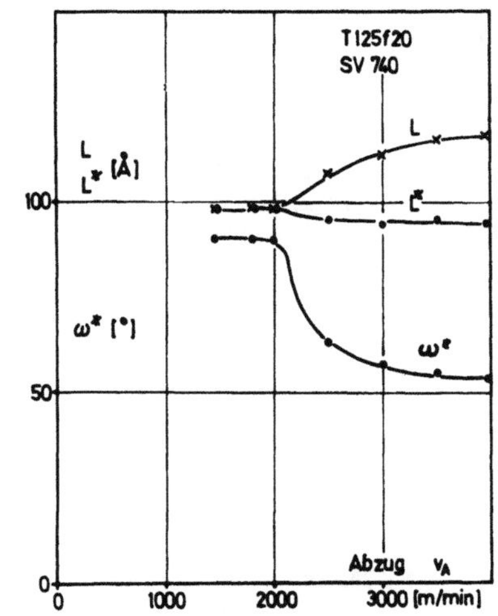

(a)

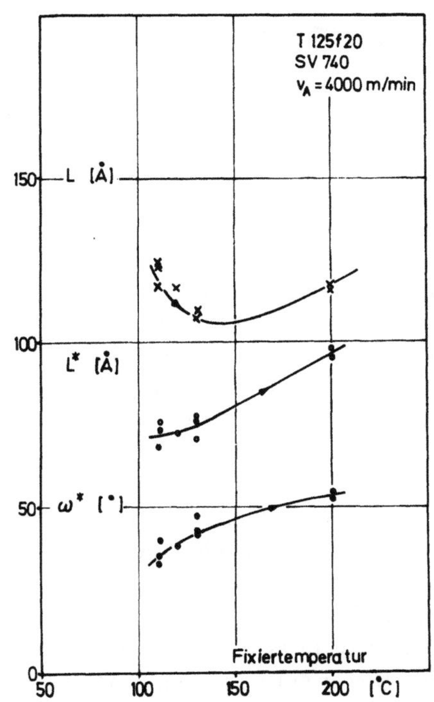

(b)

Abb. 4. Langperiode L, häufigste Langperiode L^* und Schichtwinkel ω^* (Neigung der Schichten zur Faserachse, vgl. Abb. 8 und Abb. 9). (a) als Funktion der Ausgangsorientierung der Fäden (entsprechend Abb. 1) ohne Schrumpf getempert. (b) speziell für den Faden v_A = 4000 m/min als Funktion der Fixiertemperatur

Die Schallgeschwindigkeit c ist beim höherviskosen Rohstoff im ganzen Bereich etwas größer. Dies ist ein Ausdruck für eine etwas höhere Orientierung der Fäden höherer Molekularität – was sich auch aus der Restverstreckbarkeit abschätzen läßt. Δn drückt dies allerdings nur bei kleinen Spinngeschwindigkeiten aus, ehe sich die Kurven überschneiden. Dieses zunächst ungewöhnliche Verhalten scheint ein Spezifikum von Fäden zu sein, die einstufig orientiert wurden. Sie haben bei relativ hoher makroskopischer Dichte eine kleinere Doppelbrechung als mehrstufig verstreckte Fäden gleicher Restverstreckbarkeit.

Die Neigung, während des Spinnens zu kristallisieren, ist beim hier durchgeführten Vergleich für lange Molekülketten größer als für kürzere. Das ist aus dem Verlauf der Dichte ϱ und aus dem Vergleich der Abb. 1 mit Abb. 2 ersichtlich. (Die Kristallisation beim Spinnen von PET ist in komplizierter Weise vom Molgewicht und der Fadenstärke [Kapillartiter] beeinflußt, letzteres infolge der davon abhängigen Abkühlzeit der Fäden auf dem Spinnwege. Dünne Fäden kühlen z. B. rascher ab und haben dadurch weniger Zeit zu kristallisieren. Für sehr hohe Spinnabzüge nimmt die Kristallisation sowohl mit wachsendem Molgewicht, als auch mit wachsendem Kapillartiter zu.)

Das Schrumpfvermögen, das bei kleinen Spinngeschwindigkeiten nach *Sattler* (8) ein Maß für die Orientierung ist und bei Null beginnend zunächst ansteigt, erreicht ein Maximum, um dann wieder zu recht kleinen Werten abzufallen. Dieser Abfall beruht auf der Behinderung des Schrumpfes durch Kristallite, die bereits vor der Messung vorhanden sind oder dabei entstehen. Beim Faden höherer Molekularität ist diese Behinderung größer und das Maximum liegt bei kleineren Spinnabzügen.

2. Getemperte Fäden (Abb. 6)

Die Fäden des vorigen Abschnitts wurden mit und ohne Möglichkeit zum Schrumpfen getempert (200 °C, 30 min in Stickstoffatmosphäre) und dieselben Eigenschaften gemessen. Dargestellt sind die Fäden niederer Molekularität, die höhermolekularen verhalten sich ähnlich.

Als Schrumpfvermögen sind jetzt die in Luft von 200 °C bestimmten Werte eingetragen, die sich nur wenig von den in Wasserdampf bestimmten (Abb. 5) unterscheiden. Zusätzlich wurden – zur Erleichterung der Diskussion – die 3 typischen Orientierungsbereiche I–III angegeben. Der mittlere und der höhere Bereich sind nach dem Tempern durch die a-Orientierung,

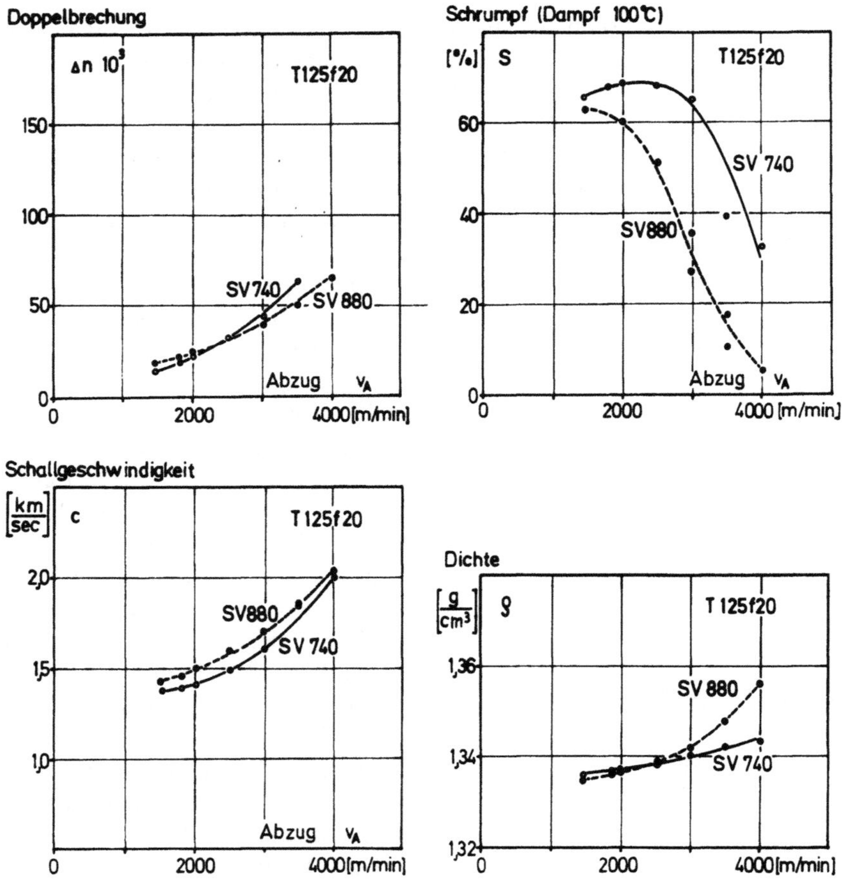

Abb. 5. Daten ungetemperter Spinnfäden als Funktion der Abzugsgeschwindigkeit. Fäden unterschiedlicher Molekülkettenlänge ($[\eta] = 0{,}74$ und $0{,}88$)

bzw. c-Orientierung gekennzeichnet (vgl. Abb. 1 und 3). Dazuhin ist der bereits in A besprochene a-c-Übergang auf der Abszisse markiert.

Im mittleren Bereich gehen Δn und die Schallgeschwindigkeit c durch ein Minimum. Δn erreicht dabei negative Werte, c kleinere Werte als bei isotroper Molekülverteilung (1,3 km/s).

Der Anstieg dieser beiden zur Charakterisierung der Orientierung benutzten Maßzahlen bei höheren Spinnabzügen geht zu relativ hohen Werten. Δn wird größer als bei den Ausgangsfäden. Teilweise wird dies durch die bei höherer Kristallinität stärker ins Gewicht fallenden höheren Beiträge der kristallinen Bereiche zu Δn erklärt, teilweise geht es auf das Konto der zusätzlichen Kristallitdrehung in Faserrichtung (vgl. A). Auch die Schallgeschwindigkeit wird größer als bei den Ausgangsfäden. Bei Temperung mit Schrumpf geschieht dies allerdings erst bei Abzügen >4000 m/min. Der Effekt ist geringer und kann möglicherweise allein auf die Kristallitdrehung zurückgeführt werden.

Die Dichte ϱ, als Maß für die Kristallinität, hat beim Tempern kräftig zugenommen. Sie hat bei Werten um 1,39 g/cm³ als Funktion von v_A einen leicht ansteigenden – im Bereich der a-Orientierung kurz unterbrochenen – Verlauf.

3. *Fädendaten während des Temperns (Abb. 7)*

Von den bislang untersuchten Fäden wurden der niedrigst- und der höchstorientierte (v_A = 1450 und 4000 m/min) herausgegriffen und für zunehmende Temperatur bei langsamer Aufheizung (5 °/min) gemessen. Die Schrumpfkurven konnten dabei an einer einzigen Probe direkt aufgezeichnet werden, für Δn, c und ϱ wurden Einzelpunkte im 5 °-Abstand bestimmt, wobei die Proben bei freier Schrumpfmöglichkeit bis zur gewünschten Temperatur gebracht und vor der Messung abgeschreckt wurden.

Bei der Betrachtung der Kurvenverläufe fällt vor allem das Schrumpfmaximum des Fadens v_A = 4000 m/min ins Auge. Dieser schrumpft zunächst, um danach eine irreversible Längung

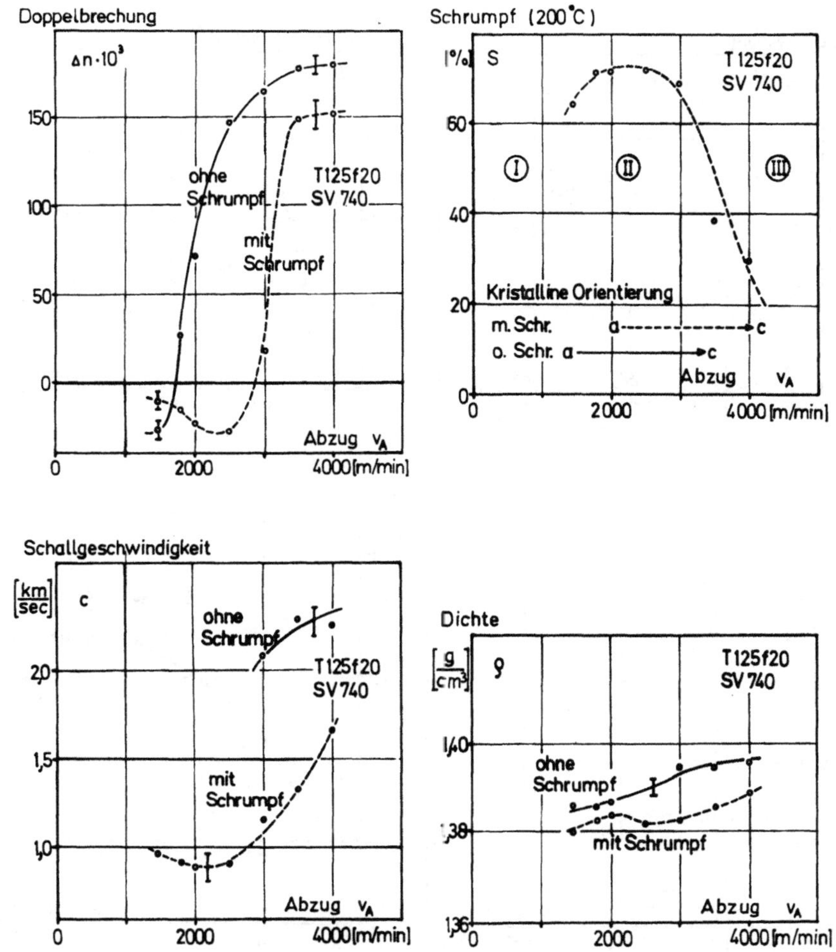

Abb. 6. Daten getemperter Spinnfäden (Temperung mit und ohne Schrumpfmöglichkeit 30 min bei 200 °C). Dargestellt sind die Fäden mit niederer Molekularität ($[\eta] = 0{,}74$) als Funktion der Abzugsgeschwindigkeit entsprechend Abb. 5

zu erfahren, welche bis zu 50% – bezogen auf die Fadenlänge im Schrumpfmaximum – betragen kann. Gleichzeitig durchläuft Δn ein Minimum – in anderen Beispielen auch bei negativen Werten – um danach wieder kräftig anzusteigen. Verbunden damit ist der am Dichteanstieg und an den schärfer werdenden Röntgenreflexen erkenntliche Kristallisationsprozeß. Wichtig dabei erscheint die gleichzeitig beobachtbare Drehung von einer *a*-Orientierung herkommend in die *c*-Orientierung hinein (vgl. *A*).

Die Längung entsteht offenbar während des Aufheizens aus einem der *a*-Orientierung ähnlichen Zwischenzustand heraus, wobei vor allem die in *c*-Richtung liegenden Moleküle kristallisieren, gleichzeitig aber auch eine Drehung der Kristallite in die *c*-Richtung hinein erfolgt. Man vergleiche hierzu die Ähnlichkeit der Kurven für *S* und Δn in Abb. 6 und 7. Möglicherweise durchlaufen höherorientierte Fäden beim Tempern Zwischenzustände, die niederorientierte nur als Endzustand erreichen.

Wegen der kleinen Kristallisationsgeschwindigkeit des PET kann der Desorientierungsvorgang, verbunden mit dem Schrumpfen, fast vollständig ablaufen, ehe die Kristallisation einsetzt. Deshalb sind die beschriebenen Vorgänge auch nach schockartiger Erwärmung als Funktion der Zeit zu beobachten, z. B. wird das Schrumpfmaximum bei Erwärmung auf 140° etwa nach 20 sec erreicht.

Der niedriger orientierte Faden ($v_A = 1450$ m/min) ändert seinen Schrumpfungszustand nach Erreichen des Maximums kaum mehr. Seine Doppelbrechung fällt jedoch, begleitet von einem Anstieg der Dichte, weiter ins Negative (*a*-Orientierung).

Die Schallgeschwindigkeit geht bei beiden untersuchten Fäden auf niedrige Werte zurück. Hierin unterscheidet sich die langsame Erwär-

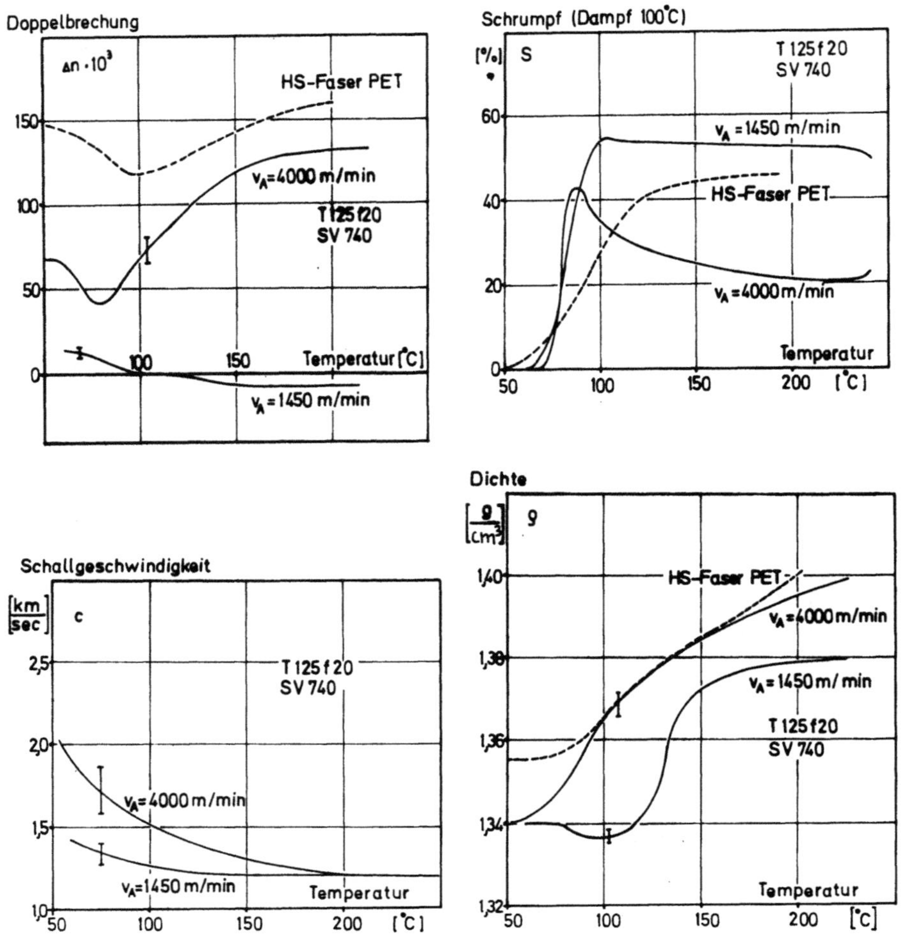

Abb. 7. Daten von Spinnfäden ($[\eta] = 0{,}74$)bei Aufheizung mit 5°/min. (Die gestrichelt eingetragenen Kurven gelten für eine kommerzielle Hochschrumpffaser [nach *Berg* (6)], wobei hier zum Tempern schockartig erwärmt wurde)

mung stark von der raschen (vgl. Abb. 6) wo zum Teil größere Werte erreicht wurden.

Beim weiteren Vergleich zwischen langsamer und schockartiger Erwärmung, z.B. auf 200°, ergeben sich verständliche Unterschiede: Die Dichte der langsam erwärmten Fäden wird größer, da die Kristallisationsprozesse an Boden gewinnen. Deshalb fällt auch der Schrumpf etwas kleiner aus und, infolge des größeren Verlustes an Orientierung, auch Δn.

C. *Überblick über die Daten*

Die Resultate wurden in wesentlichen Zügen in Abb. 8 dargestellt: von oben nach unten zunehmende Orientierung, nach rechts die Temperung. Eingetragen sind vereinfacht die Faserdiagramme der getemperten Fäden und die Interpretation nach dem Schichtmodell. Dabei ergibt sich die mittlere Neigung und der Abstand der Schichten aus dem Kleinwinkeldiagramm, die Orientierung der Moleküle innerhalb der Schichten folgt aus dem Weitwinkeldiagramm. Zur Entwicklung des Schichtenmodells vgl. Abb. 9.

Zusätzlich zu den vorab berichteten Daten ist in der untersten Zeile die Änderung der Schichtstruktur ausverstreckter Fäden eingetragen: ω^* und L^* nehmen zu (vgl. Abb. 4b), L nimmt ab, wobei meist ein Minimum durchlaufen wird [vgl. (7)]. (Nicht diskutiert wird hier die Zunahme der Intensität der Röntgenreflexe.) Ebenfalls ein Minimum hat die Farbstoffaufnahme als Funktion der Temperatur. Dieses liegt im Bereich von 170 °C. Bei der technologischen Größe Farbstoffaufnahme (*FA*) ist zu beachten, daß sie sich aus dem Diffusionskoeffizienten und der Sättigungskonzentration zusammensetzt [vgl. *Güllemann* (9)].

III. Diskussion

Die Anordnung der Atome des PET-Kristalls in der (100)-Ebene zeigt Abb. 10. Aus dieser Anordnung haben bereits *de Daubeny* et al. (11) auf eine gewisse flächenhafte Vernetzung der (100)-Ebene geschlossen, infolge der kräftigeren Wechselwirkung der Esterdipole gegenüber den senkrecht dazu wirkenden π-Elektronen der Benzolringe. (Diese aus Betrachtungen zur Kohäsionsenergie verschiedenartiger Polyester gewonnene Aussage sollte allerdings durch quantitative Behandlung des Kristallgitters [vgl. die Behandlung von Polyäthylen in (12)] nachgeprüft werden.) Zusammen mit der von *Koenig* und *Hannon* (13) vorgeschlagenen Konformation der Falte, Abb. 11, ist die von *Bonart* (1) diskutierte flächenhafte Vernetzung der (100)-Ebene bereits in der Schmelze und die Bildung von gefalteten Bändern entsprechend Abb. 12 plausibel. Speziell die kristalline *a*-Orientierung der mittelorientierten Fäden stellt sich nach dem Tempern als eine Rückfaltung und Kristallisation der zunächst mehr fibrillär in Faserrichtung (in Abb. 12 nach oben) liegenden Bänder in eine Lage senkrecht dazu dar. Diese Rückfaltung ist (vgl. II) bei freien Fadenenden mit Schrumpfen verbunden, bei festgehaltenen Enden erfolgt sie lediglich durch innere Umlagerungen. Eine weiterführende Diskussion müßte auf dem vom Bündelkonzept her entwickelten Mäandermodell von *Pechhold* und *Blasenbrey* (14) aufbauen. Hierin werden enggefaltete Molekülbündel bereits im isotropen Gleichgewichtszustand der Schmelze diskutiert. Durch Verstrecken geht diese Struktur zwanglos in die Fibrillenstruktur der Faserstoffe über.

Im einzelnen werden beim Deformationsvorgang 2 Stufen zu diskutieren sein. Dies wurde für PET bereits mehrfach vorgeschlagen, z. B. von *Morbitzer* et al. (15) und *Vasilenko* et al. (16): In der Vororientierungsperiode geschieht keine Umordnung im Nahbereich, lediglich der Asymmetriegrad von Ausgangselementen und deren Orientierung nimmt zu. In dieser Phase ändert sich die Dichte und der *E*-Modul noch wenig (in Abb. 5 bis $v_A = 2000$ m/min, Gesamtverstreckung etwa 1:3). In der eigentlichen Orientierungsperiode bilden sich bei wachsendem Modul Fibrillen aus, bis bei etwa 1:10 die Endverstreckung erreicht ist.

Im Mäanderbild sind die Elemente, die in sich anisotrop sind, Pakete enggefalteter Mäander

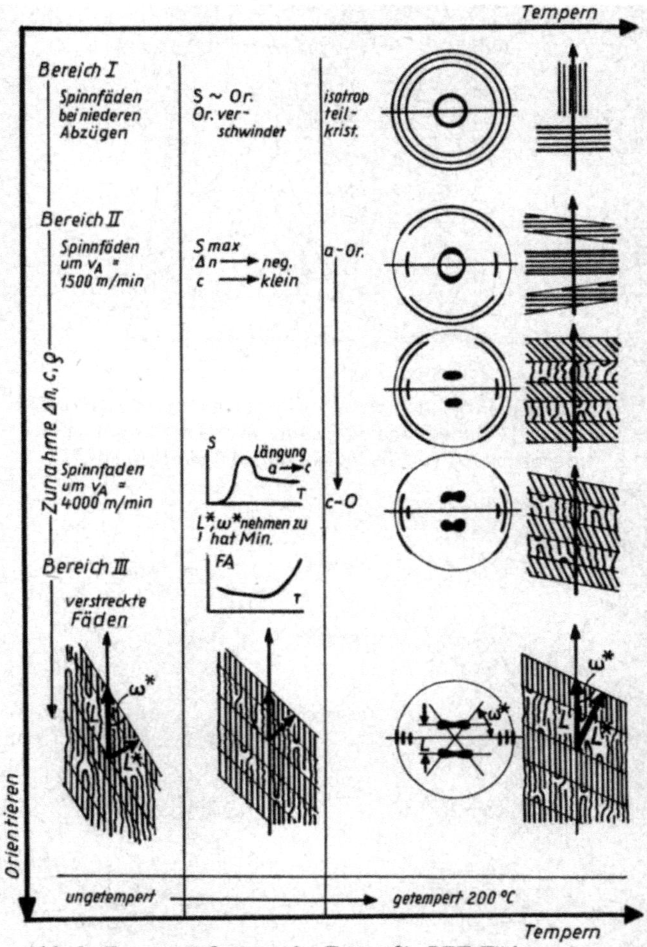

Abb. 8. Zusammenfassung der Daten für PET-Fäden

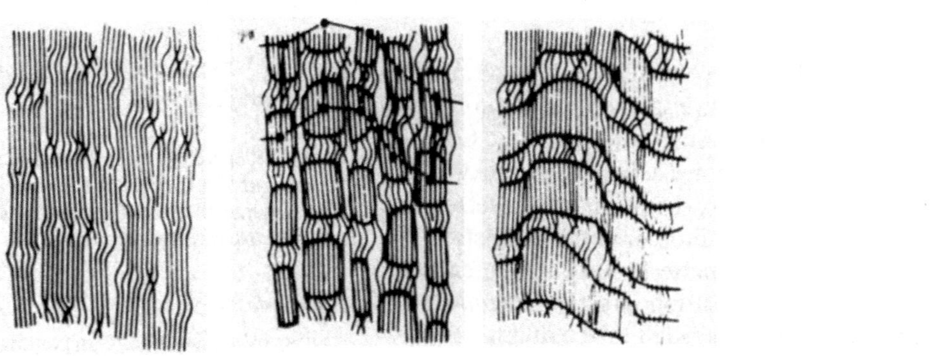

Abb. 9. Parakristalline Schichtgitter (rechts). Spezialisierung des *Hess-Kiessig*-Modelles (links). [Nach *Bonart* (1)]. Zur Auswertung der Röntgenkleinwinkeldiagramme vgl. Abb. 8

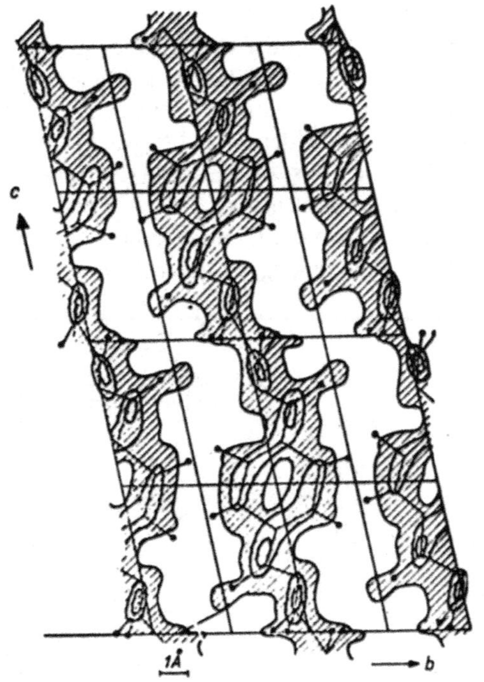

Abb. 10. Projektion des PET-Moleküls auf die (100)-Ebene [2-dimensionale *Fourier*-Synthese aus Elektronenbeugung von *Tomashpol'skii* und *Markova* (10)]

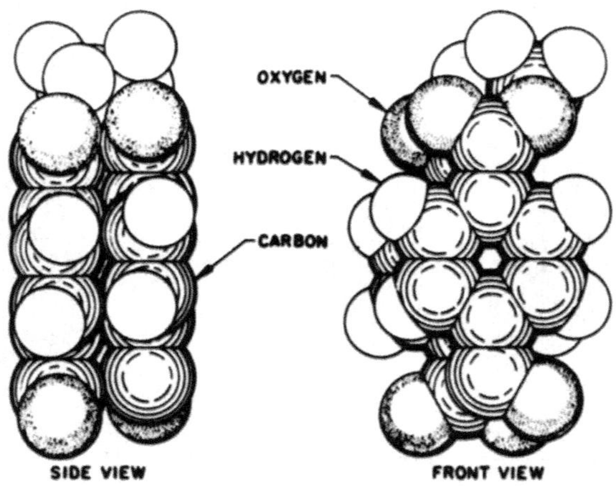

Abb. 11. Mögliche Konformation der Falte in PET [Nach IR-Untersuchungen von *Koenig* und *Hannon* (13)]

[vgl. (17)]. Diese Pakete werden in der 1. Stufe ausgerichtet und teilweise entfaltet. Beim Tempern (mit oder ohne Schrumpf) kann die Orientierung durch entropieelastisches Zurückgehen wieder verschwinden. Die danach einsetzende Kristallisation führt auf *a*-orientierte Kristallite, da zunächst *a*-orientierte Molekülschichten bezüglich der Kristallisation günstiger zueinander liegen und dann die Kristallite sich durch weitere Bewegung in die *a*-Richtung hineindrehen. In der 2. Stufe werden die Mäander vollends zu Fibrillen aufgezogen [vgl. hierzu die elektronenmikroskopischen Aufnahmen von *Fung* und *Carr* (18)]. Beim Tempern überwiegt die *c*-Orientierung.

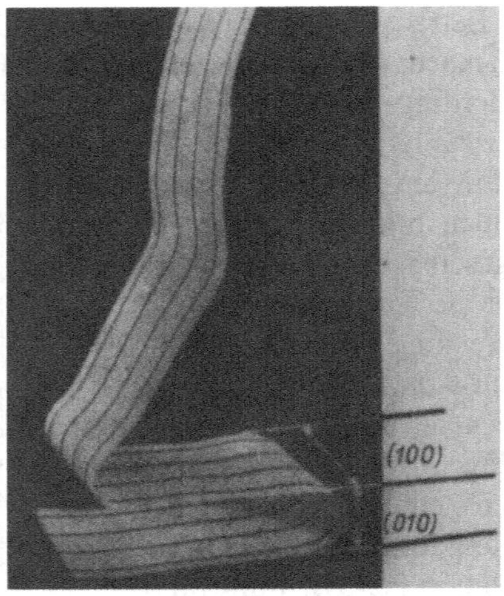

Abb. 12. Schematische Darstellung flächenhaft vernetzter bändchenförmiger Kettenaggregate [nach *Bonart* (1)]

Die weitere Diskussion muß auf viele Einzelheiten eingehen, unter anderem auf die feineren Umlagerungen beim Tempern ausverstreckter Strukturen. Hierbei ist ein Vorschlag von *Güllemann* (9) zu berücksichtigen, der die Änderungen der Langperiode und des Schichtwinkels aus definierten Umlagerungen im fibrillären Kristallisationsgefüge erklärt.

Eine weitere grundsätzliche Diskussion über alternative Modelle der spannungsinduzierten Kristallisation: *a*-Achsen-Orientierung oder Reihenstruktur (row structure), wurde hier außer acht gelassen. Es wäre durch eingehendere röntgenografische Untersuchung zu prüfen, ob die bei Polyäthylen von *Keller* und *Machin* (19) vertretene Reihenstruktur auch bei PET auftritt. Möglicherweise gelten für PET vom molekularen Aufbau her, ähnlich wie bei Polyurethan und Polycarbonat, etwas andere Voraussetzungen, die auch Ursache der kleinen Kristallisationsgeschwindigkeit sind.

Den Kollegen der Faserforschung der Farbwerke Hoechst und Herrn Prof. *Pechhold* danke ich für viele Diskussionen, Fräulein *Weiner* und Herrn *Oezen* für ausführliche experimentelle Hilfe.

Zusammenfassung

Durch Spinnen mit höheren Geschwindigkeiten wurde eine Reihe von PET-Fäden hergestellt, die den Orientierungsbereich zwischen klassischem Spinnfaden und

verstrecktem Faden überdecken. Die Fäden werden durch verschiedene Meßdaten (Doppelbrechung, Schallgeschwindigkeit, Dichte und Schrumpfverhalten) sowie röntgenografisch charakterisiert. Beim Tempern werden sie zunächst *a*-orientiert, mit zunehmender Ausgangsorientierung *c*-orientiert. Im Zusammenhang mit diesen Erscheinungen sind negative Doppelbrechung und ein irreversibles Längungsverhalten zu diskutieren.

Summary

PET-fibres were produced by high-speed spinning. They have orientation degrees beginning with the classical spinning fibre until to the stretched fibre. Measurements of double-refraction, sonic velocity, density, behaviour of shrinkage and X-ray analysis were made. By heatsetting the fibres get first *a*-axis oriented and then for higher orientation *c*-axis oriented. In correspondence with this there is to discuss a negative double-refraction and an irreversible elongation.

Literatur

1) *Bonart, R.*, Kolloid-Z. u. Z. Polymere **231**, 438 (1969).

2) *Kuriyama, J.* und *K. Shirakashi*, Sen-i Gakkaishi*) **20**, 525 (1964).

3) *Dulmage, W. J.* und *A. L. Geddes*, J. Pol. Sci. **31**, 499 (1958).

4) *Bonart, R.* und *R. Hosemann*, Kolloid-Z. u. Z. Polymere **186**, 16 (1962).

5) *Hess, K.* und *H. Kiessig*, Z. Phys. Chem. **193**, 196 (1944).

6) *Berg, H.*, Chemiefasern/Textilind. März 1972, S. 215.

7) *Schroth, R.* und *H. Henkel*, Faserforschg. u. Textiltechn. **22**, 273 (1971).

8) *Sattler, H.*, Kolloid-Z. u. Z. Polymere **187**, 12 (1963).

9) *Güllemann, H.*, Melliand Textilber. **53**, 910 (1972).

10) *Tomashpol'skii, Y. Y.* und *G. S. Markova*, Polymer Sci. USSR **6**, 316 (1964).

11) *de Daubeny, R. P.*, *C. W. Bunn* und *C. J. Brown*, Proc. Roy. Soc. **226A**, 531 (1954).

12) *Wobser, G.* und *S. Blasenbrey*, Kolloid Z. u. Z. Polymere **241**, 985 (1970).

13) *Koenig, J. L.* und *M. J. Hannon*, J. Macromol. Sci. **B1**, 119 (1967).

14) *Pechhold, W.* und *S. Blasenbrey*, Kolloid Z. u. Z. Polymere **241**, 955 (1970).

15) *Morbitzer, L.*, *G. Hentze* und *R. Bonart*, Kolloid Z. u. Z. Polymere **216**, 137 (1967).

16) *Vasilenko, Z. G.*, *N. V. Michajlov* und *V. A. Berestnev*, Sowj. Beitr. Faserforschg. u. Textiltechn. **1971** 574.

17) *Pechhold, W.*, *E. Liska* und *A. Baumgärtner*, Kolloid-Z. u. Z. Polymere **250**, 1017 (1972). – *Baumgärtner, A.*, *S. Blasenbrey*, *W. Dollhopf*, *E. Liska* und *W. Pechhold*, Kolloid-Z. u. Z. Polymere **250**, 1026 (1972). – *Pechhold, W.*, *M. E. T. Hauber* und *E. Liska*, Kolloid Z. u. Z. Polymere **251**, 818 (1973).

18) *Fung, P. Y.-F.* und *S. H. Carr*, J. Macromol. Sci. **B6**, 621 (1972).

19) *Keller, A.* und *M. J. Machin*, J. Macromol. Sci. **B1**, 41 (1967).

*) J. Soc. Fiber Sci. Technol. Japan, übersetzt Inst. f. Faserforschg. Teltow Ü 93/4215.

Anschrift des Verfassers:

Dr. *Ewald Liska*, Universität Ulm,
Abteilung für Experimentelle Physik II
79 Ulm, Oberer Eselsberg

Für die Schriftleitung verantwortlich: Für Originalarbeiten Prof. Dr. F. H. Müller, 3550 Marbach b. Marburg/L. und Prof. Dr. Armin Weiss, 8000 München 2
für Referate und Berichte Dr. K. Requardt, 6078 Neu-Isenburg
Anzeigenverwaltung: Dr. Karl Niedermeyer Nachf., 6000 Frankfurt/M. 90, Georg-Speyer-Straße 76
Dr. Dietrich Steinkopf Verlag, 6100 Darmstadt, Saalbaustraße 12
Herstellung: Universitätsdruckerei Mainz GmbH

GPSR Compliance

The European Union's (EU) General Product Safety Regulation (GPSR) is a set of rules that requires consumer products to be safe and our obligations to ensure this.

If you have any concerns about our products, you can contact us on ProductSafety@springernature.com

In case Publisher is established outside the EU, the EU authorized representative is:

Springer Nature Customer Service Center GmbH
Europaplatz 3
69115 Heidelberg, Germany

Batch number: 10578403

Printed by Printforce, the Netherlands